HISTORIA
DE LA FÍSICA
CUÁNTICA

VOLUMEN I

DRAKONTOS

Director:
JOSÉ MANUEL SÁNCHEZ RON

HISTORIA DE LA FÍSICA CUÁNTICA

VOLUMEN I

El período fundacional: origen y desarrollo de la cuantización de Planck (1860-1924)

José Manuel Sánchez Ron

CRÍTICA
BARCELONA

Primera edición: marzo de 2025

Historia de la física cuántica. Volumen I
El período fundacional: origen y desarrollo de la cuantización de Planck (1860-1924)
José Manuel Sánchez Ron

Av. Diagonal, 662-664, 08034 Barcelona (España)
Crítica es un sello editorial de Editorial Planeta, S. A.

editorial@ed-critica.es
www.ed-critica.es

ISBN: 978-84-9199-725-2
Depósito legal: B. 3.597-2025
Impresión y encuadernación: Gómez Aparicio
Printed in Spain - Impreso en España

PEFC Certificado
Este libro procede de bosques gestionados de forma sostenible
PEFC
PEFC/14-38300305
www.pefc.es

En recuerdo agradecido a Miguel Artola (1923-2020) y José María López Piñero (1923-2010), amigos y maestros en el arte de la historia, que me animaron a escribir este libro.

Prólogo (2025)

En 2001 publiqué *Historia de la física cuántica, I: El período fundacional (1860-1926)*, con una segunda impresión en 2004. El libro básicamente se ocupaba de los desarrollos que habían tenido lugar con posterioridad a los trabajos de Bunsen y Kirchhoff, a comienzos de la década de 1860. Éstos condujeron a la introducción de la noción de «cuerpo negro» y a los subsiguientes esfuerzos por encontrar la expresión matemática que determinara la relación entre su densidad de energía y la longitud de onda/frecuencia emitida, investigaciones que finalmente cristalizaron en 1900, cuando Max Planck encontró tal ley. Para poder deducir esta sobre una base teórica, tuvo que introducir la noción de «cuanto de energía», referida a la discontinuidad de la radiación, en la que él no creía. A continuación, el libro exponía la larga y compleja historia de la búsqueda de una física compatible con semejante cuantización, tarea protagonizada por numerosos científicos, entre los que destacan Albert Einstein, Ernest Rutherford y Niels Bohr, lo que finalmente condujo a la formulación de una mecánica cuántica con dos versiones, la de Werner Heisenberg y la de Erwin Schrödinger.

Mi intención por entonces era escribir un segundo tomo de la obra, que partiera de Paul Dirac y llegase a la formulación de la electrodinámica cuántica. Por diferentes razones, no llegué a cumplir mi objetivo, aunque nunca dejó de estar presente en mi mente y en mis pesares, por no haberlo realizado. Deuda, además, que me recordaban sin cesar allá donde fuera, al igual que lo hacía mi paciente, y en este aspecto sufrida, editora de Crítica, Carmen Esteban. La conmemoración en 2025 del centenario de la publicación de la primera versión de una mecánica cuántica, la de Heisenberg, me animó a saldar finalmente esa deuda largamente impagada.

Sin embargo, con el transcurso del tiempo el plan ha sufrido modificaciones. En lugar de dos tomos, decidí que esta historia de la física cuántica fuera una trilogía que llegase incluso a la propuesta del bosón de Higgs. Este primer volumen coincide con el publicado en 2001, con algunos, no muchos, añadidos (el más importante, ocuparme de las aportaciones que hizo la física cuántica anterior a las contribuciones de Dirac a la explicación de la tabla periódica de los elementos). Por otro lado, se ha eliminado el último apartado, que pasará a formar parte, ampliado, de los tres primeros capítulos de la segunda entrega *Historia de la física cuántica, II. La creación e interpretación de la mecánica cuántica: de Heisenberg al gato de Schrödinger (1925-1935)*. Esta novedad se explica, al menos, por dos razones. La primera es que la creación de la mecánica cuántica constituye una aportación de tal calibre que merece ser tratada de forma independiente. La segunda, que hacerlo así me permite corregir un error imperdonable: haber marginado la formulación, íntimamente ligada a la de Heisenberg, que Paul Dirac introdujo en 1925, al incluir en la edición anterior sólo las versiones de Heisenberg y Schrödinger. Así, el capítulo 4 del segundo tomo estará dedicado a Dirac y a su formulación de la mecánica cuántica.

El tercer volumen de esta obra se centrará en las físicas nuclear y de altas energías (también conocida como «de partículas elementales»), en la electrodinámica cuántica y en la denominada «segunda revolución cuántica», protagonizada por las consecuencias del entrelazamiento, ya introducida en el tomo 2.

Considero que la mecánica cuántica constituye uno de los grandes logros de la humanidad. Sus aplicaciones, entre las que destaca la invención del transistor, pero sin olvidar otras como el láser y el máser, o las más recientes basadas en el entrelazamiento, han transformado el mundo en sentido literal. Sin embargo, no se trata sólo de sus usos prácticos, también cabe destacar el papel que ha desempeñado en la explicación de innumerables fenómenos, desde la nucleosíntesis estelar a la superconductividad, por citar algunos. Al transistor (del que me ocuparé en el tomo 3) se le puede denominar con justicia la célula del mundo en que vivimos. Tanto él como sus derivados, entre ellos los circuitos integrados, han penetrado en prácticamente todos los ámbitos de nuestras vidas, las cuales han condicionado, a la par que, desde luego, les han ofrecido posibilidades otrora inimaginables. Si celebramos, con sobrados motivos, hitos o logros del pasado como pueden ser la construcción de las pirámides de Egipto, del Coliseo de Roma o de las grandes catedrales, los escritos de Homero, de Cervantes o de Shakespeare, las pinturas de Leonardo o de Velázquez, ¿cómo no hacerlo con el desarrollo de la física cuántica, en el que intervinieron un numeroso grupo de mentes extraordinarias?

No cabe duda de que se trata de una obra coral, protagonizada por muchos científicos, sobre todo físicos, teóricos y experimentales, pero también matemáticos y químicos. Debido a semejante multidimensionalidad de personajes, problemas y situaciones, he tenido que seleccionar lo que considero más importante y representativo de la historia que ahora presento. Soy consciente, por supuesto, de las lagunas existentes, pero tengo la confianza de que, aun así, el resumen que ofrezco permitirá a sus lectores obtener una visión de conjunto.

Madrid, 3 de enero de 2025

Prólogo a la primera edición (2001)

El origen de este libro se remonta no al tercer curso de mis estudios de Física en la Universidad Complutense de Madrid, que incluía la primera asignatura de la licenciatura dedicada a la mecánica cuántica, sino a 1978, al día de septiembre de aquel año en el que entré por primera vez en la Biblioteca de la American Philosophical Society para consultar los fondos del Archivo «Sources for History of Quantum Physics». Durante todo el año que pasé en Filadelfia como profesor visitante en la Temple University, no dejé de pasar al menos dos mañanas completas de cada semana trabajando en aquellos fondos.

Ya entonces percibí con claridad la gran complejidad que encierra la historia de los orígenes y desarrollo de la física cuántica, una empresa intelectual que ha ocupado —y continúa ocupando— las energías de generaciones de científicos de todo el mundo. Hoy, después de haber finalizado este primer volumen de lo que espero será una historia razonablemente completa de la física cuántica, me reafirmo en mi idea inicial: estoy más convenido que nunca de que esa historia constituye el apartado de mayor dificultad (por número de problemas y participantes implicados, período temporal que abarca, al igual que por la magnitud y carácter de las rupturas conceptuales que involucra con teorías y planteamientos filosóficos y epistemológicos previos) en toda la historia de la física, y acaso de toda la ciencia.

Tal vez por esta complejidad, así como porque la física cuántica constituye un apartado fundamental de la ciencia —la física— que estudié, y a la que me dediqué algunos años, y porque su importancia transciende el mero —por mucho que sea básico— mundo del conocimiento fundamental, penetrando y condicionando universos como los de la política, la industria y la economía (la historia general del siglo XX, en especial la de su segunda mitad, no se puede comprender sin tomar en cuenta sus consecuencias), tal vez por todo eso, digo, decidí escribir su historia, una historia de la que me hubiese gustado disponer cuando me enseñaron por primera vez los fundamentos de la mecánica cuántica.

No ignoro que la bibliografía dedicada a esa historia es muy abundante, incluyendo en ella excelentes monografías que pretenden cubrir su historia general. Así que, estoy seguro, habrá quien se pregunte: ¿por qué otra historia de esa rama del saber? Una respuesta posible es que no existe en castellano, que yo sepa, una obra como la que pretendo, y que aquellos que hablan en este hermoso —al menos para mi— idioma, tienen derecho a disponer de una historia de la física cuántica escrita en él. Pero, naturalmente, semejante razón no es suficiente: si existen, en otros idiomas (en inglés, sobre todo), textos que cumplen con tal función, ¿por qué no limitarse a traducir alguno de los ya existentes? Mi respuesta a esta pregunta es sencilla: creo que puedo aportar algo. ¿Qué? Una visión personal, basada en mi lectura e interpretación de las investigaciones y textos fundacionales, al igual que en mi selección de esas investigaciones, textos y protagonistas; también algunos datos o aspectos que no aparecen en otras reconstrucciones. De hecho, mi historia se inicia, al contrario de lo que ocurre en la mayoría de las existentes, a mediados del siglo XIX, con Kirchhoff y Bunsen, y no en 1900, con Planck. El 1860 que tomo como punto de partida en el título se debe a que fue en aquel año cuando apareció el artículo en el que Kirchhoff introdujo la noción de «radiación de un cuerpo negro».

Todo autor posee, o termina encontrando, su propio ritmo y equilibrio, y en el caso de una historia tan multidimensional como es la de la física cuántica, encontrar un equilibrio adecuado, elegir entre la enorme cantidad de datos disponible, constituye una tarea absolutamente fundamental, la que, a la postre, define y caracteriza el texto que se ocupa de estudiar su historia.

Como es natural, espero haber encontrado un equilibrio adecuado, que ayude a los lectores. Tengo, eso sí, que señalar que éste es un libro de historia de la ciencia, que pretende ser riguroso con las técnicas y usos propios de esta disciplina. En absoluto debe ser considerado como perteneciente al género —tan digno, por otra parte— de la «divulgación científica». Una consecuencia de ello —no la más importante— es la abundancia de referencias, tanto primarias (las relativas a las fuentes originales) como secundarias. En cuanto a las segundas, no he pretendido ser exhaustivo, pero sí reconocer explícitamente cuando he utilizado una referencia concreta. Pueden perfectamente existir otros trabajos que se ocupen de un punto que esté considerando, y que yo no lo mencione, pero cuando es así, es porque no lo he utilizado y no deseo abrumar al lector, no necesariamente porque no lo conozca; recuerdese que este libro es, en buena medida, el resultado de una investigación, lecturas e investigación personal, consciente, eso sí, e informado —creo— de la labor de otros historiadores.

Con relación a esta abundancia de referencias, sé que hay quienes me han criticado en el pasado por incluir, en algunos de mis libros, lo que ellos consideran «demasiadas referencias», y que piensan que las incluyo para conferir a mis textos «una pátina de profundidad». No quiero detenerme ni un instante en defenderme contra acusaciones de ese tipo hacia mi persona (a partir de un momento en la existencia de los individuos, su propia vida y obras son sus mejores defensores o acusadores). Sí deseo, no obstante, aprovechar la ocasión para comentar algunos puntos relacionados con el fondo de tal crítica.

Incluyo un gran número de referencias, en primer lugar, repito, porque este es un libro de historia de la ciencia, y es no sólo costumbre sino una obligación absolutamente justificada indicar en ellos explícitamente quién, dónde y cuándo se realizaron las distintas aportaciones. Habrá quien piense que a él o ella le basta con saber lo que pasó, con que se lo expliquen, y que no necesita entrar en tantos detalles, que se empleen páginas —árboles, a la postre— para cansarle con listas interminables de referencias. Entiendo esa postura, y no la critico demasiado, pero habrá quien desee ir más allá. Y aunque no hubiera uno solo hoy, está eso que se suele denominar el «acervo cultural» o el «patrimonio histórico». Tenemos la obligación moral de conservar —al menos el recuerdo— lo mejor del pasado, que las generaciones presentes y futuras dispongan de la información necesaria para que, si lo desean, puedan localizar y acceder a todo tipo de saberes pasados. Saberes, conocimientos, como los escritos de aquellos que crearon una visión del mundo tan poderosa y fascinante como la física cuántica, cuya vigencia continúa, además, inmutable. Si nos limitamos a interpretar, a actualizar, a adecuar a nuestros esquemas y formatos los esfuerzos de los que nos precedieron, a, en definitiva, acordarnos únicamente de nosotros mismos, mal patrimonio intelectual y moral dejaremos a nuestros descendientes. Serán, que nadie lo dude, mucho más pobres, aun en el caso de que naden en la abundancia material.

Y estas cuestiones me llevan a otro punto. ¿Debe ser un fin primordial el que el contenido de un libro sea cuanto más accesible a más lectores mejor? En principio podría parecer que la respuesta obvia es: sí, un sí rotundo. Pero hay que matizar: no todos los libros —monografías técnicas o textos de enseñanza aparte— que tratan de ciencia deben ser de divulgación, obras en las que el propósito primordial sea exponer cuestiones científicas a legos en la materia (es decir, a, en principio, casi todo el mundo), lo que obliga, inevitablemente, a buscar formas dignas e imaginativas de simplificar. Están también los libros de historia de la ciencia, en los que el fin prioritario es comprender lo que sucedió, adoptando para ello, por supuesto, tácticas tan diversas como los propios campos, teorías, experimentos, épocas o personajes que se estudian, aunque siempre sin traicionar la verdad, tal y como el historiador la entiende. Ahora bien, la búsqueda de esa «verdad» con frecuencia exige manejar y comentar acontecimientos, detalles, que involucran conocimientos especializados. Renunciar a incluirlos es traicionar la propia esencia de lo que es la historia. Es cierto que este problema no afecta, o no afecta tanto, a otras ramas de la historia, como la política, o, dentro de la de la ciencia, la que se ocupa de, por ejemplo, instituciones, disciplinas (como las ciencias naturales) con un ropaje teórico menos matematizado que en el caso de la física, o la historia de la ciencia en naciones subdesarrolladas científicamente. Así, una parte importante de la historia de la ciencia española no exige entrar en contenidos técnicos con tanta frecuencia como, sin ir más lejos, yo lo hago en el presente libro. Este hecho puede inducir a algunos a sospechar de un texto de historia científica que contenga apartados que impliquen conocimientos técnicos. Sin embargo, aunque el historiador de la ciencia esté obligado —como todos— a intentar presentar sus trabajos de la manera más autocontenida y transparente posible, existen límites en semejante tarea: un libro de historia de la ciencia no puede ser, ni englobar, un texto que explique los contenidos técnicos de la materia cuyo desarrollo intenta reconstruir.

Estas consideraciones vienen especialmente a cuento en este libro, en el que no he huido —¿cómo podría haberlo hecho?— de los aspectos técnicos, ni siquiera de, cuando era menester, las expresiones matemáticas. Desde luego, no he seguido el ejemplo del físico británico Stephen Hawking, quien en su éxito de ventas, *Historia del tiempo*, escribió: «Alguien me dijo que cada ecuación que incluyera en el libro reduciría las ventas a la mitad. Por consiguiente, decidí no poner ninguna en absoluto. Al final, sin embargo, sí que incluí una ecuación, la famosa ecuación de Einstein, $E = mc^2$. Espero que esto no asuste a la mitad de mis potenciales lectores».

Reconozco que «la fórmula Hawking» tiene sentido para muchos libros que tratan de ciencia, aunque no ciertamente para este que yo he escrito. Existe, o yo creo apreciar, el riesgo de que intentando lograr el éxito comercial y social de Hawking se desarrolle —yo creo que *se está desarrollando*— un sentimiento de rechazo, tanto entre lectores como entre autores, hacia las ecuaciones matemáticas. Sería una barbaridad, un crimen contra el conocimiento y, más aún, contra el acervo cultural de la humanidad, el que se implantase semejante idea, animada bien por irrefrenables aspiraciones, o por un demagógico sentido de «democracia», de que «todos deben acceder a todo». Sí, todos tienen, tenemos, el derecho a acceder a todo, ese es uno de los grandes logros de la humanidad, pero, desgraciada o afortunadamente, existen dominios para acceder a los cuales es preciso formarse, educarse, adquirir unos conocimientos especializados, lo que, indudablemente, exige un cierto esfuerzo. En concreto, esta historia de la física cuántica contiene bastantes páginas que obligarán a muchos lectores a realizar un esfuerzo especial de comprensión. Siempre que he podido he buscado la conexión institucional, social, filosófica, «externalista» por decirlo de alguna manera, pero reconozco que en el período que cubre este volumen esa conexión, aun existente, no es tan frecuente como yo —y seguramente muchos lectores— hubiera deseado. Será más fuerte cuando trate de otras épocas.

Por último, advertiré que la frecuencia de citas textuales de los protagonistas de esta historia no es casual, sino que obedece a una decisión mía consciente. Me habría resultado muy fácil transformar los textos de esas citas para incorporarlos a mi propio discurso, pero pienso que al hacerlo así —como, legítimamente, hacen otros autores— se perdería la fuerza, naturalidad y espontaneidad que poseen las palabras de todos aquellos que se esforzaban por desbrozar un territorio desconocido.

Y, ahora ya sí, es el momento de reconocer las deudas que me han facilitado la escritura de este libro.

Me hubiera gustado conocer a muchos de los científicos que aparecen en las páginas de este libro, pero, tan desgraciada como inevitablemente (es cuestión, sobre todo, de edad), únicamente tuve la oportunidad de escuchar a Heisenberg y a Dirac (y advierto que en este primer volumen, Paul Dirac aparece muy de pasada). ¿Qué físico no hubiera deseado conocer a Planck, a Einstein, a Rutherford, a Bohr, a Sommerfeld, a Pauli, a Heisenberg, a Schrödinger y a tantos otros? Acaso por esa ausencia, estoy más agradecido aún a aquellos profesores, hoy amigos, que me enseñaron los rudimentos de la mecánica cuántica en los cada vez más lejanos años de mis estudios de licenciatura en la Facultad de Ciencias de la Universidad Complutense. Ramón Pascual y Alberto Galindo fueron los primeros, y aunque sólo fuera por eso, por el tesoro que pusieron a mi alcance —y sin el cual ciertamente este libro no existiría— les debo un agradecimiento impagable. Como también se la debo a los autores de aquellos primeros textos en los que profundicé mis conocimientos sobre la mecánica cuántica: Albert Messiah, Leonard Schiff, Lev Landau y Evgeny M. Lifshitz, John von Neumann y Richard Feynman.

Con respecto a la historia de la física cuántica quiero agradecer lo mucho que he aprendido a lo largo de los años de conversaciones e intercambios con Paul Forman, Peter Havas, Helge Kragh, José Luis Sánchez Gómez y Francisco Ynduráin. Como se hará patente a lo largo de las páginas que siguen, el acceso a los documentos depositados en el ya citado Archivo «Sources for History of Quantum Physics» ha representado una ayuda inapreciable. Como también lo ha sido la lectura detallada —una tarea en modo alguno fácil— que de todo el manuscrito llevó a cabo mi mujer, Ana.

A mis editores, Gonzalo Pontón y Carmen Esteban, les quiero decir aquí lo que espero que ya sepan: que pocas veces un autor fue mejor servido y comprendido. Mis reiteradas demoras en entregar el manuscrito final les han obligado a, al menos, tres cambios de programación, a los que ellos siempre han respondido diciendo: «Lo importante es que estés satisfecho con el resultado. Que tu libro sea mejor». Desde luego es mejor por su comprensión y paciencia.

Finalmente, y aunque no sé cuál será su opinión sobre el producto, deseo manifestar mi agradecimiento a dos queridos amigos, además de maestros y ejemplo de historiadores: Miguel Artola y José María López Piñero. Que ambos, por separado (una coincidencia más entre ellos), me animasen repetidamente a escribir una historia de la física cuántica, un campo de conocimientos no incluido entre sus intereses profesionales más directos, y que creyesen que podía hacerlo constituye una deuda más que tengo con los dos, a añadir a las que todos los historiadores de este país tenemos con ellos, que nos han dado —y continúan dando— una obra ejemplar.

Madrid, junio de 2001

1

Prehistoria de los cuantos: Kirchhoff, espectros y radiaciones

Aunque el inicio de la física cuántica se sitúa habitualmente en 1900, sus orígenes se remontan mucho más atrás, al siglo XIX. De hecho, los tres primeros capítulos de este libro (estrictamente, los cuatro primeros, ya que 1900 fue el último año del siglo XIX) tienen como escenario aquella centuria. En este primer capítulo me ocuparé básicamente de dos dominios, que, como veremos, resultaron cruciales para el desarrollo de la física cuántica: 1) las líneas espectrales (espectros) que se observaban en las radiaciones emitidas por los diferentes elementos; 2) los esfuerzos teóricos por explicar las propiedades de tales radiaciones y algunos problemas que afectaban a la descripción teórica de ciertos aspectos de la materia. Comencemos por el primero, por el de los espectros, el de la espectroscopia.

Espectros

Fue Isaac Newton (1642-1727) quien descubrió en el siglo XVII que al pasar a través de un prisma de vidrio la luz se descompone en colores diferentes (los colores del arco iris), produciendo lo que se denomina un espectro. Recíprocamente, comprobó que al componer esos colores se recuperaba la luz «normal».

Estimulado por los cursos de óptica de Isaac Barrow (1630-1677) en Cambridge y la teoría de la luz de Descartes (1596-1650), hacia 1664 Newton comenzó a interesarse por los fenómenos ópticos. No fue, sin embargo, hasta 1666 (año que pasó en la finca familiar de Woolsthorpe debido a una epidemia que obligó a cerrar la Universidad de Cambridge en agosto de 1665) cuando intensificó sus esfuerzos, recurriendo a un instrumento simple pero en sus manos extremadamente precioso: un prisma de vidrio. He aquí cómo se refirió al inicio de sus experimentos en el artículo que publicó en el número del 19 de febrero de 1671/72 de las *Philosophical Transactions* de la Royal Society (Newton 1671/72: 3075-3076): «A comienzos del año 1666 (momento en el que me apliqué a pulir cristales ópticos de formas distintas a la esférica) me proporcioné un prisma triangular de cristal, para ocuparme con él del celebrado Fenómeno de los Colores. Habiendo oscurecido mi habitación, hice un pequeño agujero en una contraventana, para dejar pasar sólo una cantidad conveniente de luz del Sol, y coloqué mi prisma en su entrada, de manera que pudiese ser refractado en la pared opuesta. Al principio, ver los vivos e intensos colores así producidos constituyó una muy entretenida distracción, pero después de un rato intentando considerarlos más cuidadosamente, me sorprendió verlos en forma *oblonga*, cuando, según las leyes aceptadas de la Refracción, esperaba que hubiese sido *circular*».

Semejante anomalía le indujo a recurrir a un segundo prisma, con el que llegó a la conclusión de que los colores (observados desde hacía ya siglos) que aparecían al pasar la luz blanca inicial por los prismas no eran «cualidades de luz, derivadas de refracciones o reflexiones de cuerpos naturales (como se cree generalmente), sino propiedades originales o innatas». La luz visible se convertía, en consecuencia, en la combinación de diferentes colores elementales, como muestra con particular claridad el arco iris.

Durante el siglo que siguió a las observaciones de Newton, pocos avances importantes se realizaron en este campo. Uno de ellos tuvo lugar en 1752, cuando Thomas Melvill (f. 1753) se aprovechó de que al calentar los cuerpos sólidos (y los líquidos también), éstos emiten, cuando alcanzan una temperatura suficientemente alta, radiaciones. Melvill hizo pasar por un prisma la luz que emitía una llama producida por sodio y observó un espectro continuo, surcado por una serie de líneas brillantes. Que sepamos, fue la primera observación de un *espectro de emisión.*

Exactamente cincuenta años después de las observaciones de Melvill, esto es, en 1802, William Hyde Wollaston (1766-1828) advirtió que en el espectro de la luz procedente del Sol aparecían unas pocas líneas oscuras, que Newton no había detectado y que él tomó como los bordes de los colores naturales (Wollaston 1802). Algunos años después (1814-1815), Joseph von Fraunhofer (1787-1826) examinó con mucho más detalle el espectro de la luz del Sol, descubriendo cerca de seiscientas de tales rayas oscuras, que a partir de entonces se conocieron como «líneas de Fraunhofer». Pero no se limitó a descubrir nuevas rayas, sino que también se propuso establecer el lugar del espectro en que se encontraban situadas, determinando la posición de trescientas veinticuatro.

Es interesante señalar que Fraunhofer era un óptico profesional, entre cuyas ocupaciones figuraba la de construir lentes; de hecho, fabricó las mejores lentes acromáticas y prismas que había visto jamás la comunidad óptica. Por este motivo tenía más facilidad que la mayoría de los científicos de su época para utilizar prismas que no «deformasen» demasiado la luz. Su interés por el espectro solar provenía asimismo de su profesión: necesitaba localizar en el espectro un punto de referencia que le permitiera medir con precisión los índices de refracción (grado de desviación de la luz al pasar por un cierto medio) de los distintos materiales con los que construía las lentes de sus instrumentos ópticos.

Gradualmente se fue descubriendo que era posible producir «artificialmente» líneas oscuras en los espectros haciendo pasar la luz a través de diversas sustancias, confirmándose por otra parte el tipo de observación de Melvill: los espectros producidos por algunas llamas estaban atravesados por líneas brillantes.

Naturalmente, se efectuaron varios intentos de explicar y relacionar tales observaciones, pero pasó algún tiempo hasta producirse un avance sustancial. Éste llegó pasado el ecuador del siglo, gracias a las investigaciones de un físico de la Universidad de Heidelberg, Gustav Robert Kirchhoff (1824-1887), que encontró un magnífico apoyo en el químico Robert Wilhelm Bunsen (1811-1899).

Gustav Kirchhoff y la espectroscopia

Formado en la universidad de su ciudad natal, Königsberg, donde se vio influido especialmente por Franz Neumann (1798-1895), Kirchhoff se trasladó a Berlín después de doctorarse en 1847. En la capital prusiana comenzó su carrera docente, al lograr en 1848 el título de *Privatdozent* (habilitado para dictar cursos en la universidad, sin recibir un salario oficial, únicamente el procedente de las matrículas de los alumnos de sus cursos). En 1850 se incorporó como *extraordinarias* a la Universidad de Breslau. Allí conoció a Robert Bunsen, pero éste se trasladó a Heidelberg el año siguiente. En 1854, cuando Philipp von Jolly (1809-1884) dejó su cátedra de Física en Heidelberg, Bunsen propuso a Kirchhoff para sucederle, iniciativa que tuvo finalmente éxito. Mantendría este puesto hasta 1875, cuando aceptó una cátedra de Física teórica en la Universidad de Berlín, ciudad en la que falleció el 17 de octubre de 1887. En el capítulo 4 tendremos oportunidad de comprobar que uno de sus alumnos en Berlín fue un estudiante llamado Max Planck.

Tras haberse dedicado al estudio de la elasticidad y la electricidad, hacia 1858 Kirchhoff comenzó a interesarse por el análisis espectral. En esencia, el origen de su interés fue el siguiente: en Heidelberg, Bunsen estaba investigando la posibilidad de analizar sales según los colores que daban al arder, proceso en el que desempeñaba un papel importante un instrumento que Bunsen desarrolló en la década de 1850: el denominado «mechero de Bunsen», con el que el gas inyectado se quemaba con una llama que aunque caliente no era brillante. Y en este punto entra Kirchhoff en la historia, ya que en 1859 señaló a su colega que un método más preciso que el «colorímetro» para llevar a cabo semejante tarea de identificación era a través del espectro al que daban origen tales llamas coloreadas. Unieron sus fuerzas: Bunsen suministrando no sólo su mechero, que para el análisis espectroscópico era aún más útil, sino también sales de gran pureza, mientras que Kirchhoff aportaba el espectroscopio con el que observar las líneas. El poder e importancia del método para la química se mostró muy pronto, al descubrirse con él, como veremos más adelante, dos nuevos elementos químicos, el cesio y el rubidio.

Pero antes de entrar en esta cuestión, es preciso explicar unos detalles muy importantes de la aportación de Kirchhoff.

En el otoño de 1859, mientras llevaba a cabo unos trabajos preliminares para su colaboración con Bunsen, Kirchhoff realizó una sorprendente observación. Se sabía, gracias a trabajos llevados a cabo por León Foucault (1819-1868) en 1849, que las denominadas líneas D (oscuras), observadas en el espectro solar por Fraunhofer en 1814, coincidían con las líneas amarillas brillantes detectadas en las llamas que contenían sodio. Este efecto se podía observar con cierta facilidad haciendo que la luz del Sol llegase a un espectroscopio tras atravesar una llama de sodio; si se debilitaba suficientemente la luz solar, las oscuras líneas de Fraunhofer eran sustituidas por las líneas brillantes provenientes de la llama. El hallazgo de Kirchhoff fue advertir que si la intensidad del espectro solar aumentaba por encima de un cierto límite, las líneas D se hacían todavía más oscuras al interponer una llama de sodio. Intuyó inmediatamente que se trataba de algo fundamental, aunque no sabía cómo explicar el fenómeno.

Un día después se le ocurrió una explicación, que pronto se vio confirmada por nuevos experimentos: una sustancia capaz de emitir una cierta línea espectral posee una gran capacidad de absorber la misma línea; por eso las líneas D, características del sodio, se hacían más oscuras cuando se interponía una llama también de sodio. Otra manifestación de semejante propiedad podía ser que la simple interposición de una llama de sodio de baja temperatura sería suficiente para producir artificialmente las líneas D en el espectro de una fuente de luz intensa que no las mostraba inicialmente, pero este hecho conducía a una conclusión fundamental: las líneas D (oscuras, insisto) que aparecían en el espectro solar tenían que ser debidas a que en la atmósfera del Sol existía sodio, que mediante un fenómeno de absorción originaba las mencionadas rayas espectrales.

Antes de que acabase el año Kirchhoff (1859 a) informó a la comunidad científica de sus ideas, en las que continuó trabajando durante algún tiempo. Un ejemplo en este sentido es la carta que dirigió el 6 de agosto de 1860 al químico Otto Linné Erdmann (1804-1869), y de la que el químico británico Henry Roscoe (1833-1915) publicó un extracto traducido al inglés en el *Philosophical Magazine* (Kirchhoff 1861 a; 1862, versión en castellano). Escribía en ella:

> Desde que remití mi Memoria a la Academia de Ciencias de Berlín, no he dejado de proseguir mis investigaciones en el mismo sentido. Había enunciado yo la ley de que una llama absorbe los mismos rayos que emite; no insistiré sobre las pruebas teóricas que he dado en confirmación de esta ley, ni sobre los experimentos que hemos hecho Mr. Bunsen y yo para demostrar que las rayas brillantes del espectro de una llama pueden servir para caracterizar los metales introducidos en esta llama; mi intención es comunicaros los resultados de mis investigaciones respecto al análisis químico de la atmósfera solar.

> El Sol tiene una atmósfera gaseosa, candente, y que envuelve un núcleo cuya temperatura es todavía mucho más elevada. Si pudiésemos observar el espectro de esta atmósfera, notaríamos en él las rayas brillantes características de los metales contenidos en este medio, y por ellas podríamos determinar la naturaleza de estos metales. Pero la luz más intensa emitida por el núcleo solar no permite que el espectro de esta atmósfera se produzca directamente: obra sobre él invirtiéndole, según lo que he expuesto anteriormente; es decir, que sus rayas brillantes parecen oscuras. No vemos el espectro de la atmósfera solar por sí mismo, sino su imagen negativa. Esta circunstancia permite determinar con igual exactitud la naturaleza de los metales contenidos en esta atmósfera, para lo cual basta tener un conocimiento profundo del espectro solar, y de los producidos por cada uno de los diferentes metales.

En este punto Kirchhoff se detenía en explicar el aparato que había hecho posible sus observaciones: un espectroscopio con cuatro prismas (como veremos más adelante, el espectroscopio utilizado en su colaboración con Bunsen fue inicialmente uno más rudimentario: tenía únicamente un prisma).[1] Me detengo en la descripción que hacía de él, entre otros motivos porque con demasiada frecuencia no se hace hincapié en la importancia que los instrumentos tienen en el desarrollo de la ciencia, con lo que la comprensión de ésta resulta gravemente deteriorada. Esto es particularmente cierto en el caso de la espectroscopia, lo que es tanto como decir en apartados básicos de la astrofísica y de la física cuántica. «En los talleres de instrumentos de óptica y de astronomía de Mr. Steinheil», señalaba Kirchhoff, «he tenido la dicha de encontrar un aparato que produce espectros de una intensidad y pureza, a las cuales seguramente no se había llegado todavía. Este aparato se compone de cuatro grandes prismas de flintglass [cristal de roca] y de dos anteojos muy perfectos, y permite ver en el espectro solar millares de rayas, en las cuales es fácil sin embargo orientarse en razón de las diferencias que presentan en su ancho y en su grado de oscuridad, y por los grupos variados que ofrecen». Y continuaba:

1. Expresado de forma muy sencilla, cuantos más prismas se tengan, en principio mayor será la separación entre las líneas del espectro (cada prisma produce una desviación), con lo cual es más fácil detectarlas.

> Este aparato hace ver el espectro de una luz artificial con la misma intensidad que el espectro solar cuando es suficiente la potencia luminosa de la llama. La del gas común, en la cual se volatilizan las combinaciones metálicas, no basta generalmente, pero la chispa eléctrica da con la mayor limpieza el espectro del metal que constituye los electrodos. Un aparato grande de inducción de Ruhmkorff me produce chispas, que se suceden con bastante rapidez para que pueda observarse este espectro tan cómodamente como el espectro solar.
>
> Una disposición muy sencilla permite comparar con una sola observación los espectros de los dos focos luminosos. Consiste en hacer penetrar por la mitad superior de la hendidura los rayos de uno de los dos focos luminosos, mientras que la mitad inferior deja paso libre a los rayos del otro. En este caso uno de los espectros viene a colocarse inmediatamente debajo del otro, del cual sólo le separa una sencilla línea apenas perceptible. Con facilidad y exactitud se puede estar seguro de si hay coincidencia de ciertas rayas de uno de los espectros con las del segundo.

De esta forma, se había «cerciorado de que todas las rayas brillantes peculiares del hierro corresponden a las rayas oscuras del espectro solar. He podido indicar hasta 72 rayas oscuras en el espectro solar, que corresponden a las rayas brillantes del espectro del hierro: estas rayas están enteramente situadas en el espacio que he reproducido, las cuales son debidas al hierro que existe en la atmósfera solar. Armstrong no ha observado en el espectro de la chispa eléctrica más que tres rayas brillantes del hierro, contenidas en los mismos límites. Mr. Masson apenas ha observado otras más; Mr. Van der Willigen, por su parte, dice que el hierro no hace aparecer con el espectro de la chispa eléctrica más que un corto número de rayas, y que éstas son muy débiles. Debo atribuir a la fuerza de mi aparato el gran número de rayas brillantes, cuya presencia he demostrado con una exactitud completa en el espectro del hierro».

El hierro, como es bien sabido, es un elemento que produce unas tres mil líneas espectrales, lo que da idea de lo compleja que es la tarea de estudiar su estructura espectral. Kirchhoff advirtió este hecho: «El hierro se distingue [...] por el gran número de rayas notables que presenta en el espectro solar». No se limitó, sin embargo, a él: «El magnesio es interesante por el hecho de que presenta en el espectro solar el grupo más aparente de las rayas de Fraunhofer, es decir, el verde, que se compone de tres rayas fuertes. Otras rayas oscuras del espectro solar coinciden claramente, pero son mucho menos notables que las rayas brillantes del cromo y del níquel. Puede, pues, considerarse como demostrada la presencia de estos metales en la atmósfera del Sol. Además, parece que otros muchos metales faltan en ella completamente. Así, los espectros de la plata, del cobre, del zinc, del plomo, del aluminio, del cobalto, del antimonio presentan también rayas extraordinariamente brillantes, pero que no coinciden con ninguna de las rayas oscuras del espectro solar, al menos entre las que son visibles». Momento en que añadía: «Espero dar pronto detalles más minuciosos sobre este punto».

Las consecuencias de los argumentos y observaciones de Kirchhoff eran evidentes. Se hacía posible estudiar por primera vez la composición de los cuerpos celestes sin más que analizar la luz que recibimos de ellos. En otras palabras: nacía una nueva ciencia, la astrofísica, que permitía abordar cuestiones imposibles de resolver para la vieja, varias veces milenaria, astronomía. En sus memorias Roscoe (1906: 69), colaborador de Bunsen durante algún tiempo en Alemania, recordaba la impresión que le suscitó este avance: «Nunca olvidaré la impresión que me produjo mirar a través del magnífico espectroscopio de Kirchhoff, instalado en una de las habitaciones traseras del viejo edificio de la Hauptstrasse, que entonces hacía las funciones de Instituto de Física, y ver la coincidencia de las líneas brillantes en el espectro del hierro con las oscuras líneas de Fraunhofer en el espectro solar. La evidencia de que el hierro, tal y como lo conocemos en esta Tierra, está contenido en la atmósfera solar, aparece instantáneamente como concluyente. Y no han transcurrido aún cuarenta años desde que Comte, argumentando en su *Système* que los investigadores no deberían malgastar su tiempo intentando lo imposible, utilizase como un ejemplo de lo que quería decir por imposible que el conocimiento de la composición del Sol a una distancia de 91 millones de millas debía permanecer para siempre inalcanzable». «Ya no será necesario tocar un cuerpo para determinar su naturaleza química: bastará verlo», escribía el químico francés Jean-Baptiste-André Dumas (1800-1884; 1861: 484). Y, por supuesto, reconocía, como reconocían todos, que se estaba ante el principio: «Lo que el estado de los instrumentos actuales de óptica permite efectuar en el día de hoy respecto del Sol y las principales estrellas fijas, otros nuevos progresos permitirán que lo intente el hombre respecto de los astros más distantes y luminosos, y reconocer así por medio de qué elementos ha formado Dios los mundos que pueblan el Universo». Treinta años más tarde, las esperanzas fundadas en el nuevo método se habían consolidado, como muestran las palabras que pronunció en su discurso como presidente de la British Association for the Advancement of Science, el astrónomo y espectroscopista William Huggins (1824-1910; 1891: 37), en la reunión anual celebrada en Cardiff: «La astronomía, la más antigua de las ciencias, ha más que renovado su juventud, en ningún momento del pasado ha estado tan encendida con ilimitadas aspiraciones y esperanzas. Nunca fueron sus templos tan numerosos, ni tan grande la masa de sus devotos».

El propio Kirchhoff continuó explorando este campo, como anunciaba en su carta a Erdmann. Sin embargo, no profundizaré en este ámbito de sus actividades, simplemente diré que una de sus publicaciones más acabadas en este campo apareció en dos entregas en 1861 y 1862 (Kirchhoff 1861/62).

Kirchhoff y Bunsen (1860)

Aunque me he referido a la colaboración de Kirchhoff y Bunsen, no me he detenido todavía en su contenido, centrado como estaba en seguir la línea argumental de las aportaciones espectroscópicas de Kirchhoff. Volvamos, pues, atrás, a esa colaboración, que se concretó en un extenso artículo conjunto, publicado en dos partes (Kirchhoff y Bunsen 1860, 1861).[2]

Que, al contrario de las memorias de Kirchhoff que he comentado en la sección precedente, basadas bien en interpretaciones teóricas o en observaciones experimentales solares, el trabajo de Bunsen y Kirchhoff estaba dedicado fundamentalmente a aspectos químicos (motivo por el cual la participación de Bunsen se hacía imprescindible) es algo que quedaba claro desde el principio: «Se sabe», escribían (Kirchhoff y Bunsen 1862: 205-207), «que muchas sustancias introducidas en una llama tienen la propiedad de producir en el espectro de ésta rayas brillantes particulares: en la existencia de estas

2. La citas que efectuaré a continuación de estos dos artículos están tomadas de una versión al castellano publicada en la revista de la Academia de Ciencias de Madrid: Kirchhoff y Bunsen (1862).

rayas puede fundarse un método de análisis cualitativo que ensancha considerablemente el dominio de las investigaciones químicas y que permite resolver problemas hasta ahora insuperables. Nos limitaremos en esta Memoria a aplicar este método a la investigación de los metales alcalinos y alcalino-térreos, haciendo resaltar su valor con una serie de ejemplos».

A continuación explicaban los instrumentos que habían empleado, sin los cuales, como ya he apuntado, nada habría sido posible. El primero era el mechero de Bunsen, el humilde, familiar, mechero de Bunsen, que —es uno de los puntos que pretendo transmitir en este capítulo— desempeñó de esta forma un papel importante en los orígenes de la física cuántica: «Las rayas del espectro son tanto más visibles, cuanto más elevada es la temperatura de la llama y menor su potencia luminosa. La lámpara de gas, que uno de nosotros ha descrito, produce una llama poco luminosa y de una temperatura muy elevada, y se presta perfectamente al examen de las rayas brillantes que dan ciertos cuerpos». El segundo, el espectroscopio, que era más primitivo que el de cuatro prismas empleado por Kirchhoff, con el que nos encontramos con anterioridad: «El aparato que hemos empleado para la observación del espectro se compone de una caja, ennegrecida por su interior, colocada sobre tres pies, y cuya base es un trapecio. Las dos paredes correspondientes a los lados oblicuos del trapecio forman un ángulo de 58°, y llevan dos anteojos pequeños: el ocular del primero está reemplazado por un disco de latón que tiene una hendidura vertical, la cual se coloca en el foco del objetivo. Delante de esta hendidura se pone la lámpara, de modo que el eje del anteojo pase por el borde de la llama. Un poco más abajo de este punto de encuentro se halla, pendiente de un sustentáculo, un hilo de platino muy fino y encorvado en forma de espiral, en el cual se pone el glóbulo del cloruro que se va a examinar, deshidratado previamente. Entre los objetivos de ambos anteojos hay un prisma de 60°, sostenido por un disco de latón movible sobre un eje vertical, el cual lleva en su parte inferior un espejo, y encima de él una varilla, que sirve para dar vuelta al prisma y al espejo. Delante de este último se halla colocado un anteojo, que sirve para leer las divisiones de una escala horizontal colocada a corta distancia. Dando vueltas al prisma pueden hacerse pasar todas las partes del espectro detrás del retículo vertical del segundo anteojo, y por consiguiente que coincidan todas las rayas del mismo con el retículo. A cada posición del espectro corresponde una división de la escala; y si es poco luminoso, se aclara el hilo del anteojo por medio de una lente que proyecta en él la luz de una lámpara por una abertura lateral practicada en el tubo ocular del segundo anteojo».

En cuanto a elementos químicos, compararon los espectros obtenidos con diversos compuestos (como cloruros puros, yodatos, hidratos, carbonatos y sulfatos) cuando se introducían llamas de, entre otros elementos y compuestos, azufre, hidrógeno, sulfuro de carbono, óxido de carbono y la llama no luminosa del gas del alumbrado. «De nuestras largas y minuciosas investigaciones», manifestaban, «cuyos detalles creemos deber pasar en silencio, resulta que la naturaleza de la combinación en que existe el metal, la diversidad de los fenómenos químicos que se originan en cada llama y la diferencia enorme de temperatura producida por ellas *no ejercen ninguna influencia sobre la posición de las rayas del espectro correspondiente a cada metal*».

Tras estas explicaciones, llegaba el momento de señalar una de las grandes aplicaciones del método espectral, una de las principales, si no la principal, en lo que a la química se refiere: «También tiene importancia el análisis del espectro bajo otro punto de vista, en cuanto puede conducir al descubrimiento de elementos todavía desconocidos. Si en efecto existen cuerpos diseminados en la naturaleza en cantidades bastante pequeñas para ocultarse a nuestros métodos comunes de análisis, puede esperarse descubrirlos por la simple inspección del espectro. La experiencia nos ha dado ocasión de confirmar esta hipótesis, puesto que fundándonos en los resultados positivos obtenidos por la observación del espectro, creemos poder afirmar con exactitud que además del potasio, del sodio y el litio, existe un cuarto metal alcalino, cuyo espectro es tan característico y tan simple como el del litio. Nuestro aparato no indica para este metal más que dos rayas, una Csβ azul y débil, que corresponde casi a la del estroncio, Srδ, y otra Csα, también azul».

El escenario se encontraba preparado, como vemos, para que intentasen ser los primeros en explotar la posibilidad que acababan de enunciar; esto es, que estaban utilizando un método que «puede conducir al descubrimiento de elementos todavía desconocidos». Lo serían, efectivamente, como explicaban en su segunda memoria (Kirchhoff y Bunsen 1861; 1862, versión castellana). «Tenemos la convicción», explicaban (Kirchhoff y Bunsen 1862: 333-335), «de que este método, que ensancha de un modo tan extraordinario los límites del análisis químico, podrá conducir a descubrir nuevos elementos desapercibidos hasta ahora por los químicos, bien por hallarse diseminados, bien por su analogía con las sustancias conocidas, bien por razón de lo imperfectos que son nuestros métodos de investigación, que no permiten encontrar entre ellos reacciones características. Desde el primer paso que hemos dado en esta senda, hemos visto realizarse lo que habíamos previsto; en efecto, bien pronto hemos reconocido, además del potasio, del sodio y del litio, la existencia de otros dos metales alcalinos, aunque las sales de estos nuevos elementos producen los mismos precipitados que las del potasio, y que sólo se encuentran en pequeñísima cantidad. En efecto, para obtener un peso de materia que suba sólo a algunos gramos, necesario para nuestros experimentos, hemos necesitado operar sobre 44.200 kilogramos de agua madre del agua mineral de Dürkheim, y sobre 150 kilogramos de lepidolita». Y explicaban el procedimiento que habían seguido:

> Cuando en la llama del aparato para la observación del espectro se pone una gota de agua madre procedente del agua mineral de Dürkheim, se reconocen únicamente las rayas características del sodio, del potasio, del litio, del calcio y del estroncio. Si entonces, después de haber precipitado por los procedimientos conocidos la cal, la estronciana y la magnesia, se vuelve a tratar con alcohol el residuo, tratado previamente con ácido nítrico para fijar las bases, se obtiene, cuando se le ha privado en lo posible de la litina por medio del carbonato de amoniaco, un agua madre, que en aparato espectral da las rayas del sodio, del potasio, del litio; y además dos rayas azules notables, muy inmediatas la una a la otra, y una de las cuales coincide casi con la raya Srδ; pero no habiendo cuerpo simple conocido que en esta parte del espectro dé dos rayas semejantes, se puede deducir, por consiguiente, la existencia segura de un cuerpo simple hasta ahora desconocido, y que corresponde al grupo de los metales alcalinos.
>
> Proponemos dar al nuevo metal el nombre de *cesio* (símbolo Cs), de *caesius*, que entre los antiguos servía para designar el azul de la parte superior del firmamento, cuyo nombre nos parece se justifica por la facilidad con que puede comprobarse con el hermoso color azul de los vapores candescentes de este nuevo cuerpo simple, la presencia de algunas milésimas de miligramo de este elemento mezclado con la sosa, con la litina y con la estronciana.

A continuación describían el camino que los había conducido al descubrimiento del rubidio, Rb, «de *rubidus*, que entre los antiguos servía para designar el rojo más intenso», por el «magnífico color rojo intenso» de dos de las rayas del nuevo metal. Durante los años siguientes otros elementos serían identificados mediante el análisis espectral: el talio (William Crookes [1832-1919], 1861), el indio (Reich y Ritcher, 1863), el helio, detectado por Norman Lockyer (1836-1920) en 1869 en las protuberancias solares, descubrimiento que fue confirmado (1895) en el laboratorio por William Ramsay (1852-1916) y lord Rayleigh (1842-1919), el galio (Paul E. Lecoq de Boisbaudran [1838-1912], 1875), el escandio (Lars F. Nilson [1840-1899], 1879) y el germanio (Clemens A. Winkler [1838-1904], 1886).

Evidentemente, esto no sucede todos los días, ni todos los investigadores tienen oportunidades del estilo de las que se encontraron en 1859-1861 Kirchhoff y Bunsen: desarrollar un método de una potencia inusitada, que condujo a la creación de una nueva ciencia, fundamental, como es la astrofísica, y a encontrar dos nuevos elementos químicos. Sabemos algo de los sentimientos que la investigación en que estaban inmersos suscitaba en ellos, a través de una carta que Bunsen dirigió a Roscoe el 13 de noviembre de 1859 (Roscoe 1904; 1906: 81-82): «En este momento estoy ocupado con una investigación con Kirchhoff que no nos deja dormir. Kirchhoff ha realizado un descubrimiento totalmente inesperado, en tanto que ha encontrado la causa de las líneas oscuras en el espectro solar y puede producir estas líneas artificialmente intensificadas tanto en el espectro solar como en el espectro continuo de una llama, siendo su posición idéntica a la de las líneas de Fraunhofer. En consecuencia, se abre el camino a la determinación de la composición química del Sol y de las estrellas fijas con la misma certidumbre con que podemos detectar cloruro de estroncio, etc., con nuestros reactivos habituales. Mediante este método también se pueden detectar y separar elementos existentes en el Sol con el mismo grado de precisión que se hace con los que hay en la Tierra; por ejemplo: se puede demostrar la presencia de litio en 20 gramos de agua del mar. En la detección de muchos elementos es preferible este método a todos los procesos conocidos previamente. Una mezcla contiene Li, Ka, Na, Ba, Sr y Ca; todo lo que se necesita es llevar un miligramo de esta mezcla a nuestro aparato para, inmediatamente, con la ayuda de un microscopio, descubrir la presencia de todos estos cuerpos mediante una sola observación. Algunas de estas reacciones tienen un grado de delicadeza maravilloso; así, por ejemplo, se puede detectar la 5/1000 parte de un miligramo de litio con la mayor facilidad. Yo mismo he observado la presencia de este cuerpo en casi todos los especímenes de potasio».

El reconocimiento, los honores no tardaron en llegar; eran obligados. Representativo de ese reconocimiento es lo que Jean-Baptiste-André Dumas (1861: 485) escribió (y no olvidemos que se trataba de un francés, y que con no pequeña frecuencia los galos no han sido excesivamente generosos en sus halagos a alemanes): «Los físicos franceses, que han tratado de estos excelentes estudios, pueden sentir no haber dado a la filosofía natural el impulso que ha recibido de la sabia Alemania: pero la ciencia es de todos los países; sus progresos pertenecen a la humanidad entera; y todo el mundo se felicitará en Francia al saber que S. M. el Emperador, cuyo pensamiento comprende todo lo que puede contribuir al adelanto de las ideas como también a la grandeza y a la felicidad del país, acaba de dar [27 de octubre de 1861], en testimonio del interés constante que manifiesta por las ciencias, la condecoración de oficial a Mr. Bunsen, y la Cruz de la Legión de Honor a Mr. Kirchhoff».

Kirchhoff y la radiación de un cuerpo negro

Cualquier texto introductorio de mecánica cuántica, y por supuesto uno que pretenda reconstruir su historia, no deja de señalar el papel que la radiación de un cuerpo negro desempeñó en el descubrimiento realizado por Max Planck en 1900, que puso en marcha la cuantización de la física. Ahora bien, muy pocos de esos mismos textos se detienen en explicar cuándo y por qué surgió la noción de cuerpo negro. Como veremos en la presente sección, su origen está asociado al nombre de Kirchhoff y tiene que ver con los desarrollos que acabo de citar.[3]

El mismo año en que Kirchhoff (1859 a) publicó sus observaciones e ideas sobre las líneas D observadas en el espectro solar que

3. Soy consciente de que la discusión que sigue es un tanto prolija, pero he decidido incluirla con cierto detalle tanto por su extraordinario interés para la historia de la que me ocupo en este libro, como porque ha sido casi universalmente omitida en todas las exposiciones que conozco.

coincidían con las líneas amarillas brillantes emitidas por llamas que contenían sodio, apareció un segundo trabajo suyo en el que se ocupaba de aspectos teóricos que subyacían en el primero.[4] En particular, trataba en él de una propiedad específica de los cuerpos que emitían luz y calor («luz invisible», como llamaba a este último): «El cociente entre la capacidad de emisión y la capacidad de absorción, *e*/*a*, común a todos los cuerpos», escribía (Kirchhoff 1859 b: 786), «es una función que depende de la longitud de onda [de la radiación emitida o absorbida] y de la temperatura».

Un año después Kirchhoff (1860) publicó un segundo artículo en el que abordaba el mismo problema con mayor detalle, suministrando además una demostración analítica más rigurosa del enunciado anterior. Fue en este trabajo donde, al principio, introdujo la noción de cuerpo negro (estrictamente una ficción, un objeto inalcanzable). «Quiero llamar a semejante cuerpo», fueron sus palabras (Kirchhoff 1860: 277), «cuerpo negro perfecto, o de modo abreviado, negro» («Ich will solche *Körper vollkommen schwarze*, oder kürzer *schwarze* neenen»).

No fue, sin embargo, él quien inventó el concepto de cuerpo negro. En, por ejemplo, la Cuestión 6 de la *Óptica* de Isaac Newton (1704) podemos leer: «¿Acaso la luz no engendra el calor en los cuerpos negros con mayor facilidad que en los de otros colores, debido a que al incidir sobre ellos no se refleja hacia afuera, sino que penetrando en ellos, se refracta y refleja muchas veces en su interior hasta que se absorbe y pierde?». Sí fue Kirchhoff, no obstante, el primero que formuló tal concepto en el sentido técnico preciso que veremos en seguida, y quien lo insertó en un contexto teórico de cuya fecundidad dan testimonio, entre otras ramas de la ciencia, la propia teoría cuántica al igual que la astrofísica. Sin embargo, en lugar de este segundo artículo, a continuación utilizaré otro más breve: el resumen de una conferencia que pronunció en la Sociedad de Historia Natural de Heidelberg, que apareció en el *Philosophical Magazine* (en el número de abril de 1861; [Kirchhoff 1861 b]) gracias a los servicios de Roscoe, quien, como vemos, se convirtió en uno de los principales mensajeros de los resultados obtenidos por Kirchhoff (también, claro, de Bunsen).

4. Es preciso señalar que Kirchhoff no fue el único que se preocupó por estas cuestiones: el británico Balfour Stewart (1828-1887, 1858) también lo hizo.

«Hace unos pocos meses», comenzaba su exposición Kirchhoff (1861 b: 241), «comuniqué a la Sociedad ciertas observaciones, que parecían de interés porque dan alguna información sobre la composición de la atmósfera solar y señalan el camino hacia más conocimientos sobre este tema. Estas observaciones conducen a la conclusión de que una llama cuyo espectro consiste de líneas brillantes es parcialmente opaca a rayos de luz del color de estas líneas, mientras que es perfectamente transparente a la luz restante. Esta afirmación explica las líneas oscuras de Fraunhofer en el espectro solar, y justifica la conclusión relativa a la composición de la atmósfera del Sol. El hecho de que una llama sea parcialmente opaca solamente a aquellos rayos que emite fue, como manifesté en su momento, una sorpresa para mí. Desde entonces he llegado, mediante consideraciones teóricas muy simples, a una proposición de la que se deduce inmediatamente la anterior conclusión».

Las «consideraciones teóricas» a las que aludía nos parecen, casi siglo y medio después, más que simples, triviales, pero no lo eran tanto en el contexto en el que Kirchhoff se estaba moviendo (más bien, *creando*): «Un cuerpo caliente emite rayos de calor. Lo sentimos claramente cerca de una estufa caliente. La intensidad de los rayos de calor que un cuerpo caliente emite depende de la naturaleza y de la temperatura del cuerpo, pero es en general independiente de la naturaleza de los cuerpos sobre los que caen los rayos. *Sentimos* los rayos de calor solamente en el caso de los cuerpos muy calientes, pero todos los cuerpos los emiten, cualquiera que sea su temperatura, aunque su magnitud disminuye con la de esta. Un cuerpo pierde calor en proporción a lo que radia, y su temperatura debe disminuir salvo que esta pérdida sea compensada. Un cuerpo rodeado por sustancias que se encuentran a su misma temperatura no experimenta un cambio de temperatura. En este caso, la pérdida de calor producida por su propia radiación es compensada exactamente por los rayos que emiten los cuerpos que le rodean, una parte de los cuales absorbe el cuerpo. La cantidad de calor que este cuerpo absorbe en un tiempo dado debe ser igual a la que emite en el mismo intervalo. Esto es válido cualquiera que sea la naturaleza del cuerpo; cuantos más rayos emita un cuerpo, más rayos incidentes debe absorber. La intensidad de los rayos que emite un cuerpo ha sido denominada su *capacidad de radiación o emisión*; y el número que denota la fracción de los rayos incidentes que se absorben, la *capacidad de absorción.*

Cuanto mayor sea la capacidad de emisión de un cuerpo, mayor debe ser su capacidad de absorción». Y añadía en este punto: «Una consideración más estrecha demuestra que la relación entre las capacidades de emisión y de absorción para *una* temperatura es la misma para todos los cuerpos. Esta conclusión ha sido verificada en muchos casos especiales, tanto en los últimos diez años como en épocas anteriores».

Ahora bien, Kirchhoff se daba cuenta de que esta conclusión exigía que «todos los rayos de calor considerados sean de una y de la misma clase», que «no fuesen cualitativamente tan diferentes que una parte de ellos fuese absorbida por los cuerpos más que otra parte, ya que en este caso no podríamos hablar de la capacidad de absorción de un cuerpo, simplemente porque sería diferente para rayos diferentes». Y se sabía que, efectivamente, había diferentes tipos de rayos de calor: los rayos «oscuros y luminosos» (es decir, los de diferentes longitudes de onda), y los rayos polarizados de una u otra forma. Pero a la postre fue capaz de superar esta dificultad: «He encontrado», afirmaba (Kirchhoff 1861 b: 243), «que la proposición relativa al cociente entre el poder de emisión y el de absorción sigue siendo cierta, independientemente de lo diferentes que puedan ser los rayos que emiten los cuerpos, siempre que las nociones de capacidad de emisión y de absorción queden confinadas a *un tipo* de rayo».

Para llegar a este resultado, comenzó «considerando que es posible imaginar cuerpos que, aunque muy delgados, absorben todos los rayos que caen sobre ellos, o cuya capacidad de absorción es igual a 1. Denomino a tales cuerpos *perfectamente negros*, o simplemente *negros*». En primer lugar, investigó la radiación de tales cuerpos negros, llegando a la conclusión «de que la capacidad de emisión del cuerpo negro, considerada con respecto a una longitud de onda dada y a un plano de polarización dado, es independiente de su constitución».

Cuando suponía que el cuerpo no era negro, «sino de cualquier otro color», encontraba que la relación entre emisión y absorción permanece constante para todos los cuerpos; es decir que:

$$E/A = e \tag{1}$$

Una ecuación que, obviamente, se puede escribir como

$$E = A \cdot e \tag{2}$$

o

$$A = E/e \tag{3}$$

En un cuerpo negro $A = 1$, y por tanto $E = e$, así que según la ley de Kirchhoff que acabamos de enunciar, como el cociente E/A permanece constante para todos los cuerpos, dos cuerpos negros diferentes también tendrán la misma capacidad de emisión $(E = E')$.

Con tal bagaje teórico, Kirchhoff (1861 b: 246) obtenía varias consecuencias importantes. Una, la segunda, le llevaba de vuelta al tema de partida: «El espectro de todos los cuerpos opacos incandescentes es continuo; no contiene líneas brillantes ni oscuras. Por consiguiente, podemos concluir que el espectro de un cuerpo *negro* incandescente (utilizando el término en el sentido ya definido) debe ser continuo. El espectro de un gas incandescente está formado, al menos casi siempre, de una serie de líneas brillantes separadas entre sí por espacios perfectamente oscuros. Si la capacidad de emisión de tal gas se representa por E, la relación E/e posee un valor apreciable para aquellos rayos que corresponden a las líneas brillantes del espectro del gas, pero tiene un valor despreciable para todos los demás rayos. Sin embargo, según la ecuación [(3)] esta relación es igual a la capacidad de absorción del gas incandescente. En consecuencia, se sigue que el espectro de un gas incandescente *será* el *recíproco* de éste [...], cuando está colocado delante de una fuente de luz de suficiente intensidad, que da un espectro continuo; esto es, las líneas del espectro del gas, que antes eran brillantes, se verán como líneas oscuras en un fondo brillante. Una consecuencia notable de mi proposición que mencionaré es que si la fuente de luz más remota es un cuerpo sólido incandescente, la temperatura de este cuerpo debe ser mayor que la del gas incandescente para que tenga lugar tal conversión».

Y así, podía concluir (Kirchhoff 1861 b: 247): «El Sol está formado por un núcleo luminoso, que podría producir por sí mismo un espectro continuo, y por una atmósfera gaseosa incandescente, que podría producir por sí misma un espectro formado por un inmenso número de líneas brillantes características de las numerosas sustancias que contiene. El espectro solar real es el recíproco de éste. Si fuese posible observar el espectro que pertenece a la atmósfera solar con todas las líneas brillantes que posee, nadie se sorprendería de escuchar que, a partir de la existencia en el espectro solar de las líneas brillantes características del sodio, potasio e hierro, se hubiese comprobado la presencia de estos cuerpos en la atmósfera del Sol. Sin embargo, según la proposición que acabo de establecer, tampoco puede existir duda de lo cierto de esa afirmación si viésemos el espectro real de la atmósfera solar».

Había sido, en definitiva, capaz de explicar sus observaciones iniciales, observaciones que surgieron del contexto de su colaboración con Bunsen. Y al hacerlo no sólo había introducido la noción de cuerpo negro, en el sentido técnico moderno, sino que había llegado a resultados que contenían elementos —como la «constancia» entre emisión y absorción, es decir, y utilizando otro lenguaje, que existe, como veremos a continuación, una función universal, $K\lambda(T)$— sin los que la historia de la creación de la física cuántica habría sido otra, en el supuesto, claro está, de que hubiese sido creada.

La noción de cuerpo negro

Para clarificar la noción de «cuerpo negro», citaré la explicación que dio Jeremy Bernstein (1991: 21) en uno de sus libros:

> Un cuerpo negro se puede construir con un cilindro hueco de paredes delgadas de algún material como el tungsteno. Se calientan las paredes del cilindro haciendo pasar, por ejemplo, una corriente eléctrica por ellas. De las paredes calentadas se produce entonces una radiación, que se recoge dentro del cilindro hueco. Si se hace un agujero pequeño en el cilindro, sale de él suficiente radiación como para poder medir sus características (por cierto, si se mantiene el cilindro a la temperatura ambiente el agujero se ve perfectamente negro desde el exterior, ya que toda radiación que caiga en él queda atrapada dentro del cilindro, de ahí el nombre de «cuerpo negro»). En particular, la radiación de cuerpo negro tiene una distribución característica de longitudes de onda-colores. Sucede que esta distribución solamente depende de la temperatura a la que se calienta el cilindro y no del material del que está hecho el cilindro.

Reconstrucción teórica de la contribución de Kirchhoff

En la sección anterior he presentado los resultados de Kirchhoff utilizando, básicamente, sus propias palabras. Ahora voy a reconstruir sus razonamientos recurriendo a términos y expresiones más actuales, que nos servirán, además, para establecer una línea de argumentación continua con desarrollos que aparecerán en otros capítulos, al igual que en este mismo.[5]

Consideremos una cavidad esférica de paredes perfectamente absorbentes (es decir, negras), llena de radiación de intensidad K, que se mantiene a una temperatura fija, T. Su interior se llenará de energía radiante de todas las longitudes de onda, X. Si la radiación está en equilibrio, tanto dentro de la cavidad como con las paredes, entonces la magnitud con la que la energía es radiada a través de cualquier superficie o área unidad es independiente de la posición y orientación de esa superficie. En estas circunstancias, el flujo de energía que incide sobre un elemento infinitesimal de superficie, $d\sigma$, desde un cono de luz de ángulo sólido $d\Omega$, es $K \cdot \cos\theta \cdot d\Omega \cdot d\sigma$, donde θ es el ángulo entre $d\sigma$ y el eje del cono. Como la radiación contribuye al flujo total con longitudes de onda muy diversas, la intensidad admite una especificación más precisa mediante una función de distribución, K_λ, tal que

$$K = \int_0^\infty K_\lambda d\lambda \qquad (4)$$

$K_\lambda d\lambda$ es, evidentemente, la intensidad debida a la radiación de longitud de onda entre λ y $\lambda + d\lambda$.

Determinar la forma de K_λ constituye el problema principal para estudiar la radiación de un cuerpo negro, y en esencia esto es lo que hizo Kirchhoff.

Denotemos ahora como a_λ a la energía de longitud de onda entre λ y $\lambda + d\lambda$ que es retenida por $d\sigma$, cuando la cavidad se mantiene a la temperatura T. La energía absorbida será proporcional a $a_\lambda \cdot K_\lambda \cdot d\sigma$.

5. En textos clásicos contemporáneos aparecen, por supuesto, numerosas reconstrucciones de la deducción de Kirchhoff y otros resultados relacionados con él. Véase en este sentido, por ejemplo, Lorentz (1927 b: 209-228).

Análogamente, $d\sigma$ radia (emisión) energía al interior de la cavidad en magnitud que es proporcional a $e_\lambda \cdot d\sigma$.

Imponiendo la condición de que exista equilibrio, es decir, que la absorción total sea igual a la emisión total, se llega a:

$$\int a_\lambda \cdot K_\lambda \cdot d\lambda = \int e_\lambda \cdot d\lambda$$

Experimentando (recordemos lo que escribía en 1861: «Esta conclusión ha sido verificada en muchos casos especiales, tanto en los últimos diez años como en épocas anteriores»), Kirchhoff llegó al resultado de que $a_\lambda \cdot K_\lambda = e_\lambda$ para cualquier material. En consecuencia, se tiene que:

$$\frac{e_\lambda}{a_\lambda} = K_\lambda(T) \tag{5}$$

es decir, que existe una función universal, $K\lambda(T)$ que depende sólo de λ y de T.

Recurriendo ahora a la condición de «cuerpo negro» (aquel que absorbe toda la radiación; esto es, aquel en el que $a_\lambda = 1$) introducida por Kirchhoff en 1860, se sigue inmediatamente que para un cuerpo negro, $e_\lambda = K_\lambda(T)$.

Entre los motivos para interesarse por estas expresiones, estaba el que si se conociese la forma de $K_\lambda(T)$, una vez que se midiese (mediante las oportunas observaciones) la radiación emitida por una estrella, por ejemplo, se podría calcular T, esto es, la temperatura de la superficie de esa estrella.

La ley de radiación de Stefan

A pesar de lo que acabo de decir, para calcular la temperatura de, por ejemplo, el Sol, no basta con medir experimentalmente el ritmo con que emite radiación y comparar este valor con $K_\lambda(T)$; hay que conocer también, entre otros factores, qué fracción de la radiación es absorbida por la atmósfera terrestre, que es atravesada por esa radiación antes de llegar al observador terrestre. Curiosamente, fue también en la década de 1860 cuando se publicaron los primeros resultados relevantes en este sentido. Especialmente importante para el desarrollo al que me voy a referir fue un artículo que el irlandés John Tyndall (1820-1893) publicó en el *Philosophical Magazine* en 1864.[6] Este artículo (Tyndall 1864) fue traducido al alemán (Tyndall 1865) y leído por Adolph Wüllner, que en un texto que publicó en 1871 —*Die Lehre von der Wärme vom Standpunkte der mechanischen Wärmetheorie*— señalaba que «la cantidad de calor emitida aumenta considerablemente más rápido que la temperatura, especialmente a temperaturas elevadas», mencionando como apoyo de semejante conclusión algunas de las medidas de Tyndall (cometiendo, por cierto, errores en su transcripción al efectuar ciertas conversiones).[7]

Aun conteniendo errores, el hecho es que lo que Wüllner señalaba en su libro influyó en Josef Stefan (1835-1893), catedrático de Matemáticas Superiores y Física en la Universidad de Viena, donde también dirigía (desde 1869) el Instituto de Física Experimental, que nada menos que Christian Johann Doppler (1808-1853) había fundado en 1850. En un artículo que apareció en 1879, Stefan propuso una ley concreta para la emisión de radiación: «Mencionaré aquí», escribía (Stefan 1879: 421), «el comentario que Wüllner efectua en su libro de texto sobre los experimentos de Tyndall acerca de la radiación de un hilo de platino al que una corriente eléctrica hace brillar, ya que ese comentario fue el que primero me hizo suponer que la radiación calorífica es proporcional a la cuarta potencia de la temperatura absoluta»; esto es: K es igual a una constante multiplicada por T^4.

El único fundamento para la propuesta de Stefan era experimental, con una base muy pobre, además. Una derivación teórica tendría que esperar algunos años, a 1884. Su autor fue un físico (y pensador) extraordinario, que, como iremos viendo en diversos lugares de este libro, desempeñó un papel central en la génesis de la física cuántica: Ludwig Boltzmann (1844-1906).

La carrera científica de Boltzmann está unida especialmente a la física estadística, de la que fue, como también tendremos ocasión de comprobar (en este mismo capítulo, cuando, en seguida, me refiera a James Clerk Maxwell), uno de sus protagonistas principales. Natural de Viena, allí estudió, teniendo la oportunidad de seguir cursos del mismo Josef Stefan y de Josef Loschmidt (1821-1895). Ocupó numero-

6. Con anterioridad, Tyndall ya se había ocupado de problemas relacionados con el que estoy citando; así, por ejemplo, en 1861 había medido la absorción del calor radiante en diferentes gases.

7. Para más detalles, ver Brush (1973: sección 7).

sos puestos académicos: fue catedrático de Física teórica en las universidades de Graz, Múnich, Viena y Leipzig, de Matemáticas en Viena y de Física Experimental en Graz (tal vez satisfizo con tantos cambios su espíritu viajero, que plasmó en algún escrito memorable: como «El viaje de un profesor alemán a Eldorado»).[8] Durante su vida se embarcó en profundas y con frecuencia amargas controversias —científicas y filosóficas— con científicos (como Ernst Mach o Wilhelm Ostwald) que negaban la realidad de los átomos, idea en la que se basaban sus trabajos estadísticos. Se suicidó en Duino, cerca de Trieste, el 5 de septiembre de 1906. Sus restos reposan en el cementerio de Viena, adornados por un mausoleo en el que se puede leer su gran fórmula (con la que nos volveremos a encontrar): «$S = k \cdot \log W$».

Veamos a continuación, siguiendo una presentación especialmente clara debida, precisamente, a Max Planck (1906: 61-63), en su libro *Vorlesungen über die Theorie der Wärmestrahlung*, cómo dedujo Boltzmann (1884) la ley de Stefan.

Si se supone que la radiación está confinada en un cilindro de volumen V, cerrado por un émbolo reflector, se tendrá que si la presión de la radiación realiza un trabajo, aumentando el volumen, V, del cilindro en δV, para que la temperatura se mantenga constante hay que añadir un calor δQ. Ahora bien, de acuerdo con el primer principio de la termodinámica (el de la conservación de la energía),

$$\delta Q = \delta U + p \cdot \delta V \tag{6}$$

donde U = energía (por otra parte, se tiene que $u = U/V$, la densidad de energía).

Asimismo, se sabía que una onda plana que incide perpendicularmente sobre una superficie reflectora (o perfectamente conductora) ejerce una presión, p, igual a su densidad de energía; de manera que para radiación isótropa (esto es, aquella igual en todas las direcciones) se tiene $p = (1/3) \cdot u$. Sustituyendo esta relación en (6), resulta

8. Cuando Kirchhoff murió (1887), le fue ofrecida a Boltzmann la cátedra de Física teórica que éste ocupaba en la Universidad de Berlín. Inicialmente aceptó, pero pronto pidió que le eximiesen de su compromiso. Aparentemente, el talante de los profesores y vida académica de Berlín eran demasiado formales para el vital Boltzmann.

$$\begin{aligned}\delta Q &= \delta(u \cdot V) + (1/3)u \cdot \delta V = \\ &= (\delta u) \cdot V + (4/3)u \cdot \delta V\end{aligned} \tag{7}$$

Argumentando ahora que en una situación de equilibrio, el flujo neto de energía a través de una superficie arbitraria, situada en el interior de la cavidad llena de radiación, tiene que ser cero, y que esta condición sólo puede verificarse (en el contexto de la teoría electromagnética de Maxwell) si la energía radiante, u, se relaciona con K según

$$u = 4\pi K/c \tag{8}$$

donde c representa la velocidad de la luz, y recordando lo visto con anterioridad acerca de K, se sigue que $u = u(T, V)$, relación que se puede utilizar para deducir

$$\delta u = (\partial u/\partial T) \cdot \delta T + (\partial u/\partial V) \cdot \delta V \tag{9}$$

La expansión del volumen, δV, modifica también la entropía de la radiación, S, en una cantidad (como es bien sabido por la termodinámica)

$$\delta S = \delta Q/T \tag{10}$$

Ahora bien, otro de los requisitos termodinámicos es que δS tiene que ser una diferencial exacta; esto es, que se debe verificar

$$\frac{\partial^2 S}{\partial V \partial T} = \frac{\partial^2 S}{\partial T \partial V} \tag{11}$$

Combinando (9), (10) y (11), y teniendo en cuenta que en los resultados obtenidos por Kirchhoff, K—y por tanto, recordando (8), también u— es función únicamente de T, y no de V (lo que significa que $\partial u/\partial V = 0$, y que $\partial u/\partial T = \mathrm{d}u/\mathrm{d}T$), se llega a que

$$\frac{1}{T} \cdot \frac{\mathrm{d}u}{\mathrm{d}T} = -\frac{4u}{3T^2} + \frac{4}{3T} \cdot \frac{\mathrm{d}u}{\mathrm{d}T} \tag{12}$$

de la que manipulando, se sigue

$$\frac{\mathrm{d}u}{u} = 4 \cdot \frac{\mathrm{d}T}{T}$$

e integrando aparece el logaritmo neperiano (ln)

$$\ln u = \ln \mathrm{T}^4 + \mathrm{cte}$$

o lo que es lo mismo

$$u = \mathrm{cte} \cdot \mathrm{T}^4 \qquad (13a)$$

o también,

$$K = \mathrm{cte} \cdot \mathrm{T}^4 \qquad (13b)$$

(en el caso de la energía total, lo que se tiene es $U = \mathrm{cte} \cdot \mathrm{T}^4 \cdot V$), esto es, la ley de Stefan, que debido a la participación de Boltzmann en su deducción teórica pasó a denominarse «ley de Stefan-Boltzmann».

James Clerk Maxwell

Hasta el momento me he ocupado de una secuencia de desarrollos científicos —que tienen en el estudio de la radiación y en disciplinas como la espectroscopia su núcleo vertebrador— que, como veremos, condujeron a «encrucijadas científicas» que desempeñaron un papel decisivo en el nacimiento de la física cuántica. Ahora bien, aunque tales desarrollos constituyen la pieza crucial en esa génesis, es posible —y obligado— identificar también otros elementos. En particular, uno, el principio de equipartición (perteneciente al universo de la física estadística), con el que está asociado uno de los grandes físicos de todos los tiempos: el escocés James Clerk Maxwell (1831-1879). Es tanta la importancia de este científico en la historia de la ciencia que antes de pasar a considerar semejante principio, he considerado conveniente detenerme en algunos detalles de su biografía.

Maxwell nació el 13 de julio de 1831, en Edimburgo, en el seno de una familia acomodada. En su momento heredaría una gran finca

(Glenair): alrededor de 1.500 acres de tierra cerca de Dalbeattie, en Galloway, al suroeste de Escocia. Fue allí donde escribió algunos de sus más importantes trabajos científicos.

Aunque había sido educado para abogado, el principal interés de su padre era la tecnología, y de hecho, John Clerk Maxwell fue miembro (*fellow*) de la Royal Society de Edimburgo. No fue, sin embargo, a su progenitor a quien James debió sus primeras enseñanzas: durante sus ocho primeros años de vida la mayor parte de la educación que recibió procedió de su madre, Frances Cay. Desgraciadamente, en 1839 Frances murió de cáncer, la misma enfermedad de la que fallecería su hijo, cuarenta años más tarde.

John Clerk Maxwell demoró cuanto pudo el enviar a su hijo a la escuela; contrató incluso a un joven para que continuara educándolo, una vez que su esposa falleció. La iniciativa, sin embargo, no tuvo demasiado éxito y James fue enviado, en noviembre de 1842, a la Edinburgh Academy, una escuela que había sido fundada en 1824 por un grupo que incluía al célebre novelista Walter Scott. Allí encontró condiscípulos muy interesantes, que se convertirían en sus amigos para toda la vida. Como Peter Guthrie Tait (1831-1901), que más tarde llegó a ser un distinguido científico: catedrático de Filosofía Natural en la Universidad de Edimburgo. A la amistad que mantuvo con Tait se le sumó más tarde la de otro ilustre científico: nada menos que William Thomson (1824-1907; lord Kelvin a partir de 1892), catedrático en Glasgow y una de las figuras más notables de la historia de la física del siglo XIX. Los tres mantuvieron frecuentes intercambios epistolares; en sus cartas de la década de los años setenta, Thomson y Tait firmaban, respectivamente, como *T* y *T'*, *y* Maxwell como dp/dt, puesto que en uno de los libros de Tait (*Sketch of Thermodynamics* [Edimburgo, 1868], p. 91) una expresión de la segunda ley de la termodinámica es: $dp/dt=JCM$ (las iniciales de Maxwell).[9] Otro símbolo que utilizaban era *T''*, para John Tyndall (Tait, que despreciaba a Tyndall, explicó que *T''* designaba una «cantidad de segundo orden»).

Maxwell estudió en la Edinburgh Academy cinco años. Durante ese tiempo, antes por tanto de entrar en la universidad, ya dio mues-

9. En esta expresión, p denota la presión, t la temperatura, J el equivalente mecánico del calor («equivalente de Joule»), C la función de Carnot, y M un coeficiente de proporcionalidad (el calor absorbido por unidad de volumen, manteniendo constante la temperatura).

tras de su inteligencia y precocidad: a la edad de quince años elaboró su primer artículo científico, que versaba sobre la geometría de curvas cónicas, acerca, en concreto, de una extensión de la teoría estándar de secciones cónicas a curvas con un grado mayor de complicación. No sería, sin embargo, hasta noviembre de 1847 cuando entró en la Universidad de Edimburgo; esperó, por consiguiente, a tener la edad que entonces era normal para entrar en las universidades escocesas. Allí siguió los tres primeros cursos de una carrera que constaba de cuatro. Esto quiere decir que no completó sus estudios y que, por consiguiente, no obtuvo ningún título. Semejante comportamiento no fue ni involuntario, ni era infrecuente. Se trataba de una maniobra habitual para poder estudiar en la más prestigiosa de las universidades británicas de la época, la de Cambridge, que no admitía como alumnos a quienes ya poseyesen un título por otro centro universitario. Tait, por ejemplo, únicamente estudió un año en la Universidad de Edimburgo, entrando en Cambridge, como alumno de Peterhouse (uno de los *colleges* de la universidad), en 1848, antes, por tanto, que Maxwell.

En octubre de 1850, James se trasladó a Cambridge, y fue admitido en uno de los centros académicos más prestigiosos: Trinity, el antiguo *college* de Newton. En Cambridge se encontró con un sistema de exámenes muy especial: el Mathematical Tripos, al que me referiré con cierto detalle en el capítulo 3. Pasó el examen en 1854, ocupando el segundo puesto.

Un año después de pasar los exámenes del Tripos, fue nombrado *fellow* de Trinity. Aquello significaba la seguridad de poder continuar en Cambridge, con muy pocas obligaciones, dedicándose a investigar en lo que desease. Sin embargo, no utilizó durante mucho tiempo tal privilegio, ya que en 1856 pasó a ocupar la cátedra de Filosofía Natural del Marischal College, en Aberdeen. En 1860, no obstante, tuvo que abandonar su cátedra, debido a lo que en la actualidad seguramente denominaríamos un «reajuste de plantilla», consecuencia de la unión del Marischal College con el King's College, la otra institución universitaria de Aberdeen. De todas maneras, en seguida obtuvo la cátedra del King's College de Londres. Allí permaneció cinco años, un período que resultó muy provechoso para sus investigaciones. Así, dos de sus artículos clásicos sobre el campo electromagnético se publicaron en aquella época: en 1861-1862 y 1864: «On the physical lines of force» y «A dynamical theory of the electromagnetic field».

En 1865, renunció a su cátedra por voluntad propia, para volver a su finca escocesa de Glenair. En una carta que escribió el 2 de febrero de 1866 (Harman, ed., 1995: 249), a Charles Benjamin Tayler, señalaba que «ahora tengo mi tiempo completamente ocupado con experimentos y especulaciones de tipo físico, algo que no podía emprender mientras tenía deberes públicos». Además de estas razones, también deseaba ocuparse más de su finca, cumpliendo un viejo sueño: ampliar su casa. En Glenair escribió dos libros: uno que podríamos considerar de carácter general, pero que contiene ideas de gran novedad y originalidad (como el «demonio de Maxwell»), *Theory of Heat* (1871), y el otro, su gran *A Treatise on Electricity and Magnetism* (1873), una de las obras cumbre de la literatura científica especializada.

El 24 de febrero de 1871, fue designado para ocupar la recién creada cátedra de Física Experimental de la Universidad de Cambridge. Cuando, en el capítulo 3, me detenga en la carrera y contribuciones de Joseph John Thomson, diré algo más acerca de esa cátedra y el laboratorio con que pronto fue dotada.

La salud de Maxwell comenzó a deteriorarse en la primavera de 1877, aunque no recurrió a ningún médico hasta dos años después. Fue entonces cuando se hizo evidente que su gran energía había desaparecido, y cuando los acontecimientos se precipitaron, hasta que el 2 de octubre de 1879, entre grandes dolores, el Dr. Sanders de Edimburgo, que había sido llamado a Glenair, le comunicó que no le quedaba ni siquiera un mes de vida. No obstante, regresó a Cambridge, y murió, de cáncer abdominal, el 5 de noviembre.

Maxwell, la física estadística y el principio de equipartición

Aunque para muchos Maxwell es recordado especialmente por sus contribuciones a la física del electromagnetismo, figura, asimismo, entre los grandes de la física estadística, disciplina de la que se le puede considerar como uno de los fundadores. De hecho, junto a Ludwig Boltzmann, Josiah Williard Gibbs (1839-1903) y Albert Einstein, forma el grupo de los auténticos grandes de esa disciplina (también se podría incluir a Clausius, que nos aparecerá más adelante, en este y en otro capítulo).

El propósito de la física (o, simplemente, mecánica) estadística es la descripción de propiedades macroscópicas de sistemas formados por un número muy grande de átomos (o moléculas). Se trata de una rama de la física que surgió, durante el siglo XIX, de la teoría cinética de los gases para, fundamentalmente, suministrar una interpretación microscópica, molecular o atómica de las leyes de la termodinámica. Objetivos preferentes de la mecánica estadística incluyen: 1) encontrar expresiones para magnitudes macroscópicas tales como presión, temperatura, energía interna o entropía, en términos de propiedades microscópicas, del tipo de la masa, la velocidad molecular y la energía potencial; 2) deducir ecuaciones de estado (que relacionan entre sí las variables que caracterizan a un sistema) para materiales específicos, y 3) determinar magnitudes termodinámicas que se miden experimentalmente en función de constantes microscópicas fundamentales.

Queda perfectamente claro de lo que acabo de decir que para la física estadística es absolutamente imprescindible la suposición de que la materia está formada por elementos discretos, por átomos. Sin embargo, es importante señalar que no todos aceptaban semejante hipótesis; de hecho, durante la segunda mitad del siglo XIX muchos reaccionaron en contra de los intentos «mecanicistas» y «estadísticos» de construir modelos atómicos —no sólo de la materia sino también del éter electromagnético (o incluso gravitatorio)— y de reducir la termodinámica a magnitudes discretas. Uno de los más activos en esa reacción fue el ya citado físico y filósofo austríaco Ernst Mach (1838-1916). En uno de sus libros, *Die Principien der Wärmelehre* [Principios de la teoría del calor], podemos leer (Mach 1896; 1986: 335): «Al distinguir entre movimientos ordenados y desordenados e igualar el crecimiento de la entropía con el aumento de los movimientos desordenados, prescindiendo de los ordenados, la concepción mecánica de la segunda ley de la termodinámica me parece un procedimiento muy artificial ... Estoy de acuerdo completamente con F. Wald [*Die Energie und ihre Entwerthung*, 1889, p. 104] cuando dice: "En mi opinión, las raíces de este teorema [el del crecimiento de la entropía] son más profundas, y si es posible poner en armonía la hipótesis molecular y el teorema de la entropía, es producto de un golpe de suerte para la hipótesis, pero no [una prueba en favor del] teorema de la entropía"». De hecho, en general se ha denominado «energeticismo» (porque en lugar de a los átomos daba un papel central a la energía) al punto de vista de aquellos que se opusieron a las tesis mecánico-estadísticas, un grupo al que pertenecieron, además de Mach, científicos como Wilhelm Ostwald (1853-1932), uno de los fundadores de la química-física, Georg Helm (1851-1923) o Pierre

Duhem (1861-1916). Como recordaré más adelante, uno de los momentos decisivos en la dilucidación de la polémica entre mecanicistas y energeticistas tuvo lugar en 1905, con uno de los artículos que Albert Einstein publicó en aquel año (el dedicado al movimiento browniano). Pero todavía estamos lejos de ese momento. Continuemos, pues, con Maxwell, introduciéndonos de su mano en el nacimiento y problemas de la física estadística. Para ello me serviré de un artículo que publicó en 1875, apenas cuatro años antes de su muerte; «On the dynamical evidence of the molecular constitution of bodies» (Sobre la evidencia dinámica de la constitución molecular de los cuerpos) es su título.

Justo al inicio de su escrito, Maxwell (1875; Nye 1984: 213) se refería a la base sobre la que se edificaba la física estadística, defendiendo el punto de vista atómico:

> De todas las hipótesis sobre la constitución de los cuerpos, la seguramente más justificable es la que sólo supone que son sistemas materiales y propone deducir de los fenómenos observados tanta información acerca de las condiciones y conexiones del sistema material como estos fenómenos puedan legítimamente proporcionar.
>
> Al estudiar la constitución de los cuerpos nos vemos forzados desde el principio a tratar con partículas que no podemos observar. Ya que cualesquiera que sean nuestras conclusiones últimas sobre las moléculas y átomos, disponemos de evidencia experimental de que los cuerpos se pueden dividir en partes tan pequeñas que no las podemos observar.
>
> Por consiguiente, si somos cuidadosos y recordamos que la palabra partícula significa una parte pequeña de un cuerpo, y que no implica ninguna hipótesis relativa a la divisibilidad última de la materia, podemos considerar a un cuerpo como formado por partículas, y también podemos afirmar que en cuerpos o partes de cuerpos de dimensiones mesurables, el número de partículas es de hecho muy grande.

Y en este punto pasaba a introducir las consideraciones estadísticas:

> Lo siguiente que se necesita es un método dinámico para estudiar un sistema material formado por un inmenso número de partículas, formarse una idea de sus configuraciones y movimientos, y de las fuerzas que actúan sobre las partículas, y deducir de la teoría dinámica aquellos fenómenos que, al depender de las configuraciones y movimientos de las invisibles partículas, son capaces de ser observados en partes visibles del sistema.

> Los principios dinámicos necesarios para este estudio fueron desarrollados por los padres de la dinámica, desde Galileo y Newton hasta Lagrange y Laplace; pero la adaptación específica de estos principios a los estudios moleculares ha sido en gran medida el trabajo del Prof. Clausius de Bonn, que recientemente nos ha sometido a obligaciones aún más graves, al darnos, además de los resultados de sus elaborados cálculos, una nueva idea dinámica, con cuya ayuda espero que seremos capaces de establecer varias conclusiones importantes sin demasiados cálculos simbólicos.

Maxwell se refería aquí a un artículo de otra de las grandes figuras de la termodinámica y física estadística, Rudolf Clausius (1822-1888), al que volveré con algo más de detalle, en el capítulo 4, el dedicado a Planck, para quien las ideas y aportaciones de Clausius fueron fundamentales. Ahora simplemente diré que el artículo al que aludía Maxwell apareció en 1858 (Clausius 1858). De hecho, el punto real de partida de las investigaciones de Maxwell en la física estadística se produjo cuando leyó la traducción de ese artículo, que se publicó en el número de febrero de 1859 del *Philosophical Magazine* (Clausius 1859).

Sabemos que Maxwell leyó realmente ese trabajo a través de una carta, muy interesante, que escribió el 30 de mayo de 1859 a George Gabriel Stokes (1819-1903), *Lucasian professor* en Cambridge.[10] «Querido Stokes», decía, «he visto en el *Philosophical Magazine* de febrero/59, un artículo de Clausius sobre el "recorrido medio de la trayectoria de una partícula de aire o gas entre colisiones sucesivas", bajo la hipótesis de que la elasticidad del gas se debe a que la velocidad de sus partículas y sus trayectorias son rectilíneas excepto cuando se acercan mucho entre sí, suceso que puede ser denominado una colisión». Más adelante se refería a sus propias aportaciones: «Como no sabemos nada ni de s [el radio de la esfera de acción de una partícula], ni de N [el número de partículas], pensé que merecía la pena examinar la hipótesis de partículas libres que actúan por impacto y compararlo con fenómenos que parecen depender de este "recorrido medio". He comenzado, por consiguiente, por el principio y diseñado una teoría de los movimientos y colisiones de partículas libres que actúan solamente por impacto, aplicándola a la fricción interna de gases, y conducción

10. Reproducida en Larmor, ed. (1907, vol. II: 8), Garber, Brush y Everitt, eds. (1986: 277-280), Harman, ed. (1990: 606-611) y Truesdell (1975: 31-33), donde se estudia con algún detalle la primera teoría cinética de los gases de Maxwell.

de calor a través de un gas (sin radiación)». Y a continuación resumía los resultados a que había llegado. En apenas cuatro meses desde la publicación de la traducción del artículo de Clausius, Maxwell había elaborado una teoría que no sólo englobaba todas las propiedades de los gases descritas hasta entonces, sino que también incluía los coeficientes de transporte, proporcionando además un poderoso método estadístico para describir el estado de un gas.

Vemos, por consiguiente, que la novedad que había introducido Clausius en su artículo y que atrajo tan poderosamente la atención de Maxwell se encuentra en el hecho de que el físico alemán introducía un concepto completamente nuevo y extremadamente original, el «recorrido medio» de la molécula de un gas, algo que abría el camino a la determinación estadística de movimientos de grandes números de cuerpos que colisionan entre sí. Lo que le interesó no fue el que su colega utilizase una «teoría cinética de gases»; la idea de que la presión en los gases se debiese a impactos aleatorios de moléculas sobre las paredes del recipiente que los contenían había sido sugerida con anterioridad muchas veces (el propio Clausius había escrito dieciocho meses antes un artículo en el que recurría a la teoría cinética).

El resultado de la respuesta de Maxwell al trabajo de Clausius fue un artículo publicado en 1860 en el *Philosophical Magazine:* «Illustrations of the dynamical theory of gases», uno de los clásicos de la física estadística (Maxwell 1860 a).

Clausius había basado su trabajo en la suposición de que todas las moléculas del gas tenían la misma velocidad, pero era evidente que esto no podía ser cierto. Una de las aportaciones más importantes —seguramente la más importante— de Maxwell en su artículo de 1860 fue la obtención de una fórmula estadística para la distribución de velocidades en un gas a presión uniforme. En concreto, en la «Proposición IV» obtenía la expresión que da el número medio de partículas cuyas velocidades se encuentran entre límites dados (v y v + dv), después de un gran número de colisiones entre un número igualmente elevado de partículas idénticas:

$$\mathrm{d}N_v = \frac{4N}{\alpha^3\sqrt{\pi}} v^2 \cdot e^{-\frac{v^2}{\alpha^2}} \cdot \mathrm{d}v$$

donde α es una magnitud con las dimensiones de una velocidad.

Ésta es una de las expresiones de su famosa «función de distribución», con la que de hecho comenzó una nueva era de la física; una expresión que tenía, además, una forma familiar: «Parece», escribió Maxwell (1860 a; Niven, ed., 1965, vol. I: 382), «de esta proposición que las velocidades están distribuidas entre las partículas de acuerdo con la misma ley con que se distribuyen los errores entre las observaciones en la teoría del método de los mínimos cuadrados. Las velocidades varían entre 0 e ∞, pero el número de las que tienen velocidades grandes es comparativamente pequeño».

La importancia del modo de análisis introducido por Maxwell fue resumida adecuadamente por Gibbs (1889; 1961, vol. II: 265): «Clausius se centró en los valores medios de diversas cantidades que varían enormemente en el tiempo o espacio más pequeño que podemos apreciar. Maxwell se ocupó de la frecuencia relativa de los diversos valores que tienen estas cantidades. En esto fue seguido por Boltzmann. Cuando leemos a Clausius, parece que estamos leyendo mecánica; cuando leemos a Maxwell, y mucho de lo más valioso del trabajo de Boltzmann, parece más bien que estamos leyendo teoría de probabilidades. No hay duda de que la manera más amplía en que Maxwell y Boltzmann plantearon los problemas de la ciencia molecular les permitió obtener en algunos casos una respuesta más satisfactoria y completa, incluso para aquellas cuestiones que a primera vista no parecían necesitar de un tratamiento tan amplio».

Otro resultado al que llegó Maxwell en 1860, y que nos es especialmente necesario resaltar aquí, es que la energía de un sistema debe distribuirse por igual, en promedio, entre todas sus partes: «El estado final», escribía (Maxwell 1860 a; Niven, ed., 1965, vol. 1: 408-409), «de cualquier número de sistemas de partículas en movimiento es uno en el que la *vis viva* [energía cinética] media de traslación a lo largo de cada uno de los tres ejes es la misma para todos los sistemas, e igual a la *vis viva* media de rotación sobre cada uno de los tres ejes principales de cada partícula».

Se trata de una manifestación del célebre «teorema de equipartición», que en una forma restringida ya había sido propuesto por John James Waterston (1811-1883) en 1846,[11] y que en la terminolo-

11. Waterston (1846). Esta publicación contiene únicamente el «Abstract» (Resumen). El artículo completo se publicó años después (Waterston 1893), cuando sus ideas fueron redescubiertas.

gía moderna viene a señalar que «todo grado de libertad tiene la misma energía». Aplicado a cierto caso referente a los calores específicos, el teorema de equipartición provocaba un importante problema, que llevaba a Maxwell, inmediatamente después de la cita precedente, a declarar: «Este resultado [...] parece decisivo en contra de aceptar sin reservas la hipótesis de que los gases son tales sistemas de partículas duras elásticas».

Recuperemos ahora el artículo de 1875, «On the dynamical evidence of the molecular constitution of bodies», en el que Maxwell explicaba de manera sintética y clara los resultados y problemas a que había llegado en 1860.

En aquel trabajo, inicialmente había estado considerando solamente el movimiento del centro de masas de la molécula; debía, en consecuencia, completar su análisis estudiando el movimiento de los constituyentes de las moléculas con respecto al centro de masas. «Si suponemos», señalaba (Maxwell 1875; Nye 1984: 222), «que los constituyentes de una molécula son átomos, y que cada átomo es lo que se denomina un punto material, entonces cada átomo se puede mover de tres maneras diferentes e independientes, que corresponden a las tres dimensiones espaciales, de forma que el número de variables que se necesitan para determinar la posición y configuración de todos los átomos de la molécula es tres veces el número de átomos». De hecho, reconocía que «para la investigación matemática no es esencial, sin embargo, suponer que la molécula está formada por átomos. Todo lo que hay que suponer es que la posición y configuración de la molécula puede expresarse completamente por un cierto número de variables», un número que denotaba con la letra n (para un cuerpo rígido, por ejemplo, $n = 6$). «De estas variables», continuaba, «tres deben determinar la posición del centro de masas de la molécula, y las restantes $n-3$ su configuración relativa a su centro de masas».

Básicamente, esto es todo lo que necesitamos para introducir los comentarios que más adelante Maxwell realizaba sobre sus trabajos de 1860, en los que calculó el calor específico de un gas a volumen y a presión constantes. Los valores que halló para ambos son, respectivamente:

$$\frac{1}{2J}\cdot\frac{p_0V_0}{273}\cdot(n+e)$$

y

$$\frac{1}{2J}\cdot\frac{p_0V_0}{273}\cdot(n+2+e)$$

donde p_0 y V_0 son la presión y el volumen por unidad de masa a cero grados centígrados de temperatura, o 273 grados de temperatura absoluta, *J* el equivalente dinámico del calor y *e* una «cantidad positiva de valor desconocido, dependiente de la ley de fuerza que una los constituyentes de la molécula».

El problema era, como señalaba Maxwell (1875; Nye 1984: 224), que «si tomamos los valores reales del calor específico, tales como los ha encontrado Regnault, y los comparamos con esta fórmula, encontramos que para el aire y varios otros gases $n + e$ no puede ser mayor que 4,9». Y añadía:

> Para el ácido y vapor carbónico es más grande. Obtenemos el mismo resultado si comparamos el cociente de los calores específicos calculados
>
> $$(2 + n + e) / (n + e)$$
>
> con el cociente tal y como se ha calculado en experimentos con diversos gases, a saber, 1,408.
>
> Y aquí nos enfrentamos cara a cara con la mayor dificultad que la teoría molecular ha encontrado hasta la fecha; a saber, la interpretación de la ecuación $(n + e) = 4{,}9$.
>
> Si suponemos que las moléculas son átomos —meros puntos materiales, incapaces de energía rotacional o movimiento interno— entonces *n* es 3 y *e* cero, y el cociente de los calores específicos es 1,66, demasiado grande para cualquier gas real.
>
> Pero sabemos gracias al espectroscopio que una molécula puede ejecutar una gran cantidad de diferentes tipos de vibraciones. Deben ser, por consiguiente, sistemas de un muy considerable grado de complejidad, y tener mucho más de seis variables. Ahora bien, cada variable adicional introduce una cantidad suplementaria de capacidad para movimiento interno sin afectar a la presión externa. En consecuencia, toda variable adicional aumenta el calor específico, ya sea considerado a presión constante o a volumen constante. Y lo mismo hace cualquier capacidad que la molécula pueda tener para almacenar energía en forma potencial. Pero el calor específico calculado es ya demasiado grande cuando suponemos que la molécula está constituida solamente por dos átomos. Por consi-

guiente, todo grado de complejidad adicional que atribuyamos a la molécula únicamente aumentará la dificultad de reconciliar los valores del calor específico observados con los calculados.

[...] Boltzmann ha sugerido que debemos buscar una explicación en la acción mutua entre las moléculas y el medio etéreo que las rodea. Me temo, no obstante, que si recurriésemos a la ayuda de este medio solamente aumentaríamos el calor específico calculado, que ya es demasiado grande.

Las dudas que suscitaron en Maxwell estos resultados debieron de ser muy grandes. Un atisbo de ellas lo encontramos en la frase con la que finalizaba una comunicación que hizo en el congreso de la British Association for the Advancement of Science celebrado en Oxford entre junio y julio de 1860 (Maxwell 1860 b: 16): «Este resultado de la teoría dinámica, diferente de lo que se encuentra en los experimentos, socava toda la hipótesis, no importa lo satisfactorios que puedan ser los otros resultados».

Sin embargo, una de las pocas enseñanzas auténticamente fiables que nos han dejado décadas de esfuerzos por aquellos filósofos de la ciencia del siglo XX que se dedicaron a la metodología de la ciencia, a tratar de descubrir recetas fiables que distingan una teoría científica de otra que no lo es, es que difícilmente existen tales recetas, no al menos recetas simples, entre otros motivos porque ¿cómo refutar una teoría?, ¿a cuál del conglomerado de hipótesis responsabilizar de los problemas o fracasos con que se encuentra un sistema teórico? En el caso al que se refería Maxwell, no era legítimo concluir que «Este resultado de la teoría dinámica [es decir de la física estadística], diferente de lo que se encuentra en los experimentos, socava toda la hipótesis», porque la teoría estadística incluía numerosas suposiciones. Como, por ejemplo, la asociada al principio (también denominado teorema) de equipartición. ¿No podría encontrarse ahí la dificultad?, ¿no podría prescindirse de él manteniendo lo básico del enfoque estadístico? Claro que todo esto es muy fácil de decir... cuando se conoce la solución, una solución que llegaría de la mano de la física cuántica, de otro tipo de planteamiento.

Otro punto que no debe pasar desapercibido es que, como manifestaba Maxwell, las observaciones tomadas del espectroscopio, que revelaban que «una molécula puede ejecutar una gran cantidad de diferentes tipos de vibraciones», constituían una evidencia importante a la hora de mostrar los problemas que surgían a propósito del principio de equipartición. El propio Maxwell (1875; Nye 1984: 226) se daba cuenta de que de ahí podían surgir consecuencias imprevistas: «La teoría de las vibraciones posibles de una molécula no ha sido estudiada todavía, como se debería, con la ayuda de una comparación continua entre la teoría dinámica y la evidencia del espectroscopio. Un estudiante inteligente, armado con el cálculo y el espectroscopio, difícilmente podría dejar de encontrar algún hecho importante sobre la constitución interna de una molécula». Es dudoso, sin embargo, que se imaginase todo lo que ese «estudiante inteligente» —legiones de estudiantes inteligentes, de hecho— podría llegar a encontrar; que se diese cuenta de que sólo una nueva teoría, la teoría cuántica, podría ser a la postre capaz de explicar los «hechos importantes» que irían apareciendo.

Los resultados procedentes de la espectroscopia, como tendremos repetidas ocasiones de comprobar en este libro, constituyeron un elemento básico, imprescindible, en la construcción de la teoría cuántica, y en la medida en que fue ésta la que abrió en gran manera el mundo de la estructura atómica, tenemos que no podía ser más afirmativa la respuesta a una pregunta que se formuló Norman Lockyer (1904: 119-120) en su libro *Studies in Spectrum Analysis*: «¿Arroja alguna luz el espectroscopio sobre las cuestiones moleculares? ¿Existe alguna esperanza de que cuando se extiendan las investigaciones, el espectroscopio pueda ayudar en el estudio de un tema que se encuentra en la raíz de la investigación química y física?».

Las «nubes» de Kelvin: la importancia del principio de equipartición

Con el tiempo, los problemas derivados del principio de equipartición, lejos de disminuir, aumentarían. Es ésta una cuestión que iremos analizando más adelante. Permítaseme, no obstante, avanzar dos evidencias que muestran la importancia que fue adquiriendo. La primera se encuentra en un artículo célebre de lord Kelvin (1901) titulado «Nineteenth century clouds over the dynamical theory of heat and light» (Nubes del siglo XIX sobre la teoría dinámica del calor y de la luz). En ese trabajo, publicado el mismo año en que comenzaba el siglo XX, Kelvin enumeraba las grandes dificultades («nubes») que en su opinión oscurecían «la belleza y claridad de la teoría dinámica, que afirma que el calor y la luz son modos de movimiento». Dos fueron las nubes seleccionadas por Kelvin, y a fe que su juicio fue certero, ya que cada una de ellas estuvo íntimamente ligada a las dos grandes teorías que marcarían la física del futuro: la relatividad especial y la física cuántica.

La primera nube se basaba en los problemas que surgían para que el éter electromagnético pudiese dar cuenta de fenómenos como la aberración de la luz y experimentos como el de Michelson y Morley, que obligaban a dotar al éter de una estructura difícil de aceptar. «Está claro», señalaba Kelvin (1901: 2-3), «que ni Fresnel ni Young tenían idea de que el éter de su teoría ondulatoria de la luz, con sus vibraciones transversales, es esencialmente un sólido elástico; esto es, materia que resiste el cambio de forma con una fuerza permanente o subpermanente. Si se hubieran dado cuenta de esta idea, habrían advertido la enorme dificultad que representa la laceración que debe de sufrir el éter si se mueve a través de poros o intersticios entre los átomos de la materia».

En cuanto al experimento de Michelson y Morley (que intentaba —a la postre sin éxito— medir el efecto del «viento del éter» cuando la Tierra se movía en sentidos opuestos con respecto a él), no veía ningún problema en su ejecución, pero «una posibilidad de escapar de la conclusión que parece probar puede encontrarse en una brillante sugerencia hecha independientemente por Fitzgerald y Lorentz [...] al efecto de que el movimiento del éter a través de la materia puede alterar ligeramente sus dimensiones lineales», por ejemplo, las del brazo del interferómetro en el que Michelson y Morley hacían las medidas. Nos encontramos aquí con la célebre idea de la contracción de longitudes, que surgía de manera natural dentro del contexto de la visión electromagnética de la materia. Ahora bien, esta vía de escape, que con tanta determinación tomó Hendrik Antoon Lorentz (1853-1928),[12] no era para Kelvin suficiente como para no concluir

12. El caso de Lorentz ha sido estudiado con cierta profusión. No resisto, sin embargo, la tentación de ofrecer una cita (tomada del texto de uno de los cursos de física teórica que dictó en la Universidad de Leiden) en la que explicaba con gran claridad su aproximación al problema. «Podemos explicar el resultado negativo del experimento de Michelson», señalaba Lorentz (1927 a: 23), «suponiendo que cambia la longitud de los brazos del aparato cuando se le gira en un ángulo recto. [...] Esta dependencia de las dimensiones de la orientación con respecto al movimiento de la Tierra no es tan extraña como podría parecer a simple vista. De hecho, las

THE

LONDON, EDINBURGH, AND DUBLIN

PHILOSOPHICAL MAGAZINE

AND

JOURNAL OF SCIENCE

[SIXTH SERIES.]

JULY 1901.

I. *Nineteenth Century Clouds over the Dynamical Theory of Heat and Light* *. *By* The Right. Hon. Lord KELVIN, *G.C.V.O., D.C.L., LL.D., F.R.S., M.R.I.* †.

[IN the present article, the substance of the lecture is reproduced—with large additions, in which work commenced at the beginning of last year and continued after the lecture, during thirteen months up to the present time, is described—with results confirming the conclusions and largely extending the illustrations which were given in the lecture. I desire to take this opportunity of expressing my obligations to Mr. William Anderson, my secretary and assistant, for the mathematical tact and skill, the accuracy of geometrical drawing, and the unfailingly faithful perseverance in the long-continued and varied series of drawings and algebraic and arithmetical calculations, explained in the following pages. The whole of this work, involving the determination of results due to more than five thousand individual impacts, has been performed by Mr. Anderson.—K., Feb. 2, 1901.]

§ 1. THE beauty and clearness of the dynamical theory, which asserts heat and light to be modes of motion, is at present obscured by two clouds. I. The first came into existence with the undulatory theory of light, and

* Lecture delivered at the Royal Institution of Great Britain, on Friday, April 27, 1900.

† Communicated by the Author.

manifestando: «Me temo que debemos considerar todavía la nube n.° 1 como muy densa». Sería, como es bien sabido, Albert Einstein quien en 1905 la eliminaría del horizonte de la física con su teoría de la relatividad especial.

La segunda nube que seleccionó es la que tiene más importancia para los propósitos del presente libro, ya que estaba dedicada a, precisamente, el principio de equipartición, o, utilizando las palabras de Kelvin, «la doctrina de Maxwell-Boltzmann relativa a la partición de la energía». «Cuando se considera su impacto en la termodinámica», escribía (Kelvin 1901: 11), «y la encontramos en su primera y más obvia aplicación destructiva para la teoría cinética de los gases, de la que Maxwell fue uno de los principales fundadores, no la podemos ver más que como una nube en la teoría dinámica del calor y la luz». De hecho, era esta dificultad, esta nube, la que ocupaba la mayor parte del artículo, puesto que Kelvin no se limitaba a exponerla sino que también se esforzaba por indagar cómo podía ser eliminada, para lo cual pasaba revista detallada a los trabajos que desde el pionero de Waterston, pero sobre todo los de Maxwell y Boltzmann, habían añadido tanta luz como dramatismo al problema. Así, recordaba que Maxwell (1879) «extendió el teorema de la igualdad de las energías cinéticas medias a cualquier sistema de un número finito de puntos materiales [...] actuando entre sí, según una ley de fuerza arbitraria, y moviéndose libremente entre ellos», dando, además, una demostración con coordenadas generalizadas lagrangianas en un sistema arbitrario, con un número de grados de libertad finito o infinitamente grande.

Kelvin mencionaba otro problema que es conveniente resaltar, ya que no tendré más adelante mejor oportunidad para recordarlo. En su artículo, Maxwell (1879: 548) había escrito que la «única suposición que se necesita para la demostración directa [esto es, para obtener los resultados a que me acabo de referir] es que si se deja libre en su actual estado de movimiento al sistema, pasará, más pronto o más tarde, por toda fase que sea consistente con la ecuación de la ener-

dimensiones son determinadas por fuerzas moleculares, y como éstas son transmitidas a través del éter, sería bastante sorprendente si su estado de movimiento no influyese en las dimensiones de los cuerpos. No conocemos la naturaleza de las fuerzas moleculares. No obstante, si suponemos que son transmitidas a través del éter de la misma manera que las fuerzas eléctricas, podemos desarrollar la teoría de esta contracción y encontrar entonces para su valor justo lo que se necesita para explicar el efecto nulo del experimento de Michelson».

gía». Kelvin veía que acaso en este punto se encontrase una vía de escape para evitar dar, como se deducía de los resultados de Maxwell, una aplicabilidad tan general al teorema de equipartición. En concreto, Kelvin apuntaba que «nunca he visto la validez de la demostración en la que Maxwell basó su afirmación y siempre me ha parecido improbable que pudiese ser cierta».

No está claro, sin embargo, que este comentario de Kelvin fuese en la dirección correcta, ya que la suposición de Maxwell parece no ser sino una manifestación de otro problema que a finales de siglo afectaba gravemente a la teoría cinética. De un teorema demostrado por Henri Poincaré (1890) se deducía que en un sistema conservativo (es decir, uno en el que se cumplen ciertas condiciones que implican, por ejemplo, que se conserva la energía), en un espacio finito un estado inicial arbitrario pasaría infinitas veces por un estado próximo (infinitamente próximo, de hecho). De ello parecía deducirse que la entropía no podía crecer continuamente, sino que debía experimentar variaciones cíclicas. Esta paradoja de «la recurrencia» fue destacada especialmente por Ernst Zermelo (1871-1953; 1896 a, b), y algunos científicos utilizaron semejante aparente contradicción entre la termodinámica macroscópica y la teoría cinética para argumentar que debía rechazarse esta última. Fue Boltzmann, por supuesto, el que con más fuerza se opuso a semejante conclusión (ver, por ejemplo, su tratado *Vorlesungen über Gastheorie*, Boltzmann 1896, 1898).

Para la segunda evidencia a la que aludía antes, y con la que finalizaré el presente capítulo, utilizaré las reminiscencias de Oliver Lodge (1851-1940; 1931: 181) sobre lo que Joseph Larmor (1857-1942) manifestó durante el Congreso de la British Association for the Advancement of Science celebrado en Bradford en 1900:

> Cuando descubrió en 1860, para su gran sorpresa, que en un sistema de átomos rígidos que colisionan entre sí la energía debe estar siempre dividida por igual entre los movimientos traslacionales y los rotacionales, Maxwell manifestó que para evitar esta desagradable conclusión solamente es necesario suponer que «se nos ha escapado hasta ahora algo esencial para la formulación completa de la teoría física de los choques moleculares».

De otro modo, añadía Lodge, «la energía se disiparía entre los innumerables grados de libertad, y la actividad del universo llegaría a su final». Lodge estaba pensando, especialmente, en el éter, para él muy querido; el problema señalado por Maxwell planteaba, efectivamente, un grave problema: dado que el éter posee infinitos grados de libertad, ¿cómo distribuir la energía entre ellos? Si suponemos que existe una energía finita en el Universo, al ser infinitos, cada grado de libertad debería poseer una energía nula; recíprocamente, si cada grado de libertad posee la misma, no nula, energía, ¿no tendrá que ser la energía total infinita? Pero Lodge, que escribía en 1931, podía ya añadir: «Ahora sabemos lo que se nos había escapado cuando discutíamos la equipartición total; era nada menos que el "cuanto", para regular el intercambio de energía entre materia y éter».

2

El desmembramiento de la física clásica: del descubrimiento de los rayos X a la radiactividad

En el capítulo anterior hemos visto ya cómo a lo largo de, especialmente, la segunda mitad del siglo XIX fueron surgiendo graves problemas en la física. Semejante tendencia se intensificó durante los últimos años de la centuria, con una serie de sorprendentes descubrimientos experimentales, entre los que destacan dos fenómenos completamente imprevistos, que aunque aparecieron de manera natural al explorar cuestiones que surgían de la física entonces conocida, no se supieron encajar en los esquemas de esa misma ciencia, la denominada posteriormente «física clásica», esto es, la física basada en los esquemas teóricos de la dinámica de Newton y el electromagnetismo de Maxwell. Me estoy refiriendo al descubrimiento de los rayos X y de la radiactividad. Eran los mensajeros que anunciaban que el mundo newtoniano-maxwelliano había llegado, desde el punto de vista de su interpretación teórica (no, desde luego, desde el experimental), a sus últimos límites, y que se necesitaba algo diferente, un nuevo mundo teórico para darles cabida. Este mundo fue, en general, el de la física cuántica, así que es obligado que me ocupe de esos descubrimientos en este libro.

Rayos catódicos

Para comprender cómo se llegó a descubrir los rayos catódicos es conveniente efectuar unos rápidos comentarios acerca de la historia de la electricidad y el magnetismo, fenómenos conocidos desde la antigüedad, pero en los que comenzó a avanzarse de manera significativa sobre todo en el siglo XVIII. El núcleo principal de esos avances se encuentra, sin duda, en que, frente a lo que se suponía con anterioridad, electricidad y magnetismo no son fenómenos separados, sino que están interrelacionados. El punto de partida para llegar a este resultado crucial fue el descubrimiento realizado en 1820 por Hans Christian Oersted (1777-1851) de que la electricidad producía efectos magnéticos (una corriente eléctrica desviaba una aguja imantada). La noticia del hallazgo del profesor danés se difundió rápidamente y en París André-Marie Ampère (1775-1836) demostró experimentalmente que dos hilos paralelos por los que circulan corrientes con el mismo sentido se atraen, repeliéndose en el caso de que los sentidos sean opuestos. Poco después, Ampère avanzaba la expresión matemática que representaba aquellas fuerzas. Su propósito era el dar una teoría de la electricidad sin más que introducir esa fuerza (para él «a distancia») en las ecuaciones del movimiento de la mecánica newtoniana; no en vano se le llamó «el Newton de la electricidad». Pero el universo de la electricidad y del magnetismo resultó ser demasiado complejo para que se pudiese cumplir semejante programa (en el que se distinguieron especialmente científicos alemanes, Wilhelm Weber, Bernhard Riemann y Hermann von Helmholtz, sobre todo), como se encargó de demostrar uno de los grandes nombres de la historia de la ciencia: Michael Faraday (1791-1867), un aprendiz de encuadernador que ascendió de ayudante (1813) de Humphry Davy (1778-1829) en la Royal Institution londinense, a *Fullerian professor* de química en ese mismo centro (1833).

El caso de Faraday no es frecuente en la historia de la física: su formación matemática era muy elemental; sin embargo, no sólo llevó a cabo descubrimientos experimentales fundamentales, sino que también introdujo conceptos, como las nociones de «líneas de fuerza» del «campo electromagnético», que en su momento se convirtieron en piezas básicas de la teoría electromagnética.

En 1821, poco después de saber de los trabajos de Oersted, Faraday demostró que un hilo por el que pasa una corriente eléctrica puede girar de manera continua alrededor de un imán, con lo que se vio que era posible obtener efectos mecánicos (movimiento) de una corriente que interacciona con un imán. Sin pretenderlo, había sentado el principio del motor eléctrico, cuyo primer prototipo sería construido en 1831 por el físico estadounidense Joseph Henry (1797-1878). No obstante, lo que le interesaba a Faraday no eran las aplicaciones prácticas, sino los fundamentos que gobiernan el comportamiento de la naturaleza, y en particular las relaciones mutuas entre fuerzas, en principio, diferentes. En este sentido dio un paso importante al descubrir, en 1831, la inducción electromagnética, un fenómeno que ligaba en general los movimientos mecánicos y el magnetismo con la producción de corriente eléctrica, un fenómeno que llevaría a la dinamo.

La intuición natural y habilidad experimental de Faraday hicieron avanzar sustancialmente el estudio de los fenómenos electromagnéticos, pero para poder desarrollar una teoría del electromagnetismo se necesitaba otro tipo de científico. No hubo que esperar mucho, ni alejarse de Gran Bretaña para que tal personaje apareciese: nuestro ya viejo conocido James Clerk Maxwell, que fue capaz de unir todos los cabos sueltos que proliferaban en la electricidad y el magnetismo, e introduciendo ideas nuevas (como, por ejemplo, la corriente de desplazamiento), formular una teoría completa del campo electromagnético. Como casi siempre ocurre cuando se dispone de una nueva teoría fundamental, ésta no sólo describe aquellos fenómenos para los que en principio fue diseñada, sino que explica y predice otros. En el caso del electromagnetismo fue el propio Maxwell quien en 1862 se dio cuenta (al comprobar que una de las constantes que aparecían en su teoría tenía el mismo valor que la velocidad de la luz) de que la luz era también un campo electromagnético.[1] Esto significaba que la óptica pasaba a verse englobada en el electromagnetismo, una conclusión que se vio reforzada de manera aparentemente definitiva (sería la física cuántica la que años más tarde pondría

1. El lugar en donde aparece por primera vez este descubrimiento es el artículo titulado «On physical lines of force» (Maxwell 1861-1862). Allí, Maxwell desarrolló un modelo de campo electromagnético para intentar explicar los fenómenos electrostáticos, al que dotó de elasticidad. Pero al hacerlo se encontró con que tenía un medio elástico, que, naturalmente, podía transmitir ondas. Y al calcular la velocidad de las ondas transversales a partir del cociente entre fuerzas eléctricas y magnéticas, encontró el valor conocido para la velocidad de la luz. Más de ciento treinta años después, todavía se puede apreciar la excitación que sentía Maxwell (1861-1862; Niven, ed., 1965, vol. I: 500) cuando escribió: «Difícilmente podemos evitar la inferencia de que *la luz consiste de ondulaciones transversales del mismo medio que es la causa de los fenómenos eléctricos y magnéticos*».

límites a esta afirmación) con los experimentos que en 1888 llevó a cabo un antiguo estudiante de Hermann von Helmholtz (1821-1894), Heinrich Hertz (1857-1894). Hertz demostró, en efecto, que tanto efectos electromagnéticos como calor radiante y luz se transmitían a través de un mismo medio mediante perturbaciones (ondas), que son, en todos los respectos, iguales, y que sólo necesitaban de instrumentos de recepción adecuados para hacerse manifiestas a nuestros sentidos.

En consecuencia, si la teoría maxwelliana era correcta entonces las ondas luminosas representaban solamente una pequeña parte de las ondas electromagnéticas: debían de existir muchas otras, atravesando el espacio, que no era posible ver. Se abría, en definitiva, la posibilidad de explorar un mundo físico antes insospechado. No es, por tanto, sorprendente que el estudio de los fenómenos electromagnéticos se convirtiese en uno de los campos de investigación más atractivos, más aún si tenemos en cuenta las aplicaciones que llegaban de él (como la telegrafía).

Uno de esos fenómenos investigados fue el de las descargas eléctricas que se producían en tubos en los que, de alguna manera, se había hecho el vacío.

Se trataba de un tema de investigación con una larga historia, en tanto que tubos de ese tipo comenzaron a ser objeto de estudio a principios del siglo XVIII. Un personaje fundamental en este sentido fue Francis Hauksbee *el Viejo* (*c.* 1666-1713), *curator* de experimentos y constructor de instrumentos para la Royal Society de Londres, en cuyo libro *Physico-Mechanical Experiments on Various Subjects* (Hauksbee 1709) —y en artículos anteriores publicados en las *Transactions of the Royal Society*— se describe un resplandor luminoso que se observaba cuando, utilizando una bomba de vacío, se extraía el aire de un recipiente de vidrio, en el que se introducían posteriormente algunas gotas de mercurio. Cuando se agitaba el recipiente, se veía un resplandor fosforescente. De hecho, las experiencias de Hauksbee fueron estimuladas por fenómenos parecidos detectados con anterioridad en los tubos barométricos (en los que se había generado algún vacío) de Evangelista Torricelli (1608-1647); en 1675, por ejemplo, el astrónomo Jean Picard (1620-1682) advirtió, en la oscuridad de su observatorio de París, que cuando movía barómetros a veces se producía un misterioso halo luminoso por encima del nivel de la columna oscilante de mercurio. Adviértase que para estos experimentos eran esenciales las bombas de vacío, cuya invención la mayoría adjudica, aunque existan precursores, a Otto von Guericke (1602-1686), hacia, aproximadamente, 1647. Se ha dicho, con cierta razón, que la bomba de vacío es uno de los cuatro grandes inventos técnicos del siglo XVII; siendo los tres restantes el telescopio, el microscopio y el reloj de péndulo. No habría sido posible descubrir los rayos catódicos, ni, subsiguientemente, los rayos X y, en consecuencia, la radiactividad, sin disponer de poderosas bombas de vacío, mucho mejores que las que utilizaron los pioneros de los siglos XVII y XVIII.

Uno de los mayores responsables de la mejora en las bombas de vacío fue Heinrich W. Geissler (1815-1879), un mecánico y experto soplador de vidrio de Bonn, extremadamente habilidoso en la construcción de instrumentos científicos. Con su nueva bomba, que utilizaba mercurio y que construyó hacia 1855, Geissler extraía con gran eficacia aire de tubos de vidrio en cuyos extremos introducía electrodos (el positivo, o ánodo, y el negativo, o cátodo), a los que aplicaba elevados voltajes eléctricos. En 1857, por ejemplo, Geissler preparó una serie de tubos en los que después de hacer el vacío introducía gas a una presión de una centésima de atmósfera, soldando en ellos electrodos de platino a los que aplicó descargas eléctricas producidas por un anillo de Ruhmkorff. De esta manera, obtuvo efectos luminosos de gran belleza (los colores variaban, por supuesto, según el gas utilizado).

Semejante dispositivo experimental fue utilizado también por físicos y químicos para estudiar algunas de las características de los gases empleados, así como el problema de la relación existente entre gas y electricidad. Uno de estos científicos fue Julius Plücker (1801-1868), catedrático de Física de la Universidad de Bonn, quien en 1852 ya había colaborado con Geissler. Durante sus investigaciones espectroscópicas Plücker (1858) encontró que según se iba extrayendo el gas del tubo, la luminosidad que lo llenaba en un principio (producida por la diferencia de potencial existente entre los electrodos) disminuía progresivamente hasta que el cátodo aparecía rodeado por una delgada «envoltura» luminosa, de color variable dependiendo de la naturaleza del gas introducido en el tubo, y separada del cátodo por un espacio oscuro, tanto más extenso cuanto mayor era el enrarecimiento de la atmósfera interior. Cuando la presión del gas disminuía a una millonésima de atmósfera, el espacio oscuro invadía todo el tubo, no observándose otra cosa que un pequeño círculo de luz violeta en el extremo del cátodo, a la vez que el vidrio adquiría una intensa fosforescencia en la parte opuesta.[2]

Tras los trabajos de Plücker, un estudiante suyo, Wilhelm Hittorf (1824-1914), y Eugen Goldstein (1850-1930) demostraron (el primero con un cátodo en forma de punta) que un objeto colocado en la línea del cátodo daba lugar a una sombra bien definida en la «envoltura» luminosa, lo que sugería que se trataba de rayos que viajaban en línea recta desde el cátodo. De ahí que se terminase pasando de hablar de *emisión catódica*, a utilizar la expresión, introducida por Goldstein (1876), *Kathodenstrahlen*, *rayos catódicos* (Hittorf utilizó el término *Glimmstrahlen*, esto es, rayos «apagados», «sin llama»).

Gracias a los experimentos llevados a cabo por Joseph John Thomson en 1897 se descubrió que los rayos catódicos son corrientes de electrones, pero de esta cuestión me ocuparé en el capítulo siguiente; lo único que es necesario en este momento es señalar que uno de los físicos que se dedicaron a estudiar esos rayos, los catódicos, cuya naturaleza se ignoraba, fue Wilhelm Konrad Röntgen (1845-1923), uno de los pocos nombres de científicos que han traspasado las habitualmente impermeables fronteras que separan el mundo de la ciencia del social.

El descubrimiento de los rayos X

Tras doctorarse (*Doktor der Philosophie und Diplom Ingenieur* fue su título) en Zúrich en 1868, Röntgen se convirtió en ayudante de August Kundt (1839-1894), primero en el mismo Zúrich, luego (1870) en Wurzburgo y finalmente (1872) en Estrasburgo.[3] Sería en 1875 cuan-

2. Algunos materiales emiten luz cuando son expuestos a una fuente —electrones, fotones, etcétera— que los excita. Si el material continúa emitiendo luz después de que se haya eliminado esa fuente, se dice que es fosforescente, mientras que nos referimos a fluorescencia cuando esa emisión cesa inmediatamente después de la excitación.

3. Kundt trabajó en diversos campos: rotación electromagnética del plano de polarización de la luz, física de los metales (incluyendo propiedades ópticas), dispersión anómala y doble refracción, acústica y conducción del calor. Como veremos en seguida, Röntgen también se ocupó —sin duda influido por su director—

do Röntgen obtuvo su primera cátedra, de Física y Matemáticas, en la Landwirtschaftlichen Akademie (Academia de Agricultura) de Hohenheim. El puesto no era, ciertamente, demasiado atractivo, pero pronto le llegó una oferta para volver a Estrasburgo como profesor asociado (*Ausserordentlicher*) de Física experimental. El 1 de octubre de 1876 es la fecha en la que comenzó a desempeñar tal posición. Tres años más tarde, con su currículum profesional considerablemente ampliado (entre sus trabajos de la época destacan los que dedicó a la rotación electromagnética del plano de polarización de la luz en gases), consiguió por fin un buen puesto: catedrático (*ordentlicher Professor*) y director del Instituto de Física en la Universidad de Giessen. Una década más tarde, y tras haber publicado numerosos trabajos, algunos con títulos como «Sobre los cambios en la doble refracción del cuarzo debidos a fuerzas eléctricas» (1883), «Acerca de la influencia de la presión sobre la viscosidad de los líquidos, especialmente el agua» (1884), «Experimentos sobre el efecto electromagnético de la polarización dieléctrica» (1885) o «Sobre la comprensibilidad y tensión superficial de los líquidos» (1886), surgió una nueva oportunidad de mejorar su carrera: en 1888 Kundt dejó la cátedra en Estrasburgo (para ocupar una en Berlín), siendo elegido como su sucesor el físico experimental Friedrich Kohlrausch (1840-1910), quien por ello abandonó su cátedra en Wurzburgo. Röntgen se beneficiaría de tales cambios: el 31 de agosto de 1888, el principe regente, Leopoldo, le nombró *Professor der Experimentalphysik an der Philosophikalischen Fakultät der Königlichen Universität Würzburg und Direktor des Physikalischen Instituts*, esto es, catedrático de Física Experimental y director del recientemente construido Instituto de Física. Y con un espléndido salario: 6.000 marcos (un incremento de 500 marcos con respecto a lo que ganaba en Giessen; y a esto hay que añadir lo que un *Herr Doktor Professor* obtenía por clases y exámenes). Sería en Wurzburgo donde obtendría fama universal.

Allí, en junio de 1894 (prácticamente al tiempo de ser nombrado rector de su universidad), Röntgen comenzó a trabajar en lo que para él era un nuevo campo de investigación: el de los rayos catódi-

---

de algunos de estos temas. Entre los discípulos o asociados de Kundt es obligado mencionar en una obra como la presente a Heinrich Rubens (1865-1922); también, aunque su relevancia para nosotros sea mucho menor, al sueco Knut Ångström (1852-1910).

cos. En el curso de sus investigaciones, el 8 de noviembre de 1895, encontró una nueva (y misteriosa —podía atravesar cuerpos opacos—) radiación, a la que bautizó como «rayos X», ya que ignoraba su naturaleza. No obstante, la publicación correspondiente se demoró unas semanas, ya que Röntgen deseaba confirmar de la forma más amplia posible su descubrimiento, incluyendo la resolución del problema de cuál era su naturaleza, que en última instancia él nunca pudo resolver. Finalmente, el 28 de diciembre presentó el manuscrito de la primera de las tres comunicaciones que preparó para la Sociedad Física y Médica de Wurzburgo: «Über eine neue Art von Strahlen» (Sobre un nuevo tipo de rayos; Röntgen 1895).

El 1 de enero de 1896 ya disponía de separatas, que envió, junto a copias de fotografías que había obtenido —algunas de las cuales se harían famosas; en especial la de la mano de su esposa (tomada el 22 de diciembre)—, a los principales científicos europeos. El segundo artículo vio la luz en marzo de 1896, incluyendo esta vez una fotografía de la radiografía de una mano del célebre Albert von Kölliker (1817-1905), anatomista colega de Röntgen en Wurzburgo (el mismo Kölliker que abriría a Santiago Ramón y Cajal las puertas de la fama universal al comprender, y propagar, durante el Congreso de la Sociedad Anatómica Alemana celebrado en Berlín en 1889, la importancia de las investigaciones del español sobre la estructura celular del sistema nervioso). La tercera y básicamente última entrega se publicaría ya en 1897.

En una entrevista que concedió a un periodista, Röntgen dio algunos datos relacionados con su descubrimiento, que merece la pena reproducir (citado en Hermann 1968: 75):

> Desde hacía bastante tiempo venía interesándome por los rayos catódicos, en la forma en que habían sido estudiados por Hertz y especialmente por Lenard: en un tubo de vacío. Con gran interés había seguido sus experimentos, así como los de otros físicos, y me había propuesto realizar yo mismo algunos ensayos al respecto en cuanto tuviera tiempo. A fines del mes de octubre de 1895 lo conseguí. No hacía mucho que había comenzado con mis ensayos, cuando observé algo nuevo. Trabajaba con un tubo de Hittorf-Crook envuelto completamente en un papel negro. Sobre la mesa, al lado, estaba colocado un trozo de papel indicador de platinocianuro de bario. Hice pasar a través del tubo una corriente y noté una curiosa línea transversal sobre el papel...

El efecto era tal que, con arreglo a las ideas de entonces, solamente podía resultar de la radiación de la luz. Pero era totalmente imposible que la luz proviniera de la lámpara, puesto que, indudablemente, el papel que la envolvía no dejaba pasar luz alguna, ni siquiera la de una lámpara de arco.

Naturaleza de los rayos X

Al igual que ocurría con los rayos catódicos, la naturaleza de los rayos X fue intensamente debatida desde el principio. La mayor parte de los físicos pensaba que eran algún tipo de radiación electromagnética. El propio Röntgen era de esta opinión. Sin embargo, existían evidencias que apuntaban en la dirección de que no se comportaban como los rayos de luz ordinaria: «He tratado de varias maneras», escribía Röntgen (1895) en su primer artículo, «de detectar en los rayos X fenómenos de interferencia; pero, desgraciadamente, sin éxito, acaso solamente por su débil intensidad [...] tampoco pueden ser polarizados por ninguno de los métodos ordinarios».

En cuanto a la justificación para llamarlos «rayos», Röntgen confesaba que la «extraía en parte de la completamente regular formación de sombras que se ve cuando se colocan cuerpos más o menos transparentes entre el aparato y la pantalla fluorescente (o la placa fotográfica)». «He observado», continuaba, «y en parte fotografiado, muchas imágenes de sombra de este tipo, cuya producción tiene un encanto especial. Poseo, por ejemplo, fotografías de la sombra [...] de los huesos de la mano [y] de un conjunto de pesas encerradas en una caja». Pero la evidencia prácticamente definitiva del carácter de rayo es la interferencia, un fenómeno que Röntgen no pudo detectar en los rayos X: «He intentado de muchas maneras detectar fenómenos de interferencia de los rayos X, pero, desgraciadamente, sin éxito, acaso solamente debido a su débil intensidad».

Ante semejante situación, no es extraño encontrarse con que el 1 de febrero de 1896 lord Kelvin preguntase a Stokes (Wilson, ed., 1990: 632): «Con respecto a los rayos X de Röntgen ¿eres un longitudinalista, un ultravioletista o un *tertium-quidist*?».

Max von Laue y la difracción de rayos X

La solución al problema de la naturaleza de los rayos X tardaría más de una década en llegar. Aun violentando la secuencia temporal, explicaré rápida y brevemente a continuación cuándo y cómo llegó esa solución.

En 1912, el 21 de abril y en el Instituto de Física Teórica de la Universidad de Múnich dirigido por Arnold Sommerfeld (de quien me ocuparé ampliamente más adelante), Walter Friedrich (1883-1968) y Paul Knipping (1883-1935) observaban, siguiendo una propuesta de un antiguo doctorando de Planck, Max von Laue (1879-1960), la difracción de rayos X por un cristal (Friedrich, Knipping y Laue 1912). Como ha señalado Paul Forman (1969), la idea de que un cristal estaba formado por moléculas o átomos distribuidos a lo largo y ancho de una red espacial era por entonces ampliamente conocida y aceptada, de manera que la contribución auténticamente original fue asociar experimentalmente estas estructuras cristalinas con los rayos X, para clarificar así la naturaleza de ambos. Si los rayos X eran ondas electromagnéticas de longitud de onda pequeña,[4] y si los cristales estaban formados por átomos distribuidos de manera regular en el espacio, con distancias pequeñas entre ellos, entonces, al ser los tamaños implicados similares, se debían producir interferencias al hacer incidir los rayos sobre el cristal. Además, midiendo distancias entre los máximos de intensidad en el diagrama de interferencia, se podría calcular, como se hacía en la óptica ordinaria, la longitud de onda de los rayos X.

Al principio la idea no atrajo apenas interés en Múnich; Sommerfeld, por ejemplo, no colaboró, poniendo dificultades para que Friedrich, su ayudante, interrumpiera los experimentos en que estaba trabajando y pudiese probar así la idea de Laue. El experimento, sin embargo, se pudo realizar finalmente: se irradió con rayos X un cristal de sulfato de cobre, obteniéndose puntos negros distribuidos periódicamente en la placa fotográfica colocada detrás del cristal. Este resultado hizo que cundiese el entusiasmo, Sommerfeld y Röntgen incluidos.[5] Rápidamente se repitió el experimento, con aparatos mejores, y

4. Los rayos X forman parte, efectivamente, del espectro electromagnético, siendo su longitud de onda muy pequeña, entre 0,01 y 50 ângströms.

5. Por entonces Röntgen dirigía el gran Instituto de Física de la Universidad; mantuvo el puesto hasta 1920, cuando le sucedió Wilhelm Wien.

Laue (1912) tuvo que esforzarse para proporcionar una teoría del fenómeno. En su autobiografía, el propio von Laue (1962: 294) —que en 1914 recibió el premio Nobel de Física por este descubrimiento— se refirió a este punto: «Después de haberme mostrado Friedrich [una de las fotografías] me dirigí a casa, muy pensativo, por la Leopoldstrasse y ya cerca de ella ... se me ocurrió el principio matemático de este fenómeno. Poco antes había tenido que formular de nuevo en un artículo para la *Encyklopädie der mathematischen Wissenschaften* [Enciclopedia de ciencias matemáticas; dirigida por el matemático Felix Klein] la teoría de la difracción del retículo óptico, que se remontaba a Schwerd (1835), de forma que aplicada dos veces abarcaba también la teoría del retículo en cruz. Sólo necesité aplicarla tres veces, de acuerdo con los tres períodos del retículo espacial, para interpretar el nuevo descubrimiento. [...] Mi día decisivo fue, unas semanas más tarde, cuando pude comprobar esta teoría cuantitativamente en otra fotografía más clara, y hallarla confirmada».

Ya convencido, en la primera edición de su célebre libro sobre la estructura atómica y líneas espectrales, Sommerfeld (1919; 1923: 117) escribía: «La brillantez de la idea de Laue consistió en haber reconocido que la estructura espacial de los cristales está tan felizmente adaptada a la longitud de onda de la radiación Röntgen, como la estructura de las rejillas de Rowland estaba adaptada a la longitud de onda de la luz ordinaria; esto es, que podemos tomar directamente de las manos de la Naturaleza los aparatos de difracción necesarios para los rayos Röntgen, en la forma de una de sus obras maestras, un cristal de crecimiento regular».

Análisis de cristales

Continuando con la presente «desviación» con respecto a la secuencia temporal lógica, diré que el desarrollo introducido gracias a las ideas de von Laue tuvo consecuencias importantes —además de con relación a los rayos X— para el estudio de la materia, motivo por el cual también es oportuno detenerme en esta cuestión aquí.

Los átomos que forman los cristales no son todos iguales, y en este sentido era inmediato pensar que la difracción de rayos X podría ser utilizada no sólo para determinar las distancias entre esos átomos (o combinaciones de átomos), sino también para establecer cuáles eran los constituyentes del cristal. La posibilidad de distinguir entre diferentes átomos surgía del hecho de que la difusión de los rayos X varía entre los diferentes elementos químicos (es proporcional al número de electrones que contiene el átomo).

El método de Laue, que utilizaba el espectro continuo de rayos X, es decir, rayos X de diferentes longitudes de onda, no era el más adecuado para llevar a cabo semejante programa, ya que, por ejemplo, cada longitud de onda provoca una difusión diferente en el cristal, con lo cual se tienen múltiples procesos de difusión. Una solución más conveniente surgió de la colaboración de William Henry Bragg (1862-1942) y William Lawrence Bragg (1890-1971), padre e hijo, *professor* en la Universidad de Leeds y estudiante en el laboratorio Cavendish de Cambridge, respectivamente. Sin entrar en la cuestión de qué se debe a cada uno (para ello, consultar, por ejemplo, Caroe 1978), veamos cómo describió William Lawrence algunos de los elementos básicos del método que desarrollaron, en el que, una vez más, fue esencial la introducción de un instrumento nuevo (citado en Ewald 1962: 61-62):[6]

> Para examinar de manera más completa el haz de rayos X reflejado, mi padre construyó un espectrómetro de rayos X. En este instrumento se puede colocar una cara del cristal de forma que refleje los rayos X con cualquier ángulo (de hecho es la lámina de átomos paralela a la cara la que refleja), y se mide la intensidad del haz reflejado con una cámara de ionización. Con este instrumento realizó el siguiente gran descubrimiento. Además de la radiación X «blanca» de todas las longitudes de onda [...] encontró que cada metal utilizado en el tubo de rayos X como fuente de radiación daba un espectro de rayos X característico de longitudes de ondas definidas, exactamente igual que los elementos dan espectros en la región óptica. [...]
>
> El espectrómetro de rayos X abrió un nuevo mundo. Demostró ser un método para analizar la estructura cristalina mucho más poderoso que las fotografías de Laue que yo había utilizado. Se podían examinar las diversas caras de un cristal sucesivamente, y midiendo los ángulos en que y la intensidad con que esas caras reflejan los rayos X, se puede de-

6. Los principales artículos en el desarrollo del método de los Bragg son: Bragg, W. L. (1912), Bragg, W. H., y Bragg, W. L. (1913); ver, asimismo, Bragg, W. H., y Bragg, W. L. (1915).

ducir la forma en que los átomos se encuentran distribuidos en capas paralelas a estas caras. La intersección de estas caras señalaban las posiciones de los átomos en el espacio. Por otro lado, se podía utilizar una cara cristalina adecuada para determinar las longitudes de onda de los rayos X característicos procedentes de los diferentes elementos utilizados como fuentes. Se podía seleccionar un haz «puro» de rayos X monocromáticos.

Con esos rayos X monocromáticos era, efectivamente, más fácil medir los ángulos y las intensidades de la radiación X una vez que había interaccionado con los átomos del cristal, y así determinar distancias interatómicas y deducir qué elementos químicos formaban el cristal.

Con sus nuevas técnicas, los Bragg determinaron, en 1913, la estructura del diamante, el primer ejemplo de una estructura en la que los centros de difusión no coincidían con los puntos de una red simple (del tipo de Bravais). Esta determinación constituyó un gran triunfo, que sirvió para extender la fama del método de los Bragg entre físicos y químicos. Antes de que comenzara la Primera Guerra Mundial el joven Bragg determinaba otras estructuras: CaF_2 (fluorita), FeS_2 (pirita) y $CaCO_2$ (calcita). En 1915, padre e hijo recibían el premio Nobel de Física, por sus «investigaciones sobre la determinación de las estructuras cristalinas mediante rayos X».

Pero regresemos a los primeros tiempos del descubrimiento de los rayos X.

Los rayos X llegan a Francia

Las noticias del descubrimiento de los rayos X circularon con rapidez por todo el mundo, científico al igual que social. Con relación al primero, al mundo de la ciencia, un buen indicador es el *Catalogue of Scientific Papers 1800-1900* preparado por la Royal Society y publicado en 1912. En la sección «Röntgen and allied Radiations» (Royal Society 1912: 471-480) vemos que mientras que en 1895 sólo se publicó un artículo (el fundacional de Röntgen), en 1896, sólo en el apartado «Röntgen rays», aparecen 83 entradas. En su estudio de la variación experimentada en diversos campos de la física finisecular, Hirosige y Nisio (1968: 99) señalaron que «tan pronto como 1896, el año después del descubrimiento, los rayos Röntgen se convirtieron en un área independiente en lo que a clasificación se refiere, publicándose en aquel año 145 artículos». Hay que advertir, no obstante, que la tendencia decayó pronto, seguramente tanto debido a que se agotaron los temas e ideas de investigación física más obvios (acabamos de ver que hasta 1912 no se resolvió el problema de su naturaleza), como por la entrada en escena de nuevos campos, como el de la radiactividad, del que en seguida me ocuparé.

El propio artículo de Röntgen fue reimpreso cuatro veces durante 1896 (ese mismo año, el 23 y 24 de enero, apareció una traducción al inglés en, respectivamente, *Nature* y *The Electrician*).

Pasando ahora a la dimensión social, es relevante citar la descripción realizada en 1911 por Arthur Schuster (1851-1934), director del laboratorio de física de la Universidad de Manchester (Schuster 1911: 74-75):

> Se puede imaginar el interés que suscitó en el mundo científico el descubrimiento y la sensación que creó en todas partes; pocos fueron los laboratorios en los que no se intentó en seguida repetir el experimento. [...] Casi inmediatamente, la posibilidad de aplicaciones prácticas atrajo al público y muy especialmente a la profesión médica. Estaba claro que se tenía un método de gran utilidad para el diagnóstico de fracturas complicadas, o para localizar cuerpos extraños en el cuerpo. Para mí, esto tuvo una consecuencia desafortunada. Mi laboratorio se vio inundado por médicos que traían a sus pacientes, de los que se sospechaba que tenían agujas en distintas partes de sus cuerpos, y durante una semana tuve que emplear la mayor parte de tres mañanas en localizar una aguja en el pie de una bailarina de ballet.

En Alemania, el 4 de enero de 1896 Emil Warburg (1846-1931) mostró algunas de las fotografías tomadas por Röntgen en una reunión de la Sociedad de Física de Berlín. El día siguiente, la agencia de noticias *Wiener Presse* transmitía la historia del descubrimiento, y el 6 la información circulaba por todo el mundo. El corresponsal del *London Daily Chronicle* en Viena, por ejemplo, enviaba a su redacción el siguiente texto: «Los rumores de una alarma de guerra no deben distraer la atención del maravilloso triunfo de la ciencia que acaba de comunicarse en Viena. Se anuncia que el Prof. Röntgen de la Universidad de Wurzburgo ha descubierto una luz que, al efectuar una fotografía, atraviesa la carne, el vestido y otras sustancias orgánicas». Hasta el propio káiser Guillermo II le solicitó una demostración en la Corte, que Röntgen efectuó el día 13 de ese mes.

También llegó a España, por entonces un país claramente subdesarrollado en lo que a la investigación en física se refiere, la noticia del descubrimiento de los rayos X. El 10 de febrero de 1896, muy poco tiempo, por consiguiente, después del anuncio del hallazgo de Röntgen, Eduardo Lozano y Ponce de León (1896), catedrático de Física Superior en la Universidad de Barcelona, pronunció una conferencia en la Academia de Ciencias y Bellas Artes, en la que expuso trabajos que había llevado a cabo con la colaboración de Eduard Fontseré, ayudante suyo, y del geólogo Artur Bofill, secretario de la Academia. Un mes más tarde, hacía lo propio en la universidad. Los trabajos de Lozano se enmarcaban dentro de la tradición de la física, pero también mostraron interés los médicos; como César Comas, que realizó una primera demostración de sus trabajos (en los que participaron otros médicos) el 24 de febrero en el anfiteatro anatómico de la Facultad de Medicina de Barcelona. Y no fue únicamente en la Ciudad Condal donde tuvieron lugar tales muestras de interés, aunque probablemente fuese en donde primero se produjeron. En Valencia, por poner otro ejemplo, el 10 de noviembre de 1896, Vicente Peset Cervera consiguió en su laboratorio químico una imagen de una mano con sortijas y un alfiler, para la que necesitó diez minutos de exposición; al día siguiente, y tras veinticinco minutos de exposición, logró otra de una mano con nueve perdigones en el metacarpo (Martínez-Almagro Andreo 1999: 294-295).

Tiene también interés comprobar lo que decía a propósito de los rayos X José Echegaray, el polifacético ingeniero de Caminos, matemático, político y, por supuesto, dramaturgo (premio Nobel de Literatura en 1904), en uno de sus artículos de divulgación (Echegaray 1905: 753-754; el artículo en cuestión debió de aparecer antes, seguramente en 1896; la referencia que doy aquí corresponde a un libro en el que se recopilaban artículos del autor de *El gran galeoto*):

> Gran interés ha despertado, así en los círculos científicos como en la masa general de las gentes, el profesor Roentgen de Würtzbourg con su descubrimiento de los rayos X.
>
> En Academias, en Universidades, en revistas de ciencias, en la prensa diaria de todos los países, hasta en salones y casinos, no se habló duran-

> te algunas semanas más que de los rayos X, de rayos catódicos, de tubos de Crookes [un tipo de tubo de rayos catódicos; JMSR], de fotografías a través de cuerpos opacos y de universales transparencias para rayos *invisibles* de luz.
>
> Sobre todo, la *mano espectral*; quiero decir, aquella mano toda negra, que parece mano de espectro, brotando repentinamente de las tinieblas y posándose siniestra sobre la plancha fotográfica con sus huesos de esqueleto vigorosamente dibujados; en suma, la mano fantástica de Roentgen ha producido un efecto inmenso en el público.

En Francia la noticia también se conoció pronto, en los periódicos al igual que en instituciones como la prestigiosa Académie des Sciences, que dedicó su reunión del 20 de enero de 1896 a estudiar el tema. En esta sesión, dos médicos, Oudin y Barthélemy, presentaron una fotografía que habían tomado de los huesos de una mano utilizando rayos X (en la sesión siguiente, la del 27 de enero, Barthélemy y Oudin presentaron, junto a Odilon Lannelongue, una comunicación —publicada en los *Comptes Rendus* [Lannelongue, Barthélemy y Oudin 1896]— en la que destacaban la utilidad de las radiografías en la patología humana). El matemático Henri Poincaré, de cuya bibliografía me ocuparé con cierta extensión en el capítulo 6, que había recibido del propio Röntgen copias de algunas de sus fotografías, fue el encargado de hacer la presentación en aquella sesión de la Academia, a la que también llevó un ejemplar del artículo de Röntgen.

Ahora bien, si se consulta el ejemplar de los *Comptes Rendus* (la revista de la Academia) de aquella sesión, se encuentra (tomo 122, n.° 3, p. 150) que la referencia a la comunicación de Oudin y Barthélemy ocupa poco más de dos líneas:

> MM. los doctores Oudin y Barthélemy comunican una fotografía de huesos de la mano, obtenidas con la ayuda de los «X.-Strahlen» de M. el profesor Röntgen.

Nada se decía allí, por consiguiente, de qué es lo que había manifestado Poincaré. Afortunadamente, disponemos de un artículo, titulado «Les rayons cathodiques et les rayons Röntgen», publicado en el número del 30 de enero de 1896 de la *Revue Générale des Sciences Pures et Appliquèes*, que tiene toda la apariencia de constituir la esencia de lo que dijo en aquella sesión el gran matemático y físico-matemático francés. «No siendo ni físico, ni médico», señalaba Poincaré (1896; 1954: 570-571), «sólo gracias al azar he sido encargado de presentar en la Academia de Ciencias la comunicación de MM. los doctores Oudin y Barthélemy. Tengo, por consiguiente, poco que añadir a lo que todo el mundo sabe».

Para lo que a nosotros nos interesa, y aun a riesgo de repetir puntos ya dichos a propósito de Röntgen, lo más interesante son los comentarios que Poincaré hacía con respecto al descubrimiento de los rayos X, y el énfasis que ponía en la conexión con la fluorescencia:

> Habiendo rodeado con un cartón negro un tubo de Crookes en el que se producen rayos catódicos, el profesor Röntgen colocó este tubo en una sala oscura y le aproximó una pantalla de papel recubierto de platinocianuro de bario. Esta pantalla se hizo fluorescente, a pesar de que el cartón negro se encontraba en medio, y esta fluorescencia se mantuvo hasta una distancia de 2 metros.
>
> Se dio cuenta inmediatamente de la relevancia extraordinaria de este descubrimiento; hacía falta admitir, en efecto, la existencia de un agente nuevo, susceptible de atravesar un cartón negro bastante opaco, diferente, por consiguiente, de la luz visible o ultravioleta, pero que producía como ella la fluorescencia.
>
> M. Röntgen no tardó en descubrir que las nuevas radiaciones impresionan la placa fotográfica, ya sea porque poseen una acción química directa, o porque, bajo su influencia, la propia materia de la placa se hace fluorescente. A pesar de que estas radiaciones no ejercen ningún efecto sobre la retina, existen dos medios de constatar su presencia y, en consecuencia, de estudiarlas. Pueden sernos reveladas, bien por la fotografía, bien por la fluorescencia que comunican a ciertos cuerpos.

Henri Becquerel y el descubrimiento de la radiactividad

Henri Becquerel (1852-1908) fue el tercero de una familia de físicos. Al igual que su padre y su abuelo, fue catedrático de física en el Muséum d'Histoire Naturelle de París. De hecho, nació en el propio Museo; su padre, como catedrático, disponía de una vivienda en él. También fue profesor en la École Polytechnique, y en 1889 fue elegido (como había ocurrido, de nuevo, con su padre y abuelo) miembro de la Académie des Sciences. Este hecho le facilitó la comunicación de su descubrimiento de la radiactividad: como miembro de la Academia, cualquier trabajo que presentase en una de las sesiones semanales (se celebraban los lunes) aparecería impresa en los *Comptes Rendus* sólo diez días después. Precisamente, gracias a esta circunstancia podemos seguir con extraordinaria precisión la secuencia de acontecimientos que llevaron a Becquerel a descubrir la radiactividad.

Como académico, Becquerel estuvo presente en la citada sesión del 20 de enero. De hecho, él mismo dejó constancia de lo que sucedió entonces en una larga memoria publicada en 1903 (Becquerel 1903: 3):

> En la sesión de la Académie des Sciences del 20 de enero de 1896, en el momento en el que M. H. Poincaré acababa de mostrar las primeras radiografías enviadas por M. Röntgen, pregunté a mi colega si había determinado cuál era, en la ampolla vacía productora de los rayos X, el lugar de emisión de esos rayos. Él me respondió que el origen de la radiación se encontraba en la franja luminosa de la pared que recibía el flujo catódico. Pensé en seguida investigar si la nueva emisión no era sino una manifestación del movimiento vibratorio que da origen a la fosforescencia, y si todos los cuerpos fosforescentes emiten rayos parecidos. Hice partícipe de este proyecto a M. Poincaré y el día siguiente comencé una serie de experimentos [...] que no confirmaron la previsión con que los había emprendido.

De hecho, no fue Becquerel el único científico francés que se interesó por estos problemas, pero entrar en esa cuestión me llevaría demasiado lejos (ver Jauncey 1946, Badash 1965 y Sánchez Ron 2000). Hubo, no obstante, un aspecto en el que se distinguió de ellos: fue el primero en recurrir al uranio. Al tratarse de un elemento químico íntimamente unido a la historia del siglo XX, primero a través de la radiactividad, y más tarde de la fisión nuclear, proceso que tanto influyó en la segunda mitad de ese siglo, es oportuno recordar en este punto que el uranio fue presentado a la comunidad científica mundial el 24 de septiembre de 1789, en una memoria que leyó en la Real Academia de Ciencias y Bellas Letras de Berlín el químico Martin Heinrich Klaproth (1743-1817).

Examinando muestras de pechblenda (el nombre deriva de las palabras alemanas *pech*, que significa 'brea' —también mala suerte—

y *blende*, esto es 'mineral'), que encontró en las localidades de Johanngeorgenstdt (Sajonia) y Joachimsthal (Bohemia), Klaproth halló indicios que le hicieron sospechar la presencia de un metal distinto a los diecisiete identificados por entonces. Tras explicar en su memoria los elaborados procesos de análisis a que había sometido a sus muestras, Klaproth (1786-1787: 172) introducía, y bautizaba, la nueva sustancia:

> Las experiencias que acabo de mencionar demuestran que la pechblenda no debe considerarse de la clase de las minas de zinc o de hierro, ni de la clase de los fósiles que contienen Tugsteno, o Wolframio, y que en general no puede considerarse de ninguna de las clases que actualmente hay establecidas en la mineralogía, sino que debe recibirse en los sistemas como una sustancia metálica propia y simple. Por lo tanto hay que rechazar de la nomenclatura los nombres engañosos de Pechblenda y Eisenpecherz. Se debe asignar un nuevo nombre a este fósil, y conservárselo en exclusiva. Yo me beneficio de los derechos incontestables de todo inventor, y doy a este nuevo metal el nombre de Uranio, o Urano, tomado del planeta Urano, cuyo descubrimiento también es reciente.

Básicamente, hasta el tratamiento que de él hizo Becquerel, la principal utilidad del uranio fue la derivada de los intensos colores de sus óxidos y sales. La cristalería, la cerámica y porcelanas de Bohemia, que hasta entonces habían utilizado la plata de minas próximas, adquirieron fama universal por unas tonalidades nuevas, con unos barnices y fluorescencias que se debían a la incorporación del uranio, pero que para la mayoría eran inexplicables, ya que el proceso se mantuvo en secreto. Más tarde, también se utilizó otro compuesto del uranio, el nitrato de uranio, en los primeros procesos fotográficos.

Pero volvamos a Becquerel. Y la primera pregunta que nos debemos plantear es la de si existió alguna razón por la que, como ya he señalado, utilizó uranio, o si fue, sencillamente, una casualidad.

Esta cuestión ha sido solventada hasta hace poco con argumentos como el de que estaba familiarizado, incluso por tradición familiar, con compuestos de uranio, que además tenía en su laboratorio del Museo de Historia Natural. Por supuesto que esto es cierto, pero no lo es menos que en ese laboratorio existían docenas de sustancias fosforescentes, con las cuales, por lo menos con algunas, también estaría familiarizado. Así que la pregunta subsiste.

Ha sido Roberto de Andrade Martins (1997) quien se ha planteado —y contestado— esa pregunta, señalando que en su elección de compuestos de uranio Becquerel se vio guiado por algunas propiedades que había observado en esas sustancias, propiedades que le llevaron a pensar que podían producir la clase de radiación que estaba buscando. De nuevo, es en la extensa, y en algunos aspectos autobiográfica, memoria que el físico galo publicó en 1903 donde encontramos claves importantes para reconstruir este aspecto de la historia de su descubrimiento.

En ese documento leemos que, de hecho, Becquerel (1903: 7-8) no comenzó utilizando compuestos de uranio, sino, y al igual que otros científicos franceses que también se interesaron por el asunto, sustancias como el espato de flúor o la blenda hexagonal. Los resultados que obtuvo no fueron alentadores, y entonces recurrió al uranio: «Tenía grandes esperanzas en la utilización de sales de uranio, cuya fosforescencia había tenido ocasión de estudiar, a raíz de trabajos de mi padre. Estos cuerpos, que emiten y absorben toda una serie de radiaciones armónicas luminosas, parecían tener una constitución molecular particularmente llamativa, al menos desde el punto de vista de la fosforescencia y la absorción». E inmediatamente añadía: «Entre las preparaciones de sales de uranio que yo poseía, había láminas de sulfato doble de uranio y potasio que había preparado quince años antes. Estos cristales, inalterables en el aire, se ajustaban perfectamente a los experimentos que proyectaba; pero no los tenía entonces a mi disposición, habiéndolos prestado a mi colega M. Lippmann. [...] El mismo día que M. Lippmann me devolvió estas láminas cristalinas hice la primera observación».

El padre de nuestro Becquerel, Edmond Becquerel (1867-1868), había estudiado, efectivamente, los espectros de varios compuestos de uranio, como el nitrato y el silicato de uranio, el sulfato doble de uranio y potasio o el fluoruro doble de uranio y potasio, y en todos esos casos los espectros de absorción y emisión mostraban una serie de bandas delgadas separadas por, aproximadamente, la misma distancia. Aparentemente, ninguna otra sustancia luminiscente poseía estas propiedades espectrales.

Mediante un complejo, y no siempre claro (ni sólido desde el punto de vista de la física teórica), proceso argumental, analizado por Martins (1997), parece que Becquerel llegó a las siguientes conclusiones: 1) el que las bandas de los espectros de absorción y emisión se hallasen a, aproximadamente, las mismas distancias mostraba, aunque fuese de manera indirecta, que en los compuestos de uranio las radiaciones absorbidas se convertían en movimientos vibratorios que estaban en una relación armónica (de ahí la expresión de 1903, «radiaciones armónicas luminosas») con las radiaciones emitidas por fosforescencia, y 2) la luz visible (correspondiente, por tanto, a longitudes de onda relativamente grandes) que incide en un compuesto de uranio estimula únicamente vibraciones armónicas de frecuencias altas, lo que conduce a que emitan radiaciones —fosforescentes o fluorescentes— de pequeñas longitudes de onda, esto es, de gran poder de penetración, que era, precisamente, lo que se observaba en el caso de los rayos X. Naturalmente, hoy sabemos que semejantes razonamientos eran espurios, pero lo importante es que llevaron a su autor a experimentar con compuestos de uranio, que escondían el gran tesoro de la radiactividad.

Una vez establecido este punto, podemos continuar con el descubrimiento de la radiactividad.

El 24 de febrero, es decir, poco más de un mes después de la reunión antes citada de la Académie, y casi cuatro del descubrimiento de Röntgen, Becquerel (1896 a) presentaba su primera comunicación a la Académie des Sciences: «Sur les radiations émises par phosphorescence» (Sobre las radiaciones emitidas por fosforescencia). Dada su brevedad e interés histórico, es adecuado, y posible, reproducirla en su totalidad:

> En la sesión precedente C. Henri anunció que el sulfuro de zinc fosforescente colocado en la trayectoria de los rayos que proceden de un tubo de Crookes aumentaba la intensidad de la radiación que penetra el aluminio.
>
> Además, Niewenglowski ha encontrado que el sulfuro de calcio fosforescente emite radiaciones que penetran sustancias opacas.
>
> Este comportamiento se extiende a varias sustancias fosforescentes, y, en particular, a las sales de uranio cuya fosforescencia tiene una duración muy breve.
>
> Con el sulfato doble de uranio y potasio, de los que poseo algunos cristales en forma de una delgada corteza transparente, he sido capaz de realizar el siguiente experimento:
>
> Se envuelve una placa fotográfica de Lumière de gelatina de bromuro en dos hojas de papel negro muy pesado, de manera que la placa no se ve expuesta a la luz del Sol durante un día.

Se deja una placa de la sustancia fosforescente sobre el papel, por la parte de fuera, y se expone el conjunto al Sol durante varias horas. Cuando se revela después la placa, se descubre la silueta de la sustancia fosforescente, apareciendo en negro en el negativo. Si se coloca entre la sustancia fosforescente y el papel una moneda o una hoja de metal agujereada con algún dibujo, se puede ver que la imagen de estos objetos aparece en el negativo.

Se pueden repetir estos mismos experimentos colocando una tira delgada de vidrio entre la sustancia fosforescente y el papel, con lo que se excluye la posibilidad de cualquier acción química debida a vapores que puedan producirse en la sustancia cuando es calentada por los rayos del Sol.

Podemos, en consecuencia, concluir que la sustancia fosforescente en cuestión emite radiaciones que penetran papel opaco a la luz y reducen las sales de plata.

Becquerel había demostrado, en definitiva, que los rayos emitidos por el sulfato doble de uranio y potasio (como ya he apuntado, una sustancia fosforescente), impresionaban, a través de una espesa envoltura de papel, una placa fotográfica. Parecía, efectivamente, que la fosforescencia iba acompañada de rayos X.

Sin embargo, una semana más tarde, el 2 de marzo, la Académie recibía otra comunicación de Becquerel (1896 b), esta vez con un contenido mucho más sorprendente. El día 26 de febrero se había visto obligado a interrumpir sus experiencias con las sales de uranio debido a que estaba nublado y no salió el Sol. Como tenía la placa fotográfica protegida por una envoltura y la sal de uranio preparada, las guardó en un cajón, esperando que el día siguiente saliese el Sol y pudiese exponer la sal a su luz. Como el tiempo no cambió en varios días, el 1 de marzo Becquerel optó por revelar la placa fotográfica, esperando encontrar imágenes débiles. Sorprendentemente, halló siluetas muy fuertes. Sin la intervención de la luz solar, sin ninguna fosforescencia o fluorescencia visible, el compuesto de uranio había emitido una radiación capaz de impresionar la placa. Por qué, era algo que Becquerel desconocía, como queda claro en las frases finales de aquel artículo:

Una hipótesis que se presenta a la mente de manera bastante natural sería suponer que estas radiaciones, cuyos efectos poseen una fuerte analogía con los efectos producidos por las radiaciones estudiadas por Lenard y Röntgen, podrían ser radiaciones invisibles emitidas por la fosforescencia, cuya duración o persistencia fuese infinitamente mayor que la de las radiaciones luminosas emitidas por estas sustancias. Sin embargo, los presentes experimentos, sin ser contrarios a esta hipótesis, no sostienen la formulación que hacemos de ella.

En la siguiente sesión de la Académie, celebrada el 9 de marzo, Becquerel (1896 c) informaba de que además de oscurecer placas fotográficas, la nueva radiación ionizaba los gases, haciéndolos conductores; un hallazgo que permitía determinar, recurriendo a un instrumento que midiese corrientes eléctricas, la «actividad» de una muestra. También indicaba que por entonces había mantenido sus cristales en la oscuridad durante 160 horas, sin que se produjese ningún debilitamiento en la radiación que emitían. Asimismo, había reducido la lista de sustancias que emitían la nueva radiación a únicamente compuestos de uranio, con dos sorprendentes excepciones: un par de especímenes de sulfato de calcio, que por alguna razón que aún hoy se ignora, producían imágenes a través de 2 milímetros de aluminio.

Todos estos resultados forman en realidad la esencia del descubrimiento de la radiactividad, aunque Becquerel continuó estudiando las propiedades de la nueva radiación, publicando notas en los *Comptes Rendus* del 23 y 30 de marzo. En bastantes sentidos, se puede decir que el descubrimiento quedó definitivamente completo con el artículo que apareció en los *Comptes Rendus* del 18 de mayo (Becquerel 1896 d). Citaré a continuación los pasajes más relevantes de él:

> Hace unos pocos meses demostré que sales de uranio emiten radiaciones cuya existencia no había sido reconocida y que estas radiaciones mostraban notables propiedades, algunas de las cuales son comparables con las propiedades de la radiación estudiada por Röntgen. Las radiaciones de las sales del uranio son emitidas no sólo cuando son expuestas a la luz, sino incluso cuando se mantienen en la oscuridad, y durante más de dos meses los mismos fragmentos de varias sales, aisladas de todas las radiaciones conocidas con poder de excitación, han continuado emitiendo los nuevos rayos, casi sin que se perciba su debilitamiento. Desde el 3 de marzo al 3 de mayo, estas sustancias se mantuvieron encerradas en una caja de cartón opaco. Desde el 3 de mayo, han sido colocadas en una doble caja de plomo que nunca abandona la cámara oscura. [...]

> Bajo estas condiciones, las sustancias continúan emitiendo radiaciones activas. [...]
>
> Todas las sales de uranio que he estudiado, ya sean fosforescentes o no con respecto a la luz, estén cristalizadas, fundidas o en solución, han dado resultados comparables. Esto me ha conducido a pensar que el efecto es debido a la presencia en estas sales del elemento uranio, y que el metal daría efectos más intensos que los compuestos.
>
> Hace unas semanas, un experimento realizado con polvo comercial de uranio que había estado desde hacía mucho en mi laboratorio confirmó esa predicción; el efecto fotográfico es notablemente más fuerte que la impresión producida por una de las sales del uranio, y, en particular, por el sulfato de potasio y uranio.

Y, tras comentar otras propiedades, concluía: «Aunque continúo estudiando estos nuevos fenómenos, pensé que no dejaba de tener interés señalar la emisión producida por el uranio, que, creo, es el primer ejemplo de un metal que exhibe un fenómeno del tipo de una fosforescencia invisible».

Fosforescencia invisible es, como vemos, el nombre que Becquerel daba todavía a lo que más tarde sería denominado *radiactividad.*

Marie Curie, el polonio y el radio

A pesar de lo que estemos tentados de pensar más de un siglo después, en su momento el descubrimiento de Becquerel no atrajo excesiva atención; los rayos X seguían en la cresta de la ola de la popularidad. Aun así, hacia 1897 ya es posible encontrarse con evidencias de un cierto interés. Como en una carta que Kelvin escribió a Stokes el 25 de febrero de 1897, en la que se puede leer (Wilson, ed., 1990: 683): «Hace dos días recibí de Moissan una muestra de uranio, y he visto con mis propios ojos su eficacia descargando un conductor electrificado, que es más como magia que cualquier otra cosa que haya jamás visto u oído en Ciencia». Ferdinand Fréderic Henri Moissan (1852-1907, premio Nobel de Química en 1906), que aparece mencionado aquí, había trabajado, desde 1872 y como aprendiz de farmacia, en los laboratorios de Edmond Frémy y de Pierre-Paul Dehérain en el Muséum d'Histoire Naturelle de París, en donde acaso se familiarizó con los compuestos de uranio; consciente de que necesitaba una educación más rigurosa, siguió también estudios universitarios, que le condujeron a obtener en 1880 el título de *docteur ès sciences physiques* por la Facultad de Ciencias parisina. Entre 1879 y 1883 sirvió en la École Supérieure de Pharmacie, primero (hasta 1883) como *maître de conférences* y jefe de trabajos prácticos, después (hasta 1886) como agregado, y finalmente como catedrático de toxicología. En 1900 sucedió a Louis Joseph Troost (1825-1911) en la cátedra de Química Inorgánica de la Facultad de Ciencias. Moissan había obtenido muestras particularmente puras de uranio metálico; aparece, por ejemplo, citado en el artículo de Becquerel (1896 d) del 18 de mayo: «Antes de publicar este resultado, quería esperar hasta que nuestro colega M. Moissan, cuyas bellas investigaciones sobre el uranio se publican hoy [ver Moissan 1896], pudiese poner a mi disposición algunos de los productos que había preparado».

No sería, sin embargo, Moissan quien continuaría con empeño el estudio de las nuevas propiedades descubiertas en el uranio, sino una mujer de origen polaco: Marie Sklodowska-Curie (1867-1934).

Es tanto el carisma de esta mujer que antes de proseguir con mi análisis estrictamente técnico referiré algunos aspectos de su biografía anterior a su llegada a París.[7]

Marie Sklodowska nació en Varsovia el 7 de noviembre de 1867. Su padre era profesor de matemáticas y de física en un liceo de aquella ciudad, mientras que su madre dirigía una escuela de señoritas. Fue la última de los cinco hijos del matrimonio.

La Polonia en la que creció Marie estaba sometida a Rusia. Pero los polacos no aceptaban semejante situación con indiferencia; de hecho, cuando nació Marie todavía debía de estar fresca la memoria del último intento de insurrección, llevado a cabo en 1863, intento que terminaría dieciocho meses más tarde con el ahorcamiento de los jefes insurgentes. La futura científica no fue ajena a aquella atmósfera nacionalista, que buscaba cualquier posible mecanismo de resistencia para mantener la autoafirmación nacional. Ella misma participó en actividades clandestinas —progresistas y anticlericales— de movimientos nacionalistas universitarios. Marie Sklodowska fue, no hay duda de ello, a lo largo de toda su vida una patriota polaca, no importa dónde estuviese o qué hiciese. Cuando en 1898 descubrió un nuevo elemento químico, no dudó con qué nombre bautizarlo: polonio.

7. Para más detalles, ver Sánchez Ron (2000).

Marie finalizó sus estudios de bachillerato a la edad de quince años, habiendo sido siempre la primera de su clase. Tuvo entonces, sin embargo, que pasar un año en el campo, en casa de un tío suyo, notario en Skalbmierz, cerca de la frontera de Galitzia, para recuperarse de lo que los médicos denominaron «depresión nerviosa», aunque en su opinión la razón había sido «la fatiga debida al crecimiento y a los estudios».

Cuando regresó a Varsovia esperaba poder enseñar en alguna escuela «libre» (es decir, en la que sobreviviese el espíritu polaco), pero «circunstancias familiares», escribió (Curie, M., 1963: 81), «me obligaron a cambiar mi decisión. Mi padre, ya viejo y cansado, necesitaba descansar; su fortuna era muy modesta. De manera que decidí aceptar un puesto como institutriz de varios niños. Así, con apenas diecisiete años, dejé la casa de mi padre y comencé una vida independiente».

Las «circunstancias familiares» a las que se refería tenían que ver con la situación profesional y económica de su padre. El problema fue que un día de 1873, al regresar de sus vacaciones, Wladyslaw Sklodowski se encontró con una nota de la directora, rusa, de su colegio en la que le notificaba que dejaba de ser subinspector, lo que le significó perder el alojamiento gratuito que conllevaba el cargo, así como la mitad de su salario. La razón esgrimida fue que encontraba demasiado tibio su celo como investigador, pero el motivo real tuvo que ver con los sentimientos nacionalistas de Wladyslaw.

La nueva situación en que se encontró la familia Sklodowski hacía imposible que todos los hijos pudiesen cursar carreras universitarias. Esto afectó especialmente a Marie, que tenía la esperanza de estudiar matemáticas y física (Curie, M., 1963: 82): «Había oído que algunas mujeres habían logrado seguir ciertos cursos en Petrogrado o en países extranjeros, y estaba decidida a prepararme yo sola para seguir su ejemplo». De hecho, no abandonó tales planes completamente: su hermana Bronia decidió ir a París para estudiar medicina, y se habían prometido ayuda mutua. Marie ayudaría económicamente a Bronia, y más adelante ésta haría lo mismo con aquélla.

Inicialmente dio clases particulares, pero en seguida optó por trabajar como institutriz. Los años que pasó, la mayor parte de ellos alejada de Varsovia, en el campo como institutriz fueron duros para Marie.

En 1889 logró volver a Varsovia, y aunque continuó trabajando pudo acceder, por primera vez en su vida, a un auténtico laboratorio:

el de un primo suyo catorce años mayor que ella, Józef Boguski, que había regresado a Polonia después de estudiar en Rusia con Mendeléiev, y que era entonces director del laboratorio de una institución privada llamada Museo de Industria y Agricultura. Allí, junto a grupos de entusiastas, y patriotas, jóvenes polacos que se reunían para ampliar sus conocimientos, Marie se fue preparando para ir a estudiar a París, para tantos polacos de aquella época la «ciudad de la libertad y la ciencia».

Y logró cumplir tal propósito: uno de los primeros días de noviembre de 1891, con veintitrés años, tomaba un tren en la Estación de Viena de Varsovia. Su destino: la Gare du Nord de París. Y la Sorbona, por supuesto, cuyos cursos en la Facultad de Ciencias comenzaron en 1891, el 3 de noviembre. A ellos se incorporó Marie Sklodowska, una de las pocas mujeres entre miles de hombres. Apenas dos años después, en 1893, Marie obtuvo la *licence ès sciences*, siendo la primera de su curso. Inmediatamente, se embarcó también en la tarea de lograr la *licence ès mathématiques*, que conseguiría el año siguiente, 1894, el año en que conoció a Pierre Curie (1859-1906).

Pierre Curie nació el 15 de mayo de 1859, en París. Su padre, Eugène, era un médico republicano, socialista radical y anticlerical (no bautizó a sus hijos). De hecho, ni Pierre ni su hermano Jacques, al que siempre estuvo muy unido, asistieron al liceo, siendo educados en casa, en base a una filosofía pedagógica fundada en la observación, el razonamiento y la lucha frente a los prejuicios. Ello implicó, sin embargo, algunas deficiencias en su educación; por ejemplo, en literatura o idiomas. De todas maneras, pudo obtener el título de bachiller en ciencias en noviembre de 1875. En cuanto a estudios superiores, se licenció en ciencias físicas en la Facultad de Ciencias de la Sorbona.

El 1 de noviembre de 1882, entró como *préparateur* de física en la École Municipale de Physique et de Chimie Industrielles de la ciudad de París, que acababa de ser fundada con la intención de formar, a lo largo de tres cursos, técnicos con conocimientos científicos para la industria. Se trataba de un centro educativo de nivel no demasiado elevado, lejos del prestigio de las grandes *écoles*. Durante doce años, Pierre Curie mantuvo el puesto de *préparateur* en esa Escuela. En 1895, cuando ya hacía bastante tiempo que era conocido por sus aportaciones a la física, se creó en la *École* una cátedra para él. Mantendría ese cargo hasta 1905.

En la École Municipale, llevó a cabo importantes contribuciones a la física. Me limitaré a mencionar una: la que realizó con su hermano Jacques, reflejada en un artículo enviado en agosto de 1880 a la revista de la Académie des Sciences. En este trabajo (Curie, P., y Curie, J., 1880) presentaron un nuevo fenómeno: la aparición de cargas eléctricas en la superficie de ciertos cristales sometidos a variaciones de presión. Se trataba de la piezoelectricidad, fenómeno que consiste en una polarización eléctrica producida por la compresión o expansión de cristales en la dirección del eje de simetría. Pero también se da el fenómeno recíproco: la compresión o dilatación de cristales piezoeléctricos cuando se ven expuestos a la acción de un campo eléctrico. Este fenómeno, «inverso», fue previsto por Gabriel Lippmann (1845-1921), e implicaba una gran dificultad experimental para su detección, toda vez que las deformaciones resultantes son muy pequeñas. Jacques y Pierre Curie lograron, no obstante, ponerlo de manifiesto.

Dicho todo esto, volvamos a la secuencia que interrumpí antes.

Conseguida su segunda licenciatura, y ya casada con Pierre Curie, Marie decidió doctorarse, y no encontró mejor tema que el del estudio de un fenómeno descubierto no hacía mucho por Henri Becquerel: «Mi atención», recordó en su autobiografía (Curie, M., 1963: 89), «había sido atraída por los interesantes experimentos de Henri Becquerel con las sales del raro metal uranio [...] Mi marido y yo estábamos muy excitados por este nuevo fenómeno, y decidí emprender un estudio especial sobre él. Me parecía que lo primero que había que hacer era medir el fenómeno con precisión. Para ello decidí utilizar la propiedad de los rayos que permitían descargar un electroscopio. Sin embargo, en lugar del electroscopio habitual, utilicé un aparato más perfecto. [...] No tardé mucho en obtener resultados interesantes. Mis determinaciones demostraron que la emisión de rayos es una propiedad atómica del uranio, cualesquiera que sean las condiciones físicas o químicas de la sal. Cualquier sustancia que contiene uranio es tanto más activa emitiendo rayos cuanto más contenga de este elemento».

El primer fruto de aquel interés fue un breve artículo publicado en las *Comptes Rendus*, titulado: «Rayons émis par les composés de l'uranium et du thorium» (Rayos emitidos por los compuestos de uranio y del torio; Curie, M., 1898). Para sus experimentos, Marie utilizó las instalaciones de la École Municipale de Physique et de Chimie Industrielles, en la rue Lhomond, el centro en el que, como ya he señalado, trabajaba Pierre Curie; se trataba, en realidad, de un húmedo y frío cobertizo de ladrillo y cristales destinado a servir de lugar de almacenaje para la Escuela.

Lo que hizo Marie Curie en aquellas sus primeras investigaciones en el campo de la radiactividad fue, por un lado, estudiar la conductividad del aire bajo la influencia de la radiación emitida por el uranio, descubierta por Becquerel, y, por otra parte, buscar si existían otras sustancias, aparte de los compuestos del uranio, que convirtiesen el aire en conductor de la electricidad. El procedimiento experimental era, en principio, sencillo: colocaba el material a estudiar sobre una placa metálica frente a la que se encontraba otra placa, también de metal, que hacía las veces de condensador; utilizaba entonces el electrómetro de cuarzo piezoeléctrico (desarrollado por su esposo) para comprobar si pasaba alguna corriente eléctrica por el aire existente entre las placas. Cuanto mayor fuese la intensidad de esa corriente, mayor la «actividad» (es decir, la potencia) radiactiva de la sustancia.

De esta manera, examinó un gran número de metales, sales, óxidos y minerales. Los resultados que obtuvo indicaban que (Curie, M. 1898; Curie, L, ed., 1954: 44): 1) «todos los compuestos de uranio son activos, y lo son, en general, tanto más cuanto más uranio contienen», y 2) «los compuestos del torio son muy activos. El óxido de torio incluso sobrepasa en actividad al uranio metálico». El niobio (número atómico 41), cerio (58), y tántalo (73) también parecían ser ligeramente radiactivos, pero sin duda los más activos eran el uranio (92) y el torio (90), «que son los que poseen los mayores pesos atómicos».[8]

En sus experimentos, Marie se había encontrado con una sustancia especialmente llamativa: «De los minerales que se han mostrado

8. Es preciso señalar que Marie Curie no fue la primera en observar que el torio también poseía la misteriosa propiedad radiactiva del uranio. Sin que Marie tuviese noticia de ello, el físico-químico Gerhard Carl Nathaniel Schmidt (1865-1949) se le había adelantado en semejante descubrimiento. Después de haberse doctorado en Basilea en 1891, Schmidt recibió, en 1895, su *Dozentur* en el instituto dirigido por Eilhard Wiedemann (1852-1928) en la Universidad de Erlangen, con quien colaboró en el estudio de la luminiscencia, fosforescencia y fenómenos fotoeléctricos. Fue allí, y durante un breve período de tiempo (finales de 1897 a comienzos de 1898) en que se apartó de sus intereses habituales, donde Schmidt descubrió la radiactividad del torio. Al igual que Marie Curie, Schmidt (1898 a, b) realizó este hallazgo mientras examinaba diversos elementos y compuestos para ver si emitían rayos similares a los que Becquerel había detectado con el uranio.

activos, todos contienen elementos activos. Dos minerales de uranio, la pechblenda (óxido de uranio) y la calcolita (fosfato de cobre y de uranio), son mucho más activos que el propio uranio. Este hecho es muy sorprendente e induce a creer que estos minerales pueden contener un elemento mucho más activo que el uranio». Pronto comprobaría que tal suposición era correcta.

Había, por tanto, que intentar aislar el o los elementos que creía haber detectado indirectamente en esos minerales. Pero la tarea que se vislumbraba parecía demasiado exigente para ella sola, así que solicitó la ayuda de su marido, un maestro consumado, además, en el manejo del electrómetro piezoeléctrico (como al principio no conocían ninguna de las propiedades de la sustancia que buscaban, únicamente que emitía radiación, se tuvieron que basar sobre todo en las consecuencias de esa radiación, tarea para la que era imprescindible el electrómetro). Pierre aceptó interrumpir, en principio temporalmente, las investigaciones que estaba realizando con cristales. Sería una interrupción menos «temporal» de lo que pensaba.

Aunque ya comenzaron a colaborar hacia mediados de marzo de 1898, el inicio de lo que sería el camino conjunto que les conduciría hacia el descubrimiento del polonio y del radio se produjo realmente el 14 de abril, dos días después de la presentación del primer artículo de Marie a la Academia, cuando pesaron una muestra de 100 gramos de pechblenda y la machacaron en un almirez. Llegaría el día, cuando buscaban muestras puras de los nuevos elementos, en que trabajarían no con gramos sino con toneladas de material.

Tardaron unos tres meses en obtener su primer gran resultado: el que los animó a anunciar la existencia de un nuevo elemento químico: el polonio. En efecto, fue el 18 de julio cuando presentaban en la Académie des Sciences su artículo: «Sur une substance nouvelle radioactive, contenue dans la pechblende» (Sobre una nueva sustancia radiactiva, contenida en la pechblenda; Curie, P,. y Curie, M., 1898). Es, por cierto, la primera vez que se utilizó la expresión *radiactiva*; esto es, activa en radiación, que emite radiaciones. Marie y Pierre introducían un término, *radiactividad*, que se impondría, frente a otros, ya olvidados, como la *hiperfosforescencia*, propuesto por el británico Silvanus Thompson (1851-1916).

La lectura del artículo en el que se anunciaba el descubrimiento del polonio aclara perfectamente las circunstancias del trabajo del matrimonio Curie durante aquellos tres meses: «Nuestras investigaciones químicas», escribían, «se han guiado constantemente por el control de la actividad radiante de los productos separados en cada operación. Cada producto se sitúa sobre una de las placas de un condensador, y la conductividad adquirida por el aire se mide con la ayuda de un electrómetro y de un cuarzo piezoeléctrico. [...] Así obtenemos no sólo una indicación sino además un número que traduce la riqueza del producto en la sustancia activa».

Atacaron la pechblenda (procedente de las minas austriacas de San Jochimsthal) con ácidos, y trataron el líquido obtenido con ácido sulfúrico. «El uranio y el torio se quedaron en el líquido». El paso siguiente era, evidentemente, estudiar ese líquido sulfurado residual. Comprobaron que contenía «una sustancia muy activa, además de plomo, bismuto, cobre, arsénico y antimonio». Tras nuevos tratamientos químicos consiguieron observar que «el cuerpo activo permanece junto al bismuto». No fueron capaces de encontrar «ningún procedimiento exacto para separar la sustancia activa del bismuto por vía húmeda». Sin embargo, sí pudieron realizar «separaciones incompletas», de las cuales se seguía la obtención de «productos cada vez más activos». Finalmente, «conseguimos una sustancia cuya actividad es unas 400 veces mayor que la del uranio».

Todo esto los animaba a atreverse a manifestar (Curie, M., y Curie, P,. 1898; Curie, I., ed., 1954: 48):

> Creemos, pues, que la sustancia que hemos retirado de la pechblenda contiene un metal no conocido hasta ahora, próximo al bismuto por sus propiedades analíticas. Si la existencia de este nuevo metal se confirma, proponemos que se le denomine *polonio*, por el nombre del país de origen de uno de nosotros.

Todavía no estaban completamente seguros (los análisis espectrográficos realizados por Eugène Demarçay [1852-1903] no permitían identificar un nuevo elemento), pero sí lo suficiente para dar incluso un nombre al supuesto nuevo elemento, un nombre que, como señalé con anterioridad, demostraba el intenso amor de Marie a su Polonia natal.

Durante las investigaciones que les condujeron al descubrimiento del polonio, Marie y Pierre hallaron indicios de que, acompañando al bario separado de la pechblenda, podía existir otro elemento. Pero para continuar avanzando, los Curie pensaron que necesitaban más conocimientos y habilidades químicas que las que ellos poseían, y en consecuencia solicitaron la ayuda de Gustave Bémont (1857-1932), un químico que entonces era jefe de los trabajos de química mineralógica en la École de Physique et Chimie Industrielles. Tras varios meses más de duro trabajo, fueron capaces de separar ese segundo nuevo elemento, al que denominaron *radio*, que después demostró ser mucho más activo que el polonio.

Veamos cómo describió la propia Marie Curie el tipo de observaciones que conducirían al descubrimiento del radio (Curie, M., 1963: 89-90):

> Tuve ocasión de examinar un cierto número de minerales. Unos pocos de ellos mostraron actividad: eran aquellos que contenían uranio o torio. La actividad de estos minerales no habría tenido nada de sorprendente si hubiese estado en proporción a las cantidades de uranio o torio que contenían. Pero no era así. Algunos de estos minerales mostraron una actividad tres o cuatro veces mayor que la del uranio. Verifiqué cuidadosamente este sorprendente hecho, y no podía dudar de su veracidad. Especulando acerca de su motivo, me pareció que sólo existía una explicación. Debía de haber, pensé, alguna sustancia desconocida, muy activa, en estos minerales. Mi marido estuvo de acuerdo conmigo y me urgió a que buscásemos inmediatamente esta hipotética sustancia, pensando que uniendo esfuerzos se obtendría más rápidamente un resultado. Ninguno de nosotros podía prever que al comenzar este trabajo íbamos a entrar en el camino de una nueva ciencia, que seguiríamos durante todo nuestro futuro.
>
> Por supuesto, no esperaba, ni siquiera al principio, encontrar un nuevo elemento en grandes cantidades, puesto que los minerales ya habían sido analizados con alguna precisión. Pensé que a lo sumo podría existir un uno por ciento de la sustancia desconocida en los minerales. Pero cuanto más trabajábamos, más claro nos iba quedando que el nuevo elemento radiactivo solamente podría existir en proporciones bastante minúsculas y que, en consecuencia, su actividad debería de ser muy grande. Nadie puede decir si habríamos insistido, dada la pobreza de nuestros medios de investigación, si hubiésemos conocido la verdadera proporción de lo que estábamos buscando; todo lo que se puede decir ahora es que la constante progresión de nuestro trabajo nos mantuvo absortos en una apasionada investigación, mientras las dificultades iban aumentando constantemente. De hecho, sólo fue después de varios años

del más arduo trabajo cuando tuvimos finalmente éxito en separar completamente la nueva sustancia, ahora conocida por todo el mundo como *radio.*

El anuncio del descubrimiento lo efectuaron en la sesión de la Académie celebrada el 26 de diciembre. «Sur une nouvelle substance fortement radioactive, contenue dans la pechblende» (Sobre una nueva sustancia fuertemente radiactiva, contenida en la pechblenda; Curie, P., Curie, M., y Bémont, G., 1898) fue el título que dieron a su artículo.

En él señalaban que a lo largo de sus investigaciones habían «encontrado una segunda sustancia fuertemente radiactiva y totalmente diferente de la primera [el polonio] por sus propiedades químicas», una sustancia que tenía «todas las apariencias químicas del bario casi puro». Pero sabían que ni el bario ni sus compuestos son normalmente radiactivos, y por ello aplicaron procedimientos químicos dirigidos a intentar aislar el elemento radiactivo. En primer lugar obtuvieron una sustancia, en estado de cloruro hidratado, con una radiactividad 60 veces más fuerte que el uranio metálico. Insistiendo con más fraccionamientos, llegaron a una sustancia que poseía una actividad 900 veces mayor que el uranio. «En este punto», manifestaban, «tuvimos que detenernos por habérsenos acabado la sustancia; pero por la evolución de las operaciones, cabe prever que la actividad habría aumentado todavía mucho más si hubiéramos podido continuar». Además, en este caso los análisis espectrográficos realizados por Demarçay (1898) daban resultados esperanzadores.

Esas razones, les hacían «creer que la nueva sustancia radiactiva contiene un elemento nuevo, al que proponemos dar el nombre de *radio*». Es de suponer que lo bautizaron de esta manera porque, debido a la intensidad de su actividad, parecía ser el prototipo de elemento *radioactivo.*

El radio mostró ser un elemento extremadamente difícil de obtener. Tras cuatro años de duro trabajo, los Curie sólo pudieron separar 100 miligramos (aproximadamente la cabeza de una cerilla) de elemento bastante puro, a partir de varias toneladas de mena de uranio. No es extraño, por consiguiente, que su precio fuese muy elevado: en 1921, por ejemplo, un gramo de radio costaba 100.000 dólares. Sin embargo, sus características justificaban semejante valor. Su vida media (el tiempo que tarda en desintegrarse la mitad de átomos de una muestra, básicamente también el tiempo que tarda en disminuir a la mitad su actividad) es de 1.600 años, frente a los sólo 138 días del polonio y 4.500 millones de años del uranio. El radio es, por tanto, una fuente de radiación estable durante cientos de años, y tiene, además, una intensidad 3.000 veces superior a la de una cantidad igual de uranio. En otras palabras, combina una vida larga y una intensidad elevada mucho mejor que cualquier otro elemento o sustancia radiactiva.

Una nueva vida para la tabla periódica de los elementos

El descubrimiento del polonio y el radio abriría una nueva era en el mundo de los elementos químicos, un mundo que de hecho había contemplado una auténtica «explosión demográfica» durante el siglo XIX. Veamos, antes de seguir adelante, cuál fue la secuencia en el descubrimiento de elementos químicos (incluyendo ya el polonio y el radio):

Conocidos antes de 1700

Descubiertos entre 1700 y 1799
Berilio, bismuto, circonio, cloro, cobalto, cromo, estroncio, flúor, hidrógeno, itrio, manganeso, molibdeno, níquel, nitrógeno, oxígeno, platino, telurio, titanio, tungsteno, uranio y zinc.

Descubiertos entre 1800 y 1849
Aluminio, bario, boro, bromo, cadmio, calcio, cerio, erbio, iridio, lantano, litio, magnesio, niobio, osmio, paladio, potasio, rubidio, selenio, silicio, sodio, tántalo, torio, vanadio y yodo.

Descubiertos entre 1850 y 1899
Actinio, argón, cesio, disprosio, escandio, gadolinio, galio, germanio, helio, holmio, indio, iterbio, kriptón, neodimio, neón, polonio, praseodimio, radio, rodio, rutenio, samario, talio, tulio y xenón.

Un total de 81. Lejos, por consiguiente, de los más de 100 que figuran en la actualidad en la tabla periódica de los elementos.

Como es bien sabido, la idea de que toda la diversidad de cuerpos simples procede del hidrógeno —esto es, que los pesos atómicos de todos los cuerpos simples deben ser múltiplos del peso atómico del hidrógeno— fue propuesta en 1815 por el inglés William Prout (1785-1850). En las décadas sucesivas esta hipótesis fue defendida y criticada, dentro del contexto más general de intentar poner orden en la diversidad de los elementos químicos conocidos. Intentos que culminaron en marzo de 1869, cuando Dmitri Ivanovitch Mendeléiev (1834-1907), de la Universidad de San Petersburgo, anunció su nuevo sistema de clasificación (basado en la idea de que las propiedades de los cuerpos simples se encuentran relacionadas de manera periódica con sus pesos atómicos) en una sesión de la Sociedad Rusa de Química, organización que él mismo había ayudado a crear en San Petersburgo el año anterior, así como en su libro sobre los principios de la química (Mendeléiev 1869). Las ideas de Mendeléiev aparecieron resumidas en la revista alemana *Zeitschrift für Chemie* en el mismo año de 1869, pero no recibieron demasiada atención hasta que Lothar Meyer (1830-1895), que había llegado a ideas muy similares de manera independiente, publicó su propia descripción en 1870.

			Ti =50	Zr = 90	? =180
			V =51	Nb = 94	Ta =182
			Cr =52	Mo = 96	W =186
			Mn =55	Rh =104·4	Pt =197·4
			Fe =56	Ru =104·4	Ir =198
			Ni=Co =59	Pd =106·6	Os =199
H=1			Cu =63·4	Ag =108	Hg =200
	Be = 9·4	Mg =24	Zn =65·2	Cd =112	
	B =11	Al =27·4	? =68	Ur =116	Au =197?
	C =12	Si =28	? =70	Sn =118	
	N =14	P =31	As =75	Sb =122	Bi =210
	O =16	S =32	Se =79·4	Te =128?	
	F =19	Cl =35·5	Br =80	I =127	
Li=7	Na=23	K =39	Rb =85·4	Cs =133	Tl =204
		Ca =40	Sr =87·6	Ba =137	Pb =207
		? =45	Ce =92		
		?Er =56	La =94		
		?Yt =60	Di =95		
		?In =75·6	Th =118?		

Tabla periódica de los elementos propuesta por Mendeléiev

En 1871, Mendeléiev predijo la existencia de tres elementos desconocidos en su tiempo, llegando a señalar sus propiedades más destacadas (incluyendo el peso atómico aproximado). Estas predicciones se vieron confirmadas pronto, como ya mencioné en el capítulo 1: en 1875, el francés Paul Emile Lecoq de Boisbaudran anunciaba el descubrimiento del galio (ekaboro para Mendeléiev); en 1879, el sueco Lars Fredrik Nilson hacía lo propio con el escandio (ekaluminio), y en 1886 el alemán Clemens Alexander Winkler descubría el germanio (ekasilicio). Como vemos, no fue Marie Curie la primera persona que bautizó a un elemento químico con el nombre del país de origen del científico que lo descubrió.

Sin embargo, también surgieron algunos problemas con la tabla mendeleievana: en agosto de 1894 William Ramsay y lord Rayleigh anunciaban en la reunión anual, celebrada aquel año en Oxford, de la British Association for the Advancement of Science que habían descubierto un nuevo elemento en la atmósfera, al que llamaron *argón* (de la palabra griega que significa 'pereza', para representar su resistencia a combinarse). Poco después, Ramsay supo que en 1888 el geoquímico estadounidense William Hillebrand había obtenido un gas que no se combinaba con otros, y que supuso era nitrógeno. Tras los análisis de Ramsay, que mostraron que no se trataba de argón, William Crookes y Norman Lockyer examinaron espectrográficamente muestras del gas, encontrando en su espectro líneas que coincidían con una que el propio Lockyer y su compatriota, el químico Edward Frankland (1825-1899), habían observado durante un eclipse de Sol en agosto de 1868 en el espectro del Sol, y que los llevó a proponer la existencia de un nuevo elemento, al que llamaron *helio*, según el término griego para el Sol (*helium*). Ahora bien, Mendeléiev no había previsto ningún lugar en su tabla para elementos de este tipo. El problema se resolvió creando un nuevo grupo (columna) en la tabla periódica, el de los gases nobles, o inertes, un grupo que pronto se completó con el descubrimiento, en 1898 y debido a William Ramsay y su ayudante Morris W. Travers (1872-1961), del neón, kriptón y xenón.

Aunque el descubrimiento del polonio y el radio forman parte también del conjunto de avances científicos que ampliaron la tabla periódica de los elementos, se trataba de un campo de investigación nuevo, diferente a los anteriores, que terminó conduciendo no sólo a nuevos elementos, sino a elementos para cuya identificación en la naturaleza es prácticamente imprescindible recurrir a manipulaciones en las que intervienen transformaciones atómicas. En al menos un sentido (terminológico), un ejemplo paradigmático de esta «artificialidad» es el elemento número 43 de la tabla periódica, descubierto en 1936-1939 por Carlo Perrier y Emilio Segrè (1905-1989), y que fue denominado *tecnecio*, como testimonio de que se trataba del primer elemento, con anterioridad desconocido en la Tierra, que fue preparado artificialmente, gracias a la tecnología de los ciclotrones de Berkeley de Ernest Lawrence (1901-1958).

Entre los nuevos elementos cuyo descubrimiento hizo posible el mundo de la radiactividad y de la física cuántica en general, figuran el radón (E. Rutherford, R. Owens; y E. Dorn, 1899-1900), protoactinio (O. Hahn, L. Meitner, F. Soddy, y A. Cranston, 1918), neptunio (E. H. McMillan, P. Abelson, 1940), plutonio (G. Seaborg, E. M. McMillan, J. C. Kennedy y A. C. Wahl, 1940), americio (G. Seaborg, R. A. James y L. O. Morgan, 1945), curio (G. Seaborg, R. A. James y A. Ghiorso, 1944), berkelio (S. G. Thompson, A. Ghiorso y G. Seaborg, 1950), californio (S. G. Thompson, K. Street, A. Ghiorso y G. Seaborg, 1950), einstenio y fermio (A. Ghiorso, S. G. Thompson, Higgins, G. Seaborg, Studier, P. R. Fields, S. Fried, R. M. Diamond, Mech, J. O. Pyle, J. R. Huizenga, Hirsch, W. M. Manning, C. I. Browne, Smith y R. W. Spence, 1952).

¿Qué es la radiactividad? Crookes, Mendeléiev y los Curie

Para los pioneros de la radiactividad, al igual que para todos aquellos que se interesaban de una u otra manera por ella, se trataba de un fenómeno sorprendente, inexplicable en base a la física y a la química conocidas entonces. Era inevitable que los científicos de la época se preguntasen cuál era su origen, y, en consecuencia, que se produjeran todo tipo de reacciones.

Sin entrar en un análisis general, es posible identificar (Kragh 1997) tres fases en la historia de la explicación de la radiactividad. La primera duró hasta 1903, y en ella la principal cuestión tratada fue si la radiactividad era una propiedad atómica de la materia o si, por el contrario, era producida por un «agente» externo. Aquel período terminó con la aceptación general de que la primera posibilidad, la de que se trataba de un fenómeno atómico, era la correcta, aunque no por ello dejase de considerarse ocasionalmente la segunda opción. La siguiente fase cubre, aproximadamente, la década de 1903 a 1913, y en ella el objetivo más perseguido fue encontrar algún modelo atómico que pudiese explicar la radiactividad. Los continuos fracasos en este sentido terminaron por producir un ambiente científico en el que la cuestión del origen de la radiactividad dejó de plantearse —o por lo menos de plantearse con la frecuencia, convicción e intensidad de antes—, convenciéndose la mayoría de los físicos (no todos, por supuesto) de que la respuesta llegaría en el futuro, cuando se dispusiese de esquemas conceptuales, de teorías, más poderosos. La mecánica cuántica sería semejante «esquema conceptual»: en 1928, George Gamow (1928) y, de manera independiente, Ronald Gurney y Edward Condon (1928) demostraron que la física cuántica suministraba una explicación satisfactoria para la emisión de partículas α (la desintegración β continuó, sin embargo, ofreciendo problemas). Pero esta, es decir, la tercera fase, es otra historia que, además, cae fuera del período temporal del que me ocupo en el presente volumen.

Por el momento me limitaré a ofrecer ejemplos de algunos de los primeros planteamientos. En primer lugar, el de William Crookes (1832-1919), uno de los científicos más activos en el estudio de las radiaciones relacionadas con los rayos catódicos (un amplio análisis de las ideas de Crookes en este campo se encuentra en Sinclair [1985]). Precisamente en 1898, el año del descubrimiento del polonio y el radio, Crookes presidió el 68 Congreso anual de la British Association for the Advancement of Science, celebrado aquel año en septiembre en Bristol. Y como era habitual pronunció la tradicional conferencia presidencial. El texto de ésta constituye un valioso documento para apreciar la reacción de un científico prestigioso. Porque Crookes no dejó de hacer referencia a la radiactividad en su discurso, aunque no fuese ése el único tema del mismo.

Tras tratar con amplitud el tema de los rayos X, Crookes (1899: 26) se refería a la radiactividad, y en concreto a los hallazgos del matrimonio Curie:

> Recientemente, M. y Mme. Curie han anunciado un descubrimiento que, si se confirma, no puede sino ayudar en la investigación de esta oscura rama de la física [la radiactividad]. Han anunciado un nuevo constituyente de un mineral de uranio, la pechblenda, que posee en un

> grado 400 veces superior el misterioso poder del uranio de emitir una forma de energía capaz de impresionar una placa fotográfica y de descargar la electricidad haciendo conductor el aire. También parece que la actividad radiante del nuevo cuerpo, al que sus descubridores han dado el nombre de Polonio [el anuncio del hallazgo del radio no se produciría hasta diciembre], no necesita ni de la excitación de la luz ni del estímulo de la electricidad; al igual que el uranio, extrae su energía de alguna fuente que se regenera constantemente, que es inagotable en cantidad, y cuya existencia no se sospechaba hasta ahora.

Y a continuación, pasaba a explicar su propuesta: «Ha sido para mí, desde hace mucho, un problema obsesionante cómo reconciliar con los cánones esta aparentemente ilimitada emisión de energía. Pero, como me recuerda el doctor Johnstone Stoney, las posibilidades de movimiento molecular están lejos de agotarse. Existen muchos depósitos de energía en la naturaleza que pueden ser utilizados sin causas aparentes por cuerpos apropiadamente constituidos. Hace tiempo que llamé la atención sobre la enorme cantidad de energía almacenada en el éter; más próximos a nuestras concepciones experimentales son los movimientos de átomos y moléculas, y no es difícil mentalmente modificar los demonios de Maxwell para reducirlos al nivel de una ley inflexible, poniéndolos así dentro del ámbito de posibilidades de un filósofo que busca una herramienta nueva».

La idea que manejaba Crookes recordaba, ciertamente, al diablillo maxwelliano que terminaba colocando a todas las moléculas más veloces de un gas en un lado de un contenedor y a las más lentas en otro: «Es posible —continuaba Crookes— concebir un dispositivo capaz de cribar mecánicamente de las moléculas del aire de su alrededor los movimientos rápidos de los lentos. Esta criba de las moléculas que se mueven rápidamente se efectúa en los líquidos siempre que éstos se evaporan, y en el caso de los constituyentes de la atmósfera siempre que ésta contenga componentes lo suficientemente ligeros como para separarlos molécula a molécula». Tras semejante introducción, se refería explícitamente a las sustancias radiactivas, proponiendo un —bastante oscuro— mecanismo para explicar la extraordinaria emisión de energía que las caracterizaba:

> Pensemos que el uranio y el polonio, cuerpos con los átomos más densos, tengan una estructura que les permita repeler a las moléculas de la

atmósfera que se mueven lentamente, mientras que la energía de las que se mueven rápidamente, que chocan contra la superficie, disminuye, aumentando de manera correspondiente la del objetivo [esto es, las energías de uranio o polonio]. Parece que la energía ganada de esta manera se emplea en parte en disociar algunas moléculas del gas (o en inducir alguna otra condición que tiene el efecto de hacer al aire de alrededor conductor de electricidad en algún grado), y en parte en producir una ondulación a través del éter, que [...] debe suministrar un amplio contingente de ondas de luz de baja longitud de onda. En el caso de los rayos de Becquerel, la pequeñez de longitud de onda parece que no llega a ser tan extrema como en los rayos de Röntgen normales. La reducción de la velocidad de las moléculas que se mueven rápidamente enfriaría la capa de aire a la que pertenecen; pero este enfriamiento sería compensado en seguida por radiación y conducción de la atmósfera de alrededor; en circunstancias ordinarias las diferencias de temperatura apenas serían perceptibles, y parecería de esta forma que el uranio está emitiendo permanentemente rayos de energía sin ningún medio aparente de restauración.

Era, está claro, una explicación totalmente clásica, que combinaba el recurso a diseños mecanicistas con asignar un papel al tan querido para los británicos (desde luego lo era para Crookes) éter. Precisamente por eso mismo, era, como se vería más tarde, un modelo irremediablemente destinado al fracaso.

Una idea parecida se le ocurrió al gran Mendeléiev, que en abril de 1902 visitó a Marie y Pierre Curie en su laboratorio. Bernadette Bensaude-Vincent (1989: 504-505) ha estudiado su caso; me remito, por tanto, a su exposición:

París 1902. Un anciano de barba blanca, mirada alerta a despecho de sus setenta años, llama a la puerta de un laboratorio sito en la rue Lhomond y, con su fuerte acento ruso, pregunta por Pierre y Marie Curie. No es un desconocido el que visita a estos jóvenes investigadores... sino un químico famoso, respetado, doctor por varias universidades, director de la Oficina central [rusa] de Pesas y Medidas desde 1892. Sin embargo, este sabio [...] siente curiosidad, se muestra inquieto por la radiactividad y quiere juzgar por sí mismo. Observa con atención las radiaciones emitidas por el uranio, el torio y el polonio, habla, pregunta. ¿Transmutación de elementos? Una posibilidad que considera disparatada. La individualidad de los elementos, la inmutabilidad de los átomos, la in-

> destructibilidad de la materia son principios fundamentales de la química que ha estudiado y ha enseñado...
>
> Ante las interpretaciones aún titubeantes de Pierre y Marie Curie, Mendeléiev propone una explicación más clásica. Esboza en la pizarra el bien conocido esquema de un sistema planetario y lanza su hipótesis: la radiactividad es una propiedad que se manifiesta únicamente a través de átomos pesados. Dado su peso, los átomos de uranio, de torio, de polonio, podrían actuar como pequeños soles que atraen a todos los cuerpos de su alrededor. Si consideramos que el éter de los físicos es precisamente un cuerpo extremadamente ligero, expandido por todo el universo, podemos imaginar que modifica su comportamiento en presencia de estos átomos pesados con gran poder de atracción. [...]
>
> De regreso a San Petersburgo, Mendeléiev perfecciona su interpretación y redacta un opúsculo traducido dos años después al inglés bajo el título de *Towards a Chemical Conception of Ether.* La explicación propuesta de la radiactividad es el resultado particular de una formidable construcción intelectual que unifica la mecánica, la física electromagnética y la química.

En realidad, el opúsculo al que se refería Bensaude-Vincent fue publicado antes de los dos años, en 1903 (Mendeléiev 1903), apareciendo también, en una versión ligeramente diferente, en la tercera edición inglesa de su tratado de química, *The Principles of Chemistry* (Mendeléiev 1904).

En la actualidad, a más de uno le podrá parecer que las ideas de Crookes y Mendeléiev rayaban en el despropósito. Sería, sin embargo, un anacronismo pensar de tal modo. Hay que insistir en que en 1898 y 1902 se estaba prácticamente a oscuras en lo relativo a comprender la radiactividad. El que Crookes y Mendeléiev intentasen explotar la visión electromagnética de la materia, con el omnipresente éter electromagnético, era consistente con el espíritu del tiempo. Así, en 1900, al final de un largo trabajo presentado al Congreso Internacional de Física, en el que repasaban la situación en la investigación de los fenómenos radiactivos, Pierre y Marie Curie (1900; Curie, P., 1908: 408-409) no descartaban posibilidades propias del antiguo mundo del electromagnetismo clásico. «La radiación de Becquerel», señalaban, «está constituida por una mezcla de rayos cargados de electricidad, que se pueden desviar en un campo magnético, análogos a los rayos catódicos, y por rayos que no se desvían en un campo magnético y que son análogos a los rayos de Röntgen. Esta mezcla no tiene nada que deba sorprendernos. En los tubos de vacío, los rayos X nacen en toda pared golpeada por los rayos catódicos. Por otra parte, los rayos X que golpean cuerpos dan origen a rayos secundarios estudiados por M. Sagnac, y estos rayos secundarios parecen formados ellos mismos por una mezcla de rayos que no se desvían y de rayos cargados de electricidad análogos a los rayos catódicos». Lo que sí constituía, en su opinión, un «enigma» era «la espontaneidad de la radiación». «¿Cuál es», se preguntaban, «la fuente de la energía de los rayos de Becquerel? ¿Es preciso buscarla en los propios cuerpos radiactivos o bien en el exterior?». Se trataba de la pregunta básica, por supuesto, pero no la contestaban (no podían contestarla). Se limitaban a plantear algunas posibilidades: «Se podría considerar a los rayos de Becquerel como una emisión secundaria debida a rayos análogos a los X que atraviesan todo el espacio y todos los cuerpos». Otra posibilidad es que fuese «tomada del medio ambiente bajo forma de calor, pero semejante hipótesis estaría en contradicción con el principio de Carnot». Por último, estaba la «hipótesis balística, tal como ha sido edificada por sir W. Crookes y M. J. J. Thomson para explicar los rayos catódicos. El radio emitiría de forma continua partículas extremadamente pequeñas cargadas de electricidad negativa. La energía utilizable almacenada en forma de energía potencial se disiparía poco a poco, lo que conduciría necesariamente a no admitir más la invariablidad del átomo». Esta última posibilidad, que veía la emisión de energía asociada a los fenómenos radiactivos como debida a la expulsión de electrones (identificados por J. J. Thomson en 1897) de los átomos, era, de hecho, bien vista por Marie Curie, que el mismo año de 1900 se manifestaba en términos menos precavidos que en el trabajo en colaboración con su marido que acabo de citar (Curie, M., 1900; Curie, L., ed., 1954: 104-105):

> Hasta el momento, siempre se ha encontrado que allá donde hay electricidad hay materia; los rayos catódicos son cargas de electricidad, y ello lleva a pensar que son materiales. En la teoría de Crookes, los rayos catódicos son una proyección de la materia electrizada que procede del cátodo; es la «materia radiante» de Crookes. La experiencia ha mostrado que la velocidad de los rayos catódicos es muy grande, apenas tres veces menor que la de la luz. J. J. Thomson ha demostrado que si se considera que los rayos catódicos son partículas materiales electrizadas,

estas partículas transportan un peso 1.000 veces menor que el de un átomo de hidrógeno. No serían ya por tanto los átomos libres de la química, sino sub-átomos todavía mucho más pequeños, y animados de velocidades prodigiosas. Al igual que en un tubo de vacío estas partículas se escapan del cátodo, el radio las enviaría al espacio de forma continua. La materia radiactiva sería, por consiguiente, materia en donde reina un estado de movimiento interior violento, materia a punto de romperse. Si es así, el radio debe perder constantemente peso. Pero la pequeñez de las partículas es tal que aunque sea fácil de constatar la carga eléctrica enviada al espacio, la masa correspondiente debe ser absolutamente insignificante; calculando se encuentra que harían falta millones de años para que el radio perdiera un equivalente en miligramos de su peso. Es imposible llevar a cabo la verificación.

La teoría materialista de la radiactividad es muy seductora. Explica bien los fenómenos de la radiactividad. Sin embargo, adoptando esta teoría es preciso concluir que la materia radiactiva no se encuentra en un estado químico ordinario; los átomos no están ahí en un estado estable, porque se radian partículas más pequeñas que el átomo. El átomo, indivisible desde el punto de vista químico, es aquí divisible, y los sub-átomos se encuentran en movimiento. La materia radiactiva experimenta por consiguiente una transformación química que es la fuente de la energía radiada; pero no se trata de una transformación química ordinaria, porque éstas dejan al átomo invariable. En la materia radiactiva, si hay algo que se modifica a la fuerza es el átomo, porque es al átomo al que se asocia la radiactividad.

Radiactividad y conservación de la energía

Como hemos visto, las incógnitas con respecto a qué era realmente la radiactividad, y cómo se podía explicar, eran a comienzos del siglo XX muchas, pero un desarrollo teórico que tuvo lugar en 1905 constituyó un primer paso en la dirección correcta para su resolución.

Muy poco después de publicar el artículo fundacional de la teoría restringida de la relatividad (al que volveré a referirme en el capítulo 5), Einstein (1905 d) llegó a la conclusión, como un mero teorema que se deducía de las expresiones básicas de su formulación, de que energía y materia están relacionadas mediante una expresión que terminaría haciéndose célebre:

$$E = mc^2$$

donde *c* representa la velocidad de la luz.

Pero Einstein no se detuvo en la deducción de esta fórmula: en las frases finales de su artículo se refirió a la radiactividad, mostrando que había comprendido las implicaciones que la expresión matemática que había obtenido tenía para la energía que emanaba de los cuerpos radiactivos (Einstein 1905 d: 641):

> La masa de un cuerpo es una medida de su contenido energético; si la energía cambia un valor L, entonces la masa varía en el mismo sentido un valor $L/9 \times 10^{20}$...
>
> No es imposible que se pueda comprobar con éxito la teoría con cuerpos cuyo contenido energético es altamente variable (p. ej. con sales de radio).

Dos años después, volvía a ocuparse del tema, esta vez con algo más de detalle. En aquella ocasión Einstein (1907 a: 442-443) señalaba que incluso en el caso de la radiactividad, en el que la desintegración de una sustancia va acompañada de la emisión de cantidades enormes de energía, «los cambios experimentados por las masas de los sistemas durante los procesos físicos familiares son siempre tan pequeños que no se pueden medir». Y añadía: «[Sólo] si la vida media del radio hubiese sido determinada con una precisión razonable, podríamos comprobar nuestras relaciones si conociésemos los pesos atómicos involucrados con una precisión de seis dígitos. Esto es, por supuesto, imposible. Sin embargo, es posible que se detecten procesos radiactivos en los que un porcentaje significantemente elevado de la masa del átomo original se convierta en la energía de una variedad mayor de radiaciones que [la observada] en el caso del radio».

Pero ya es hora de dejar, por el momento, la radiactividad y pasar, en un nuevo capítulo, a estudiar el «descubrimiento» (identificación es una expresión probablemente más adecuada) de la primera partícula elemental: el electrón.

3

El nacimiento de la física de partículas elementales: J. J. Thomson y el descubrimiento del electrón

Básicamente, la física cuántica tiene como fin el estudio de la materia y la radiación; cómo se relacionan ambas entre sí, qué son y cómo se originan las distintas radiaciones y, por supuesto, qué es la materia, cuál es su estructura y composición. En los dos capítulos precedentes el principal protagonista ha sido la radiación, aunque, a propósito de la radiactividad, también apareciese la materia. Sin embargo, se obtuvo más información sobre la composición de la materia a partir de un descubrimiento relacionado con los rayos catódicos. Me estoy refiriendo a un logro, fundamental, que tuvo lugar en 1897, cuando un físico de Cambridge, Joseph John Thomson (1856-1940), identificó el primer componente universal de la materia, el *electrón*, como terminó siendo denominado. Nacía así una rama de la física (de la física cuántica), la de partículas elementales (más tarde de «altas energías»), en la que se invertirían cantidades ingentes de esfuerzos y de recursos a lo largo del siglo xx. En el presente capítulo me ocuparé del descubrimiento realizado por Thomson, un momento singular, sin duda alguna, en la historia no sólo de la física cuántica sino de la ciencia en general.

Años de formación: Cambridge y el Mathematical Tripos

Joseph John Thomson (o JJ, como le llamaban muchos de sus colegas) fue un producto típico de la educación científica victoriana, en la que, como veremos en seguida, la Universidad de Cambridge, y dentro de ella, el denominado Mathematical Tripos, ocupaban un lugar prominente.

Thomson nació el 18 de diciembre de 1856, en Cheetham Hill, un suburbio de Manchester, en el seno de una familia modesta (su padre vendía libros antiguos). Inició sus estudios científicos en 1871, en el Owens College de Manchester, en donde tuvo la fortuna de contar con maestros como Balfour Stewart y Osborne Reynolds (1842-1912), profesores de filosofía natural (nombre que abarcaba entonces lo que ahora denominamos física) e ingeniería, respectivamente. En el otoño de 1876, entró (con una beca) a formar parte del Trinity College de Cambridge, al que permanecería asociado toda su vida, llegando a ser *master* del mismo.

Estudiar en Cambridge era entonces no sólo un medio de reivindicar o —las menos de las veces— intentar acceder a un estatus social elevado. Para aquellos con inclinaciones científicas, poseía un atractivo añadido: el Mathematical Tripos (que ya mencioné de pasada en el capítulo 1, con relación a Maxwell), el sistema de exámenes, en el que predominaban las preguntas matemáticas y de física teórica o matemática, vigente en Cambridge desde mediados del siglo XVIII.[1]

El Tripos estaba dividido en dos partes; la primera duraba cuatro días, después venía un intervalo de diez, durante los cuales se corregían los ejercicios realizados; aquellos que obtenían mejores resultados pasaban a la segunda parte, de mayor dificultad, que duraba cinco días. El estudiante que lograba al final la calificación más elevada era denominado *senior wrangler*, el segundo clasificado, *second wrangler*, y así sucesivamente. Llegar a ser *senior wrangler* constituía casi un honor nacional. Entre los científicos que obtuvieron este título figuran George Gabriel Stokes (en 1841), Arthur Cayley (1842), Peter Tait (1852), Edward Routh (1854), lord Rayleigh (1865), Joseph Larmor (1880) y Arthur Eddington (1904).

La exigencia del Tripos obligaba a prepararse de manera específica para él, y para ello existían personas —científicos destacados por

1. El nombre de Mathematical Tripos tiene que ver con el hecho de que al principio el examen se realizaba en una habitación en la que el estudiante se sentaba en una banqueta de tres patas *(tripod)*. La denominación comenzó a ser utilizada a partir de 1824. Estrictamente el nombre oficial era: Senate House Examination.

sí mismos los mejores— que se dedicaban a este tipo de enseñanza (lo hacían de forma particular; esto es, eran pagados directamente por sus alumnos). Así, Stokes, William Thomson (lord Kelvin), Tait y Maxwell fueron discípulos de William Hopkins, el más famoso de los maestros (*coachers*) que preparaban para el Mathematical Tripos. Su éxito fue tan grande que se le denominó *«the senior wrangler maker»* (el fabricante de *senior wranglers*). El preparador de JJ fue Edward Routh, un maestro consumado en mecánica analítica.

Con no demasiadas excepciones (entre las más notables se encuentran Michael Faraday y James Prescott Joule; ambos, por cierto, brillaron especialmente en el dominio experimental, no en el teórico), la mayoría de los principales físicos británicos que trabajaron entre, aproximadamente, 1820 y 1900 estudiaron en Cambridge y se examinaron del Tripos. Esto hace que en ocasiones se hable (Harman 1985) de «la escuela de Cambridge», a la que además de los *wranglers* ya citados pertenecen otros científicos como John H. Poynting (3w, 76),[2] Andrew R. Forsyth (5w, 81), Alfred N. Whitehead (5w, 83), Augustus E. H. Love (2w, 85), Bertrand Russell (7w, 93), Edmund T. Whittaker (3w, 95), James H. Jeans (3w, 98) y Godfrey H. Hardy (4w, 98). Otra manera, más cuantitativa, de medir el impacto del Mathematical Tripos surge del hecho de que a lo largo de la segunda mitad del siglo XIX cerca de la mitad de las cátedras de física de las universidades británicas fueron ocupadas por *wranglers*, esto es, por personas que habían obtenido el grado de primera clase en el Mathematical Tripos (Forman, Heilbron y Weart 1975: 32-33).

J. J. Thomson se examinó del Tripos en enero de 1880, obteniendo el segundo lugar (*second wrangler*), detrás de Joseph Larmor, que más tarde se convertiría en *Lucasian professor* de la Universidad de Cambridge, y que, asimismo, sería uno de los físicos que más impulsarían la teoría del electrón (recuérdese, por ejemplo, su libro *Aether and Matter* de 1900). En su autobiografía, *Recollections and Reflections*, Thomson (1936: 56-57) se refirió a sus experiencias durante la prueba; merece la pena citar algunos pasajes para hacerse una idea de la dificultad de aquel examen que marcó a generaciones de científicos británicos: «Cuando yo lo pasé, en enero de 1880, el examen para el Mathematical Tripos era una ardua, exigente y poco confortable experiencia. Se celebró en pleno invierno en la Senate House, en una habitación en la

2. Significa que obtuvo el tercer puesto *(third wrangler)* en 1876.

que no había calefacción de tipo alguno. Hacía un frío horrible, aunque la tinta no se congelaba, como llegó a suceder en una ocasión. El examen estaba dividido en dos períodos: el primero duraba cuatro días. Durante los primeros tres días nos examinaban de las partes elementales de la geometría, secciones cónicas, álgebra y trigonometría plana, estática y dinámica, hidroestática y óptica, Newton y astronomía. Había cinco ejercicios sobre estos temas, cada ejercicio contenía doce apartados, cada uno consistente de una parte sacada de un libro y de una pregunta, que se suponía no había sido extraída de libro alguno, pero cuya solución estaba estrechamente relacionada con la parte tomada del texto. Además de estos cinco ejercicios, había un sexto llamado el ejercicio de problemas, que no se basaba en libros. En éste las preguntas eran en general algo más difíciles que las que se hacían en los problemas de los ejercicios anteriores y, lo que era más importante, uno se encontraba privado de la guía que suponía un problema asociado a una parte específica de un libro. En los ejercicios de los tres primeros días no estaba permitido utilizar los métodos de cálculo diferencial o de la geometría analítica. El cuarto día se había introducido hacía poco, en 1873. Los dos ejercicios que se tenían que realizar incluían cuestiones fáciles de las ramas superiores de la matemática pura y aplicada, y también de temas de física —calor, electricidad y magnetismo— que habían sido introducidos en el Tripos al mismo tiempo. Se designó también un examinador adicional, especialmente cualificado para tratar estos temas. El primero de dichos examinadores fue Clerk Maxwell. Este día se permitía emplear el cálculo diferencial y la geometría analítica. [...] Al final del cuarto día había un intervalo de diez días durante el cual los examinadores establecían una lista de aquellos que, por lo logrado durante los primeros días, se hacían merecedores de honores matemáticos. Solamente estos podían participar en la segunda parte del Tripos, que duraba cinco días. [...] Las preguntas que se formulaban [durante esos días] cubrían todas las ramas de la matemática y había dos ejercicios de problemas. Las preguntas que se hacían en los dos primeros días [...] trataban de partes de la matemática y habían estado incluidas en el Tripos casi desde su fundación».

Un aspecto que conviene recalcar es que en el Mathematical Tripos abundaban las preguntas cuya solución exigía que los estudiantes estuviesen familiarizados con planteamientos clásicos, cuando no obsoletos, que, como resaltaba JJ, habían formado parte del examen «casi desde su fundación». Y esto fue así hasta que se produjo, ya en el siglo xx, una profunda transformación del examen, como sugiere el caso del físico Charles Galton Darwin (1887-1962), nieto del autor de *El origen de las especies*, que participó —obteniendo el puesto de cuarto *wrangler*— en el último examen antes de que se modificara el Tripos en 1909.[3] En el obituario que le dedicó George P. Thomson (1963), éste recordó su sorpresa cuando Charles Galton Darwin le dijo que tras haberse graduado en Cambridge creía que la «vena contracta» (un tema de la hidrodinámica del siglo XVIII) era un prometedor campo de investigación. También manifestó, aunque esto ya es menos sorprendente, que con anterioridad a abandonar Cambridge nunca había oído hablar de la relatividad especial ni de la teoría cuántica.

Aun así, si tenemos en cuenta los logros de muchas de sus «víctimas», está claro que el Mathematical Tripos era un examen con algunos valores positivos. El propio J. J. Thomson señaló: «En mi opinión, el Tripos era un examen bastante bueno para los mejores estudiantes. Era, no obstante, muy malo para la mayoría, para los que no tenían una habilidad matemática excepcional».

El segundo puesto obtenido contentó a Thomson (1936: 63): «Quedé muy satisfecho con el resultado, ya que el puesto que obtuve fue tan alto como nunca esperé obtener». Al margen de que no se puede considerar ninguna deshonra quedar detrás de Larmor —mucho mejor físico-matemático, por otra parte, que Thomson (y la dimensión matemática del Tripos era, hay que insistir en ello, muy grande)—, no fue este caso el único de un gran físico que quedó *second wrangler*: así, y a pesar de su gran capacidad matemática y física, Maxwell no consiguió, como ya mencioné en el capítulo 1, el primer puesto cuando, en 1854, pasó el examen; fue *second wrangler*, detrás precisamente de Routh, el *coach* de J. J. Thomson; otro tanto había ocurrido antes, en 1845, con William Thomson, *second wrangler* tras un prácticamente olvidado Stephen Parkinson.

En tiempos de Maxwell, al igual que en los de J. J. Thomson, el título de *senior wrangler* no era el único honor perseguido en Cambridge, aunque sí, desde luego, el más codiciado; también resultaba apetecible lograr el premio Adams, que había sido instituido en 1848, como homenaje al astrónomo John Couch Adams (1819-1892), por haber predicho la existencia del planeta Neptuno. Se concedía cada

3. Nos volveremos a encontrar con C. G. Darwin en este libro.

dos años, al mejor trabajo sobre un tema de matemáticas, astronomía u otra rama de la filosofía natural propuesto por un comité.

Maxwell se presentó al premio convocado en 1856 bajo el tema del «movimiento los anillos de Saturno» (por entonces la cuestión de la naturaleza de los anillos permanecía abierta; podía tratarse de un sistema sólido o de uno líquido, o también de pequeños cuerpos muy próximos, aunque existía una cierta tendencia a favorecer la hipótesis de que era de naturaleza líquida), y en junio de 1857 supo que lo había ganado. Como era habitual, la memoria fue publicada, incorporando algunos detalles elaborados tras la concesión del premio, bajo el título: *On the Stability of the Motion of Saturn's Rings* (Maxwell 1859).

J. J. Thomson también pudo consolarse con la obtención del premio Adams, el correspondiente a 1882, que había sido convocado para el tema de «Una investigación original de la acción entre dos vórtices cerrados en un fluido incompresible perfecto». La memoria de JJ estuvo dedicada al movimiento de los anillos vorticiales, y fue publicada como libro bajo el título: *A Treatise on the Motion of Vortex Rings* (Thomson, J. J., 1883).

Primeras investigaciones

El año después de graduarse, Thomson logró una *fellowship* de Trinity (lo normal era no intentar siquiera solicitar este nombramiento hasta el segundo año, pero JJ fue ambicioso y tuvo éxito), y tampoco pasó mucho tiempo para que fuese elegido *assistant lecturer* en matemáticas de Trinity (sus obligaciones en este puesto le obligaban a dedicar dieciocho horas semanales a dar clases). Fue entonces, con la seguridad que le daba pertenecer a Trinity, cuando comenzó a investigar, desde el punto de vista teórico, en el campo de cargas eléctricas en movimiento, según la teoría electromagnética de Maxwell. De hecho, pronto publicó un artículo sobre el tema (Thomson, J. J., 1881). He aquí como se refirió a este trabajo en *Recollections and Reflections* (Thomson, J. J., 1936: 91-92): «Después de mi elección para una *fellowship* comencé algunas investigaciones matemáticas sobre cargas de electricidad en movimiento. Me vi atraído al tema por los bellos experimentos sobre rayos catódicos que habían sido realizados hacía poco por Crookes, y estaba ansioso por saber cuál sería el comportamiento de partículas en movimiento en la teoría de Maxwell [...] Las cargas de electricidad no figuraban de manera prominente en esta teoría, y cuando Maxwell, al discutir la electrólisis tuvo a bien, como modo conveniente de expresión, hablar de la molécula de electricidad, empleaba la frase sin ninguna armonía con el resto de su tratado. Helmholtz, que era un gran defensor de la teoría, dice que no sabría explicar lo que es una carga eléctrica en la teoría de Maxwell, más allá del receptor de un símbolo». Y en este punto, añadía: «Como la fuerza eléctrica en las proximidades de una partícula electrificada varía muy rápidamente cuando se mueve la partícula, el comportamiento de una partícula cargada en movimiento debería proporcionar un método satisfactorio para comprobar la teoría. Desarrollé, por tanto, cuál debería ser en esta teoría la fuerza magnética producida por la partícula en movimiento, y cuál la fuerza mecánica sobre la partícula si actuase sobre ella un campo magnético externo».

Vemos en la cita precedente cómo hacia 1881, dieciséis años antes de que escribiera el artículo que es considerado como el que marca el descubrimiento del electrón, J. J. Thomson ya seleccionó problemas y desarrolló métodos de análisis teórico que le serían de gran utilidad —casi podríamos decir que imprescindibles— para realizar su mayor aportación a la física. También aparecen en esa cita nombres propios y términos que constituyen elementos clave para comprender la génesis del descubrimiento del electrón y que, por consiguiente, es preciso comentar: Maxwell, Crookes, Helmholtz, electrólisis, «carga eléctrica como un símbolo» y rayos catódicos. Y para comentarlos, hay que comenzar por retroceder de nuevo hasta los tiempos de Maxwell.

Faraday, Maxwell, electrólisis y «carga molecular»

La progresiva consolidación de la teoría electromagnética de Maxwell (recordemos que el texto en el que éste presentó una visión de conjunto de sus contribuciones, *A Treatise on Electricity and Magnetism*, data de 1873) no quiere decir que se poseyese una visión completa de los fenómenos electromagnéticos. Así ocurría, por ejemplo, con la corriente eléctrica y la noción de carga. Entre las ideas que se manejaron se encontraba la de que el mecanismo de la formación de una carga electrostática en la superficie de un conductor se explicaba mediante un modelo en el que se introducía un líquido incompresible en un tubo, cerrado en sus extremos mediante una membrana flexible. El líquido empujaba la membrana hasta que las reacciones elásticas compensaban la presión del fluido; así, en las proximidades de los extremos del tubo se producirían tensiones elásticas, que representarían las tensiones eléctricas, y que afectarían, por supuesto, también al exterior del tubo. Ésta era una de las primeras representaciones —mecánica, en este caso— del proceso de la corriente eléctrica, que, en palabras de Arthur Schuster (1911: 50), «pronto se convirtió en un artículo de dogma que retrasó el progreso».

Si se tratase únicamente del paso de la electricidad a través de conductores sólidos, entonces tal vez hubiera sido posible mantener representaciones como la anterior; pero ni la conducción a través de electrolitos (sustancia que cuando se disuelve en un solvente específico —normalmente agua— produce un medio que conduce la electricidad), ni a través de gases pudo acomodarse a semejante esquema. De hecho, inicialmente, tanto líquidos como gases apenas fueron tomados en consideración, pero ésta era una situación que, inevitablemente, tenía que cambiar. El punto de partida en tal dirección se encuentra en los estudios de Michael Faraday sobre la electrólisis (la producción de cambios químicos debidos al paso de una corriente eléctrica por un electrolito, que produce la migración de iones a los electrodos: iones positivos —cationes— al electrodo negativo, o cátodo, e iones negativos —aniones— al electrodo positivo, el ánodo), que demostraron que en el caso de conductores líquidos el paso de una cierta cantidad de electricidad está asociado siempre con la transferencia de una cantidad definida de materia.[4] Este resultado condujo, como veremos en seguida, a la idea de que cada uno de los iones o radicales que era liberado por la electrólisis llevaba una cantidad concreta de electricidad. Sin embargo, el propio Faraday no llegó tan lejos, ni siquiera, como ha señalado uno de sus mayores estudiosos, el historiador Pearce Williams (1965: 257), pensó en términos semejantes. A lo más que llegó fue a escribir: «Si adoptamos

4. Esta ley (de Faraday) básica de la electrólisis se puede enunciar también de la manera siguiente: «La separación química de materia que tiene lugar en la electrólisis es proporcional a la cantidad de electricidad que pasa», o: «La acción química es exactamente proporcional a la cantidad de electricidad que pasa a través de una solución que sufre una descomposición (electrolítica)». Entre los trabajos de Faraday sobre la electrólisis, hay que destacar Faraday (1833, 1834).

la teoría o fraseología atómica, entonces los átomos de cuerpos que son equivalentes entre sí en su acción química ordinaria tienen iguales cantidades de electricidad asociadas a ellos. Pero tengo que confesar que me molesta hablar de átomos; porque es muy fácil hablar de átomos, pero muy difícil formarse una idea clara de su naturaleza, especialmente cuando se están considerando cuerpos compuestos».

En cuanto a Maxwell, se dio cuenta de los problemas que originaba explicar las leyes de Faraday de la electrólisis si quería mantener sus propias ideas sobre la conducción. En este sentido, en el capítulo de su *A Treatise on Electricity and Magnetism* dedicado a la electrólisis (el IV) leemos (Maxwell 1873; 1954, vol. I: 374):[5] «De todos los fenómenos eléctricos, la electrólisis aparece como el más adecuado para suministrarnos un entendimiento real de la verdadera naturaleza de la corriente eléctrica, porque encontramos corrientes de materia ordinaria y corrientes de electricidad que forman parte esencial del mismo fenómeno».

Y, tras explicar con detalle la teoría de la agitación térmica de Clausius (que se podía aplicar al fenómeno que estaba analizando), proseguía (Maxwell 1954, vol. I: 379-380): «Pero si continuamos y suponemos que las moléculas de los iones dentro del electrolito están cargadas con una cierta cantidad definida de electricidad, positiva y negativa, de manera que la corriente electrolítica es simplemente una corriente de convección, encontramos que esta tentadora hipótesis nos conduce a un terreno muy difícil». Ahora bien, la dificultad no le impedía continuar explorando otras posibilidades:

> Supongamos, sin embargo, que pasamos sobre esta dificultad simplemente sosteniendo el hecho del valor constante de la carga molecular, y que llamamos a esta carga molecular, por conveniencia en la descripción, *una molécula de electricidad.*
>
> Esta frase, imprecisa como es, y fuera de armonía con el resto de este tratado, nos permitirá al menos expresar claramente lo que se conoce acerca de la electricidad y apreciar las dificultades principales.

5. Aquellos interesados en las ideas de Maxwell sobre los puntos que estoy comentando deben consultar también su *Theory of Heat* (Maxwell 1872), en particular las pp. 305-306 («Molecular theory of electrolysis») y 306-308 («Molecular theory of radiation»).

Helmholtz y la existencia de una carga eléctrica «atómica»

Mucho más precisas fueron las conclusiones que sobre la existencia —que no sobre su naturaleza— de una carga eléctrica discreta extrajo del fenómeno electrolítico Hermann von Helmholtz —otro de los nombres mencionados por JJ en la cita utilizada con anterioridad y uno de los gigantes de la ciencia del siglo XIX— en la «Conferencia Faraday» que pronunció en la Chemical Society de Londres el 5 de abril de 1881.

Con respecto al punto que nos interesa en este momento, es preciso destacar que para Helmholtz (1881; Kahl, ed., 1971: 415) no era «en modo alguno necesario aceptar ninguna opinión concreta sobre la naturaleza última del agente que denominamos electricidad. El propio Faraday evitó tanto como le fue posible efectuar manifestaciones afirmativas sobre este problema, aunque no ocultó su falta de inclinación a creer en la existencia de dos fluidos eléctricos opuestos». No obstante, en su discusión de los fenómenos electroquímicos, Helmholtz utilizó «el lenguaje de la vieja teoría dualista, que considera a la electricidad positiva y a la negativa como dos sustancias imponderables, porque tendremos que hablar sobre todo de relaciones de cantidad».

En cualquier caso, declaraba explícitamente que intentaría imitar a Faraday restringiéndose «cuidadosamente al dominio de los fenómenos», lo que significaba que «no necesitaremos especular acerca de la naturaleza real de aquello que denominamos una cantidad de electricidad positiva o negativa. Llamándolas sustancias de signo opuesto, implicamos con este nombre nada más que el hecho de que una cantidad positiva nunca aparece o desaparece sin que una cantidad igual negativa aparezca o desaparezca al mismo tiempo en su entorno inmediato. A este respecto, se comportan realmente como si fuesen dos sustancias que no pueden ser generadas ni destruidas sino que pueden ser neutralizadas haciéndose imperceptibles mediante su unión».

Más adelante, y refiriéndose ya en concreto a las leyes de Faraday sobre la electrólisis, manifestaba (Helmohltz 1881; Kahl, ed., 1971: 422-423): «Establecida de esta manera, la ley de Faraday nos dice que a través de cada sección de un conductor tenemos siempre movimientos eléctrico y químico equivalentes. La misma cantidad definida de electricidad positiva o negativa se mueve siempre con cada ión univalente, o con cada unidad de afinidad de un ión multivalente, y la acompaña durante todos sus movimientos por el interior del fluido electrolítico. A esta cantidad la podemos llamar la carga eléctrica del átomo». Más concretamente: «El resultado más notable de la ley de Faraday acaso sea éste. Si aceptamos la hipótesis de que las sustancias elementales están compuestas de átomos, no podemos evitar concluir que también la electricidad, positiva al igual que negativa, está dividida en partes elementales definidas, que se comportan como átomos de electricidad. Mientras se mueve en el líquido electrolítico, cada ión permanece unido con su equivalente o equivalentes eléctricos. En la superficie de los electrodos tiene lugar la descomposición si existe suficiente fuerza electromotriz, y entonces los iones emiten sus cargas eléctricas y se hacen neutros eléctricamente».

En otras palabras, en 1881, para Helmholtz, no se podía decir prácticamente nada acerca de los «átomos de electricidad»... salvo que existían.

STONEY, LA UNIDAD DE CARGA Y EL NOMBRE *ELECTRÓN*

La «Conferencia Faraday» era, sin duda, una magnífica palestra pública, y, en consecuencia, las manifestaciones realizadas en 1881 por Helmholtz tuvieron bastante eco, más aún habida cuenta del prestigio que poseía el fisiólogo y físico alemán. No es extraño, por consiguiente, que muchos científicos adjudicasen a Helmholtz el mérito de haber sido el primero que propuso seriamente, con buenos argumentos, la existencia de una unidad de electricidad. Así, Hermann Ebert (1861-1913; 1894: 332) declaraba en un artículo sobre el calor de disociación, publicado en el número de septiembre de 1894 de *Philosophical Magazine*, que «con base en las leyes de la electrólisis de Faraday, von Helmholtz fue el primero en demostrar en el caso de electrolitos que se debe considerar que toda valencia está cargada con una cantidad mínima de electricidad, la "carga de valencia", que al igual que el átomo eléctrico ya no se puede dividir».

Se podría argumentar que la manifestación de Ebert estaba suficientemente matizada como para dejar puertas abiertas a otras reclamaciones de prioridad, pero no lo consideró de forma semejante un físico irlandés: George Johnstone Stoney (1826-1911), *fellow* de la

Royal Society y secretario de la Queen's University —precursora de la National University— de Irlanda entre 1857 y 1882.[6] Justo el mes siguiente a que apareciese el artículo de Ebert, Stoney (1894) publicaba una carta dirigida a los editores de la revista, titulada «Of the "electron", or atom of electricity», en la que reclamaba sus derechos de prioridad:

> Ahora bien, yo había señalado ya dos veces este importante hecho: primero, en la reunión de Belfast de la British Association for the Advancement of Science de agosto de 1874, en un artículo, "On the physical units of Nature", en el que llamaba la atención sobre esta cantidad mínima de electricidad como una de las tres unidades físicas, cuyas magnitudes absolutas nos suministra la Naturaleza, y que pueden formar la base de un cuerpo completo de unidades sistemáticas en las que no exista nada arbitrario. Leí de nuevo este mismo artículo ante la Royal Society de Dublin el 16 de febrero de 1881, y está publicado en las actas de aquella reunión, al igual que en el *Phil. Mag.* de mayo siguiente.[7]

Y para reforzar su reclamación, comparaba unos párrafos de la conferencia de Helmholtz (precisamente los mismos que cité al final de la sección precedente: «El resultado más notable de la ley de Faraday...») con unos de su artículo de 1874/1881: «Y, finalmente, la Naturaleza nos presenta, en el fenómeno de la electrólisis, una cantidad definida de electricidad que es independiente de los cuerpos concretos sobre los que actúa. Para que quede esto claro, expresaré la "Ley de Faraday" de la forma siguiente, que, como demostraré, la hará precisa: *Para todo enlace químico que se rompe dentro de un electrolito, una cierta cantidad de electricidad, que es la misma en todos los casos, atraviesa el electrolito.* A esta cantidad definida de electricidad la llamaré E_1. Si hacemos de ella nuestra unidad de electricidad, habremos dado probablemente un importante paso en el estudio de los fenómenos moleculares».[8]

6. Sobre Stoney y sus trabajos acerca del electrón, véase O'Hara (1975).

7. Se refiere a Stoney (1881). Nótese que la conferencia de Helmholtz fue en abril de 1881, y la de Stoney en Belfast, en febrero del mismo año.

8. En su carta a los editores de *Philosophical Magazine*, Stoney también recordaba el valor que había dado en 1874 para la carga electrónica elemental, $3 \cdot 10^{-11}$ en unidades CGS, y lo comparaba con el valor dado por otro autor citado por Ebert, el físico alemán Franz Richarz (1860-1920; 1895).

Como vemos, Stoney tenía realmente argumentos para reclamar, y por tanto no hay duda de que su nombre debe ser citado en cualquier exposición que pretenda recuperar los orígenes del descubrimiento del electrón. Y no sólo por lo que he dicho hasta ahora, sino también porque fue él quien acuñó en 1891 el término *electrón* (antes, en 1874-1881 [Stoney 1881: 383], había utilizado el término «the electromagnetic electrine»). Una de las ocasiones —posiblemente, la primera— en que introdujo aquel año el nombre de *electrón* fue en la reunión anual de la British Association for the Advancement of Science, celebrada en Cardiff en agosto de 1891, en donde afirmó (Stoney 1892: 574; ver también 1891): «Las líneas del espectro de un gas se deben a algunos sucesos que tienen lugar dentro de las moléculas, y que son capaces de afectar al éter. Estos sucesos pueden ser descargas hertzianas entre moléculas que están electrizadas de manera diferente, o pueden ser debidos a los movimientos de esas cargas eléctricas, la suposición de cuya existencia ofrece la explicación más simple de la ley de electrólisis de Faraday [...] Diversas consideraciones [...] sugieren que la fuente de las líneas espectrales debe buscarse no en las descargas hertzianas, sino en el transportista de las cargas eléctricas fijas, que por conveniencia puede ser denominado el *electrón.*

Parte de una historia más compleja

Naturalmente, la historia de las aportaciones, a propósito de la electrólisis, al establecimiento de la idea de una carga eléctrica elemental, no se agota con los científicos mencionados hasta el momento. Todo aquel que desee recuperar de forma más completa esa, sin duda fascinante, historia, debe prestar atención a nombres como, entre otros, el de Svante Arrhenius (1859-1927), cuya tesis doctoral (1883), *Bestämning medelst polarisator av den galvaniska ledningsförmägan hos mycket utspädda vattenlösningar samt grunderna för en kemisk teori för elektrolyters lösning* (Determinación de la conducción de soluciones acuosas altamente diluidas con la ayuda de un depolarizador y fundamentos para una teoría química de electrolitos en solución), contiene contribuciones notables —y llevadas a cabo, probablemente, sin conocer los trabajos de Maxwell, Stoney o Helmholtz—, como el que todos los iones se combinan con la misma cantidad de electricidad, negativa para el anión y positiva para el catión, lo que implicaba, sostenía, que la carga transportada por los iones se podía «atomizar» en cargas unitarias.[9]

En el Laboratorio Cavendish

A pesar de que aún no he completado el repaso de los nombres y conceptos mencionados por J. J. Thomson en su autobiografía, es necesario continuar con su biografía, y en particular con su relación con el Laboratorio Cavendish, aún hoy, aunque muy transformado, uno de los centros de investigación científica más famosos de Cambridge (semejante fama se puede comprender fácilmente si se recuerda que entre sus directores figuran eminencias como James Clerk Maxwell, lord Rayleigh, J. J. Thomson, Ernest Rutherford o William Lawrence Bragg, sin olvidar que fue allí en donde se llevaron a cabo descubrimientos fundamentales, como —en 1953— el de la estructura del ADN, debido a James Watson y Francis Crick).[10]

De hecho, J J comenzó a realizar trabajos en el Laboratorio cuando Maxwell era director. He aquí cómo se refirió a su entrada al Cavendish en su autobiografía (Thomson, J. J., 1936: 95): «Comencé a trabajar en el Laboratorio Cavendish inmediatamente después de obtener mi título. No lo había hecho antes, aunque iba de vez en cuando al laboratorio para ver a Poynting o a Schuster, que estaban trabajando allí. No fui lo bastante afortunado como para ver a Maxwell en ninguna de estas ocasiones: estaba editando entonces los trabajos inéditos de Henry Cavendish [Maxwell, ed., 1879] y no se encontraba involucrado en ninguna investigación sistemática».

A la muerte de Maxwell, en 1879, Rayleigh fue elegido su sucesor, sin que sintiese demasiado entusiasmo; aceptó más como una obligación moral que como deseo propio.[11] Fue mientras Rayleigh era director cuando JJ comenzó realmente a trabajar en el Cavendish. Recurriendo de nuevo a *Recollections and Reflections* (Thomson, J. J., 1936: 97):

9. Sobre Arrhenius, ver Crawford (1996).
10. Sobre su historia, consultar, por ejemplo, Crowther (1974).
11. Sobre la elección de Rayleigh, consultar Strutt (1968: cap. VII [«The Cambridge professorship at the Cavendish Laboratory»]).

> Comencé a trabajar en el laboratorio en 1880 intentando detectar la existencia de algunos efectos que yo pensaba que se deducían de la teoría de Maxwell: cambios en las fuerzas eléctricas en un dieléctrico producidos por fuerzas magnéticas. Los resultados que obtuve no fueron lo suficientemente concluyentes como para extraer de ellos consecuencias positivas, y entonces me dediqué a una investigación sugerida por lord Rayleigh. Se trataba de algunos efectos que se producían en el funcionamiento de anillos de inducción debido a la capacidad electrostática [...] del anillo de inducción. Una descripción de esta investigación fue publicada en el *Philosophical Magazine* de julio de 1881. Empecé luego, de nuevo a instancias de lord Rayleigh, una investigación mucho más difícil y larga sobre la determinación del cociente entre las unidades electrostática y electromagnética de carga eléctrica, que según la teoría de Maxwell debía ser igual a la velocidad de la luz; los trabajos de observadores anteriores habían demostrado que la diferencia no era grande.

Fue en aquella época cuando JJ se presentó como candidato a la cátedra de Matemáticas aplicadas de su viejo *college*, Owens, pero no tuvo éxito: el elegido resultó ser Arthur Schuster, que también había sido alumno allí, pero que además ya estaba dando clases en él (Oliver Lodge también fue candidato). En 1883, sin embargo, Thomson fue elegido *University lecturer* en Cambridge, y como tal enseñó electrostática y electromagnetismo durante el curso académico 1883-1884.

Su carrera iba, como vemos, progresando rápidamente. Otra muestra de ello es que la primavera de 1884 fue elegido miembro (*fellow*) de la Royal Society.

El escenario estaba dispuesto para el siguiente acto: en el otoño de 1884, Rayleigh anunció que dimitía de su puesto en el Cavendish. Una vez más se intentó que Kelvin aceptara el cargo, y de nuevo éste no aceptó. Hubo, por consiguiente, que anunciar libremente el puesto. Se presentaron cuatro candidatos, además de J. J. Thomson: Osborne Reynolds, antiguo profesor suyo en el Owens College, Schuster, ya en Owens y que también había trabajado como *demonstrator* sin paga en el Cavendish),[12] Richard T. Glazebrook (1854-1935), *de-*

12. «Hacia el final de mi estancia en Owens, Arthur Schuster también estaba trabajando en el laboratorio y dio un curso al que asistí sobre el *Treatise on Electricity and Magnetism* de Maxwell, que acababa de ser publicado» (Thomson, J. J., 1936: 22). Aunque no abordo este tema aquí, Schuster también efectuó investiga-

monstrator y *lecturer* en el Cavendish, y Joseph Larmor, que, como vimos, precedió a Thomson en el Tripos. Vista la lista, y el hecho de que Thomson no era particularmente conocido por sus trabajos experimentales, parecería que era él quien menos probabilidades tenía de ser elegido. No obstante, y aparentemente de forma sorprendente, fue el seleccionado. Habida cuenta de cómo se desarrolló su carrera, hay que reconocer la sabiduría del comité que realizó la selección.

Como han señalado Davis y Falconer (1997: 45-46), es posible encontrar una cierta racionalidad en la decisión del comité que seleccionó a Thomson.[13] El programa tan práctico sobre unidades eléctricas que había favorecido Rayleigh durante su mandato en el Cavendish no era demasiado popular en Cambridge; se trataba de un programa excesivamente «práctico», palpablemente próximo a los valores «industriales» que la elitista comunidad universitaria consideraba secundarios —cuando no «vulgares»— ante la «verdadera cultura». Y tal sentimiento no debió de ayudar a Glazebrook, que participaba completamente del espíritu de Rayleigh. JJ era, en este sentido, mucho más aceptable, en tanto que sus investigaciones habían estado dirigidas al, para los *dons* de Cambridge, mucho más fundamental y apropiado problema de las relaciones entre éter y materia. De los restantes candidatos, Osborne Reynolds era más un ingeniero que un físico, y Schuster no era un *Cambridge man*, por mucho que hubiese trabajado durante algún tiempo en el Cavendish. En el caso de Larmor, que como vimos precedió a JJ en el Tripos, tal vez haya que señalar que estaba mucho más inclinado hacia las investigaciones teóricas que Thomson, quien, al menos, había manifestado el suficiente interés como para trabajar en el Cavendish.

Sobre la naturaleza de los rayos catódicos

Con JJ ya instalado como *professor* en Cambridge, podemos regresar a la secuencia de desarrollos teóricos y experimentales de la que me había estado ocupando antes. Y lo primero que hay que señalar es que

---

ciones que le aproximaron al descubrimiento del electrón. Véase en este sentido Feffer (1989).

13. En lo que sigue, corrijo, sin embargo, algunas de las razones ofrecidas por estos autores.

es dudoso que el fenómeno de la electrólisis hubiese sido, por sí solo, suficiente para conducir al descubrimiento del electrón. Fueron, finalmente, los fenómenos producidos en las descargas eléctricas a través de gases enrarecidos los que llevarían al descubrimiento del electrón; más concretamente, el estudio de la naturaleza de los rayos catódicos.

Hoy sabemos —gracias, especialmente, a J. J. Thomson, como veremos más adelante— que los rayos catódicos son corrientes de electrones. Proyectados desde el cátodo por repulsión eléctrica, al aplicar una corriente entre los electrodos viajan a través del espacio casi vacío del interior del tubo, y muchos de ellos golpean el cristal de las paredes aportando energía a sus átomos, energía que se emite de nuevo entonces causando luminiscencia, siendo finalmente atraídos hacia el ánodo, a través del cual vuelven a la fuente de electricidad. Pero todo esto estaba lejos de la comprensión de los físicos cuando se descubrió. Así, diferentes investigadores adoptaron distintas interpretaciones de este fenómeno. ¿Era, por ejemplo, la nueva radiación de naturaleza corpuscular u ondulatoria? Eugen Goldstein (1850-1930), físico del Observatorio de Postdam que publicó varios artículos sobre rayos catódicos, se inclinaba por la segunda opción, pero el británico William Crookes, uno de los científicos que más estudió la nueva radiación catódica, pensaba, por el contrario, que los rayos eran moléculas del gas encerrado en el tubo, que habían logrado adquirir una carga eléctrica negativa del cátodo, lo que hacía que éste las repeliese violentamente.

Por fin nos aparece el nombre de William Crookes (ya nos encontramos con él, por supuesto, en el capítulo anterior), al que J. J. Thomson se refirió, como ya vimos, cuando escribió que se vio «atraído a esto por los bellos experimentos sobre rayos catódicos que habían sido realizados hacía poco por Crookes». Me detendré un instante en él.

En 1876, Crookes (1876-1877) introdujo, dentro del contexto de sus investigaciones sobre los fenómenos que tenían lugar en un vacío elevado, el concepto —ya utilizado por Faraday— de «materia radiante», el supuesto «cuarto estado de la materia». Dos años después comenzó una aparentemente nueva línea de investigación, dedicándose a estudiar los rayos catódicos, campo que hasta entonces había estado casi monopolizado por los científicos alemanes.[14] Crookes

14. Una visión general de los trabajos de Crookes es la dada por Brock (1970: 477); ver también Dahl (1997: 64 y ss.).

(1879: 135) creía que la zona oscura existente en torno al cátodo cuando se producían descargas eléctricas en un tubo a baja presión estaba relacionada, de alguna manera, con «la capa de presión molecular que produce movimientos en el radiómetro», un instrumento éste que él mismo diseñó y construyó en 1875.[15]

Esas capas de presión molecular (muy probablemente inspiradas en las líneas de fuerza electromagnéticas de Faraday) podían ser interpretadas como corrientes de materia radiante en un medio en el que existía un vacío muy elevado, con lo que averiguar sus propiedades —o, lo que era prácticamente lo mismo, las de la radiación catódica— constituiría una forma excelente de avanzar en el conocimiento de la materia radiante. Y entre las propiedades que Crookes descubrió figuran algunas, dos sobre todo, que ayudaron a J. J. Thomson en sus trabajos posteriores: (1) que las «corrientes de materia» eran desviadas por un imán, y (2) que se producía sombra cuando se interponían objetos opacos (como una cruz de Malta). En vista de tales resultados era natural pensar que la radiación catódica/materia radiante debía ser de naturaleza corpuscular.

Sin embargo, experimentos llevados a cabo por Heinrich Hertz en 1883 y 1891 parecían descartar la idea de que los rayos catódicos fuesen partículas cargadas eléctricamente; en su opinión, eran ondas de algún tipo.[16] Pero en 1895, el físico francés Jean Perrin (1870-1942) mejoró las técnicas de Hertz y demostró que estos rayos depositaban carga eléctrica negativa en un colector de carga introducido en el interior de un tubo de rayos catódicos (Perrin 1895).

En general, tal vez no sea exagerado afirmar que en Gran Bretaña predominaba la idea de que los rayos catódicos estaban formados por algún tipo de partícula o molécula. Un buen ejemplo en este sentido se encuentra en la correspondencia que mantuvieron Stokes y Kelvin, que ya utilicé en otros lugares. Poco antes de que J. J. Thom-

15. El radiómetro estaba formado por cuatro brazos, suspendidos de una punta de acero de manera que podía girar horizontalmente, y en el extremo de cada brazo llevaba un disco fino, ennegrecido por una cara, estando todas las caras ennegrecidas orientadas hacia el mismo lado; todo el conjunto estaba en el interior de un tubo de vidrio herméticamente cerrado, en el que se había hecho el vacío más alto posible. El atractivo inmediato del radiómetro era que los brazos giraban libremente cuando se dirigía hacia él una luz intensa (por ello también se le llamaba «molino de luz»); aún se pueden comprar como objetos decorativos.

16. Sobre las ideas de Hertz, y otros como Lenard, véase Dahl (1997).

son comenzara a publicar sus seminales trabajos sobre la naturaleza de los rayos catódicos, el 10 de febrero de 1896, Stokes escribía a Kelvin (Wilson, ed., 1990: 635):

> Estaba tan satisfecho con que las cosas parecidas a rayos que provienen del cátodo, y sobre las que actúa un imán, son corrientes de moléculas, o quizás átomos, que cuando me encontré accidentalmente con la expresión «Kathodostrahlen» [*sic*], supuse que se les llamaba rayos solamente en un sentido metafórico, como un término conveniente. Mencionando esto hace algún tiempo a [J. J.] Thomson, me dijo que eran varios los que los tomaban por rayos de algún tipo. Leyendo posteriormente algunos artículos alemanes, encontré que los autores sostenían con tanta fuerza esta opinión que creo que miraban con cierto desdén a aquellos que pensaban de otra forma. No lo había hecho cuando hablé con Thomson, pero ahora he leido el artículo de Lenard.[17] Röntgen parece pensar que Lenard ha sentenciado la cuestión de que los Kathodostrahlen [*sic*] son rayos reales de alguna clase; aunque Röntgen distingue, lo que no hace Lenard, los rayos X de los Kathodostrahlen [*sic*].
>
> Me pregunto cuál es su idea sobre la forma en que, en los experimentos de Lenard, pasan, o parecen pasar, los «Kathodostrahlen» [*sic*] a través de una ventana de aluminio a un vacío casi tan perfecto como puede lograrse. Mi idea es que es algo como la forma en que, en una fila de bolas de marfil en contacto, la última sale despedida si la primera es golpeada; no es que tome en serio una noción tan groseramente meramente mecánica como ésa. Para explicar los fenómenos ordinarios de la corriente molecular, se debe suponer que las moléculas (o átomos) en rápido movimiento están electrificadas. Mi idea es que en el caso común de una corriente (eléctrica) que fluye a lo largo de un cable, algo similar tiene lugar en el cable a, si no de la misma naturaleza que, lo que tiene lugar en un electrolito cuando una corriente pasa a través de él; que existen movimientos de iones, o que responde a iones, en ambas direcciones; y lo mismo de nuevo en un tubo que contiene un gas rarificado; gas que mostrará la descarga estratificada si tiene la densidad adecuada.

Y el 12 de febrero, Kelvin contestaba (Wilson, ed., 1990: 636): «Con relación a la verdadera Kathodenstrom, es maravilloso cómo los alemanes la han llamado *Kathodenstrahl*, dejándose equivocar

17. Se debe de referir a Lenard (1894 a y b).

por Hittorf y Goldstein. Ellos, todos los que conozco *excepto Helmholtz*, han insistido, con algo así como un fuerte espíritu partisano, en [la idea de] un rayo de luz ondulatoria proveniente del cátodo y han rechazado ciegamente aceptar la conclusión de [Cromwell Fleetwood] Varley de un torrente de moléculas, resultado corroborado por Crookes. Incluyo una copia marcada de mi conferencia de 1893 [Kelvin 1894] que puede mostrarle, o recordarle, algunas fechas y referencias sobre el tema».

El mismo año en que Stokes y Kelvin intercambiaban ideas sobre la naturaleza de los rayos catódicos, aunque unos meses después (en septiembre), el propio J. J. Thomson aprovechaba una parte de su conferencia inaugural de la sección A («Mathematical and Physical Science») de la British Association for the Advancement of Science, reunida en Liverpool, para expresar sus opiniones. A pesar de que se repiten algunos datos ya mencionados (aunque de manera más sucinta), es interesante citar sus palabras (Thomson, J. J., 1896: 701-702): «Podemos, creo, dividir convenientemente los rayos que se producen en o cerca de un tubo de vacío al que le atraviesa un campo magnético en tres clases, sin que ello implique que son necesariamente diferentes en carácter físico: Tenemos 1) los rayos catódicos dentro del tubo, que son desviados por un imán; 2) los rayos de Lenard fuera del tubo, que también son desviados por un imán, y 3) los rayos Röntgen, que no son, por lo que se sabe, desviados por un imán. Dos puntos de vista distintos se defienden a propósito de la naturaleza de los rayos catódicos; uno es que son partículas de gas que transportan cargas de electricidad negativa, y que se mueven con grandes velocidades, que han adquirido mientras viajaban a través del intenso campo eléctrico que existe en los alrededores del electrodo negativo. La fosforescencia del cristal es producida, según esta opinión, por el impacto de estas partículas cargadas que se mueven rápidamente, aunque es una cuestión abierta si se produce por la violencia mecánica del impacto, o si se debe a un impulso electromagnético originado por un repentino cambio de la velocidad de la partícula cargada negativamente; esto es, no se sabe si es debido a causas mecánicas o eléctricas. Esa idea de la constitución de los rayos catódicos explica de manera sencilla la desviación de esos rayos en un campo magnético, y ha recibido recientemente una clara confirmación de los resultados de un experimento llevado a cabo por Perrin. Perrin colocó dentro del tubo en el que se había producido el vacío un recipiente cilíndrico metálico con un pequeño agujero en él, y conectó el cilindro con las hojas de oro de un electroscopio. Los rayos catódicos podían, por medio de un imán, ser guiados bien para pasar al cilindro a través de la abertura, o para alejarse de él. Perrin encontró que cuando los rayos catódicos se introducían en el cilindro las hojas de oro del electroscopio se separaban, y tenía una carga negativa, mostrando que el paquete de rayos catódicos encerrados en el cilindro tenía una carga de electricidad negativa».

El escenario estaba dispuesto para que Joseph John Thomson resolviera definitivamente el problema de la naturaleza de los rayos catódicos.

J. J. Thomson y el descubrimiento del electrón

Aunque explicar de manera completa y sistemática la secuencia de investigaciones que llevó a J. J. Thomson a descubrir el electrón sería una tarea demasiado extensa para una obra como la presente, es posible resumir la esencia del camino seguido por JJ.[18] De lo expuesto hasta el momento, deberían haber quedado claros algunos de los motivos por los que decidió abordar un problema —el de la naturaleza y estructura de los rayos catódicos— entonces de gran actualidad e importancia. Sea como fuera, el hecho es que Thomson anunció que en su opinión los rayos catódicos eran «corpúsculos», pequeñas partículas cargadas negativamente, que formaban parte de los átomos, durante una de las Friday Evening Lectures (Conferencias nocturnas de los viernes) de la Royal Institution londinense: la que pronunció el 30 de abril de 1897. Publicada rápidamente en *The Electrician* (Thomson, J. J, 1897 a; la publicación en los *Proceedings of the Royal Institution* se demoró más), esta presentación precedió en casi seis meses a la más detallada del *Philosophical Magazine* (número de octubre). De hecho, estrictamente, antes que en la Royal Institution, había presentado un esbozo de sus resultados el 8 de fe-

18. Una exposición más completa es la realizada por Davies y Falconer (1997). Muy recomendable es también la reconstrucción que Steven Weinberg (1985) realizó de los razonamientos teóricos utilizados por Thomson. En esta referencia no sólo se comparan los valores obtenidos por Thomson con los actuales, sino que también se critican algunos de los pasos y resultados de JJ.

brero, ante la Cambridge Philosophical Society, en una reunión presidida por el tercer hijo del gran Charles Darwin, Francis Darwin, entonces presidente de la Sociedad; al ser impresa, la comunicación de JJ ocupó únicamente dos páginas (Thomson, J. J., 1897 d), con un resumen de los experimentos que pronto completaría.

En la Royal Institution, y tras llevar a cabo un repaso general de los trabajos que otros investigadores habían realizado en el campo de los rayos catódicos, JJ anunciaba (Thomson, J. J., 1897 b: 8) que había «realizado últimamente algunos experimentos que son interesantes por las implicaciones que tienen sobre las cargas transportadas por los rayos catódicos, al igual que sobre la producción de rayos catódicos». Una de esas implicaciones, la principal, era el valor que daba para el cociente entre la masa y la carga de los corpúsculos, que J. J. Thomson (1897 b: 14) presentaba al final de su charla:

$$m/e = 1{,}6 \cdot 10^{-7}$$

Se trataba de un valor, señalaba, «muy pequeño comparado con el valor 10^{4} para el cociente entre la masa de un átomo de hidrógeno y la carga que transporta. Si no dispusiésemos más que de este resultado podríamos pensar que era probable que *e* fuese mayor que la carga atómica del átomo en lugar de que *m* fuese menor que la masa del átomo de un hidrógeno. Tomado, sin embargo, en conjunto con los resultados de Lenard para la absorción de los rayos catódicos, estos números parecen favorecer la hipótesis de que los portadores de las cargas son más pequeños que los átomos de hidrógeno».[19]

Es, sin embargo, el artículo del *Philosophical Magazine* (Thomson, J. J., 1897 c) el que se considera habitualmente como la verdadera «puesta de largo» del descubrimiento de los corpúsculos a los que pronto todos llamarían electrones.

Comienza este justamente famoso trabajo con una frase modesta: «Los experimentos considerados en este artículo fueron emprendidos con la esperanza de obtener alguna información sobre la naturaleza de los rayos catódicos».

19. Los resultados de Philipp Lenard (que ya he mencionado) a los que se refería Thomson indicaban que si los rayos catódicos eran partículas cargadas moviéndose a grandes velocidades, entonces el tamaño de los portadores debía ser pequeño comparado con las dimensiones de átomos o moléculas ordinarias.

charge and acquires a negative one; while if the initial charge is a negative one, the cylinder will leak if the initial negative potential is numerically greater than the equilibrium value.

Deflexion of the Cathode Rays by an Electrostatic Field.

An objection very generally urged against the view that the cathode rays are negatively electrified particles, is that hitherto no deflexion of the rays has been observed under a small electrostatic force, and though the rays are deflected when they pass near electrodes connected with sources of large differences of potential, such as induction-coils or electrical machines, the deflexion in this case is regarded by the supporters of the ætherial theory as due to the discharge passing between the electrodes, and not primarily to the electrostatic field. Hertz made the rays travel between two parallel plates of metal placed inside the discharge-tube, but found that they were not deflected when the plates were connected with a battery of storage-cells; on repeating this experiment I at first got the same result, but subsequent experiments showed that the absence of deflexion is due to the conductivity conferred on the rarefied gas by the cathode rays. On measuring this conductivity it was found that it diminished very rapidly as the exhaustion increased; it seemed then that on trying Hertz's experiment at very high exhaustions there might be a chance of detecting the deflexion of the cathode rays by an electrostatic force.

The apparatus used is represented in fig. 2.

Fig. 2.

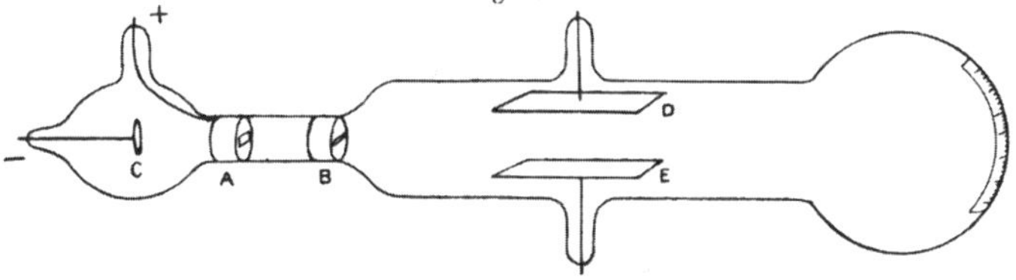

The rays from the cathode C pass through a slit in the anode A, which is a metal plug fitting tightly into the tube and connected with the earth; after passing through a second slit in another earth-connected metal plug B, they travel between two parallel aluminium plates about 5 cm. long by 2 broad and at a distance of 1·5 cm. apart; they then fall on the end of the tube and produce a narrow well-defined phosphorescent patch. A scale pasted on the outside of the tube serves to measure the deflexion of this patch.

Tubo de rayos catódicos utilizado por J. J. Thomson, según aparece en «Cathode rays» (*Phil. Mag.*, octubre 1897).

En el primer experimento que presentaba, Thomson seguía el camino que recorrían los rayos catódicos mediante el procedimiento de reconocer la fosforescencia que emitían cuando golpeaban las paredes de cristal del tubo (en cuyo interior también había un gas enrarecido). Desviando los rayos a través de una pequeña hendidura en un electrodo conectado a un electrómetro, JJ demostraba que la «electrificación negativa sigue la misma trayectoria que los rayos, y que esta electrificación negativa está indisolublemente conectada con los rayos catódicos».

El segundo estadio consistía en utilizar un tubo de cristal prácticamente idéntico a los que se emplean en la actualidad en los osciloscopios y aparatos de televisión. Aplicando una diferencia de potencial a dos placas paralelas, a través de las cuales pasaban los rayos catódicos, se producía una desviación de éstos, con lo que comprobaba que se comportaban como era de esperar que lo hicieran partículas cargadas en campos eléctricos y magnéticos. Es entonces cuando se preguntaba (Thomson, J. J., 1897 c: 302): «¿Qué son estas partículas?, ¿son átomos, o moléculas, o materia en una forma todavía más fina de división?». Y añadía: «Para arrojar alguna luz sobre este punto, he realizado una serie de medidas del cociente entre la masa de estas partículas y la carga que transportan».

Pasaba entonces a describir varios experimentos que le permitían calcular *e*/*m*. El primero, por citar alguno, se basaba en desviaciones producidas por un campo magnético, e implicaba mediciones, por separado, de la cantidad de electricidad transportada por las supuestas partículas de los rayos catódicos, su energía cinética y el radio de curvatura de sus trayectorias. Utilizando como gases a través de los cuales pasaban los rayos, aire, hidrógeno y ácido carbónico, Thomson obtenía como valores para *e*/*m*:

$$0{,}4 \cdot 10^{-7},\ 0{,}5 \cdot 10^{-7} \text{ y } 0{,}9 \cdot 10^{-7}$$

respectivamente, en unidades CGS electrostáticas.

Con tales datos, podía avanzar hacia conclusiones más fundamentales: «De estas determinaciones», escribía en la página 310, «vemos que el valor de *e*/*m* es independiente de la naturaleza del gas, y que su valor 10^{-7} es muy pequeño comparado con 10^{-4}, que es el valor más pequeño previamente conocido de esta cantidad, y que es el correspondiente al ión de hidrógeno en la electrólisis». Y repetía lo que ya había dicho en la Royal Institution: «La pequeñez de *e*/*m* puede ser debida a que *m* sea pequeño o a que *e* sea grande, o a una combinación de ambos. Que los portadores de las cargas en los rayos catódicos son pequeños comparados con las moléculas ordinarias viene demostrado, creo yo, por los resultados de Lenard de que la luminosidad de la fosforescencia producida por estos rayos disminuye con la longitud del camino recorrido por el rayo». Estaba claro, por consiguiente que los «dos puntos fundamentales acerca de estos portadores [...] son: 1) que estos portadores son los mismos cualquiera que sea el gas a través del cual pasa la descarga, 2) que el recorrido libre medio no depende nada más que de la densidad del medio atravesado por estos rayos». El que los resultados que se obtenían para el cociente entre carga y masa fuese, dentro de unos límites, el mismo, independiente del gas (o de la composición de los electrodos), significaba que se trataba de un componente universal de la materia: de una «partícula elemental».

En cuanto a la opinión que el director del Cavendish favorecía para entender los resultados que había obtenido, era la siguiente:

> La explicación que me parece describe de la manera más simple y directa los hechos se basa en el punto de vista de la constitución de los elementos químicos que ha sido sostenida favorablemente por muchos químicos: este punto de vista es que los átomos de elementos químicos diferentes son agregaciones distintas de átomos del mismo tipo. En la forma en que esta hipótesis fue enunciada por [William] Prout [1785-1850], los átomos de los diferentes elementos eran átomos de hidrógeno; la hipótesis no se sostiene en esta forma precisa, pero si sustituimos el hidrógeno por alguna sustancia primordial desconocida, X, entonces no hay nada que sea inconsistente con esta hipótesis, que ha sido apoyada recientemente por sir Norman Lockyer por razones que se derivan del estudio de los espectros estelares.
>
> Si, en el muy intenso campo eléctrico de las proximidades del cátodo, las moléculas del gas se disocian y rompen, no en átomos químicos ordinarios, sino en estos átomos primordiales, que llamaremos por brevedad corpúsculos, y si estos corpúsculos están cargados con electricidad y son proyectados del cátodo por el campo eléctrico, se comportarán exactamente igual que los rayos catódicos».

Este es, para mi propósito, el punto esencial. Los «corpúsculos» —futuros electrones— entraban en escena. J. J. Thomson había formulado con claridad una hipótesis revolucionaria: que los átomos tradicionales eran divisibles en —o que contenían— *corpúsculos.*

Un detalle interesante surge cuando se constata que JJ no hacía referencia alguna en su artículo a los trabajos de Stoney. Muy posiblemente ello se debiese a que no deseaba especular acerca de la posible relación entre las cargas que él había descubierto y las unidades de «electrificación» introducidas previamente por Stoney (y por otros, como ya vimos) a propósito de la electrólisis. Seguramente por eso mismo recurrió a un nombre diferente, «corpúsculo» y no «electrón». No estaba en condiciones de saber si se trataba de los mismos entes físicos. Si hubiese utilizado el valor de la unidad de carga eléctrica que se derivaba de los procesos electrolíticos, entonces habría llegado inmediatamente a que sus corpúsculos debían tener una masa 1.000 veces menor que la del hidrógeno.

En cualquier caso, a la postre, con los resultados de J. J. Thomson los fenómenos electrolíticos y los observados en tubos de rayos catódicos se encontraban finalmente, y así no es demasiado sorprendente que finalmente acabara imponiéndose el más atractivo nombre «electrón». En el camino, y además de los «corpúsculos» thomsonianos, se quedaron expresiones como: «iones univalentes» (Helmholtz), «mónada elemental» (Silvanus P. Thompson), «electrión» (Kelvin), o «sub-átomos».

Para que nos hagamos idea de la novedad que significaba el «penetrar» realmente en la estructura atómica, voy a citar a continuación unos párrafos de la conferencia que William Crookes (1899: 20) pronunció en su calidad de presidente de la reunión de la British Association for the Advancement of Science que tuvo lugar en Bristol en 1898:

> Hace varios años me ocupé de la constitución de la materia en lo que me atreví a denominar el cuarto estado. Intenté penetrar en el tormentoso misterio del átomo. ¿Qué es un átomo? ¿Es un átomo simple un espacio sólido, líquido o gaseoso? Cada uno de estos estados involucra ideas que pueden pertenecer solamente a vastas colecciones de átomos. Si, al igual que Newton intentamos visualizar un átomo como un cuerpo duro, esférico, o, con Boscovitch y Faraday, lo consideramos como un centro de fuerza, o aceptamos la teoría del átomo vorticial de lord Kelvin, un átomo aislado es una entidad desconocida difícil de concebir. Las propiedades de la materia —sólida, líquida, gaseosa— son debidas a moléculas en un estado de movimiento. Por consiguiente, la materia

tal y como la conocemos implica esencialmente un modo de movimiento; y el propio átomo —intangible, invisible e inconcebible— es su base material, y puede, de hecho, ser considerado la única *materia* verdadera. El espacio implicado en los movimientos de los átomos no tiene más razón de ser llamado materia que si denominásemos a la esfera de influencia de un cuerpo de artilleros —siendo esta esfera la ocupada por los misiles de plomo en vuelo— plomo.

El valor de la carga del electrón

Aunque las consecuencias del artículo de J. J. Thomson de 1897 eran claras (especialmente desde nuestra perspectiva, con el beneficio del paso del tiempo), faltaba algo importante: medir directamente la carga del electrón. Sería el propio JJ y, estimulados por él, un puñado de sus más brillantes estudiantes en el Cavendish quienes más novedades introducirían en esta dirección.

El primero que se enfrentó con el problema fue un irlandés, John Sealy Edward Townsend (1868-1957), que estudió con Fitzgerald, en el Trinity College de Dublín, donde se graduó (BA) en 1890. De Dublín, Townsend pasó (en octubre de 1895) a Cambridge, al Cavendish de J. J. Thomson, donde coincidió con Rutherford, también recién llegado.[20] En un artículo leído ante la Cambridge Philosophial Society el 8 de febrero de 1897, es decir, el mismo día en el que, como vimos antes, JJ informó por primera vez públicamente de su investigación sobre la naturaleza de los rayos catódicos (Thomson, J. J., 1897 d), Townsend (1897) presentó los resultados del valor de *e* a que había llegado utilizando un método en el que se explotaba el conocido fenómeno de la formación por condensación de gotas de agua alrededor de los iones de un gas, formando una nube cargada. Tal fenómeno era conocido, al menos, desde 1880, cuando el meteorólogo escocés John Aitken (1839-1919) lo descubrió, pero fue en el mismo Cavendish donde la técnica se desarrolló; una técnica —la de las denominadas «cámaras de niebla»— cuyo futuro (dentro del campo de los detectores de

20. En su autobiografía, J. J. Thomson (1936: 137) recordaba que ambos llegaron al Cavendish el mismo día, «separados por una hora». Townsend también desarrollaría una carrera eminente, llegando a ser *Wykeland professor* de física en la Universidad de Oxford.

partículas) sería extraordinario. El responsable fue otro colaborador de JJ: Charles Thomson Rees Wilson (1869-1959; 1897).

Townsend medía la carga total de la nube con un electrómetro, mientras que la carga media de cada gota podía deducirse determinando por separado el número de gotas, que se calculaba dividiendo la masa total de la nube —establecida haciéndola pasar a través de tubos de secado y midiendo el aumento de peso— por la masa media de cada gota, que a su vez era determinada a partir de su densidad y radio medio. Este último, el radio medio, era calculado observando la velocidad de caída de las gotas y utilizando la denominada «ley de Stokes», es decir: $F=6\pi\eta av$, donde F es la fuerza, a el radio de la gota, v la velocidad con que cae bajo la acción de la gravedad y η la viscosidad del aire.

Trabajando con iones positivos de oxígeno, Townsend obtenía para la carga un valor de $2{,}8 \cdot 10^{-10}$ unidades electrostáticas, mientras que cuando manejaba iones negativos (también de oxígeno) el resultado era de $3{,}1 \cdot 10^{-10}$ (en experimentos posteriores obtuvo valores de 2,4 y 2,9, respectivamente). Sin embargo, el procedimiento de Townsend sufría de importantes limitaciones: 1) suponía que el número de iones era el mismo que el número de gotas; 2) se basaba en la ley de Stokes, que no había sido comprobada nunca experimentalmente, y que desde el punto de vista teórico podría pensarse que fallaba cuando las gotas eran muy pequeñas; 3) aceptaba que todas las gotas eran iguales y caían a la misma velocidad, sin ser influidas por la evaporación u otras causas, y 4) suponía que no se producían en el gas corrientes de convección cuando se estaban llevando a cabo las medidas.

Un año después, el propio Thomson (1898) empleó un método muy parecido al de Townsend, utilizando iones producidos por rayos X. De manera análoga a sus artículos «fundacionales» sobre el electrón de 1897, concluía que obtenía los mismos resultados para las cargas de los iones cualquiera que fuese la naturaleza del gas, lo que reafirmaba su fe en la universalidad de los corpúsculos cuya carga se estaba esforzando por medir de manera precisa (los valores a que llegaba oscilaban entre 5,5 y 8,4 —siempre multiplicados por 10^{-10}—, defendiendo el de 6,5). No obstante, al ser el método parecido al de Townsend, también lo eran sus limitaciones.[21]

21. En 1903 utilizó una variante de este método, empleando como agente ionizante la radiación emitida por el radio, en lugar de rayos X; obtenía para e el valor de $3{,}4 \cdot 10^{-10}$ (Thomson, J. J., 1903 b).

En 1899 volvía a la carga con un nuevo artículo en *Philosophical Magazine*: «On the mases of the ions in gases at low pressures» (Sobre las masas de iones en gases a bajas presiones; Thomson, J. J., 1899), en el que presentaba resultados de dos tipos de experimentos: el bombardeo de un metal con luz ultravioleta (es decir, el efecto fotoeléctrico) y la emisión de electrones de un filamento incandescente. Qué pretendía con el artículo queda claro sin más que citar un fragmento de la introducción (Thomson, J. J., 1899: 547-548):

> En un artículo anterior (*Phil. Mag.*, oct. 1897), di una determinación del valor del cociente entre la masa, *m*, del ion y su carga, *e*, en el caso de la corriente de electrificación negativa que constituye los rayos catódicos. Los resultados de esta determinación [...] demuestran que el valor de este cociente es mucho menor que el cociente correspondiente en el caso de la electrólisis de soluciones de ácidos y sales, y que es independiente del gas a través del cual pasa la descarga y de la naturaleza de los electrodos. En estos experimentos solamente se determina el valor de e/m, y no los valores por separado de *e* y de *m*. [...] El presente artículo contiene la descripción de medidas para e/m y en el caso de *e* para la electrificación negativa producida por un filamento de carbono incandescente en una atmósfera de hidrógeno.

En cuanto a la conclusión que extraía, no podía ser más clara (Thomson, J. J., 1899: 563): «Los experimentos que acabo de describir demuestran, tomados en conjunto con los previos sobre el valor de e/m para los rayos catódicos (J. J. Thomson, *Phil. Mag.*, oct. 1897), que en gases a bajas presiones la electrificación negativa [...] está formada por unidades, cada una de las cuales posee una carga de electricidad fija; la magnitud de esta carga negativa es de aproximadamente 6×10^{-10} unidades electrostáticas, y es igual a la carga positiva transportada por el átomo de hidrógeno en la electrólisis de soluciones».

Todo esto le animaba a formular hipótesis de un carácter incluso más fundamental, hipótesis que se referían a la propia estructura de la materia, y de forma más concreta que como lo había hecho en 1897 (recordemos la cita que utilicé antes):

> Considero al átomo como conteniendo un gran número de cuerpos más pequeños que llamaré corpúsculos; estos corpúsculos son iguales entre sí; la masa de un corpúsculo es la masa del ión negativo en un gas

> a baja presión, esto es, alrededor de $3 \cdot 10^{-26}$ de un gramo. En el átomo normal, esta reunión de corpúsculos forma un sistema que es eléctricamente neutro. Aunque los corpúsculos individuales se comportan como iones negativos, cuando se reúnen en un átomo neutro el efecto negativo se compensa por algo que hace que el espacio por el que los corpúsculos están dispersos actúe como si tuviesen una carga de electricidad positiva igual en magnitud a la suma de las cargas negativas en los corpúsculos. Considero la electrificación de un gas debida a la ruptura de algunos de los átomos del gas, lo que produce la separación de un corpúsculo de alguno de los átomos. Los corpúsculos separados se comportan como iones negativos, cada uno transportando una carga negativa, que por brevedad llamaremos la carga unidad, mientras que la parte del átomo que queda detrás se comporta como un ion positivo con la unidad de carga positiva y una masa grande comparada con la del ión negativo (Thomson, J. J., 1899: 565).

Lo que JJ estaba presentando aquí era un modelo atómico conocido como el del «pastel de pasas». Pero de los modelos atómicos comenzaré a ocuparme en el capítulo 7, el dedicado a Ernest Rutherford.

El programa de investigación del Cavendish dedicado a medir la carga, *e*, del corpúsculo-electrón no se detuvo en Townsend y JJ; otros dos colaboradores de éste destacaron en la tarea: Harold Albert Wilson (1874-1964) y el ya citado C. T. R. Wilson.

El primero, H. A. Wilson (1903), introdujo una modificación importante en el método que había utilizado JJ para la determinación de la carga de un ión, utilizando (al igual que Townsend) básicamente la técnica experimental de C. T. R. Wilson. Pero mientras que el director del Cavendish había empleado electrodos para determinar la carga total que transportaban las gotas según caían bajo el efecto de la gravedad, H. A. Wilson aplicaba campos eléctricos para aumentar o disminuir la velocidad de caída de las gotas cargadas.

Como estamos viendo, la aportación de C. T. R. Wilson al programa de medida de *e* fue decisiva desde el principio: desde que introdujo en 1897 la técnica que terminaría dando lugar a cámaras de nieblas, incorporadas a todos los laboratorios de física de partículas elementales (de hecho, Wilson recibió el premio Nobel de Física correspondiente a 1927 —compartido con Arthur Holly Compton— «por su método de hacer visibles, a través de la condensación del vapor, las trayectorias de partículas cargadas»). Así, los resultados que habían obtenido en 1903 J. J. Thomson y Harold Wilson se basaban en las primeras versiones de una mejora introducida en las técnicas de condensación de gotas por Charles Wilson, mejora que sólo publicó el año siguiente (Wilson, C. T. R., 1904). La mejora en cuestión tenía que ver con el reemplazo de un elemento específico que influía sobre un aspecto básico de las cámaras de niebla: el efecto de un campo eléctrico en la formación de gotas producidas por la expansión de un aire sobresaturado. Además de presentar esas mejoras técnicas, Wilson señalaba que incluso sin la existencia de una fuente de ionización como los rayos X, y después de repetidas expansiones para eliminar las partículas de polvo que también actuaban como núcleos de condensación, todavía se formaban un cierto número de gotas, gotas que estaban cargadas, ya que se podían eliminar aplicando un campo eléctrico a la cámara.

La constatación de este fenómeno debió de resultar familiar a Charles Wilson, quien, al igual que Johann Elster (1854-1920) y Hans Geitel (1855-1923), en Alemania, había observado hacia 1900 que un electroscopio montado dentro de una caja metálica, de la que estaba bien aislado, perdía su carga gradualmente. El motivo era, naturalmente, la ionización del aire contenido dentro de la caja, pero el problema era el porqué de semejante ionización. El propio Wilson sugirió que podía ser debida a una radiación extraterrestre que penetraba la atmósfera de nuestro planeta, e intentó demostrar la idea midiendo la ionización que tenía lugar en un túnel. Esperaba, razonablemente, que la ionización disminuyese, debilitada la radiación extraterrestre por la capa de tierra que rodeaba al túnel. Pero no encontró tal efecto y abandonó su hipótesis. Habría que esperar hasta los alrededores de 1910 para que la historia de la búsqueda de esa radiación ionizante residual, la historia de los rayos cósmicos, viviese su siguiente capítulo. En otro volumen de esta obra me ocuparé de ella.

Retornando a la medida de *e*, tenemos que el científico que terminó poniendo, básicamente, el punto final a esta cuestión fue el estadounidense Robert Andrews Millikan (1869-1953), uno de los personajes clave en el desarrollo, durante la primera mitad del siglo XIX, de la ciencia de su país. Aparte de ser el responsable de introducir otra modificación decisiva en el «método de Cambridge» —sustituir las gotas de agua por gotas de aceite (la idea se le ocurrió en 1908)—, nadie como él se esforzó tanto, ni durante tanto tiempo (en su etapa en la Universidad de Chicago), por resolver los problemas que afectaban a la determinación precisa de la carga del electrón. Como recordó en su autobiografía (Millikan 1951: 98): «Desde 1908, cuando construí mi primer aparato de gotas de aceite, hasta el verano de 1912, utilicé prácticamente todo el tiempo del que pude disponer, aparte de mis cursos y la necesaria asistencia a los estudiantes graduados, en trabajar con mis gotas de aceite. Era fascinante ver con qué completa certidumbre se podía contar el número exacto de electrones situados en una gota dada, ya fuese uno o cualquier número hasta el centenar». Y más adelante (p. 100) continuaba: «Publiqué mi primer artículo razonablemente completo sobre "The isolation and measurement of the electron" en el otoño de 1910, y entonces me dediqué a desarrollar técnicas para corregir la ley de Stokes y obtener *un valor absoluto* lo más fiable posible de la carga electrónica. Esta fue una tarea larga y tediosa, e implicó un conjunto de investigaciones colaterales, algunas sobre la viscosidad del aire, que asigné sucesivamente a varios estudiantes graduados que querían problemas para sus tesis. Finalmente, en la primavera de 1912 había reunido datos para lo que esperaba fuese la determinación final, absoluta, del valor numérico de la carga del electrón. Es cierto que nunca consideré esto ni el principal objetivo ni el resultado más importante del método de las gotas de aceite, sino que lo tomé como la resolución final de la controversia que estaba teniendo lugar violentamente en la época sobre la naturaleza unitaria de la electricidad y de la propia materia».

Después de su primera publicación (Millikan 1910), y tras haber refinado sus técnicas y métodos de análisis en 1913, daba como valor de e, $4{,}774 \cdot 10^{-10}$ unidades electrostáticas de carga, con un error experimental de una parte en quinientas (Millikan 1913). En 1917 publicó su último artículo técnico en el campo; apropiadamente —honraba de esta manera una por entonces ya larga tradición, la instaurada por J. J. Thomson— lo hizo en el *Philosophical Magazine* (Millikan 1917 a), el mismo año en el que publicó un libro de carácter general (Millikan 1917 b) dedicado a explicar la historia de la identificación y medida del electrón.[22] En 1923, Millikan recibía el

22. Los procedimientos utilizados por Millikan en sus investigaciones encaminadas a determinar la carga del electrón han sido objeto de estudio, especialmente, por Gerald Holton (1978), quien a partir de los cuadernos de notas de aquél ha demostrado que aunque los resultados a los que llegó son, considerando el valor

premio Nobel de Física, «por su trabajo sobre la carga elemental de la electricidad y sobre el efecto fotoeléctrico».

Recepción del descubrimiento de Thomson

A pesar de lo que algunos puedan pensar, ofuscada su percepción histórica por los conocimientos actuales, los resultados de J. J. Thomson no fueron universal, aunque sí, en mi opinión, mayoritariamente aceptados. Los motivos podían ser diversos: Felix Ehrenhaft (1879-1952), un distinguido físico vienés (llevó a cabo, por ejemplo, investigaciones notables en el dominio del movimiento browniano en gases y descubrió la fotoforesis en 1918), que terminaría exiliándose en Estados Unidos, defendía la existencia de «subelectrones», cargas eléctricas con un valor fraccionario al de los corpúsculos de Thomson, manteniendo con tal motivo una dura polémica con Millikan hacia 1910 (Holton 1978). El propio Millikan (1951: 92) recordó en su autobiografía que a pesar de la fecundidad de los resultados de J. J. Thomson, «durante al menos dos décadas continuó habiendo algunos que dudaban, incluso entre aquellos de las mayores credenciales científicas, personas que adoptaron el punto de vista de que el aparente carácter unitario de la electricidad no era sino un fenómeno estadístico».

Tiene, por consiguiente, especial interés tratar la cuestión de cómo fueron recibidos los trabajos pioneros de J. J. Thomson. Ahora bien, estudiar la recepción dada a un descubrimiento científico es una tarea compleja, en tanto que tal recepción se manifiesta de muy diversas maneras. Una forma, por ejemplo, de apreciar cómo fue recibido el trabajo de Thomson sobre el electrón es a través de las propuestas que se hicieron para que JJ fuera candidato al premio Nobel de Física. Afortunadamente, desde hace algún tiempo se dispone de información sobre este punto (Crawford, Heilbron y Ullrich 1987).

La primera vez que J. J. Thomson fue propuesto para el premio Nobel de Física fue en 1902, el año en que se otorgó por segunda vez (en aquella ocasión fueron Hendrik Antoon Lorentz y Pieter Zee-

---

aceptado actualmente, correctos, Millikan «hizo trampas», en el sentido de que a veces descartaba gotas de aceite cargadas que conducían a valores que no favorecían los resultados que él consideraba adecuados.

man los galardonados; en 1901 lo había sido Wilhelm Röntgen). Fue el astrónomo estadounidense George Ellery Hale (1868-1938) quien le propuso. No es sorprendente el que fuese Hale el primero en reconocer de esta manera los resultados de JJ: sólo hay que recordar los trabajos que llevó a cabo a partir de 1908 sobre el origen de las manchas solares y la naturaleza de la circulación en la atmósfera solar. El punto de partida de tales trabajos fue una fotografía del Sol que obtuvo el 3 de junio de 1908, en la que se veían flóculos (lóbulos) oscuros de hidrógeno que se dirigían —que «fluían»— hacia grandes manchas solares, es decir, especies de vórtices de hidrógeno en las proximidades de las manchas. Hale interpretó esta observación como una evidencia de la presencia de intensos campos magnéticos en las manchas.[23] Su argumentación se puede seguir en una conferencia que pronunció el 14 de mayo de 1909, en, precisamente, el mismo lugar en que en 1897 Thomson había presentado sus resultados sobre los «corpúsculos» que formaban parte de la materia; esto es, en la Royal Institution de Londres (Hale 1909; Wright, Warnow y Weiner, eds., 1972: 161-162): «Sabemos, del experimento de Rowland, que la rápida revolución de un cuerpo eléctricamente cargado producirá un campo magnético. Por consiguiente si un número suficiente de partículas cargadas fuesen puestas en rápida revolución por los vórtices solares, se produciría un campo magnético. ¿Qué justificación tenemos para suponer la existencia de partículas cargadas en el Sol, y cómo podría detectarse tal campo?». Y en este punto Hale pasaba revista a las aportaciones de Crookes («que demostró en esta misma sala», señalaba, «que el polo negativo de un tubo de vacío [el mismo que, con permiso de Crookes, Hale utilizó para ilustrar su conferencia] emite una corriente de partículas capaz de poner en movimiento un ligero molino de viento») y de J. J. Thomson: «El reciente trabajo de Sir Joseph Thomson y otros ha demostrado que éstas son partículas cargadas negativamente, llamadas "corpúsculos" o "electrones" y que su masa es alrededor de 1/1.700 la masa de un átomo de hidrógeno. Además, Thomson ha demostrado que a bajas presiones estos corpúsculos son emitidos por un hilo caliente o por el filamento de carbono de una lámpara incandescente. También ha demostrado

23. Esta interpretación no superaría el paso del tiempo, ya que posteriormente se demostró que tales vórtices únicamente aparecen en un porcentaje pequeño de manchas solares.

que esta propiedad de emitir corpúsculos a altas temperaturas es común al carbono y a los metales, ya estén en estado sólido o de vapor. Por consiguiente, tenemos razones para creer que el Sol, compuesto de los mismos elementos que forman la Tierra, debe de emitir grandes números de estos corpúsculos. Como Thomson ha estimado que el ritmo de emisión de un filamento de carbono en su punto más elevado de incandescencia puede llegar a ser equivalente a una corriente de varios amperios por centímetro cuadrado de superficie, difícilmente nos equivocaremos suponiendo la existencia de corrientes todavía más poderosas en el Sol. La emisión de partículas cargadas negativamente implica la emisión de partículas cargadas positivamente, pero, debido a ritmos desiguales de difusión y otras causas, en los experimentos realizados en el laboratorio siempre se encuentra que hay exceso de cargas de un signo. Tenemos, por consiguiente, motivos para creer que del movimiento de revolución de estas partículas en los vórtices solares pueden surgir poderosos campos magnéticos».

Efectivamente, en el artículo de 1899 en el que, utilizando bajas presiones, había determinado por separado la carga y la masa de los corpúsculos-electrones, Thomson (1899) señaló que se obtenían los mismos resultados en el caso de un filamento de carbono que en el de los rayos catódicos, lo que significaba que también se emitían electrones de esos filamentos. Sin embargo, fue en su libro *Conduction of Electricity through Gases* (Thomson, J. J., 1903 a), en donde desarrolló este tipo de investigaciones. De hecho, en el capítulo VIII, titulado «Ionisation by incandescent solids», se encuentran una serie de comentarios extremadamente interesantes, en los que se comprueba que las implicaciones astrofísicas de sus trabajos sobre los «corpúsculos» (electrones) no eran ajenas al director del Cavendish.[24]

Continuando con las propuestas para el premio Nobel, tenemos que en 1903 no recibió ninguna mención (aquel año fueron Henri

24. No es imposible que la lectura del texto de Thomson influyese en Hale, aunque los fenómenos con los que éste relacionó a los electrones fueran muy distintos de aquellos en los que pensó JJ (por algunas de las frases que Hale utilizó en 1909 y que también aparecen en *Conduction of Electricity through Gases,* precisamente inmediatamente antes de que Thomson se refiriera a las posibles aplicaciones cósmicas, parece claro que Hale leyó este libro, y que acaso fue su principal fuente de información sobre los resultados de JJ). Ver, en este sentido, Thomson (1903 a: 164-165).

Becquerel, Marie y Pierre Curie los afortunados); por contra, él sí fue uno de los que propusieron candidaturas, recayendo su voto en lord Rayleigh (volvió a proponerlo en 1904, año en que Rayleigh recibió el premio). En 1904, su nombre fue propuesto una sola vez (por Nikolai Umov).

No fue, sin embargo, hasta 1905 cuando el nombre de J. J. Thomson adquirió verdadera fuerza como candidato al Nobel. Aquel año (en el que el galardonado fue Philipp Lenard) fue propuesto por diez científicos: Marie y Pierre Curie, Joseph Norman Lockyer, Oliver Lodge, John Lubbock, William Ramsay, Rayleigh, Silvanus P. Thompson, Kelvin y William Henry White. Finalmente, su turno llegó en 1906, aunque entonces recibió menos propuestas que el año anterior: ocho (de Adolf von Baeyer, Christian Christiansen, Lodge, Lubbock, Ramsay, Rayleigh, Silvanus Thompson y Emil Warburg).

Si buscamos en las conferencias pronunciadas en las reuniones de la British Association for the Advancement of Science, nos encontramos con que inicialmente el eco de los trabajos de Thomson no fue excesivo. Así, es significativo señalar que en su ya citada conferencia presidencial de la reunión de 1898 de la Association, Crookes, que sí se detuvo a comentar desarrollos recientes en el campo del electromagnetismo (las relaciones entre materia y éter, entre otras) y de radiaciones como los rayos X, no se ocupase de los trabajos de J. J. Thomson sobre el electrón, a los que, sin embargo, se refería indirectamente de la manera siguiente (Crookes 1899: 24): «Mi idea de un cuarto estadio de la materia propuesta en 1881 [*Phil. Trans.*, Parte 2, 1881, pp. 433-434], y a la que al principio se opusieron tanto en el extranjero como en casa, está siendo aceptada ahora. Es apoyada por el profesor J. J. Thomson [*Phil. Mag.*, octubre 1897, p. 312]».[25] Por el contrario, las aportaciones de Lorentz, Larmor, Fitzgerald o Stoney merecían más atención que las de JJ. Tampoco encontramos en la conferencia presidencial de la Sección A (pronunciada aquel año por W. E. Ayrton) referencia alguna a los trabajos de Thomson (ni en los restantes trabajos presentados).

Comentando en 1900 el libro de Joseph Larmor, *Aether and Matter*, que acababa entonces de aparecer, George Francis Fitzgerald

25. También, en otro lugar de su conferencia, señalaba (p. 23): «Puede recordarse que J. J. Thomson ha encontrado para los rayos catódicos una velocidad de más de 10.000 kilómetros por segundo».

(1900; Larmor, ed., 1902: 512) escribía, ignorando a Thomson: «Desde que Faraday descubriera la ley de la electrólisis, según la cual la ruptura de un enlace químico corresponde a la transferencia de la misma cantidad de electricidad, independientemente de qué clase de enlace sea, ha estado en el ambiente científico que la electricidad al igual que la materia puede ser atómica. En este sentido, Maxwell se vio conducido a utilizar el término átomo de electricidad, aunque lo minusvaloró como generalmente contrario a todo el espíritu de su tratado; pero ahora se reconoce ampliamente, gracias a Mr. Larmor y al profesor Lorentz de Leiden, que, muy lejos de que se trate de una idea contraria al espíritu del tratado de Maxwell, es en realidad perfectamente compatible con él, y para algunos puntos de vista incluso esencial. El libro de Mr. Larmor está dedicado en gran medida a elaborar este punto de vista de la naturaleza de la electricidad. Supone que estos átomos de electricidad, o electrones como los denomina Mr. Stoney, producen el fenómeno de corrientes eléctricas al moverse, y o bien se mueven de molécula a molécula de materia, como en la conducción metálica ordinaria, o por átomos de materia, como en la conducción electrolítica».

No resulta fácil comprender esta aparente resistencia por parte de algunos científicos británicos a reconocer el mérito de Thomson, uno, al fin y al cabo, de sus compatriotas; resistencia que, como acabamos de comprobar, se ponía de manifiesto en ocasiones haciendo que JJ compartiese protagonismo con otros físicos, especialmente con Stoney, Lorentz y Larmor. Tal vez la explicación se encuentre en el apego que aquellos científicos sentían por el concepto de éter,[26] y en el hecho de que en los trabajos de Thomson —quien, por otra parte, también sentía una gran inclinación por tal concepto— los corpúsculos eléctricos (o electrones) aparecían bajo un ropaje —el del análisis puramente experimental— en buena medida (o en principio) ajeno a la física del éter, lo que ciertamente no ocurría en los trabajos de Larmor y Lorentz.

Muy diferente fue, como ya vimos en el capítulo anterior, el significado que la nueva partícula de J. J. Thomson tenía para un reciente campo de investigación que se abría camino con fuerza creciente: el de la radiactividad. Quizá en semejante hecho podemos encontrar la

26. Sobre el éter y los físicos británicos, ver Goldberg (1970) y Sánchez Ron (1987).

explicación de que Marie y Pierre Curie propusieran el nombre de Thomson para el premio Nobel de Física en 1905.

Sorprendentemente, Ernest Rutherford (con quien me detendré en otro capítulo), alumno y colaborador de Thomson durante un tiempo, tardó mucho más que los Curie en reconocer a través de la letra impresa la importancia del trabajo de su antiguo mentor (tal vez porque no encontró ocasión de hacerlo antes). La primera referencia a los resultados de JJ que he localizado en un artículo de Rutherford data de 1902, en un trabajo titulado «The existence of bodies smaller than atoms» (La existencia de cuerpos más pequeños que los átomos; Rutherford 1902). Al principio, no obstante, la mención a Thomson no dejaba de contener un punto de duda (Rutherford 1902; Chadwick, ed., 1962: 406): «J. J. Thomson también encontró que el cociente *e*/*m* era independiente del gas en el tubo de vacío, demostrando que, posiblemente, de diferentes tipos de materia se producían partículas del mismo tamaño. Es, sin embargo, posible explicar este resultado suponiendo que la descarga es transportada en todos los casos por el resto de vapor de agua que está siempre presente en el tubo de vacío». Pero luego las dudas comenzaban a desaparecer, y Rutherford afirmaba: «Se había dado de esta manera una confirmación completa a la teoría de proyección de los rayos catódicos, y la importancia del trabajo fue reconocida inmediatamente por físicos continentales». Y ya próximo al final de su artículo, manifestaba (Rutherford 1902; Chadwick, ed., 1962: 409): «La existencia física de los electrones es aceptada ahora por muchos científicos y hay un gran número de prominentes físicos que están desarrollando matemáticamente la secuencia lógica de la idea. Necesito solamente mencionar a algunos de entre los más destacados: Drude, Voigt, Riecke, en Alemania, Lorentz y Zeeman, en Holanda, Poincaré y Becquerel, en Francia, J. J. Thomson, Schuster, Lodge y lord Kelvin, en Inglaterra, para demostrar que la idea tiene una base de apoyo sólida entre los físicos más capaces».

El electrón, como vemos, se había establecido ya firmemente en el cada vez era más variado y complejo universo de la física.

4

Max Planck y la primera discontinuidad cuántica

Los descubrimientos y desarrollos que hemos tratado hasta el momento forman parte de la historia de la física cuántica, pero ninguno de los científicos que estuvieron relacionados con ellos imaginaron —con anterioridad al hallazgo que describiré en este capítulo— que tales avances implicasen algún tipo de discontinuidad energética. No, desde luego, del tipo de la que se impondría —aunque con dificultad— en la física a raíz del trabajo que Max Planck (1858-1947), catedrático de Física Teórica de la Universidad de Berlín, presentó en la Sociedad de Física Alemana el 14 de diciembre de 1900. Como veremos, el propio Planck no creyó realmente en la evidencia que surgía de su análisis, pero, aun así, ciertamente se puede decir que con él y con su artículo de 1900 nació verdaderamente la física *cuántica*.

Veamos antes que nada quién era Planck.

Max Planck

Max Karl Ernst Ludwig Planck nació en 1858, en Kiel, en cuya universidad su padre, Johann Julius Wilhelm von Planck, era profesor de derecho. Su madre, Emma (Patzig de soltera), fue la segunda esposa de Johann Julius. El prestigio y autoridad que Planck llegaría a alcanzar en la comunidad científica alemana, y mundial, no responde tanto, o sólo, a sus capacidades científicas —que desde luego tuvo— como a su diligencia, rectitud y fortaleza de carácter. Aun cuando es difícil determinar qué caracteriza a un genio, no es demasiado arriesgado señalar que Planck no lo fue: se le puede considerar como un científico capaz, muy capaz, pero lejos de la categoría de un Einstein, un Bohr, un Rutherford o un Heisenberg, por poner algunos ejemplos de entre sus contemporáneos. Sus profesores en el Maximilians-Gymnasium de Múnich (ciudad a donde su familia se trasladó cuando, en 1867, su padre obtuvo la cátedra de Derecho Civil en la Universidad de la capital bávara) solían situarle en los primeros puestos de la clase, pero nunca el primero: cuarto de veintiocho en 1868-1869, y de ahí en adelante, quinto de treinta y siete, octavo de veintitrés, tercero de veintiuno y cuarto de diecinueve. En lo que sí parecía destacar era en el estudio de religión y en conducta, áreas en las que con mucha frecuencia recibía el premio de su clase. Siempre fue un «hombre de orden».

Cuando le llegó el momento de elegir carrera universitaria, el joven Max dudó entre música, filología antigua y física. A pesar de que el físico de Múnich Philipp von Jolly le aconsejó que no estudiara física, ya que todo estaba descubierto después de que los principios de la termodinámica hubiesen sido establecidos, y que no quedaban más que algunas lagunas por completar, Planck eligió finalmente seguir la carrera de Física en la Universidad de Múnich, estudios que comenzó el semestre de invierno de 1874-1875. Encontramos algunas claves que explican esa decisión en una carta que Planck escribió muchos años después, el 14 de diciembre de 1930, a Joseph Strasser (citada en Hermann 1977: 10): «Yo podría haberme convertido también en un filólogo o en un historiador. Lo que me llevó a las ciencias exactas surgió de circunstancias más bien externas: un curso de matemáticas del profesor Gustav Bauer al que asistí, en la universidad, suscitó en mí una gran satisfacción interior y me abrió nuevos horizontes. El hecho de que terminase pasándome de las matemáticas puras a la física tuvo que ver con mi pasión por las cuestiones relativas a la concepción del mundo; cuestiones que, sin duda, no podían ser resueltas por las matemáticas».

Desde 1877 y hasta 1879, continuó sus estudios en Berlín, donde pudo seguir los cursos de tres gigantes de la ciencia: el fisiólogo y físico Hermann von Helmholtz, el matemático Karl Weierstrass y Gustav Kirchhoff. Sus clases, sin embargo, dejaban que desear: Helmholtz, recordaría Planck (1948 a, 2000: 22-23) en su autobiografía científica, «no preparaba sus clases; se interrumpía constantemente para buscar en un cuaderno los datos necesarios; por otra parte, cometía constantemente errores de cálculo en la pizarra, y daba la impresión de aburrirse tanto como nosotros en su curso». Kirchhoff sí preparaba con cuidado sus lecciones: «Cada frase estaba en su lugar. No faltaba ninguna palabra, no sobraba nada. Pero daba la impresión de que todo estaba aprendido de memoria, lo que le convertía en árido y monótono. Admirábamos al orador, pero no lo que decía». En semejantes circunstancias, «el único recurso que me permitía satisfacer mi sed de conocimientos era leer las obras que me interesaban; se trataba, bien entendido, de las que se relacionaban con el principio de energía. Fue así como descubrí los tratados de Rudolf Clausius, cuya claridad me impresionó profundamente y en los que me sumergí con entusiasmo creciente. Admiraba especialmente la formulación exacta que daba de los dos principios de la termodinámica [el la de la conservación de la energía y el del crecimiento de la entropía] y la relación existente entre ellos».

Clausius formó, junto a Helmholtz y Kirchhoff, no importa lo poco atractivas que le resultasen las clases de éstos, los pilares sobre los que construyó su saber físico: «Todos mis conocimientos los debo exclusivamente a la lectura de nuestros maestros», manifestó en la conferencia inaugural que pronunció, el 28 de junio de 1894, al tomar posesión de su cátedra en la Universidad de Berlín (Planck 1948 c: 4), «entre los cuales rindo tributo sobre todo a los nombres de Hermann von Helmholtz, Rudolf Clausius y Gustav Kirchhoff».

Unas palabras acerca de Clausius (1822-1888), el principal maestro de Planck, quien ya nos apareció en el capítulo 1: junto a Kelvin, forma la gran pareja de «padres» del segundo principio de la termodinámica. Sin entrar en demasiados detalles, diré que fue en 1850 cuando apareció el primer artículo de Clausius (1850, versión en alemán; 1851, en inglés) en el que se daban los pasos necesarios para introducir el segundo principio de la termodinámica. En palabras de Kelvin (1851: 14), que postuló de manera independiente ideas similares: «El mérito de establecer en primer lugar la proposición ["Es imposible, mediante un agente material inanimado, obtener un efecto mecánico a partir de una porción arbitraria de materia enfriada por debajo de la temperatura de los objetos más fríos de los alrededores"] sobre principios correctos se debe enteramente a Clausius, quien publicó su demostración en el mes de mayo del año pasado, en la segunda parte de su artículo sobre la potencia motriz del calor

[Clausius 1850]». Y continuaba: «Permítaseme añadir que yo he dado la demostración tal y como se me ocurrió antes de saber que Clausius la había enunciado. El axioma sobre el que se funda la proposición de Clausius es el siguiente: *No es posible para una máquina autopropulsada transmitir calor de un cuerpo a otro con una temperatura más elevada, sin ayuda de un agente exterior*».[1]

Más desarrollada —y próxima a nuestras exposiciones actuales— es la forma en que Clausius presentaba el principio en, por ejemplo, un artículo publicado en 1862, donde se puede leer (Clausius 1862; Kestin, ed., 1976: 136):

> Sea dQ el elemento de calor cedido por un cuerpo a cualquier depósito de calor durante sus modificaciones (el calor que puede ser absorbido del depósito se considera como negativo), y T la temperatura absoluta del cuerpo en el momento de ceder este calor, entonces la ecuación
>
> $$\int \mathrm{d}Q/T = 0$$
>
> debe ser cierta para todo proceso circular reversible, y la relación
>
> $$\int \mathrm{d}Q/T \geq 0$$
>
> se debe verificar para cualquier proceso circular que sea posible.

En 1862 Clausius aún no empleaba símbolo alguno, ni término específico para $\int \mathrm{d}Q/T$; sería en un artículo de 1866, titulado «Sobre las distintas formas de las ecuaciones fundamentales de la teoría mecánica del calor y su conveniencia en las aplicaciones», donde introduciría el nombre «entropía». Escribía allí (Clausius 1866; Kestin, ed., 1976: 186-187):

> Buscamos ahora un nombre apropiado para S. Al igual que hemos denominado a U el contenido de trabajo del cuerpo, llamaremos a S el contenido de transformación del cuerpo. Sin embargo, he creído más

1. Hay que señalar que, más tarde, el reconocimiento por parte de Kelvin dejó paso a reclamaciones de prioridad en cuanto a quién había sido el primero en reconocer el significado profundo de estas proposiciones, o, en otra palabras, quién había enunciado realmente el segundo principio de la termodinámica.

> conveniente tomar los nombres de las magnitudes científicas importantes de las lenguas antiguas para que de esta manera aparezcan sin cambios en todos los idiomas contemporáneos. En consecuencia, propongo que llamemos a *S* la *entropía* del cuerpo, según la palabra griega ἡτροπή, que significa «transformación». De forma intencionada, he formado la palabra *entropía* para que sea lo más parecida posible a la palabra *energía*, puesto que las dos magnitudes que vienen dadas por estos nombres están tan estrechamente relacionadas en sus significados físicos que parecía apropiada una cierta similitud en sus nombres.

En este trabajo también se mencionaba explícitamente una de las propiedades que la entropía tenía para Clausius: «La segunda ley en la forma que la he asignado dice que todas las transformaciones que tienen lugar en la naturaleza se desarrollan en una cierta dirección, que he denominado el sentido positivo. [...] Pueden tener lugar en el sentido opuesto, esto es, el negativo, pero solamente cuando sean compensadas al mismo tiempo por transformaciones positivas».

Si me he detenido en recordar estos dos aspectos de la obra de Clausius es porque en la manera en que Planck llegó a proponer la ley de radiación de un cuerpo negro que ahora lleva su nombre, al igual que en el procedimiento que siguió para introducir los cuantos, la entropía desempeña un papel central. Y es la entropía al estilo de Clausius, esto es, como una magnitud que representa un devenir universalmente válido; y no a la manera, estadística, probabilística, de Boltzmann, aunque finalmente también tuviera que recurrir a esta interpretación.

Siguiendo el ejemplo de Clausius, Planck hizo del estudio de la termodinámica el centro principal de su atención cuando se convirtió en un físico profesional. Comenzando con su tesis doctoral (Planck 1879), que dedicó al tema del papel de los procesos irreversibles en la definición de entropía, y que presentó en Múnich el 12 de febrero de 1879.

A pesar de sus esfuerzos, los resultados de su disertación atrajeron muy poca atención: como él mismo recordó en su autobiografía (Planck 1948 a; 2000), Helmholtz, quien de hecho había sido uno de los fundadores de la termodinámica (en 1847 formuló en toda su generalidad el principio de conservación de la energía), seguramente nunca leyó la tesis; Kirchhoff la desaprobó, con el argumento de que el concepto de entropía no podía ser aplicado a los procesos irreversibles, pues —según él— sólo en los procesos reversibles era posible medir su magnitud; y no pudo entrar en contacto con Clausius, que nunca contestó a sus cartas y al que no pudo ver en Bonn, porque cuando fue a visitarlo no estaba en su casa.

En cualquier caso, y tras presentar en 1880 la correspondiente habilitación *(Gleichgewichtszustände isotroper Körper in verschiedenen Temperaturen)*, pudo enseñar, como *Privatdozent*, en Múnich. En 1885, y contando ya en su haber con publicaciones de cierta notoriedad (especialmente un artículo en el que estudiaba el equilibrio termodinámico de mezclas de gases: Planck 1883), fue designado profesor extraordinario (esto es, sin cátedra) de Física en la Universidad de Kiel, sustituyendo a Heinrich Hertz, el, recordemos, discípulo favorito de Helmholtz (Hertz, para quien Kiel estaba preparando convertir el puesto de profesor extraordinario que ocupaba en el de catedrático, aceptó una oferta de Karlsruhe, en donde, en 1888, llevó a cabo su gran aportación a la física: la anteriormente citada demostración experimental de la existencia de ondas electromagnéticas de baja frecuencia, que se deducía de la teoría del electromagnetismo de Maxwell).

En Kiel, la carrera científica de Planck, centrada todavía en el segundo principio de la termodinámica, continuó avanzando. Después de cuatro años allí, con su currículum ya ampliado con un libro (dedicado al principio de conservación de la energía, una de sus grandes pasiones científicas; Planck 1887), le llegó una nueva, magnífica, oportunidad: nada menos que de la Universidad de Berlín, la universidad de la capital de Prusia, centro neurálgico del nuevo Imperio alemán, que iba camino de convertirse también en una de las capitales del mundo. Una vez más, a quien Berlín realmente quería era a Hertz, pero éste aceptó una oferta de Bonn (algo que, por cierto, muestra que, por entonces, la posición de Berlín en el contexto de la ciencia germana, aunque importante, no era del indiscutible liderazgo que alcanzaría no mucho tiempo después). En su lugar, aunque como profesor extraordinario, eligieron a Planck. Tres años después, en 1892, recibió el nombramiento de catedrático. Y dos años más tarde, con el apoyo del propio Helmholtz, fue elegido miembro ordinario de la Academia Prusiana de Ciencias. Llegaba a la cumbre de su profesión. En Berlín pasaría el resto de su vida, y en Berlín, en diciembre de 1900, lograría su gran éxito científico: la introducción de los cuantos de energía.

En su nueva ubicación continuó centrando sus investigaciones en el campo de la termodinámica; de hecho, en 1897 publicó un texto sobre esta materia: *Vorlesungen über Thermodinamik* (Lecciones sobre termodinámica; Planck 1897). «Las frecuentes peticiones de que publicase el conjunto de mis artículos sobre Termodinámica, o bien que los transformase en un tratado unitario, fue lo que en primer lugar me animó a publicar este libro», se lee en las primeras líneas del «Prefacio» de la obra, que terminaría alcanzando un gran éxito: tuvo nueve ediciones en alemán, la última de 1930, y fue traducida al inglés (1903 y 1913), francés (1927) y ruso (1927).

El «Prefacio» contiene también unos pasajes que vale la pena citar, ya que en ellos Planck expresaba con claridad sus opiniones sobre las distintas aproximaciones al estudio de la termodinámica, que son relevantes para comprender sus aportaciones a la física cuántica:

> Se pueden reconocer claramente tres métodos distintos de investigación en el desarrollo de la termodinámica. El primero profundiza en la naturaleza de los procesos considerados, y, si fuese posible desarrollarlo de manera exacta, se le podría caracterizar como el más perfecto. De acuerdo con él, el calor se debe a los movimientos de las moléculas químicas y de los átomos considerados como masas distinguibles, que en el caso de los gases poseen propiedades comparativamente sencillas, mientras que para los sólidos y líquidos sólo se pueden esbozar de forma muy aproximada. Esta teoría cinética, fundada por Joule, Waterston, Krönig y Clausius, ha sido ampliada de manera notable principalmente por Maxwell y Boltzmann. Sin embargo, obstáculos por el momento insuperables parecen impedir su progreso. Tales obstáculos no se deben únicamente a su muy complicado tratamiento matemático, sino sobre todo a dificultades esenciales, que no se discutirán aquí, en la interpretación mecánica de los principios fundamentales de la termodinámica.
>
> Estas dificultades se evitan con el segundo método, desarrollado por Helmholtz. Se basa en la importantísima hipótesis de la teoría mecánica del calor, a saber, que el calor se debe al movimiento, pero rechaza por principio inquirir sobre el carácter de ese movimiento. Este punto de vista es más seguro que el primero, y filosóficamente tan satisfactorio como la interpretación mecánica de la naturaleza en general, pero no ofrece todavía un fundamento lo suficientemente amplio sobre el que construir una teoría detallada. Partiendo de este planteamiento, todo lo que se puede obtener es la verificación de algunas leyes generales que ya han sido deducidas directamente de la experiencia de otras formas.
>
> Un tercer tratamiento de la termodinámica ha mostrado ser hasta el momento el más fructífero. Este método se diferencia de los otros dos en

que no presupone la teoría mecánica del calor; manteniéndose al margen de realizar suposiciones concretas acerca de la naturaleza del calor; parte directamente de unos cuantos hechos empíricos muy generales, principalmente los dos principios fundamentales de la termodinámica. De éstos, mediante un razonamiento puramente lógico, se deduce un gran número de nuevas leyes físicas y químicas, abiertas a extensas aplicaciones y que hasta el momento han superado, sin excepción, las pruebas a las que han sido sometidas.

Y concluía:

Este último método, más inductivo, que es el utilizado exclusivamente en este libro, se ajusta mejor al estado actual de la ciencia. Sin embargo, no puede considerarse final, y puede que con el tiempo tenga que dejar su lugar a una teoría mecánica, o acaso electromagnética. Aunque puede ser ventajoso considerar temporalmente las actividades de la naturaleza —Calor, Movimiento, Electricidad, etc.— como diferentes en cualidad, y suprimir el problema de su naturaleza común, nunca se podrá reprimir de forma permanente la aspiración de lograr una teoría uniforme de la naturaleza, con una base mecánica o de otro tipo, aspiración que ha obtenido un poderoso estímulo del descubrimiento del principio de conservación de la energía.

Planck, efectivamente, evitó durante largo tiempo hacer hipótesis concretas acerca de los mecanismos que podían subyacer —o explicar— los principios básicos de la termodinámica; su táctica —un deseo que impulsaban sus convicciones filosóficas, en las que los «Absolutos» ocupaban un lugar central— era la de permanecer en el seguro ámbito fenomenológico en el que tales principios se cumplían universalmente. Así, como veremos, una de las dificultades que tuvo que vencer para llegar a su célebre expresión $E = h \cdot \nu$, fue la de aceptar que la interpretación (estadística, probabilística) de Boltzmann de la entropía podía tener un punto de verdad. Cuando escribió sus *Vorlesungen über Thermodinamik* tal posibilidad estaba fuera de lugar; no así cuando preparó la segunda edición (1905), como se puede comprobar sin más que leer el «Prefacio» que añadió entonces, en el que escribía: «El contenido completo de la segunda ley de la Termodinámica solamente se puede entender si buscamos su fundamento en las conocidas leyes de la teoría de la probabilidad, tales como fueron establecidas por

Clausius y Maxwell, y posteriormente ampliadas por Boltzmann. Según éste, la entropía de un estado natural es en general igual al logaritmo de la *probabilidad* del estado correspondiente multiplicado por una constante universal de dimensiones de energía dividida por temperatura. Un análisis más detallado de esta relación, que profundiza en el conocimiento que se tenía hasta entonces de los procesos moleculares, al igual que en las leyes de la radiación, superaría los límites que han sido establecidos expresamente para este libro». El motivo de semejante cambio de opinión tiene que ver, por supuesto, con su aportación a la física cuántica, como veremos más adelante.

El Instituto Imperial Físico-Técnico

La cuantización de la energía que Planck puso en marcha pertenece, sin duda alguna, al dominio de los fundamentos básicos de la ciencia, a —como se dice con frecuencia (y no siempre correctamente)— «la ciencia pura». Sin embargo, no es posible entender cómo se encaminó Planck a sus hallazgos de 1900 sin referirse a una institución que fue creada para ocuparse especialmente de los aspectos más aplicados de la física: el Instituto Imperial Físico-Técnico (Physikalisch-Technische Reichsanstalt; PTR).[2]

Werner Siemens (1816-1892), industrial, científico e inventor, que había conseguido su fortuna principalmente en el campo de la industria de la electricidad, fue el principal responsable de la construcción y diseño de este Instituto, que se construyó en Charlotemburgo, entonces una pequeña población residencial situada a unos 3 kilómetros de la Puerta de Brandemburgo de Berlín. La elección no fue casual: la compañía Siemens y Halske, al igual que otras muchas del campo de la electricidad, se encontraba en Berlín; además, no hay que olvidar que el Reich surgido en 1871 deseaba hacer de esta ciudad la auténtica capital del imperio que deseaba forjar, un imperio en el que la ciencia y la tecnología no podían faltar, por lo que dio la bienvenida al proyecto de Siemens.

En principio, el PTR se debía ocupar de investigar sobre cualquier tipo de problemas físicos y tecnológicos, además de desarrollar y

2. Esta institución ha sido estudiada detalladamente por David Cahan (1982, 1989).

comprobar instrumentos y elaborar sistemas de unidades; sin embargo, para evitar lo que se consideraba una competencia desleal se llegó al acuerdo de limitar el rango de los trabajos a efectuar a aquellas áreas o problemas que no entrasen en conflicto con lo que se estaba estudiando en universidades, escuelas politécnicas, industria privada u otras agencias estatales. Este acuerdo significó que el nuevo Instituto se dedicaría sobre todo a la metrología (establecimiento y comprobación de unidades de medida), un apartado especialmente atractivo para la industria, ya que disponer de unidades precisas era comercialmente muy conveniente: la exportación se veía favorecida cuando los productos fabricados cumplían especificaciones técnicas comunes a cuantas más naciones mejor, y Alemania era una potencia industrial que quería exportar.

El Instituto comenzó a funcionar en 1887, con Hermann von Helmholtz de presidente (en 1895 le sucedió Friedrich Kohlrausch). Estaba organizado en dos secciones, una científica, que fue la primera en contar con instalaciones propias, y otra tecnológica, que tardó algo más en tener sus edificios (inicialmente ocupó once habitaciones en la Technische Hoschschule de Charlotemburgo). El PTR fue la primera institución tipo «laboratorio nacional» que existió, siendo el modelo adoptado después por Gran Bretaña y Estados Unidos, aunque con diferencias de tamaño y presupuesto: el coste total del PTR, cerca de cuatro millones de marcos, fue más del doble de lo que gastó Estados Unidos en construir y equipar el National Bureau of Standards (situado en Washington, D. C.; costó el equivalente a 1.500.000 marcos), cuya existencia había sido aprobada por el Congreso en 1901 y más de seis veces lo que se necesitó para que el National Physical Laboratory británico abriese sus puertas en 1902 (aproximadamente, el equivalente a 600.000 marcos).

Aunque evaluar los servicios que el PTR prestó a la industria germana queda fuera de los intereses de este libro, diré que, en general, cumplió con eficacia su función de servicio, tanto en lo que a desarrollo de nuevos elementos se refiere, como en tareas de homologación (en 1889, por ejemplo, comprobó 12.000 termómetros, casi todos para usos médicos). Pero la razón por la que el PTR aparece aquí es por el papel que desempeñó en los orígenes de la física cuántica.[3]

3. Para más detalles sobre la relación del PTR con el origen de la aportación de Planck, ver Cahan (1989: 143 y ss.) y Kangro (1976).

Entre las preocupaciones del Instituto Imperial estaban los estudios fotométricos, esto es, la determinación de cantidades que «describiesen» las propiedades de la luz. En marzo de 1888, a los pocos meses de la inauguración del Instituto, la Deutscher Verein für Gas- und Wasserfachmänner (Asociación alemana de especialistas del gas y el agua) pidió al PTR, a través del Ministerio del Interior, ayuda para evaluar las unidades aceptadas por entonces para la intensidad lumínica, y si fuese posible, que estableciese una unidad que fuese aceptada internacionalmente. La Asociación hizo hincapié en que también en círculos científicos y técnicos de Inglaterra, Francia y Estados Unidos, al igual que de Alemania, se deseaba contar con una unidad para medir la luminosidad de la luz. Helmholtz acogió con entusiasmo la idea, más aún teniendo en cuenta que la Marina estaba interesada en mejorar los instrumentos fotométricos que utilizaba y en superar los problemas de pérdida de luminosidad bajo condiciones meteorológicas adversas. La mayor parte de los trabajos relacionados con este objetivo se llevaron a cabo en el Laboratorio de Óptica del Instituto, en el que un nombre sobresalió especialmente: Otto Richard Lummer (1860-1925). Inmediatamente después de obtener su doctorado en 1884 por la Universidad de Berlín, Lummer trabajó como ayudante en el Instituto de Física de su *alma mater*, y cuando el PTR abrió sus puertas, se asoció a él, convirtiéndose en miembro permanente del mismo en 1889, alcanzando la categoría de *Professor* en 1894. Dirigió el Laboratorio de Óptica hasta 1904, año en que abandonó el Instituto al aceptar una cátedra de Física en la Universidad de Breslau.

En 1889, junto con Eugen Brodhun, Lummer obtuvo uno de los primeros resultados significativos en el campo abierto por el PTR: el desarrollo de un fotómetro mejor y más económico que el que Robert Bunsen había diseñado en 1843, que era el más utilizado hasta entonces (Lummer y Brodhun 1889).[4] El nuevo instrumento, que comenzó a ser fabricado en 1892 por la firma alemana Schmidt y Haensch, llegó a ser muy utilizado tanto por la industria del gas y la electrotecnia como en diversos institutos de física. Al aceptar un premio por su diseño, durante la Exposición Universal de Chicago de 1893, Lummer señaló que sus colegas universitarios habían descuidado la fotometría hasta que el desarrollo de la industria de la iluminación y el público les

4. Los fotómetros miden la intensidad de la luz comparando intensidades relativas de fuentes diferentes.

habían mostrado su importancia. Aunque fue la industria del gas la que tomó la iniciativa en este dominio, y en consecuencia la primera responsable del auge experimentado por la fotometría, pronto se unió a este interés la industria de la electricidad, y no es extraño, por tanto, que se establecieran sociedades profesionales de «ingenieros de iluminación» en Nueva York (1905), Londres (1909) y Alemania (1912).

Pero los trabajos del PTR no se detuvieron con el fotómetro de Lummer y Brodhun; era necesario desarrollar una unidad de intensidad lumínica auténticamente fiable, con una base científica segura. Este problema llevó de manera directa a los científicos del Laboratorio de Óptica a dedicarse a cuestiones relacionadas con la radiación electromagnética, campo en donde, como vimos en el capítulo 1, ya se contaba con leyes, como la de Stefan-Boltzmann, que relacionaban la temperatura absoluta de la radiación con la energía emitida por un cuerpo negro en equilibrio. Y en este punto entra en escena Wilhelm Wien (1864-1928).

Willy (éste era el nombre por el que era comúnmente conocido) Wien estudió en Gotinga, Heidelberg y Berlín, doctorándose con Helmholtz en 1886. Entre 1890 y 1896 trabajó como ayudante en el PTR. Fue allí donde Wien (1893, 1894), trabajando de manera autónoma (es decir, sin que sus investigaciones —inicialmente teóricas— formasen parte de un programa oficial), propuso, sin recurrir más que a consideraciones termodinámicas y a algunas leyes del electromagnetismo, la que se conoce como «ley de desplazamiento»,[5] que establece que la densidad de energía de radiación, *u*, viene dada por:

$$u(\upsilon,T)=\upsilon^3 f(\upsilon/T) \tag{1}$$

donde f es una función todavía indeterminada, υ la frecuencia y T la temperatura.[6] Veamos el porqué del nombre de la ley: de «desplazamiento».

5. Este nombre fue empleado por primera vez en 1899 por Lummer y Pringsheim (1899: 26-27).

6. Someramente expresado, el procedimiento utilizado por Wien fue el siguiente: tomando como punto de partida una cavidad llena de radiación negra, provista de un émbolo móvil con la cara interior especular, hacía mover el émbolo adiabáticamente (es decir, sin ganancia ni pérdida de calor), y con gran lentitud, comprimiendo la radiación como si se tratase de un gas. Calculando por dos procedimientos la variación de la energía que durante este proceso experimenta la radiación

Frente a leyes como la de Stefan-Boltzmann, que proporcionaban la energía total (o la densidad) a la temperatura *T*, la de Wien tenía la inapreciable ventaja de suministrar también la distribución de esa energía según la longitud de onda, λ, o la frecuencia, υ.

Experimentalmente se había determinado que la distribución espectral de energía radiante tenía un máximo, λ_m, para cada temperatura. Pero antes de continuar, transformemos la expresión de la densidad de energía de radiación para expresarla en su forma habitual, en función de la longitud de onda. Ahora bien, no es cierto que $u_\upsilon = u_\lambda$ sin más que hacer la sustitución $\lambda = c/\upsilon$. En realidad, lo que se tiene es: $u_\upsilon d\upsilon = u_\lambda d\lambda$. Y como $d\lambda = -(c/\upsilon^2)d\upsilon$, se obtiene:

$$u_\upsilon = -\left(c/\upsilon^2\right)u_\lambda$$

con lo que

$$u(\lambda,T) = -\left(\upsilon^2/c\right)u_\upsilon \qquad (2)$$

Y volviendo a recurrir a la relación entre frecuencia y longitud de onda, se llega a:

$$u(\lambda,T) = \left(c^4/\lambda^5\right)f\left(c/\lambda T\right)$$

Para calcular el máximo, hay que derivar esta expresión de $u(\lambda, T)$ con respecto a λ, e igualar a cero. Así se llega a que la condición para que la radiancia sea máxima es que

$$f\left(c/\lambda T\right) = \mathrm{c}^{\mathrm{te.}}\left(c/\lambda T\right)^5$$

Expresión de la que se sigue que:

$$\lambda_m \cdot T = \text{constante} \qquad (3)$$

esto es, y utilizando palabras de Lorentz (1927 b: 244), «la longitud de onda para la que la radiación es máxima es inversamente propor-

correspondiente al intervalo d*v* y teniendo en cuenta que las ondas reflejadas en el émbolo móvil experimentan un cambio de color (efecto Doppler), llegaba a la expresión antes referida para $u(\upsilon, T)$.

cional a la temperatura del cuerpo. Al aumentar la temperatura la energía se desplaza hacia longitudes de onda más cortas. De ahí el nombre de *ley de desplazamiento* de Wien».

Una ventaja obvia de la ley encontrada por Wien era la de su compatibilidad con la ley de Stefan-Boltzmann. En efecto:

$$u(T) = \int_0^\infty u(\upsilon,T)\,d\upsilon = \int_0^\infty \upsilon^3 f(\upsilon,T)\,d\upsilon$$

(con límites de integración 0 e ∞).

Y efectuando el cambio de variables $y = \upsilon/T$, la anterior expresión pasa a ser

$$u(T) = \int_0^\infty T^4 y^3 f(y)\,dy =$$

$$= T^4 \int_0^\infty y^3 \mathrm{f}(y)\,dy = \sigma T^4$$

que es la expresión de la ley de Stefan-Boltzmann.

El resultado obtenido por Wien, y el papel que desempeñaba en él la temperatura absoluta, que conectaba con el deseo del Instituto de establecer escalas con temperaturas absolutas, llevó al propio Wien y a otros científicos del Reichsanstalt a abrir un programa de investigación sobre la radiación del cuerpo negro. Para confirmar, por ejemplo, la ley de Wien, éste y Lummer propusieron que se construyese un nuevo tipo de cuerpo negro (Wien y Lummer 1895). El mismo Wien (1896) sugirió, mediante razonamientos no demasiado rigurosos (que involucraban la ley de Maxwell para movimientos moleculares en equilibrio térmico), una forma específica para la función f en su ley, que ahora pasaba a tener la forma:

$$u(\upsilon,T) = \alpha\upsilon^3 \exp(-\beta\upsilon/T) \qquad (4)$$

donde α y β eran constantes. Antes de publicar el artículo que contenía esta expresión, el físico experimental de Hannover Friedrich Paschen (1865-1947) envió a Wien datos que apoyaban la nueva forma de su ley. De hecho, el propio Paschen (1896) propuso, infiriéndola de sus resultados empíricos, una ley equivalente a la de Wien

$$u_\lambda = c_1 \lambda^{-\alpha} \exp\left(-c_2/\lambda T\right) \tag{5}$$

donde c_1, c_2 y α representaban constantes.

El mismo año que Wien presentó su nueva ley dejó el PTR por un puesto de profesor extraordinario en la Escuela Politécnica de Aquisgrán, lo que a la postre significó que abandonó estos estudios, entre otros motivos porque en su nuevo destino no disponía de facilidades experimentales para comprobar la expresión. Otros lo harían en su lugar, y en el mismo PTR, aunque transcurrió algún tiempo, ya que se necesitaban instrumentos más precisos que los que se disponían en 1896.

Fue a partir de 1899 cuando Lummer y Ernst Pringsheim (1859-1917; 1899, 1900) comenzaron a informar de que las medidas que se obtenían mostraban que, para longitudes de onda grandes, se producían desviaciones sistemáticas con respecto a los valores que se derivaban de la ley de Wien (y de Paschen).[7] Poco después, Heinrich Rubens (1865-1922) y Ferdinand Kurlbaum (1900), que trabajó con Lummer entre 1891 y 1901, demostraban inequívocamente que así era (presentaron sus resultados en la Academia de Ciencias de Berlín el 25 de octubre de 1900). Nada más completar sus medidas, y antes de dar cuenta a la Academia y publicarlas, Rubens informó a Planck, catedrático, recordemos, en la vecina Universidad de Berlín, de los resultados. El mismo día (7 de octubre) Planck reconstruía la derivación de la ley, teniendo en mente las nuevas medidas, y llegaba a una nueva ley de radiación, de la que surgiría poco después la primera discontinuidad cuántica. Veamos, con algún detalle, qué es lo que hizo Planck, y por qué se relacionó con este campo de investigación.[8]

7. El segundo artículo de Lummer y Pringsheim (1900) lo presentó Pringsheim ante la Sociedad Alemana de Física el 2 de febrero de 1900.

8. El camino que siguió Planck hasta llegar a la ley de radiación que propuso en 1900, y la subsiguiente derivación de la misma, en la que introdujo la expresión que relaciona energía y frecuencia, ha sido objeto de numerosísimos estudios. Tantos que no podré referirme a todos ellos. Quiero, no obstante, dejar constancia de la existencia de aquellos con los que mi deuda es mayor; a saber: Jammer (1966), Klein (1966, 1977), Kangro (1976), Kuhn (1978), Needell (1980) y Mehra y Rechenberg (1982).

UNA NUEVA LEY DE RADIACIÓN: PLANCK, OCTUBRE DE 1900

La primera pregunta que hay que hacerse es por qué un físico como Planck, formado en el estudio de los escritos de Clausius, y cuyo programa de investigación se centraba en los principios de la termodinámica, y más concretamente en el segundo, el del crecimiento de la entropía, terminó asociando su nombre a un problema como el de la ley de distribución de la energía de un cuerpo negro. En su autobiografía científica, que a continuación utilizaré extensamente, encontramos la esencia de la respuesta a tal cuestión.

Allí, y después de referirse a unos trabajos suyos en los que defendía que existía una diferencia esencial entre la transferencia de calor y la caída de pesos (idea que le conduciría a enfrentamientos, directos o indirectos, con científicos de la talla de Wilhelm Ostwald, Ernst Mach y Ludwig Boltzmann), Planck (1948 a; 2000: 38 y ss.) recordaba:

> Mi interés se desplazó pronto a un problema totalmente distinto, que me mantuvo ocupado durante largo tiempo y del que obtendría inspiración para diferentes artículos. Las mediciones realizadas por O. Lummer y E. Pringsheim en el Instituto Imperial Físico-Técnico con la finalidad de estudiar el espectro calorífico dirigieron mi atención al principio de Kirchhoff, según el cual en una cavidad delimitada por paredes totalmente reflectantes en la que se ha hecho el vacío y que contiene cuerpos emisores y absorbentes cualesquiera, con el paso del tiempo se origina un estado en el que todos los cuerpos poseen la misma temperatura y ninguna de las propiedades de la radiación —ni siquiera la distribución espectral de energía— depende de la constitución de aquéllos, sino única y exclusivamente de la temperatura. La llamada *distribución normal de la energía* representaba algo absoluto y, puesto que la búsqueda de lo Absoluto siempre me había parecido la más bella tarea para un investigador, me lancé con entusiasmo a su estudio. Como vía directa a la solución se insinuaba el empleo de la teoría electromagnética de la luz formulada por Maxwell. Me imaginé, en concreto, que la cavidad estaba llena de osciladores o resonadores lineales simples débilmente amortiguados con diferentes períodos propios, y supuse que el intercambio de energía entre los osciladores debido a la radiación emitida de unos a otros conduciría con el tiempo al estado estacionario de distribución normal de la energía predicho por la ley de Kirchhoff.

Los trabajos a los que se refería Planck en los pasajes anteriores habían comenzado de hecho en marzo de 1895, cuando presentó a la Academia de Ciencias de Berlín una memoria que parecía representar un cambio con respecto a sus anteriores preocupaciones, dominadas por investigaciones en las que aplicaba la termodinámica a diferentes procesos (especialmente químicos). En aquel artículo Planck (1895) estudiaba la interacción entre ondas electromagnéticas planas y osciladores cargados, de dimensiones pequeñas comparadas con la longitud de onda de la radiación implicada. Al final del trabajo, admitía que había emprendido el estudio como un paso preliminar para abordar el problema de la radiación de un cuerpo negro. Claramente, tenía en mente el resultado obtenido en 1859 (con el que ya nos encontramos en el capítulo 1) por su antiguo profesor, Kirchhoff, que aseguraba que la distribución de radiación en equilibrio es independiente del sistema con el que interacciona la radiación. Era obvio, por su sencillez, considerar entonces que la cavidad del cuerpo negro estaba formada por una colección de osciladores cargados. De esta manera, el problema de entender cómo se obtiene el estado de equilibrio pasaba a plantearse en términos de procesos de interacción entre ondas electromagnéticas y osciladores. Planck esperaba que la simetría temporal de partida en las interacciones electromagnéticas desapareciese a lo largo del proceso, generando de esta manera la irreversibilidad contenida en el segundo principio, que quedaría así «explicado» al estudiar la termodinámica (la entropía, por ejemplo) de la radiación. Expresado en otras palabras: Planck intentaba explicar el crecimiento de la entropía total, de cuya validez universal no dudaba, relacionando la irreversibilidad que contenía con otras leyes también fundamentales. En concreto, quería desarrollar una teoría macroscópica basada en el electromagnetismo, esperando obtener el principio de irreversibilidad (crecimiento de la entropía) como parte de esa teoría. El problema de la radiación del cuerpo negro se prestaba de manera magnífica para semejante propósito.

Que era esto lo que buscaba quedaba aún más claro en el nuevo trabajo que presentó a la Academia berlinesa en febrero de 1896. En él Planck (1896) extendía sus investigaciones al amortiguamiento de la radiación provocada por los osciladores. El hecho de que se tratase de un proceso conservativo, que no requería la transformación de energía en calor, era importante para la cuestión de la irreversibilidad de la segunda ley: «El estudio del amortiguamiento conservativo», escribía, en aquel artículo «me parece de gran importancia, ya que abre el camino a una posible explicación general de procesos irreversibles por medio de fuerzas conservativas, un problema que confronta cada día más urgentemente a la física teórica».

Los dos artículos anteriores en realidad no eran sino investigaciones preliminares, en las que se intentaba resolver cuestiones parciales que debían formar parte de un conjunto más general, un contexto, un programa, que, como hemos visto, se anunciaba pero que no se planteaba todavía en toda su amplitud. Cuando Planck comenzó plenamente a desarrollar ese programa fue en febrero de 1897, al presentar el primero de una serie de cinco artículos (Planck 1897-1899) que se publicarían en un período de dos años.

Antes de continuar comentando este programa, mencionaré un resultado muy importante que Planck obtuvo en estos trabajos. Utilizando la teoría electromagnética de Maxwell e igualando los ritmos de emisión y de absorción del oscilador cargado en equilibrio con la radiación, dedujo la siguiente relación:

$$u(\upsilon,T)\mathrm{d}\upsilon=\left(8\pi\upsilon^2/c^3\right)\cdot U_\upsilon(T)\mathrm{d}\upsilon \tag{6}$$

donde $u(\upsilon, T)\mathrm{d}\upsilon$ es la energía por unidad de volumen de la radiación en la cavidad con frecuencias υ y $\upsilon + \mathrm{d}\upsilon$, y $U_\upsilon(T)$ la energía del oscilador (energía media sobre varios períodos de oscilación).[9] Evidentemente, si se conoce $U_\upsilon(T)$, entonces queda resuelto el problema de la ley de radiación. Como veremos más adelante, en este punto se encuentra una cuestión muy importante y profunda.

9. En esencia, el procedimiento para obtener esta expresión es el siguiente:

Suponiendo que la cavidad está formada por osciladores cargados, se obtiene según la electrodinámica maxwelliana que la radiación que emiten es

$$E_{\mathrm{emi}}=\left(8\pi^2e^2\upsilon^2/3mc^3\right)\cdot U$$

donde *e, m y U* son, respectivamente, la carga, masa y energía media del oscilador. Análogamente, la energía que absorbe el oscilador es (según, de nuevo, la electrodinámica)

$$E_{\mathrm{abs}}=\left(\pi e^2/3m\right)\cdot u$$

En el equilibrio, $E_{\mathrm{emi}} = E_{\mathrm{abs}}$; de donde se deduce (6).

Volviendo ahora al programa planckiano, tenemos que, desgraciadamente (para él, para su filosofía de la naturaleza), tal programa fracasaría finalmente, aunque en algún momento creyese que lo había conseguido. El escollo fue que las ecuaciones de la electrodinámica no podían conducir a una situación de equilibrio más de lo que podían hacer las ecuaciones de la mecánica; ambas eran, en última instancia, simétricas en su relación con pasado y futuro (invariantes con respecto a una inversión temporal), y para evitarlo era preciso recurrir a suposiciones estadísticas. Veamos cómo se refería Planck a estos hechos en su autobiografía científica:

> Este resultado no era ciertamente más que un paso preparatorio para abordar el verdadero problema, el cual, una vez revelada toda su inquietante magnitud, se mostraba aún más difícil de tratar. El primer intento de resolverlo fracasó, pues mi secreta esperanza inicial de que la radiación emitida por el oscilador se diferenciara de algún modo característico de la radiación absorbida se reveló ilusoria. El oscilador sólo reaccionaba a los mismos rayos que era capaz de emitir y no se mostraba ni siquiera mínimamente sensible a zonas vecinas del espectro.
>
> Además, mi suposición de que el oscilador podía ejercer una acción unidireccional y por tanto irreversible sobre la energía del campo circundante provocó la enérgica oposición de Boltzmann, quien, con su curtida experiencia en estas cuestiones, procedió a demostrar que, según las leyes de la dinámica clásica, cada uno de los procesos que yo consideraba podía transcurrir también en el sentido opuesto. Así, una onda esférica emitida en su momento por el oscilador podría llegar a replegarse progresivamente desde fuera hacia dentro hasta regresar y ser absorbida por aquél, induciéndolo a radiar de nuevo, y en el mismo sentido que vino la energía asimilada.

Boltzmann, efectivamente, criticó duramente el intento de Planck, señalando que el aumento o disminución de la entropía tenía tan poco que ver con las leyes de la electrodinámica como con las de la mecánica. «Aceptar», escribía Boltzmann (1897 a: 661), «la disipación de la energía como un hecho de la experiencia y quedarse satisfecho con aquellas fórmulas que la teoría mecánica del calor establece como la mejor expresión de este hecho empírico es una actitud ante la cual no cabe objetar [...] Sin embargo, si uno desea derivar la disipación de la energía mediante un modelo de ondas electromagnéticas, sólo lo puede hacer con [...] la hipótesis [...] de que los estados iniciales están dispuestos en una forma especial». En un artículo posterior, Boltzmann (1897 b: 621) sugería que se aplicase su definición probabilista de la energía: «Al igual que se ha hecho en la teoría de los gases, también se podría determinar el estado más probable de la radiación; o, más adecuadamente, una regla general que englobase todo el conjunto de los muchos estados en los que las ondas no están ordenadas de ninguna forma».

Planck tuvo que aceptar las objeciones de Boltzmann y reaccionó de la siguiente manera (Planck 1948 a; 2000: 41): «Conseguí excluir estos peculiares procesos [...] introduciendo una condición especial: la hipótesis de la radiación natural, la cual, en tanto que garantiza la irreversibilidad de los procesos de radiación, desempeña en la teoría de la radiación el mismo papel que la hipótesis del desorden molecular en la teoría cinética de los gases. Pero los cálculos mostraban de manera cada vez más clara que, para comprender el punto clave de toda la cuestión, todavía faltaba un eslabón esencial». Se vio obligado, en consecuencia, a variar de táctica: «Así, no me quedaba más opción que abordar el problema desde el lado contrario: desde la termodinámica, un terreno en el que de todos modos siempre me había sentido más seguro. De hecho, mis anteriores estudios sobre el segundo principio de la teoría del calor vinieron aquí en mi ayuda, pues ya desde el primer momento se me ocurrió relacionar la energía del oscilador con su entropía y no con la temperatura. El destino dispuso que una circunstancia que anteriormente me había resultado molesta —la falta de interés de mis colegas por la línea de investigación que yo seguía— se convirtiera entonces, al afrontar este problema, justamente en lo contrario, en un hecho que hasta cierto punto facilitó mi trabajo. Por aquel entonces, un número considerable de destacados físicos mostraba interés, tanto teórico como experimental, por el problema de la distribución de la energía en el espectro normal. Pero todos ellos buscaban en una única dirección, intentando demostrar que la intensidad de la radiación dependía de la temperatura, mientras que yo intuía que la verdadera relación se encontraba en la dependencia de la entropía con respecto de la energía. Puesto que la importancia del concepto de entropía no contaba por entonces con el reconocimiento que le correspondía, a nadie le interesaba el método que yo utilizaba, y pude llevar a cabo mis cálculos con toda tranquilidad y esmero, libre del temor de que alguien, desde el lado que fuera, interfiriera o se me anticipara».

Uno de los resultados a los que llegó desde semejante aproximación, y que resultaría fundamental para su descubrimiento cuántico fue el siguiente: utilizando la ley de Wien —la anterior ecuación (4)— y la expresión (6), obtenía una relación muy sencilla entre la derivada segunda de la entropía de un oscilador lineal cargado que interacciona con la radiación, y la energía vibracional media, U—que es, en última instancia, la misma $U_\upsilon(T)$ que nos ha aparecido en la ecuación (6)—.

$$\frac{\mathrm{d}^2 S}{\mathrm{d}U^2} = \frac{cte}{U} \qquad (7)$$

De esta expresión podía obtener la entropía y proceder ya con argumentos termodinámicos.

En su autobiografía, Planck (2000: 42) mencionó explícitamente este hallazgo, al que daba gran importancia: «Dado que la derivada segunda de la entropía de un oscilador con respecto a su energía contribuye de manera característica a la irreversibilidad del intercambio de energía entre ese oscilador y la radiación que lo excita, procedí a calcular el valor de esa magnitud para el caso en que rige la ley de la distribución de la energía de Wien —a la sazón, tema de máximo interés— y hallé el notable resultado de que, para este supuesto, el recíproco de aquella cantidad, al que aquí designaré R, era proporcional a la energía. Esta relación es tan sorprendentemente sencilla que durante algún tiempo la consideré universal y me esforcé por otorgarle fundamento teórico».

En éstas estaba Planck cuando tuvo lugar un acontecimiento fundamental: las ya citadas medidas (realizadas sobre la radiación infrarroja emergente de cristales de fluorita y sal gema) de Rubens y Kurlbaum, que demostraban que se incumplía la ley de Wien.

¿Qué es lo que hizo Planck entonces? Muy sencillo: generalizó la expresión (7), a la que tanta importancia daba, sustituyéndola por

$$\frac{\mathrm{d}^2 S}{\mathrm{d}U^2} = \frac{cte}{U(\beta + U)} \qquad (8)$$

Rehaciendo ahora el camino que lleva de (8) a la ley de radiación —y utilizando también (6)—, Planck obtuvo en lugar de la ley de Wien una ley nueva, que llevaría en adelante su propio nombre: «la ley de radiación de Planck»:

$$u(\lambda,T)=\frac{C\lambda^{-5}}{e^{b/\lambda T}-1} \tag{9}$$

(C y b constantes), en la forma en que apareció publicada en el correspondiente artículo, modestamente titulado «Sobre una mejora de la ecuación de Wien para el espectro», que Planck (1900 a) presentó ante la Academia prusiana en la reunión del 19 de octubre.

Aunque (9) es la expresión que dio Planck en octubre de 1900, su forma más conocida es otra, en la que en lugar de la longitud de onda aparece la frecuencia. Para obtenerla hay que recordar lo que ya discutimos a propósito de la ley de Wien: que no es cierto que $u\upsilon = u\lambda$, sin más que sustituir $\lambda = c/\upsilon$; sino que lo que se tiene realmente es: $u_\upsilon d\upsilon = u_\lambda d\lambda$, lo que conduce a —ver ec. (2)—

$$u_\upsilon = -\left(c/\upsilon^2\right)\cdot u(\lambda,T) \tag{10}$$

Utilizando esta expresión con (9), se tiene

$$u(\upsilon,T)=\frac{A\upsilon^{3}}{e^{B\upsilon/T}-1} \tag{11}$$

(A y B constantes).

El día siguiente (esto es, el 20 de octubre) de presentar estos resultados en la sesión de la Sociedad de Física de Berlín, Rubens le informaba de que, según recordó el propio Planck (2000: 43-44) en su autobiografía, «la noche anterior, tras levantarse la reunión, había cotejado rigurosamente mi fórmula con los datos de sus mediciones, encontrando en todo momento una satisfactoria concordancia. También Lummer y Pringsheim, quienes al principio creían haber detectado discrepancias, retiraron poco después sus objeciones, pues, como me confesó el propio Pringsheim, se demostró que las desviaciones encontradas se debían a un error de cálculo. Mediciones posteriores confirmaron una y otra vez la fórmula de la radiación, y, por cierto, con tanta mayor exactitud cuanto más precisos fueron los métodos de medición empleados». La nueva ley de radiación se ajustaba, por consiguiente, perfectamente a los resultados experimentales. Casi inesperadamente, como por sorpresa, Planck se encontró con que disponía de una aparentemente correcta ley de distribución para la radiación del cuerpo negro, cuya explicación teórica, sin embargo, ignoraba (la extensión heurística que había realizado no significaba una auténtica explicación teórica).

Naturalmente, Planck se dedicó inmediatamente a la tarea de explicar teóricamente esa ley, lográndolo poco después, en diciembre (Planck 1900 b). Fue entonces cuando se vio obligado a escribir la ecuación que codificaba ese hecho, la célebre: $E = h \cdot \upsilon$, donde h es una constante, hoy llamada «constante de Planck», y υ la frecuencia de vibración. Nótese que digo «obligado a escribir», no «obligado a suponer que, de alguna manera, la energía involucrada en la radiación de un cuerpo negro estaba cuantizada, que no se podía dividir de manera infinita, que no era continua». Pero ¿por qué hago estas precisiones?

Más de treinta años después, en una carta (citada en Hermann 1971: 23-24) que escribió el 7 de octubre de 1931 al físico estadounidense Robert Williams Wood (1868-1955), Planck recordó que, «resumido brevemente, se puede describir lo que hice como un acto de desesperación. Por naturaleza soy pacífico y rechazo toda aventura dudosa. Pero por entonces había estado luchando sin éxito durante seis años (desde 1894) con el problema del equilibrio entre radiación y materia y sabía que este problema tenía una importancia fundamental para la física; también conocía la fórmula que expresa la distribución de la energía en los espectros normales. Por consiguiente, había que encontrar, costase lo que costase, una interpretación teórica. Tenía claro que la física clásica no podía ofrecer una solución a este problema, puesto que con ella se llega a que a partir de un cierto momento toda la energía será trasferida de la materia a la radiación. Para evitar esto se necesita una nueva constante que asegure que la energía no se desintegre. Pero la única manera de averiguar cómo hacer esto es partiendo de un punto de vista definido. En mi caso, el punto de partida fue el mantener las dos leyes de la termodinámica. Hay que conservar, me parece, estas dos leyes bajo cualquier circunstancia. Por lo demás, estaba dispuesto a sacrificar cualquiera de mis convicciones anteriores sobre las leyes físicas. Boltzmann había explicado cómo se establece el equilibrio termodinámico mediante un equilibrio estadístico, y si se aplica semejante método al equilibrio entre la materia y la radiación, se encuentra que se puede evitar la continua transformación de energía en radiación suponiendo que la energía está obligada, desde el comienzo, a permanecer agrupada en ciertos cuantos. Esta fue una suposición puramente formal y en realidad no pensé mucho en ella».

El «acto de desesperación» al que se refería fue, como él mismo señalaba, adoptar la formulación estadística de la entropía propuesta por Boltzmann en 1877: la célebre expresión (con la que ya nos hemos encontrado, aunque muy de pasada) para la entropía de un sistema, $S = k \cdot \ln W$, donde k es una constante (introducida precisamente por Planck posteriormente[10] y denominada «constante de Boltzmann») y $\ln W$ el logaritmo neperiano de la probabilidad de que tenga lugar el estado en cuestión; en palabras del propio Boltzmann (1877: 374) cuando introdujo esta formulación: «El estado inicial de un sistema será, en la mayoría de los casos, un estado muy poco probable y el sistema tenderá siempre hacia estados más probables, hasta llegar al estado más probable, es decir, al estado de equilibrio termodinámico. Si aplicamos esto al segundo principio de la termodinámica, podemos identificar la magnitud que se acostumbra a llamar entropía, con la probabilidad del estado correspondiente. Consideremos por tanto un sistema de cuerpos que esté aislado [y cuyo estado no se modifica más que por la interacción entre los cuerpos que lo constituyen]. En una transformación de este tipo, la entropía total del sistema no puede más que aumentar en virtud del segundo principio de la termodinámica. En nuestra interpretación actual esto no significa otra cosa que el he-

10. En su autobiografía, Planck (2000: 44-45) se refirió a este punto: «Desde el mismo día de [la formulación de la ley de radiación] me propuse dotarla de significado físico real, lo que me condujo a considerar la relación entre entropía y probabilidad y, por tanto, al planteamiento de Boltzmann. Puesto que la entropía, S, es una magnitud aditiva y la probabilidad W, por el contrario, una magnitud multiplicativa, lo que hice fue estipular sencillamente que $S = k \cdot \ln W$, donde k representa una constante universal, y estudiar si la expresión que resulta para W, en el caso de que a la entropía S se le asigne el valor que precedía la recién descubierta ley de radiación, permite ser interpretada como una magnitud probabilística. Como resultado de esta investigación se demostró que de hecho sí es posible, así como que, en la citada expresión, k representa la llamada constante absoluta de los gases, pero no referida a la molécula-gramo o mol, sino a la molécula real. Con frecuencia se la denomina, como es comprensible, *constante de Boltzmann.* A este respecto, hay que mencionar que Boltzmann jamás introdujo esta constante, no se planteó en absoluto, que yo sepa, indagar acerca de su valor numérico, pues en tal caso tendría que haberse preguntado por el número de átomos reales. Esta tarea la dejó en manos de su colega J. Loschmidt, mientras que él, en sus cálculos, siempre contó con la posibilidad de que la teoría cinética de los gases sólo fuera un modelo mecánico; de ahí que no sintiera necesidad de ir más allá del átomo-gramo. Sólo paulatinamente ha logrado imponerse la letra k. Años después de ser introducida, aún se solía utilizar en su lugar el número de Loschmidt, L, que designa el número de átomos equivalente a un átomo-gramo».

cho de que la probabilidad del estado del conjunto de los cuerpos del sistema debe ir aumentando constantemente: el sistema no puede pasar más que de un estado a un estado más probable». Y más adelante: «Esta medida de la probabilidad coincide con la entropía, salvo en un factor y una constante».

El uso de «probabilidades» y de nociones como «el estado del conjunto de los cuerpos» implicaba claramente que se podrían producir violaciones transitorias del segundo principio de la termodinámica. Doblegarse ante semejante planteamiento, aceptar que el crecimiento de la entropía estaba asociado con probabilidades y que, por consiguiente, no era tan universal como él pensaba, debió de ser doloroso para un físico del talante de Planck, dolor sólo mitigado haciendo de este paso una «suposición puramente formal».

Pero antes de tratar de profundizar en la interpretación de Planck, veamos con más detalle cómo llegó a $E = h \cdot \upsilon$.

La deducción de Planck de $E = h \cdot \upsilon$

Como acabo de señalar, la deducción de Planck depende de la ley de Boltzmann para la entropía, $S = k \cdot \ln W$. Basándose en ella, Planck se planteó derivar la entropía de «un oscilador que vibra monocromáticamente, y en consecuencia la [entropía] de la distribución de energía en un estado de radiación estacionaria, esto es, en el espectro normal» (Planck 1900 b). Ahora bien, para hacer tal cálculo recurriendo a W —la probabilidad de que tenga lugar el estado en cuestión—, es necesario «contar entre diferentes posibilidades». Pero si la magnitud al respecto es la energía —la energía que caracteriza al sistema, a la radiación que se encuentra en la cavidad de un cuerpo negro—, hay un problema, ya que ¿cómo «contar» la energía de la radiación, que al ser una magnitud continua —al menos en el contexto de la teoría electromagnética— se puede dividir en infinitas formas? Planck resolvió esta cuestión con su suposición de que el sistema (las paredes de la cavidad) estaba formado por un conjunto de N osciladores, todos vibrando con la misma frecuencia, υ, con una energía total UN, siendo la energía media de un oscilador u. Como la entropía es una magnitud aditiva, la entropía total, SN, será N veces S, la entropía de un oscilador aislado; esto es

$$U_N = N \cdot u \tag{12}$$

$$S_N = N \cdot S \tag{13}$$

En este punto, se establece que la entropía, *SN*, del sistema formado por los *N* osciladores cargados es

$$S_N = k \cdot \ln W \tag{14}$$

Utilizando la misma hipótesis que había hecho Boltzmann en sus propios planteamientos, esto es, que la probabilidad de que se diese una configuración es la misma que la de que se diese otra (un punto que, como veremos, Einstein cuestionaría, o, mejor, cuya explicación física reclamaría años más tarde), el procedimiento para calcular *W* implicaba contar el número de configuraciones posibles, compatibles, por supuesto, con una energía total *UN*. Para realizar semejante cuenta, era esencial suponer que la energía, compartida por igual por los *N* osciladores, no pudiese variar de manera continua, es decir, que no fuese una magnitud, como ya he señalado, infinitamente divisible; era preciso tratarla como formada por un número, *P*, de partes iguales (elementos de energía; ε en la notación de Planck, *E* hasta ahora —y más adelante— para nosotros), de modo que

$$U_N = P \cdot \varepsilon \tag{15}$$

donde *P* es un número entero de valor muy elevado.

Con tales suposiciones, *W* venía dado por el número de formas en que los *P* elementos de energía se podían distribuir entre los *N* osciladores. Una sencilla aplicación del cálculo combinatorio conducía a

$$W = \frac{(N + P - 1)!}{P!(N-1)!}.$$

Recurriendo ahora a procedimientos de aproximación cuando tanto *P* como *N* son muy grandes comparados con 1, la anterior expresión se puede aproximar a (aproximación de Stirling)

Zur Theorie des Gesetzes der Energieverteilung im Normalspectrum; von M. Planck.

(Vorgetragen in der Sitzung vom 14. December 1900.)

(Vgl. oben S. 235.)

M. H.! Als ich vor mehreren Wochen die Ehre hatte, Ihre Aufmerksamkeit auf eine neue Formel zu lenken, welche mir geeignet schien, das Gesetz der Verteilung der strahlenden Energie auf alle Gebiete des Normalspectrums auszudrücken [1], gründete sich meine Ansicht von der Brauchbarkeit der Formel, wie ich schon damals ausführte, nicht allein auf die anscheinend gute Uebereinstimmung der wenigen Zahlen, die ich Ihnen damals mitteilen konnte, mit den bisherigen Messungsresultaten [2], sondern hauptsächlich auf den einfachen Bau der Formel und insbesondere darauf, dass dieselbe für die Abhängigkeit der Entropie eines bestrahlten monochromatisch schwingenden Resonators von seiner Schwingungsenergie einen sehr einfachen logarithmischen Ausdruck ergiebt, welcher die Möglichkeit einer allgemeinen Deutung jedenfalls eher zu versprechen schien, als jede andere bisher in Vorschlag gebrachte Formel, abgesehen von der Wien'schen, die aber durch die Thatsachen nicht bestätigt wird.

Entropie bedingt Unordnung, und diese Unordnung glaubte ich erblicken zu müssen in der Unregelmässigkeit, mit der auch im vollkommen stationären Strahlungsfelde die Schwingungen des Resonators ihre Amplitude und ihre Phase wechseln, sofern man Zeitepochen betrachtet, die gross sind gegen die Zeit einer Schwingung, aber klein gegen die Zeit einer Messung. Die constante Energie des stationär schwingenden Resonators

---

1) M. Planck, Verhandl. der Deutschen Physikal. Gesellsch. 2. p. 202. 1900.

2) Inzwischen haben die Herren H. Rubens und F. Kurlbaum (Sitzungsber. d. k. Akad. d. Wissensch. zu Berlin vom 25. October 1900, p. 929) für sehr lange Wellen eine directe Bestätigung gegeben.

Primera página del artículo en el que Planck introdujo la expresión $E = h \cdot \upsilon$

$$W = \frac{(N+P)^{N+P}}{P^P N^N} \tag{16}$$

Insertando (16) en (14), se obtiene

$$S = k \cdot \left[(N+P) \cdot \ln(N+P) - P \cdot \ln P - N \cdot \ln N \right] \tag{17}$$

Recurriendo ahora a las expresiones (12), (13) y (15), se puede reemplazar *P*/*N* por *u*/ε, y S_N/N por *S*, con lo que (17) se convierte en

$$S = k \cdot \left[\left(1 + \frac{u}{\varepsilon}\right) \cdot \ln\left(1 + \frac{u}{\varepsilon}\right) - \frac{u}{\varepsilon} \cdot \ln\left(\frac{u}{\varepsilon}\right) \right] \tag{18}$$

Hasta aquí, el tamaño de los elementos de energía ε es arbitrario, pero de la ley de Wien —ecuación (1)— se sigue que la entropía es una función, *g*, que depende de *u*/υ

$$S = g(u/\upsilon). \tag{19}$$

Y comparando (18) y (19), es inevitable concluir que ε debe ser proporcional a υ; esto es,

$$\varepsilon = h \cdot \upsilon \tag{20}$$

donde *h* es una constante, una constante universal, la, como ya he dicho, «constante de Planck». Fue en este momento cuando apareció la cuantización de la energía.

Insertando (20) en (18), y utilizando también la ecuación «electrodinámica» (6), se puede deducir por procedimientos puramente termodinámicos una expresión de *u*(υ, *T*), que es una variante de (11):

$$u(\upsilon, T) = \left(\frac{8\pi\upsilon^3}{c^3}\right) \cdot \frac{h}{e^{h\upsilon/kT} - 1} \tag{21}$$

la expresión habitual de la ley de radiación de Planck.

«UNA SUPOSICIÓN PURAMENTE FORMAL»

Pero como ya dije, Planck consideró todo esto, y muy en particular la introducción de la expresión $E = h \cdot \upsilon$, «una suposición puramente formal». La naturaleza de sus problemas para aceptar como definitiva la manera en que había introducido los cuantos, y cómo sus opiniones y teorías fueron evolucionando a lo largo de los años, constituye un tema complejo, que ha sido objeto de numerosos estudios (ver, especialmente, Kuhn 1978 y Needell 1980). Leer sus escritos sobre estas cuestiones, comprobar lo mucho que se esforzaba por establecer las condiciones en las que sus métodos y procedimientos eran válidos (lo que a veces le llevaba a introducir nuevas hipótesis como la del «desorden elemental»), produce, con frecuencia, sensaciones próximas a la angustia.[11] De manera que tratar de explicar con detalle las ideas de Planck en este punto no sólo nos llevaría muy lejos, sino que, además, introduciría un elemento de dificultad —también de «confusión»— que interferiría con el desarrollo de este libro, más aún en tanto que, a la postre, la influencia y relevancia teórica de las ideas de Planck fue bastante limitada (salvo, como veremos pronto, al menos en un punto). Por consiguiente, me limitaré a efectuar algunos comentarios, sin duda fragmentarios.

Un indicio de cuáles fueron durante largo tiempo las ideas de Planck lo tenemos en el curso de ocho lecciones que dictó entre abril y mayo de 1909 en la Universidad de Columbia, en Nueva York, y que fue publicado en 1910 en alemán bajo el título *Acht Vorlesungen über theoretische Physik*, y en 1915 en inglés, *Eight Lectures on Theoretical Physics* (Planck 1910 a, 1915, 1998 reimpresión). En la sexta conferencia («Radiación calorífica. Teoría estadística»), además de reconstruir la manera en que había llegado a la fórmula $E = h \cdot \upsilon$, comentó las limitaciones que veía en su derivación (Planck 1998: 95-96):

> Incluso si la fórmula de radiación derivada aquí se ha mostrado válida con respecto a todas las pruebas precedentes, la teoría todavía requeriría de una extensión con respecto a un cierto punto; ya que en ella el significado físico de la constante universal *h* permanece sin explicar. To-

11. Un buen ejemplo de lo que estoy diciendo es la lectura de la lección tercera («La teoría atómica de la materia») de su libro de semidivulgación *Acht Vorlesungen über theoretische Physik* (1910), al que me referiré más adelante.

dos los intentos previos de obtener una fórmula de radiación en base a las leyes conocidas de la teoría [de Lorentz] del electrón, entre los cuales la teoría de J. H. Jeans debe ser considerado el más general y exacto, han conducido a la conclusión de que *h* es infinitamente pequeña, de manera que, por tanto, la fórmula de radiación de Rayleigh posee una validez general. Sin embargo, en mi opinión no hay duda de que esta fórmula pierde su validez para ondas cortas, y que los esfuerzos que se ha tomado Jeans para situar la culpa de la contradicción entre teoría y experimento en este último no tienen fundamento.

En consecuencia, sólo resta una conclusión, que todas las teorías del electrón desarrolladas hasta ahora sufren de una incompletitud esencial que exige una modificación, pero cuán profunda debería ser la modificación en la estructura de la teoría es algo sobre lo que todavía existen puntos de vista muy diferentes [...] J. J. Thomson se inclina hacia el punto de vista más radical, al igual que J. Larmor, A. Einstein y con él J. Stark, que incluso cree que la propagación de las ondas electromagnéticas en el vacío no tiene lugar de acuerdo con las ecuaciones del campo de Maxwell, sino en cuantos de energía definidos, $h \cdot \upsilon$. Por el contrario, yo soy de la opinión de que en la actualidad no es necesario proceder de semejante forma revolucionaria, y que se puede salir adelante con éxito buscando el significado del cuanto de energía $h \cdot \upsilon$, únicamente en las acciones mutuas con las que los osciladores se influyen entre sí.

Y en este punto añadía en una nota a pie de página: «Es mi intención dar una presentación completa de estas relaciones en el volumen 31 de los *Annalen der Physik*».[12]

Dejemos a un lado por el momento a qué se refería Planck cuando citaba las aportaciones de Rayleigh, Jeans o Einstein, de las que me ocuparé más adelante. Lo importante ahora es destacar que buscaba obtener el significado del cuanto de energía $h \cdot \upsilon$ *en* base a «las acciones mutuas con las que los osciladores se influyen entre sí»; es decir, creía que esa aparente (para él) cuantización no era real, sino producto de un proceso clásico. Fue en una serie de artículos, que se extienden a lo largo de, básicamente, los años 1910-1912 y engloban lo que se conoce como «segunda teoría», donde Planck desarrolló

12. Se refería a Planck (1910 b).

sus ideas,[13] cuyo núcleo central ya anunciaba a Hendrik Lorentz en una carta que le dirigió el 7 de enero de 1910 (el mismo mes que llegó a la redacción de los *Annalen der Physik* el artículo al que se refería en la nota a pie de página de la sexta conferencia del *Acht Vorlesungen über theoretische Physik* que acabo de mencionar [Planck 1910 b].[14] «La discontinuidad», señalaba a su colega holandés, «tiene que entrar de alguna manera; si no, uno está vendido irremisiblemente a las ecuaciones hamiltonianas y a la teoría de Jeans. Por consiguiente, he localizado la discontinuidad allí donde menos daño puede hacer, en la excitación de los osciladores. Su degradación puede ocurrir luego continuamente, con amortiguamiento constante».

La «segunda teoría» de Planck suponía, en efecto, que un determinado oscilador cargado, dentro de un conjunto de osciladores idénticos, absorbía energía de manera continua, pero que la podía emitir únicamente en aquellos instantes en los que poseía una energía igual a un múltiplo entero del elemento de energía $h \cdot \upsilon$. Al suponer esto, Planck descartó la idea de que el comportamiento de un único oscilador constituyese una base apropiada para una deducción estadística del estado de equilibrio térmico entre materia y radiación.

Señalé antes que, en general, las teorías elaboradas por Planck para intentar explicar la «discontinuidad» que había introducido en 1900, la «segunda teoría» en concreto, no ejercieron una gran influencia —en otras palabras, que apenas dejaron rastro en las formulaciones canónicas de la física cuántica—, aunque sí fueron bastante comentadas. Así fue, efectivamente, pero es preciso realizar algunas precisiones.

Con respecto a que no pasaron desapercibidas, un magnífico ejemplo en este sentido lo proporciona Albert Einstein, quien, como veremos en el próximo capítulo, en 1905 profundizó en la discontinuidad introducida a su pesar por Planck, mostrando a partir de entonces algunas de las ventajas que su aplicación a fenómenos físicos —como la explicación de los calores específicos— podía acarrear. Aun así, en cierto momento, poco después de que Planck presentase su segunda

13. Estrictamente, se debe hablar de dos versiones de la «segunda teoría», estando separados por cinco meses los artículos que contienen sus elaboraciones más acabadas (Planck 1911 a y b). La primera fue presentada por Planck ante la Sociedad Alemana de Física el 3 de febrero de 1911.

14. Citada en Kuhn (1980: 274).

teoría, Einstein se sintió atraído por ella. Sus ideas al respecto aparecen en un artículo que escribió con Otto Stern (1888-1969), titulado «Algunos argumentos en favor de la suposición de la agitación molecular en el cero absoluto» (Einstein y Stern 1913).[15]

Para comprender los argumentos de Einstein y Stern es necesario saber que en la «segunda teoría» de Planck la energía total del sistema formado por *N* osciladores tenía el valor

$$E = N \cdot \frac{h\upsilon}{2} + \frac{N \cdot h\upsilon}{e^{h\upsilon/kT} - 1} \qquad (22)$$

en lugar de la correspondiente expresión en su formulación de 1900, es decir,

$$E = \frac{h\upsilon}{e^{h\upsilon/kT} - 1} \qquad (23)$$

«Por consiguiente», escribía Planck (1913; 1914 a: 142) en la segunda edición —publicada en 1913— de sus *Vorlesungen über die Theorie der Wärmestrahlung*, donde resumió lo esencial de la «segunda teoría», «para el punto cero de la temperatura absoluta [nosotros hablaríamos ahora de "cero absoluto de temperatura"], E no se hace cero sino Nhυ/2 [...] Que se diga que los osciladores vibran incluso a temperatura cero, con energía media grande como hυ/2, lo que significa que para vibraciones grandes puede ser muy elevada, acaso parezca a primera vista algo extraño. A mí me parece, no obstante, que ciertos hechos apuntan a la existencia, dentro de los átomos, de vibraciones independientes de la temperatura y dotadas de energía apreciable, que solamente necesitan de una pequeña excitación adecuada para hacerse evidentes externamente. Por ejemplo, la velocidad, algunas veces muy grande, de rayos catódicos secundarios producidos por rayos Röntgen, y la de electrones liberados por efecto fotoeléctrico son indepedientes de la temperatura del metal y de la intensidad de la radiación que produce la excitación. Por otra parte, las energías radiactivas son

15. Tras obtener su doctorado en la Pascua de 1912 (bajo la dirección de Otto Sackur) en Química-Física en Wroclaw, Stern trabajó con Einstein en Praga, en el período en el que éste ocupó una cátedra en la Universidad alemana (abril de 1911 a julio de 1912). Cuando, poco después, Einstein aceptó una cátedra en su antigua *alma mater,* la Escuela Politécnica Federal de Zúrich, Stern le siguió allí, siendo nombrado en el invierno del curso 1912-1913 su «ayudante de investigación» *(wissenschaftlicher Mitarbeiter).*

también independientes de la temperatura. Asimismo, es bien sabido que la estrecha relación entre la inercia de la materia y su energía, tal y como la postula el principio de relatividad, conduce a la suposición de cantidades muy apreciables de energía infraatómica incluso en el cero de temperatura absoluta». Y añadía:

> En el caso extremo, $T=\infty$, encontramos que
>
> $$E = N \cdot kT$$
>
> esto es, la energía es proporcional a la temperatura e independiente del tamaño del cuanto de acción, *h*, y de la naturaleza de los osciladores.[16]

Lo que hicieron Einstein y Stern fue ofrecer dos argumentos en favor de aceptar la existencia real de la «energía del punto cero» (o, como acaso diríamos en la actualidad, «energía en el vacío»). El primero demostraba que una teoría, aproximada, que incorporase esa energía reproduciría muy bien los resultados de las medidas que acababa de realizar Arnold Eucken (1912) en el laboratorio de Walther Nernst en Berlín, sobre el calor específico del hidrógeno a bajas temperaturas.[17] Asimismo, demostraban que la misma teoría aproximada, pero utilizando la expresión para la energía del resonador sin el término de la energía del punto cero, $h\upsilon/2$, conducía a una curva del calor específico *versus* la temperatura cualitativa y cuantitativamente diferente de la que mostraban los datos experimentales.

16. Es relevante mencionar que antes, en el capítulo III de este texto, sección 139, al estudiar el estado de equilibrio termodinámico de un oscilador, Planck (1913; 1914 a: 141) escribía: «Como w_n es esencialmente positiva, se sigue que el equilibrio no es posible en el sistema de osciladores considerado salvo que la energía total, *E,* tenga un valor mayor que $Nh\upsilon/2$, esto es, salvo que la energía media de los osciladores sea al menos $h\upsilon/2$»; *wn* representa el valor genérico de las densidades de distribución (w_1, w_2, ...), que fijan el estado termodinámico del sistema de osciladores.

17. Eucken (1884-1950) se había doctorado en 1906 bajo la dirección de Nernst. Entre 1911 y 1915 fue *Privatdozent* en la Universidad de Berlín. En 1915 obtuvo una cátedra en la Universidad Politécnica de Breslau y la dirección del Instituto de Química-Física. En 1930 pasó a Gotinga, también como catedrático y director del Instituto de Química-Física.

Como segundo argumento en favor de la teoría de Planck, ofrecían una nueva derivación, *sin efectuar ninguna suposición que implicase discontinuidad*, de la ley de Planck de distribución de la radiación.

Veamos cómo presentaban Einstein y Stern (1913: 551, 560) su planteamiento y conclusiones:

> De acuerdo con la primera fórmula de Planck, la expresión para la energía de un resonador es
>
> $$E = \frac{h\upsilon}{e^{h\upsilon/kT} - 1} \qquad [1]$$
>
> y según la segunda
>
> $$E = \frac{h\upsilon}{e^{h\upsilon/kT} - 1} + \frac{h\upsilon}{2} \qquad [2]$$
>
> Si desarrollamos [en serie] $\exp(h\upsilon/kT)$ y prescindimos de los términos del cuadrático en adelante para [1], el valor límite para temperaturas elevadas es (T tendiendo ∞)
>
> $$\lim_{T\to\infty} E = kT - \frac{h\upsilon}{2}$$
>
> y para [2]
>
> $$\lim_{T\to\infty} E = k \cdot T$$
>
> Por consiguiente, según la fórmula [1], la energía es una función de la temperatura. [...] Comienza con cero para T=0, el valor que requiere la teoría clásica, pero permanece siendo consistentemente un poco más pequeño que ésta, en un valor $h\upsilon/2$, a grandes temperaturas. Según la fórmula [2], la energía del resonador en el cero absoluto es $h\upsilon/2$, contrariamente a la teoría clásica, aunque a temperaturas elevadas se aproxima asintóticamente a la energía que ésta exige. Por otra parte, la derivada de la energía con respecto a la temperatura, esto es, el calor específico, es la misma en los dos casos.
>
> En consecuencia, estas fórmulas son equivalentes para estructuras con una υ que no varía, mientras que la teoría de aquellas estructuras cuya υ tiene valores distintos para estados diferentes se ve afectada sustancialmente por la suposición de la energía del punto cero.

Y en cuanto a las conclusiones:

1. Los resultados de Eucken sobre el calor específico del hidrógeno hacen que sea probable la existencia de una energía de punto cero igual a $h\upsilon/2$.

2. La suposición de una energía de punto cero abre la posibilidad de una forma de deducir la fórmula de radiación de Planck que no recurra a discontinuidades. No obstante, parece dudoso que las otras dificultades puedan también ser superadas sin la suposición de los cuantos.

Esta última frase, «No obstante, parece dudoso que las otras dificultades puedan también ser superadas sin la suposición de los cuantos», es importante: muestra que no estaban en absoluto convencidos de las posibilidades de la «segunda teoría» de Planck, de que permitiese librarse del mundo de las discontinuidades cuánticas. De hecho, en una «Nota añadida en pruebas» señalaban: «El Prof. [Pierre] Weiss llama nuestra atención al hecho de que las medidas de [Pierre] Curie en el paramagnetismo del oxígeno gaseoso también demuestran que su energía rotacional a altas temperaturas tiene el valor exigido por la teoría clásica, y no uno más pequeño en un valor $h\upsilon/2$, como se esperaría sin la suposición de una energía del punto cero. Es fácil demostrar que, dada la precisión de las medidas de Curie, en este último caso las desviaciones con respecto a la ley de Curie deberían haberse puesto en evidencia». En cualquier caso, lo cierto es que Einstein perdió en seguida fe e interés en la «segunda teoría» de Planck. En este sentido, desde Zúrich el 2 de noviembre de 1913 escribía a su amigo y colaborador Ludwig Hopf (1884-1939; citada en Klein, Kox y Schulmann, eds., 1993: 563): «El trabajo de Debije sobre el efecto de la temperatura será también de gran importancia.[18] Espero que Debije demostrará pronto la falsedad de la hipótesis de la energía del punto cero, cuya insostenibilidad teórica se me hizo extraordinariamente obvia poco después de la publicación del artículo que escribí junto a Herr Stern. Está claro que las fluctuaciones de momento y de energía se encuentran en la radiación».

18. Aquí Einstein se refiere a Peter Debye (1913 a y b), y a los trabajos que éste había realizado sobre el efecto de los movimientos térmicos de los átomos de los cristales en las imágenes de difracción de rayos X.

Por último me referiré a otro aspecto de la influencia ejercida por la «segunda teoría» de Planck, que también está relacionado con el factor *hv/2* que aparecía en la expresión de la energía media de los osciladores. Como veremos en el capítulo 8, al estudiar la génesis de la teoría atómica de Niels Bohr, una de las hipótesis que el físico danés utilizó fue que la energía de las órbitas electrónicas responde a la expresión $W = \tau h\omega/2$ (donde τ es un número entero arbitrario y ω las revoluciones por segundo), que sin duda tomó de la «segunda teoría» de Planck. Si tenemos en cuenta la importancia del modelo atómico de Bohr en la historia de la física cuántica, hay que concluir que, aunque fuese de manera indirecta, la teoría planckiana también tuvo un papel relevante en esa historia.

Condicionantes filosóficos

Acabamos de ver algunas —las principales— propuestas teóricas a las que Planck recurrió para evitar tener que admitir que la discontinuidad energética que introdujo en 1900 constituía algo más que una «suposición puramente formal». Ahora bien, comprender el carácter y aspectos técnicos de esas propuestas, identificarlas dentro del contexto de las investigaciones de Planck, no responde —no totalmente al menos— a la pregunta, a la gran pregunta, de por qué el profesor de Berlín deseaba evitar tal discontinuidad energética. Ya apunté lo que considero el motivo más profundo en la actitud de Planck, un motivo que tiene que ver con sus convicciones filosóficas. En efecto, aunque haya quien todavía crea que la investigación científica es ajena a elementos como «convicciones filosóficas», la realidad es que éstas también influyen —en ocasiones de forma dramática— en la dirección de los esfuerzos de muchos científicos, en los de los más creativos especialmente. De hecho, la historia de la física cuántica es un magnífico ejemplo en este sentido, como tendremos ocasión de ir comprobando: no sólo las investigaciones de Planck se vieron condicionadas por sus creencias filosóficas; también las de Einstein, Bohr, Schrödinger o Dirac.

Veamos ahora cuáles eran esas «convicciones filosóficas» de Max Planck.

Los documentos a los que se puede recurrir para abordar esta cuestión son diversos, perteneciendo algunos, cierto es, a épocas posteriores al descubrimiento que le aportó fama universal (lo cual, por otra parte, es natural).

Una de las ocasiones en las que Planck se pronunció acerca de lo que esperaba de una teoría científica fue el 26 de abril de 1918, en un acto en el que la Deutschen Physikalischen Gesellschaft, la Sociedad Alemana de Física, celebraba el sexagésimo cumpleaños del propio Planck. «Siempre me ha parecido», manifestó entonces (Planck 1958), «que lo más importante, el propósito que ha guiado todos mis trabajos científicos, es la mayor simplificación y unificación posible de la imagen física del mundo y que el primer medio para alcanzar este fin es la reconciliación de opuestos mediante la fertilización y amalgama mutua». Y no se trataba únicamente de su propio trabajo, sino que —como dejó claro en una conferencia que pronunció en Leiden el 9 de diciembre de 1908— consideraba que «en tanto que exista la Filosofía Natural, su fin último será siempre correlacionar las diversas observaciones físicas en un único sistema y, cuando sea posible, en una sola fórmula» (Planck 1909 a; 1960: 1).

Ahora bien, como señaló Stanley Goldberg (1976: 142), los esfuerzos de Planck «por obtener una imagen unificada del mundo tomaron la forma de una búsqueda de absolutos». De ahí su rápida aceptación (fue uno de los primeros, si no el primero) de la teoría especial de la relatividad de Einstein, una formulación basada —por mucho que su nombre sugiera otra cosa— en un absoluto: la, invariante bajo transformaciones de Lorentz, métrica minkowskiana, en la que la constancia de la velocidad de la luz desempeña un papel central. «Si admitimos el concepto de relatividad», manifestó en cierta ocasión (Planck 1925; 1932: 195), «entonces debemos admitir la existencia de un absoluto, pues es a partir de éste del que surge el concepto de relativo como tal».

Esta búsqueda de absolutos también encontró eco en sus trabajos cuánticos. Desde mi punto de vista, ahí se halla la explicación —o al menos una buena parte— de sus dificultades con la interpretación estadística de la entropía, a la que se había visto obligado a recurrir y que le había conducido a la «discontinuidad» cuántica. La interpretación de la entropía de Clausius satisfacía mucho más sus «ansias de absoluto» que la de Boltzmann. De hecho, este elemento filosófico pudo desempeñar un cierto papel incluso en la reformulación que llevó a cabo de la ley estadística de la entropía, en la que —como ya hemos visto— introdujo de manera explícita lo que el propio Boltzmann no había hecho: una nueva constante universal, la constante de Boltzmann, *k*.

Con lo expuesto hasta el momento bastaría para cubrir el punto que estoy tratando, el punto relevante para el presente capítulo, pero merece la pena ir más allá, hacia el conjunto de las ideas de Planck y cómo éstas fueron tomando forma con el desarrollo de la teoría cuántica. También podría relegar tales comentarios a otro lugar, pero al incluirlos aquí se obtiene una imagen más global, mejor por consiguiente, de Planck, del científico al igual que del pensador; hasta, incluso, del ser humano.

Planck era un realista. En la citada conferencia de Leiden dejó claro este punto. Así, su respuesta a la pregunta (1909 a; 1960: 22), «¿Es el mundo físico únicamente una creación más o menos arbitraria del intelecto, o nos vemos conducidos a la conclusión opuesta de que refleja fenómenos que son real y básicamente independientes de nosotros?», era completamente positiva.

En una conferencia que pronunció el 12 de noviembre de 1930 ante la Kaiser-Wilhelm-Gesellschaft zur Förderung der Wissenschaften (Sociedad Káiser Guillermo, una agrupación, privada en gran medida, para la promoción de la investigación científica), titulada «Positivismus und reale Aussenwelt» (Positivismo y mundo exterior real), desarrolló con cierto detalle sus ideas con respecto a la importancia de mantener una postura realista en la física, especialmente dentro del contexto histórico —social, cultural y, por supuesto, científico también— del momento. «Vivimos», señalaba (Planck 1931), «en un momento muy singular de la historia. Es un momento de crisis, en el sentido literal de esta palabra. En todas las ramas de nuestra civilización material y espiritual vemos que hemos llegado a un punto crítico». En medio de semejante confusión, el introductor de los cuantos encontraba natural preguntarse si existía «alguna roca de verdad en la que apoyarse». Y su respuesta inmediata era: «la física». Se daba cuenta, no obstante, de que «incluso la ciencia física no ha podido escapar del contagio de este momento crítico de la historia». Y no se trataba únicamente de que «desde fuera» se cuestionase la seguridad de la física, sino también de que «incluso dentro de la provincia de esta misma ciencia ha comenzado a activarse el espíritu de confusión y contradicción». Un espíritu que se advertía especialmente con respecto a cuestiones que afectaban al «muy fundamental problema de cuán lejos y en qué medida la mente humana es capaz de llegar a conocer la realidad externa».

Para Planck este punto se encontraba estrechamente relacionado con el del ataque al que estaba siendo sometido entonces el principio de causalidad (recordemos que pronunció su conferencia en 1930, cuando la mecánica cuántica y el principio de incertidumbre habían sido desarrollados), que hasta entonces había sido «aceptado universalmente como un postulado indispensable de la investigación científica». «El hecho de que se pudiese manifestar semejante extraordinaria opinión en círculos científicos responsables era considerado por muchos como representativo de la completa falta de seguridad del conocimiento humano». Esta implicación, sin embargo, no podía ser tolerada por Planck, que se veía así obligado a expresar públicamente sus opiniones. En particular, sometía a un detallado análisis a una «cierta escuela de filósofos y físicos», que denominaba «Escuela positivista», que, según él, mantenían «que el fin de la ciencia física es, sola y exclusivamente, describir, de la forma más simple y precisa, el orden que se observa al estudiar los diversos fenómenos naturales», utilizando como datos primarios las impresiones sensoriales. Éste era, recordemos, el punto de vista defendido por Ernst Mach, a quien Planck atacó en diversas ocasiones.

Planck reconocía que «el punto de vista positivista no podía ser acusado de inconsistencia lógica. En tanto que nos atengamos a sus principios no nos encontramos con ninguna contradicción. Éste es el punto fuerte de todo el sistema». Sin embargo, se trataba de una aproximación a la naturaleza que él no podía aceptar. Uno de los argumentos que utilizaba era el siguiente: «Cuando intentamos aplicarlo como fundamento exclusivo para la investigación científica, encontramos que el resultado tendría muy poca importancia para la ciencia física. Si el ámbito de ésta no se extiende más allá de la mera descripción de experiencias sensoriales, entonces estrictamente sólo se pueden tomar como objeto de tal descripción las experiencias propias; porque únicamente las experiencias de uno mismo son datos primarios. Ahora bien, está claro que ni siquiera el más dotado de los hombres podría construir algo parecido a un sistema científico comprehensivo en base a un mero complejo individual de experiencias».

Para él, la estructura de la física reposaba en dos teoremas, de contenido claramente «antipositivista» y realista: «1) *Hay un mundo exterior real que existe independientemente de nuestro acto de conocer*, y 2) *el mundo real exterior no es conocible directamente*».

Es importante señalar que, a pesar de su firme postura realista y de que, obviamente, no le satisfacía renunciar a la causalidad estricta, el éxito de la mecánica cuántica le hizo ser precavido. En otra parte de su conferencia de 1930, y tras señalar que la «Ley de Causalidad era aceptada unánimemente hasta tiempos recientes como un principio fundamental de la investigación científica», pero que «ahora está teniendo lugar una batalla de opiniones en torno a él», se preguntaba (Planck 1931; 1932: 99): «¿Es válido, como se creía antes, el principio de causalidad, en toda su fuerza, para todos los sucesos físicos? ¿O tiene únicamente un significado sumario y estadístico cuando se aplica a los pequeños átomos?».

Su contestación a esta pregunta, crucial, era que semejantes preguntas «no se podían decidir refiriéndolas a alguna teoría epistemológica o sometiéndolas a la prueba de la investigación experimental. En su intento de construir su imagen hipotética del universo externo, el físico puede o no, según prefiera, basar su síntesis en el principio de una estricta dinámica causal, o puede adoptar solamente una causalidad estadística. La pregunta importante es lo lejos que llega con una o con la otra. Y esto solamente puede ser contestado eligiendo provisionalmente uno de los dos puntos de vista y estudiando las conclusiones que se derivan de él».

En otras palabras, que la respuesta final era, en definitiva, cosa del futuro, de comparar lo que tuviesen que ofrecer las diferentes aproximaciones —la causal y la estadística— a los fenómenos cuánticos. Puede que Planck hubiese pensado siempre en semejantes términos, sólo que sus opiniones quedasen enmascaradas por su esperanza de que la física se construyese en base a una estricta causalidad «clásica», no «estadística», pero el hecho es que en 1930 sus planteamientos diferían en aspectos fundamentales de los que había mantenido años antes. De hecho, sabemos que continuó creyendo en la validez absoluta de la segunda ley de la termodinámica hasta, al menos, 1912, el año en que completó la segunda edición de *Wärmestrahlung*. Poco después, sin embargo, sus opiniones variaron. Y eligió una ocasión solemne para hacerlas públicas: nada más y nada menos que el discurso que pronunció como rector de la Universidad de Berlín el 3 de agosto de 1914, el día en que se honraba la memoria del fundador de la Universidad, pero también precisamente el mismo día que Alemania declaró la guerra a Francia. El título de su conferencia fue: «Dynamische und statistiche Gesetzmässigkeit» (Leyes dinámicas y leyes estadísticas).

«En la mente del físico que ha trabajado con métodos inductivos, no puede ya existir duda», manifestó entonces (Planck 1914 b; 1960: 63), «de que la materia está constituida por átomos, que el calor es movimiento de moléculas, y que la propagación del calor, como todos los demás fenómenos irreversibles, obedecen, no a leyes dinámicas,[19] sino a leyes estadísticas, esto es, a leyes probabilistas». Asimismo, se refería a Boltzmann en términos que seguramente no habría previsto cuando terminaba el siglo XIX (Planck 1914 b; 1960: 61): «Los procesos irreversibles incluyen la propagación del calor y de la electricidad, la fricción, difusión y todas las reacciones químicas, en tanto que tienen lugar con velocidades perceptibles. Para explicarlas, R. Clausius dedujo su segunda ley de la termodinámica, excepcionalmente útil en la física y la química. El significado de esta ley es que adscribe una dirección a cada proceso irreversible. Pero fue L. Boltzmann el que, introduciendo la teoría atómica, explicó el significado de la segunda ley y al mismo tiempo todos los procesos irreversibles, cuyas peculiaridades habían presentado dificultades insuperables a una explicación por medio de la dinámica general».

NOTAS BIOGRÁFICAS: MAX PLANCK, UN HOMBRE DE HONOR

Este no es un libro biográfico, sino uno que trata fundamentalmente con ideas, que se plantea reconstruir el origen y desarrollo de la física cuántica. Sin embargo, el papel que Planck desempeñó, al igual que el hecho de que en cierta medida para muchos representa —y representó— algo así como «la imagen de la física cuántica», justifica el que añada algunos detalles a su biografía. Biografía que, además, se encuentra íntimamente ligada a la de la física germana hasta, aproximadamente, la Segunda Guerra Mundial. Y es que Planck, precisamente gracias a su aportación de 1900, se convirtió en uno de los —si

19. Para Planck, expresiones como «leyes dinámicas» o «dinámica general» querían decir «leyes en las que la causalidad era la clásica, la que caracteriza, por ejemplo, a la dinámica newtoniana».

no *el*— mayores representantes de la ciencia alemana. Todos los honores que ésta podía otorgar, los recibió.

Al entrar en este terreno biográfico, lo primero que se debe decir es que Planck constituyó un espléndido ejemplo del funcionario germano cuyas más nobles virtudes ensalzó Max Weber; recordemos si no cómo definió en 1919 Weber (1992: 108) al funcionariado moderno: «Un conjunto de trabajadores intelectuales, altamente cualificados y especializados mediante una preparación de años, con un *honor* estamental muy desarrollado en beneficio de la integridad, sin la cual se cerniría sobre nosotros como un destino el peligro de una terrible corrupción y de una brutal incompetencia e incluso estaría amenazado el rendimiento técnico del aparato estatal».

Fue precisamente ese honor, la dignidad que presidió su vida, el que hizo de él una persona tan respetada entre sus colegas. Einstein, en tantos sentidos tan diferente a Planck, lo respetaba profundamente, no sólo, ni siquiera sobre todo, por sus aportaciones científicas, sino por la persona que era. Nadie hizo más que Planck por atraerlo y retenerlo en Berlín. En los peores tiempos, en agosto de 1933, tras abandonar Alemania una vez Hitler en el poder, desde Princeton, escribía al químico Fritz Haber (1868-1934), después de haber sabido que éste también se había convertido finalmente en un exiliado (citada en Stern 1999: 159-160): «Espero que no regresará a Alemania. No merece la pena trabajar para un grupo intelectual formado por hombres que se apoyan en sus estómagos delante de criminales comunes y que incluso simpatizan en algún grado con estos criminales. No me decepcionan, porque nunca tuve ningún respeto o simpatía por ellos, aparte de unas finas personalidades (Planck, 60% noble, y Laue, 100%)».

El aprecio y respeto que siempre tuvo Einstein por Planck se deben valorar aún más si tenemos en cuenta cuán diferentes eran sus ideas políticas, en particular su percepción del nacionalismo. Un ejemplo especialmente significativo en este sentido se encuentra en sus respectivas actitudes en la Primera Guerra Mundial. Planck fue uno de los firmantes, el 4 de octubre de 1914, del famoso manifiesto, *Aufruf an die Kulturwelt* (Llamamiento al mundo civilizado), en el que 93 intelectuales alemanes (entre los que figuraban otros científicos, como von Baeyer, Haber, Klein, Lenard, Nernst, Ostwald, Röntgen, Wien o Willstätter) expresaban su repulsa por las opiniones que se habían vertido en el mundo ante las noticias de la invasión germana de Bélgica. Basta citar algunos pasajes de ese manifiesto para hacerse una idea de su contenido:

> Nosotros, representantes de la ciencia y el arte alemanes, delante de todo el mundo, contra las mentiras y calumnias detrás de las que nuestros enemigos pretenden ocultar la causa pura de Alemania, en la difícil lucha que se le ha impuesto [...] proclamamos la verdad.
>
> *No es verdad* que Alemania haya sido la causante de la guerra. Ni el pueblo, ni el Gobierno, ni el Emperador la han querido. Se ha hecho todo lo posible por evitarla desde la parte alemana [...] A lo largo de los veintiséis años de su reinado, Guillermo II ha demostrado muchas veces que es el protector de la paz mundial. [...]
>
> *No es verdad* que hayamos violado de una manera criminal la neutralidad de Bélgica. [...]
>
> *No es cierto* que nuestros soldados hayan tocado la vida y la propiedad de un solo ciudadano belga sin haber sido empujados a ello por sus defensores. Porque, todavía y siempre, a pesar de todas las advertencias, la población les ha preparado emboscadas para disparar sobre ellos, mutilando heridos, asesinando médicos mientras desempeñaban su obra de samaritanos.
>
> *No es verdad* que nuestras tropas hayan saqueado brutalmente Lovaina. Ellas se han visto obligadas a tomar represalias contra los habitantes furiosos que les han asesinado traidoramente, y con un corazón cariacontecido han bombardeado la ciudad. La mayor parte de Lovaina ha sido conservada. [...]
>
> *No es verdad* que la lucha contra lo que se ha llamado nuestro militarismo no sea una lucha contra nuestra cultura, como pretenden hipócritamente nuestros enemigos. Sin el militarismo alemán, la cultura alemana habría desaparecido de la faz de la tierra hace mucho tiempo. Es para proteger esa cultura, que un país que durante siglos ha sufrido más invasiones que ningún otro ha salido de sus fronteras. El Ejército y el pueblo alemanes forman una unidad.

Por el contrario, Einstein fue uno de los ¡cuatro! firmantes de un manifiesto (que no llegó a ser publicado) preparado unos pocos días después de la aparición del *Aufruf an die Kulturwelt* por el pacifista Georg Friedrich Nicolai (1874-1964), catedrático de Fisiología en la Universidad de Berlín. Llevaba un hermoso título, «Manifiesto a los europeos», y entre sus pasajes se pueden leer frases como las siguientes:

> Todo aquel al que le importe algo una cultura mundial común está doblemente comprometido a luchar por el mantenimiento de los principios en que se basa. Y sin embargo, aquellos en quienes habría que haber supuesto tales sentimientos —principalmente los científicos y los artistas— hasta el momento han dicho casi exclusivamente cosas que hacen sospechar que han abandonado el deseo de que continúen las relaciones internacionales. Se han expresado con un espíritu hostil; no han hablado en defensa de la paz. [...]
>
> La guerra que ruge difícilmente puede dar un vencedor; todas las naciones que participan en ella pagarán, con toda probabilidad, un precio extremadamente alto [...] La inestable y fluida situación en Europa, creada por la guerra, debe utilizarse para transformar el Continente en una unidad orgánica. Técnica e intelectualmente, las condiciones están maduras para tal proceso. [...]
>
> El primer paso en esa dirección sería el que unan sus fuerzas todos aquellos que aman realmente la cultura de Europa; todos aquellos a los que Goethe proféticamente llamó «buenos europeos». No debemos abandonar la esperanza de que, hablando al unísono, su voz pueda, incluso hoy, levantarse por encima del choque de las armas, en particular si se les unen aquellos que ya disfrutan de renombre y autoridad.

Planck fue, repito, uno de los firmantes del «Manifiesto de los 93», aunque, es cierto, no tardó demasiado en arrepentirse: en marzo de 1915 se disculpaba en privado ante Hendrik Lorentz, el más querido y respetado internacionalmente de todos los físicos europeos. Lo había firmado, explicaba a su colega, convencido de que Alemania estaba luchando por su existencia y que tenían que mostrarse unidos.

El honor del funcionario weberiano también tiene sus inconvenientes. Debido a ese honor, Planck no pudo rebelarse contra el Estado, por mucho que éste pudiese comportarse en alguna ocasión de manera que él considerase indigna. Fue, es cierto, el introductor de una revolución científica, pero en modo alguno puede ser él considerado —como hemos ido comprobando— un revolucionario. Sin embargo, si pensamos que la desgracia, el drama o la desesperación constituyen magníficos caldos de cultivo para hacer que una persona se haga «revolucionaria», o, simplemente, «rebelde», Planck habría debido ser uno de los mayores rebeldes. Y es que la vida personal de Planck fue una sucesión de terribles desgracias, en un, cierto es, océano de honores sociales y científicos (en 1919, por ejemplo, recibió el premio Nobel de Física correspondiente a 1918). Veamos qué quiero decir.

El 31 de marzo de 1887, con la seguridad que le daba su puesto en Kiel, Planck se casó con Marie Merck. Tuvieron cuatro hijos: dos varones y dos gemelas. El primer golpe fue la muerte de Marie, en octubre de 1909. El 26 de mayo de 1916 llegó el segundo: su hijo mayor, Karl, murió en Verdún, de heridas sufridas luchando en las filas del Ejército alemán en la Primera Guerra Mundial. El 15 de mayo de 1917 su hija Grete falleció una semana después de dar a luz a su primer hijo. Emma, su hermana, se ocupó entonces del niño, y terminó casándose en enero de 1919 con el viudo. Antes de que acabase el año, el 21 de noviembre, padeció exactamente el mismo final que su hermana.

La tragedia casi destruyó a Planck. El 21 de diciembre, escribía a Hendrik Lorentz (citado en Heilbron 1986: 83): «Ahora lloro amargamente a mis dos queridas hijas, y me siento robado y empobrecido. ¡Ha habido momentos en los que he dudado del valor de la propia vida!».

Tampoco sobrevivió, aunque viviese más, su otro hijo, Erwin, a quien estaba particularmente unido. Erwin fue ejecutado el 23 de enero de 1945, acusado de haber participado en el famoso intento de acabar con la vida de Hitler. Parece que no participó en él, aunque sin duda conocía a muchos de los conspiradores y simpatizaba con su causa. Max Planck movió cielo y tierra para intentar que la pena de muerte le fuera conmutada, y creyó haberlo logrado: el 18 de enero supo que el perdón llegaría pronto. Pero cinco días después lo que llegó fue la noticia del ajusticiamiento. «Mi pena no puede expresarse en palabras», escribió (4 de febrero) a Arnold Sommerfeld. Y a unos sobrinos, Fritz y Grete Lenz (2 de febrero): «Él era una parte preciosa de mi ser. Era mi luz del sol, mi orgullo, mi esperanza. Ninguna palabra puede describir lo que he perdido con él» (Heilbron 1986: 195).

Seguramente debió plantearse, con toda la crudeza y desesperación del mundo, de qué le había valido ser un leal servidor del Estado, para qué la entrevista que mantuvo con Hitler en 1933 (parece que fue en mayo). En ella, Planck intentó convencer al Führer de que la emigración forzada de judíos podía matar a la ciencia alemana y que las personas de esta etnia también podían ser buenos alemanes. Él mismo contó en un artículo, «Mein Besuch bei Adolf Hitler», publicado en 1947 en la revista *Physikalische Blätter*, por tanto después de acabada la guerra, cómo se desarrolló la conversación, que muchos de sus colegas (sobre todo los que abandonaron Alemania) criticaron con dureza (reproducido en Hentschel, ed. 1996: 359-361):

> Después de que Hitler tomase el poder, como presidente de la Sociedad Káiser Guillermo [Kaiser-Wilhelm-Gesellschaft] yo tenía la responsabilidad de presentar mis respetos al Führer. Creí que debía aprovechar esta oportunidad para decir una palabra favorable sobre mi colega judío Fritz Haber, sin cuya invención del proceso para producir amoniaco a partir del nitrógeno del aire habríamos perdido la anterior guerra desde el principio. Hitler me respondió con estas palabras: «No tengo nada contra los judíos como tales. Pero todos los judíos son comunistas, y estos son mis enemigos; contra ellos dirijo mi guerra». Yo comenté que hay diferentes tipos de judíos, tanto los dignos como los indignos para la humanidad, con antiguas familias de la alta cultura alemana entre los primeros, y cuando sugerí que después de todo se debería establecer una distinción entre ellos, me respondió: «Eso no es correcto. Un judío es un judío; todos los judíos se juntan como borregos. Donde hay un judío, todos los tipos de otros judíos se reúnen de inmediato. Habría sido el deber de los propios judíos establecer una línea de división entre los diferentes tipos. No hacen esto; y esto es por lo que debo actuar contra todos los judíos por igual». Ignoró mi comentario de que forzar a emigrar a judíos valiosos sería equivalente a mutilarnos nosotros mismos, porque necesitábamos desesperadamente sus trabajos científicos y de esa manera sus esfuerzos irían sobre todo al beneficio de países extranjeros. Entonces, pasó a generalizaciones y finalmente terminó con: «La gente dice que yo sufro ocasionalmente de debilidad nerviosa. Esto es una calumnia. Tengo nervios de acero». Y al decir esto, se golpeó la rodilla, habló más rápido y más rápido y se puso tan furioso que no me quedó otra elección que permanecer en silencio y despedirme.

Más afortunado fue con su segunda esposa, Marga von Hoesslin, sobrina de Marie Merck-Planck, veinticinco años más joven que Max, con la que se casó un año después de quedarse viudo. «Fue en gran medida gracias a ella», escribió Wilhelm Westphal (1958: 235), «que Planck, al que todavía le aguardaban duras pruebas, se mantuvo hasta el fin de su vida en una forma excelente, tanto física como intelectual, y que conservó siempre el deseo de vivir».

«Siempre el deseo de vivir» es, seguramente, una expresión exagerada. Más adecuado sería: «la fuerza para seguir viviendo». Por si fuera poco todo lo que ya he señalado, mencionaré que la noche del 15 de febrero de 1944, durante un formidable ataque aéreo de los aliados, su casa de Berlín, con su espléndida biblioteca —testimonio y homenaje a la mejor cultura germana— y papeles personales, fue destruida completamente. Nada se salvó. Especialmente dramáticos fueron los últimos momentos de la guerra. Para escapar de los bombardeos de Berlín, Max y Marga Planck se trasladaron a Rogätz, en la orilla oeste del Elba, cerca de Magdeburgo. Cuando Rogätz se convirtió también en un campo de batalla, los Planck —y recordemos que Max era entonces un anciano, su espalda fuertemente curvada, con grandes dificultades para caminar— tuvieron que vagar, escondiéndose, por los bosques, durmiendo en donde podían. Allí fueron encontrados por militares estadounidenses, probablemente alertados por Robert Pohl, catedrático de Física Experimental en Gotinga.

¿Cómo puede una persona soportar tanta desgracia? Sabemos que la capacidad de los humanos, de algunos al menos, es muy grande. En el caso de Max Planck seguramente le ayudó precisamente su sentido del honor y la lealtad que siempre mantuvo para con su país. Un sentido del honor que, junto con su consustancial prudencia, hacía que fuese para él extremadamente difícil llegar a enfrentarse abiertamente con el poder establecido, airear a los cuatro vientos sus diferencias con él. Aun así, ese mismo sentido del honor le llevó, le obligó, en al menos una ocasión, a un enfrentamiento de tal tipo. Fue después de la muerte de Fritz Haber, pero para entender completamente la acción de Planck es preciso ofrecer más detalles.

Muy poco después de llegar al poder, Hitler comenzó a implementar su ideología racial. El 31 de marzo, jueces judíos fueron apartados de sus funciones en Prusia. Una semana después, el 7 de abril, se promulgaba la famosa «Ley de restauración de la carrera del funcionariado», con la que de hecho se pretendía purgar todas las escalas de funcionarios, profesores universitarios incluidos, por supuesto:

> 1) Serán apartados de sus puestos todos los funcionarios que no sean de origen ario. En lo que se refiere a los funcionarios honoríficos, serán apartados de todo tipo de funciones oficiales.
>
> 2) El parágrafo 1) no se aplicará a aquellos funcionarios que lo fuesen el 1 de agosto de 1914, o que luchasen en el frente defendiendo al Imperio alemán o a sus aliados durante la Guerra, o cuyos padres o hijos cayesen en la Guerra».

Asimismo, se determinaba que se suspendería a «los funcionarios cuyas actividades políticas previas no ofrezcan la seguridad de que apoyarán invariablemente y sin reserva al Estado Nacional». En otras palabras: los funcionarios que habían conseguido su puesto durante la República de Weimar que no eran de ascendencia aria, o cuyas actividades políticas no garantizasen que servirían sin reservas al nuevo régimen, tenían que abandonar sus puestos. En teoría, los no arios que habían obtenido sus trabajos antes del comienzo de la Primera Guerra Mundial, que habían luchado en el frente durante aquella guerra o cuyos padres o hijos habían fallecido en acto de servicio en la guerra podían conservar sus empleos. En la práctica, sin embargo, también estas personas perdieron sus puestos con bastante rapidez. Y aquí entra Fritz Haber (1869-1934), una de las figuras más prominentes de la ciencia alemana de la época: sus contribuciones a la química constituyeron un apoyo inestimable a la sociedad germana: el proceso Haber-Bosch para la síntesis del amoníaco, además de resultar enormemente rentable desde el punto de vista industrial, aseguró a Alemania la producción de explosivos y municiones durante la Primera Guerra Mundial, contienda en la que Haber participó de manera muy destacada con sus aportaciones a la guerra química. De hecho, la derrota alemana afectó duramente a Haber, quien pasó algunos meses con problemas nerviosos. Además, su destacado papel en el desarrollo de la guerra química hizo que durante algunos años numerosos colegas de otros países intentaran evitarle, más aún habida cuenta de que no renegó de las actividades que había desempeñado en defensa de su patria. Su categoría científica era, de todas maneras, demasiado elevada y la Academia Sueca de Ciencias le otorgó el premio Nobel de Química de 1918.

Obviamente, Haber constituía una de las excepciones previstas por la ley del 7 de abril; sin embargo, él no quiso utilizar tal posibilidad y el 30 de abril dirigía la siguiente carta al ministro para la Ciencia, Arte y Educación (citada en Willstätter 1965: 289):

> Honorable señor:
>
> Por la presente le solicito respetuosamente mi jubilación, con fecha del 1 de octubre de 1933, de mi puesto en Prusia de director de uno de los institutos Káiser Guillermo, así como de mi, secundario, puesto de catedrático en la Universidad de Berlín. De acuerdo con las previsiones

de la Ley para Empleados Gubernamentales del 7 de abril de 1933, que se ordenó fuese aplicada a los institutos de la Sociedad Káiser Guillermo, tengo derecho a conservar mi puesto a pesar de ser descendiente de abuelos y padres judíos. Sin embargo, no deseo aprovecharme de este permiso más allá de lo que sea necesario para abandonar de manera ordenada los deberes científicos y administrativos de mis puestos [...]

Mi decisión de pedir la jubilación ha surgido del contraste entre la tradición investigadora en la que he vivido hasta ahora y los puntos de vista diferentes que usted, Sr. Ministro, y su Ministerio defienden como protagonistas del actual gran movimiento nacional. En mi puesto científico, mi tradición exige que al escoger mis colaboradores tenga en cuenta solamente las cualificaciones profesionales y personales de los solicitantes, independientemente de sus ascendientes raciales. No esperará usted de un hombre de 65 años el que altere la forma de pensar que le ha guiado durante los últimos 39 años de su vida universitaria, y comprenderá que el orgullo con el que ha servido toda su vida a su patria alemana le dicta ahora esta solicitud de jubilación.

Respetuosamente,

F Haber

La postura adoptada por Haber se puede considerar como la lógica de una persona honorable y ya mayor, pero para nuestros propósitos casi es más interesante la reacción del ministro, Bernhard Rust, quien el día después de recibir la carta de Haber realizó los siguientes comentarios en un acto público (Willstätter 1965: 289-290):

¡Estudiantes y profesores alemanes!

No culpo en absoluto a los hombres que no son de origen ario por intentar, siguiendo el instinto de su sangre, emplear a aquellos instructores y ayudantes que les son más cercanos por sangre. Pero yo no lo puedo permitir. Y cuando un muy conocido profesor del Instituto Káiser Guillermo me escribe ayer diciéndome que él no va a someterse en modo alguno a que se le dicte la composición del grupo de investigación que él ha creado, yo debo declarar que no estoy autorizado a no llevar a la práctica las leyes que el pueblo alemán se ha dado a sí mismo a través del Gobierno del Reich. En el futuro, la generación que surja en las universidades debe ser aria o fracasaremos. Personalmente simpatizo pro-

> fundamente con la tragedia de la gente que en lo profundo de sí misma quiera considerarse miembro de la comunidad de personas alemanas, y que ha aportado su trabajo a ella. No hay nada más duro para mí que tener que firmar con mi nombre la jubilación de hombres que como individuos a menudo no me han dado motivo para hacer tal cosa. Pero se debe mantener el principio en beneficio del futuro. Cuando hayamos establecido una vez más [...] entre los dirigentes y los dirigidos en las Universidades alemanas la misma relación que existe en el pueblo alemán entre no arios y arios, entonces, señores, no habrá más guerra racial en Alemania. Entiéndanme correctamente: detendremos la guerra de esa manera, porque habremos restablecido la relación adecuada.

Tal era la auténtica situación en que se encontraban las «excepciones» a la ley del 7 de abril.

Pero volvamos a Haber: tras abandonar sus puestos en Alemania, se trasladó a Inglaterra, invitado por la Universidad de Cambridge. Aparentemente, ni el ambiente ni el clima ayudaron a levantar su estado anímico y energías, falleciendo el 30 de enero de 1934 cuando se dirigía a Basilea a pasar unas vacaciones.

Y en este punto aparece Planck.

A instancias de Max von Laue, Planck, entonces presidente de la Sociedad Káiser Guillermo, decidió organizar una sesión pública para honrar la memoria de Haber. El Gobierno y el Partido Nazi intentaron impedir tal sesión, aunque únicamente pudieron prohibir a los funcionarios, empleados públicos, que asistieran a ella. La sesión se celebró en una sala abarrotada, muchas mujeres asistiendo en lugar de sus maridos, obligados a no participar. Otto Hahn (1879-1968) pronunció el discurso principal, leyendo también el texto preparado por el químico Karl Friedrich Bonhoeffer, el leal estudiante de Haber, que como funcionario civil también se vio impedido de asistir. Al final de la ceremonia, Planck declaró: «Haber fue leal con nosotros; nosotros seremos leales con él». No era fácil decir aquello, organizar semejante reunión en aquel momento. Pero Planck era un hombre de honor, y como tal merece ser recordado.

5

Albert Einstein y la segunda discontinuidad cuántica

En el capítulo anterior hemos visto cómo Max Planck propuso en 1900 una ley de radiación que explicaba mejor que las entonces disponibles (que la ley de Wien, especialmente) los datos observacionales. Asimismo, hemos analizado la respuesta teórica dada por Planck, es decir, la deducción teórica que llevó a cabo de la ley de radiación que había obtenido con más que dudosos argumentos teóricos. Fue así como llegó a la expresión $E = h \cdot \upsilon$. Pero, como también comprobamos, el catedrático de Berlín se sentía incómodo con las consecuencias aparentes de esta expresión, con la cuantización de la energía. Precisamente por semejante incomodidad, me detuve en considerar teorías que desarrolló después de 1900 con la esperanza de poder prescindir de tal discontinuidad, una esperanza que, no obstante, se vio finalmente frustrada, y que condujo a Planck a aceptar, hacia 1914, la interpretación estadística de la entropía debida a Boltzmann, que había desempeñado un papel central en su deducción teórica de 1900.

Enfrentados con esta historia, podría parecer que desde el punto de vista de los fundamentos, de la base teórica de la ley de radiación de Planck, lo esencial quedaba así resuelto, que lo que se abría a partir de aquel momento era la posibilidad de extraer las consecuencias de todo tipo que implicaba la cuantización, incluyendo, por supuesto, su extensión teórica a otros dominios, como el de los constituyentes de la materia. Pero, como veremos en el presente capítulo, tal planteamiento es radicalmente falso. La deducción teórica llevada a cabo por Planck en diciembre de 1900 estaba aquejada de gravísimos problemas. Esto explica el que incluso aquel que profundizó más en la instalación de la discontinuidad cuántica en la física, Albert Einstein, no recurriese en sus derivaciones a la ley de Planck sino a la de Wien.

Pero antes de considerar las aportaciones de Einstein es necesario detenerse en otros trabajos previos.

La ley de radiación de Rayleigh-Jeans

En el capítulo 1 ya me referí al «principio de equipartición». Entonces lo presenté de la mano de Maxwell, y vimos cómo provocaba problemas: por ejemplo, en la explicación teórica de valores de calores específicos. Veremos ahora que los problemas que generaba no se detenían en este punto, y que afectaban también profundamente a la credibilidad de la ley de radiación de Planck.

Recordemos en primer lugar la esencia del principio de equipartición. Una de sus posibles formulaciones es la siguiente: «En un sistema mecánico, por complicado que sea, en equilibrio estadístico a la temperatura absoluta T, cada grado de libertad posee, por término medio, la energía cinética $kT/2$. En consecuencia, un sistema provisto de f grados de libertad, tiene, a la temperatura T, una energía cinética media $f \cdot (kT/2)$. Y aquí surge el problema: un oscilador de Planck, que en esencia consiste en un electrón que ejecuta oscilaciones rectilíneas, posee un grado de libertad; por consiguiente, su energía cinética a la temperatura T sería, según el principio de equipartición, $kT/2$. Ahora bien, la energía potencial media del oscilador es igual a su energía cinética media, y por tanto la energía media total (igual a la cinética más la potencial) valdrá:

$$U_{\upsilon}(T) = k \cdot T \tag{1}$$

Ahora bien, recuperemos en este punto un resultado citado en el capítulo 4, la relación (6) (deducida a partir de la teoría electromagnética de Maxwell),

$$u(\upsilon, T)\,d\upsilon = \left(8\pi\upsilon^2/c^3\right) \cdot U_{\upsilon}(T)\,d\upsilon \tag{2}$$

donde $u(\upsilon, T)d\upsilon$ es la energía por unidad de volumen de la radiación en la cavidad con frecuencias υ y $\upsilon + d\upsilon$, y $U_\upsilon(T)$ la energía del oscilador (energía media sobre varios períodos de oscilación).

Introduciendo (1) en (2), se tiene que

$$u(\upsilon,T)d\upsilon = \left(8\pi\upsilon^2/c^3\right)\cdot NkT\cdot d\upsilon \tag{3}$$

donde N es el número total de osciladores. Desde el punto de vista de la física estadística y la teoría clásica (electromagnetismo maxwelliano más dinámica newtoniana), esta expresión, (3), es la ley de radiación correcta, no la que formuló Planck en 1900.

Básicamente, esto es lo que argumentó John William Strutt, más conocido como lord Rayleigh (estrictamente el tercer barón Rayleigh), en un artículo que publicó en 1900 en el *Philosophical Magazine* (Rayleigh 1900).[1]

Los argumentos estadísticos de Rayleigh fueron desarrollados de manera más rigurosa y completa por uno de los maestros de la época en la teoría cinética de los gases, el físico británico James Jeans (1877-1946; en su derivación, Rayleigh había dado un factor erróneo). Podemos encontrar los argumentos y resultados de Jeans en diversos lugares: en primer lugar en un artículo (también en *Philosophical Magazine*) de 1905; en el que publicó lo que se considera la solución definitiva del problema de la partición de la energía entre materia y radiación, según la mecánica clásica; pero también en su texto clásico *The Dynamical Theory of Gases* (1.ª edición 1904, 2.ª —ampliada— 1916), o en su interesantísimo *Report on Radiation and the Quantum Theory* (1.ª edición 1914, 2.ª 1924), al que recurriré en otras ocasiones más adelante (Jeans 1905 a, 1916, 1924). En lugar de en función de la frecuencia, Jeans daba la expresión de la ley de la distribución de la energía en términos de la longitud de onda (ver, por ejemplo, Jeans 1916: 391):

1. Las investigaciones de Rayleigh en este dominio se deben considerar a la luz de la controversia que mantuvo con Kelvin desde, al menos, 1894, acerca de la validez o no de la denominada entonces «doctrina de Boltzmann-Maxwell», es decir, del principio de equipartición. Rayleigh se sentía inclinado a creer que las demostraciones de Maxwell eran correctas, mientras que a Kelvin, como ya vimos al final del capítulo 1, le parecía «improbable que pudiese ser cierta». Ver, en este sentido, Strutt, R. J. [cuarto barón Rayleigh] (1968: 248-250).

$$u(\lambda, T)\,\mathrm{d}\lambda = 8\pi\lambda NRT^{-4}\cdot \mathrm{d}\lambda \qquad (4)$$

donde R es la constante absoluta de los gases. «Esta fórmula [conocida como ley de Rayleigh-Jeans]», se lee en su *Report on Radiation and the Quantum Theory* (Jeans 1924: 16), «fue dada por lord Rayleigh y el presente autor en 1900 como la fórmula que debía, según la mecánica newtoniana, gobernar la distribución de la energía en el espectro. No puede ser una ley correcta, puesto que la energía total obtenida integrando de $\lambda = 0$ a $\lambda = \infty$ sería infinita para cualquier valor de T; y si la energía total fuese finita el único valor posible para T sería $T = 0$».

Jeans se refería aquí a lo que se denomina «catástrofe del ultravioleta». En términos analíticos:

Integrando (3) entre 0 e ∞,

$$U = \int_0^\infty u(\upsilon, T)\,\mathrm{d}\upsilon = \frac{8\pi}{c^3}\cdot NkT\int_0^\infty \upsilon^2 \mathrm{d}\upsilon = \infty$$

Entre 1905 y 1914, Jeans intentó introducir hipótesis que evitasen la catástrofe del ultravioleta. No tuvo, sin embargo, éxito, como reconoció ya en la primera edición del *Report*, donde resumió y puso punto final a tales intentos, demostrando finalmente que no existía ninguna esperanza de evitar dicha catástrofe, excepto aceptando el cuanto de energía de Planck, reforzando de esta manera la idea de que la cuantización energética iba camino de convertirse en uno de los pilares de la física.[2]

Otras virtudes de la ley de la radiación de Planck

La virtud de que la ley de radiación de Planck no conducía, como ocurría con la de Rayleigh-Jeans, a divergencias absurdas desde el punto de vista de lo que se observaba experimentalmente, no era la única. La primera y más evidente era que poseía los límites adecuados. Para comprobarlo, volvamos a escribir la expresión de la ley de Planck —ecuación (21) del capítulo 4—

2. De hecho, a partir de 1914 Jeans centró sus investigaciones en el dominio de la astrofísica y la cosmología.

$$u(\upsilon, T) = \left(\frac{8\pi\upsilon^3}{c^3}\right)\frac{h}{e^{h\upsilon/kT} - 1} \tag{5}$$

En el caso de frecuencias muy pequeñas (longitudes de onda grandes), o más exactamente para pequeños valores de $h\upsilon/kT$ ($h\upsilon/kT \ll 1$), el denominador de (5) se reduce (desarrollando en serie la exponencial) a:[3]

$$\frac{h\upsilon}{kT} + \frac{1}{2}\left(\frac{h\upsilon}{kT}\right)^2 + \ \dots$$

y limitándonos al término de primer orden (ya que los siguientes son cada vez más pequeños) queda

$$u(\upsilon, T) = \left(8\pi\upsilon^2/c^3\right)kT$$

esto es, la ecuación (3) precedente, o, lo que es lo mismo, la ley de Rayleigh-Jeans (en el caso de un único oscilador $N = 1$).

Pasando ahora al límite para frecuencias grandes, o, más correctamente, para valores grandes de $h\upsilon/kT$ ($h\upsilon/kT \gg 1$), en el denominador de (5), el valor de la exponencial domina sobre el 1, con lo que queda

$$u(\upsilon, T) = \left(8\pi\upsilon^3/c^3\right)\cdot h\cdot \exp(-h\upsilon/kT)$$

es decir, esencialmente (con constantes específicas) la ley que Wien propuso en 1896, la ecuación (4) que escribí en el capítulo 4.

En otras palabras, la ley de Planck englobaba a las dos leyes de radiación más importantes de la física, leyes que funcionaban relativamente bien en los límites para los que se obtenían de la expresión planckiana.

La segunda virtud de la ley de radiación de Planck que quiero citar es que pronto se descubrieron relaciones entre la «teoría» de Planck y otros dominios-leyes de la física. Antes de explicar qué quiero decir, es preciso señalar que midiendo la radiación total y la longitud de onda para la que a una temperatura T dada esa energía es máxima, se pueden calcular las constantes h y k que aparecen en la

3. Recordemos que $e^x = 1 + x + \frac{x^2}{2!} + \frac{x^3}{3!} + \dots$

ley de radiación de Planck. Utilizando las medidas que Kurlbaum había realizado de la constante que aparece en la ley de Stefan-Boltzmann —ecuación (13) del capítulo 1—, y de la constante en la ley del desplazamiento de Wien —ecuación (3) del capítulo 4—, Planck (1901 b) encontró los valores siguientes:

$$h = 6{,}548 \cdot 10^{-27}\,\text{erg} \cdot \text{seg} \tag{6a}$$

$$k = 1{,}346 \cdot 10^{-16}\,\text{erg/grado}. \tag{6b}$$

Estos resultados, aunque importantes en sí mismos, lo son más por el papel que desempeñaron en otra de las consecuencias (a la que antes he aludido) de la «teoría» de Planck. Y es que resultó que la constante k de la fórmula de la radiación (la constante de Boltzmann) no es otra cosa que el cociente de dividir la constante absoluta de los gases (que interviene en la ecuación de estado de los gases perfectos) por el número de Avogadro, N; es decir, por el número de moléculas contenidas en una molécula-gramo

$$k = R/N. \tag{7}$$

Como el valor de R se conocía con bastante exactitud ($R = 8{,}31 \cdot 10^7$ erg/grado = 1,98 cal/grado), Planck (1901 b) pudo deducir el número de Avogadro, N, haciendo uso de las medidas de la radiación que se habían efectuado, esto es, utilizando (6) en (7) se sigue:

$$N = 6{,}175 \cdot 10^{23} \tag{8}$$

Resulta que este valor, obtenido dentro del contexto de la «teoría (cuántica)» de Planck coincidía con los deducidos por métodos completamente distintos. Ahora bien, el número de Avogadro constituye el punto de unión con la teoría electrónica, puesto que la carga eléctrica transportada en la electrólisis por un ión-gramo monovalente, es decir, por N iones, constituye una constante universal llamada «número de Coulomb». Por entonces, las determinaciones experimentales habían dado a dicho número el valor $9{,}658 \cdot 3 \cdot 10^{10}$ unidades electrostáticas. Si cada ión monovalente transporta la carga e de un electrón, deberá tenerse

$$N \cdot e = 9{,}58 \cdot 3 \cdot 10^{10} \tag{9}$$

E introduciendo este valor en (8), resulta

$$e = 4{,}69 \cdot 10^{-10} \text{ unidades electrostáticas} \tag{10}$$

Medidas posteriores llevadas a cabo por Robert Millikan (1917) daban para la carga del electrón el valor

$$e = 4{,}774 \cdot 10^{-10}$$

es decir, un valor que discrepa del que se deducía de la teoría de la radiación de Planck en, aproximadamente, el 2 por ciento. Como señalaba Fritz Reiche (1922: 20), «verdaderamente una concordancia extraordinaria», que reafirmaba el valor de aquella teoría, y posteriormente, con su mediación, del mundo de los cuantos.[4]

Albert Einstein: apuntes biográficos y primeros contactos con los cuantos

Es hora ya de que me ocupe de Albert Einstein, y de lo que la física cuántica le debe. Como el encabezamiento de esta sección señala, él fue el primer físico que entendió qué significaba realmente la expresión $E = h \cdot \upsilon$, que para Planck era una «suposición puramente formal»; el primero en darse cuenta de que implicaba un cambio profundo en la comprensión de la estructura física de la radiación electromagnética. Lo hizo cuando era un completo desconocido en el mundo de la física: en 1905, mientras trabajaba para la Oficina de la Propiedad Intelectual de Berna.

Veamos, antes de pasar a sus contribuciones científicas, quién era.

Albert Einstein nació en Ulm (Alemania) el 14 de marzo de 1879, de padres de ascendencia judía, un hecho que ejerció una influencia indudable en su biografía. El que esto fuese así se debió a las circunstancias históricas en las que se desarrolló su vida. A pesar de que su certificado de nacimiento identificaba a sus padres, Hermann y

4. En las anteriores consideraciones he seguido muy de cerca el contenido de este libro de Reiche, un pequeño texto clásico de la física cuántica.

Pauline, como «pertenecientes a la fe israelita», ninguno era religioso; no seguían, en concreto, las costumbres judías. Como en tantos otros casos de la Alemania del siglo XIX y primeras décadas del XX, los Einstein eran, se consideraban o pretendían ser, «judíos asimilados», que se esforzaban por no distinguirse de cualquier otro alemán. Los mismos nombres que dieron a sus dos hijos, Albert y Maria, lejos de los tradicionales Jakob, David, Abraham o Ruth, denotan semejante hecho. Y como en tantos otros casos, finalmente, todos esos esfuerzos resultaron baldíos. El antisemitismo contra el que luchaban llegó, como es bien sabido, a un trágico y cruel clímax con Adolf Hitler.

Sus padres intentarían ser «buenos alemanes», pero su hijo mostró con frecuencia a lo largo de toda su vida lo poco que estimaba los nacionalismos. Un ejemplo en este sentido lo encontramos en lo que manifestó el 3 de abril de 1935 a Gerald Donahue, un estadounidense que le había escrito expresando la idea de que los judíos eran primero y por encima de todo ciudadanos de sus países. «En última instancia», señaló Einstein, «toda persona es un ser humano, independientemente de si es un americano o un alemán, un judío o un gentil. Si fuese posible obrar según este punto de vista, que es el único digno, yo sería un hombre feliz. Encuentro muy triste que divisiones según nacionalidad o tradición cultural desempeñen un papel tan grande en la vida práctica moderna» (reproducida en Rosenkranz 1998: 82).

Es posible, en cualquier caso, identificar algunas líneas maestras en los sentimientos de Einstein con relación a «cuestiones nacionales». Por un lado, su temprano rechazo del «espíritu alemán». Así, incapaz de soportar la filosofía educativa germana, en diciembre de 1894 abandonó Múnich, donde estudiaba, siguiendo a su familia, que se había instalado, por motivos de trabajo (su padre y su tío dirigían una empresa electrotécnica), en Pavía, después de haber pasado por Milán. El 28 de enero de 1896 renunciaba a la nacionalidad alemana, permaneciendo apátrida hasta que en 1901 logró la ciudadanía suiza, la única que valoró a lo largo de su vida. En este sentido, el 7 de junio de 1918 escribía a Adolf Kneser, catedrático de Matemáticas en la Universidad de Breslau (actualmente Wroclaw, en Polonia): «Por herencia soy un judío, por ciudadanía un suizo, y por mentalidad un ser humano, y *sólo* un ser humano, sin apego especial alguno por ningún estado o entidad nacional» (citada en Schulmann,

Kox, Janssen e Illy, eds., 1998: 791). No debe pasar desapercibido el que cuando Einstein escribía estas frases era, desde 1914, catedrático (sin obligaciones docentes) de la Universidad de Berlín y miembro de la Academia Prusiana de Ciencias, es decir, un alto funcionario de Prusia, lo que llevaba asociado la nacionalidad alemana, una circunstancia que él prefería pasar por alto, manteniendo y refiriéndose siempre a su ciudadanía suiza (durante sus años en Berlín viajó habitualmente con pasaporte suizo; incluso lo renovó después de haber adquirido, en 1940, la nacionalidad estadounidense, un acto también de dudosa legalidad desde el punto de vista de la legislación norteamericana).

Su aversión por Alemania culminaría tras la Segunda Guerra Mundial: «un país de asesinos de masas», la llamó en una carta que escribió al físico Max Born (también alemán, también judío, y que también tuvo que abandonar Alemania debido a la política racial implantada por Hitler) el 12 de octubre de 1953 (citada en Stern 1999: 3). De hecho, Einstein, al contrario que muchos de sus colegas (Born incluido), nunca aceptó volver a pisar suelo germano, que había abandonado en 1932, en principio para pasar un tiempo, como ya había hecho antes, en el California Institute of Technology. Tras la llegada al poder de Hitler el 30 de enero de 1933, decidió romper sus relaciones con la nación que le había visto nacer. El manifiesto que hizo público en marzo de 1933 contiene la esencia de la filosofía que defendió a lo largo de su vida en cuestiones sociales: «Mientras se me permita elegir, sólo viviré en un país en el que haya libertades políticas, tolerancia e igualdad de todos los ciudadanos ante la ley. La libertad política implica la libertad de expresar las propias opiniones políticas verbalmente y por escrito; la tolerancia implica el respeto por todas y cada una de las creencias individuales. Estas condiciones no existen en Alemania, hoy. Quienes más han hecho por la causa de la comprensión internacional, entre quienes se encuentran muchos artistas, sufren, en ella, persecución» (Einstein 1981: 183).

Pero continuemos con la narración de la biografía de Einstein (me había quedado en 1894, cuando abandonó Alemania siguiendo a su familia a Italia).

El hecho de dejar Alemania no significa que el joven Albert no desease seguir estudios universitarios. En octubre de 1895 se presentó a los exámenes de acceso de la Escuela Politécnica Federal (Eidgenössische Technische Hochschule; ETH) de Zúrich, que por entonces había alcanzado reputación como centro de vanguardia en la enseñanza superior de la física y la matemática en el mundo de habla alemana. Pasó con éxito los exámenes de matemáticas y materias científicas, pero no los de lengua e historia, por lo que le aconsejaron que cursase el último curso de una escuela secundaria suiza, con la casi seguridad de que al término de él sería admitido en el Politécnico. Eligió, para tal fin, la Escuela Cantonal de Aargau, en Aarau. Allí vivió en casa de Jost Winteler, un profesor de la Escuela. Y en aquella atmósfera, completamente diferente de la rígida y fría disciplina germana, fue feliz. Frau Winteler se convirtió en una segunda madre para él; se enamoró de Marie, una de las hijas, aunque el noviazgo no prosperó finalmente; en 1911, sin embargo, su hermana Maria (Maja) se casó con Paul Winteler, y Michele Besso, uno de los grandes amigos de Einstein, hizo lo propio, en 1898, con Anna Winteler.

En octubre de 1896, Einstein entró en el Departamento VI A, la Mathematische Sektion de la Escuela Politécnica Federal, especializada en formar profesores (más bien maestros) de física y matemáticas. Cuando llegó, 23 de los 841 estudiantes de la ETH seguían estudios en esa sección, 11 de ellos en el curso inicial. Entre esos 11 solamente había una mujer, una serbia llamada Mileva Marić.

En su autobiografía, Einstein (1979: 20) se refirió a sus maestros en la ETH de la siguiente manera: «Allí tuve excelentes profesores (por ejemplo, Hurwitz, Minkowski), de manera que realmente podría haber adquirido una profunda formación matemática. Yo, sin embargo, me pasaba la mayor parte del tiempo trabajando en el laboratorio de Física, fascinado por el contacto directo con la experiencia».

Como acabo de mencionar, uno de sus profesores en Zúrich fue el matemático Hermann Minkowski (1864-1909), con quien Einstein siguió nueve cursos (más que con cualquier otro profesor). Merece la pena recordarle, ya que años más tarde Minkowski suministraría la interpretación geométrica cuadrimensional a la teoría einsteniana de la relatividad especial, introduciendo el fructífero concepto de «espacio-tiempo».

Bajo la supervisión de Heinrich Weber (1842-1913), con quien siguió ocho cursos de física experimental (principalmente de electrotecnia), y como parte de sus exámenes finales en la ETH, Einstein preparó una tesina (*Diplomarbeit*) sobre la conducción calorífica. Su intención era continuar utilizando el laboratorio de Weber tras graduarse, para investigar en la termoelectricidad, con la esperanza de poder utilizar los resultados para una tesis doctoral dirigida por el propio Weber.

Tales esperanzas no llegaron, sin embargo, a concretarse. De hecho, los deseos de Einstein de iniciar una carrera académica inmediatamente después de finalizar sus estudios se vieron frustrados pronto. Fue el único de los cuatro estudiantes que pasaron los exámenes finales de la Sección VI A en julio de 1900 que no consiguió un puesto de *Assistent* (ayudante), el primer escalón en la carrera universitaria, y ello a pesar de que la nota media que obtuvo fue razonable: 4,91 de un máximo de 6. El que ocurriese esto fue una sorpresa para el propio Einstein, que inicialmente se mostraba confiado en sus posibilidades de obtener un puesto en la propia ETH. Tenía, por ejemplo, esperanzas de llegar a ocupar un puesto con el matemático Hurwitz («es probable que con la ayuda de Dios llegue a criado de Hurwitz», escribía a Mileva Marić el 13 de septiembre de 1900).[5] Pero no tuvo éxito. Ni tampoco con Eduard Riecke (1845-1915), director de la División de Física Experimental del Instituto de Física de la Universidad de Gotinga, a quien escribió en marzo de 1901. Por entonces estaba convencido de que tenía en su contra a Weber, a quien no perdonó jamás: cuando éste falleció, en 1912, escribió a Heinrich Zangger (1874-1957), profesor de Fisiología en la Universidad de Zúrich: «La muerte de Weber es buena para la ETH» (citado en Pais 1982: 45).

En realidad, no se entiende bien la pretendida animadversión de Weber para con Einstein, ya que las calificaciones que éste obtuvo en las asignaturas impartidas por aquel fueron excelentes. Probablemente, la razón del fracaso de Einstein fuera su propio carácter. En cierta ocasión, escribió a una estudiante norteamericana que le había presentado un vehemente alegato contra la injusticia de los profesores, de quienes se creía victima:[6] «A mí también me trataron de la misma manera mis profesores, que no me querían por mi independencia, por lo que me apartaron cuando necesitaron un ayudante».

5. Las cartas de Einstein a Marić que cito se encuentran reproducidas en Stachel, ed. (1987), al igual que en Sánchez Ron, ed. (1990).

6. Citado en Vallentin (1955: 28). Vallentin era una periodista amiga de Elsa, la segunda esposa de Einstein.

Al mismo tiempo que se dirigió a Riecke, hizo lo propio —y con análogo resultado negativo— con Wilhelm Ostwald, el célebre químico-físico de la Universidad de Leipzig, algunos de cuyos trabajos Einstein estudió en aquella época. Infatigable, no cesaba en sus esfuerzos por encontrar otras posibilidades para obtener un puesto de *Assistent.* A Mileva le contaba (4 de abril de 1901) que se había dirigido «al Politécnico de Stuttgart, donde hay un puesto libre, y he vuelto a escribir a Ostwald. ¡Pronto habré honrado con mi oferta a todos los físicos desde el Mar del Norte hasta la punta meridional de Italia!» (Sánchez Ron, ed., 1990: 68).

Incapaz de encontrar un puesto relacionado con la investigación física, Einstein tuvo que aceptar, en 1902 y con la ayuda del padre de su compañero de estudios, Marcel Grossman, un empleo en la Oficina de la Propiedad Intelectual de Berna, que mantendría hasta 1909. Fue allí, mientras evaluaba solicitudes de patentes, donde efectuó sus primeras grandes aportaciones a la física, en particular las del 1905, *annus mirabilis* donde los haya.

Fue entonces cuando publicó en la revista *Annalen der Physik* tres trabajos que terminarían conmoviendo los pilares de la física: «Sobre un punto de vista heurístico relativo a la producción y transformación de la luz» (Einstein 1905 a), en el que extendió la discontinuidad cuántica que Planck había introducido en la física cinco años antes, y en el que me detendré en seguida; «Sobre el movimiento requerido por la teoría cinético-molecular del calor para partículas pequeñas suspendidas en fluidos estacionarios» (Einstein 1905 b), en el que, a través de un análisis teórico del movimiento browniano, demostraba la existencia de átomos de tamaño finito, y «Sobre la electrodinámica de los cuerpos en movimiento» (Einstein 1905 c), el artículo con el que creó la teoría de la relatividad especial, sistema teórico-conceptual que eliminaba las discrepancias que habían surgido entre la mecánica newtoniana y la electrodinámica maxwelliana. La relatividad especial condujo a resultados que socavaban drásticamente conceptos hasta entonces sólidamente afincados en la física, como los de tiempo y espacio. A partir de entonces quedó claro que la simultaneidad de acontecimientos o la medida de longitudes depende del sistema de referencia (inercial) en que se hallan aquellos que realizan las observaciones. Ya nos encontramos en el capítulo 2 con la expresión $E = mc^2$, otra consecuencia de la teoría, que Einstein (1905 d) encontró inmediatamente y que permitió avanzar en el conocimiento de la aparentemente infinita energía producida en los fenómenos radiactivos. Las explosiones nucleares que pusieron término a la Segunda Guerra Mundial dieron buena prueba de que masa y energía son, en efecto, equivalentes.

Pero antes de pasar a analizar el contenido de «Sobre un punto de vista heurístico relativo a la producción y transformación de la luz» veamos qué se sabe de cómo llegó Einstein a relacionarse con los trabajos de Planck de 1900. Para ello hay que comenzar preguntándose acerca de quiénes fueron algunos de los científicos que admiró, aquellos cuyos escritos leyó con avidez. Y ahí nos encontramos con Helmholtz y Kirchhoff. «He estudiado algo de Helmholtz sobre los movimientos atmosféricos. [...] Cada vez admiro más la mente original y libre de Helmholtz», escribía a primeros de agosto de 1899 a Mileva Marić, y algo menos de un año después, el 29 de julio de 1900: «Como además hace mal tiempo, me he refugiado, desesperado, en el Kirchhoff».[7]

Como vimos en el capítulo anterior, Helmholtz y Kirchhoff fueron también muy admirados por Planck. Pero mientras que éste tenía por tercer nombre en su altar científico a Clausius, Einstein tenía como modelo a Boltzmann: «El Boltzmann es magnífico. Casi lo he terminado», escribía a Mileva el 13 de septiembre de 1900 (Sánchez Ron, ed., 1990: 50-51). «Es un expositor magistral. Estoy firmemente convencido de la corrección de los principios de la teoría; esto es, estoy convencido de que para el caso de los gases se trata realmente del movimiento de masas puntuales discretas de magnitud finita que se mueven según ciertas condiciones».

El «Boltzmann magnífico» que Einstein casi había terminado en septiembre de 1900 era, sin duda, los dos tomos de las *Vorlesungen über Gastheorie* (*Conferencias sobre teoría de los gases*) de Boltzmann (1896, 1898), ejemplares de los cuales se encontraron en la biblioteca de Einstein, con algunas anotaciones de él mismo, cuando se catalogó a su muerte. Pero esos libros contenían lecciones muy diferentes a las que aprendió Planck en los escritos de Clausius. Lecciones como el, repetidamente mencionado en capítulos anteriores, carácter probabilístico de sus ideas sobre la entropía. Así, en el volumen primero de las

7. Sánchez Ron, ed. (1990: 12-13, 32). La obra de Kirchhoff a la que se hace referencia es seguramente Kirchhoff (1897): *Vorlesungen über mathematische Physik,* vol. 1 *(Mechanik),* 4.ª ed.

Vorselungen podemos leer frases como las siguientes: «El hecho de que en la naturaleza la entropía tienda a un máximo, demuestra que para todas las interacciones (difusión, conductividad calorífica, etc.) en los gases reales las moléculas individuales se comportan según las leyes de la probabilidad en sus interacciones, o al menos que un gas real se comporta como el gas de moléculas desordenadas que tenemos en mente. Se encuentra así que la segunda ley es una ley probabilista».[8] Por si quedaran dudas, Boltzmann (1964: 215) abría la segunda parte de su tratado con la siguiente cita de Williard Gibbs (cuya influencia sobre la obra en física estadística y cuántica de Einstein también fue extraordinaria): «La imposibilidad de una disminución no compensada de entropía parece quedar reducida a una improbabilidad».[9]

Incluso desde el punto de vista de las personalidades, la de Boltzmann era más parecida a la de Einstein. Se puede decir que el conjunto «intereses-enfoques científicos y humanidad» fue muy similar en el caso de estos dos grandes científicos. De hecho, parece que, de alguna manera, algunos de sus contemporáneos así lo percibieron; como Walther Nernst, según muestra el siguiente párrafo de una carta que éste escribió el 10 de marzo de 1910 a Arthur Schuster (citada en Kormos Barkan 1993: 62; 1999: 182-183): «En el viaje que realicé aquí visité al Prof. Einstein en Zúrich. Fue para mí una reunión extremadamente estimulante e interesante. Creo que, con respecto al desarrollo de la física, podemos estar muy contentos de tener un pensador joven tan original, un Boltzmann redivivus; la misma seguridad y velocidad de pensamiento; gran atrevimiento en la teoría, que sin embargo no puede hacer daño, ya que se conserva el más íntimo contacto con el experimento». Y añadía un comentario que es relevante a las cuestiones que estoy considerando ahora: «La hipótesis cuántica de Einstein se halla probablemente entre los pensamientos [construcciones] más notables jamás hechos; si es correcta, entonces indica caminos completamente nuevos, tanto para la denominada "física del éter" como para las teorías moleculares; si es falsa, bien, entonces permanecerá para siempre "como un bello recuerdo"».

Gracias también a su correspondencia con Marić, sabemos que Einstein conocía desde al menos la primavera de 1901 los trabajos de Planck. En efecto, el 4 de abril de 1901 escribía a Mileva (Sánchez

8. He utilizado la versión inglesa de Stephen G. Brush (Boltzmann 1964: 74-75).
9. Esta frase aparece en Gibbs (1875; 1961: 167).

Ron, ed., 1990: 66): «Me han surgido objeciones de principio contra los estudios sobre radiación de Planck, de suerte que leo su tratado con sentimientos encontrados». Y una semana después, el 10 de abril: «Lo que me preocupa de las observaciones de Planck sobre la naturaleza de la radiación se dice pronto: Planck supone que una clase muy determinada de resonadores (con períodos y amortiguamientos determinados) ocasiona la conversión de la energía en radiación, un supuesto con el que yo no estoy de acuerdo. Tal vez su última teoría sea más general».

Tenía problemas con los cuantos introducidos por Planck en 1900, pero esto no fue óbice para que en 1905 diera un paso más en la cuantización de la física. Es hora, por tanto, de pasar a estudiar su artículo «Sobre un punto de vista heurístico relativo a la producción y transformación de la luz».

La segunda discontinuidad cuántica: «Über einen die Erzeugung und Verwandlung des Lichtes betreffenden heuristischen Gesichtspunkt»

Como señalé antes, en «Über einen die Erzeugung und Verwandlung des Lichtes betreffenden heuristischen Gesichtspunkt» («Sobre un punto de vista heurístico relativo a la producción y transformación de la luz») Einstein extendió la discontinuidad cuántica que Planck había introducido en la física cinco años antes. Básicamente, la diferencia, la gran diferencia, entre Einstein y Planck es que éste pensaba (podía, de hecho, pensar) que sólo había introducido la discontinuidad en el *intercambio* de energía entre osciladores y radiación, y que esta última podía continuar siendo descrita por las ondas continuas del electromagnetismo, mientras que el empleado de la Oficina de la Propiedad Intelectual sostenía la existencia de fenómenos que obligaban a pensar que, de alguna manera, la luz, la radiación electromagnética, estaba formada por paquetes independientes de energía, por cuantos que obedecían a la misma expresión introducida por Planck ($E = h \cdot \upsilon$). Por eso se puede hablar de que Einstein introdujo una «segunda», la más radical, discontinuidad cuántica en la radiación.

Entremos ahora en el contenido del artículo.

Ya en la introducción, Einstein señalaba que «las observaciones asociadas con la radiación del cuerpo negro, fluorescencia, produc-

6. *Über einen die Erzeugung und Verwandlung des Lichtes*
[1] ***betreffenden heuristischen Gesichtspunkt;***
von A. Einstein.

Zwischen den theoretischen Vorstellungen, welche sich die Physiker über die Gase und andere ponderable Körper gebildet haben, und der Maxwellschen Theorie der elektromagnetischen Prozesse im sogenannten leeren Raume besteht ein tiefgreifender formaler Unterschied. Während wir uns nämlich den Zustand eines Körpers durch die Lagen und Geschwindigkeiten einer zwar sehr großen, jedoch endlichen Anzahl von Atomen und Elektronen für vollkommen bestimmt ansehen, bedienen wir uns zur Bestimmung des elektromagnetischen Zustandes eines Raumes kontinuierlicher räumlicher Funktionen, so daß also eine endliche Anzahl von Größen nicht als genügend anzusehen ist zur vollständigen Festlegung des elektromagnetischen Zustandes eines Raumes. Nach der Maxwellschen Theorie ist bei allen rein elektromagnetischen Erscheinungen, also auch beim Licht, die Energie als kontinuierliche Raumfunktion aufzufassen, während die Energie eines ponderabeln Körpers nach der gegenwärtigen Auffassung der Physiker als eine über die Atome und Elektronen er-
[2] streckte Summe darzustellen ist. Die Energie eines ponderabeln Körpers kann nicht in beliebig viele, beliebig kleine Teile zerfallen, während sich die Energie eines von einer punktförmigen Lichtquelle ausgesandten Lichtstrahles nach der Maxwellschen Theorie (oder allgemeiner nach jeder Undulationstheorie) des Lichtes auf ein stets wachsendes Volumen sich kontinuierlich verteilt.

Die mit kontinuierlichen Raumfunktionen operierende Undulationstheorie des Lichtes hat sich zur Darstellung der rein
[3] optischen Phänomene vortrefflich bewährt und wird wohl nie durch eine andere Theorie ersetzt werden. Es ist jedoch im Auge zu behalten, daß sich die optischen Beobachtungen auf zeitliche Mittelwerte, nicht aber auf Momentanwerte beziehen, und es ist trotz der vollständigen Bestätigung der Theorie der Beugung, Reflexion, Brechung, Dispersion etc. durch das

Primera página del artículo en el que Einstein introdujo la «segunda discontinuidad cuántica».

ción de rayos catódicos mediante luz ultravioleta y otros fenómenos relacionados, todos ellos conectados con la emisión o transformación de la luz, se entienden más fácilmente si uno supone que la energía de la luz está distribuida espacialmente de forma discontinua». Pero antes de intentar defender tal sentido, Einstein necesitó mostrar que la teoría clásica, la electrodinámica de Maxwell, conducía a graves problemas en el estudio de la radiación. Así, en la sección I, titulada «Sobre una dificultad con respecto a la teoría de la radiación de un cuerpo negro», demostraba que en el caso de longitudes de onda cortas y densidades de radiación pequeñas, la teoría maxwelliana no conduce a la expresión correcta para la energía de la radiación en un espacio rodeado de paredes completamente reflectantes, en el que está encerrado un número de moléculas de gas y de electrones que se mueven libremente y que a distancias pequeñas ejercen pequeñas fuerzas conservativas entre sí.

Liberado de la «ligadura clásica», es decir, de la obligatoriedad de restringirse al dominio de la física clásica tradicionalmente apropiada para resolver los problemas de la radiación, Einstein desarrolló su argumentación de la forma siguiente. En la sección 4 («Ley límite para la entropía de la radiación monocromática para baja densidad de radiación») introducía la ley de Wien: «Del estudio realizado hasta el momento de la "radiación del cuerpo negro", queda claro que la ley

$$\rho = \alpha \upsilon^3 e^{-\beta\upsilon/T} \tag{11}$$

propuesta inicialmente para la "radiación de cuerpo negro" por Herr W. Wien no es exactamente válida. Sin embargo, para grandes valores de υ/T, está en completo acuerdo con el experimento. Basaremos nuestros cálculos en esta fórmula, aunque teniendo en cuenta que nuestros resultados son válidos solamente dentro de ciertos límites». A continuación deducía la entropía de la radiación de energía E con una frecuencia entre υ y $\upsilon + d\upsilon$, gobernada por la ley de Wien:

$$S - S_0 = \left(E/\beta\upsilon\right)\cdot \ln\left(v/v_0\right) \tag{12}$$

donde S y S_0 denotaban las entropías de la radiación en un volumen v y v_0, respectivamente, y β es una constante.

En la sección siguiente («Investigación teórico-molecular de la dependencia con respecto al volumen de la entropía de gases y soluciones diluidas») aplicaba la ley de Boltzmann para la entropía a un gas de *n* partículas en equilibrio térmico en un volumen *v*. Tras demostrar que «si S_0 es la entropía de un cierto estado inicial del sistema considerado y *W* la probabilidad relativa de un estado con entropía *S*, entonces se tiene en general que

$$S - S_0 = (R/N) \cdot \ln W\text{»} \tag{13}$$

consideraba el caso en el que «una parte *v* del volumen v_0 contuviese todos los *n* puntos mientras que nada ha cambiado en el sistema», y se preguntaba: «¿Cuán grande es la probabilidad de que en un momento arbitrario todos los *n* puntos que se mueven independientemente entre sí en un volumen v_0 se encuentren (accidentalmente) en el volumen *v*?». Un cálculo sencillo implicaba que la «probabilidad estadística» era

$$W = (v/v_0)^n \tag{14}$$

En consecuencia, se tenía

$$S - S_0 = R \cdot (n/N) \cdot \ln(v/v_0) \tag{15}$$

En este punto se iniciaba una nueva sección, la 6 («Interpretación de la expresión para el volumen de la entropía de la radiación monocromática según el principio de Boltzmann»). Allí, Einstein escribía la ecuación (12) en una forma nueva:

$$S - S_0 = (R/N) \cdot \ln\left[(v/v_0)^{\mathrm{NE/R\beta\upsilon}}\right] \tag{16}$$

Y al compararla con la fórmula general (13), llegaba a la siguiente conclusión:

> Si la radiación monocromática de frecuencia υ y energía *E* está encerrada (por paredes reflectantes) en un volumen v_0, la probabilidad de que en un tiempo arbitrario la energía total de radiación se encuentre en una parte, *v*, del volumen v_0 será
>
> $$W = (v/v_0)^{\mathrm{NE/R\beta\upsilon}}$$

Y de esto concluimos entonces:

> La radiación monocromática de baja densidad se comporta —en tanto que la fórmula de la radiación de Wien sea válida—, en un sentido termodinámico, como si consistiese de cuantos de energía mutuamente independientes de magnitud $R\beta\upsilon/N$.

Como vemos, aunque fuese a través de la ley de Wien, Einstein llegaba también a una forma de la expresión $E = h \cdot \upsilon$ obtenida por Planck en 1900 (en la expresión dada por Einstein Rβ/N desempeña, obviamente, el papel de *h*). En vista de este resultado, concluía la sección con la siguiente manifestación: «Si radiación monocromática —de suficientemente baja densidad— se comporta, en lo relativo a la dependencia con respecto al volumen de la entropía, como un medio discontinuo consistente de cuantos de magnitud $R\beta\upsilon/N$, es plausible investigar si las leyes de la generación y transformación de la luz son también como si la luz estuviese compuesta por tales cuantos de energía». Fue entonces, sólo entonces, cuando analizó un grupo de fenómenos experimentales (la regla de Stokes, la generación de rayos catódicos iluminando cuerpos sólidos y la ionización de gases por luz ultravioleta) buscando explicar sus características, ya observadas por experimentalistas, según la prototeoría que había desarrollado en las secciones precedentes. De las explicaciones dadas por Einstein de esos efectos, la que más relevancia tuvo fue la del segundo, la «generación de rayos catódicos iluminando cuerpos sólidos», o, en su denominación más conocida, el «efecto fotoeléctrico», un fenómeno descubierto por Heinrich Hertz (1887) durante sus investigaciones sobre la naturaleza de las ondas electromagnéticas.

Einstein y el efecto fotoeléctrico

El efecto fotoeléctrico es un proceso en el que la superficie de un material emite electrones cuando absorbe energía electromagnética al incidir luz sobre ella, o cuando rayos X o γ se propagan a través del material. Ahora bien, como Philipp Lenard había señalado, si se suponía, como era obligado en la teoría electromagnética maxwelliana, que la energía de la luz se encontraba distribuida de manera continua en el espacio, entonces no se sabía cómo explicarlo, cómo entender que el tipo de radiación catódica emergente (esto es, en el lenguaje actual, la velocidad de los electrones emitidos) dependiese de la longitud de onda de la luz incidente pero no de su intensidad.

Sabemos que en mayo de 1901 Einstein se familiarizó con trabajos de Lenard sobre este tema. En efecto, el 28 de mayo de aquel año escribía a Mileva: «Acabo de leer un maravilloso tratado de Lenard sobre la producción de rayos catódicos con luz ultravioleta» (Sánchez Ron, ed., 1990: 89). Debe tratarse del artículo en el que Lenard (1899; ver también 1900) estudiaba el efecto fotoeléctrico obteniendo evidencia de que la fotocorriente no dependía del gas existente en el tubo que utilizaba, así como de la existencia en el vacío de, en su terminología, «cuantos» (*quanten*) de electricidad (es decir, electrones), emitidos por el electrodo metálico cuando éste era irradiado con luz ultravioleta.[10] Sin embargo, la referencia dada por Einstein en 1905 correspondía a otro artículo, posterior, de Lenard (1902), en donde éste descubrió que la velocidad máxima con la que los electrones abandonan la superficie metálica, cuando es iluminada con luz ultravioleta, es independiente de la intensidad de la luz.[11] Asimismo, sabemos que Einstein intercambió algunas cartas con Lenard; el 16 de noviembre de 1905, por ejemplo, le escribía agradeciéndole «el artículo que me envió; lo he estudiado con el mismo sentimiento de admiración con que lo hice con sus anteriores artículos» (Klein, Kox y Schulmann, eds., 1993: 37).[12]

«Según la idea de que la luz incidente consiste de cuantos de energía $R\beta\upsilon/N$», explicaba Einstein en su artículo (1905 a: 145, 147), «se puede imaginar la producción de rayos catódicos debido a la luz en la forma siguiente. Los cuantos de energía penetran en una capa su-

10. Para más detalles acerca del contenido de este artículo, y, en general, del conjunto de investigaciones de Lenard sobre el efecto fotoeléctrico, véase Wheaton (1978).

11. Aunque no desarrollaré este punto aquí, señalaré que las evidencias que obtuvo en 1902 llevaron a Lenard a proponer un tipo particular de átomo en el que las líneas espectrales estaban relacionadas con movimientos de electrones. Ver Wheaton (1978).

12. Lenard era entonces catedrático de Física Experimental y director del Laboratorio de Física de la Universidad de Kiel. No puedo dejar de mencionar que las buenas relaciones que mantenían entonces Einstein y Lenard cambiarían radicalmente una vez Hitler en el poder. Entonces, Lenard, junto a Johannes Stark (que también mantenía relaciones cordiales con Einstein en aquella época), los dos grandes defensores de una «física aria», no «contaminada» por la ciencia judía, atacaron despiadadamente a Einstein y a sus teorías.

perficial del cuerpo y su energía se transforma, al menos parcialmente, en energía cinética de un electrón [...] Si todo cuanto de energía de la luz incidente transfiere su energía a los electrones independientemente de los cuantos restantes, entonces la distribución de velocidad de los electrones, esto es, la cualidad de la radiación catódica resultante, será independiente de la intensidad de la luz incidente; por otra parte, el número de electrones emitidos por el cuerpo será proporcional a la intensidad de la luz incidente». Expresado en términos analíticos, y utilizando una notación actual, la fórmula que obtuvo Einstein, de la que se extraían fácilmente las anteriores consecuencias, es

$$E_{max} = R\beta\upsilon/N - P \qquad (17)$$

donde E_{max} es la energía cinética máxima de los fotoelectrones, $R\beta/N$ (como ya apunté) el equivalente de la constante de Planck h, υ la frecuencia de la luz incidente, y P el trabajo que debe realizar cada electrón para abandonar la superficie.

Fue precisamente esta parte de su artículo la que mencionó explícitamente la Academia Sueca de Ciencias cuando le otorgó en 1922 el premio Nobel de Física correspondiente a 1921: «A Albert Einstein, por sus servicios a la Física Teórica, y especialmente por su descubrimiento de la ley del efecto fotoeléctrico», es lo que se lee en la comunicación hecha pública entonces. Si tenemos en cuenta que entre sus otras contribuciones figuraban las teorías especial y general de la relatividad, al igual que otras referentes a la física cuántica que también podrían haber merecido una mención explícita, la imagen y juicio de la Academia Sueca no queda especialmente favorecida, aun reconociendo, por supuesto, el mérito y valor de la sección dedicada al efecto fotoeléctrico de «Über einen die Erzeugung und Verwandlung des Lichtes betreffenden heuristischen Gesichtspunkt».

En cualquier caso, para que se llegase al punto en el que la Academia Sueca reconociese la corrección de la teoría de Einstein, o lo que, en este caso, es esencialmente lo mismo, de la ecuación (17), ésta tuvo que ser comprobada experimentalmente; al igual que vencer la oposición de otras teorías alternativas (pero en esencia «clásicas») que intentaban explicar el efecto.[13] Y no fue nada fácil. Los trabajos experimentales de Lenard (1902) sólo suministraban evidencia cualita-

13. Sobre estas teorías, ver Stuewer (1970).

tiva del aumento de la frecuencia con $E_{max.}$ Sería Robert Millikan (1916 a, b) quien, tras una década de esfuerzos, lograría poner en una base experimental firme la ecuación einsteniana, y en cierto sentido él mismo fue uno de los sorprendidos, como prueba lo que escribió en un artículo publicado en un número de la revista estadounidense *Reviews of Modern Physics* dedicado a celebrar el septuagésimo cumpleaños de Einstein (Millikan 1949: 344): «Pasé diez años de mi vida comprobando la ecuación de Einstein de 1905 [la del efecto fotoeléctrico], y contrariamente a todas mis expectativas me vi obligado, en 1915, a proclamar su indudable verificación experimental, a pesar de lo irrazonable que era, ya que parecía violar todo lo que sabíamos acerca de la interferencia de la luz».

Problemas con los cuantos de Einstein de 1905

A pesar de todas sus virtudes (es decir, de su capacidad de explicar fenómenos problemáticos desde el punto de vista de la física clásica), la radicalidad de las ideas que manejaba Einstein en «Sobre un punto de vista heurístico relativo a la producción y transformación de la luz» —suponer que, de alguna manera, la luz estaba formada por «partículas» de energía— era tal que ni siquiera él mismo podía obviarlas. No podía, por ejemplo, evitar enfrentarse con cuestiones tales como: ¿por qué, sin embargo, la teoría ondulatoria de la luz ha tenido tanto éxito hasta ahora?, o ¿cómo se pueden incorporar al esquema cuántico fenómenos del tipo de la interferencia o la difracción? La respuesta —el comentario más bien— de Einstein (1905 a: 132-133) a estos interrogantes se encuentra en la introducción del trabajo, donde escribía: «La teoría ondulatoria de la luz, que opera con funciones continuas en el espacio, ha funcionado bien en la representación de fenómenos puramente ópticos y probablemente nunca será reemplazada por otra teoría. Debe tenerse en cuenta, sin embargo, que las observaciones ópticas se refieren a medias temporales más que a valores instantáneos, y a pesar de la completa verificación experimental de la teoría de la difracción, reflexión, refracción, dispersión, etc., es imaginable que una teoría de la luz que utilice funciones continuas en el espacio conduzca a contradicciones con la experiencia, si se aplica a los fenómenos de la producción y la transformación de la luz».

Expresados de forma diferente, estos comentarios de Einstein venían a sugerir que se inclinaba a pensar que la teoría (clásica) electromagnética actuaría como una descripción «promedio», válida a dimensiones más o menos macroscópicas, mientras que la nueva formulación (todavía por desarrollar) que contendría a los cuantos iría «más allá». Que pensase que los fenómenos relativos a la producción y transformación de la luz fuesen el lugar más apropiado para detectar las limitaciones de la teoría clásica, basada en funciones continuas, es algo que, desde nuestra perspectiva, no puede estar más justificado, ya que ahora sabemos que tales fenómenos surgen en especial en transiciones entre niveles atómicos, esto es, en la propia raíz del mundo cuántico microscópico.

La manera en que Einstein intentaba hacer compatibles, por el momento a un nivel básicamente programático, aspectos continuos y discretos (los asociados a los cuantos) se puede tomar también como una primera manifestación —o premonición— de la dualidad onda-corpúsculo. Como se sabe, y estudiaremos en este libro, tal dualidad constituye uno de los rasgos característicos de la física cuántica. De hecho, Einstein fue el gran pionero en estas ideas, no sólo, ni principalmente, en la visión que implícitamente transmitía —como estoy señalando en este momento— en 1905, sino en el análisis que llevó a cabo en 1909, del que me ocuparé en este mismo capítulo.

Es evidente, no obstante, que todas estas posibilidades se movían en un mundo analítico, teórico, sin definir ni estructurar. Y es que, por supuesto, Einstein no disponía de ninguna formulación coherente que hiciese compatibles continuidad y discontinuidad, física clásica y cuantos. Aunque se esforzó. Pero volveré a este punto más adelante, cuando trate de sus trabajos sobre la dualidad onda-corpúsculo de 1909.

Otro problema con «Sobre un punto de vista heurístico...», especialmente grave desde el punto de la base teórica, era el ya mencionado de la utilización de la ley de radiación de Wien en lugar de la de Planck. ¿Por qué recurrió a ella, si sabía que no era correcta totalmente, sólo a longitudes de onda pequeñas, mientras que la de Planck englobaba —como hemos visto en este mismo capítulo— los dos extremos del espectro? Existen al menos dos posibles respuestas a esta pregunta. La primera —en la que hacen hincapié Mehra y Rechenberg (1982: 75)— es que Einstein se vio influido en este punto por una idea introducida por Wien (1900), según la cual la radiación calorífica consistía en dos partes más o menos claramente diferenciadas: la de longitudes de onda largas, que describía correctamente las leyes conocidas de la electrodinámica, y la de longitudes de onda pequeñas, determinada por leyes todavía por descubrir. Estrictamente no es necesario que Einstein creyese —es, pienso, dudoso que supusiese tal cosa— que existiese semejante separación tajante, basta con que utilizase la idea como un artificio conveniente para avanzar en sus análisis teóricos, para continuar buscando una teoría satisfactoria en la que ambos aspectos apareciesen formando parte de un esquema unitario. El extremo dominado por la ley de Wien era, bajo esta perspectiva, bueno para identificar propiedades o fenómenos «extraños» a la física clásica, como los cuantos, o el efecto fotoeléctrico. El artículo de Wien de 1900, que parece que Einstein conocía (ver Stachel 2000), pudo haberle sido de utilidad en este sentido, aunque no creo que le fuese imprescindible.

Tenemos, por tanto, que una posible respuesta a la pregunta de por qué utilizó Einstein en 1905 la ley de radiación de Wien y no la de Planck, es que ese recurso le facilitaría descubrir las propiedades-fenómenos característicos del dominio no descrito por las leyes clásicas del electromagnetismo, dominio que había sido atisbado a través de, entre otros (también los fenómenos radiactivos mostraban los límites de la física clásica), las investigaciones de Planck. Bien, pero hay más: Einstein no estaba nada satisfecho con la derivación que Planck había llevado a cabo en 1900 de los cuantos de energía de su ley de radiación.

Este es un punto extremadamente importante, que, de hecho, afectó profundamente a las reacciones con respecto a los cuantos de una parte considerable de los físicos de la época (y notablemente a Lorentz). Pero ¿cuál era el problema de Einstein con la derivación de Planck? La respuesta es sencilla de expresar, pero compleja de explicar: un problema con la estadística que había utilizado.

Como acabo de señalar, explicar este punto es ciertamente complejo, puesto que implica cuestiones profundas de la física estadística. Einstein se refirió a él en numerosas ocasiones, pero yo no he encontrado cita más clara que un comentario que realizó en el Primer Congreso de Física Solvay en 1911 (al que me referiré en el capítulo siguiente), durante la discusión que siguió al informe presentado por Planck. He aquí lo que manifestó Einstein en aquella ocasión (Langevin y de Broglie, M., eds., 1912: 115):

> Parece un poco chocante aplicar la ecuación de Boltzmann como quiere Planck, introduciendo una probabilidad *W* sin dar una definición física de ella. Si se actúa así, la ecuación de Boltzmann no tiene contenido físico. El hecho de que se tome *W* como el número de configuraciones no cambia nada de esto, porque no se explica cómo se reconocerá que dos configuraciones son igualmente probables. Incluso si se lograse definir la probabilidad de manera que la entropía deducida de la ecuación de Boltzmann estuviese de acuerdo con la definición experimental, me parece que la forma en que Planck introduce el principio de Boltzmann no permite concluir que la teoría es correcta basándose en su acuerdo con las propiedades termodinámicas experimentales.

Entre los escritos de carácter técnico en los que Einstein abordó de forma específica el problema mencionaré, por ejemplo, un artículo que publicó en 1906: «Zur Theorie der Lichterzeugung und Lichtabsorption» (Sobre la teoría de la producción y absorción de luz). Allí, Einstein (1906: 200) se preguntaba cómo es que Planck había llegado a su ley y no a la de Rayleigh-Jeans. Esto le llevaba a manifestar que cuando se seguía un procedimiento establecido desde el punto de vista estadístico era inevitable, como sostuvieron en su momento Rayleigh, Jeans y otros (como Lorentz), obtener la ley de radiación que lleva el nombre de los físicos británicos y no la de Planck, y a señalar que se había utilizado en la expresión de Boltzmann una definición de *W* que no suministraba ninguna justificación física que sustentara el uso que hacía de casos igualmente probables; de hecho, Einstein argumentaba que la validez de la ley de Planck implicaba que todas las configuraciones no pueden ser igualmente probables. No sería hasta 1924 cuando Satyendranath Bose resolvería este problema estadístico. Pero esta cuestión será tratada en otro capítulo.

Tampoco ignoraba Einstein, en su crítica a Planck, un problema que ya mencioné cuando introduje la ecuación (6) del capítulo 4: que Planck recurrió a elementos de la física clásica, del electromagnetismo en concreto, para deducir la ley de radiación, con la que, sin embargo, más tarde dedujo resultados incompatibles con aquella física. En el mismo artículo de 1916 que acabo de mencionar se refirió a este problema, pero prefiero recuperar lo que Einstein tenía que decir sobre él en otros artículos, concretamente en dos publicados en 1909.

Einstein sobre la dualidad onda-corpúsculo (1909)

Ya dije que «Sobre un punto de vista heurístico...» se puede considerar como una primera manifestación —o premonición— de dualidad onda-corpúsculo, y que en 1909 el propio Einstein avanzó en esta línea. Dos artículos son básicos al respecto. El primero de ellos (Einstein 1909 a) lleva por título «Estado actual del problema de la radiación»; el segundo —«Sobre el desarrollo de nuestras ideas relativas a la naturaleza y composición de la radiación»— es la versión escrita de la conferencia que Einstein (1909 b) pronunció en Salzburgo el 21 de septiembre durante el 81 congreso de una asociación (equivalente a la British Association for the Advancement of Science) fundada en 1822 para promover la unidad de todas las ciencias naturales (incluyendo la medicina), una asociación que tenía entonces más de tres mil miembros: la Gesellschaft Deutscher Naturforscher und Ärtze (Asociación de Científicos de la Naturaleza y Médicos Alemanes). Fue aquél, de hecho, el primer congreso de verdadero relieve en el que Einstein pronunció una conferencia.

Con respecto a los aspectos que quiero comentar, ambos artículos contienen, básicamente, los mismos puntos. Comenzaré utilizando el primero.

El punto de partida de Einstein era el mismo que sostuvo en diversas ocasiones: que la física realmente establecida conducía a dos expresiones; una,[14]

$$E = c^3\rho/8\pi\upsilon^2 \qquad (18)$$

que surgía de la teoría de Maxwell, y otra,

$$< E >= RT/N \qquad (19)$$

de la teoría estadística del calor (con < > denoto el valor medio de la magnitud a la que se refiere). Y que de ambas se seguía la expresión, «encontrada por Jeans y H. A. Lorentz»,

14. Aunque ya nos hemos encontrado con estas ecuaciones en otros lugares, para facilitar la lectura de estos pasajes les asigno ahora números nuevos; asimismo, y siguiendo a Einstein introduzco algunos cambios —evidentes— de notación.

$$\rho = \left(8\pi R/c^3 N\right)\upsilon^2 T \tag{20}$$

«En mi opinión», escribía Einstein (1909 a: 186-187), «no puede existir duda de que nuestras ideas teóricas actuales conducen inevitablemente a la ley propuesta por Herr Jeans. Sin embargo, podemos considerar como igualmente bien establecido que la fórmula [20] no es compatible con los hechos. ¿Por qué, después de todo, emiten los sólidos luz visible solamente por encima de una temperatura fija, bastante bien definida? ¿Por qué no aparecen por todas partes los rayos ultravioletas, si de hecho están siendo producidos constantemente a temperaturas ordinarias? ¿Cómo es posible almacenar en rollos durante mucho tiempo placas fotográficas altamente sensibles, si se producen constantemente rayos de onda corta? [...] Por consiguiente, tenemos que decir que la experiencia nos fuerza a rechazar bien la ecuación [18], requerida por la teoría electromagnética, o la ecuación [19], requerida por la mecánica estadística, o bien ambas».

Pero si fuera por estos comentarios, no merecería la pena recordar sus artículos de 1909. Había, no obstante, más, mucho más. Maestro como era de las consideraciones estadísticas, llegó a resultados que profundizaban en la dualidad onda-corpúsculo estudiando el valor medio de las fluctuaciones de energía, $<\varepsilon^2>$, que tienen lugar en una cavidad de volumen V llena de radiación.

Tomando como modelo su artículo de 1905 sobre la teoría del movimiento browniano y utilizando la termodinámica, los trabajos de Boltzmann y la ley de radiación de Planck, Einstein llegó a la siguiente expresión:

$$<\varepsilon^2> = \frac{R}{Nk}\cdot\left[h\upsilon\rho + \frac{c^3}{8\pi\upsilon^2 d\upsilon}\cdot\frac{\rho^2}{V}\right] \tag{21}$$

donde ρ representa la densidad de radiación de frecuencia υ a la temperatura T. La importancia de este resultado residía, como señalaba Einstein, en lo siguiente:

1) Si se supone que *a*) la radiación está compuesta de ($E/h\upsilon$) cuantos que se mueven independientemente y dotados, cada uno, de una energía $h\upsilon$, y *b*) que es válida la ley de los grandes números, entonces se obtiene una expresión en la que únicamente aparece el primer término del corchete de la ecuación (21).

2) Si uno se basa en la teoría ondulatoria (electrodinámica maxwelliana) de la radiación (luz), entonces la expresión a la que se llega contiene solamente el segundo término de (21).

3) Dentro de la región de validez de la ley de radiación de Wien, el término de (21) que se obtiene es el primero, mientras que dentro del contexto de la ley de Rayleigh-Jeans aparece sólo el segundo.

En otras palabras: ni ondas ni partículas (cuantos de energía), ni electrodinámica ni física estadística *à la* Planck, podían, por separado, cubrir todo el espectro de frecuencias y energías de la radiación.

Einstein sacó consecuencias análogas estudiando el caso de un recipiente conteniendo radiación de cuerpo negro y una placa reflectante que se mueve libremente pero que refleja únicamente radiación del intervalo $(\upsilon, \upsilon + d\upsilon)$. Si Δ denota el momento transferido a la placa durante el tiempo τ como resultado de las irregulares fluctuaciones de la presión de radiación, se obtiene para el valor medio, $<\Delta>$, de ese momento la expresión

$$<\Delta^2> = (1/c)\left[h\rho\upsilon + (c^3\rho^2/8\pi\upsilon^2\right]\cdot A\tau\cdot d\upsilon \qquad (22)$$

donde ρ continúa representando la densidad de radiación en el intervalo $(\upsilon, \upsilon + d\upsilon)$ y A es la superficie de la placa. Utilizando ahora sus palabras en el congreso de Salzburgo (Einstein 1909 b: 498): «Esta expresión es conspicua, en primer lugar, por su simplicidad; no es probable que exista otra fórmula de radiación que esté de acuerdo con la experiencia, dentro del rango experimental de error, que presente para las propiedades estadísticas de la presión de radiación una forma tan sencilla como la de Planck. En lo que se refiere a su interpretación, lo primero que se advierte es que la expresión del valor medio de la fluctuación es una suma de dos términos. Parece, en consecuencia, que existen dos factores diferentes, independientes, que dan lugar a la fluctuación de la presión de radiación. Del hecho de que $<\Delta^2>$ sea proporcional a A, concluimos que las fluctuaciones de presión para partes adyacentes de la placa, cuyas dimensiones lineales sean grandes comparadas con la longitud de onda de la frecuencia de reflexión, son sucesos mutuamente independientes». Y aquí aparecía, de nuevo, la dualidad onda-corpúsculo: «La teoría ondulatoria proporciona una explicación solamente para el segundo término de la expresión obtenida para $<\Delta^2>$ [ec. (22)]... Pero ¿cómo explicar el primer término de la fórmula? Este término no se puede, en modo alguno, despreciar; al contrario, sólo él es, por así decirlo, relevante en el dominio de validez de la denominada ley de radiación de Wien. Para $\lambda = 0{,}5\mu$ y $T = 1.700$, por ejemplo, este término es aproximadamente $6{,}5 \cdot 10^7$ veces más grande que el segundo. Si la radiación consistiese en complejos de energía $h\upsilon$ de tamaño muy pequeño, que se moviesen por el espacio independientemente entre sí —una imagen que representa la más cruda de las visualizaciones de la hipótesis de los cuantos de luz—, entonces los momentos que actúan sobre nuestra placa debidos a las fluctuaciones de la presión de radiación serían del tipo representado únicamente por el primer término».

Tan sencillo como profundo y problemático. Problemático porque Einstein no sabía qué tipo de modelo físico sugería hechos como éste: «Por lo que sé, no ha sido todavía posible formular una teoría matemática de la radiación que haga justicia tanto a la estructura ondulatoria como a la estructura que se infiere del primer término de la fórmula anterior (estructura cuántica). La dificultad se encuentra principalmente en el hecho de que las propiedades de fluctuación de la radiación, expresadas por esa fórmula, ofrecen muy pocas claves con las que construir una teoría. Imaginémonos que no se conociesen todavía los fenómenos de difracción e interferencia, pero que se supiese que la magnitud media de las fluctuaciones irregulares de la presión de la radiación está determinada por el segundo término de la fórmula anterior, donde υ es un parámetro que determina el color, pero cuyo significado es desconocido. ¿Quién tendría la suficiente imaginación como para construir la teoría ondulatoria de la luz con semejante base?».

Aun así, la desbordante imaginación de Einstein intentaba construir una teoría. Y así lo señalaba en el último párrafo de «Sobre el desarrollo de nuestras ideas relativas a la naturaleza y composición de la radiación», como si desease deslumbrar a los asistentes a aquella sesión, muchos —la mayoría seguramente— confrontados por primera vez con el joven genio emergente:

> De todas maneras, me parece que por el momento la interpretación más natural es que la existencia de campos electromagnéticos de luz está asociada con puntos singulares, al igual que la existencia de campos electrostáticos según la teoría del electrón. No es imposible que en esa teoría toda la energía del campo electromagnético pueda aparecer como localizada en estas singularidades, exactamente como en la vieja teoría

> de acción a distancia. Yo imagino, más o menos, cada uno de estos puntos singulares como rodeados de un campo de fuerza que tiene esencialmente el carácter de una onda plana y cuya amplitud disminuye al aumentar la distancia al punto singular. Si están presentes muchas de estas singularidades, separadas por distancias que son pequeñas comparadas con las dimensiones del campo de fuerza de un punto singular, entonces tales campos de fuerzas se superpondrán, y su conjunto dará origen a un campo de fuerza ondulatorio que puede diferir sólo ligeramente de un campo ondulatorio tal como está definido por la actual teoría electromagnética de la luz. Estoy seguro de que no necesito resaltar que no se debería asignar importancia a semejante imagen, puesto que no ha conducido a una teoría exacta. Todo lo que quiero es indicar brevemente con su ayuda que las dos propiedades estructurales (la estructura ondulatoria y la estructura cuántica) desplegadas simultáneamente por la radiación de acuerdo con la fórmula de Planck no deberían ser consideradas como mutuamente incompatibles.

En realidad, lo que Einstein estaba proponiendo es que la mejor forma de resolver los problemas de la relación entre cuantos de luz y electrodinámica era a través de una revisión de la teoría de Maxwell-Lorentz, en la que, como sabemos, el electrón desempeñaba un papel central; al fin y al cabo, las ecuaciones (21) y (22) sugerían que esa teoría no podía ser totalmente correcta. Avanzar en el camino de encontrar una mejor teoría del campo electromagnético, sería avanzar en la dirección de hallar una teoría para los cuantos.

Pero no sabía realmente cómo avanzar. Así lo reconocía el 30 de marzo (1909) en una carta a Lorentz (Klein, Kox, y Schulmann, eds., 1993: 166):

> Junto a esta carta le envío un pequeño artículo sobre la teoría de la radiación [Einstein 1909a], que es el insignificante resultado de años de reflexión. No he sido capaz de abrirme camino hacia una verdadera comprensión del asunto. Pero se lo envío de cualquier modo, e incluso le pido que le eche un rápido vistazo, por la siguiente razón:
>
> El artículo contiene varios argumentos de los cuales me parece que se sigue que no sólo la mecánica molecular, sino también la electrodinámica de Maxwell-Lorentz, no se pueden poner de acuerdo con la fórmula de la radiación. El razonamiento que presento en la sección 7 del artículo me parece particularmente convincente. Además de esto, en

la sección 10 he señalado el argumento dimensional desarrollado por Jeans hace algunos años, que me parece proporciona un indicio para llevar a cabo una modificación de la teoría, que en mi opinión es esencial.

La referencia al «argumento dimensional» desarrollado por James Jeans (1905 b) es interesante. Estrictamente, se trataba de una reelaboración de lo que el físico británico hizo cuando dedujo la ley de desplazamiento de Wien, utilizando consideraciones dimensionales: Einstein amplió el argumento de Jeans, obteniendo una generalización de la fórmula de radiación, que incluía tanto la ley de Rayleigh-Jeans como la de Planck, y que contenía una función escalar sin determinar. De ahí dedujo que

$$h = e^2/c$$

$$k = N/R$$

Momento en que comentaba (Einstein 1909 a: 192-193):

> Con respecto a la expresión para *h*, se debería notar que
>
> $$h = 6 \cdot 10^{-27}$$
>
> y
>
> $$e^2/c = 7 \cdot 10^{-30}$$
>
> están en desacuerdo en tres órdenes de magnitud. Pero esto puede ser debido al hecho de que los factores decimales no son conocidos.
>
> El aspecto más importante de esta derivación es que relaciona la constante del cuanto de luz *h* con el cuanto elemental de electricidad *e*. Podríamos recordar que el cuanto elemental de electricidad *e* es un extraño en la electrodinámica de Maxwell-Lorentz. Se debe recurrir a fuerzas externas para incluir el electrón en la teoría; habitualmente, se introduce un esquema rígido para evitar que las masas eléctricas del electrón se separen bajo la influencia de su interacción eléctrica. Me parece que la relación *h* = *e2*/*c* indica que la misma modificación de la teoría que contenga el cuanto elemental *e* contendrá también como con-

secuencia la estructura cuántica de la radiación. La ecuación fundamental de la óptica

$$D(\phi) = \left(1/c^2\right)\partial^2\phi/\partial t^2 - \left(\partial^2\phi/\partial x^2 + \partial^2\phi/\partial y^2 + \partial^2\phi/\partial z^2\right) = 0$$

tendrá que ser reemplazada por una ecuación en la que la constante universal *e* (probablemente su cuadrado) también aparezca como un coeficiente. La ecuación (o el sistema de ecuaciones deseado) debe ser homogénea en sus dimensiones. No debería cambiar al aplicarle una transformación de Lorentz. No puede ser lineal ni homogénea.

Esta última suposición (que con posterioridad sería probada numerosas ocasiones) constituía entonces una idea aparentemente poco atractiva. Lorentz, por ejemplo, en una larga carta con la que contestó a Einstein el 6 de mayo (1909; Klein, Kox, y Schulmann, eds., 1993: 177-178), señalaba: «También se pueden intentar cambiar de manera apropiada las ecuaciones fundamentales del éter, como ha considerado usted. Lo que yo he tratado de hacer en esta dirección ha tenido un resultado muy insatisfactorio; en cuanto se efectúa incluso el menor cambio en las ecuaciones de Maxwell, uno se encuentra, creo, ante las mayores dificultades. Es cierto que yo quería mantener las ecuaciones lineales. Acaso se pueda conseguir más abandonando este requisito. ¿Es ésta también su opinión?».

En su respuesta a Lorentz (23 de mayo de 1909; Klein, Kox, y Schulmann, eds., 1993: 196), Einstein reproducía algunas de las ecuaciones que estaba considerando; ecuaciones como:

$$\Delta\phi - \lambda^2 \Delta\Delta\phi = 0$$

donde

$$\Delta \equiv \partial^2/\partial x^2 + \partial^2/\partial y^2 + \partial^2/\partial z^2 .$$

Pero no tuvo éxito, y, de hecho, nunca llegó a publicarlas.[15] No parecía que la solución del problema cuántico fuese a llegar por se-

15. Es justo recordar el estudio pionero que sobre estas cuestiones realizó hace ya bastantes años Russell McCormmach (1970), cuando aún no se había iniciado el proyecto de editar los escritos completos de Einstein (de cuya existencia yo me he beneficiado en el análisis anterior).

mejante camino. Unas frases incluidas en las notas autobiográficas que escribió en sus últimos años permiten recuperar algo de los sentimientos de frustración que sin duda le embargaban por entonces (Einstein 1949: 46): «Todos mis intentos de adaptar el fundamento teórico de la física a estos conocimientos fracasaron rotundamente. Era como si a uno le hubieran quitado el suelo debajo de los pies, sin que por ningún lado se divisara tierra firme sobre la cual construir».

Comentarios de Planck

Somos especialmente afortunados de que a la intervención de Einstein en el Congreso de Salzburgo siguiese una discusión, que fue abierta por Planck, con una intervención que no tiene prácticamente desperdicio.

Tras expresar que «mucho de lo que ha estado diciendo el conferenciante no puede ser discutido», Planck (1909 b: 825) manifestaba que «yo, también, hago hincapié en la necesidad de introducir ciertos cuantos. No podemos progresar con la teoría de la radiación salvo que dividamos, de alguna manera, la energía en cuantos, que se deben entender como átomos de acción. Según las últimas consideraciones de Herr Einstein, sería necesario concebir la radiación libre en el vacío, y por tanto las propias ondas de luz, como constituidas atomísticamente y, por consiguiente, abandonar las ecuaciones de Maxwell. Esto me parece un paso que no es necesario todavía». Sin intentar sustanciar sus manifestaciones con ningún tipo de desarrollo técnico, Planck criticaba las ideas expuestas por Einstein en su conferencia; señalaba que no se podían aceptar completamente sus resultados de fluctuaciones porque no se conocía totalmente la «interacción entre la radiación en el vacío y la materia», faltando en consecuencia «el puente necesario para cruzar del movimiento de la placa reflectante a la intensidad de la luz incidente». Ello le llevaba a hacer hincapié —correctamente— en lo poco que se sabía de los procesos de emisión y absorción de la luz, especialmente del primero («el punto débil en toda la teoría de los electrones»).

Al igual que le ocurría a Einstein, para Planck el problema era «¿cómo visualizar algo como esto? Es decir, uno busca un modelo mecánico o electromagnético de tales resonadores [por ejemplo, los que interaccionan con la radiación en la cavidad de un cuerpo negro;

JMSR]. Pero ni la mecánica ni la electrodinámica actual explican los elementos discretos de acción, y por consiguiente no pueden producir un modelo mecánico o electromagnético. Mecánicamente esto parece imposible, y tendremos que acostumbrarnos a ello. Después de todo, nuestros intentos de representar mecánicamente el éter lumínifero han fracasado completamente. [...] En cualquier caso, creo que lo primero que deberemos intentar es transferir todo el problema de la teoría cuántica al área de la *interacción* entre materia y energía de radiación; los procesos en el puro vacío podrían entonces ser explicados temporalmente con la ayuda de las ecuaciones de Maxwell». Confuso, por supuesto, pero por encima de esa confusión queda claro que Planck todavía tenía esperanzas de que la electrodinámica maxwelliana terminase resolviendo el problema, al menos, que fuese el elemento decisivo en la identificación del mecanismo o teoría para su solución.

Más allá de la radiación: cuantos y calores específicos

La interacción entre materia y radiación a la que aludía Planck constituía, por supuesto, uno de los grandes problemas —el primero— de la física cuántica. Pero había otros: el mismo Planck recordaba lo poco que se sabía sobre los procesos de emisión y absorción de la luz, y muy en especial del primero, «el punto débil en toda la teoría de los electrones». Este problema era, efectivamente, un problema importante, que *comenzaría* a resolver Niels Bohr en 1913, con su modelo atómico, y al que también contribuiría el propio Einstein en 1916-1917 con sus coeficientes de absorción y emisión. Pero antes de todos esos trabajos, los cuantos de Planck y Einstein mostraron su fecundidad en un nuevo ámbito, fuera de aquel —el de la radiación— que los había visto nacer: el de la materia, los cuerpos sólidos, en concreto. Y dentro de este dominio, la teoría de los calores específicos.

Como se sabe, el calor específico de una sustancia se define como la cantidad de calor que hay que comunicar a un mol de la sustancia en cuestión para que su temperatura aumente en un grado centígrado. En 1819, dos franceses, el químico Pierre Louis Dulong (1785-1838) y el físico Alexis Thérèse Petit (1791-1820), encontraron, empíricamente, que el calor específico, *ce*, de sólidos monoatómicos es, para temperaturas superiores al ambiente, aproximadamente

6 cal · mol^{-1} · K^{-1} (ley de Dulong-Petit).[16] En la década de 1870, Boltzmann explicó esta ley recurriendo a la física estadística: utilizando el teorema de equipartición llegó a que $ce = 3k \cdot N = 3R = 5{,}96$, donde, recordémoslo una vez más, N es el número de Avogadro y k la constante de Boltzmann. Sin embargo, pronto se detectaron desviaciones de comportamiento; en los casos, por ejemplo, del carbono y el boro, el valor medido de *ce* era (a temperatura ambiente) significativamente menor que 5,96.

Al menos desde nuestra perspectiva actual, parece bastante natural que Einstein se interesase por el problema, llevando a cabo una cadena de razonamientos del tipo de la siguiente: 1) se obtenía un resultado teórico que demostraba ser incorrecto cuando se ampliaba el rango de las medidas realizadas; 2) un elemento importante en la deducción teórica de la ley empleada para deducir tal resultado era el principio de equipartición; 3) ahora bien, este principio había sido puesto en cuestión por los trabajos de Planck y otros físicos (como él mismo); 4) intentemos aplicar, por consiguiente, las técnicas tácticas cuánticas en la deducción teórica del calor específico (una posibilidad —la que de hecho utilizó— era restringir las energías vibracionales de los átomos a valores discretos proporcionales a la frecuencia de vibración: la hipótesis cuántica). Que esta debió de ser próxima a la argumentación einsteniana es algo que se evidencia en el artículo en el que presentó sus resultados: «Teoría de radiación de Planck y teoría del calor específico» (Einstein 1907 b). Veamos cómo exponía allí estas cuestiones.

Tras profundizar en el estudio de la radiación, y concluir que de su análisis «emerge claramente en qué sentido debe ser modificada la teoría del calor para ponerla de acuerdo con la ley de distribución del cuerpo negro», Einstein (1907 b: 183-184) señalaba: «Creo que no debemos contentarnos con este resultado. Surge, en este sentido, la siguiente cuestión: Si las estructuras elementales que hay que suponer en la teoría del intercambio de energía entre materia y radiación no se pueden concebir en términos de la actual teoría cinético-molecular, entonces ¿no estamos obligados a modificar también la teoría para

16. Utilizo las unidades que se manejaban mayoritariamente en la época de Einstein (no en la Dulong y Petit, en la que en lugar de grados Kelvin [K] se empleaban grados centígrados [C]); en la actualidad muchos utilizan julios · kg^{-1}, o julios · mol^{-1} en lugar de cal · mol^{-1}.

otras estructuras que oscilan periódicamente, consideradas en la teoría molecular del calor?». Y su respuesta era clara: «En mi opinión no hay duda en la respuesta. Si la teoría de la radiación de Planck va al corazón del asunto, entonces se deben esperar contradicciones entre la teoría cinético-molecular actual y la experiencia también en otras áreas de la teoría del calor». Y en este punto entraban en escena los calores específicos, una de esas «áreas».

Tras repasar la teoría y resultados clásicos,[17] Einstein demostraba que «si se considera a los transportadores de calor en sólidos como estructuras que vibran periódicamente, con una frecuencia independiente de la energía de su oscilación», y utilizando la ley de radiación de Planck, entonces el calor específico toma el valor

$$c_e = 5{,}94 \cdot \frac{e^{\beta\upsilon/T} \cdot \left(\frac{\beta\upsilon}{T}\right)^2}{\left[e^{\beta\upsilon/T} - 1\right]^2} \qquad (23)$$

por mol.

Es preciso resaltar que Einstein efectuó la aproximación más sencilla posible para las vibraciones atómicas de un sólido: suponer que cada átomo vibra alrededor de su posición de equilibrio según un movimiento armónico simple, y de manera independiente del movimiento de los restantes átomos. En consecuencia, en el modelo de Einstein un sólido monoatómico isótropo posee únicamente una frecuencia de vibración, υ. Asimismo, de (23) se sigue inmediatamente que cuando T tiende a cero, *ce* también tiende a cero. Un resultado, como veremos en seguida, muy interesante, y en clara contradicción con lo que predecía la física clásica. Por el contrario, para temperaturas elevadas se recuperaba el valor clásico, 5,94.

Y en este punto entra en escena otro personaje: el químico-físico Walther Nernst (1864-1941).

17. Además de la ley de Dulong y Petit, Einstein mencionaba la ley de Neumann y Kopp (una generalización de la de Dulong-Petit para el caso de cuerpos cuyas moléculas contienen varios tipos de átomos; incluía las contribuciones de los diferentes constituyentes).

Nuevos terrenos y científicos para la hipótesis cuántica

Tanto desde el punto de vista científico como institucional, Nernst forma parte destacada de la ciencia alemana (y mundial) de las décadas iniciales del siglo xx: en 1894 obtuvo la primera cátedra (con su correspondiente instituto de investigación) que la Universidad de Gotinga dedicó a Química-Física, puesto que abandonó en 1905 por otro similar en la Universidad de Berlín, que a su vez dejó en 1922 para convertirse en presidente del Physikalisch-Technische Reichsanstalt. Pero en este momento me tengo que limitar a considerar un aspecto concreto de su importante vida científica:[18] el relacionado con la formulación que hizo del denominado «principio (o teorema) de Nernst», también «tercer principio de la termodinámica» (Nernst 1906), que sostiene que en un sistema compuesto por sustancias condensadas (esto es, sólidos y líquidos), que experimenta una transformación a temperatura constante, T, se verifica que:

$$\lim \mathrm{d}A/\mathrm{d}T = 0, \text{ para } T = 0$$

donde A representa el trabajo máximo que puede obtenerse en la reacción isoterma. Expresado de otra manera: *En la inmediata proximidad del cero absoluto de temperatura, el trabajo máximo que puede obtenerse en una reacción isoterma es independiente de la temperatura.*

Si esto fuese cierto, entonces todos los procesos en el cero absoluto tendrían lugar sin cambios en el calor específico o en la entropía; de hecho, la formulación más breve del principio de Nernst —debida a Planck (1912)— es que las entropías se anulan en el cero absoluto.

Ahora bien, Nernst sólo pudo proponer, no demostrar, este principio. En consecuencia, es natural que ampliase su campo de intereses científicos al estudio experimental de fenómenos a bajas temperaturas. En su Instituto de Berlín, junto a colaboradores como Arnold Eucken y el británico Frederick Alexander Lindemann (1886-1957), el futuro lord Cherwell (quien desempeñaría un papel importante en la dirección de la política científica de su país a partir de 1941), Nernst llevó a cabo medidas a bajas temperaturas que mostraron, entre

18. Para más información sobre la obra de Nernst, ver Kormos Barkan (1999) y Hiebert (1970-1980).

otros resultados, que el calor específico de los cuerpos sólidos tiende a cero al disminuir la temperatura. Ahora bien, esto es precisamente lo que se deducía de los resultados teóricos obtenidos por Einstein en un contexto cuántico, no, por supuesto, en el de la física clásica. No obstante, pronto aparecieron discrepancias, desviaciones sistemáticas: los calores específicos medidos disminuían mucho más lentamente que lo previsto según las expresiones de Einstein. Para intentar remediar la situación, Nernst y Lindemann (1911) modificaron la fórmula de Einstein, pero de manera empírica, sin base teórica alguna, simplemente introduciendo una segunda frecuencia de vibración/oscilación.

Una primera consecuencia que extraer de los desarrollos que estoy mencionando es que, de forma un tanto indirecta, la «hipótesis cuántica», o mejor, el «problema cuántico», estaba consiguiendo nuevos adeptos, como el propio Nernst, un químico-físico que llegó a la física cuántica porque le ofrecía esperanzas de fundamentar teóricamente su tercer principio de la termodinámica. Porque la teoría cuántica de Einstein del calor específico —la única teoría que predecía que el calor específico de los sólidos es, como hemos visto, cero en el cero absoluto de temperatura— era coherente con él. Desde este punto de vista se entiende cómo fueron cambiando las ideas y manifestaciones de Nernst con relación a los resultados cuánticos. Así, cuando se repasa su texto clásico sobre química teórica, encontramos una única referencia a los resultados de Planck de 1900, y expresados en una forma que no sugiere que Nernst (1904: 422) apreciase lo que representaban: «Planck en su teoría *electromagnética* de la radiación llega por un método que es tal vez algo hipotético en el momento presente...».[19] Por el contrario, en el texto que bastantes años después (1918) dedicó al nuevo teorema no olvidó hacer referencia a la conexión de éste con la teoría cuántica (Nernst 1969: 236): «La idea básica de la teoría cuántica conduce a que todo sistema homogéneo (gas, mezcla gaseosa, cristal, solución, etc.) debe, al enfriarse, alcanzar un estado en el que, incluso antes de que se llegue al cero absoluto, un enfriamiento suplementario en modo alguno ejerce una influencia reconocible en cualquier propiedad del sistema en cuestión. Medidas recientes han probado en algunos casos, y en otros hecho probable, que esto es cierto para el volumen, comprensi-

19. Cursivas añadidas.

bilidad, resistencia eléctrica, actividad termoeléctrica, susceptibilidad magnética, etc., y en particular para las funciones termodinámicas *U* [la energía total] y *A*».

Visto todo esto, no debe resultar sorprendente, como comprobaremos en el próximo capítulo, que Nernst fuese uno de los principales responsables —el principal, de hecho— de que el primer Congreso Solvay estuviese dedicado a estudiar monográficamente los cuantos. No es irrelevante tampoco recordar que fueron Planck y Nernst los que consiguieron que Einstein aceptase (en 1912) una cátedra en Berlín (y no estaba particularmente bien dispuesto a abandonar su querida Suiza; entonces ocupaba una cátedra en Zúrich).

Pero hay más.

El problema de las discrepancias entre las medidas del grupo de Nernst y los resultados de Einstein atrajo a otros científicos al mundo cuántico. Como el holandés Peter Josef William Debye (1884-1966).[20]

Nacido en Maastrich, Debye estudió ingeniería eléctrica en Aquisgrán, graduándose en 1905, cuando ya había surgido su interés por la física y la química. De hecho, ese mismo año se convirtió en ayudante de Arnold Sommerfeld, entonces profesor en Aquisgrán. Cuando en 1906 éste obtuvo una cátedra de Física Teórica en Múnich (donde pasaría el resto de su vida), invitó a Debye a que le acompañase, convirtiéndose de esta forma en el primer miembro de lo que llegaría a ser la más importante escuela de física cuántica, la «escuela de Sommerfeld», de la que me ocuparé en otro capítulo. El 1 de julio de 1908, defendió su tesis (dedicada a la presión de la radiación en esferas con propiedades eléctricas arbitrarias), en la que mostró también sus habilidades matemáticas (como buen alumno de Sommerfeld, quien había sido, no lo olvidemos, colaborador de Felix Klein). En 1910 se convirtió en *Privatdozent* en Múnich, y en 1911, cuando Einstein abandonó Zúrich por Praga, Debye —con veintisiete años— fue elegido como su sucesor en la cátedra de Física Teórica. Permaneció allí únicamente un año, pasando a continuación a Utrech, un paso más en una larga carrera que le llevaría a ocupar cátedras en Gotinga, Leipzig, Berlín y Cornell (Estados Unidos), y a lograr el premio Nobel de Química en 1936, «por sus contribuciones

20. Estrictamente, en neerlandés es *Debije* (ya hemos visto que así lo escribía Einstein en algunas de sus cartas). Sin embargo, él mismo terminó adoptando la expresión «Debye».

a nuestro conocimiento de la estructura molecular mediante sus investigaciones sobre momentos dipolares y sobre la difracción de rayos X y electrones en gases».

Lo que hace especialmente atractivo para nosotros en este momento el caso de Debye no es tanto su eminencia, o sus aportaciones concretas a la teoría de los calores específicos, como su juventud; el que fue uno de los primeros —si no el primero— de una nueva generación de científicos que se enfrentó con el problema de construir una teoría coherente sobre los confusos pilares cuánticos. En la entrevista que, como parte del proyecto «Sources for History of Quantum Physics» le hicieron conjuntamente Thomas Kuhn y George Uhlenbeck en la década de 1960, Debye recordó sus primeras impresiones sobre la física que estaba pugnando por abrirse camino en los primeros años del siglo XX:[21] «No existía en absoluto una mecánica cuántica. Les puedo contar la impresión que me produjeron los primeros trabajos de Planck. Decíamos que tal vez existiese algo en ello, pero que era absolutamente ilógico. [...] Debo decir que me gustaba más el enfoque de Einstein, que básicamente decía: "Bien, aquí tenemos los cuantos; apliquémoslos en lugares diferentes y veamos si la regla vale"».

Pues bien, en Zúrich Debye se enfrentó con el problema de construir sobre los elementos que Einstein, Nernst y Lindemann habían dejado en el problema de los calores específicos. El fruto fue un artículo titulado «Sobre la teoría de los calores específicos», del que a continuación cito los primeros párrafos (Debye 1912; 1980: 650):

> Las observaciones llevadas a cabo en el laboratorio de Nernst sobre la dependencia con la temperatura del calor específico han demostrado en una forma muy convincente que el teorema de equipartición de la energía es también incorrecto para los cuerpos materiales. Como es bien sabido, Einstein fue el primero que llamó la atención acerca de la situación y obtuvo una fórmula que daba el calor específico como función de la temperatura, utilizando la teoría cuántica que Planck había desarrollado para la radiación. Mientras que todas las medidas muestran una tendencia que está de acuerdo cualitativamente con la fórmula de Einstein, han aparecido discrepancias cuantitativas entre teoría y experi-

21. Transcripciones de estas entrevistas se encuentran depositadas en los fondos del proyecto. Para una descripción del mismo, ver Kuhn, Heilbron, Forman y Allen (1967).

mento que aumentan cuanto menor es la temperatura. Para mejorarla, Nernst y Lindemann [1911] modificaron la fórmula de Einstein introduciendo una segunda frecuencia $\upsilon/2$ además de υ. La introducción de esta segunda frecuencia conduce a una fórmula mejor que la de Einstein en lo que a las necesidades prácticas se refiere; sin embargo, ha sido imposible encontrar una base sólida para este valor particular de $\upsilon/2$. Se verá en lo que sigue que no existe una justificación fundamental para él. No obstante, incluso si el valor $\upsilon/2$ no posee significado teórico, se puede justificar la necesidad de introducir varias frecuencias, como Einstein ya ha sugerido [Einstein 1911]. El entorno de un átomo que vibra ejerce una influencia tan fuerte sobre él que su movimiento sólo puede tener un parecido muy ligero a un movimiento armónico. La aplicación directa de la fórmula de Planck (con una única frecuencia) se hace entonces cuestionable. Si consideramos el análisis de Fourier del movimiento del átomo, entonces se puede caracterizar al movimiento por muchas frecuencias; de esta forma, de acuerdo con Einstein, parece plausible la necesidad de varias frecuencias.

Como el cálculo detallado de su propuesta era demasiado complejo, lo que hizo Debye fue tratar a un sólido monoatómico de N átomos, como un medio elástico continuo e isótropo (con $3N$ grados de libertad) que puede transportar $3N$ movimientos periódicos distintos. Con semejante planteamiento, demostró que el sólido se podía caracterizar por un espectro completo de $3N$ frecuencias propias, y asociando a cada estado de vibración una energía media de acuerdo con la fórmula de Planck, obtuvo que el calor específico del sólido monatómico dependía de una función universal de T/θ, donde θ es una temperatura característica de cada sólido (después llamada «temperatura de Debye»), y que se puede calcular a partir de las constantes elásticas del sólido; se define como: $\theta = h\upsilon_m/k$, donde υ_m es la frecuencia máxima de vibración y T, como siempre, la temperatura absoluta.

Introduciendo una variable adimensional, $\zeta = h\upsilon/kT$, escribiendo, por brevedad, $\theta/T = x$, y tomando N como el número de átomos por mol (esto es, el número de Avogadro), Debye llegaba a la siguiente expresión para el calor específico:

$$\frac{c_e}{c_\infty} = \frac{12}{x^3}\int_0^x \frac{\zeta^3 d\zeta}{e^\zeta - 1} - \frac{3x}{e^x - 1}$$

donde $c_\infty = 3Nk$(= 5,955 cal · mol^{-1} · K^{-1}) (el subíndice ∞ es debido a que este valor del calor específico se alcanza para $T = \infty$). Resultado del que concluía (Debye 1912; 1980: 657): «El calor específico de un sólido monoatómico es una función universal del cociente $T/\theta=1/x$». Además, la aproximación de esta expresión para valores grandes de x, es decir, para bajas temperaturas, le proporcionaba una relación, $c_e/c_\infty = 77{,}93\ T^3/\theta^3$, que se ajustaba muy bien a los datos experimentales de muchos sólidos. Fue, en este sentido, la de Debye una aportación sin duda positiva al estudio de la teoría del calor específico; ahora bien, también frustrante, ya que en última instancia no produjo una teoría coherente, sino una que utilizaba en un punto concreto una expresión cuántica (adscribiendo

$$\frac{h\upsilon}{e^{h\upsilon/kT}-1}$$

a cada grado de libertad); pero tomado en su conjunto, el modelo que construyó era más clásico que cuántico, más continuo que discreto.

Al mismo tiempo que Debye realizaba esta investigación, una pareja hasta cierto punto improbable, el físico y matemático Max Born (1882-1970), que más adelante ocupará un lugar central en la historia de la física cuántica, y el ingeniero y matemático aplicado húngaro y futura autoridad mundial en el campo de la aeronáutica, Theodor von Kármán (1881-1963), reunidos por la mundana circunstancia de compartir residencia universitaria, desarrollaron otra teoría de los calores específicos.[22] En realidad, su interés era sobre todo la estructura atómica de los sólidos, más concretamente las vibraciones de las

22. Como explicó a Kuhn en el ya citado proyecto para las fuentes de la historia de la física cuántica, Born—que se había doctorado en 1906 en Gotinga, con Hilbert— supo de la contribución de Planck hacia 1908, a través de O. Lummer y E. Pringsheim, con quienes trabajaba entonces en Breslau. Después, junto a Rudolf Landeburg, Wätzmann y Fritz Reiche, decidió estudiar los artículos de la física moderna. «Y un día descubrimos el artículo de 1905 de Einstein. Reiche lo conocía ya a través de Planck [con quien había estudiado y doctorado], y me dijo que debíamos leerlo. Y me interesó mucho; lo encontré maravilloso». No está claro, sin embargo, que Born no se estuviese refiriendo aquí al artículo de la relatividad especial, tema en el que, de hecho, comenzó a trabajar poco después. En cualquier caso, y como reiteró en su autobiografía (Born 1978: 124), de Reiche aprendió allí «mucho sobre radiación y teoría cuántica».

redes espaciales cristalinas, para la que avanzaron una compleja y exigente, desde el punto de vista matemático, teoría. Como parte de su análisis, Born y Kármán (1912) obtuvieron también una expresión para el calor específico, que, como la de Einstein (a la que hacían referencia), tendía a cero para bajas temperaturas y a 5,94 para elevadas. «La diferencia de nuestra fórmula con la de Einstein», escribían (Born y von Kármán 1912: 308), «es que nosotros no hemos favorecido desde el principio ninguna frecuencia propia, sino que hemos tomado en cuenta todas las frecuencias del espectro, según prescribe el número de grados de libertad. La forma cualitativamente similar de ambas expresiones [la de Einstein y la de Born-Kármán] se sigue del hecho de que el número de grados de libertad se acumula en la región de las frecuencias más elevadas del espectro». Por supuesto, también conocían —y citaban— los resultados de Nernst y Lindemann.

Era la teoría de Born y von Kármán mucho más realista que la de Einstein, naturalmente, pero también que la de Debye, en la que las estructuras cristalinas eran sustituidas por, como ya indiqué, un marco continuo; pero precisamente por su rigor no favorecía una comparación directa con resultados experimentales.[23] En ese sentido fue menos influyente a corto plazo, aunque estaba claro que era más correcta, y que su futuro era mayor. Especialmente si tenemos en

23. Es interesante ver lo que Born (1978: 141-142) escribió sobre estos puntos en su autobiografía: «Nuestro primer artículo [Born y von Kármán 1912] apareció en abril de 1912 en el *Physikalische Zeitschrift.* Pero en marzo de 1912, Peter Debye, profesor en Zúrich, había pronunciado una conferencia sobre el mismo tema en la Sociedad Suiza de Física y publicado un breve artículo en el *Archive de Genève* (marzo de 1912, p. 256). Utilizaba un método muy diferente y mucho más crudo, reemplazando el cristal por una sustancia continua, pero obtenía fórmulas más sencillas que las de nuestro primer artículo, en particular la bien conocida ley T^3 para el calor específico a temperaturas muy bajas. Sin saber esto, nosotros habíamos derivado esta misma ley de nuestras fórmulas generales. Mientras estábamos escribiendo nuestro segundo artículo (*Physikalische Zeitschrift,* vol. 14, 1913, p. 15) tuvimos conocimiento por una conferencia pronunciada por Sommerfeld en Gotinga de que Debye había obtenido los mismos resultados. En consecuencia, tuvimos que reconocer la prioridad de Debye en todo el asunto. Encontré más tarde que nuestros artículos apenas eran conocidos en el mundo de habla inglesa. Sin embargo, son más satisfactorios que los de Debye, que valen solamente para sustancias cuasi-isótropas. La superioridad de nuestro método fue establecida definitivamente por mi discípulo [Moses] Blackman (alrededor de 1932)».

cuenta que esencialmente coincidió con los resultados obtenidos en Múnich por von Laue, Friedrich y Knipping, en los que, como ya vimos, demostraron a través de la difracción de rayos X que las redes cristalinas que postulaban y matematizaban Born y von Kármán tenían realidad física.

Definitivamente, la física cuántica había ampliado su dominio de intereses. La radiación no era ya su único problema.

6

Cuantos en el Consejo Solvay de 1911 y el adiós de Poincaré

La difusión de las ideas que un grupo (no muy numeroso) de científicos estaban desarrollando desde que Planck introdujo su ley de radiación y expresión $E = h \cdot \upsilon$ —un tema que ya ha comenzado a aparecemos en las últimas páginas, con relación a Debye y Born— se vio favorecida en los últimos días de octubre y primeros de noviembre de 1911, cuando veintiún físicos prominentes (todos hombres, salvo Marie Curie) se reunieron en el lujoso Hôtel Métropole de Bruselas para analizar el tema de «La teoría de la radiación y los cuantos». La reunión fue posible gracias al mecenazgo de un industrial belga, Ernst Solvay (1838-1922), y además del interés que tuvo por los resultados científicos que propició, ocupa un lugar en la historia de la ciencia del siglo XX por su aportación a los procesos de intercambio de ideas científicas, un apartado que no debe olvidarse cuando se está intentando reconstruir la historia de la ciencia (de cualquier especialidad o período). En el presente capítulo me ocuparé de ambos aspectos a propósito de aquel primer «Consejo» (especie de congreso privado) Solvay; de lo que significó para el desarrollo de la física cuántica y para la institucionalización de los intercambios científicos. Pero antes intentaré situar el contexto general en el que surgió.

El internacionalismo en la ciencia

Hablar de intercambios entre científicos puede querer decir, por supuesto, muchas cosas. Esos intercambios pueden tener lugar, por ejemplo, a través de revistas o de manera personal, directa. Pero en cualquier caso, en una u otra forma, intercambio, difusión, significa pluralidad, y aunque ésta puede limitarse a dominios «nacionales», esto es, restringidos por fronteras políticas o históricas, la propia naturaleza del conocimiento científico exige que los intercambios más fructíferos entre sus profesionales traspasen tales fronteras, que sean, en definitiva, internacionales. Así que hablar de «institucionalización de intercambios científicos» es tanto, en su versión más ambiciosa y natural, como hablar de «internacionalismo en la ciencia».

En realidad, el origen del talante internacionalista de la ciencia se remonta, cuando menos, a la época en que se fundaron instituciones como la Royal Society (1662; Londres), la Académie Royale des Sciences (1666; París) y la Societas Regia Scientiarum (1700; Berlín), que pronto empezaron a admitir como miembros a extranjeros. Las redes de comunicación (epistolares, básicamente) establecidas por Marin Mersenne (1588-1648) en París, y por Henry Oldenburg (1618?-1677), secretario de la Royal Society, muestran con claridad —e independientemente de sus tendencias, a veces auténticos vicios, nacionalistas (y en este punto viene a la mente la infame confrontación entre Newton y Leibniz a propósito de la paternidad en la invención del cálculo infinitesimal e integral, y el papel que desempeñaron en esa lucha instituciones como la Royal Society)— el carácter cosmopolita de aquellas instituciones, como también lo ejemplifican las competiciones científicas que patrocinaban durante el siglo XVIII algunas sociedades, y que estaban abiertas a todos los sabios europeos (de hecho, en 1744 la Academia de Berlín incluso introdujo en sus estatutos el carácter internacional de sus premios).

Fue, no obstante, en la segunda mitad del siglo XIX cuando se aceleró la dimensión internacionalista de la ciencia. Sorprendentemente esto ocurrió en un momento en el que el nacionalismo político estaba intensificándose en todo el mundo. Al mismo tiempo que el desarrollo interno de la ciencia ampliaba sustancialmente su oferta de servicios de gran utilidad al Estado, los científicos extendían sus relaciones internacionales. Es posible mostrar tal apertura de diferentes maneras. Veamos algunas.

Con el desarrollo económico y social, los gobiernos de las naciones más industrializadas tomaron diferentes iniciativas para promocionar el comercio internacional. Ahora bien, para vender productos surgidos de muchas de las tecnologías de la época se necesitaban sistemas comunes de unidades. El gobierno francés, por ejemplo, defendió a lo largo de una buena parte del siglo la necesidad de implantar y regular firmemente el sistema métrico. Esta insistencia condujo a la celebración de una «Conférence Diplomatique du Mètre» (Conferencia Internacional del Metro) del 1 de marzo al 20 de mayo de 1875, con la participación de 21 naciones (España entre ellas). La culminación de esta campaña, en la que tomaron parte activamente la Académie de Sciences y la Royal Society, fue la creación de una de las primeras instituciones internacionales de investigación: el Bureau International des Poids et Mesures, en Sèvres, en las afueras de París.

La industria de la electricidad y de las comunicaciones también pugnaba en esa dirección. Las exigencias comerciales impulsaron tanto la investigación metrológica dentro de las distintas naciones, como la celebración, durante las décadas de 1880 y 1890, de numerosas reuniones internacionales dedicadas al establecimiento de un sistema común de unidades eléctricas. Es significativo que el Primer Congreso Internacional de Electricidad, celebrado en París en 1881, fuera presidido por el director francés de Correos y Telégrafos, y que el triunvirato que encabezaba la delegación alemana estuviese formado por un representante del gobierno (Wilhelm Förster), uno del mundo académico (Hermann von Helmholtz) y uno de la industria (Werner von Siemens). Durante las sesiones tuvieron lugar intensos y apasionados debates, especialmente entre las delegaciones alemana y británica (en la que destacaba el polifacético lord Kelvin). La British Association for the Advancement of Science llevaba trabajando en el tema desde 1862, a través de un comité específico, mientras que la ambición de los germanos era hacer de Berlín la meca de las medidas eléctricas, al igual que París ya lo era de las métricas. Los nombres que se adjudicaron a las unidades básicas (ohmnio, voltio, faradio, culombio, wéber, amperio) revelan la tensión nacionalista que subyacía en aquellos debates. Nacionalismo e internacionalismo se daban la mano, como vemos.

Intereses socioeconómicos aparte, el propio desarrollo interno de la ciencia impulsaba la colaboración internacional entre científicos. Estudiantes extranjeros acudían a los laboratorios más renombrados, y el desarrollo de los transportes facilitaba los viajes de los propios investigadores. Científicos de otros países asistían, por ejemplo, a las reuniones de las Asociaciones para el Progreso de la Ciencia, como la Gesellschaft Deutscher Naturforscher und Ärzte y la British Association for the Advancement of Science, las dos más importantes de la época. Este comportamiento era todavía más común en las reuniones bianuales que celebraba desde 1865 la Astronomische Gesellschaft germana; de hecho, aquellas reuniones se constituyeron en una especie de congresos internacionales de astronomía, aunque aquí hay que considerar la larga historia y tradición de la astronomía.

Dentro de ese espíritu de cooperación internacional, y promovida por franceses, se creó en 1876 una Alianza Científica Universal, también denominada «Asociación Internacional de Hombres de Ciencia». Entre los mecanismos que esta Asociación pretendía utilizar para «facilitar las relaciones de los hombres de ciencia diseminados por todos los países del globo», se encontraba el de proporcionar a los científicos, «tan pronto como lleguen a una población, el medio de entrar en relación inmediata con los sabios, hombres de letras o artistas que residan allí, y procurarles los informes que les puedan ser útiles para acceder a Bibliotecas y Museos públicos o particulares».[1] No parece, sin embargo, que esta Alianza tuviese mucho éxito.

Al progresar la ciencia, al hacerse más compleja, al aumentar el número de «especialistas», de científicos profesionales, se sintió con mayor intensidad la necesidad de utilizar un lenguaje común, lo más económico posible (conceptualmente hablando), y ello con independencia de su posible valor comercial. Tal fue el sentimiento que animó al químico August Kekulé (1829-1896) (famoso, entre otros motivos, por haber descubierto en 1865 la estructura estereoquímica del benceno) cuando convocó en 1860 un Congreso de Química en Karlsruhe con el propósito de lograr acuerdos que aumentasen la coherencia de la notación química.[2] Fue surgiendo, en definitiva, una cultura científica transnacional que facilitó el intercambio de ideas, técnicas e ins-

1. Sobre esta organización, ver Office (1909: 537-538). Esta publicación contiene bastante información acerca de las organizaciones internacionales existentes a comienzos del siglo XX.

2. Sobre este congreso, ver Nye (1984); especialmente la sección «Account of the sessions of the International Congress of Chemists in Karlsruhe, on 3, 4, and 5 September 1860», pp. 5-28.

trumentos. Y en el marco de esa cultura nacieron asociaciones o instituciones internacionales, entre las que se pueden citar las siguientes: la Asociación Geodésica Internacional (1864), el Comité Permanente del Repertorio Bibliográfico de Ciencias Matemáticas (1889), la Comisión Internacional para el Estudio de las Nubes (1891), el Comité Internacional de Pesos Atómicos (1897), la Comisión Internacional de Fotometría (1900), la Asociación Internacional de Sismología (1903), la Unión Internacional para la Cooperación en las Investigaciones Solares (1904), el Instituto Polar Internacional (1907), el Comité Internacional para la Publicación Anual de Tablas de Constantes (1909) y la Comisión Internacional del Radio (1910), así como la Asociación Internacional de Academias (1899), una organización que agrupaba las academias más importantes.

Mención aparte merece la creación, en 1901, de la Institución Nobel, constituida según lo dispuesto en el testamento de Alfred Nobel (1833-1896), el ingeniero e inventor sueco. Rápidamente, esta institución consiguió un gran prestigio, especialmente a través de los premios anuales que otorgaba (de Física, Química, Medicina o Fisiología, Literatura y Paz). El espíritu universalista que animó a Nobel, se observa con particular agudeza en el requisito para la selección del premio de la Paz: «A la persona que haya promovido más o mejor la fraternidad de las naciones y la abolición o disminución de los ejércitos permanentes y la formación y aumento de los Congresos de Paz»; pero también se plasmó en los restantes premios, que en general se adjudicaban sin atenerse a nacionalidades.

Otro ejemplo notorio de institución creada para favorecer el intercambio internacional fueron los Institutos y Consejos Internacionales de Física y Química Solvay. Es el momento, pues, de ocuparme de ellos.

Los Consejos e Institutos Solvay

El origen de los Institutos y *Conseils* (Consejos) Internacionales de Física y Química Solvay data de la primera mitad de 1910, y tiene a Walther Nernst, ya por entonces muy interesado por el nuevo mundo cuántico, como su gran valedor. En el curso de uno de sus viajes, Nernst pasó por Bruselas, conociendo allí (en casa de Robert Goldschmidt, profesor de químico-física en la Universidad Libre de

Bruselas) a Ernest Solvay, químico belga que hizo una fortuna al desarrollar un procedimiento de fabricación del bicarbonato sódico; le mencionó que sería interesante organizar una reunión de especialistas en ese nuevo mundo científico, y Solvay mostró su disposición a subvencionarla.[3]

En junio de 1910, Nernst envió una propuesta más detallada a Solvay en la que intentaba explicarle la situación: «Parece que nos encontramos actualmente en medio de una nueva revolución en los principios sobre los que se basa la teoría cinética de la materia. Por una parte, esta teoría [...] conduce a una fórmula para la radiación que está en conflicto con todos los resultados experimentales, una situación que nadie niega; por otra parte, de esta misma teoría se deducen tesis sobre el calor específico [...] que también son refutadas absolutamente por numerosas medidas. Como se ha demostrado, especialmente por Planck y Einstein, estas contradicciones son eliminadas si se imponen ciertos límites (el postulado de los cuantos de energía) al movimiento de electrones y átomos para el caso de la oscilación alrededor de un punto fijo. Sin embargo, esta interpretación representa una ruptura tal con respecto a las ecuaciones de movimiento de partículas materiales a las que estamos acostumbrados, que aceptarla significará necesaria e incuestionablemente una reforma radical de las actuales teorías fundamentales».

Poco antes de tomar estas iniciativas con Solvay, Nernst había informado a Planck de sus intenciones, pero éste no estaba tan convencido de la oportunidad como su colega, como transciende de la carta que envió el 11 de junio al creador del tercer principio de la termodinámica: «Estoy seguro de que difícilmente la mitad de los participantes que tiene en mente están lo suficientemente convencidos de la necesidad de reformar nuestras teorías como para para asistir al Congreso. [...] Entre los jóvenes está también lejos de ser reconocida adecuadamente la urgente e importante naturaleza de estas cuestiones. [...] Aparte de nosotros, creo que solamente Einstein, Lorentz, W. Wien y Larmor están seriamente interesados en el tema.

3. La mejor historia de la creación de los Institutos y Consejos Solvay se encuentra, desgraciadamente, inédita: Jean Pelseneer (s. f.), *Historique des Instituts internationaux de Physique et de Chimie Solvay depuis leur fondation jusqu'à la deuxième guerre mondiale*, referencia en la que aparecen los documentos inéditos que cito a continuación. El lector interesado puede consultar también de Broglie, M. (1951), Mehra (1975 a), Marage y Wallenborn, eds. (1995, 1999).

Dejemos que pase uno, o mejor, dos años, y entonces se hará evidente que la carencia teórica que ahora comienza a notarse será más y más grande, y terminarán viéndose atraídos incluso los más alejados. No creo que se pueda acelerar significativamente este proceso, las cosas deben tomar, y tomarán, su tiempo». Una vez más, aparecía el Planck moderado, siempre un hombre de orden. Por cierto, que en el caso de Joseph Larmor la estimación de Planck era incorrecta: en su momento, el *Lucasian professor* de Cambridge rechazaría la invitación a participar en el *Conseil*, confesando que no había encontrado tiempo para mantenerse al tanto de los recientes progresos en la teoría cuántica.

La reunión se celebró en Bruselas, entre el 30 de octubre y el 3 de noviembre de 1911, y estuvo dedicada a «La teoría de la radiación y los cuanta». Aquel primer Consejo Solvay, de cuyo contenido me ocuparé en la sección siguiente, es hoy parte relevante de la historia de la física, no tanto por los resultados que se obtuvieron (las investigaciones concretas rara vez se llevan a cabo en semejantes foros), sino por la singularidad de la mayoría de los participantes, por la naturaleza del tema debatido —que ocupaba una posición central en la física del momento—, así como porque hasta entonces habían sido escasas las reuniones de este tipo; esto es, auténticamente internacionales y dedicadas específicamente a problemas abiertos de física. La única celebrada anteriormente había sido el Congreso Internacional de Física que tuvo lugar entre el 6 y el 12 de agosto de 1900 en París. Estuvieron representadas Austria, Bélgica, Canada, Dinamarca, España, Estados Unidos, Francia, Grecia, India (una colonia inglesa todavía, por supuesto), Japón, México, Rusia y Suecia. Se trató de una reunión sustancialmente diferente a la Solvay, ya que las sesiones estuvieron dedicadas a que científicos importantes presentasen exposiciones sintéticas sobre los conocimientos por entonces firmemente establecidos en la física; esto es, se trataba de mirar más hacia el pasado que hacia el futuro. En cuanto a la química, ya se habían celebrado varias reuniones; por ejemplo, la mencionada de Karlsruhe en 1860, o el Congreso Internacional de Química Aplicada que tuvo lugar en Bruselas en 1894. También estaban los Congresos Internacionales de Matemáticos, el primero de los cuales tuvo lugar en Zúrich en 1897.

Dado el éxito de la primera reunión, Solvay decidió continuarlas, y ampliar la iniciativa al ámbito de la química, que celebraría sus

Consejos por separado, así como establecer unos Institutos Internacionales de Física y de Química —que llevarían el nombre «Solvay»— que se ocupasen de «promocionar las investigaciones encaminadas a ampliar y sobre todo a profundizar el conocimiento de los fenómenos naturales, especialmente en los campos de la física y la química física».[4]

El primer Instituto en crearse fue el de Física, fundado en la primavera de 1912. El Instituto de Química se creó después, en mayo de 1913, pero fue únicamente debido a que Solvay no encontró ni en Wilhelm Ostwald ni en William Ramsay, a quienes había encargado que se ocupasen de la cuestión, la misma colaboración que había encontrado, para fundar el de Física, en Nernst y Hendrik Lorentz. Mientras que el Instituto de Física funcionaba independientemente de cualquier otra organización, la dirección del de Química estaba confiada a la Asociación Internacional de Sociedades Químicas, que había sido establecida en 1911; de hecho, la fundación del Instituto de Química tuvo como consecuencia el que se instalase en Bruselas el Secretariado central permanente de la Asociación.[5] No obstante, después de la Primera Guerra Mundial desapareció la Asociación, y el Instituto decidió adoptar una línea de independencia parecida a la del Instituto de Física; además la organización que substituyó a la asociación disuelta, la Union Internationale de la Chimie Pure et Appliquée (la cual, al ser excluidas las sociedades químicas de las potencias centrales, se había constituido en 1919 bajo los auspicios del Conseil International des Recherches), decidiendo que su sede fuese, al menos provisionalmente, París.

En cuanto a los Consejos de Química Solvay, el primero se celebró en abril de 1922; no estuvo dedicado —al igual que el tercero celebrado en 1928— a ningún tema específico, pero predominaron las discusiones químico-físicas. El segundo Conseil tuvo lugar en 1925, abordando el tema de «Estructura y actividad». Tomados en su conjunto, constituyen una muestra magnífica del cambio experimentado por la química: mientras que en el siglo XIX había estado dedicada sobre todo al análisis de los compuestos químicos, a deter-

4. H. A. Lorentz a E. Solvay, 4 de enero de 1912. Citada en Pelseneer (s. f.).

5. La idea de vincular el Instituto de Química de Solvay con la Asociación Internacional de Sociedades Químicas surgió de Ostwald; Ramsey era el presidente de la Asociación.

minar su composición y estructura funcional, a comienzos del nuevo siglo las cuestiones de dinámica molecular, esto es, la química-física, pasaron a figurar en el núcleo de la disciplina.

Por su parte, los Consejos de Física estuvieron dominados durante muchos años por temas relacionados con el mundo cuántico. Limitándome (por razones que se harán evidentes en seguida) a los siete primeros, indicaré que el segundo (27-31 de octubre de 1913) estuvo dedicado a «La estructura de la materia», el tercero (1-6 de abril de 1921) a «Atomos y electrones», el cuarto (24-29 de abril de 1924) a «Conductividad eléctrica de los metales y problemas relacionados», el quinto (24-29 de octubre de 1927) a «Electrones y fotones», el sexto (20-26 de octubre de 1930) a «El magnetismo», y el séptimo (22-29 de octubre de 1933) a «Estructura y propiedades de los núcleos atómicos».

Puede llamar la atención el dilatado intervalo que se produjo entre la celebración del segundo y el tercer Consejo. El motivo es, claro está, la Primera Guerra Mundial, la Gran Guerra, como fue denominada hasta que hubo necesidad de numerarlas. De hecho, la historia de los Institutos y Consejos Solvay constituye un excelente espejo en el que se pueden contemplar los dramáticos acontecimientos que se produjeron durante aquellos años. Mencionaré algunos ejemplos en este sentido (aun a riesgo de romper un tanto la secuencia de mi narración), movido por la convicción de que la historia de las ideas necesita relacionarse con la historia social y política, y el caso de la física cuántica no es ninguna excepción, más aún si tenemos en cuenta la alta proporción de científicos alemanes que participaron en la empresa de establecer la teoría cuántica.

El 24 de junio de 1914, cuatro días antes de que tuviese lugar el suceso que significó la chispa de la que surgió el fuego que llamamos Primera Guerra Mundial, esto es, el asesinato en Sarajevo, durante una visita a Bosnia, del archiduque de Austria, Francisco Fernando, el Comité Científico Solvay había mantenido una de sus reuniones. El 4 de agosto, Bélgica era invadida por Alemania y Lorentz —holandés, que por entonces ocupaba, como veremos, un lugar destacado en la organización de los Consejos Solvay— escribía a Paul Heger, amigo de Solvay, el día 13:[6]

6. Pelseneer (s. f.), capítulo IV, «Le manifeste des 93. La reprise des relations

Pienso continuamente en su país y en su valiente defensa contra un ataque para el cual no había dado el menor motivo. Yo tenía esperanzas de que no veríamos esta guerra que se esperaba desde hacía tanto tiempo, y he aquí que ha comenzado de la manera más atroz que se pueda imaginar, violando los derechos de un pueblo libre que mantenía buenas relaciones con todas las naciones.

Las actividades del Instituto Solvay y de los Conseils se paralizaron prácticamente durante la guerra. Al terminar ésta, se planteó inmediatamente el problema de la relación con los científicos centroeuropeos, un tema particularmente delicado habida cuenta de que Bélgica había sido invadida por los alemanes. El 10 de enero de 1919, Lorentz se dirigía a Solvay abordando la cuestión:

¿Podrá el Instituto de Física ser de utilidad continuando la vía que le ha sido encomendada en sus estatutos, esto es, promoviendo investigaciones científicas en el dominio de la física y la química física, y celebrando de vez en cuando reuniones destinadas a una discusión profunda de los grandes problemas actuales? Yo no dudo en responder afirmativamente. Ahora que el mundo va a reconstruirse, las ciencias físicas deberán jugar —estoy convencido— un papel cada vez más importante; el hombre no podrá vivir sin ellas y faltaría a uno de sus principales deberes si no buscase penetrar los secretos de la naturaleza y descubrir ante todo la verdad...

Contribuyendo así al progreso de la ciencia, el Instituto podrá tener una influencia *indirecta* desde el punto de vista moral y social...

¿Qué actitud hay que tomar hacia los alemanes? La miseria y los sufrimientos que han esparcido por el mundo, las injusticias y las atrocidades cometidas por su gobierno y sus Fuerzas Armadas, aborrecidas con justicia por todas las gentes honestas, han producido sobre mí —Vd. lo sabe muy bien— una impresión muy fuerte y dolorosa. Así, comprendo perfectamente que en este momento los sabios belgas y franceses no deseen tener ninguna relación más con ellos; durante los primeros años no podrá haber lugar para ellos en el Instituto de Física. Los que han asistido a los «Conseils de physique», comprenderán que no pueden volver

---

avec les savants allemands et autrichiens». Los documentos citados a continuación también proceden de esta obra inédita.

a Bruselas, y si hubiese alguno que tuviese la desvergüenza de hacerlo, nos repugnaría precisamente por ello.

De todas maneras, al hablar de los alemanes no debemos perder de vista que existen excepciones. Un hombre como Einstein, el gran y profundo físico, no es en absoluto un «alemán» en el sentido que se da ahora a esta palabra; su juicio sobre los acontecimientos de los últimos años no difiere en nada del suyo o del mío. También hay varios físicos que no han querido firmar el manifiesto escandaloso de los 93; en una conversación que tuve con ellos en la primavera de 1915, Warburg me ha expresado vivamente su desaprobación. Es cierto que algunos de los firmantes volverían a hacer lo mismo si se presentase la ocasión, pero estoy seguro que otros muchos lamentan en el fondo de su corazón la ligereza con que prestaron su nombre a esta publicación...

Considerándolo bien, creo mi deber el proponerle no excluir formalmente a los alemanes; esto es, no cerrarles la puerta para siempre. Espero que se pueda abrir a una nueva generación, e incluso, que acaso en el curso de los años sea posible admitir a aquellos sabios de nuestra época que se pueda creer que lamentan sincera y honestamente los acontecimientos que han tenido lugar. Es de esta manera como la ciencia alemana podrá recuperar el lugar que, a pesar de todo, merece por sus antecedentes.

Como ya señalé, los Consejos Solvay de Física se reanudaron en 1921; sin embargo no sería hasta el quinto Consejo (octubre de 1927) que volverían a participar científicos de las potencias centrales. El movimiento en favor de su readmisión se vio favorecido por los desarrollos políticos. Tras el Pacto de Locarno en octubre de 1925, Alemania entró en 1926 en la Sociedad de las Naciones. Ante la perspectiva de un nuevo ambiente, Lorentz se entrevistó el 2 de abril de aquel mismo año con el rey Alberto de Bélgica. He aquí los términos en los que relató al día siguiente su entrevista con el monarca:

Su majestad ha expresado la opinión de que, siete años después de la guerra, los sentimientos que ha provocado deben dulcificarse poco a poco; que para el futuro es absolutamente necesario un mejor entendimiento con los pueblos y que la ciencia puede contribuir a lograrlo. También ha señalado que visto todo lo que los alemanes han hecho en física, sería muy difícil continuar sin ellos.

Efectivamente, habría sido imposible evitar su presencia en el Consejo que tendría lugar el año siguiente sin desvirtuar por completo la naturaleza de la reunión, ya que el tema a debatir eran «Electrones y fotones», difícilmente abordable sin recurrir a la nueva mecánica cuántica, desarrollada gracias, principalmente, a los trabajos de físicos alemanes y austríacos como Heisenberg, Schrödinger, Born, Pauli, Einstein y Planck (todos ellos asistieron a la reunión).

Y ahora sí, ya es el momento de pasar al primer Consejo.

El primer Consejo Solvay

Veintiún físicos, una auténtica elite formada por A. Einstein, M. Planck, H. A. Lorentz, W. Nernst, E. Rutherford, M. Curie, H. Poincaré, A. Sommerfeld, W. Wien, J. Jeans, P. Langevin, J. Perrin, H. Kamerlingh Onnes, H. Rubens, E. Warburg, M. Brillouin, E Hasenöhrl y M. Knudsen, con M. de Broglie, E A. Lindemann y R. Goldschmidt actuando como secretarios, más dos colaboradores de Solvay, participaron en el congreso, al que sólo era posible acceder por invitación (lord Rayleigh y J.-D. van der Waals también fueron invitados, pero no pudieron asistir). Como se ve el grupo más numeroso era de alemanes: seis (siete si incluimos a Einstein, ya nacionalizado suizo, que entonces era profesor en la Universidad de Praga). Un dato no despreciable a la hora de valorar el éxito de la convocatoria es el generoso estipendio que Solvay ofrecía a los que aceptaban; como lo expresó Rutherford el 21 de octubre (1911) en una carta a su amigo Bertram Boltwood (incluida en Badash, ed., 1969: 255): «Al final de la semana que viene salgo hacia Bruselas para tomar parte en un pequeño Congreso, alrededor de quince personas, sobre la Teoría de la Radiación. Algún rico hombre de Bruselas paga mil francos a cada uno por nuestros gastos. Éste es el tipo de Congreso al que no tengo objección en asistir».

En la carta de invitación (fechada el 9 de junio de 1911) que se envió a los seleccionados, se indicaban los temas que se pretendía tratar en la reunión (Ernest Solvay a Einstein; Klein, Kox y Schulmann, eds. 1993: 300-301):

1. Derivación de la fórmula de radiación de Rayleigh.
2. Comparación de la teoría cinética de los gases ideales con resultados empíricos.

3. Aplicación de la teoría cinética a emulsiones.
4. La teoría cinética de los calores específicos según Clausius, Maxwell y Boltzmann.
5. La fórmula de radiación y la teoría de los cuantos de energía.
6. Calor específico y la teoría de los cuantos.
7. La aplicación de la teoría de los cuantos a diversos problemas en la física.
8. Aplicación de la teoría de los cuantos a diversos problemas de naturaleza físico-química y química.

Aunque la presidencia de la reunión le fue ofrecida a Nernst, éste declinó en favor de Lorentz, una elección particularmente afortunada si tenemos en cuenta algunos de los atributos que adornaron su figura: además de su lengua materna (el neerlandés), dominaba el alemán, el francés y el inglés; a lo largo de toda su vida mostró un juicio cabal; poseía un gran prestigio entre sus colegas, independientemente del país del que procediesen, extendiendo su influencia desde su cátedra en la pequeña ciudad universitaria de Leiden. Einstein, en particular, le adoraba, como es evidente sin más que recordar las ajustadas palabras que pronunció durante su entierro (1928; Einstein 1981: 64-65):

> Estoy ante esta tumba, la tumba del hombre más grande y noble de nuestra época, como representante del mundo académico de habla alemana y, en particular, de la Academia Prusiana de Ciencias, pero, sobre todo, como discípulo y admirador fervoroso. Su genio marcó la ruta desde la obra de Maxwell a los descubrimientos de la física contemporánea, a la que él aportó importantes elementos y métodos.
>
> Moldeó su vida como una exquisita obra de arte en los más mínimos detalles. Su infatigable bondad, su generosidad y su sentido de la justicia, unidos a una comprensión intuitiva y segura de las gentes y de los asuntos humanos, le convirtieron en líder en todas las esferas que abordó. Era seguido de buen grado, pues resultaba claro que no se proponía dominar, sino sólo servir. Su obra y su ejemplo seguirán vivos, como inspiración durante generaciones.

Además, y aunque no he tenido oportunidad de tratar con detalle esta cuestión, Lorentz participó de manera destacada en el proceso de difusión y análisis de las ideas cuánticas. Parece que fue el primer científico que mencionó, en una publicación, las aportaciones de 1900 de Planck, aunque lo hizo de una forma muy escueta. La referencia en cuestión es un artículo que publicó en 1901: «La teoría de radiación y la segunda ley de la termodinámica» (Lorentz 1901). Dos años después insistió en el tema, esta vez ya con más detalles (Lorentz 1903); aquel mismo año, por cierto, en la primavera, dictó un curso dedicado a la teoría de la radiación, al que asistió un joven con el que nos volveremos a encontrar al final del presente capítulo: Paul Ehrenfest. Por último, mencionaré que en 1908 dedicó a estas cuestiones la conferencia, «Le partage de l'énergie entre la matière ponderable et l'éther» («La partición de la energía entre la materia ponderable y el éter»; Lorentz 1908), que pronunció el 1 de abril de aquel año en el Cuarto Congreso Internacional de Matemáticos, celebrado en Roma.[7]

En el discurso de inauguración de las sesiones de Bruselas, Lorentz dejó claro sus ideas y esperanzas (Langevin y de Broglie, M., eds., 1912: 6-7):

> Las investigaciones modernas han hecho que aparezcan, cada vez más, las graves dificultades que se encuentran cuando se busca representar los movimientos de las partículas más pequeñas de los cuerpos ponderables y la unión entre estas partículas y los fenómenos que producen en el éter. En el momento presente nos encontramos lejos de la plena satisfacción de espíritu que la teoría cinética de los gases —ampliada poco a poco a los fluidos, a las soluciones diluidas y a los sistemas de electrones— podía dar a los físicos hace una veintena o una decena de años. En lugar de esto, tenemos la sensación de encontrarnos en un *impasse*: las antiguas teorías se han mostrado cada vez más impotentes para penetrar las tinieblas que nos rodean por todas partes.
>
> Ante semejante estado de cosas, la bella hipótesis de los elementos de energía, propuesta por primera vez por M. Planck y aplicada a numerosos fenómenos por M. Einstein, M. Nernst y otros, ha sido un precioso rayo de luz. Nos ha abierto perspectivas inesperadas e incluso aquellos que la miran con una cierta desconfianza deben reconocer su importan-

7. «La teoría de Planck», manifestaba Lorentz (1934: 341) en aquella ocasión, «es la única que nos ha dado una fórmula conforme a los resultados de la experiencia, pero no la podemos adoptar más que a condición de rehacer profundamente nuestras ideas fundamentales sobre los fenómenos electromagnéticos».

cia y su fecundidad. Bien merece, por consiguiente, ser el tema principal de nuestras discusiones, y el autor de esta nueva hipótesis y aquellos que han contribuido a su desarrollo merecen ciertamente que les rindamos un sincero homenaje.

Analizar con detalle los contenidos del Consejo constituiría una tarea demasiado prolija. Me limitaré, en consecuencia, a enumerar, primero, los conferenciantes y temas que éstos abordaron, mencionando después algunos de los puntos que se presentaron y que, por una u otra razón, considero necesario destacar.

En cuanto a conferenciantes y temas, fueron los siguientes: Lorentz: «Sobre la aplicación del teorema de equipartición de la energía a la radiación»; Jeans: «La teoría cinética del calor específico según Maxwell y Boltzmann»; Warburg: «Verificación experimental de la fórmula de Planck para la radiación del cuerpo negro»; Planck: «La ley de radiación negra y la hipótesis de las cantidades elementales de acción»; Knudsen: «La teoría cinética y las propiedades experimentales de los gases perfectos»; Perrin: «Las pruebas de la realidad molecular (estudio especial de emulsiones)»; Nernst: «Aplicación de la teoría de los cuantos a diversos problemas físico-químicos»; Kamerlingh Onnes: «Sobre las resistencias eléctricas»; Sommerfeld: «Aplicación de la teoría del elemento de acción a los fenómenos moleculares no periódicos»; Langevin: «La teoría cinética del magnetismo y los magnetones», y Einstein: «Estado actual del problema de los calores específicos».

Tras cada una de las conferencias, éstas eran discutidas por todos los asistentes, quienes con anterioridad habían recibido una versión escrita de las mismas. Paul Langevin y Maurice de Broglie, que actuaban de secretarios, se encargaron de preparar la edición en francés, que incluía tanto las ponencias como transcripciones de los debates, a los que, posteriormente, algunos de los científicos añadieron notas (Langevin y de Broglie, M., eds., 1912). En 1914, Arnold Eucken, como ya vimos colaborador de Nernst, publicó otra edición, en versión alemana (Eucken, ed., 1914). A través de esas ediciones, es posible hacerse una idea bastante ajustada del desarrollo de la reunión, y de las ideas que la mayoría de los asistentes tenían con respecto a la física cuántica. Ideas que, por supuesto, cubrían un amplio espectro y no siempre eran coherentes o claras, ya que como señaló Einstein en la apertura de la discusión que siguió a su informe (Lan-

LA

THÉORIE DU RAYONNEMENT

ET LES QUANTA.

RAPPORTS ET DISCUSSIONS

DE LA

Réunion tenue à Bruxelles, du 30 octobre au 3 novembre 1911.

SOUS LES AUSPICES DE M. E. SOLVAY.

Publiés par MM. P. LANGEVIN et M. de BROGLIE.

PARIS,

GAUTHIER-VILLARS, IMPRIMEUR-LIBRAIRE

DU BUREAU DES LONGITUDES DE L'ÉCOLE POLYTECHNIQUE,

Quai des Grands-Augustins, 55.

1912

gevin y de Broglie, M., eds., 1912: 436): «Estamos todos de acuerdo en que la teoría de los cuantos, en su forma actual, puede emplearse con utilidad, pero que no constituye verdaderamente una teoría en el sentido ordinario de la palabra, en todo caso no una teoría que pueda ser, por el momento, desarrollada de manera coherente».

En privado, Einstein fue bastante duro con relación a lo que pensaba había sido el resultado de la reunión. A su amigo íntimo, el ingeniero italo-suizo Michele Angelo Besso (1873-1955), le escribía el 26 de diciembre (1911; Klein, Kox y Schulmann, eds. 1993: 380): «No he avanzado en la teoría de los electrones. En Bruselas se ha constatado igualmente con consternación el fracaso de la teoría, sin encontrar remedio. Este congreso tenía todo el aspecto de una lamentación sobre las ruinas de Jerusalén. No ha salido de allí nada positivo. Mis argumentos sobre las fluctuaciones suscitaron gran interés y ninguna crítica seria. He sacado poco provecho, pues no he oído nada que no me fuese conocido». Antes, el 21 de octubre, había calificado al Consejo de *«Hexensabbat»* (*Sabbat* de las brujas, es decir, aquelarre).[8]

Es posible que nada de lo que oyese fuese nuevo para él, pero con la perspectiva que da el paso del tiempo, es preciso reconocer que, aparte del esfuerzo de clarificación que todos realizaron, surgieron algunas ideas que más tarde demostrarían ser extraordinariamente útiles. Como la introducción por parte de Planck de los «dominios elementales de probabilidad» en el espacio de fase de Gibbs (q, p), donde q y p representan, como es habitual, la posición y el momento generalizados, respectivamente. Generalizando el teorema de Liouville a la situación cuántica (en la que q y p no podían tomar todos los valores posibles, como ocurre en el caso de la física clásica), Planck introducía la «hipótesis de las cantidades elementales de acción», según la cual se debía cumplir que (ver Langevin y de Broglie, M., eds., 1912: 99)

$$\int\int \mathrm{d}q \cdot \mathrm{d}p = h \qquad (1)$$

es decir, descomponía el espacio de fases en áreas de valor igual a h. (En su momento, veremos cómo Sommerfeld modificó esta expresión $\int\int \mathrm{d}q \cdot \mathrm{d}p = n \cdot h$.)

8. Klein, Kox y Schulmann, eds. (1993: 337).

El punto introducido por Planck llamó la atención de Poincaré, quien en el debate subsiguiente le pidió que explicara cómo ampliar este tratamiento cuando se tenía un sistema con más de un grado de libertad.

Cuando se estudian las actas de aquel primer Consejo Solvay se comprueba que Henri Poincaré estuvo muy activo en los debates, aunque también se hace evidente que sus conocimientos del mundo cuántico eran mínimos. Einstein sacó una impresión negativa de la participación del veterano matemático francés, como se observa en la carta que dirigió a Heinrich Zangger, profesor, recordemos, de Fisiología en la Universidad de Zúrich, el 15 de noviembre de 1911 (Klein, Kox y Schulmann, eds., 1993: 349): «En Bruselas [...] Poincaré estuvo en general simplemente negativo y demostró, a pesar de su aguda inteligencia, poca comprensión de la situación. Planck se encuentra sumergido en ciertas y seguramente erróneas opiniones preconcebidas [...] pero realmente nadie sabe nada. Toda la historia habría constituido una delicia para los diabólicos padres jesuitas».

Los meses siguientes mostrarían a Einstein lo injusto y, en última instancia, profundamente equivocado que estaba en su percepción de la «comprensión de la situación» de Poincaré.[9]

9. Al contrario que Einstein, la opinión que Poincaré tenía sobre él era mucho más favorable, aunque matizada. Sabemos de ella gracias al informe que el matemático francés escribió a instancias de Pierre Weiss a finales de 1911 (en noviembre o diciembre), cuando la Escuela Politécnica de Zúrich estaba intentando lograr una cátedra para Einstein, entonces en Praga. He aquí lo que señaló Poincaré en aquella ocasión (citado en Seelig 1968: 164-165): «M. Einstein es uno de los espíritus más originales que he conocido; a pesar de su juventud, ya ocupa un lugar muy honorable entre los primeros sabios de su tiempo. Lo que debemos admirar sobre todo en él es la facilidad con la que se adapta a las nuevas concepciones y sabe extraer de ellas todas las consecuencias. No permanece atado a los principios clásicos y, en presencia de un problema físico, imagina rápidamente todas las posibilidades. Esto se traduce inmediatamente en su mente en la previsión de fenómenos nuevos, susceptibles de ser un día verificados por la experiencia. No puedo decir que todas estas previsiones resistirán el control de la experiencia el día en que tal control sea posible. Al contrario, como busca en todas las direcciones, debería esperarse que la mayoría de esas vías no conduzcan a nada; pero, al mismo tiempo, cabe esperar que una de las direcciones que ha indicado sea la buena; y con esto basta. Es así como se debe proceder. El papel de la física matemática es el de plantear preguntas, que sólo la experiencia puede contestar. El futuro mostrará cada vez más cuál es el valor de M. Einstein, y la Universidad que sepa atraer a este joven maestro se asegura obtener de él mucho honor».

El adiós de Poincaré: la necesidad de los cuantos

Jules Henri Poincaré (1854-1912) fue uno de los matemáticos más importantes del siglo XIX y comienzos del XX. Con frecuencia se dice que el XIX comenzó bajo la sombra de un gigante, Carl Friedrich Gauss (1777-1855), y terminó con el dominio de un genio de magnitud similar, Poincaré. De hecho, la comparación entre ambos es ilustrativa. Según Jean Dieudonné (1970-1980: 51-52), «ambos eran matemáticos universales en el sentido supremo, y ambos realizaron contribuciones importantes a la astronomía y física matemática. Si los descubrimientos de Poincaré en la teoría de números no son comparables a los de Gauss, sus logros en la teoría de funciones son cuanto menos del mismo nivel, incluso cuando uno tiene en cuenta la teoría de las funciones elípticas y modulares, que deben ser acreditadas a Gauss y que representan su descubrimiento más importante en ese campo, aunque no lo publicase en vida. Si Gauss fue el iniciador de la teoría de las variedades diferenciables, Poincaré desempeñó el mismo papel en la topología algebraica. Además, Poincaré es la figura más importante en la teoría de las ecuaciones diferenciales y el matemático que, después de Newton, efectuó el trabajo más destacado en mecánica celeste. Tanto Gauss como Poincaré tuvieron pocos estudiantes, ya que les gustaba trabajar solos».

Si nos atenemos a lo que el propio Poincaré (1921; 1951: i) expresó, sus aportaciones pertenecen a los campos siguientes: ecuaciones diferenciales, teoría general de funciones, cuestiones diversas de matemáticas puras (álgebra, aritmética, teoría de grupos, análisis situs, o lo que en la actualidad denominamos topología), mecánica celeste, geodesia, física matemática, filosofía de las ciencias, enseñanza y divulgación. Esto es, no debemos recordarle únicamente como a uno de los grandes de la matemática, sino también como a un espléndido físico teórico y filósofo de la ciencia. Pocos, antes o, incluso, después de él, comprendieron con tanta justeza la esencia íntima del conocimiento científico, como muestran los textos incluidos en tres de sus libros más conocidos: *La ciencia y la hipótesis* (1902), *Ciencia y método* (1908) y *Ultimos pensamientos* (1913).

En cuanto a su vida, transcurrió sin excesivos sobresaltos, al menos en lo que a su apariencia externa se refiere. Nació en Nancy, el 29 de abril de 1854. Hijo de un médico, Léon, que ejerció su profesión durante toda su vida en Nancy, de cuya Facultad de Medicina también fue profesor, el genio matemático de Henri ya fue reconocido mientras estudiaba el bachillerato. En 1873 entró —después de superar, con el número 1, los exámenes de admisión— en la École Polytechnique, el centro de estudios superiores más prestigioso de la estructura académica francesa, y en el que la matemática desempeñaba, a pesar de lo que puede sugerir su nombre, un papel central. En 1875, fue aceptado en la École des Mines, a la que solían ir los licenciados más distinguidos de la École Polytechnique, graduándose en ella en 1879 (de hecho, durante algún tiempo, y mientras preparaba su tesis doctoral, trabajó como ingeniero).

Tras obtener el título de doctor en Ciencias con una tesis (que defendió el 1 de agosto de 1879) dedicada a *Sur les propriétés des fonctions définies par les équations aux differénces partidles*, fue designado —el 1 de diciembre de 1879— *chargé des cours* de Análisis en la Facultad de Ciencias de Caen. Dos años después, fue nombrado *maître de Conferences* de Análisis en la Facultad de París, ciudad en donde pasaría el resto de su vida. Cuatro años más tarde, pasó a ser *charge du Cours* de Mecánica física y experimental. Muy poco después, en agosto de 1886, sucedió a Gabriel Lippmann en la cátedra de Física matemática (éste pasó a la de Física experimental), que ocupó hasta que, en 1896, tras la muerte de Francois Félix Tisserand (1845-1896), que ocupaba la cátedra de Astronomía matemática, su facultad le pidió que pasase a desempeñar esta cátedra, para la que no existía entonces ningún candidato de altura, mientras que sí lo había para la de Física matemática, Joseph Boussinesq (1842-1929). Poincaré, que por entonces ya había publicado los dos primeros tomos de su monumental *Les méthodes nouvelles de la mécanique céleste* (1892, 1893; el volumen tercero apareció en 1899), aceptó la propuesta.

Da idea del reconocimiento que obtuvo entre sus colegas el que fuese elegido miembro de la Académie des Sciences el 24 de enero de 1887, para cubrir la vacante que acababa de producirse por la muerte de Edmond Nicolas Laguerre (1834-1886). También fue elegido para la Académie Française, en la que fue admitido en 1909.

La muerte le llegó a la temprana edad de 58 años, el 9 de julio de 1912.

He aludido a los intereses de Poincaré en la física, pero una mera alusión puede resultar insuficiente o engañosa. El más superficial de los análisis de sus trabajos en esa disciplina tiene que detenerse en sus contribuciones a diferentes aspectos de la teoría electromagnética, como las oscilaciones hertzianas y la dinámica de los electrones. Es bien sabido, asimismo, que Poincaré (1905, 1906) estuvo muy cerca de haber sido el responsable de formular la teoría de la relatividad especial: publicó dos artículos —titulados ambos «Sobre la dinámica del electrón»—, cuyo contenido no difiere demasiado, desde el punto de vista formal, del artículo de Einstein «Sobre la electrodinámica de los cuerpos en movimiento», y eso que ambos fueron escritos antes de la publicación de éste. De hecho, en algunos aspectos (como el reconocimiento de la estructura cuadridimensional y de grupo de las transformaciones de Lorentz), Poincaré fue más allá que Einstein; sin embargo, no pudo liberarse del yugo que significaba el electromagnetismo, y fue incapaz de dar a sus expresiones y desarrollos matemáticos el significado físico que proporcionó Einstein a los suyos; no llegó, en definitiva, a sostener que las transformaciones de Lorentz no son un producto que se deriva de las ecuaciones del electromagnetismo, sino que son un requisito, geométrico, cinemático, que surge como consecuencia de (o representa) la estructura del espacio y el tiempo; un requisito que deben satisfacer todas las interacciones, la electromagnética, por supuesto, pero también la gravitacional, al igual que cualquier otra que exista —y, como se comprobó unas pocas décadas más tarde, existían (las denominadas interacciones fuerte y débil)— en la naturaleza. Su fracaso en este punto, aunque comprensible, pues lo que en realidad estaba en juego era una visión radicalmente nueva de la naturaleza física, es, no obstante, relativamente sorprendente en tanto que él estaba perfectamente preparado, más que cualquier otro físico, matemático o filósofo del momento, para apreciar la necesidad de contemplar de una forma diferente espacio y tiempo, conceptos ambos que, como se puede apreciar en algunos de sus escritos de carácter filosófico, entendía como profundamente problemáticos.

También hay que tener en cuenta, en lo que a sus aportaciones a la física se refiere, sus libros que recogían los contenidos de los cursos universitarios que dictó a lo largo de los años, y en los que la física teórica y matemática abundaron, y que no se encuentran incluidos en los once tomos de sus obras completas (publicadas entre 1951 y 1956).[10] Pero no es posible atender todos los frentes, y debo limitar-

10. Son éstos: *Potentiel et mécanique des fluides* (curso profesado en el año académico 1885-1886); *Théorie mathématique de la lumière,* tomo I (1887-1888); *Ther-*

me a la relación de Poincaré con la física cuántica, que había dejado en su participación en el Consejo Solvay de 1911.

El 4 de diciembre de 1911, un mes después de que finalizase el Consejo de Bruselas, Poincaré presentaba en la Académie des Sciences de París la versión abreviada de un trabajo sobre la teoría cuántica, «Sur la théorie des quanta». Esa versión apareció en las *Comptes Rendus* de la Académie (Poincaré 1912 a), mientras que el trabajo completo fue publicado en el número de enero de 1912 del *Journal de Physique* (Poincare 1912 b). Es evidente que Poincaré trabajaba y pensaba con rapidez. Claro que también hay que darse cuenta de lo que estaba en juego: la validez de la descripción teórica del mundo físico en la que él mismo se había movido y a la que había contribuido de forma destacada. Si la discontinuidad cuántica fuese inevitable, entonces (Poincaré 1912 b; 1954: 626) «los fenómenos físicos dejarían de obedecer a leyes que se expresan por ecuaciones diferenciales, y esto constituiría, sin ninguna duda, la mayor y más profunda revolución que la filosofía natural ha experimentado desde Newton».[11]

Por eso, por lo que le iba en el envite, es natural que se preguntase: «¿Podemos evitar esta consecuencia?». Como también es natural que hubiese preferido que la solución al problema implicase únicamente modificar algún elemento de la física clásica (incluyendo aquí la rela-

modynamique (1888-1889); *Électricité et optique,* tomo I: *Les théories de Maxwell et la théorie électromagnétique de la lumière;* tomo II: *Les théories de Helmholtz et les expériences de Hertz* (1888-1889); *Capillarité* (1888-89); *Leçons sur la theorie de l'elasticité* (1890-1891); *Théorie mathematique de la lumiére,* tomo II: *Nouvelles études sur la diffraction. Théorie de la dispersion de Helmholtz* (1891-1892); *Théorie des tourbillons* (1891-1892); *Les oscillations électriques* (1892-1893); *Théorie analytique de la propagation de la chaleur* (1893-1894); *Calcul des probabilités* (1893-1894); *Théorie du potentiel newtonien* (1894-1895); *Électricité et optique. La lumière et les théories électrodynamiques* (1899-1900).

11. Estrictamente, no es totalmente cierta la asociación que establecía Poincaré entre discontinuidad cuántica y validez de las ecuaciones diferenciales. Aunque él no lo podía saber, la ecuación de Schrödinger, por ejemplo, que describe (bajo ciertas condiciones) los fenómenos cuánticos, es una ecuación (en derivadas parciales) del tipo de las que el matemático galo pensaba que habría que abandonar si los cuantos sobrevivían. En el caso de la mecánica ondulatoria de Schrödinger, la discontinuidad cuántica aparece a través de otros elementos de la teoría: de la interpretación probabilista de Born de la función de onda, y de postulados como el del colapso de la función de onda.

tividad especial). Pero las ideas que se manejaban en semejante dirección no funcionaban. Como la que había propuesto Nernst en la reunión de Bruselas, que Poincaré (1912 b; 1954: 626) mencionaba al comienzo de su segundo artículo, tras reconocer que no era él el primero en pensar que acaso podría evitarse recurrir a los cuantos: «Durante el reciente Congreso de Bruselas, M. Nernst me ha comunicado algunas sugerencias; piensa que se podría dar cuenta de los hechos [la ley de la radiación y el papel desempeñado por los cuantos] suponiendo que las masas, en lugar de ser constantes como en la mecánica clásica, en lugar de depender únicamente de la velocidad, como en la nueva mecánica fundada sobre el principio de la relatividad, dependan a la vez de las componentes de la velocidad y de las de la aceleración. Son estas sugerencias de M. Nernst las que me han decidido a emprender este trabajo y, debo decirlo en seguida, a responder negativamente a la cuestión planteada por el eminente físico».

Poincaré se refería en este punto a la posibilidad explorada por Nernst (ver Langevin y de Broglie, M., eds., 1912: 452-453) en Bruselas de que «se pudiese algún día reemplazar el procedimiento de cálculo que nos ha dado la teoría de los cuantos, tan fecunda en éxitos, por otra construcción [que permitiese] recuperar la noción de cambios de energía por vía *continua* en las oscilaciones atómicas; por ejemplo, modificando la mecánica pura para los casos extremos que tienen lugar en los movimientos atómicos (frecuencias de billones de cambios por segundo)». En concreto, Nernst propuso la siguiente expresión para la fuerza que rige el movimiento de un punto material que sigue una trayectoria curva

$$\frac{mav}{\rho^2 \ln(1 + a/v\rho)}$$

donde m es la masa en reposo del punto material, v su velocidad, ρ el radio de curvatura, y a una constante.[12]

12. Nernst presentó esta posibilidad en la sesión del Consejo dedicada a conclusiones generales. De hecho, inmediatamente después de que Nernst la presentase, Poincaré tomó la palabra para manifestar que su opinión era la misma que Nernst, que «antes de admitir estas discontinuidades, que nos fuerzan a abandonar la expresión habitual de las leyes naturales bajo forma de ecuaciones diferenciales, sería mejor intentar la vía propuesta por M. Nernst». Sin embargo, para la publica-

Desmenuzar los argumentos que Poincaré empleaba en sus deducciones sería demasiado exigente para una obra como la presente (implica aspectos bastante técnicos de física superior), por lo que me limitaré a ofrecer algunos apuntes.[13]

«Se sabe», leemos en su primera nota (Poincaré 1912 a; 1954: 620), «que M. Planck se ha visto conducido por el estudio de la ley de radiación de los cuerpos negros a enunciar una hipótesis conocida bajo el nombre de *teoría de los cuantos.* Según esta teoría, los elementos a los que se debe la radiación de los sólidos incandescentes, y que son asimilados a resonadores hertzianos, no pueden adquirir o perder energía más que mediante saltos bruscos, de tal manera que la energía de semejante resonador sería siempre múltiplo de una cantidad fija que caracteriza la longitud de onda del resonador llamada *quantum*; esta energía sería por tanto siempre igual a un número entero de cuantos». Y continuaba:

> Es inútil señalar cuánto se aleja este esquema de las ideas tradicionales, ya que [de acuerdo con ella] las leyes físicas no serían susceptibles de ser expresadas mediante ecuaciones diferenciales. Es natural que se intente escapar de esta consecuencia [...] y que nos preguntemos si no habría forma de explicar de otra manera los hechos. He buscado, por tanto, si no se podría explicar la ley de Planck con otras hipótesis, y he llegado a un resultado negativo.

En otras palabras: la cuantización introducida por Planck era una condición necesaria de la ley de radiación que él mismo introdujo en 1900, pero ¿era también suficiente?

La forma en que Poincaré se planteó el problema era la siguiente: consideraba un sistema formado por *n* resonadores que interaccionaba mediante colisiones con otro formado por *p* resonadores de

ción añadió una nota a pie de página que refleja los resultados que había obtenido después: «A mi regreso a París he probado con cálculos en esta dirección; me han conducido a un resultado negativo. Parece que la hipótesis de los cuantos es la única que conduce a la ley experimental de la radiación, si se admite la fórmula habitualmente adoptada para la relación entre la energía de los resonadores y la del éter». Volveré a este punto en seguida.

13. Más detalles se pueden encontrar en Lorentz (1921), Rosenfeld (1936), McCormmach (1967) y Klein (1970).

mayor longitud de onda, y suponía que el sistema físico completo se podía describir mediante las ecuaciones diferenciales

$$dx_i / dt = X_i$$

donde las X son funciones de las x. A continuación explicaba que «según la ley de la termodinámica, este sistema debe tender hacia un estado final de tal manera que exista una función W, tal que $W \cdot d\tau$ represente la probabilidad de que el punto $x_1, x_2,\ldots x_n$ se encuentre en el elemento de volumen $d\tau$ del espacio de n dimensiones. Esta función debe satisfacer la ecuación

$$\Sigma\partial(W \cdot X_i)/\partial x_i = 0»$$

Y tras un riguroso y delicado análisis matemático, utilizando elementos como el principio de conservación de la energía, Poincaré (1912 a; 1954: 624) llegaba a la conclusión de que «la hipótesis de los cuantos es por tanto *la única* que conduce a la ley de Planck». Aunque inmediatamente añadía: «Pero una ley experimental nunca es más que aproximada, y está claro que se podría imaginar leyes cuyas diferencias con la de Planck fuesen menores que los errores observacionales y que condujeran a una función W continua». Aunque en el resumen de los *Comptes Rendus* elaboraba sobre este punto, es en el *Journal de Physique* donde lo estudiaba más detalladamente, donde analizaba si sería posible encontrar ese tipo de leyes, llegando a la siguiente conclusión (Poincaré 1912*b*; 1954: 649): «Por consiguiente, cualquiera que sea la ley de radiación, si se supone que la radiación total es finita, nos vemos conducidos a una función w que presenta discontinuidades análogas a las que da la hipótesis de los cuantos».[14]

14. Es importante, no obstante, recordar que Poincaré ponía un «pero» a su derivación: «Todo esto supone siempre la exactitud de la fórmula [$u_\upsilon d\upsilon = u_\lambda d\lambda = K \cdot \upsilon^{2Y} \cdot d\upsilon$, donde K es un coeficiente numérico e Y representa la energía media de los resonadores de longitud de onda λ], y sobre este punto todavía son posibles dudas, ya que Planck no la ha podido establecer más que apoyándose en los principios de la electrodinámica clásica, precisamente la misma que su teoría tenía por objetivo reemplazar». Una vez más el viejo problema de la «dependencia de la derivación de Planck de la teoría electromagnética», con el que ya nos hemos encontrado (ver la ecuación [6] del capítulo 4, y la discusión que se hace de ella allí).

Aquél fue, prácticamente, el adiós de Poincaré al mundo de la ciencia, el mundo al que había dedicado su vida. Y el viejo león se despidió con estilo. Sin embargo, aunque muchos lo ignoraron, no había sido el primero en llegar a aquellas conclusiones.

PAUL EHRENFEST, PRECURSOR DE POINCARÉ

Paul Ehrenfest (1880-1933) nació en Viena, se doctoró con Boltzmann en 1904, el mismo año que contrajo matrimonio con la rusa Tatiana Afanassjewa (1876-1964), con la que compartió no sólo la vida familiar, sino también esfuerzos científicos (ambos, por ejemplo, fueron los autores de un espléndido, profundo e influyente trabajo sobre «Los fundamentos conceptuales de la aproximación estadística en la mecánica» [Ehrenfest, P. y T. 1912] para la famosa *Encyklopädie der mathematischen Wissenschaften* dirigida por Felix Klein). De hecho, entre 1907 y 1912 vivió en Rusia, en San Petersburgo (donde era conocido como Pavel Sigizmundovich Ehrenfest), que abandonó para suceder a Lorentz cuando éste decidió jubilarse de su cátedra en Leiden.[15] Sin duda, su obra científica no alcanzó los niveles y la magnitud del gran Lorentz, ni pudo vanagloriarse de que su nombre quedase ligado a descubrimientos como la teoría de la relatividad, la mecánica cuántica, el principio de exclusión o el espín, pero la claridad de su mente, su poder de introspección, su pasión por comprender, le reportó un enorme respeto y prestigio entre sus colegas. «Cualquiera de las páginas [que escribió] da testimonio de la intensidad de su preocupación con la ciencia física», señaló su discípulo, un eminente físico él mismo, Hendrik Casimir (1959: xii).

Fue, de hecho, tanta su pasión y su ambición, y, acaso, tan evidente para él lo limitadas que eran sus contribuciones cuando se comparaban con, por ejemplo, las de su adorado protector Lorentz o las de su querido amigo Einstein, que, al igual que hizo su maestro Boltzmann, se quitó la vida, cuando contaba cincuenta y tres años. Einstein se dio cuenta perfectamente de su tragedia cuando poco después de que se suicidase escribió (citado en Calaprice, ed., 1996: 64): «Su sentido de insuficiencia, injustificado objetivamente, le afectaba

15. Detalles de la relación de Ehrenfest con científicos rusos —en particular Abram Fedorovich Ioffe (1880-1960)— aparecen en Frenkel (1996: 66-69).

continuamente, a menudo robándole la paz de espíritu necesaria para investigar con tranquilidad. [...] Su tragedia estaba precisamente en una casi mórbida falta de confianza en sí mismo».

El artículo en el que Ehrenfest (1911) obtuvo, básicamente, las mismas conclusiones a las que Poincaré había llegado en los *Comptes Rendus* y en el *Journal de Physique* llevaba por título «¿Qué rasgos de la hipótesis del cuanto de luz juegan un papel esencial en la teoría de la radiación térmica?».[16] Trabajando con los modos normales de vibración de la radiación en una cavidad (es decir, a la manera de Rayleigh), en lugar de con los osciladores/resonadores de Planck, y utilizando procedimientos estadísticos introducidos por su maestro, Boltzmann, Ehrenfest concluía, en un exigente e imposible de resumir ejercicio conceptual y analítico, que para evitar la «catástrofe del ultravioleta de Rayleigh-Jeans» (fue él, y aquí, quien introdujo esta expresión, que ya he utilizado con anterioridad, y que forma parte de la terminología clásica de la física cuántica) era necesario que cada modo de frecuencia υ sólo pudiese ser puesto en vibración si se le suministraba una cantidad finita de energía proporcional a su frecuencia. E iba un paso más allá: si la ley de distribución de Planck era correcta, entonces un elemento básico en su andamiaje, la denominada función de peso G(q), era discreto, un resultado éste (que Ehrenfest, es cierto, no resaltó demasiado) que implicaba la suficiencia de la condición de cuantización para la ley de radiación de Planck. Esencialmente, lo que Ehrenfest sostenía aquí era la misma conclusión a la que llegaría más tarde Poincaré, la ya citada proposición de que «cualquiera que sea la ley de radiación, si se supone que la radiación total es finita, nos vemos conducidos a una función w que presenta discontinuidades análogas a las que da la hipótesis de los cuantos».

Ehrenfest completó su artículo en julio de 1911, apareciendo publicado (en *Annalen der Physik*, una revista desde luego conocida) en octubre, el mismo mes en el que comenzó el Consejo Solvay. En enero de 1912, Ehrenfest abandonó San Petersburgo para realizar una gran gira visitando diversas universidades y colegas en Alemania, el

16. No fue éste el primer trabajo de Ehrenfest sobre la teoría cuántica. En 1906 publicó uno en el que comentaba diversos aspectos de la teoría (Ehrenfest 1906), a la luz de la reciente publicación de las *Vorlesungen über die Theorie der Wärmestrahlung* de Planck. Fue, por consiguiente, uno de los adelantados en la recepción de la teoría cuántica.

Imperio Austro-Húngaro y Suiza (Klein 1970: 171 y ss.), con la intención de sondear la posibilidad de encontrar algún puesto de trabajo (en Rusia su condición de extranjero y de judío no le ayudaban en absoluto). En Leipzig, donde visitó a Gustav Herglotz (1881-1953), supo del primer artículo de Poincaré, el de los *Comptes Rendus*: «¿Qué va a ser de mí?», escribió en su diario el 13 de enero. En su siguiente parada, Múnich, Sommerfeld le informó del reciente Consejo Solvay, incluso pudo enseñarle una copia de los informes que habían circulado con los trabajos presentados, y asi comprobó que su trabajo de 1911 no había sido mencionado. Desde el mismo Múnich escribió a Poincaré enviándole una separata de su artículo, pero una semana después, ahora en Zúrich comprobó que había sido tarde, ya que vio el número del *Journal de Physique* en el que se publicó el segundo artículo de Poincaré. De nuevo, su diario fue testigo de la depresión que le embargó. Y es que, a pesar de su prioridad, fue Poincaré quien recibió prácticamente todos los créditos por demostrar que la cuantización planckiana era condición necesaria y suficiente para la validez de la ley de radiación. Poincaré contestó a su carta el 30 de enero, diciendo que le agradaba ver que Ehrenfest había llegado, utilizando otro método, a resultados que coincidían con los suyos y que esperaba encontrar su trabajo útil cuando preparase su siguiente artículo, pero aunque realmente hubiese querido difundir la aportación de su joven colega le quedaba poco tiempo de vida (recordemos que murió el 17 de julio).

Finalmente, fue el trabajo de Poincaré el que influyó en sus contemporáneos. Como ha señalado Martin Klein (1970: 253), que estudió este episodio en su biografía de Ehrenfest, «mientras que Ehrenfest podía ser ignorado y Einstein no aceptado, la autoridad de Poincaré difícilmente podía ser cuestionada. Sus argumentos fueron aceptados como *la* prueba de que la discontinuidad en la energía era absolutamente necesaria para la existencia de una energía finita en la radiación de un cuerpo negro», es decir, para evitar la «catástrofe del ultravioleta». Así, en su influyente *Report on Radiation and the Quantum-Theory*, Jeans (1924: 24) no mencionó para nada a Ehrenfest con relación a esta cuestión, asignando todo el crédito a Poincaré; es interesante reproducir lo que el británico escribió entonces:[17]

17. Estoy citando de la segunda edición, la primera fue publicada, recuerdo, en 1914.

> El problema [de qué leyes de movimiento deben ser postuladas para que la partición de la energía venga dada por la ley de Planck] ha sido resuelto con gran completitud por Poincaré. En 1921, R. H. Fowler [*Proc. Roy. Soc. 99A*, p. 462] señaló una falta de rigor en un aspecto puramente matemático de la demostración de Poincaré, y reforzó el argumento suministrando los pasos que faltaban. El resultado obtenido por Poincaré y confirmado por Fowler es, brevemente, que ningún sistema puede conducir a la ley de Planck, excepto uno que satisfaga la suposición de la teoría cuántica. Desgraciadamente, el artículo de Poincaré es de una naturaleza matemática tan abstrusa que es imposible hacerle ningún tipo de justicia en un resumen; el lector que desee comprenderlo debe ir al artículo original.

Aun así, el trabajo de Ehrenfest contribuyó a que algunos valoraran (o empezarán a valorar) más su capacidad. Einstein, por ejemplo, hizo referencia (aunque sin entrar en ningún detalle) al artículo de 1911 en una de sus cartas a Besso, la que escribió el 21 de octubre de 1911. Y cuando, en 1912, se decidió a abandonar la Universidad Alemana de Praga por Zúrich, consideró muy seriamente a Ehrenfest como uno de los candidatos que recomendó al claustro para sucederle. En efecto, en el «Informe a la Facultad de Filosofía de la Universidad Alemana sobre un sucesor a la cátedra de Física Teórica» (Klein, Kox y Schulmann, eds., 1993: 470-473), preparado en torno al 23 de mayo de 1912, y que está firmado por Einstein, Anton Lampa (1868-1938) y Georg Pick (1859-1944), Ehrenfest aparecía como en segundo lugar, tras Philipp Frank (1884-1966), que obtendría la cátedra, y antes que Emil Kohl (1862-1924). El trabajo de 1911 aparecía citado entre sus principales aportaciones, mientras que sus características personales eran resumidas de la manera siguiente: «El talento científico y capacidad de Ehrenfest se pueden caracterizar más o menos como sigue. Ehrenfest es un hombre con una mente lúcida y crítica que pocos igualan en su habilidad para extraer lo que es esencial en una teoría, y que es completamente independiente con respecto a los comportamientos contemporáneos. Tanto en sus clases como en su conversación, Ehrenfest sabe cómo presentar incluso un tema difícil de forma clara y amena; los miembros de la comisión han tenido la oportunidad de comprobarlo por sí mismos hace poco, durante la breve estancia de Ehrenfest en Praga».

No es sorprendente que una persona de tales características terminase convirtiéndose en uno de los mejores amigos de Einstein, ni que su espíritu crítico dejase una marca importante en la historia de la física cuántica, en ocasiones también con aportaciones concretas, como en el caso de los denominados «invariantes adiabáticos» (Ehrenfest 1916), que desempeñó un papel importante en la generalización de la teoría cuántica a un número creciente de tipos de movimiento.

7

Ernest Rutherford: de la radiactividad a los modelos atómicos

En los últimos capítulos la discontinuidad cuántica ha protagonizado mi narración, pero es necesario dejarla de lado momentáneamente y volver al estudio de los fenómenos radiactivos, que durante un tiempo permanecieron ajenos a las, cada vez mayores, consecuencias que la cuantización de la energía introducía en dominios importantes de la física. Para ello nada mejor que centrarse en la obra de Ernest Rutherford (1871-1937), que ocupa un lugar preferente en la historia de la física atómica. El modelo de átomo que propuso en 1911 supuso un paso esencial en el desarrollo de la física cuántica, ya que abrió la puerta al elaborado por Niels Bohr dos años más tarde, del que me ocuparé en el capítulo siguiente. Ahora bien, mientras el modelo de Bohr incluía elementos cuánticos, el de Rutherford era básicamente clásico, aunque intentase responder a cuestiones pertenecientes al universo de la radiactividad. Y es que Rutherford ganó su fama trabajando en el dominio descubierto en 1896 por Henri Becquerel.

Ernest Rutherford

Uno de los primeros investigadores que se ocuparon de la radiactividad fue un joven neozelandés llamado Ernest Rutherford, que desde septiembre de 1895 trabajaba en el laboratorio Cavendish de J. J. Thomson, adonde había llegado (gracias a haber obtenido una de las becas que se instituyeron con los beneficios de la Exposición Universal que tuvo lugar en Londres en 1851; fue la primera de estas exhibiciones) después de graduarse en el Canterbury College de Christchurch, un pequeño centro que formaba parte de la Universidad de Nueva Zelanda y que entonces contaba con un claustro de siete profesores para atender a 150 alumnos. Inicialmente, Rutherford colaboró con Thomson en el estudio de la ionización de gases debida a la exposición a rayos X (Thomson y Rutherford 1896), tema que exploró después en solitario. Inevitablemente —y antes incluso del descubrimiento del polonio y el radio, que, como ya vimos, impulsaría los estudios radiactivos—, Rutherford se vio conducido a utilizar la nueva radiación uránica, que también ionizaba los gases. Su primera publicación en este campo (Rutherford 1899) apareció cuando había abandonado Cambridge por la Universidad McGill de Montreal, en donde obtuvo su primera cátedra, *MacDonald Professor* de Física, aunque los experimentos que resumía en ella los había realizado en el laboratorio Cavendish.

Las radiaciones α, β y γ

En la sección 4 («Naturaleza compleja de la radiación del uranio») de aquel su primer artículo relacionado con la radiactividad, Rutherford explicaba un experimento que había realizado: dos placas de zinc, A y B, paralelas entre sí; A unida a una batería (de 50 voltios), que a su vez estaba conectada a tierra, mientras que B iba unida a un electrómetro, que por su parte también se ligaba a tierra. Sobre el centro de A se depositaba, repartido uniformemente en forma de polvo, uranio metálico o un compuesto de uranio. Entre ambas placas, siguiendo el procedimiento habitual en tubos de rayos catódicos, había un gas; la radiación emitida por el uranio ionizaba el gas y se establecía una corriente eléctrica entre A y B, que se detectaba con el electrómetro. El siguiente, y esencial, paso era situar sobre el uranio, entre A y B, sucesivas capas de láminas delgadas metálicas, y estudiar cómo afectaban a la intensidad de la corriente. Al aumentar el número de láminas, la intensidad disminuía. Pero había más: «Estos experimentos demuestran», escribía Rutherford (1899; Chadwick, dir. 1962: 175), «que la radiación del uranio es compleja, y que al menos están presentes dos tipos distintos de radiación —una que es absorbida muy fácilmente, que por conveniencia será denominada radiación a, y la otra de un carácter mucho más penetrante, que será denominada radiación β».

Según sus propias palabras en el artículo que estoy mencionando, fue mientras llevaba a cabo estos experimentos cuando se anunció el descubrimiento de que el torio y sus sales también emitían una radiación similar a la del uranio. Naturalmente, Rutherford aplicó a este elemento y compuestos el mismo procedimiento que estaba empleando con el uranio. Y obtuvo conclusiones similares en lo que a la complejidad de la radiación se refiere, aunque el poder de penetración de la radiación β era diferente del que aparecía en el caso del uranio.

Sin embargo, todos estos resultados no le acercaban más a resolver el gran enigma de qué era la radiactividad, como reconocía en la conclusión de su artículo (Rutherford 1899; Chadwick, dir. 1962: 214): «La causa y origen de la radiación emitida constantemente por el uranio y sus sales todavía continúa siendo un misterio».

De esta manera hizo su entrada real en el campo de la radiactividad, campo del que pasaría a ser el líder indiscutible. Como señaló en sus memorias Otto Hahn (1970: 77), el futuro descubridor de la fisión del uranio, que permaneció con Rutherford en Montreal entre el otoño de 1905 y el verano de 1906, después de haber estado con el químico escocés William Ramsay en el University College de Londres, Rutherford era «la única persona que tenía una comprensión real de la radiactividad, y que vio su significado. Estar en el Instituto de Rutherford significaba estar en el mejor lugar posible».

En lo que se refiere a la estructura de estas radiaciones, la β fue la que desveló más pronto sus secretos (hay que tener en cuenta la ventaja que significaba contar con los resultados de los trabajos en los que J. J. Thomson había identificado en 1897 el electrón en los rayos catódicos). En 1900 ya estaba claro que se trataba de electrones que se movían a gran velocidad, tarea en la que destacaron Becquerel (1900 a y b) *y* Walter Kaufmann (1871-1947; 1901).

No he mencionado todavía la tercera de las radiaciones emitidas por las sustancias radiactivas: la γ. Este tipo de radiación, muy penetrante (aproximadamente 160 veces más penetrante que la β), fue detectada por primera vez por el francés Paul Villard (1860-1934) en 1900 —en investigaciones que llevó a cabo en el laboratorio de química de la École Normale de París, institución en la que había entrado en 1881—, aunque poco antes Henri Becquerel (1900 a) había estado muy cerca de descubrirla. Villard detectó la nueva radiación mientras trataba de demostrar la un tanto extraña hipótesis de que los rayos catódicos (su campo de investigación) no atravesaban las láminas metálicas (como pensaban Hertz y Lenard), mientras que sí estimulaban la emisión de otros electrones en el lado de la placa opuesto al del que incidían. Dentro de este programa de investigación (ver Wheaton 1983), Villard añadió una fuente de cloruro de radio a las fuentes de rayos catódicos con que operaba, encontrando que al otro lado de la placa metálica aparecía, efectivamente, radiación (Villard 1900 a). Ahora bien, se dio cuenta de que ésta no podía estar formada por rayos catódicos (esto es, electrones), ya que no se desviaba en un campo magnético. Molesto porque la nueva radiación interfería con sus experimentos sobre rayos catódicos puros y antes de abandonar el radio como fuente de radiación catódica, intentó aislar lo que llamó «rayos X del radio», utilizando una potente fuente de radio que le prestaron Pierre y Marie Curie. Lo que encontró (Villard 1900 b) fue que los rayos que había detectado eran capaces de atravesar capas de cristal o plomo que detenían a los rayos β. Se trataba, en consecuencia, de una nueva radiación procedente del radio, aunque no parece que él distinguiese claramente esta radiación, que más tarde se denominaría radiación γ, de los rayos X, algo comprensible si tenemos en cuenta que, como se averiguó después, los rayos γ son radiación electromagnética de frecuencia en el rango de 10^{-14} a 10^{-10} metros, bastante similar, por tanto, a los rayos X, pero con mayor energía.

No fue únicamente Villard quien tuvo problemas con la nueva radiación, cuya naturaleza, como apuntaba antes, tardó en ser comprendida. De hecho, sólo en 1902-1903 pasó a ser estudiada y mencionada en la literatura. Éste fue el caso con Rutherford (1902) en un breve artículo publicado en *Nature*, que comenzaba de la siguiente, explícita, manera (Rutherford 1902; Chadwick, dir. 1962: 410):

> Todas las sustancias radiactivas permanentes, uranio, torio y radio, emiten dos tipos de rayos, uno fácilmente absorbible y que no es desviado por un campo magnético, y otro de carácter más penetrante y que se desvía en un campo magnético. Además de estos dos rayos, Villard, utilizando un método fotográfico, llamó la atención por primera vez acerca de la existencia de unos rayos muy penetrantes precedentes del radio, que no se desviaban en presencia de un campo magnético. Este resultado fue confirmado por Becquerel.

> Recientemente, he examinado todas estas sustancias radiactivas utilizando el método eléctrico, y he encontrado que el torio, y también la radiactividad producida por el torio y el radio, emiten rayos de carácter tan penetrante como los del radio. Comparado con el torio y el radio, el uranio emite muy poca, si es que alguna, radiación de este tipo.

Y a continuación detallaba los experimentos que había realizado. En ningún lugar de su artículo utilizaba Rutherford el nombre de rayos y, acaso porque no estaba seguro de que no se tratase, como pensaba Villard, simplemente de rayos X. De hecho, un año más tarde, aunque, eso sí, ahora ya empleando el término rayos γ, señalaba (Rutherford 1903; Chadwick, dir. 1962: 614) que «los rayos γ son probablemente iguales a los rayos Röntgen, pero con poder muy penetrante».

Da idea de las dudas existentes sobre la «autonomía» de la radiación descubierta por Villard el que J. J. Thomson no se refiera más que a los rayos α y β en el extenso tratamiento que sobre la radiactividad incluía en su importante texto de 1903, *Conduction of Electricity Through Gases* (J. J. Thomson 1903 a).

En cuanto a la primera vez que se empleó el nombre de rayos y, por lo que yo sé, debió ser Rutherford (1903) en el último artículo (un resumen, *abstract*, realmente) que he mencionado, leído en la Physical Society británica el 5 de junio de 1903, aunque en la extensa monografía de casi 400 páginas («Recherches sur une propriété nouvelle de la matière») que Becquerel publicó en 1903, y cuya última página lleva la fecha de agosto de 1903, leemos (Becquerel 1903: 206): «Se reconoce la traza rectilínea de rayos muy penetrantes que no se desvían, que podemos llamar rayos y».

Fue, una vez más, Rutherford, esta vez en colaboración con Edward Nevelle da Costa Andrade (1887-1971), quien obtuvo la evidencia definitiva sobre la estructura de la radiación γ en 1913-1914 (Rutherford y Andrade 1913, 1914), al beneficiarse de los trabajos que sobre la difracción de rayos X habían llevado a cabo Max von Laue, Walther Friedrich, Paul Knipping, William Henry Bragg, William Lawrence Bragg, Henry G. J. Moseley y Charles Galton Darwin.

«Emanaciones» y radiactividad inducida

Acabamos de ver que Rutherford estaba familiarizado con los resultados que mostraban la radiactividad del torio, y que comenzó a estudiar las propiedades de la radiación emitida por algunos de sus compuestos. También propuso a un joven ingeniero eléctrico, R. B. Owens (1870-1940), recientemente llegado a McGill como profesor de ingeniería eléctrica, que se ocupase de este problema. Owens (1899) encontró que la fuente tórica se comportaba de manera aparentemente errática, y fue capaz de relacionar aspectos de este comportamiento anómalo con las corrientes de aire que se producían en las proximidades del experimento. Rutherford no podía, naturalmente, dejar de ocuparse del tema. Y halló que, efectivamente, además de la radiación «ordinaria» (rayos α y β), del tipo de la que se producía en el caso del uranio, los «compuestos del torio emiten continuamente partículas radiactivas de algún tipo, que retienen sus poderes radiactivos durante algunos minutos. Esta "emanación", como será denominada por brevedad, tiene la capacidad de ionizar el gas de su entorno y de atravesar capas delgadas de metales y, con gran facilidad, pasar a través de papel de un grosor considerable» (Rutherford 1900 a; Chadwick, dir. 1962: 220).[1]

Antes de proseguir, fijemos nuestra atención en un punto muy importante: Rutherford escribía, como hemos visto: «retienen sus poderes radiactivos durante algunos minutos». A partir de entonces, «los poderes radiactivos» disminuían, fenómeno éste que era posible detectar por el hecho de que «la corriente a través del gas disminuye en progresión geométrica con el tiempo», lo que significaba que «la intensidad de la radiación emitida por las partículas radiactivas disminuye en el tiempo según una progresión geométrica» (Rutherford 1900 a; Chadwick, dir. 1962: 224). Y Rutherford (1900 a; Chadwick, dir. 1962: 227) no se detenía en este punto, sino que también proponía una ley de «decaimiento» (esto es, de desintegración) radiactivo:

$$\frac{dn}{dt} = q - \lambda n$$

1. Sin entrar aquí en este punto, diré que Friedrich Ernst Dorn (1865-1942; 1900) también observó que sustancias radiactivas —el radio en su caso— originaban emanaciones.

donde n representaba el número de iones producidos por segundo entre las placas por las partículas radiactivas, q el de iones suministrados por segundo por la emanación que se difunde desde el torio, y λ una constante. Era la primera vez que alguien proponía una expresión de este tipo para los fenómenos radiactivos.

Ahora bien, ¿qué eran realmente esas «emanaciones», esas «partículas radiactivas de algún tipo»? La citada variabilidad de la intensidad de la radiación debida a débiles corrientes de aire que se producían en una habitación (bastaba con el movimiento de aire originado cuando se abría o cerraba una puerta), al igual que el hecho de que al colocar el aparato en un recipiente cerrado, eliminando las corrientes de aire, la intensidad de la radiación fuese prácticamente constante, constituían datos importantes a tener en cuenta. Pero además, e independientemente de tales corrientes, la emanación perdía gradualmente su actividad (radiactividad). Todo ello animaba a Rutherford (1900 a; Chadwick, dir. 1962: 230), a considerar las siguientes dos posibilidades:

> 1) Que la emanación puede ser debida a finas partículas de polvo de la sustancia radiactiva emitida por los compuestos de torio.
>
> 2) Que la emanación puede ser vapor emitido por los compuestos de torio.

El hecho de que la emanación pudiese pasar a través de metales y papel grueso, así como por rollos de algodón, constituía evidencia en contra de la primera posibilidad. En consecuencia, reforzaba la hipótesis de que la emanación fuese «vapor de torio». Al fin y al cabo, apuntaba Rutherford, «existen razones para creer que todos los metales y sustancias emiten, en algún grado, vapor».

Pero había más. Pierre y Marie Curie (1899) habían encontrado que cuerpos en las proximidades de sales de radio se convertían en radiactivos temporalmente. Rutherford investigó si esto sucedía también en el torio, aparentemente (lo veremos en seguida) sin conocer el resultado de los Curie cuando emprendió su investigación. Y la respuesta fue afirmativa. Los compuestos de torio que emitían emanaciones poseían también la propiedad de «producir radiactividad temporal en todas las sustancias sólidas situadas en su entorno [...] como si fuesen cubiertas por una capa de sustancia radiactiva del tipo del uranio o el torio» (Rutherford 1900 b; Chadwick, dir. 1962:

232). Se producía, en definitiva, una radiactividad «excitada» o «inducida», y parecía que existía una «estrecha conexión entre esta «emanación» y la radiactividad excitada; de hecho, la emanación es de alguna manera la causa directa de la última» (Rutherford 1900 b»; Chadwick, dir. 1962: 239). Como demostración Rutherford enumeraba los siguientes hechos:

> 1) Todos los compuestos de torio examinados son capaces de hacer radiactivas a sustancias, pero en grados diferentes. Cuanto mayor la cantidad de emanación, mayor la radiación inducida. Como ejemplo, el óxido de torio es el más activo de todos los compuestos de torio, en lo que se refiere a la producción de radiactividad y la emisión de emanación...
>
> 3) Una corriente lenta de aire, que elimina rápidamente la emanación según va apareciendo, también disminuye la capacidad de producir radiactividad. La cantidad de radiactividad inducida es mayor en recipientes cerrados que en abiertos, debido a las perturbaciones de las corrientes de aire en este último caso.

Para Rutherford (1900 b; Chadwick, dir. 1962: 258), hechos como éstos sugerían tres posibles explicaciones: «a) Que la radiactividad se debe a una especie de fosforescencia excitada en la sustancia por la radiación del torio; b) o por el depósito de iones gaseosos positivos producidos en el gas por la "emanación"; c) o por el depósito de partículas de un material radiactivo emitidas por compuestos de torio». Sin embargo, ninguna le parecía completamente satisfactoria, aunque existían más argumentos en favor de la última posibilidad que de las dos primeras.

Rutherford concluía su segundo artículo sobre la radiactividad producida por compuestos de torio señalando que: «Por lo visto en los experimentos, la capacidad de excitar radiactividad parece estar confinada a los compuestos de torio. Ni el uranio, ni el radio, ni el polonio han mostrado hasta el momento ningún rasgo de acción; pero las muestras utilizadas de radio y de polonio no eran muy radiactivas y contenían cantidades considerables de impurezas». Y en este punto añadía la siguiente nota a pie de página:

> Mientras este artículo estaba en la imprenta, se recibió el *Comptes rendus* del 6 de noviembre, que contiene un artículo de Curie [*sic*; se trataba de Curie P. y M. (1899)] y una nota de Becquerel sobre la radiación

> excitada en cuerpos por el radio y el polonio. Curie ha utilizado muestras de estas sustancias entre 10.000 y 50.000 veces más radiactivas que el uranio, y los fenómenos observados son, en algunos aspectos, similares a los que exhiben los compuestos de torio; pero no existen datos suficientes en los que basar una comparación. [...] Curie concluye que los resultados obtenidos son debidos a una especie de fosforescencia excitada por la radiación, mientras que el autor ha demostrado en el caso del torio que esta teoría es inadmisible.

Lo único que estaba claro es que no se sabía qué eran las emanaciones, la radiactividad inducida.

Un colaborador de lujo: Frederick Soddy

En sus trabajos sobre los mecanismos que subyacen a la producción de los fenómenos (pronto habría que hablar de *transformaciones* o *desintegraciones*) radiactivos, Rutherford contó con una ayuda inestimable, la de un joven químico de Oxford que en la primavera de 1900 llegó al Departamento de Química de la Universidad McGill: Frederick Soddy (1877-1956).

Como ya sabemos por lo dicho en el capítulo 2, el estudio de los fenómenos radiactivos requiere de habilidades físicas al igual que químicas. Las físicas las poseía, y en abundancia, Rutherford, pero no así las químicas, motivo por el cual necesitaba ayuda en este campo. En principio consideró la posibilidad de que el *MacDonald Professor* de química de McGill le ayudase, pero éste, un químico orgánico, no mostró interés, perdiendo así la que sin duda fue la ocasión de su vida.

Graduado con *First Class Honours* en la School of Natural Sciences de Oxford en 1898, Soddy permaneció en esa ciudad casi dos años más, investigando en el campo de la síntesis de sustancias químicas orgánicas. En mayo de 1900, después de no tener éxito en un, dada su juventud e inexperiencia, atrevido intento de conseguir una cátedra de Química en la Universidad de Toronto, aceptó un puesto de *demostrator* en McGill, en donde estuvo hasta marzo de 1903, cuando se unió a William Ramsay en el University College de Londres, para examinar con mayor profundidad los productos gaseosos (emanaciones) de las desintegraciones radiactivas. No obstante, permaneció con él poco tiempo, ya que en 1904 fue elegido para una cátedra en la Universidad de Glasgow, puesto que ocuparía diez años. Durante la Primera Guerra Mundial, Soddy fue *professor* en Aberdeen, pasando en 1919 a ostentar la cátedra Lee de Química en su *alma mater*, Oxford, que mantuvo diecisiete años.

Como he apuntado, las aportaciones de Soddy al conocimiento del mundo atómico continuaron tras separarse de Rutherford. Alguna de ellas fue especialmente brillante, como el reconocimiento de que «elementos de distinto peso atómico pueden poseer propiedades químicas idénticas» (Soddy 1910). Para referirse de manera genérica a esos elementos con propiedades químicas idénticas, él mismo introdujo en 1913 un término que terminó haciendo fortuna, *isótopos* (Soddy 1913: 400):

> La misma suma algebraica de las cargas positivas y negativas en el núcleo, cuando la suma aritmética es diferente, da lo que denomino «isótopos»... porque ocupan el mismo *[iso]* lugar *[topos]* en la tabla periódica.

En 1921 recibió el premio Nobel de Química. «Por sus contribuciones a nuestro conocimiento de la química de las sustancias radiactivas y sus investigaciones sobre el origen y naturaleza de los isótopos», se lee en la comunicación con la que la Academia Sueca hizo público el galardón.

Con relación a este punto, y aunque no sea posible desarrollar este tema aquí, diré que la denominación de Soddy —el término «isótopo»— no fue la única, aunque sí la que se impuso. Dentro del inmenso esfuerzo por ordenar el cada vez mayor número de sustancias radiactivas que se iban encontrando, Kasimir Fajans (1887-1975), entonces profesor de la Universidad de Karlsruhe (lo fue entre 1911 y 1917; antes, en 1910-1911, había estado con Rutherford en Manchester), otro investigador destacado en el mundo de la radiactividad, propuso en 1913 el término «pléyade». La propuesta la realizó en artículos publicados en *Chemiker Zeitung* (*37*, 242), *Berichte der Deutschen Physikalische Gesellschaft* (*15*, 240) y *Le Radium*. Utilizaré esta última referencia, donde publicó una serie de tres artículos (Fajans 1913 a, b y c). En el tercero de ellos es donde encontramos la mención a las «pléyades» (Fajans 1913 c: 171): «Nos veíamos conducidos a situar a más de treinta elementos en un mismo grupo. Ello llevaba a considerar a estos elementos como un elemento único al que había que asignar un peso atómico convenientemente elegido. En apoyo de esta manera de ver las cosas se podrían citar varios ejemplos conocidos en los que dos elementos radiactivos se parecen hasta tal punto que son absolutamente inseparables por vía química, y en consecuencia no constituyen, desde el punto de vista químico, más que un solo elemento. [...] Se ha propuesto [en este punto Fajans incluía como referencias las citadas anteriormente] la palabra *pléiade* ["pléyades"] para designar estos grupos de elementos inseparables, que ocupan el mismo lugar en el sistema periódico».

La teoría de las transformaciones radiactivas

Pasemos ya a los trabajos que Rutherford y Soddy llevaron a cabo en Montreal, en una época en la que el físico neozelandés se encontraba en plena efervescencia científica. Es interesante señalar que Rutherford veía a Marie y Pierre Curie y Becquerel como sus principales competidores. Así, en una carta que escribió el 5 de enero de 1902 a su madre manifestaba (citada en Eve 1939: 80): «Estoy ahora ocupado escribiendo artículos para su publicación. Tengo que continuar [avanzando], ya que siempre hay gente que sigue mis pasos. Tengo que publicar mi trabajo actual lo más rápidamente posible para continuar en la carrera. Los mejores *esprinters* en esta línea de investigación son Becquerel y los Curie en París, que han realizado mucho trabajo muy importante en el tema de los cuerpos radiactivos a lo largo de los últimos años».

La virtud de las emanaciones, de la radiactividad inducida, es que sugirió, y a la postre impuso, la idea de que, en alguna medida, la radiactividad provocada por el torio, el radio y otros elementos radiactivos se debía a pequeñas cantidades de sustancias que se producían en un elemento «progenitor», que a su vez podía proceder de otro. Impuso, en definitiva, la idea de las *transformaciones radiactivas*, desarrollada por Rutherford y Soddy entre 1902 y 1903. Especialmente importante en ese desentrañamiento de cadenas radiactivas fue el reconocimiento de que las distintas sustancias producidas por la radiactividad eran, o podían ser, en realidad elementos diferentes del elemento radiactivo de origen. Así, en 1902, en uno de sus artículos conjuntos, Rutherford y Soddy demostraron que al menos una parte de la emanación del torio era un gas «inerte» o «noble» nuevo, al que en principio se denominó «nitrón», y finalmente «radón»: «La teoría de que la emanación», escribieron (Rutherford y Soddy 1902 a; Chadwick, dir. 1962: 395-396), «puede ser debida a que el medio próximo se hace radiactivo queda, por tanto, excluida, y la interpretación de los experimentos debe ser la de que la emanación es un gas químicamente inerte análogo en su naturaleza a los miembros de la familia del argón».

Ahora bien, el que fuesen capaces de efectuar semejante manifestación no implicaba todavía que supiesen enmarcarla en un contexto interpretativo único, aunque sí avanzaban dos posibilidades: «Puede ser que uno de los constituyentes inertes de la atmósfera se haga radiactivo en presencia del torio y constituya de esta manera la emanación. [...] La otra alternativa es considerar la emanación como formada por un gas emitido por el compuesto de torio. No es necesario que éste [gas] contenga torio, puede concebirse que sea un gas inerte emitido continuamente en el estado radiactivo».

Finalmente, sería esta última posibilidad la real, y ya sólo en su formulación aparece la esencia de la teoría de las transmutaciones radiactivas: elementos que producen otros elementos.

Un resultado importante obtenido por Rutherford y Soddy en otro de sus artículos de 1902 fue el que la «mayor parte de la radiactividad del torio —normalmente alrededor del 54 por ciento— se debe a un tipo de materia, ThX [torio X], que posee propiedades químicas diferentes y que es temporalmente radiactivo, decayendo su actividad a la mitad en unos cuatro días» (Rutherford y Soddy 1902 b; Chadwick, dir. 1962: 454). Más tarde, se comprobó que el torio X era una forma excepcionalmente radiactiva del radio (el ThX es ^{224}Ra, mientras que el radio ordinario es ^{226}Ra).

Habida cuenta de los resultados experimentales que estaban obteniendo, Rutherford y Soddy no podían ignorar la cuestión fundamental de su interpretación teórica. Y en el último artículo suyo que he citado utilizaban la sección final para tal propósito, aunque sus comentarios eran todavía de un carácter bastante general. Básicamente, señalaban que sus resultados estaban en armonía con la idea de que la radiactividad era «una función del átomo y no de la molécula» (Rutherford y Soddy 1902 b; Chadwick, dir. 1962: 455): «Todos los investigadores más prominentes en este tema están de acuerdo en considerar que la radiactividad es un fenómeno atómico. M. y

Mme. Curie, los pioneros en la química del tema, han afirmado (*Comptes rendus*, 1902, 134, 85) que esta idea subyace desde el principio en todo su trabajo y que generó sus métodos de investigación. M. Becquerel, el descubridor inicial de la propiedad del uranio, señaló al comunicar la recuperación de la actividad del mismo fenómeno, después de que el constituyente activo hubiese sido eliminado mediante un tratamiento químico, la importancia del hecho de que el uranio esté emitiendo rayos catódicos. Éstos, según la hipótesis de sir William Crookes y el profesor J. J. Thomson, son partículas *materiales* de masa un milésimo de la del átomo de hidrógeno».

No fue en los dos artículos sobre «La radiactividad de los compuestos de torio», publicados en las *Transactions of the Chemical Society*, en donde Rutherford y Soddy elaboraron realmente sus ideas sobre la naturaleza de la radiactividad, sino en otros tres posteriores, que aparecieron en *Philosophical Magazine*, en 1902 y 1903 (Rutherford y Soddy 1902 c y d, 1903).

En la «Introducción» del primero de estos tres trabajos, ya se señalaba con claridad la posición defendida por sus autores (Rutherford y Soddy 1902 c; Chadwick, dir. 1962: 472): «Los artículos que siguen dan los resultados de una investigación detallada sobre la radiactividad de compuestos del torio que ha aclarado las cuestiones relacionadas con la fuente y el mantenimiento de la energía disipada por sustancias radiactivas. Se demuestra que la radiactividad está acompañada de cambios químicos en los que se están produciendo continuamente nuevos tipos de materia. Los productos de estas reacciones son al principio radiactivos, pero su actividad disminuye de manera regular desde el momento de su formación. [...] Se extrae la conclusión de que estos cambios químicos deben ser de carácter subatómico».

Para mis propósitos ahora, el más interesante es el tercero de los artículos mencionados, el último que Rutherford escribió con Soddy, quien ya no estaba en Montreal cuando apareció publicado en el número de mayo de 1903 del *Philosophical Magazine.* Se trata, y de ahí su claridad, del resumen final de las ideas de ambos. Un resumen en el que se encuentran por primera vez, de manera explícita, aportaciones tan fundamentales como la «ley de cambio radiactivo», que difiere de la ley de «decaimiento (desintegración) radiactivo», $dn/dt = q - \lambda n$, propuesta por Rutherford en 1900, con la que ya nos hemos encontrado. La ley que Rutherford y Soddy presentaban, y que pasaría a ser una expresión clásica de la física general, es (Rutherford y Soddy 1903; Chadwick, dir. 1962: 600):

$$\frac{dN}{dt} = -\lambda \mathrm{N}_{\mathrm{t}}$$

con la que expresaban que «la proporción de cambio [radiactivo] del sistema en un instante arbitrario es siempre proporcional a la cantidad [del elemento radiactivo] que permanece inalterado» (N_t representa el número de sistemas que permanecen inalterados en el instante t, y λ es una constante). Más adelante, Rutherford ya escribiría:

$$\frac{dN}{dt} = -\lambda \mathrm{N}$$

El otro resultado que resaltaban especialmente, incluyendo un esquema gráfico propio (que lo hace aún más notorio), es el de la dinámica de los cambios radiactivos (Rutherford y Soddy 1903; Chadwick, dir. 1962: 604): «La desintegración del átomo y la expulsión de partículas cargadas pesadas, con masas del mismo orden que el átomo de hidrógeno, deja detrás un nuevo sistema más ligero que el anterior, y poseyendo propiedades químicas y físicas bastante diferentes del elemento original. El proceso de desintegración, una vez empezado, continúa de nivel en nivel con velocidades que se pueden medir en cada caso. En cada nivel son proyectados uno o más "rayos" a, hasta que se alcanzan los últimos niveles, en el que se emite el "rayo" β, o electrón».

Para designar los «numerosos fragmentos de átomos, o nuevos átomos», que se producían a partir del átomo inicial, Rutherford y Soddy propusieron el término de *metabolón*, que no tendría fortuna. E incluían la tabla de los «metabolones» conocidos hasta entonces que se producían de la desintegración del uranio, torio y radio. Era el primer diagrama de este tipo publicado:[2]

Uranio → Uranio X → ?

Torio → Torio X → Emanación del torio → Actividad I del torio excitado → Actividad II del torio excitado → Actividad III del...

2. En lugar de líneas horizontales, en el artículo original la construcción era con líneas verticales.

Radio → Emanación del radio → Actividad I del radio excitado → Actividad II del radio excitado → Actividad III del...

Todavía quedaba, obviamente, la larga y compleja tarea de desentrañar las cadenas de transformaciones radiactivas, a lo que Rutherford se dedicó con ahínco, pero no hay duda de que se había dado un paso fundamental. A partir de entonces el problema era el de los contenidos, no el de la organización. Y en el dominio de los contenidos, no se trataba únicamente de saber qué era, por ejemplo, el «torio X», la «emanación del radio» o la «actividad II del radio excitado»; para poder avanzar era también necesario —imprescindible, de hecho— resolver la cuestión de qué eran los «rayos a» (que los rayos β eran electrones que se movían a gran velocidad es algo que, como sabemos, se averiguó pronto midiendo —J. J. Thomson, 1897— el cociente *e/m*), un problema que Rutherford sólo pudo comenzar a resolver más tarde (visto retrospectivamente, un factor importante del problema era que al ser los rayos α partículas de una masa mucho mayor que los electrones, era difícil apreciar su curvatura cuando pasaban por campos eléctricos o magnéticos).

En 1904 Rutherford ya consideraba abiertamente la posibilidad de si la radiación α estaba formada o no por *átomos* de helio. Así, en una ocasión tan señalada como el Congreso Internacional de Artes y Ciencias celebrado en Saint Louis (EE. UU.), en septiembre de 1904, Rutherford (1906 a; Chadwick, dir. 1962: 748-749) manifestaba: «Como el valor de *e/m* es de 10^4 para el átomo de hidrógeno, se ve —suponiendo que las partículas α tengan la misma carga que los átomos de hidrógeno— que la masa aparente de las partículas α es unas dos veces mayor que la del átomo de hidrógeno. Si las partículas α están constituidas por materia de cualquiera de las formas conocidas, este resultado demuestra que esta forma de materia es o el átomo de hidrógeno o el átomo de helio». No obstante, hasta 1908 no estuvo lo suficientemente seguro como para concluir que (Rutherford y Geiger 1908 b; Chadwick, dir. 1963: 118) «la partícula α transporta una carga de 2*e*», escribiendo unas líneas más adelante: «podemos concluir que *una partícula* α *es un átomo de helio*».

Nótese que Rutherford empleaba la expresión *«átomos* de helio» para lo que hoy sabemos son *«núcleos* del átomo de helio». No es sorprendente este «error», toda vez que la estructura atómica de la materia constituía un problema abierto. Pero estoy yendo demasiado deprisa, ya que en la fecha del artículo, 1908, Rutherford ya no se encontraba en Montreal, sino en Manchester, y de esa etapa me ocuparé un poco más adelante.

Sobre la novedad de la teoría de las transformaciones radiactivas

Casi un siglo después, formando parte la teoría de las transformaciones (transmutaciones) radiactivas del conjunto incuestionado de nuestra imagen del mundo atómico, parece difícil pensar que las ideas de Rutherford y Soddy no fuesen aceptadas inmediata y generalmente. Y sin embargo, es cierto que algunos encontraron difícil asumirlas. Un ejemplo, muy cercano a Rutherford, que nos muestra lo novedoso de la teoría, y la dificultad que algunos tuvieron para aceptarla, fue sacado a la luz por Norman Shaw (1937; citado en Eve 1939: 88): «Cuando Rutherford estaba trabajando en la detección y aislamiento de los numerosos miembros de la familia del radio y desarrollando la teoría de la desintegración de la materia, hubo varias ocasiones en las que colegas en otros departamentos expresaron con gravedad el miedo a que las radicales ideas acerca de la transmutación espontánea de la materia ¡pudiesen desacreditar la Universidad McGill! En una largamente recordada reunión de la McGill Physical Society, Rutherford fue criticado por estos motivos y aconsejado que retrasase la publicación y procediese con mayor cautela. Esto se le dijo con seriedad a la persona que probablemente ha conseguido que se deslizasen menos errores en sus escritos y que menos ha necesitado modificar lo que en algún momento anunció. En aquella ocasión, Rutherford claramente se molestó, y su tibia respuesta no fue completamente adecuada, ya que en su juventud a veces perdía su poderoso dominio del razonamiento inmediato, cuando se enfrentaba con críticas irrazonables e indocumentadas».

El helio como emanación del radio

Como he señalado con anterioridad, en 1903 Soddy abandonó Montreal por Londres, para trabajar con Ramsay. Esa colaboración tuvo un fruto importante, que reforzaba la teoría de las transformaciones radiactivas: comprobar que uno de los productos de la desintegración del radio, una de sus «emanaciones», era el helio. En 1924, al recibir la medalla Franklin, Rutherford se refirió a este descubrimiento, al mismo tiempo que a la división de temas de investigación que había acordado con Soddy cuando éste se marchó de McGill. Merece la pena reproducir algunos pasajes de las palabras de Rutherford (citadas en Eve 1939: 92-93):

> En 1903, Soddy abandonó Montreal para trabajar con Sir William Ramsay sobre problemas químicos. Para evitar coincidencias innecesarias, ya esbozó un esquema de trabajo futuro antes de que Soddy abandonase Montreal. Él debía ocuparse del importante problema de si se podía detectar el crecimiento de radio en sales de uranio purificadas, mientras, tan pronto como dispusiese de radio suficiente, yo debía examinar si se producía helio a partir del radio. En 1903, pasé el verano en Inglaterra y escuché que bromuro de radio prácticamente puro estaba siendo vendido comercialmente por el professor [Friedrich] Giesel al muy bajo precio de alrededor de una libra el miligramo. Ramsay y yo compramos algo de este material. Recuerdo bien la visita que realicé a Soddy en el University College el día en el que Ramsay y él iban a recoger la emanación de unos 20 miligramos de radio para comprobar si podían detectar su espectro. Soddy me dijo que aprovecharía esta oportunidad para ver si se emitía algo de helio del radio. Aquella tarde se detectó la presencia de helio a través de su espectro. Le presté mi radio para confirmar el importante descubrimiento.

Lo que estaban observando era, por supuesto, uno de los frecuentes ejemplos de transformaciones radiactivas en las que se emiten partículas α (núcleos de helio), como en la reacción:

$$_{88}Ra^{226} \rightarrow {}_{86}Rn^{222} + {}_{2}He^{4}$$

donde Ra denota al radio, Rn al radón y He al helio.

Textos sobre radiactividad

Un nuevo campo de conocimiento adquiere verdadera madurez, se «institucionaliza», cuando se crean revistas especializadas sobre el mismo, se constituyen sociedades profesionales, y comienzan a publicarse textos que pretenden resumir el estado del arte. En lo que se refiere al primer apartado, el de las publicaciones periódicas, a partir de 1904 comenzaron a aparecer revistas dedicadas casi exclusivamente al nuevo campo de la radiactividad, como el *Jahrbuch der Radioaktivitat und Elektronik*, dirigido por Johannes Stark, y la revista francesa *Le Radium*. Aquel mismo año, 1904, Rutherford (1904) publicó su libro, *Radioactivity* (traducido al alemán en 1907: *Radioaktivitat*), reeditado con algunas modificaciones el año siguiente, y al que seguiría, en 1906, *Radioactive Transformations* (Rutherford 1906 b; versión alemana en 1907: *Radioaktive Umwandlungen*), reimpreso en 1911. También Soddy (1904) publicó entonces el suyo: *Radioactivity: An Elementary Treatise from the Standpoint of the Desintegration Theory*.

Marie Curie también contribuyó a este género: con la publicación en 1904 del texto de su tesis doctoral de 1903, *Recherches sur les substances radioactives* (Curie, M. 1904), y luego, en 1910, con su *Traité de Radioactivité*, dos densos volúmenes de 426 y 548 páginas (Curie, M. 1910).

En 1912 vio la luz un nuevo texto de Rutherford (1912): *Radioactive Substances and their Radiations*, que se agotó poco después del final de la Primera Guerra Mundial. Por entonces ya existía otro texto importante: el de Stefan Meyer (1872-1949) y Egon Ritter von Schweidler (1873-1948), *Radioaktivität* (Meyer y Schweidler 1916), que en 1927 vio una segunda edición ampliada, justo el año antes de que Karl Wilhelm Friedrich Kohlrausch (1884-1953) publicase otra visión de conjunto del estado de las investigaciones en el dominio de la radiactividad: *Radioaktivität* (Kohlrausch 1928), que constituía el volumen 15 del *Handbuch der Experimentalphysik* de Wilhelm Wien y Friedrich Harms.

La sola mención de estos nombres y títulos indica que las investigaciones en el dominio de la radiactividad se afincaron también, y muy sólidamente, en el mundo centroeuropeo de habla alemana: junto a los científicos que acabo de citar (Meyer, von Schweidler y Kohlrausch), hay que mencionar asimismo a Kasimir Fajans, Hans Geiger, Georg von Hevesy, Fritz Paneth, Otto Hahn o Lise Meitner, al igual que a instituciones como el Institut für Radiumforschung de Viena, dirigido por Meyer, y el Kaiser-Wilhelm-Institut für Chemie, en donde trabajaban Hahn y Meitner. Habría sido difícil que los físicos, sobre todo, pero también los químicos germanos, que desde las últimas décadas del siglo XIX y primeras del XX se constituyeron en los líderes mundiales de estas disciplinas, hubiesen permanecido al margen de un área de conocimiento tan novedoso y prometedor. Eso sí, les faltó un Rutherford. Todo lo contrario de lo que ocurría en el campo de la física cuántica —todavía, insisto—, separado de la radiactividad, donde los alemanes, como hemos visto en los últimos capítulos, reinaban casi con poder absoluto.

Langworthy Professor de Física en Manchester

La novedad, calidad e importancia de los trabajos de Rutherford no pasaban, naturalmente, desapercibidos y así empezó a recibir ofertas para abandonar Montreal. El 2 de abril de 1905, desde New Haven, en donde se encontraba impartiendo un curso de once conferencias, las prestigiosas *Silliman Lectures* (J. J. Thomson y C. S. Sherrington le habían precedido en años anteriores), que daría lugar a su libro *Radioactive Transformations*, escribía a su esposa (citado en Eve 1939: 126-127): «La gente ha sido muy amable y todos parecen saber que soy un posible *professor* para Yale. Todos están ansiosos de que venga aquí. Tuve una larga conversación con Hadley [el presidente de la Universidad] y esbozó las condiciones del puesto. El salario que ofrece es de 4.000 dólares, pero me dejó inferir que la cuestión del salario no debería interferirse en mi camino si pensase seriamente en venir aquí. Supongo que puedo imaginar llegar hasta 4.500 dólares si lo pidiese. El puesto no quedará vacante hasta doce meses después del próximo septiembre, y tengo algún tiempo para pensar sobre el asunto antes de dar mi contestación definitiva. El lugar es muy tentador en algunos aspectos, ya que aquí tendría una mayor esfera de influencia que en Montreal. A la vez, no estoy inclinado a dejar un buen puesto en Montreal para aceptar un salario con parecido poder adquisitivo».

Aparte del prestigio que ya poseía Yale, allí estaba un colega muy apreciado por Rutherford, especialista también en el campo de la radiactividad, el químico Bertram Borden Boltwood (1870-1927), pero tras bastantes meses sin pronunciarse Rutherford rechazó la oferta estadounidense. El 8 de febrero de 1906, Arthur Hadley enviaba la siguiente carta al secretario de la Universidad (citada en Badash, ed., 1969: 12): «Después de dejar el asunto abierto hasta el último minuto, Rutherford decidió finalmente que no podía venir aquí, a dirigir el Laboratorio Sloane. El puesto será para [Henry Andrews] Bumstead».

No está claro —a pesar de lo que veremos que él mismo manifestó poco después a Schuster— si Rutherford sólo estaba esperando una oferta mejor (por ejemplo, una procedente de Inglaterra), o simplemente, y a pesar de no encontrarse en el «centro» de la actividad científica —en su especialidad, en cualquier caso, él era *el centro*—, que estuviese contento en Canada, ya que en 1906 compró un terreno al noroeste de la West Mountain, con una magnífica vista sobre el lago de las Two Montains, e hizo planes para construirse allí una casa. Sin embargo, todo cambió en septiembre de 1906. Arthur Schuster fue el responsable de tal cambio.

Arthur Schuster, *Langworthy Professor* de Física en la Universidad de Manchester (ha aparecido su nombre con anterioridad; por ejemplo, en conexión con los rayos X y en el capítulo 3, a propósito de J. J. Thomson y el Cavendish), decidió retirarse por entonces. No era todavía un hombre mayor —había nacido en 1851—, y su asociación como catedrático con la Universidad de Manchester se remontaba a 1881, cuando fue nombrado catedrático de Matemáticas aplicadas en Owens College (de donde surgiría años más tarde la Universidad de Manchester); la cátedra Langworthy la consiguió en 1888, a la muerte de Balfour Stewart, pero quería disponer de más tiempo libre para sus propias investigaciones, al igual que para sus tareas en la Royal Society. Hombre de acción, además de excelente científico, Schuster intervino decisivamente en la mejora de las instalaciones para la enseñanza práctica e investigación en física en Manchester, actividad que tuvo su clímax el 29 de junio de 1900, cuando lord Rayleigh inauguró formalmente un nuevo, y en algunos aspectos casi grandioso (ocupaba todo un edificio de tres plantas), laboratorio magníficamente dotado (disponía, por ejemplo, de la maquinaria necesaria para producir el aire líquido que requería, una rara facilidad entonces). No era, por otra parte, la nueva instalación un capricho gratuito, producto de la influencia y desvelos de un poderoso *professor*: el número de estudiantes que recibían enseñanza en el laboratorio de física de Owens no había hecho sino crecer desde que Balfour Stewart había tomado posesión de la cátedra de Física en 1870: ocho en el curso académico 1871-1872, trece en el 1875-1876, veintisiete (1880-1881), sesenta y dos (1885-1886), ciento cinco (1890-1891) y ciento ochenta y tres (1895-1896).[3]

Schuster era también un hombre de medios,[4] y en la hora de su jubilación voluntaria se ofreció para financiar una *readership* (equivalente a profesor agregado) de Física matemática, que en su momento tendría entre sus ocupantes a científicos del calibre de Charles Galton Darwin y Niels Bohr. Pues bien, cuando tomó la decisión de dejar su cátedra, Schuster pensó en Rutherford como su sucesor, y le comunicó la oferta en una carta fechada el 7 de septiembre. Desde Montreal, el 26 de septiembre (1906), Rutherford le contestaba (citado en Birks, ed., 1963: 47):

> Me alegró mucho recibir su amable carta en referencia a la cátedra de Física de Manchester, ya que llegó en un momento en el que estaba considerando seriamente mis planes para el futuro. He tenido que decidir durante el último año entre los atractivos de las Universidades de McGill y de Yale, y finalmente decidí permanecer aquí. La razón principal para semejante decisión era mi esperanza de volver a Inglaterra, a un puesto en el que, al hacerlo, no tuviese que sacrificar facilidades de laboratorio. [...] Aprecio mucho su amable y cordial carta y me siento inclinado a considerar muy favorablemente la sugerencia de convertirme en candidato al puesto que usted propone. El magnífico laboratorio que usted ha establecido tiene un gran atractivo para mí, al igual que la oportunidad de [beneficiarme] de más intercambios científicos de los que tienen lugar aquí.

En su carta, Rutherford pedía algunos detalles a Schuster, que éste explicó ampliamente el 7 de octubre (Birks, ed., 1963: 48-52),

3. Datos incluidos en Physical Laboratories (1906: 1). Esta referencia, un libro publicado para celebrar el último cuarto de siglo de los laboratorios de Owens —¡y de Schuster como catedrático allí!— contiene una detallada descripción de los mismos, al igual que de los alumnos que pasaron por ellos. También de la producción científica de Schuster.

4. Nacido en Alemania, su padre era banquero. Su formación científica fue impresionante: antes de obtener la cátedra de Owens College, estudió en Fráncfort, Ginebra, Manchester (con Henry Roscoe), Heidelberg (con Kirchhoff), Gotinga (Wilhelm Weber y Riecke), fue ayudante de Helmholtz en Berlín y trabajó en el Cavendish con Maxwell y Rayleigh. En 1870 su familia se instaló en Inglaterra, por lo que a pesar de sus orígenes germanos se consideró siempre como británico. Algunos detalles de su vida los recogió él mismo en Schuster (1932).

dándole todas las seguridades posibles de que dispondría de las mejores facilidades posibles. El camino para su regreso a Inglaterra quedaba así abierto.

Todavía pasaron unas semanas para que la oferta de la cátedra en Manchester se formalizase oficialmente. El 17 de diciembre escribía a su madre (Eve 1939: 148): «He recibido la oferta de la cátedra de Física de Manchester. Pienso que es muy probable que la acepte. Creo que es sabio trasladarse por diversos motivos. Recibiré un mejor salario y seré director del laboratorio y, lo que es más importante para mí, estaré más cerca del centro científico». Y aceptó, por supuesto. A primeros de enero de 1907 ya comunicaba la noticia a algunos colegas, como Otto Hahn, a quien reiteraba (6 de enero) lo que, básicamente, había dicho a su madre: «El laboratorio es muy bueno y también el salario, de forma que espero encontrarme bien allí. También estaré encantado de hallarme más cerca del centro científico, ya que siempre he pensado que América, al igual que Canada están en la periferia del círculo» (Eve 1939: 153).

El 24 de mayo Rutherford llegaba a Inglaterra, dispuesto a comenzar sus deberes en Manchester con el inicio del nuevo curso académico, en septiembre-octubre. Lo que encontró no le decepcionó: «Ahora estoy inmerso completamente en el trabajo», escribía a Boltwood el 20 de octubre de 1907 (Eve 1939: 167; Badash, ed., 1969: 171), «las clases van bien. Doy clase a unos 150 estudiantes. He empezado un curso sobre radiactividad para los químicos y tengo una asistencia de hasta setenta. Éste es un lugar bastante activo y, salvo por su clima, tiene algunas ventajas: un buen conjunto de colegas, gente hospitalaria y amable. [...] Encuentro que los estudiantes miran aquí al catedrático como poco menos que a Dios Santísimo *[Lord God Almighty]*, Es bastante refrescante después de la actitud crítica de los estudiantes canadienses. Siempre es una buena cosa sentir que uno es apreciado».

En cuanto a sus investigaciones, veremos en seguida que aunque el traslado no significó una ruptura en su estilo científico o en los problemas que deseaba abordar, a la postre el desarrollo natural de su programa de investigación le conduciría a un dominio nuevo, el de los modelos atómicos. Antes, sin embargo, llegaron otras novedades.

En marzo de 1908, apenas seis meses después de haberse instalado en Manchester, le llegó la noticia de que la Academia de Ciencias de Turín le había otorgado el premio Bressa, dotado con el equivalente a 384 libras (se concedía cada dos o tres años, al mejor trabajo o al mejor libro publicado durante el período precedente, en todas las ramas de la ciencia experimental, además de arqueología, historia y estadística). Pero lo mejor estaba aún por llegar: en noviembre supo que el premio Nobel, ¡de Química! era para él, «por sus investigaciones sobre la desintegración de los elementos y la química de las sustancias radiactivas». La propuesta de su nombre había venido avalada por tres científicos (Svante Arrhenius, Rudolf Wegscheider y Oskar Widman, este último también propuso a Soddy), mientras que la candidatura de Ostwald había contado con ocho, la de Alfred Werner con cinco y la de Theodore William Richards con cuatro (Crawford, Heilbron y Ullrich 1987).[5] Por si fuera poco, como una muestra más de los complicados caminos por los que transitaban —y transitan a veces— los designios de la institución sueca, aquel mismo año fue propuesto para recibir el premio Nobel de Física por cinco colegas (Arrhenius, John Cox, Philipp Lenard, Max Planck y Emil Warburg).[6] Para la preceptiva Conferencia Nobel (que pronunció el 12 de diciembre), Rutherford eligió el tema: «La naturaleza química de las partículas alfa emitidas por sustancias radiactivas», y es que, como ya he señalado con anterioridad y volveré a estudiar en la sección siguiente, fue aquel año, 1908, cuando pudo concluir que las partículas α son átomos de helio. No cabe duda de que 1908 había sido un buen año para Rutherford.

Primeras investigaciones en Manchester

Aunque el laboratorio que dejaba Schuster estaba bastante bien dotado, para continuar con su propio programa de investigación Rutherford se encontró con algunas limitaciones. Una se imponía a todas: la escasez de materiales radiactivos.

No había entonces muchos lugares —y menos aún baratos— a los que dirigirse para resolver el problema. Uno de ellos era la Academia de Ciencias de Viena, que se encontraba en una situación especialmente ventajosa, debido a la existencia de minas de uranio en el Im-

5. El año anterior, Rutherford sólo había sido propuesto por Arrhenius, y antes por nadie.

6. En 1907, fueron siete, antes ninguno.

perio austrohúngaro. Hacia 1904, era ya evidente para todos el interés y valor de los materiales radiactivos. Así, en el número (el 4) de abril de 1904 de la revista francesa *Le Radium* se informaba que a petición de la Kaiserliche Akademie der Wissenschaften (Academia de Ciencias) de Viena, el ministro de Agricultura del Imperio austrohúngaro había ordenado, «para facilitar el examen de cuestiones importantes relativas al radio», que se prohibiese «hasta nueva orden el comercio de residuos de extracción resultantes de la fabricación de sales de uranio de Joachimsthal», aunque se hizo una excepción con Pierre Curie, a quien se permitió comprar 10 toneladas, la misma cantidad que se destinaba a la Academia de Ciencias vienesa, que se constituyó en uno de los centros científicos que atesoraban mayores depósitos de materiales radiactivos, sino el que más.[7]

Leal al espíritu de colaboración que, al menos entonces, existía, la Academia de Viena dispuso un préstamo de radio, para que lo usasen de manera conjunta Rutherford y William Ramsay, pero pronto se hizo evidente lo difícil que era armonizar los deseos de ambos, uno en Londres y otro en Manchester, y los dos dotados de fuertes personalidades. Además, Rutherford era quien llevaba la peor parte, ya que el envío austríaco había llegado al laboratorio de Ramsay en el University College. Afortunadamente, el problema se pudo solucionar pronto, ya que la Academia de Ciencias vienesa realizó otro generoso préstamo, de 450 mg de bromuro de radio, directamente a Rutherford, para que lo utilizara en exclusiva. El envío llegó a Manchester en enero de 1908, y fue suficiente para atender las necesidades de todo el laboratorio.

Entre los científicos que el nuevo *professor* se encontró, estaba un joven graduado de la Universidad de Erlangen, ayudante de Schuster desde 1906: Hans Geiger (1882-1945), que poseía magníficas dotes como experimentador.[8] Rutherford atrajo a Geiger para que co-

7. Como muestra del desarrollo creciente de la industria radiactiva, está el que en ese mismo número de *Le Radium* se informaba que se había fundado en Estados Unidos, en Buffalo, una sociedad («Welsh-Lofftus Uranium and Rand Metals Company») para explotar minerales radiactivos obtenidos en el estado de Utah, a casi 5.000 kilómetros de distancia de Buffalo. El mineral que se trataba era, sobre todo, carnotita, un uranilvanadato, y de cada tonelada se extraía alrededor de un gramo de sales de bario radiactivo, que valía 1.000.000 veces más que el uranio.

8. Geiger permaneció en Manchester hasta 1912, cuando regresó a Alemania como director del laboratorio para investigación del radio del Physikalisch-

laborase con él en su programa de investigación centrado en las partículas α. El primer y, para nosotros, el más importante fruto de aquella colaboración fueron dos artículos publicados consecutivamente en el volumen 81 de los *Proceedings of the Royal Society* en 1908: «Un método eléctrico para contar el número de partículas emitidas por sustancias radiactivas» y «La carga y naturaleza de la partícula α» (Rutherford y Geiger 1908 a y b). Ambos fueron leídos ante la Royal Society el 18 de junio y los manuscritos presentados para su publicación un mes después, el 17 de julio.

Hasta entonces, el número total de partículas α emitidas por segundo por gramo de radio había sido determinado (por el propio Rutherford [1905], que obtuvo al valor $6{,}2 \cdot 10^{10}$) midiendo la carga total que transportaban las partículas α emitidas por una cantidad conocida de radio, un procedimiento en el que era preciso suponer que «cada partícula α transporta la misma carga que un ión, esto es, $3{,}4 \cdot 10^{-10}$ unidades electrostáticas, o $1{,}13 \cdot 10^{-19}$ culombios» (Rutherford 1905; Chadwick, dir. 1962: 821). Pero el propio Rutherford terminó comprobando que el valor que había obtenido en 1905 para el número de partículas α emitidas conducía a problemas: si suponía —y terminó teniendo motivos para considerar tal suposición— que las partículas α transportaban una carga igual a $2e$, entonces el número de partículas emitidas debía ser la mitad. Se imponía, en consecuencia, utilizar un método de contar partículas α que no necesitase de ninguna suposición acerca de la carga de estas; es decir, un método directo. Este fue el problema que abordaron Rutherford y Geiger, un problema que, de hecho, Rutherford ya había intentado resolver en McGill aunque sin éxito (Heilbron 1968: 261).

Para conseguirlo, construyeron un contador de partículas que obedecía a un método diferente del procedimiento de observación seguido hasta entonces, el de centelleo mediante pantallas de sulfuro de zinc fosforescente (introducido en 1903 por Crookes e, independientemente, por Elster y Geitel). Con él se podía contar el número de destellos que aparecían por segundo en una pantalla, pero a pesar de todo le afectaban serios problemas; por ejemplo, que dependía de la disciplina del observador (era poco fiable si se utilizaba durante

---

Technische Reichsanstalt. En 1925 consiguió su primer puesto docente: la cátedra de Física de la Universidad de Kiel; en 1929 pasó a Tubinga y doce años más tarde a la Technische Hochshule de Berlín.

más de dos o tres horas al día, y en esos períodos se debía interrumpir la observación cada diez minutos, con períodos más largos de reposo); además, no se podía confiar en él si el ritmo de sucesos a contar era superior a 150 por minuto o menor que 3 por minuto. Rutherford y Geiger (1908 a; Chadwick, dir. 1963: 89-90) sabían, por supuesto, de la existencia del método, pero no se fiaban de él: «Al considerar un posible método para contar el número de partículas α, su bien conocida propiedad de producir destellos en una preparación de sulfuro de zinc fosforescente inmediatamente viene a la mente. Con la ayuda de un microscopio no es difícil contar el número de destellos que aparecen por segundo en una pantalla de área conocida cuando está expuesta a una fuente de partículas a. En seguida surge, sin embargo, la duda de si toda partícula α produce un destello, ya que es difícil estar seguro de que el sulfuro de zinc sea suficientemente homogéneo. No se puede tener confianza en semejante método de contar el número total de partículas α (excepto como una estimación mínima) hasta que se pueda demostrar que el número obtenido de esta forma está de acuerdo con el determinado por otro método independiente, que no involucre incertidumbres tan evidentes».

Precisamente por ello construyeron un contador eléctrico, formado por un hilo delgado (o por una aguja) cargado y sometido a un voltaje elevado, que se introducía axialmente en un tubo metálico en el que se permitía la entrada de partículas α. Cuando penetraba una partícula α, se producía una ionización del aire que aumentaba considerablemente al ir colisionando con otras moléculas de aire, lo que producía una corriente (o avalancha secundaria) que se observaba como un pulso en un galvanómetro.[9] Con semejante dispositivo, Rutherford y Geiger fueron capaces de establecer que un gramo de radio emitía cada segundo una media de $3{,}4 \cdot 10^{10}$ partículas α, aproximadamente la mitad, efectivamente, del número que Rutherford había calculado en 1905.

Notemos que para que se pudiesen llevar a cabo experimentos de este tipo era imprescindible poseer lo que entonces constituía un bien muy escaso, accesible a pocos: una fuente radiactiva poderosa, que emitiese las partículas a. Precisamente por eso fue tan importante el envío procedente de Viena. Sin él, las investigaciones realizadas en

9. El «efecto avalancha» o «cascada» había sido estudiado antes por Townsend (1902); de hecho, los resultados que éste había obtenido fueron importantes para Rutherford y Geiger.

Manchester habrían sido de otro tipo y, subsiguientemente, muy diferente la historia de la física atómica.

Rutherford estaba contento con los resultados que iba obteniendo, y con la ayuda que le prestaba Geiger; en este sentido, el 27 de enero de 1908, lejos todavía de dar por terminada la investigación (en lo que a su publicación se refiere) escribía a Otto Hahn (Eve 1939:175):

> He olvidado si le conté que hemos detectado una única partícula alfa mediante un método eléctrico. Encuentro que el número emitido por el radio es del mismo orden que el número calculado, pero se tardará algún tiempo en fijarlo con precisión.
>
> Estoy trabajando con el Dr. Geiger, un compatriota suyo que estaba aquí el año pasado. Es un experimentador muy bueno y una gran ayuda para mí. El método consiste en disparar una partícula alfa a un pequeño agujero cubierto con [una lámina] delgada de mica hacia el interior de un cilindro de alrededor de 60 cm de largo, en donde la presión del aire es de unos 30 cm. Existe un delgado hilo central y se aplica un voltaje de unos 1.000 hasta que casi se produce una descarga. Bajo tales condiciones, la ionización producida por la partícula alfa en el gas es amplificada 2.000 veces mediante colisiones. El efecto de cada partícula alfa es lo suficientemente marcado como para mostrarlo a una audiencia. Daré una conferencia en la Royal Institution el próximo viernes sobre «Investigaciones recientes en radiactividad» y, si puedo conseguir una batería, intentaré demostrar el experimento. Se dará cuenta usted de la importancia de contar las partículas alfa. Puedo obtener la carga de cada una y espero establecer si la partícula alfa lleva dos cargas o no.

Con los datos disponibles del número de partículas α emitidas por gramo de radio era posible determinar (midiendo la carga total emitida a través de la radiación α por una muestra de radio) la carga que poseía cada una de ellas, el problema con el que Rutherford llevaba pugnando tanto tiempo. Éste es el resultado que Rutherford y Geiger (1908 b) presentaron en su segundo artículo, que significó, por consiguiente, un auténtico acontecimiento en el panorama de la radiactividad y, en última instancia, en el de la estructura de la materia. Fue en este artículo cuando Rutherford se sintió lo suficientemente seguro como para escribir (en cursivas) las frases que ya cité parcialmente con anterioridad: «La partícula α transporta una carga de $2e$», escribiendo unas líneas después: «Podemos concluir que *una partícu-*

la α es un átomo de helio, o, para ser más preciso, *la partícula α es, después de haber perdido su carga positiva, un átomo de helio*».

Pero el artículo en cuestión contiene también otros resultados interesantes, como la carga del «átomo» (la expresión que utilizaban, pero que, sabemos, significa, el «núcleo») de hidrógeno —lo que es lo mismo también que decir, la carga del electrón—, el número de átomos en un gramo de hidrógeno, la masa del átomo de hidrógeno y el número de moléculas por centímetro cúbico de un gas arbitrario. En concreto, el valor que dedujeron para la carga del electrón ($e = 4{,}65 \cdot 10^{-10}$ unidades electrostáticas) únicamente difería en un 2,5 por ciento del que se aceptaba todavía cincuenta años más tarde, con métodos más precisos. Pero, por otra parte, ese mismo valor al que llegaban era un 40 por ciento superior al aceptado hasta entonces. «Aceptado hasta entonces», pero por los científicos que trabajaban en un contexto «no cuántico», ya que recurriendo a las ideas de Planck se deducía un valor similar al de Rutherford, un hecho éste que Rutherford y Geiger señalaban en una nota a pie de página: «Es interesante señalar que Planck dedujo un valor de $e = 4{,}69 \cdot 10^{-10}$ unidades E.S. a partir de una teoría óptica general de la radiación-temperatura natural» (nótese la peculiar forma de referirse a los trabajos cuánticos de Planck, detalle que muy probablemente refleje las dudas de Rutherford sobre ese mundo). Según Ernest Marsden (1963: 7), el resultado obtenido por Rutherford «hizo a los físicos clásicos de Inglaterra más receptivos a las ideas cuánticas de Planck».

Otro de los «subproductos» de la investigación iniciada a instancias de Rutherford, y en la que Geiger desempeñó un papel imprescindible, fue el denominado «contador Geiger». En realidad, este famoso contador tardó años en ser desarrollado: hubo, en efecto, que esperar hasta 1928, cuando Geiger (entonces, recordemos, en Kiel), en colaboración con Walther Müller (1905-1979), mejoró sustancialmente el instrumento que había construido con Rutherford en 1908; de hecho, el nuevo contador (Geiger y Müller 1928) era bastante parecido al antiguo, pero mientras que la respuesta a la ionización del de 1908 se había preparado para que fuese óptima en el caso de partículas a, el de 1928 era más adecuado para detectar rayos β y γ, de menor poder ionizante.[10]

10. El desarrollo del detector de Geiger-Müller ha sido estudiado por Trenn (1986). Ver, asimismo, Galison (1997: 438-443) y Hughes (1998).

El sistema eléctrico de detección empleado por Rutherford y Geiger se consideró entonces como «un *tour de force*» (Feather 1984: 32). No obstante, no se instaló definitivamente entre las técnicas incuestionables utilizadas en los laboratorios de radiactividad, primero, y física nuclear, después. Y es que aquel mismo año de 1908, Erich Regener (1908), de la Universidad de Berlín, diseñó métodos más seguros de contar los destellos producidos por las partículas α en una pantalla de sulfuro de zinc,[11] encontrándose que llegaban a resultados compatibles con los deducidos con el contador eléctrico. Aquello sorprendió a Rutherford, como escribía a Hahn el 24 de febrero de 1908 (Eve 1939: 179): «Estoy bastante sorprendido de que el método de contar mediante centelleo dé más o menos el mismo resultado. Yo habría supuesto que lo más probable era que el número de destellos fuese menor que el número de partículas alfa. Será interesante ver con qué aproximación puede determinar Regener el número». Una vez que Rutherford se convenció de que con el viejo —y más sencillo— método de centelleo se obtenían los mismos resultados, abandonó el método eléctrico de Geiger y Marsden, que no se utilizó en sus laboratorios (de Manchester o Cambridge) en, prácticamente, los siguientes veinte años.

Problemas con la difusión

Cuando iba a cumplirse su primer año de estancia en Manchester, Rutherford podía mirar hacia atrás con satisfacción, un sentimiento del que hacía partícipe a Henry Bumstead, 11 de julio de 1908 (Eve 1939: 180): «Ahora ya he superado la tensión de mi primer año [en Manchester] y he engordado, al menos eso dice mi mujer. Al mismo tiempo, nunca he trabajado tan duro en mi vida; he publicado cuatro artículos en la *Phil. Mag.* (agosto) sobre el volumen y el espectro de la emanación del radio, y dos en la Royal Society sobre el número de partículas alfa y la medida de la carga eléctrica transportada por cada una [...] Geiger es un buen hombre y trabajó como un esclavo. Yo nunca podría haber sacado tiempo para todos los trabajos ruti-

11. Más comentarios sobre este punto, al igual que sobre la introducción del método de centelleo, se encuentran en Rutherford, Chadwick y Ellis (1930: 54-55). Véase también Kragh (1998).

narios antes de que hubiésemos podido poner todo en orden». Y añadía una frase que contiene una expresión muy interesante: «Finalmente, todo fue bien, pero la difusión es el diablo».[12]

¿A qué se refería Rutherford con eso de, «pero la difusión es el diablo»?

A lo que se refería era a los serios problemas que habían tenido durante sus experimentos con la cámara de ionización, que a veces reaccionaba tan débilmente que no estaban seguros de que hubiese penetrado una partícula α, mientras que en otras ocasiones lo hacía con tal fuerza como si hubiesen llegado simultáneamente dos o más partículas α.[13] Finalmente, tras muchas pruebas identificaron al culpable: la ventana de mica situada a la entrada del contador difundía las partículas α mucho más de lo que esperaban, con el resultado de que seguían caminos muy diferentes dentro del detector, dando origen a distintas, y un tanto aleatorias, cantidades de iones. Alargando la longitud del tubo que servía de disparadero y acortando la de la cámara minimizaron las desviaciones, dando con el valor de la carga de las partículas α que Rutherford consideraba consistente con lo que esperaba. Pero la impresión que todo esto dejó en ellos es la de sorpresa por la importancia de los fenómenos de difusión, una sensación que compartieron otros, como William H. Bragg, que escribía a Rutherford el 1 de octubre (1908; citada en Heilbron 1968: 262): «La difusión de las partículas α es ciertamente sorprendente, mucho mayor de lo que jamás pensé».

Semejante situación debió preparar a Rutherford para lo que pronto vendría, para, en particular, pensar que los experimentos sobre la difusión de partículas α tenían interés.

Y en este punto entra un nuevo personaje en nuestra historia: Ernest Marsden (1889-1970), entonces un estudiante todavía sin graduarse en Manchester.[14]

12. Estoy empleando «difusión» como la traducción de *scattering*, aunque no ignoro que algunos emplean el término «dispersión». Para mí ambos serán sinónimos, y cuando la ocasión lo requiera utilizaré ambos indiscriminadamente.

13. Para una discusión más detallada de estos puntos, al igual que de otros relativos a los temas que siguen, véase Heilbron (1968).

14. Tras las investigaciones con Geiger a las que me refiero a continuación, Marsden pasó el curso 1910-1911 en la Universidad de Londres, regresando a Manchester después. En 1914 emigró a Nueva Zelanda, al Victoria University College de Wellington.

Contento con sus servicios, Rutherford promovió a Geiger al rango de *Research Assistant*, encargándole, además, de formar a los estudiantes en las técnicas de la radiactividad experimental. De esta forma, Geiger conoció a Marsden durante el curso académico 1908-1909, cuando éste se encontraba en el tercer año de sus estudios. He aquí como el propio Marsden (1963: 7-9) se refirió a los acontecimientos que pronto tuvieron lugar:

> Aunque todavía no me había graduado, el esquema de enseñanza introducido por Schuster era tal que se me permitió ayudar a Geiger en sus experimentos [...] sobre difusión de partículas α cuando pasan a través de láminas delgadas de metales como aluminio, plata, oro, platino, etc. Bajo tales condiciones, un delgado haz de partículas α era dispersado en uno o dos grados, y la magnitud de la dispersión, indicada por el ángulo de difusión más probable, variaba como la raíz cuadrada del peso atómico del metal utilizado. Un día Rutherford entró en la habitación en la que estábamos contando las partículas α en el extremo del tubo de disparadero de 4,5 metros. Habíamos estado teniendo dificultades para obtener un resultado constante, por lo cual pusimos en el tubo, en ángulo recto con respecto al eje, una serie de aperturas en forma de arandelas, para detener las partículas difundidas en los laterales de la pared, por lo que pensábamos que podían ser protuberancias de tamaño molecular. Casi aparecían, sin embargo, como si fuesen reflejadas por las paredes. Ahora sabíamos que el número de tales sucesos sería pequeño. No obstante, Rutherford había estado pensando sobre el asunto, se volvió hacia mí y me dijo: «Mire si puede obtener algún efecto de las partículas α directamente reflejadas por una superficie metálica». No creo que esperase que se produjese ningún resultado, pero fue una de esas corazonadas de que tal vez se pudiese observar algún efecto. [...] Rutherford estuvo siempre dispuesto a enfrentarse con lo inesperado y a explotarlo, si fuese posible, aunque también sabía cuándo detener tales exploraciones. Naturalmente, yo sabía lo suficiente para darme cuenta de que, incluso aunque lo que se esperase fuese un resultado negativo, si dejaba escapar algún resultado positivo cometería un pecado imperdonable. Consecuentemente, preparé cuidadosamente una fuente de partículas α de emanación de radio lo más intensa posible, y la situé en un tubo cónico cerrado por una ventana de mica transparente a las partículas alfa (una técnica que había sido desarrollada por Geiger). Para mi sorpresa, fui capaz de observar el efecto que buscaba, y reuní metales

> reflectores desde aluminio hasta platino, comparando los resultados. Recuerdo bien cuando informé a Rutherford del resultado una semana más tarde, cuando me lo encontré en las escaleras que conducían a su despacho, y la alegría con la que le conté que el efecto parecía variar aproximadamente como la potencia 2/3 del peso atómico y no como la raíz cuadrada, que era el resultado obtenido por Geiger en el trabajo sobre difusión compuesta. Desgraciadamente, tuve que informar de una excepción: con la plata. Había tomado prestada una moneda, supuestamente de plata pura, de un científico ruso (Antonoff) que trabajaba en efectos electroquímicos, que decía que la acuñación rusa con plata era más pura que la nuestra, y entonces ¡no me di cuenta de que con sus propios experimentos la había contaminado con polonio! Unas pocas semanas más tarde Rutherford me dio instrucciones para que preparase los resultados del experimento con Geiger en una forma adecuada para su publicación.
>
> Rutherford pensó sobre estos sorprendentes resultados durante bastantes semanas. Tales reflexiones, especulaciones relacionadas y cálculos los hacía generalmente en la tranquilidad de su estudio en casa, pero de ellos surgió su inspiración del átomo nuclear o planetario, con sus rasgos similares a un sistema solar en miniatura.

El artículo en cuestión fue recibido por la Royal Society el 19 de mayo de 1909; «Sobre una difusión difusa de las partículas α» (Geiger y Marsden 1909) era su título. En él, los dos científicos informaban de sus experimentos, en los que encontraban que «una fracción pequeña de las partículas α que inciden sobre una lámina metálica cambian de dirección de tal forma que emergen de nuevo en el lado de la incidencia». La estimación que daban era que alrededor de 1 entre 8.000 de las partículas α incidentes eran reflejadas («rebotaban», por decirlo de una forma más coloquial). Salvo mencionar que «el número de partículas reflejadas debe variar con el espesor de la pantalla reflectora», no ofrecían ningún tipo de explicación, ni siquiera de sugerencia, de a qué se podía deber el sorprendente fenómeno. Por cierto, tal y como avancé antes, empleaban el método de centelleo para contar las partículas.

Ahora sí, el camino estaba despejado para que Rutherford propusiera su modelo de átomo. Pero antes de pasar a este punto, es conveniente decir algo de la situación en que se encontraba entonces la ciencia de los modelos atómicos.

Modelos atómicos «prerutherfordianos»

La idea de explicar la estructura de la materia en función de «unidades elementales» adquirió vigor durante la segunda mitad del siglo XIX,[15] a pesar de que cuando terminaba aquella centuria, en 1898, William Crookes aireaba sus dudas al respecto (y, uno está tentado a añadir, su desesperación) en el discurso que pronunció en el Congreso de la British Association for the Advancement of Science, al que ya me referí en el capítulo 3 (Crookes 1899: 20): «Hace varios años reflexioné sobre la constitución de la materia con relación a lo que me aventuré en llamar el cuarto estado. Me esforcé en sondear el tormentoso misterio del átomo. ¿Qué *es* el átomo? ¿Es el mismo átomo el que aparece en los estados sólido, líquido o gaseoso? Cada uno de estos estados involucra ideas que tienen que ver solamente con vastas agrupaciones de átomos. Si, como Newton, intentamos visualizar a un átomo como un cuerpo duro, esférico, o, como Boscovitch y Faraday, considerarlo como un centro de fuerza, o aceptar la teoría atómica vorticial de lord Kelvin, un átomo aislado es una entidad desconocida difícil de concebir».

La última posibilidad que citaba Crookes, la de los vórtices (estructuras en forma de anillo que se dan en fluidos y que debido a sus propiedades de estabilidad tienen algunas características similares a las que, en principio, se asocian a los átomos), llegó a desarrollarse con cierto detalle desde el punto de vista teórico. En *A Treatise on the Motion of Vortex Rings*, obra con la que, como ya mencioné, ganó el premio Adams de la Universidad de Cambridge en 1882, J. J. Thomson (1883) intentó avanzar por ese camino. El entusiasmo que sentía entonces por aquel planteamiento queda patente en las primeras líneas de su texto, en el que se lee (Thomson, J. J. 1883: 1): «La teoría de que las propiedades de los cuerpos se pueden explicar suponiendo que la materia es una colección de líneas vorticiales en un fluido perfecto que llena el universo ha hecho que el tema del movimiento vorticial constituya en la actualidad la rama más interesante e importante de la Hidrodinámica. Esta teoría, que fue propuesta en primer lugar por sir William Thomson, como consecuencia de los resultados obtenidos por Helmholtz en su célebre artículo "Über Integrale der hydrodynamischen Gleichungen welche den Wirbelbewegungen

15. Para obtener más información sobre estas cuestiones, véase Heilbron (1977).

entsprechen" [1858] tiene *a priori* muchas posibilidades en su favor. Así, el anillo vorticial posee obviamente muchas de las cualidades esenciales de una molécula que tenga que constituir la base de una teoría dinámica de los gases. Es indestructible e indivisible; la resistencia del anillo vorticial y el volumen de líquido que lo componen permanecen siempre inalterados; y si se puede hacer un nudo con algún anillo vorticial, o si dos de estos anillos se pueden enlazar de alguna manera, mantendrán siempre el mismo tipo de nudo o de enlace. Estas propiedades parecen suministrarnos buen material para explicar las propiedades permanentes de la molécula».

No obstante, tras sus trabajos sobre el electrón en 1897 perdió interés en este modelo, en el que era difícil incorporar al portador de la unidad de carga eléctrica que con tanto esfuerzo había identificado. Más tarde, ya en el nuevo siglo, JJ encontró una nueva posibilidad, a la que se dedicó con ahínco durante aproximadamente una década: el denominado modelo del «pastel de pasas».

Se trataba de un modelo de átomo que bebía de dos fuentes: la primera, y más importante, los experimentos realizados por el profesor de física del Stevens Institute of Technology, el estadounidense Alfred Marshall Mayer (1836-1897). Utilizando corchos en los que había introducido agujas magnéticas, y haciéndolos flotar en agua en presencia de un poderoso electroimán, Mayer (1878) observó que se producían configuraciones estables, «que sugerían la manera en que se pueden agrupar los átomos de moléculas en la formación de compuestos definidos» (Mayer, A. G. y Woodward 1916: 257).

La segunda fuente que inspiró a JJ Thomson fue la forma en que Kelvin (1902) representó el átomo de radio: como una esfera difusa de electricidad positiva, dentro de la cual se encontraban unos pocos electrones en equilibrio estático. Kelvin se entusiasmó tanto con la idea —que según él resucitaba el viejo modelo de Aepinus—, con la posibilidad de que su modelo explicase el porqué de la radiactividad, que aprovechó la magnífica oportunidad que representaba el Congreso de la British Association for the Advancement of Science celebrado en septiembre de 1903 en Southport para difundirla: «Volviendo al descubrimiento inicial de Becquerel», manifestó entonces (Kelvin 1904: 536), «utilizando el uranio y sales de uranio, de la conductividad eléctrica inducida en el aire y otros gases por una sustancia radiactiva; disponemos de una explicación inmediata en la vieja doctrina de Aepinus que yo resucité en el mundo atómico. Los movimientos térmicos habituales en el interior de cualquier sólido, líquido o gas deben producir emisiones ocasionales de electriones [el nombre que Kelvin empleaba todavía para los electrones] de la sustancia, y el movimiento de estos electriones bajo la influencia de fuerza electrostática tiene que contribuir a la conductividad eléctrica del gas [...] Por consiguiente, toda sustancia, sólida, líquida o gaseosa, tiene que poseer radioactividad». El viejo león (Kelvin tenía entonces 79 años, sólo viviría cuatro más) se equivocaba completamente en su predicción, surgida, por supuesto, de la física clásica, pero ello no importa porque, como ya he señalado, sirvió para que JJ reanudase sus antiguos esfuerzos por comprender la estructura atómica.

Aunque ya en 1903 JJ comenzó a presentar sus ideas al respecto (Thomson, J. J. 1903 c), fue en su libro *Electricity and Matter* de 1904 donde explicó de forma particularmente clara su modelo del «pastel de pasas», y lo que éste podía aportar a la comprensión de los fenómenos radiactivos. En él señalaba que los electrones (todavía «corpúsculos» en su terminología) se encontraban en el interior de «una esfera de electrización uniforme positiva que produce una fuerza atractiva radial en cada corpúsculo proporcional a su distancia al centro de la esfera» (Thomson, J. J. 1904; 1908:88). El átomo de hidrógeno lo representaba mediante una esfera cargada positivamente, de radio unos 10^{-8} cm, con un electrón oscilando en el centro de la misma. A partir de ahí, para átomos con un número mayor de electrones, había que disponer los electrones en el interior de la esfera correspondiente, de manera que estuviesen en equilibrio bajo la atracción que suponía la interacción con la carga positiva de la esfera, en la que se encontraban sumergidos, y la repulsión producida por los otros electrones con carga del mismo signo, todo teniendo en cuenta, naturalmente, el movimiento de los propios electrones. En el caso en que fueran sólo dos los electrones el problema era de fácil solución y Thomson daba la distancia a que se encontraban. Con tres electrones, existiría equilibrio cuando estuviesen situados en los vértices de un triángulo equilátero, mientras que con cuatro sería un tetraedro regular, con su centro en el de la esfera. El problema se iba haciendo cada vez más difícil, y menores las posibilidades de que existiesen configuraciones estables, según crecía el número de electrones: «un cálculo matemático», escribía Thomson (1904; 1908: 103-104), «demuestra que, a menos que el número de corpúsculos sea muy pequeño, siete u ocho a lo sumo, esta disposición es inestable y no puede persistir nunca. Cuando el número de corpúsculos es mayor que este límite, los corpúsculos se dividen en dos grupos. Los corpúsculos del grupo que contiene el menor número se sitúan en la superficie de un pequeño cuerpo concéntrico con la esfera; los corpúsculos del otro grupo estarán en la superficie de otro cuerpo concéntrico más grande. Cuando el número de corpúsculos sigue aumentando, se llega a un estado donde no se puede alcanzar el equilibrio dividiéndose en dos grupos, y los corpúsculos se distribuyen en tres grupos, dispuestos en las superficies de hojas concéntricas; y a medida que crece el número se pasa por estados en los que son necesarios más grupos para el equilibrio. Para cualquier número considerable de corpúsculos, el problema de hallar la distribución de equilibrio es demasiado complejo de calcular; y debemos recurrir a la experimentación y ver si podemos construir un modelo en que las fuerzas que producen el equilibrio son análogas a las que hemos supuesto existen entre los electrones».[16]

Era evidente que semejante situación parecía tener su correlato en los fenómenos radiactivos, y así lo entendió el propio Thomson, que intentó relacionar su modelo con la radiactividad (también con las propiedades periódicas de los elementos y con las líneas espectrales que se observaban). En este sentido, en *Electricity and Matter* manifestaba (Thomson, J. J. 1904; 1908: 140-142): «Creo que podemos tener alguna noción de los procesos que ocurren en el radio considerando cómo se comporta un modelo de átomo de la clase descrita... [comportamiento] que puede simbolizarse por el caso de los corpúsculos que, cuando giran con una velocidad elevada, son estables si están dispuestos de una cierta manera; mientras que tales disposiciones se hacen inestables cuando la energía disminuye por debajo de un cierto valor, siendo reemplazadas por otras configuraciones». En tales situaciones, que Thomson desarrollaba, se produciría una explosión del átomo, «rompiéndose en dos o más sistemas, correspondientes a la emisión de los rayos α y a la emanación».

El modelo del pastel de pasas desempeñó su papel en la historia de los modelos atómicos, pero su capacidad para explicar el cada vez mayor número de datos cuantitativos que los científicos que trabajaban en la radiactividad estaban obteniendo no era demasiado gran-

16. En algunos puntos he corregido la traducción al castellano del libro de Thomson, debida al eminente físico español Blas Cabrera.

de. Y JJ se dio cuenta, por supuesto, de ello. Su perplejidad ante los nuevos fenómenos observados iba haciéndose cada vez mayor.

Podemos apreciar parte de su perplejidad en la conferencia que, como presidente de la reunión, tuvo que pronunciar en el Congreso de la British Association for the Advancement of Science celebrado en Winnipeg en 1909, una conferencia en la que la teoría de las transformaciones radiactivas ocupó un lugar destacado. «Según [la teoría de transformaciones atómicas de Rutherford y Soddy]», manifestaba (Thomson, J. J. 1910 a: 25-26), «los elementos radio-activos no son permanentes, sino que se rompen gradualmente en elementos de menor peso atómico; el uranio, por ejemplo, se está rompiendo lentamente, siendo uno de los productos [de este proceso] el radio, mientras que el radio se rompe en un gas radio-activo llamado emanación de radio, la emanación en otra sustancia radio-activa, y así sucesivamente». Tal situación conducía a un punto de vista según el cual «los átomos de los elementos radioactivos no son inmortales: perecen después de una vida cuyo valor medio varía desde miles de millones de años en el caso del uranio, a un segundo o así en el caso de la emanación gaseosa del actinio». En semejante proceso, «los átomos pasan de un estado a otro, emiten grandes cantidades de energía, con lo que sus descendientes no heredan toda la riqueza de la energía que almacenaban, haciéndose el patrimonio menos valioso en cada generación».

Y en este punto aparecía la cuestión básica del ritmo con que se producían tales transformaciones:

> Muchos son los puntos de interés que surgen cuando consideramos el ritmo con el que desaparecen los átomos de sustancias radio-activas. Rutherford ha demostrado que cualquiera que sea la edad de estos átomos, el porcentaje de átomos que desaparecen en un segundo es siempre el mismo; otra forma de decirlo es que la esperanza de vida de un átomo es independiente de su edad: es igual de probable que un átomo de radio de mil años llegue a vivir otros mil que lo haga uno que acaba de nacer.
>
> Esto es lo que debería suceder si la muerte de un átomo se debiese a una causa exterior que afecta a viejos y jóvenes indiscriminadamente; en una batalla, por ejemplo, la probabilidad de recibir un disparo es la misma para viejos que para jóvenes; de manera que nos inclinamos a buscar algo que venga de fuera como la causa de por qué un átomo de, por ejemplo, radio de repente pasa a ser un átomo de la emanación. Pero

aquí nos encontramos con la dificultad de que ninguno de los cambios en las condiciones externas que hemos sido capaces de producir hasta el momento tienen efecto alguno en la vida del átomo; por lo que sabemos actualmente, la vida del átomo de radio es la misma a la temperatura de un horno que a la del aire líquido, no se ve alterada si rodeamos el radio con una gruesa pantalla de plomo o de otros materiales densos para protegerlo de la radiación procedente del exterior, y, lo que en mi opinión es especialmente significativo, es la misma cuando el radio se encuentra en una forma particularmente concentrada, cuando sus átomos están expuestos a un fuerte bombardeo de los rayos emitidos por átomos cercanos, que cuando se halla en una solución muy diluida, o cuando los rayos son absorbidos por el agua que separa un átomo de otro.

Era necesario, por consiguiente, «buscar algún proceso de desintegración en el propio átomo; pero si esto es así, ¿cómo podemos reconciliarlo con el hecho de que la esperanza de vida de un átomo no disminuye cuando envejece?». Una posibilidad era suponer «que cuando son producidos por primera vez los átomos no tienen todos la misma fuerza en su constitución, que unos son más robustos que otros, acaso porque contienen más energía intrínseca de partida, y por consiguiente tendrán una vida más larga». Pero era patente que se trataba de una explicación que no explicaba nada: ¿por qué unos átomos eran más robustos que otros?, ¿qué quería decir, en el mundo atómico, «robusto»? Tampoco se tenía la menor idea de por qué las sustancias radiactivas emitían tanta energía: «La energía desarrollada por sustancias radiactivas es extraordinariamente grande, un gramo de radio genera casi tanta energía como la que se produciría quemando una tonelada de carbón. Esta energía se debe sobre todo a las partículas α, los átomos de helio cargados positivamente que son emitidos cuando sucede el cambio en el átomo; si esta energía fuese producida por fuerzas eléctricas indicaría que el átomo de helio habría pasado al salir del átomo de radio a través de una diferencia de potencial de alrededor de unos dos millones de voltios. La fuente de esta energía es un problema del mayor interés».

En resumen, en 1909 la situación en lo que se refiere a entender la naturaleza atómica de la materia era poco menos que desesperada, caótica desde luego.

Irónicamente, aquel mismo año de 1909 se publicaba el artículo de Geiger y Marsden al que me he referido antes, el mismo trabajo que llevaría a Rutherford a proponer un modelo atómico que, enriquecido con diversos elementos, cuánticos, terminaría resolviendo algunos de los problemas para los que Thomson no tenía repuesta alguna. Adviértase, sin embargo, que en última instancia Rutherford llegó, como ya hemos visto, a proponer un modelo de átomo no a través de la interpretación directa de fenómenos radiactivos sino de la difusión, fenómenos a los que, ciertamente, había llegado dentro del contexto de sus investigaciones en el campo de la radiactividad.

El modelo atómico de Rutherford de 1911

Casi dos años separan el 19 de mayo de 1909, cuando el manuscrito de Geiger y Marsden sobre la reflexión difusa de las partículas α llegó a la Royal Society, y el 7 de marzo de 1911, el día en que Rutherford presentó en la Manchester Literary and Philosophical Society la esencia de su nuevo modelo atómico. ¿Cómo es posible, podemos preguntarnos, noventa años después, que transcurriera tanto tiempo, cuando, *desde nuestro punto de vista actual*, las consecuencias de las observaciones de Geiger y Marsden eran tan obvias? La respuesta es: porque no eran tan obvias, porque el proceso del descubrimiento científico es más complejo de lo que se cree. En particular, lo más difícil es generar un nuevo sistema conceptual en el que intentar acomodar datos observacionales. Precisamente por eso, no es extraño que Rutherford intentase en primer lugar comprobar si las observaciones de sus dos colaboradores en Manchester estaban de acuerdo con los modelos atómicos en los que entonces se estaba poniendo más esperanza. Modelos como el del «pastel de pasas» de JJ Thomson.

Es perfectamente posible que influido por el modelo atómico de Thomson, que obligaba a pensar en términos semejantes, Rutherford considerase al principio que las sorprendentes observaciones realizadas por Geiger y Marsden, en las que se comprobaba que algunas partículas α sufrían desviaciones superiores al ángulo recto, podían ser explicadas suponiendo que eran consecuencia de una serie de pequeñas desviaciones producidas por los «encuentros»[17] de las partículas α con moléculas —o átomos— del metal que formaba la

17. *Encounter* es la palabra que Rutherford utilizaba habitualmente; hablar de «choques» habría sido arriesgado, ya que esta palabra sugiere una imagen muy

lámina, una suposición que el propio Rutherford denominó «multiple-scattering theory» (también «compound-scattering»). Sin embargo, en algún momento a partir de octubre de 1910 se convenció de que semejante explicación no podía ser correcta, que no era consistente con las observaciones de Geiger y Marsden, y que era preciso buscar un modelo diferente de átomo.

En febrero de 1911 ya daba muestras de que tenía sus propios puntos de vista. Así, en una carta que envió el 9 de aquel mes a William H. Bragg (Eve 1939: 195) se lee: «He mirado cuidadosamente el artículo de Crowther sobre la difusión, y cuanto más lo examino más me maravillo de la manera en que hace que se ajuste (o piensa que hace ajustar) con la teoría de JJ. De hecho, encuentro que puedo explicar la primera parte de su curva de la difusión con el espesor, sólo para difusiones grandes. Creo que es únicamente el uso de la imaginación, y la incapacidad de darse cuenta de dónde no se puede aplicar la teoría, lo que le condujo a dar números que muestran semejante acuerdo aparente».

El artículo al que hacía aquí referencia Rutherford es muy probablemente uno de James Arnold Crowther (1911), un joven graduado de Cambridge y miembro del Cavendish, dirigido entonces, recordemos, por el propio J. J. Thomson. Como en este trabajo (presentado a la Royal Society en diciembre de 1910) Crowther argumentaba que el caso de la radiación β confirmaba la teoría de la difusión múltiple, o compuesta, la carta de Rutherford a Bragg se puede utilizar para sostener que aquél criticaba al menos un caso en el que se defendía la teoría de la difusión múltiple, teoría que, repito, favorecía el modelo del pastel de pasas.

«Liberado» de la influencia del modelo del pastel de pasas y del *scattering* múltiple, Rutherford pudo dedicarse a considerar otras posibilidades. El fruto de semejante dedicación fue su célebre modelo atómico, que como ya he señalado, presentó el 7 de marzo de 1911 en una sesión de la Manchester Literary and Philosophical Society (Rutherford 1911 a), enviando el artículo definitivo —«Difusión de partículas α y β por la materia y la estructura del átomo»— a la redacción del *Philosophical Magazine* en abril (apareció en el número de mayo: Rutherford 1911 b).

---

concreta, descartando que la difusión/desviación fuese debida a la influencia producida por un campo, que es lo que, de hecho, él pensaba.

Las primeras líneas del artículo explicaban perfectamente la situación (Rutherford 1911 b: 669):

> Es bien sabido que las partículas α y β son desviadas de sus trayectorias rectilíneas en encuentros con átomos de materia. Esta difusión es mucho más marcada para las partículas β que para las α debido al mucho menor momento y energía de aquéllas. Parece que no existe duda de que tales partículas [...] pasan durante sus trayectorias a través de los átomos, y que las desviaciones observadas son debidas al fuerte campo eléctrico que atraviesa el sistema atómico. Generalmente se ha supuesto que la difusión que sufre un haz de rayos α o β al pasar por una lámina delgada de materia es el resultado de una multitud de pequeñas difusiones por los átomos de la materia atravesada. Sin embargo, las observaciones de Geiger y Marsden sobre la difusión de rayos α indican que algunas de las partículas α deben sufrir una desviación mayor que un ángulo recto en un solo encuentro. [...] Un sencillo cálculo basado en la teoría de las probabilidades demuestra que la posibilidad de que una partícula α sea desviada más de 90° es infinitamente pequeña. Además, se verá más adelante que la distribución de partículas α para varios ángulos de gran desviación no sigue la ley de probabilidad que se esperaría si tales grandes desviaciones fueran el resultado de un gran número de pequeñas desviaciones. Parece razonable suponer que la desviación con un gran ángulo es debida a un solo encuentro, ya que la probabilidad de un segundo encuentro de la clase que produce grandes desviaciones debe ser en la mayoría de los casos muy pequeña. Un cálculo sencillo demuestra que para que se produzcan en un solo encuentro desviaciones tan grandes, el átomo debería ser asiento de un intenso campo eléctrico.

A continuación Rutherford consideraba la cuestión de si el modelo del pastel de pasas, completado con una teoría de la difusión de partículas cargadas al pasar por materia (teoría que el propio J. J. Thomson [1910 b] había desarrollado poco antes), podía dar cuenta de los fenómenos observados por Geiger y Marsden. Su conclusión era claramente negativa: «La teoría de Sir J. J. Thomson se basa en la suposición de que la difusión debida a un único encuentro atómico es pequeña y la particular estructura supuesta para el átomo no admite una desviación muy grande de una partícula α al atravesar un sólo átomo, salvo que se suponga que el diámetro de la esfera de electricidad positiva es diminuto comparado con el diámetro de la esfera de influencia del átomo».

Y antes de pasar a detallar el contenido de su trabajo, Rutherford explicaba la raíz del mismo: «Como las partículas α y β atraviesan el átomo, de un estudio detallado de las desviación debería ser posible formarse una idea de la constitución del átomo para que produzcan los efectos observados. De hecho, la difusión por átomos de materia de partículas cargadas que se mueven a velocidad elevada es uno de los métodos más prometedores para atacar este problema. El desarrollo de métodos de centelleo para contar partículas α individuales proporciona ventajas poco frecuentes para la investigación.»

Esta cita contiene una frase que merece la pena recalcar: «la difusión por átomos de materia de partículas cargadas que se mueven a velocidad elevada es uno de los métodos más prometedores para atacar este problema [el de investigación de la estructura de la materia]». Es imposible que Rutherford imaginara todo lo prometedor que era realmente el método; que pensase que a lo largo del resto del siglo XX se construirían máquinas, cada vez más grandes, para dotar de velocidades/energías cada vez mayores a las partículas supuestamente «elementales» y producir así dantescos choques, de los que, utilizando también gigantescos y refinadísimos detectores, se pudieran obtener datos relevantes para averiguar cómo está formada y organizada la materia. Notemos, asimismo, que tal y como indiqué, Rutherford había renunciado a los contadores electrónicos, regresando al método de centelleo.

En la interpretación teórica que llevaba a cabo a continuación, Rutherford partía de un átomo «que contiene en su centro una carga $\pm N \cdot e$ rodeada por una esfera de electrificación con una carga $\pm N \cdot e$, que suponemos uniformemente distribuida a través de una esfera de radio R», donde e representaba la unidad fundamental de carga; también suponía «que para distancias menores que 10^{-12} cm, la carga central y también la carga de la partícula α están concentradas en un punto». A pesar de que reconocía que «las principales deducciones de su teoría eran independientes de si la carga central fuese positiva o negativa», suponía que el núcleo estaba cargado positivamente. Con semejante disposición, una partícula α (considerada, como acabamos de ver, como un punto masivo cargado) que se acercase al núcleo atómico sufriría, debido a estar cargada positivamente, una the central charge, that the field due to the uniform distribution of negative electricity may be neglected. In general, a simple calculation shows that for all deflexions greater than a degree, we may without sensible error suppose the deflexion due to the field of the central charge alone. Possible single deviations due to the negative electricity, if distributed in the form of corpuscles, are not taken into account at this stage of the theory. It will be shown later that its effect is in general small compared with that due to the central field.

Consider the passage of a positive electrified particle close to the centre of an atom. Supposing that the velocity of the particle is not appreciably changed by its passage through the atom, the path of the particle under the influence of a repulsive force varying inversely as the square of the distance will be an hyperbola with the centre of the atom S as the external focus. Suppose the particle to enter the atom in the direction PO (fig. 1), and that the direction of motion

Fig. 1.

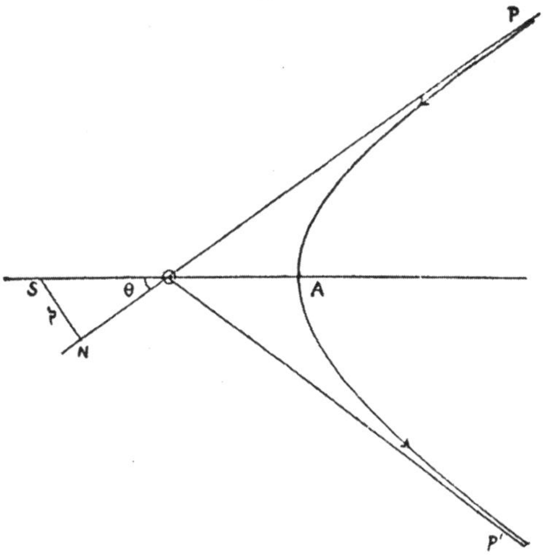

on escaping the atom is OP′. OP and OP′ make equal angles with the line SA, where A is the apse of the hyperbola. $p = SN$ = perpendicular distance from centre on direction of initial motion of particle.

Página del artículo de Rutherford de 1911.

repulsión eléctrica regulada por la ley de Coulomb.[18] No tomaba inicialmente en consideración el posible efecto en el movimiento de la partícula α «debido a la electricidad negativa, si está distribuida en forma de corpúsculos», demostrando después que en cualquier caso tal desviación era «en general pequeña comparada con la debida al campo central».

En consecuencia, en términos matemáticos el problema de explicar teóricamente las grandes desviaciones observadas por Geiger y Marsden se reducía, en la reconstrucción de Rutherford, al de una trayectoria (de tipo hiperbólico) producida por un campo central, más un conjunto de consideraciones (muy sencillas) probabilísticas. Es cierto que los trabajos de Rutherford hasta entonces no le habían obligado a entrar en terrenos medianamente matemáticos, pero a lo largo de su educación universitaria debió encontrarse con ejercicios no demasiado diferentes a los que desarrolló en este artículo de 1911; el estudio de los movimientos hiperbólicos ya aparece, no lo olvidemos, y con cierta profusión, en el libro primero de los *Principia* de Newton.[19]

El hecho es, en cualquier caso, que Rutherford fue capaz de acomodar las observaciones y sugerencias de los resultados obtenidos por Geiger y Marsden con un modelo atómico en el que el núcleo estaba concentrado en unos 10^{-8} cm, y rodeado de una esfera con corpúsculos cargados de aproximadamente 10^{-12} cm de radio. Una expresión central de su análisis era la que suministraba la fracción, ρ, del número total de partículas que son desviadas con un ángulo mayor que φ; a saber

$$\rho = (\pi/4) \cdot \mathrm{ntb}^2 \mathrm{cotg}^2\, \phi/2$$

donde *n* es el número de átomos por unidad de volumen, *t* el grosor del haz de radiación α que llega, y *b* la distancia mínima a la que las

18. Tras obtener el ángulo de desviación de la partícula, en una nota a pie de página advertía que «una sencilla consideración demuestra que la desviación no varía si las fuerzas son atractivas en lugar de repulsivas». La ambigüedad surgía de que la fórmula de la difusión dependía del cuadrado de la carga del núcleo.

19. Según Eve (1939: 199): «Parece que Rutherford recordó un teorema de geometría cónica. [...] Sabía que la trayectoria era una hipérbola y recordó una relación entre la excentricidad y el ángulo entre las asíntotas. También disponía de una relación relativa a la energía (pérdida de [energía] potencial igual a ganancia de [energía] cinética)».

partículas α se acercan al núcleo, para la que se cumplía la siguiente relación

$$b = (2NeE)/mu^2$$

siendo *m* la masa de la partícula α, *u* su velocidad y *E* su carga. Obviamente, era necesario comprobar exhaustivamente si expresiones como ésta respondían a las observaciones. En el párrafo final de su artículo hacía referencia a esta tarea: «Otras consideraciones sobre la aplicación de esta teoría [...] se reservarán para un artículo posterior, cuando las principales deducciones de la teoría hayan sido comprobadas experimentalmente. Experimentos en esta dirección están ya en progreso por Geiger y Marsden». Los recuerdos de Geiger confirman esta manifestación (Eve 1939: 198): «Un día (en 1911) Rutherford, evidentemente en el mejor de su ánimo, vino a mi habitación y me dijo que ahora sabía cómo era el átomo y cómo explicar las grandes desviaciones de las partículas α. Aquel mismo día comencé a comprobar la relación que Rutherford esperaba que existiese entre el número de partículas difundidas y el ángulo de la difusión». Por otra parte, el 11 de abril, al mismo tiempo, por tanto, que enviaba al *Philosophical Magazine* su manuscrito, Rutherford escribía a Boltwood (Badash, ed., 1969: 246): «Geiger y Marsden están trabajando duro contando destellos para ver hasta qué punto se ajusta mi teoría de la difusión con los hechos. Espero decir en uno o dos años algo bastante definitivo sobre la constitución de los átomos». De hecho, esa previsión —«uno o dos años»— demostró ser muy ajustada, ya que fue en 1913 cuando Geiger y Marsden (1913) publicaron el resultado de los trabajos a los que se refería Rutherford en 1911.

En las «Consideraciones generales» que ponían término al artículo, Rutherford mencionó dos puntos que merecen ser recordados. El primero, que «no es necesario considerar en este estadio la cuestión de la estabilidad del átomo, ya que esto depende obviamente de la estructura íntima del átomo, y del movimiento de las partes cargadas constituyentes». Visto retrospectivamente, sabemos que este punto era muy importante, ya que la física que se estaba empleando, la física del electromagnetismo maxwelliano, implicaba que el modelo rutherfordiano no era estable. El hecho es, sin embargo, que Rutherford no utilizó tal implicación para descartar su modelo. Volveré, en cualquier caso, a esta cuestión en el próximo capítulo.

El segundo punto es la referencia que se hacía al modelo planetario propuesto en 1904 por el físico de la Universidad de Tokio, Hantaro Nagaoka (1865-1950; 1904): «Es interesante señalar», escribía Rutherford (1911 b: 688), «que Nagaoka [*Phil. Mag*. 7, 445 (1904)] ha considerado matemáticamente las propiedades de un átomo "saturniano" que supuso está formado por una masa atractora central rodeada de anillos de electrones en rotación. Demostró que tal sistema era estable si la fuerza atractiva era grande». No parece, sin embargo, que Rutherford debiese nada a Nagaoka, aunque éste visitase Manchester a finales de 1910, como parte de una extensa gira que le llevó por numerosos centros de investigación europeos, y que, sin duda, comentase con Rutherford su modelo, como prueba el que el 22 de febrero de 1911, ya de vuelta en Tokio, Nagaoka le escribiese incluyendo un largo resumen de sus viajes, en el que mencionaba que:[20] «En Bolonia, Righi estuvo muy interesado en mi modelo saturniano del átomo publicado en 1904».

Asimismo, el 11 de marzo de 1911, William H. Bragg le llamó la atención sobre la existencia del modelo del físico japonés: «[Norman Robert] Campbell me dice que en cierta ocasión Nagaoka intentó deducir un gran centro positivo en su átomo para explicar efectos ópticos». Pero, insisto, es más que dudoso que estos hechos influyesen en la mente —menos aún en el programa de investigación— de Rutherford: el modelo de Nagaoka tenía pretensiones muy diferentes del de Rutherford; lo que el científico japonés pretendía era explicar los espectros observados, así como el fenómeno de la radiactividad, mientras que los problemas y la base experimental de que partía Rutherford eran muy diferentes; la espectroscopia, en particular, estaba fuera de sus preocupaciones. Lo que le interesaba era explicar los resultados de Geiger y Marsden, y también, si acaso, asignar algún lugar en su átomo a las partículas a; en este sentido, también en las «Consideraciones generales», escribía: «Se puede señalar que el valor aproximado encontrado para la carga central del átomo de oro (100 e) es aproximadamente el que se esperaría si el átomo de oro estuviese formado por 49 átomos de helio, cada uno portando una carga $2e$. Esto puede ser sólo una coincidencia, pero es ciertamente sugerente vista la expulsión de átomos de helio, que llevan dos uni-

20. Ésta y la siguiente carta son citadas en Heilbron (1968: 300), quien también defiende que Rutherford no se vio influido en absoluto por las ideas de Nagaoka.

dades de carga, que tiene lugar en la materia radiactiva». E inmediatamente añadía: «Las deducciones de la teoría consideradas hasta el momento son independientes del signo de la carga central, y no ha sido posible obtener evidencia definitiva para determinar si la carga es positiva o negativa. [...] Si la carga central es positiva, se ve fácilmente que si una masa cargada positivamente es emitida desde el centro de un átomo pesado, adquirirá una gran velocidad al moverse a través del campo eléctrico. Tal vez sea posible de esta manera explicar la gran velocidad de expulsión de las partículas α sin suponer que inicialmente se mueven rápidamente dentro del átomo».

Por último, ¿cómo fue recibido el átomo que Rutherford presentó a sus colegas en 1911? La respuesta es (Heilbron 1968: 300-301): con poco entusiasmo. Ninguna referencia a él apareció en *Nature*, ni en el *Physikalische Zeitschrift* o en los volúmenes correspondientes a 1911-1913 del *Gesellschaft Deutscher Naturforscher und Ärzte* o de la *Revue Scientifique.* Tampoco se hizo mención a él en los *Rapports* del Consejo Solvay de 1911, al que el propio Rutherford asistió, como ya hemos visto. J. J. Thomson no lo mencionó en la serie de conferencias que sobre «La estructura del átomo» pronunció en la Royal Institution en 1913. Igualmente, cuando se repasa la correspondencia de Rutherford de la época no se encuentra prácticamente ninguna reacción medianamente entusiasta en aquellos (como Boltwood, Stefan Meyer o Eve) a los que informó ¿Es sorprendente semejante reacción? No. Al fin y al cabo, se trataba de una nueva teoría, que empleaba una aproximación diferente, o cuando menos poco frecuente, la del *scattering*, en la que aparecían técnicas —el análisis de probabilidades—, que aunque no fuesen matemáticamente complicadas, constituían una novedad. Además, el soporte experimental no era demasiado importante o exhaustivo: la situación no empezaría a cambiar al menos hasta el artículo de Geiger y Marsden de 1913. Pero aquel año se produjo otra novedad de mayor calado. Novedad que modificaría radicalmente la apreciación del modelo, clásico, de Rutherford: el átomo de Bohr, un modelo cuántico. De él me ocuparé a continuación, en el siguiente capítulo.

8

Niels Bohr: la cuantización del átomo

Hasta ahora la historia que estoy reconstruyendo ha ido discurriendo, básicamente, por dos caminos. Uno, vinculado al estudio de los fenómenos radiactivos, cuyos orígenes se remontan, como hemos visto, a los rayos X y catódicos y que terminó conduciendo al modelo atómico propuesto por Rutherford en 1911. Era éste un modelo ajeno —como también lo era todavía la radiactividad— al protagonista de la otra vía: la cuantización de la energía introducida por Planck y reforzada por Einstein. En realidad, *visto retrospectivamente*, no parece que hubiese sido imposible argumentar que la situación era un tanto extraña: la cuantización había comenzado a traspasar el, en última instancia, estrecho ámbito de las radiaciones, introduciéndose (a través del, especialmente, estudio de los calores específicos) en el de la materia, y, no obstante, aparecía un modelo prometedor de átomo —esto es, de materia—, pero en el que esa misma cuantización no desempeñaba ningún papel.

Aunque a la vista de su —hasta ahora— reducido protagonismo no se le puede considerar como «tercer camino», también nos han aparecido los datos espectrográficos, es decir, el problema de las líneas que se observaban en los espectros de los diferentes elementos químicos. ¿Cómo explicarlos? ¿Cómo relacionarlos con algún modelo atómico?

Pues bien, sería un joven físico danés, Niels Henrik David Bohr (1885-1962), quien logró unir todos estos cabos sueltos; quien introdujo los cuantos en el modelo atómico de Rutherford, de tal manera que de él se deducían algunas regularidades espectroscópicas.

El doctorado de Niels Bohr: teoría electrónica de los metales

Niels Bohr nació el 7 de octubre de 1885, en Copenhague, una ciudad que gracias a él quedaría unida no sólo a la historia de la física cuántica, sino incluso a la propia teoría, a través de la denominada «interpretación de Copenhague» de la mecánica cuántica. Su padre, Christian Bohr (1855-1911), era un notable fisiólogo (fue discípulo de Carl Ludwig, en Leipzig), catedrático en la universidad, mientras que su madre, Ellen Adler, procedía de una acaudalada familia judía, entre cuyos miembros se contaban banqueros, políticos, filólogos y pedagogos.[1] Fue el segundo de los tres hijos de la pareja: Jenny, la mayor, y Harald, el pequeño. Harald Bohr (1887-1951) fue un matemático eminente, que mostró su talento antes que su hermano (logró, por ejemplo, el título de doctor —con una tesis sobre series de Dirichlet— en 1910, antes que Niels). Los dos hermanos estuvieron muy unidos: no es exagerado decir que Harald fue el mejor amigo de Niels a lo largo de toda su vida.

Aunque inicialmente no fuese tan brillante como su hermano, no hay duda de que Niels también destacó pronto: en 1906, siendo todavía un estudiante universitario (comenzó sus estudios de física en 1903 en la Universidad de Copenhague), completó su primera investigación —sobre la tensión superficial del agua, empleando un método que consistía en la observación de un chorro que vibraba de manera regular—, que fue premiada con una medalla de oro por la Real Academia Danesa de Ciencias y Letras y que conduciría a su primera publicación, nada menos que en las *Philosophical Transactions* de la Royal Society (Bohr 1909).

El mismo año en que apareció publicado el anterior trabajo, Bohr se examinó para obtener el título de *magister scientiarum.* Entre las pruebas que formaban aquel examen, una suponía preparar un ensayo (una especie de tesina) sobre un tema seleccionado por el tribunal; en su caso éste fue: «Describir la aplicación de la teoría del electrón en la explicación de propiedades físicas de los metales». Como veremos en seguida, Bohr dedicó su tesis doctoral a este mismo tema, pero antes de pasar a ella es conveniente señalar que en el texto

1. Para más detalles sobre la vida y obra de Bohr, ver Rozental, ed. (1967), Rosenfeld (1972) y Pais (1991).

de 1909 (que presentó el 28 de junio de 1909; reproducido —traducido al inglés— en Nielsen, ed., 1972: 131-161), ya aparecen algunos detalles importantes a la hora de entender la ruptura con el mundo de la física clásica que promovería en 1912-1913 el propio Bohr; a saber: la constancia de que la teoría clásica del electrón parecía incapaz de explicar un número creciente de fenómenos. Así, leemos (Nielsen, ed., 1972: 149): «Al buscar una comprensión más completa de los fenómenos que acabamos de mencionar [como la rápida disminución de la conductividad en metales puros cuando se añade una cantidad muy pequeña de otro metal], debemos reconocer que la teoría electrónica en su forma actual no proporciona ninguna explicación de la dependencia con la temperatura de la conductividad de los metales puros». Y más adelante, al estudiar la influencia de un campo magnético en el movimiento de electrones libres (p. 161): «Los efectos calculados no están de acuerdo con los encontrados experimentalmente; de hecho, existen metales, por ejemplo, el bismuto, que poseen un efecto Hall en la misma dirección que la calculada, y para los cuales disminuye la conductividad eléctrica en un campo magnético, mientras que existen otros metales, como el hierro, que tienen un efecto Hall en la dirección opuesta, y cuya conductividad aumenta en un campo magnético. Para los efectos termomagnéticos se encuentran discrepancias similares entre teoría y experiencia».

Como he señalado, la tesis doctoral —que defendió el 13 de mayo de 1911— estuvo dedicada a un tema parecido al de su tesina: «Estudios sobre la teoría electrónica de los metales» (Bohr 1911). Tal y como la trataba Bohr, esta teoría, que representaba el estado metálico como un gas de electrones que se mueven libremente en el potencial creado por átomos cargados positivamente (esto es, iones positivos) situados en una estructura regular, se remontaba a trabajos de Wilhelm Weber (1804-1891) y Eduard Riecke, de, respectivamente, 1875 y 1898, aunque fue Paul Drude (1863-1906) quien más la perfeccionó (en 1900). El mayor triunfo de Drude había sido deducir —utilizando entre otros recursos la teoría cinética de los gases— la ley (empírica) de Wiedemann-Franz para el cociente entre las conductividades eléctrica y térmica de los metales. Para ello, Drude había supuesto que en los metales, que eran globalmente neutros, se movía un gas de partículas libres con carga negativa sobre un fondo uniforme positivo. O, utilizando una descripción que dio Lorentz (1927 c; 1935: 263) en el informe que presentó en el Consejo Solvay de 1924, «[la teoría de Drude sostiene que] una corriente eléctrica en un metal consiste en el transporte de electrones libres que se mueven en los intersticios moleculares, permaneciendo en reposo la electricidad positiva, que está unida a los átomos. Los electrones libres pueden ser comparados con un gas, y se admite que toman parte en la agitación molecular calorífica, teniendo su energía media el mismo valor,

$$(3/2) \cdot kT$$

que la de una molécula gaseosa».[2]

Suponiendo que la velocidad con la que se mueven esas partículas cargadas —los electrones— es la misma para todas ellas, Drude (1900 a, b) obtuvo que el cociente entre la conductividad calorífica, κ, y la eléctrica, σ, tiene el valor (ley de Wiedemann-Franz)

$$\frac{\kappa}{\sigma} = \frac{4}{3} \cdot \left(\frac{\alpha}{e}\right)^2 \cdot T$$

donde α es una constante universal, *e* la carga de las partículas en cuestión y *T* la temperatura absoluta. Teniendo en cuenta que no todos los electrones de un metal tienen la misma velocidad, y empleando la ley de distribución de velocidades de Maxwell, Lorentz (1905) encontró

$$\frac{\kappa}{\sigma} = \frac{8}{9} \cdot \left(\frac{\alpha}{e}\right)^2 \cdot T$$

que de hecho se ajustaba peor que (1) a los resultados experimentales.

En las conferencias que dictó en la Universidad de Columbia durante la primavera de 1906, y que reunió en un libro, *The Theory of Electrons and Its Applications to the Phenomena of Light and Radiant Heat*, Lorentz (1909) se refirió a la teoría de Drude —e implícitamente a los refinamientos que él mismo había introducido en ella— como «un razonable comienzo hacia la comprensión de las propieda-

2. Recordemos que *k* representa aquí la constante de Boltzmann.

des eléctricas y térmicas de los metales» (Lorentz 1915: 67). En la segunda edición (1915) del libro añadía una nota a pie de página en la que manifestaba: «Pero nada más que un "comienzo". La teoría tendrá todavía que ser desarrollada mucho más antes de que podamos explicar los cambios en la conductividad eléctrica a bajas temperaturas que, especialmente Kamerlingh Onnes, se ha demostrado que existen. Otra cuestión importante es la de en qué parte contribuyen los electrones libres al calor específico de los metales». Si recordamos lo visto en el capítulo 5 a propósito de los calores específicos, y cómo se comenzaron a resolver las discrepancias experimentales que se detectaban recurriendo a conceptos cuánticos, entonces podremos imaginar que en realidad en este caso la situación era similar y requería, por consiguiente, tomar también en consideración las técnicas cuánticas ya existentes o por desarrollar.

Entrando ya en la tesis doctoral de Bohr, tenemos que su punto de partida estaba relacionado con las limitaciones de la teoría cuyos fundamentos había ido estableciendo Lorentz a partir de 1905: «Aunque la teoría de Lorentz es matemáticamente muy perfecta», escribía (Bohr 1911; Nielsen, ed., 1972: 299), «las suposiciones físicas en las que se basa a duras penas pueden considerarse válidas, incluso de forma aproximada, para los metales. Además, en muchos puntos esenciales el acuerdo entre la teoría y el experimento es insatisfactorio. Sería, por consiguiente, interesante desarrollar la teoría electrónica de los metales a partir de suposiciones más generales, e investigar qué resultados de la teoría están relacionados con las hipótesis especiales, y qué resultados permanecen inmutables cuando se adoptan suposiciones más generales». Y en seguida añadía: «El propósito del presente trabajo es intentar llevar a cabo, de la forma más general posible, aunque conservando los puntos de vista fundamentales que subyacen en la teoría de Lorentz, los cálculos para los diversos fenómenos que son explicados por la presencia de electrones libres en metales».

Una de las principales innovaciones —sino la principal— introducidas por Bohr para cumplir con aquel programa fue suponer que la fuerza por unidad de masa que ejerce un átomo (un ión en realidad) sobre un electrón es proporcional a r^{-n}, una suposición que implicaba que la interacción entre los átomos del metal y los electrones no tenía lugar mediante choques, «como si fuesen esferas duras, sino que, por el contrario, la acción de los átomos tiene lugar a través de campos de fuerza que varían lentamente» (Bohr 1911; Nielsen, ed., 1972: 391). Así, por ejemplo, tomando $n = 3$, deducía valores para κ/σ que se ajustaban muy bien con los obtenidos experimentalmente para los metales que son mejores conductores, y que estaban muy próximos al valor hipotético supuesto en 1907 por J. Koenigsberger para todos los metales puros. Pero no todos los problemas existentes tenían solución tan «fácil»: en particular, los relativos a la absorción y emisión de radiación por metales resultaban especialmente difíciles de resolver. Así, tras introducir la ley de radiación de Rayleigh-Jeans y algunos de los argumentos que Jeans empleó en su defensa, Bohr (1911; Nielsen, ed., 1972: 378-379) escribía: «Parece imposible explicar la ley de radiación calorífica si se insiste en mantener las suposiciones fundamentales que subyacen en la teoría electromagnética. Presumiblemente, esto se debe a la circunstancia de que la teoría electromagnética no satisface las condiciones reales y solamente puede dar resultados correctos cuando se aplica a un gran número de electrones (tal y como se presentan en los cuerpos normales) o para determinar el movimiento medio de un único electrón con respecto a intervalos de tiempo comparativamente largos..., pero no puede utilizarse para examinar el movimiento de un solo electrón en intervalos cortos de tiempo». En cuanto a la relevancia para este problema de los resultados que obtenía en su tesis, reconocía que «no había intentado determinar un estado de equilibrio en el mismo sentido que lord Rayleigh y Jeans»; en otras palabras: que el problema persistía.

Tampoco se acomodaba muy bien el magnetismo.[3] «No es posible», señalaba (Bohr 1911; Nielsen, ed., 1972: 383), «explicar las propiedades magnéticas de los cuerpos en base a la teoría electrónica si se desprecian efectos tales como, por ejemplo, la emisión de energía, que puede tener como consecuencia el evitar un equilibrio mecánico-estadístico entre los electrones ligados, del tipo de que se supone para los electrones libres [...] Una emisión de energía, sin embargo, acaso pueda explicar los fenómenos paramagnéticos, pero no los diamagnéticos».

En resumen, de su tesis doctoral Bohr con gran probabilidad sacó la conclusión de que aunque no era difícil acomodar los principios clásicos para llegar a expresiones (especialmente en lo que se refiere ai cociente entre la conductividad térmica y la eléctrica) que se ajus-

3. Aquí Bohr utilizaba básicamente la teoría de Paul Langevin (1905).

taban a los experimentos, la situación era muy diferente con respecto a la teoría de la radiación y al magnetismo. Cuanto más se aproximaba a fenómenos en los que era de suponer que los aspectos atómicos —la estructura de los átomos (fuese ésta la que fuese)— desempeñasen un papel más importante, peor funcionaba la teoría clásica. Se puede decir que el rigor de su análisis condujo a Bohr, cuando apenas comenzaba su carrera científica, a la firme convicción de que era necesario modificar radicalmente la electrodinámica clásica si se querían explicar rigurosamente los fenómenos atómicos.

De Cambridge a Manchester

Teniendo en cuenta la naturaleza de sus intereses científicos, no nos debe extrañar que finalizada su tesis doctoral el joven Niels se trasladase, a finales de septiembre de 1911, y con una beca de la Fundación Carlsberg, al laboratorio Cavendish de Cambridge, en donde se encontraba J. J. Thomson, no sólo el descubridor del electrón, sino también —como hemos visto— uno de los principales exploradores del universo de los modelos atómicos.

Inicialmente, todo le parecía ir bien. Así, poco después de llegar, el 29 de septiembre, escribía a su hermano Harald (Nielsen, ed., 1972: 518-519): «Las cosas me van bien. Acabo de hablar con J. J. Thomson y le he explicado, lo mejor que pude, mis ideas sobre la radiación, el magnetismo, etc. Si supieras lo que significa para mí hablar con semejante hombre. Fue extremadamente agradable conmigo, y charlamos bastante; y creo que pensó que lo que le dije tiene algún sentido. Va a leer el libro [esto es, su tesis], y me invitó a cenar con él el domingo en Trinity College».

Sin embargo, pronto se le hizo evidente que Thomson, demasiado ocupado y poco paciente con el mal inglés de Bohr, no tenía mucho interés en entablar discusiones científicas con el visitante danés. Una carta que escribió a Harald el 23 de octubre es especialmente relevante en este sentido, al igual que para ofrecernos una imagen general de lo que era entonces su vida profesional en Cambridge, así como algunas de sus ideas científicas (Nielsen, ed., 1972: 104-105):

> No ha sido tan fácil tratar con Thomson como pensé el primer día. Es un hombre excelente, increíblemente inteligente y lleno de imagina-

ción (deberías escuchar una de sus clases elementales) y extremadamente amigable; pero está inmensamente ocupado en muchas cosas, y tan absorbido por su trabajo que es muy difícil lograr hablar con él. Todavía no ha tenido tiempo de leer mi trabajo, y no se aún si aceptará mis críticas. Sólo ha hablado conmigo unas pocas veces durante un par de minutos, y únicamente sobre un punto, a saber, sobre mis críticas a sus cálculos acerca de la absorción de rayos caloríficos. Acaso recuerdes que le señalé que en sus cálculos de la absorción (contrariamente a la emisión) no toma en cuenta el tiempo que se emplea en las colisiones y que, por consiguiente, encuentra un valor para el cociente entre la emisión y la absorción que es de un orden de magnitud erróneo para períodos de vibración pequeños. Thomson primero dijo que no podía entender que la duración de las colisiones pudiese tener una influencia tan grande en la absorción. Traté de explicárselo y al día siguiente le di un cálculo con un ejemplo muy sencillo [...] que lo demostraba muy claramente. Desde entonces sólo he hablado con él un momento, hace aproximadamente una semana, y creo que opina que mi cálculo es correcto; sin embargo, no estoy seguro de que no piense que se puede encontrar un modelo mecánico que explique la ley de radiación calorífica en base a las leyes ordinarias del electromagnetismo, algo que es obviamente imposible, como yo he demostrado indirectamente, y como ha sido, además, demostrado directamente después por McLaren.

Como te he escrito antes, hablar con Thomson es extremadamente agradable, y me ha encantado cada vez que lo he hecho; pero el problema es que no existe un momento específico [para hablar con él], y uno tiene que molestarlo mientras está trabajando (disfruta de muy poca paz); a pesar de esto, es muy amigable; pero en cuanto has hablado con él un momento empieza a pensar en sus propias cosas, y entonces te deja en medio de una frase (dicen que dejaría con la palabra en la boca al Rey, y eso significa más en Inglaterra que en Dinamarca), y en ese momento se tiene la impresión de que te olvida completamente hasta la siguiente vez que te atreves a molestarle. [...] Un par de veces he intentado hablar con Jeans después de una de sus clases (la última vez comencé con algo que había dicho en su clase y que yo creía que no era completamente cierto); fue muy amigable, pero es muy reticente, y todas las veces dijo que esperaría [para discutir sobre mi tesis] a que mi artículo hubiese aparecido en inglés.

Con respecto a la publicación del artículo, no sé nada definitivo todavía; he hablado con Thomson sobre ello un par de veces [...] ha pro-

> metido averiguar si existe alguna posibilidad de publicarlo en las Transactions of the Cambridge Philosophical Society. Evidentemente, no es posible publicarlo en la Royal Society. He hablado con Larmor [...] y cree que sería imposible, no porque ya haya sido publicado en danés, sino porque contiene críticas acerca del trabajo de otros, y la Royal Society considera una regla inviolable no aceptar críticas no surgidas de sus propias publicaciones.[4]

Sin embargo, parece que aún mantenía alguna esperanza de poder sostener intercambios productivos con sus anfitriones; al menos eso es lo que se deduce del contenido de la carta que dirigió el 1 de diciembre a Carl W. Ossen (1879-1944), catedrático de Mecánica y Física matemática en la Universidad de Uppsala (Nielsen, ed., 1972: 426, 431): «Estoy muy contento de estar aquí; he encontrado mucha gente joven, y asisto a conferencias muy interesantes de Thomson, que está increíblemente lleno de ideas y es un hombre muy inteligente. También estoy comenzando a adentrarme en cosas diversas. En la actualidad estoy entusiasmado con la teoría cuántica (quiero decir los aspectos experimentales); pero no estoy todavía seguro si esto no es debido a falta de conocimiento». Estaba, como vemos, familiarizándose —o ampliando sus conocimientos— con la teoría cuántica.

No obstante, la situación no podía durar: Cambridge se manifestaba como un lugar claramente hostil (desde el punto de vista intelectual, científico). No es extraño, por tanto, que decidiese abandonar las orillas del Cam, ni que dirigiese su mirada hacia el norte, al Manchester de Rutherford, a quien había conocido durante una visita que efectuó a esa ciudad a primeros de noviembre de 1911, para visitar a un amigo de su padre, el fisiólogo Lorain Smith, que fue quien reunió a los dos físicos, aunque parece que en aquella ocasión no hablaron del, entonces reciente, modelo atómico del neozelandés, sino de lo que se había tratado en el Consejo Solvay, que acababa de celebrarse y en el que, como sabemos, había participado Rutherford (Heilbron y Kuhn 1969: 233; Pais 1991: 124). El 8 de diciembre, durante la cena anual de los estudiantes de investigación del Cavendish, se volvieron a encontrar; es muy probable que entonces Bohr se refi-

4. De hecho, Bohr nunca lograría publicar una versión inglesa de su tesis doctoral. Ver en ese sentido, Nielsen (1972).

riera a sus deseos de abandonar Cambridge. El hecho seguro es que el 18 de enero de 1912 Bohr escribía a Rutherford en los siguientes términos (Hoyer, ed., 1981: 576):

> Querido Prof. Rutherford,
>
> Ya he establecido mis planes para mi estancia en Inglaterra y hablado con el prof. Thomson sobre el particular. Mi intención es permanecer aquí en Cambridge este *term* y llevar a cabo alguna investigación teórica, y después, si usted está de acuerdo, estaría muy contento de ir a Manchester a finales de marzo a trabajar en su laboratorio.

Unos días después, el 27 de enero, Rutherford le contestaba diciéndole que estaría encantado de recibirle. Es seguro que a mediados de marzo ya estaba en Manchester, puesto que en uno de sus cuadernos aparecen notas de un curso (dirigido por Geiger, Walter Makower y Marsden) sobre métodos experimentales en la investigación en radiactividad que se impartió en el laboratorio de Rutherford entre el 16 de marzo y el 3 de mayo.

Bohr, Manchester y primeros pasos hacia un átomo cuántico

En Manchester, Bohr encontró a un grupo de físicos y químicos difícilmente superable: Hans Geiger, Ernest Marsden, Alexander Smith Russell, Kasimir Fajans, Henry Moseley, Gyorg von Hevesy, James Chadwick, Charles Galton Darwin y, por supuesto, Rutherford. En esta ocasión, su elección no pudo ser más afortunada, entre otros motivos, y aunque acaso él no fuese consciente inicialmente de este aspecto, porque después del artículo de 1911 de Rutherford del modelo planetario era el momento apropiado para intentar ir más allá en la explicación de la estructura de la materia. «El tema principal de las discusiones del grupo de Manchester era las consecuencias inmediatas del descubrimiento del núcleo atómico», recordaría en este sentido Bohr (1963 a: 116) muchos años después (poco antes, de hecho, de morir).

Rutherford, además, era muy diferente de Thomson, como el propio Bohr dejaba claro en una carta que envió el 27 de mayo de 1912 a su hermano Harald (Nielsen, ed., 1972: 550-551): «[Mi trabajo en el laboratorio] va bastante bien. Desgraciadamente, debo añadir inmediatamente que todavía no estoy seguro de qué saldrá de lo que Rutherford me ha encargado. Quiero decir, para publicar, puesto que, en cualquier caso, disfrutaré mucho con ello, ya que Rutherford es una persona sobre la que uno no se puede equivocar; viene regularmente a escuchar cómo van las cosas y a hablar sobre cualquier minucia. Sencillamente: es que es difícil decir antes de comprobarla si su idea se puede aplicar».

En principio, Bohr iba a llevar a cabo una investigación experimental (para eso siguió el curso sobre radiactividad), aunque pocos detalles han sobrevivido de los experimentos que pudo haber iniciado, pero, en cualquier caso, mientras esperaba que le llegase algo de radio estudió un artículo de Darwin (1912) sobre la teoría de la absorción de rayos α al pasar por materia que dirigió su pensamiento hacia la estructura atómica.[5] Su correspondencia con Harald ofrece detalles y claves interesantes al respecto. Así, el 12 de junio de 1912 escribía (Nielsen, ed., 1972: 554-555): «Hace un par de días tuve una pequeña idea con respecto a la absorción de los rayos α (sucedió de la siguiente forma: un joven matemático de aquí, C. G. Darwin —nieto del verdadero Darwin—, acaba de publicar una teoría sobre este problema, y pensé que no sólo no era completamente correcta desde el punto de vista matemático —sólo ligeramente errónea—, sino muy insatisfactoria en su concepción básica), y he desarrollado un poco de teoría al respecto, que, incluso aun no siendo mucho, acaso pueda arrojar alguna luz sobre ciertos aspectos relacionados con la estructura de los átomos. Estoy planeando publicar un pequeño artículo sobre esto muy pronto. Créeme, es interesante estar aquí; hay tantos con quien hablar [...] y entre ellos están los que mejor comprenden estas cosas, y el profesor Rutherford toma un interés

5. La teoría de Darwin suponía que la absorción de la radiación α se debe a las colisiones que estas partículas sufren con los electrones de los átomos al atravesar la materia. Utilizando el átomo de Rutherford, Darwin suponía que las partículas α perdían energía solamente cuando penetraban en los átomos, y que en tales colisiones los electrones se comportaban como si fueran libres. Según su teoría, el rango alcanzado (la penetración) de las partículas α dependía del número de electrones y del radio de los átomos implicados. Comparando con los resultados de los experimentos realizados, podía deducir valores para el número de electrones y para el radio atómico, pero encontraba que éste resultaba ser demasiado grande para los elementos ligeros y demasiado pequeño para los pesados.

real y efectivo en todo lo que considera que merece la pena. En los últimos años ha desarrollado una teoría de la estructura atómica que parece tener una base mucho más sólida que todo lo que teníamos anteriormente. No es que mi teoría sea del mismo tipo e importancia; sin embargo, mi resultado no encaja tan mal con sus [ideas]. [...] No he trabajado en el laboratorio los dos últimos días, porque he tenido que esperar algo de radio, pero mañana o pasado comenzaré de nuevo, y en algo que creo que puede ser más fructífero que mi trabajo anterior. Este pequeño retraso forzado ha sido maravillosamente conveniente para desarrollar mi pequeña teoría».

Fue, por consiguiente, en junio cuando claramente comenzó su transición de la teoría electrónica de los metales a la teoría atómica, una transición que resultó muy rápida y en la que le debió ayudar el que el problema de la absorción de partículas α no era, al fin y al cabo, ajeno al de la teoría de los metales, en tanto que involucraba el paso de partículas cargadas a través de materia. De la rapidez con que avanzaba da idea otra carta a Harald, sólo una semana después (19 de junio) de la que acabo de citar (Nielsen, ed., 1972: 558-559): «Puede que haya encontrado algo acerca de la estructura de los átomos. No hables de ello a nadie, ya que de otra forma no podría escribirte sobre el tema tan pronto. Si fuese cierto no sería una idea con naturaleza de posibilidad (es decir, una imposibilidad, como en la teoría de J. J. Thomson), sino quizá una pequeña pieza de realidad. Ha surgido de una información que obtuve de la absorción de los rayos α (la pequeña teoría sobre la que te escribí la última vez). Comprende que todavía puedo estar equivocado, ya que aún no está completamente desarrollada (aunque no lo creo); tampoco creo que Rutherford piense que sea una completa locura. [...] Créeme, estoy ansioso de terminarla a toda velocidad, y para hacerlo me he ausentado dos días del laboratorio (esto también es un secreto)».

¿Qué pasó en aquella semana? y ¿fue realmente en aquellos días cuando Bohr dio con la esencia de lo que sería su modelo atómico?

Se trata de una cuestión compleja, difícil de dilucidar con seguridad, ya que los documentos relevantes de que se dispone (notas manuscritas de Bohr) son incompletos y normalmente sin fechar. El intento más completo de reconstrucción se debe a Heilbron y Kuhn (1969), al que deben dirigirse aquellos interesados en un estudio en profundidad.[6] Yo me limitaré a hacer explícitos aquellos momentos y pasos que considero absolutamente fundamentales.

En primer lugar, me referiré a un manuscrito de Bohr titulado «Dispersión de luz y absorción de rayos a» (Hoyer, ed., 1981: 45-55), en el que aparecen una serie de notas y cálculos. Aunque no está datado, es muy probable que fuese escrito con anterioridad a la carta del 12 de junio a Harald. En los encabezamientos básicos de ese documento leemos lo siguiente:

> I. Cálculo de la dispersión y absorción de rayos α para un átomo consistente en un electrón que se mueve alrededor de un punto fijo bajo la influencia de una fuerza que varía como el inverso de la segunda potencia de la distancia. [Siguen cuatro páginas de cálculos; JMSR]
>
> II. Cálculo de perturbaciones en órbitas circulares con respecto a una teoría detallada de la dispersión y absorción de rayos α para modelos atómicos formados por anillos de electrones moviéndose bajo la influencia de una atracción desde un punto fijo (núcleo del átomo).
>
> Solución de estos problemas para un anillo formado por un *único* electrón que se mueve bajo la influencia de una fuerza central arbitraria. [Siguen nueve páginas de cálculos; JMSR]
>
> III. Un intento de calcular la dispersión para átomos con varios electrones en un anillo (por el momento sólo 2).
>
> Abandonado por el momento ya que el cálculo falló debido a la inestabilidad del sistema; no se puede continuar sin utilizar alguna otra hipótesis. [Siguen dieciocho páginas de cálculos; JMSR].

Nótese el último párrafo: «Abandonado por el momento ya que el cálculo falló debido a la inestabilidad del sistema; no se puede continuar sin utilizar alguna otra hipótesis». La «inestabilidad del sistema» a la que se refería no era la «inestabilidad electromagnética», exigida según la física clásica por la emisión de radiación, sino una «inestabilidad mecánica», esto es, debida al hecho de que cuando existían dos o más electrones en uno de los «anillos electrónicos» que rodeaban, según Rutherford, al átomo, surgía un modo de oscilación producido por el desplazamiento de los electrones (que se repe-

6. Son también muy recomendables las siguientes referencias: Hirosige y Nisio (1964, 1970) y Mehra y Rechenberg (1982).

len entre sí, al tener cargas del mismo signo) en el plano del anillo, que crecía hasta destruir al átomo.

El tono de la segunda carta a Harald, la del 19 de junio, sugiere que entre el 12 y el 19 pensó que había encontrado la clave que le permitía resolver el problema; que había hallado una hipótesis que le permitía continuar. Esa hipótesis fue estabilizar la órbita mediante un elemento no mecánico: introduciendo el cuanto de Planck.

Conocemos detalles importantes de cómo fue concibiendo esa hipótesis a través de un documento que elaboró antes de abandonar Manchester y que envió a Rutherford el 6 de julio de 1912 con la siguiente nota: «Le envío los comentarios relativos a la estructura y estabilidad de las moléculas que amablemente me pidió». Siguiendo a Heilbron y Kuhn (1969), me referiré a este documento como el «Memorándum de Rutherford» (reproducido en Hoyer, ed., 1981: 135-158). Veamos algo de su contenido.

«Según el modelo atómico propuesto por el prof. Rutherford para explicar la "gran difusión" de partículas a», escribía en él Bohr, «el átomo está formado por una carga positiva concentrada en un punto [...] rodeada por un sistema de electrones, cuya carga total es igual a la del "núcleo" positivo; se supone que el núcleo es el asiento de la masa del átomo». Y continuaba:

> En semejante átomo no puede existir una configuración de equilibrio sin movimiento de los electrones. [...] Consideraremos, por tanto, en primer lugar las condiciones de estabilidad de un anillo de n electrones girando alrededor de un punto de carga positiva de magnitud $n \cdot e$.
>
> Mediante un análisis análogo al utilizado por Sir J. J. Thomson en su teoría sobre la constitución del átomo se puede demostrar muy fácilmente que un anillo como el considerado aquí no es estable en el sentido mecánico habitual [...], y, por consiguiente, la cuestión de la estabilidad se debe tratar desde un punto de vista diferente...
>
> Al investigar la configuración de los electrones en los átomos nos encontramos inmediatamente con la dificultad (relacionada con la inestabilidad antes mencionada) de que si solamente se considera la fuerza de la carga central y el número de electrones en el anillo [...] no parece que exista algo que permita distinguir, a partir de consideraciones mecánicas, entre radio y tiempo de vibración [período de rotación]. En la investigación que sigue introduciremos y haremos uso, por tanto, de una hipótesis a partir de la cual se pueden determinar las cantidades en cues-

ción. Esta hipótesis es: que para todo anillo estable (cualquier anillo que tenga lugar en los átomos naturales) existirá un cociente definido entre la energía cinética del electrón en el anillo y el tiempo de rotación. Se ha escogido esta hipótesis, sobre la que no se realizará ningún intento de fundamentación mecánica (ya que parece imposible [*hopeless*]*), como la única que parece ofrecer una posibilidad de explicación de todo el conjunto de resultados experimentales existente, y que aparenta confirmar las ideas sobre el mecanismo de la radiación propuestas por Planck y Einstein.

* Esto parece no ser sino lo que cabe esperar, ya que aparentemente está demostrado rigurosamente que la mecánica no es capaz de explicar los hechos experimentales relacionados con átomos en solitario. En analogía con lo que se conoce para otros problemas se tiene la impresión de que sólo es legítimo utilizar la mecánica en la investigación del comportamiento de un sistema si nos fijamos en cuestiones no relacionadas con la estabilidad (o del equilibrio estadístico final).

La nota que Bohr incluía tras la frase «ya que parece imposible», insinúa con bastante claridad que la experiencia que había acumulado en sus estudios previos sobre la teoría electrónica de los metales demostraba que la mecánica al uso no era capaz de explicar todos los hechos experimentales; esto es, que había que recurrir a elementos mecánicos no clásicos. En los cálculos que aparecen en el «Memorándum de Rutherford» ese elemento era, utilizando sus propias palabras, una «Hipótesis especial»: $E = K \cdot \upsilon$, donde E es la energía cinética de un electrón y K una constante. A la vista del camino que posteriormente tomaron los esfuerzos de Bohr en este dominio, uno pensaría que K coincidiría con la constante h de Planck; sin embargo, en el «Memorándum» Bohr no justificó su «Hipótesis especial» ni dio explícitamente su valor.[7] Más aún, teniendo en cuenta los valores (extraídos de datos experimentales) que daba para otras magnitudes que dependen de K se puede deducir su valor, encontrándose que éste no coincide con el de h, siendo $0{,}6 \cdot h$. A pesar de esto, parece que Bohr pensaba en términos de h, y que intentó primero con $K = h$, luego con $K = h/\pi$, [...]

7. Rosenfeld (1963 b: xxi) sugirió que falta al menos una página del «Memorándum de Rutherford», en la que Bohr habría determinado el valor de *K*. Es muy probable que sea cierto, ya que en la copia existente —depositada en los Archivos Bohr de Copenhague— falta una página.

y que fue debido a los valores experimentales que empleó (y a que su teoría todavía no era completa) el que tuviese que recurrir a una constante, *K*, aparentemente distinta de *h*.

Muchos años después, en su contribución (ya la he utilizado antes) a un libro que recordaba la época de Rutherford en Manchester, Bohr (1963 a: 119) realizó su propia reconstrucción de la secuencia de ideas que fueron guiando su pensamiento durante su estancia en la ciudad industrial inglesa. Aunque, como es bien sabido, el paso del tiempo con frecuencia deforma la percepción que los protagonistas tienen de sus actuaciones, en esta ocasión básicamente coincide con la que he venido esbozando, y como siempre es instructivo escuchar o leer semejantes manifestaciones, las reproduciré a continuación:

> Desde el principio fue evidente que, en base al modelo de Rutherford, la típica estabilidad de los sistemas atómicos no podría reconciliarse en absoluto con los principios clásicos de la mecánica y electrodinámica. [...]
>
> Sin embargo, la situación no era demasiado sorprendente, ya que el descubrimiento de Planck de 1900 del cuanto universal de acción había revelado una limitación esencial de las teorías físicas clásicas, que, especialmente en las manos de Einstein, había conducido a aplicaciones tan prometedoras como las de los calores específicos y reacciones fotoquímicas.

Y añadía una manifestación que acaso fuese un tanto exagerada: «Independientemente de las nuevas evidencias con respecto a la estructura atómica, existía una sensación extendida de que los conceptos cuánticos podrían desempeñar un papel decisivo en todo el problema de la constitución atómica de la materia». En cualquier caso, y aunque no estuviese entonces tan extendida —como Bohr declaraba en 1963— la sensación de que los cuantos «podrían desempeñar un papel decisivo en todo el problema de la constitución atómica de la materia», veremos en seguida que algunos científicos probaron a trabajar con esa idea.

De lo que no hay duda es que también influyeron en Bohr otros hechos experimentales, que, en el «Memorándum de Rutherford», mencionaba que podían ser explicados por su hipótesis (Hoyer, ed., 1981: 137):

La hipótesis mencionada parece ser apoyada fuertemente por los hechos experimentales; se puede demostrar que ofrece una explicación de

1) la ley periódica de los volúmenes atómicos de los elementos;

2) la ley de Whiddington de la relación entre la velocidad necesaria para excitar los rayos de Röntgen característicos de un elemento, y el peso atómico de ese elemento;

3) (aproximadamente) la ley de Bragg de la absorción de rayos α por elementos diferentes;

4) parece explicar la estabilidad y el calor de combinación de algunos de los compuestos simples.

La «ley periódica de volumen atómico» (Meyer, L. 1870) a la que se refería, afirma que aunque aumenta lentamente con el peso atómico de fila a fila de la tabla periódica, el volumen atómico (peso atómico/densidad) es fundamentalmente una función periódica que depende de la posición en la tabla. La ley de Whiddington (1911) relacionaba la velocidad mínima, *v*, que un electrón necesitaba para excitar rayos X característicos con el peso atómico, *A*, del material con el que chocaba, mediante la ecuación: $v = A \cdot 10^8$ cm/s. La ley de (William Henry) Bragg (1905) afirmaba que el poder de frenado de metales diferentes para rayos α era proporcional a la raíz cuadrada de sus pesos atómicos. En cuanto al cuarto apartado, en el «Memorándum» aparecen modelos de la estructura electrónica del H_2, H_2O, O_2, O_3, CH_4 y C_2H_2.

En este punto es oportuno insistir en los beneficios que Bohr obtuvo al estar en Manchester. Como he señalado, fue importante encontrarse en un lugar en el que se acababa de proponer la idea de un átomo planetario, y en el que «el objeto principal de las discusiones [...] eran las consecuencias inmediatas del descubrimiento del núcleo atómico», pero para avanzar en esa dirección, para «cuantizar ese átomo», se necesitaban más elementos, elementos como los mencionados en el párrafo precedente: las leyes de Whiddington o de Bragg. Es verdad que estos resultados estaban publicados, que, en principio, podían ser conocidos por un científico que trabajase en Copenhague, Nueva York, Ciudad de México, París o Bombay; en fin, en cualquier lugar con una biblioteca en la que se recibiesen las revistas correspondientes, pero sabemos demasiado bien que existen entornos que facilitan el trabajo, en los que la tarea de conocer e identificar el dato, el resultado relevante, se ve mucho más favorecida. Y Manchester era uno de esos lugares. Porque allí trabajaba Rutherford, que generaba y atraía información. William Henry Bragg, el responsable de la ley de Bragg que utilizaba Bohr, estaba en constante contacto personal o epistolar con Rutherford desde, al menos, 1904, cuando Bragg era todavía profesor en Adelaida (en el catálogo de la correspondencia de Rutherford [Badash, comp. 1974] aparecen listadas ochenta y cinco cartas de —la mayoría— W. H. Bragg a Rutherford o de éste a aquél, la primera de 1904 y la última de mayo de 1933).[8] En cuanto a Richard D. Whiddington (1885-1970), era un «Cambridge man» (estudió en Cambridge —obtuvo su M. A. en 1908—, en donde permaneció hasta 1914, cuando fue llamado al Ejército; una vez finalizada la guerra, en 1919, logró una cátedra en la Universidad de Leeds), y teniendo en cuenta las estrechas relaciones existentes entre J. J. Thomson y Rutherford, no hay duda de que éste era un receptor privilegiado de noticias procedentes de Cambridge y del Laboratorio Cavendish en particular.

Tenemos, en definitiva, que hacia julio de 1912 Bohr pugnaba por relacionar el átomo de Rutherford con los cuantos de Planck. Ahora bien, y esto es importante: todavía no se encuentra en Bohr ningún atisbo de que los datos espectroscópicos desempeñasen papel alguno en sus esfuerzos.

COPENHAGUE (I): LA INFLUENCIA DE NICHOLSON

A finales de julio, Bohr regresó a Copenhague, donde contrajo matrimonio el 1 de agosto. Aunque inicialmente habían pensado en Noruega como lugar al que realizar el viaje de boda, finalmente eligieron Inglaterra y Escocia. Se detuvieron en Manchester, para visitar al matrimonio Rutherford y entregar a Ernest el manuscrito de un artículo de Niels sobre la capacidad de absorción de la materia para los rayos α y β, que le había ocupado intensamente durante el último mes de su estancia en Manchester (no estuvo, en consecuencia, dedicado únicamente al problema de los modelos atómicos). El manuscrito en cuestión fue enviado ese mismo mes, desde el propio Manchester, a la redacción de la *Philosophical Magazine*, apareciendo

8. Sobre los orígenes de la relación entre Bragg y Rutherford, incluyendo transcripciones de algunas de las cartas que intercambiaron, ver Caroe (1978).

publicado en enero de 1913 con el título: «Sobre la teoría de la disminución de velocidad de partículas cargadas en movimiento al pasar a través de materia» (Bohr 1913*a*).

Al regresar a Copenhague, Bohr se incorporó a la universidad, como ayudante del nuevo catedrático de Física, Martin Knudsen (1871-1949), que había sucedido a Christian Christiansen (1843-1917). El puesto (análogo al de profesor adjunto o titular) que Knudsen dejó libre debería haber ido a parar a Bohr, pero fue amortizado y únicamente restablecido al año siguiente, cuando Niels lo ocupó.

En la capital danesa, y al mismo tiempo que dictaba un curso sobre los fundamentos mecánicos de la termodinámica, Bohr continuó analizando el papel que los cuantos de energía desempeñaban en la estructura de los átomos. Según sus propios recuerdos (Bohr 1963 a: 122): «Mis cartas a Rutherford del otoño de 1912 concernían a los continuos esfuerzos de identificar el papel del cuanto de acción en la constitución electrónica del átomo de Rutherford, incluyendo problemas de enlaces moleculares y efectos radiactivos y magnéticos. La cuestión de la estabilidad todavía presentaba en todas esas consideraciones dificultades que estimulaban la búsqueda de una base más firme. Sin embargo, después de varios intentos de aplicar ideas cuánticas de una manera más consistente, a comienzos de la primavera de 1913 se me ocurrió que una clave para el problema de la estabilidad atómica, aplicable directamente al átomo de Rutherford, la ofrecía las sorprendentemente sencillas leyes que gobiernan los espectros ópticos de los elementos».

Pero antes de referirme a «las sorprendentemente sencillas leyes que gobiernan los espectros ópticos de los elementos», hay que preguntarse cuándo y por qué Bohr incluyó en su programa de investigación el problema de las líneas espectrales.

La respuesta a esta pregunta se encuentra en los modelos atómicos propuestos por otros científicos. Una carta que Bohr dirigió a Rutherford el 31 de enero de 1913 arroja una gran luz sobre la cuestión (Hoyer, ed., 1981: 579-580):

> Querido profesor Rutherford,
>
> [...] Espero ser capaz de enviarle pronto mi artículo sobre los átomos; me ha costado mucho más tiempo de lo que había pensado; creo, sin embargo, que he hecho algún progreso en él en los últimos tiempos.

Tengo ahora mucho más claros los fundamentos de mis consideraciones, y creo que comprendo mejor la relación y la diferencia entre mis cálculos y, por ejemplo, cálculos como los publicados en recientes artículos de Nicholson sobre los espectros de nebulosas estelares y de la corona solar.

La teoría de Nicholson da aparentemente resultados que se encuentran en flagrante desacuerdo con los que yo he obtenido; y por tanto pensé al principio que uno u otro estaba necesariamente del todo equivocado. Sin embargo, ahora he adoptado el siguiente punto de vista.

En sus cálculos, Nicholson trata, como yo, con sistemas de la misma constitución que su modelo atómico; y al determinar las dimensiones y la energía de los sistemas, él, como yo, busca una base en la relación entre la energía y la frecuencia sugerida por la teoría de la radiación de Planck. El estado de los sistemas considerados en mis cálculos (entre estados que se adecuan a la relación [de Planck] en cuestión) está, no obstante, caracterizado como aquel en el que los sistemas poseen la menor cantidad posible de energía; esto es, aquel en el que se emite la mayor cantidad posible de energía al formarse.

Me parece, por consiguiente, que es una hipótesis razonable suponer que el estado de los sistemas considerados en mis cálculos se debe identificar con el de los átomos en su estado permanente (natural). [...]

De acuerdo con la hipótesis en cuestión, los estados de los sistemas considerados por Nicholson son, por el contrario, de un carácter menos estable; son estados que tienen lugar durante la formación de los átomos, y son los estados en los que se radia la energía correspondiente a las líneas en el espectro característico del elemento en cuestión. Desde este punto de vista, sistemas en un estado como el considerado por Nicholson están presentes solamente en cantidades apreciables en lugares en los que los átomos continuamente se están rompiendo y formando, esto es, en lugares del tipo de tubos de vacío excitados o nebulosas estelares. Debo señalar, no obstante, que las consideraciones esbozadas aquí no desempeñan una parte esencial en la investigación de mi artículo. No trato en modo alguno con la cuestión del cálculo de las frecuencias que corresponden a las líneas del espectro visible. Únicamente he intentado, en base a la sencilla hipótesis que he utilizado desde el principio, discutir la constitución de los átomos y moléculas en su estado «permanente»; lo que quiere decir que he tratado de deducir algunas propiedades generales de los sistemas en cuestión sin —de acuerdo con su consejo— entrar en cálculos detallados para ningún sistema especial, aparte del más simple.

Bohr se refería aquí al modelo de átomo propuesto entre 1911 y 1912 por John William Nicholson (1881-1955; 1911 a, b, 1912 a, b).[9] Lo que buscaba Nicholson era explicar los espectros de la luz procedente de algunas nebulosas y de la corona solar; en particular unas líneas que no había sido posible identificar con las de ningún elemento conocido, y que él adscribía a dos elementos hipotéticos, a los que denominaba *nebulium* y *protofluorine.* En cuanto al primero, lo imaginaba (Nicholson 1911 a) formado por cuatro electrones distribuidos a distancias iguales en un círculo centrado alrededor de un núcleo de carga positiva $4e$. Suponiendo que sus velocidades eran pequeñas con respecto a la de la luz, consideraba que el origen de las líneas espectrales era debido a pequeñas oscilaciones de los electrones en la dirección perpendicular al plano del anillo por el que se movían. Resolviendo las ecuaciones de movimiento de los cuatro electrones, calculaba la frecuencia de las oscilaciones mencionadas, que dependían de la velocidad angular del anillo. Comparando los valores de las líneas observadas, y jugando también con átomos ionizados del *nebulium* (por ejemplo, un ión positivo, esto es, un átomo con tres electrones), podía fijar las frecuencias del anillo. En el segundo de sus artículos (Nicholson 1911 b) estudiaba el *protofluorine* (un sistema con cinco electrones alrededor de un núcleo de carga $5e$), pero es el tercer artículo (Nicholson 1912 a) el que más nos interesa.

En sus dos primeros trabajos, la forma que seguía Nicholson para fijar las frecuencias en los diferentes grados de ionización no obedecía más que a datos empíricos; no existía una relación necesaria entre ellos. En el tercer artículo, resolvió el problema introduciendo una condición en la que aparecía la constante de Planck: que el momento angular fuese un múltiplo entero de $h/2\pi$. Ante el éxito de la hipótesis, concluía su artículo manifestando: «Nos vemos llevados a suponer [a través de la teoría cuántica] que las líneas de una serie pueden no surgir del mismo átomo, sino de átomos cuyos momentos angulares internos han variado, por radiación u otro mecanismo, en magnitudes discretas a partir de un valor estándar».

9. Sobre Nicholson, ver McCormmach (1966).

La pregunta es: ¿cómo se le ocurrió a Nicholson introducir una condición cuántica? Una respuesta, perfectamente legítima, sería: simplemente, se le ocurrió. Parece, no obstante, que encontró inspiración al leer las actas del Consejo Solvay de 1911 (publicadas, como ya vimos en un capítulo anterior, en 1912: Langevin y de Broglie, M., eds. 1912). Allí, pudo encontrar comentarios sobre otro modelo atómico que utilizaba —éste sí fue, parece, el primero en hacerlo— los cuantos planckianos: uno debido al entonces estudiante de doctorado en la Universidad de Viena, Arthur Eric Haas (1884-1941; 1910).[10] Mientras estudiaba el caso de un único electrón de masa *m* y carga *e*, oscilando con una frecuencia υ en un átomo *à la* Thomson, de radio *a*, con la intención última de dar un significado electrodinámico a la ley de radiación y a los cuantos elementales de Planck, Haas supuso que se verificaba la relación $h\upsilon = e^2/a$, y pudo así calcular algunas constantes atómicas, como el radio del átomo de hidrógeno o la carga del electrón, obteniendo valores que se aproximaban bastante a los observados.

Resumiendo, nos encontramos ante la siguiente secuencia: 1) en 1910, Haas intentó explicar el valor de la constante de Planck utilizando el átomo de J. J. Thomson, lo que se podía tomar como algo así como la introducción de una condición cuántica en aquel modelo atómico; 2) el trabajo de Haas fue comentado en el Consejo Solvay de 1911; 3) Nicholson, que estaba intentando explicar unas líneas espectrales cuyo origen se desconocía utilizando el átomo de Rutherford, supo del modelo de Haas a través de las Actas del Consejo Solvay, publicadas en 1912, e introdujo, él también, una condición de cuantización en su desarrollo; 4) a finales de 1912 o comienzos de 1913, Bohr reparó en los trabajos de Nicholson, en los que, como había hecho él mismo en su Memorándum de 1912, se utilizaba una condición cuántica, pero más precisa que su «Hipótesis especial» $E = K \cdot \upsilon$; 5) Bohr advirtió las diferencias que le separaban de Nicholson: éste se centraba en estados atómicos excitados, los que daban origen a las líneas espectrales que deseaba estudiar, mientras que él se ocupaba de «estados fundamentales», no excitados; 6) como mínimo, se puede decir que todo esto atrajo finalmente su atención al problema de los espectros: debió de pensar que en ellos se encontraba otro elemento básico para construir un modelo atómico satis-

10. Sobre Haas, véase Hermann (1965).

factorio; hasta entonces su motivación venía de la química de los elementos y no de la espectroscopia.

Ahora sí que estaba dispuesto el escenario para el último acto, un escenario en el que la espectrografía pasó a ocupar un papel destacadísimo. Por este motivo, y antes de pasar a ese último acto, es preciso decir unas palabras sobre la espectrografía, que ya desempeñó un cierto papel, en el capítulo 1, aunque en un período bastante alejado del que ahora estoy considerando.

Interludio espectrográfico

Las líneas que se observaban en los espectros producidos por los diferentes elementos no sólo planteaban el problema de cuál era su origen, sino que también se resistían a ser descritas de forma unitaria, mediante una expresión matemática que englobase las líneas de, al menos, algunas series (grupos de líneas) de elementos individuales.

En este último aspecto, tuvo lugar un avance importante gracias a la aportación de un maestro de escuela suizo, Johann Jacob Balmer (1825-1898), que en 1885 descubrió, de una forma puramente empírica, una sencilla ley matemática que relacionaba las longitudes de onda de las líneas del espectro visible del hidrógeno (Balmer 1885):

$$\lambda_m = \lambda_0 \cdot \frac{m^2}{\left(m^2 - 4\right)}$$

donde λ_0 es una constante y *m* toma los valores 3, 4, 5, ...

De forma inicialmente independiente de Balmer, cinco años después Johannes Robert Rydberg (1854-1919; 1890), de la Universidad de Lund, concluyó que el espectro de cada elemento se componía de tres tipos diferentes de series: uno en el que las líneas eran comparativamente nítidas y más intensas, situado en el rango visible; otro en el que las líneas eran más difusas; y un último que denominó «serie principal», aunque estaba formada sobre todo por líneas en el ultravioleta.[11] Los miembros de cada serie podían ser únicos, dobles, tri-

11. Estas tres series, junto con una cuarta, serían denotadas más tarde por las iniciales de sus nombres en inglés: *P (principal)*, S *(sharp)*, *D (diffuse)* y *F (fundamental)*.

ples o de multiplicidades superiores. Por otra parte, un espectro particular podía contener un número arbitrario (incluyendo ninguna) de series de cada uno de los tres tipos básicos.

En base a estas ideas, extraídas tanto de la literatura como de sus propias observaciones, y utilizando un concepto poco habitual, el de «número de onda», que se define como $n = 10^8 \lambda^{-1}$, y determina el número de ondas por unidad de longitud, en centímetros (la mayoría recurría a las longitudes de onda medidas directamente), Rydberg sostuvo que cada serie se expresaba aproximadamente mediante la ecuación

$$n = n_o - \frac{N_0}{(m+\mu)^2}$$

donde *n* es el número de onda de una línea, *m* un entero positivo (el número del término), N_o una constante (más tarde denominada «constante de Rydberg») común a todas las series y todos los elementos (N_o=109721,6 cm^{-1}; 13,6 eV, si se la expresa en términos de energía), *y* n_o y μ constantes peculiares a las series. Las líneas de una serie se generaban haciendo que *m* tomase valores consecutivos, mientras que n_o definía el límite de la serie (esto es, el valor al que tendía *n* cuando *m* se hacía muy grande).

Cuando estaba ocupado verificando esta relación, Rydberg supo del trabajo de Balmer, que representaba con gran precisión los términos en el rango visible del espectro del hidrógeno. No tuvo, sin embargo, grandes dificultades en demostrar que la expresión dada por el suizo constituía un caso especial de la suya, más general.

No hay duda de que Balmer y Rydberg contribuyeron de forma importante al desarrollo de la espectroscopia, pero ésta es una ciencia experimental muy exigente y necesitaba de habilidades observacionales y de instrumentos más elaborados que los utilizados por ambos (en el caso de Balmer, no manejó realmente instrumentos: se sirvió de la literatura publicada). Instrumentos como las redes de difracción, superficies atravesadas por miles de líneas (o estrías) paralelas por centímetro, que producen espectros a través de fenómenos de interferencia.[12]

12. Básicamente, el mecanismo es el de la separación de las diferentes radiaciones (y sus correspondientes longitudes de onda) cuando el conjunto de la radiación

En efecto, las redes de difracción fueron esenciales para adentrarse en dominios no observables directamente, en los rangos del infrarrojo (longitudes de onda de entre 0,75 micrómetros y 1 milímetro; esto es, entre el límite del extremo del rojo del espectro visible y las microondas más cortas) o el ultravioleta (entre 400 y 4 nanómetros).[13] Al igual que, como señalé en el capítulo 1, el espectrógrafo de Kirchhoff y Bunsen constituyó un elemento crucial en el camino que condujo a la «cuestión cuántica», las redes de difracción desempeñaron un papel análogo en lo que podríamos denominar «última fase» que llevó a la mecánica cuántica de 1925-1926.

Fue Fraunhofer quien construyó —en la década de 1820— las primeras redes de difracción en su sentido moderno, pero nadie desarrolló tanto el arte de construirlas, de marcar las líneas que forman las redes, como el ingeniero estadounidense Henry Augustus Rowland (1848-1901), el primer *professor* de Física en la historia de la Universidad Johns Hopkins (tomó posesión del puesto en 1871).

«En 1882», escribía Heinrich Kayser (1900-1912, vol. I: 121-123) —volveré a referirme a él en seguida— en su célebre *Handbuch der Spectroscopie*, «gracias a la aparición de Henry A. Rowland, se abrió una etapa completamente nueva del análisis espectral. Utilizando un principio nuevo, Rowland logró producir un tornillo prácticamente libre de error. Con este tornillo, construyó una máquina para rayar redes ópticas que hacía palidecer todo lo que se había conseguido hasta entonces».

Otro espectroscopista eminente, el español Miguel Catalán, del que hablaré con más detalle en el próximo capítulo, también comentó, en un curso de doctorado de espectrografía que dictó en la Facultad de Ciencias Químicas de Madrid en 1946-1947, las ventajas que introdujo en su especialidad el instrumento de Rowland (Catalán 1946-1947: 2): «A Rowland se debe [...] la iniciación de la espectroscopia moderna al introducir el empleo de potentes redes de difracción. El lograr rayar 10.000 líneas/cm con regularidad es muy difícil por el desgaste del diamante y la regularidad en el paso del tornillo; no obstante, su genio mecánico consiguió en 1882 una máquina de dividir tan perfecta que ha llegado hasta nuestros días sin modifica-

---

incidente es difractado en las estrías de la red, interfiriendo constructivamente la luz proveniente de cada estría con las de las otras.

13. 1 micrómetro=10^{-6} metros; 1 nanómetro= 10^{-9} metros.

ciones esenciales. De esta manera consiguió un espectro de 17 m de anchura en el que midió con gran precisión las longitudes de onda».

Por supuesto, Rowland no se limitó a perfeccionar una técnica ya conocida, sino que introdujo nuevos elementos; el principal, construir redes con superficies cóncavas y no planas como se había hecho hasta entonces. Tales redes, algunas con más de cien mil líneas, proporcionaron a los espectroscopistas medios para producir espectros de dispersión, precisión y nitidez no soñados antes (hay que señalar también que Thomas Young había observado que la calidad de la imagen de una red se podía mejorar considerablemente doblando ligeramente su superficie).

Con Rowland quedó definitivamente establecida la superioridad de las redes sobre los prismas, o al menos su superioridad potencial. Los prismas producen pérdidas debido a reflexiones en su superficie, así como a la absorción, especialmente en el violeta y ultravioleta; pueden tener inhomogeneidades en el índice de refracción y de dispersión; son sensibles a la temperatura y, finalmente, la variación de la dispersión con la longitud de onda en el cristal produce serios inconvenientes cuando se trata de efectuar medidas con prismas. Las redes planas de difracción ofrecían grandes posibilidades para remediar algunos de estos problemas. Se trataba, sin embargo, de instrumentos delicados, con sus propias dificultades: tenían un poder de resolución limitado, a menudo difundían entre el 10 y el 20 por ciento de la luz incidente; sufrían de lo que se denominaba «fantasmas», apariciones, por ejemplo, de líneas falsas (especialmente en las líneas de emisión de los espectros), producidas por errores en errores periódicos en el espaciado de las rayas de las redes. Con las redes cóncavas desaparecían bastantes de estos problemas: el espectro estaba bien definido en todo el rango de longitudes de onda; la dispersión podía ser determinada con precisión y facilidad mediante la curvatura y espaciado de la rejilla, e incluso era posible determinar longitudes de ondas en órdenes superiores más allá del ultravioleta mediante el denominado método de coincidencias. En cualquier caso, no hay duda de que la calidad y la precisión de la red constituían un punto esencial para la fiabilidad de la investigación.

De hecho, las redes de difracción construidas por el propio Rowland (o su equipo) eran de tal calidad que establecieron el estándar durante aproximadamente medio siglo. Bajo la dirección del mismo Rowland, se fabricaban constantemente redes, que se vendían —a precios comparables al coste real— en todo el mundo (la demanda pronto superó la oferta). En un catálogo de 1911 de la firma que distribuía los instrumentos, los precios oscilaban entre 20 y 400 dólares, dependiendo del tamaño y calidad (Sweetnam 1998: 172).

Una vez dicho todo esto, me voy a referir, antes de volver a Bohr, a un personaje que ya nos ha aparecido en el capítulo 4: Friedrich Paschen, quien, recordemos, en 1896 propuso una ley equivalente a la de Wien.

Después de estudiar en Berlín, Estrasburgo y Múnich, Paschen obtuvo su habilitación en la Escuela Politécnica de Hannover en 1895. El año siguiente propuso la ley de radiación a la que me acabo de referir. En Hannover, Paschen se encontró con Carl Runge (1856-1927), con quien se adentró en el campo de las series espectrográficas y en el efecto Zeeman (descubierto en 1896).[14]

Tanto Runge como la ciudad de Hannover son también merecedores de nuestra atención, antes de continuar con Paschen. Tras haberse distinguido en el dominio de la matemática, Runge obtuvo en 1886 una cátedra en la Escuela Politécnica de Hannover, donde, estimulado por el célebre fisiólogo Emil du Bois-Reymond (con una de cuyas hijas mantenía relaciones; se casó con ella en 1887), comenzó a interesarse por encontrar expresiones analíticas que reprodujesen las regularidades observadas en el espectro del hidrógeno. En Hannover también estaba Heinrich Kayser (1853-1940), quien había llegado allí en 1885 como catedrático de Física. Kayser procedía de Berlín, donde había sido ayudante de Helmholtz, y se había doctorado e iniciado en los estudios espectrográficos, que abandonó al llegar a Hannover por los de la expansión de los gases. Sucede, sin embargo, que Du Bois-Reymond, Runge y Kayser se veían con frecuencia, lo que llevó al último a retomar sus intereses espectroscópicos. A partir de mayo de 1887, y con la ayuda de redes de difracción, de las que no había dispuesto en su época de Berlín, Kayser comenzó un gran programa de investigación con el fin de recopilar, mejorar y fijar el mayor número de datos espectrográficos posible, tarea a la que Runge aportó notables servicios con sus habilidades matemáticas al igual que experimentales. Fruto de aquel programa fue una obra, la *Biblia* de los espectroscopistas, el ya citado con anterioridad *Handbuch der Spectroscopie*, cuyo primer

14. Runge fue catedrático en Hannover desde 1886 a 1904, año en que se trasladó a Gotinga, en donde transcurrió el resto de su carrera.

volumen apareció en 1900 y el quinto y último en 1912 (Kayser 1900-1912), además de una serie de trabajos conjuntos entre Kayser y Runge (1890). Refiriéndose al *Handbuch*, Catalán (1917: 3) escribió en su tesis doctoral: «en [él] se resumen concienzudamente todos los trabajos que a cada elemento se refieren; se hace una crítica de ellos y por último, se detallan en cuadros todas las medidas más importantes de las longitudes de onda de millares de millares de rayas. En la misma obra se tratan magistralmente todos los puntos teóricos y prácticos en el estado actual de esta ciencia y ella permite, rápidamente, hacerse cargo de la materia que se va a estudiar. Esta obra ha sido el eje de guía que me ha servido en mis investigaciones». Fue, efectivamente, una obra absolutamente necesaria, que se convirtió en imprescindible, ya que pronto la bibliografía espectroscópica llegó a ser abrumadora, sucediéndose resultados de diversos autores, de todo el mundo, referentes a elementos distintos.

En 1894, Kayser dejó Hannover por Bonn. Durante unos meses Runge continuó en solitario trabajando en espectroscopia, hasta que, a comienzos de 1895 Paschen se le unió para estudiar el espectro del helio, elemento descubierto en la Tierra poco antes por Ramsay. Aquél fue el comienzo, al que me refería antes, de su actividad en un dominio, el espectrográfico, en el que alcanzaría grandes éxitos.

En 1901, Paschen sucedió en la cátedra y dirección del Instituto de Física de la Universidad de Tubinga a Karl-Ferdinand Braun (1850-1918), posteriormente —en 1909— premio Nobel de Física (compartido con Marconi) por sus contribuciones al desarrollo de la telegrafía sin hilos. En Tubinga, que con él se convertiría en, como señaló Samuel Goudsmit (1961: 19), «la Meca de los espectroscopistas», Paschen continuó con sus estudios de espectroscopia atómica, tarea en la que se vio auxiliado por la adquisición de una red de difracción de Rowland. En un inventario correspondiente a 1901, en la entrada número 196, encontramos la siguiente nota del propio Paschen (Brandmüller 1990:314): «Una red cóncava de 6 pulgadas, dividida por Rowland con su nueva máquina trazadora; muy buena en definición, a pesar de algunas imperfecciones superficiales de las líneas, radio de curvatura = 6.425 mm». La red en cuestión tenía 14.450 líneas repartidas en un área de 48×35 mm^2, costó 300 dólares y resultó ser un instrumento inestimable para los trabajos de Paschen, y consecuentemente, como tendremos ocasión de ir comprobando, para la historia de la física cuántica también: sin ir más lejos, en el artículo fundacional de Bohr de 1913, al que pasaré inmediatamente, el físico danés hacía referencia a las series que Paschen (1908) había encontrado para el hidrógeno en el rango de los infrarrojos.

COPENHAGUE (II): LÍNEAS ESPECTRALES EN UN ÁTOMO CUÁNTICO

Estábamos con Bohr en Copenhague. Pues bien, en algún momento de febrero de 1913, Hans M. Hansen, uno de los expertos locales en espectroscopia, pidió o sugirió a Bohr que intentase explicar en alguno de sus trabajos la fórmula de Balmer.[15]

Es posible que Bohr se hubiese encontrado antes con la fórmula de Balmer, pero parece incuestionable que no le había prestado atención (seguramente la había olvidado), mas una vez que Hansen le llamó la atención sobre ella, todo cambió: «En cuanto vi la fórmula de Balmer, todo se me hizo claro», manifestaría a Rosenfeld (1963: xxxix), muchos años después. El hecho es que el 5 de abril de aquel año la redacción del *Philosophical Magazine* recibía un artículo de Bohr, el primero de lo que terminaría siendo una trilogía (Bohr 1913 b, c y d), en el que cuantizaba el átomo de Rutherford, y explicaba (esto es, deducía), entre otros resultados, la fórmula de Balmer-Rydberg.

Reconstruir el contenido completo de esos trabajos, todos los aspectos y vertientes que contiene, y los problemas que aún tuvo que salvar su autor para completarlos, sería una tarea imposible para la presente ocasión. Me limitaré a señalar algunos puntos particularmente importantes, básicamente del primero de los artículos.

Desde el primer momento, Bohr dejaba claro que se movía en el contexto del modelo atómico de Rutherford, pero que era preciso introducir nuevos elementos, ya que «la electrodinámica clásica no podía describir el comportamiento de sistemas de tamaño atómico». «Cualquiera que sea la modificación en las leyes del movimiento de los electrones», escribía (Bohr 1913 b: 2), «parece necesario introducir en las leyes en cuestión una cantidad ajena a la electrodinámica clásica; esto es, la constante de Planck».

La línea de su argumento es la siguiente: consideró que el átomo de hidrógeno estaba formado por un núcleo de carga $+e$, en torno al

15. Parece que Bohr estudió la fórmula de Balmer en un libro de Johannes Stark (1910-1913), *Prinzipien der Atomdynamik* (vol. II: *Die elementare Strahlung*).

cual giraba un electrón (−*e*), siguiendo una órbita, inicialmente elíptica, de eje mayor *2a*, y posteriormente circular de radio *a* (a determinar). Ahora bien, de la mecánica y electrostática clásicas se sigue que un electrón rotando con una frecuencia ω (que finalmente, según el uso que de ella hizo Bohr, no coincide exactamente con la frecuencia de «revolución» habitual) describe una órbita estacionaria alrededor de un núcleo de carga *E* (+*e* en el caso del hidrógeno) si la fuerza de atracción coulombiana iguala a la fuerza centrípeta; y para el caso de una órbita circular se tiene

$$\frac{eE}{r^2} = \frac{mv^2}{r} \tag{1}$$

donde v representa la velocidad del electrón.

Si no existe radiación, la frecuencia ω y el radio de la órbita dependerán de la cantidad de energía, *W*, necesaria para llevar al electrón desde su órbita al infinito (energía de ionización), que es igual a la suma de la energía cinética más la potencial, pero cambiada de signo:

$$W = -\left(\frac{1}{2}mv^2 - \frac{eE}{r}\right) \tag{2}$$

Pero como

$$v = \frac{2\pi r}{T} = 2\pi r\omega \tag{3}$$

donde T es el período de revolución, (1) toma la forma

$$\frac{eE}{r^2} = m\cdot(2\pi\omega)^2 r \tag{4}$$

y (2)

$$W = \frac{1}{2}mv^2 \tag{5a}$$

o

$$W = \frac{eE}{2r} \tag{5b}$$

De donde se sigue

$$r = \frac{eE}{2W}. \tag{6}$$

Haciendo uso ahora de (3), (4) y (6) en (2), Bohr encontraba

$$\omega = \frac{\sqrt{2}}{\pi} \cdot \frac{W^{3/2}}{eE\sqrt{m}} \tag{7}$$

Pero si se toma en consideración el efecto de la radiación de energía, el electrón ya no describirá órbitas estacionarias, mientras que *W* aumentará continuamente, con la consecuencia de que el electrón recorrerá órbitas cada vez menores. Expresado de otra forma, esto proviene de que la mecánica clásica permite que *W* tenga cualquier valor entre cero e infinito.

Para evitar este problema, Bohr supuso:

1) Que al iniciar su interacción con el núcleo, el electrón está a una distancia muy grande de él, y que una vez comenzada la interacción se asienta en una órbita estacionaria (circular).

2) Que durante el proceso de enlace el electrón emite radiación de frecuencia υ, de valor la mitad de la frecuencia de revolución (ω) de su órbita final.

Esta última suposición se encontraba en realidad estrechamente relacionada con la siguiente:

3) En lugar de las infinitas posibilidades que la física permitía para *W*, Bohr supuso que

$$W = \frac{1}{2} \cdot \tau h \omega \tag{8}$$

donde *h* es la constante de Planck y τ un número entero positivo arbitrario (fue el primer número cuántico introducido; más tarde sería denotado con la letra *n*). Esta fue, obviamente, una hipótesis crucial.

Como ya señalé en el capítulo 4, al tomar (8) Bohr se vio influido por la «segunda teoría» de Planck, en la que se utilizaba un factor similar, $h\upsilon/2$, en la expresión de la energía media de los osciladores. De hecho, en su artículo, y muy poco antes de insertar (8), como introducción a ella, Bohr hacía referencia explícita a dos de los trabajos básicos en los que Planck (1910 b, 1911 a) había desarrollado su teoría; más aún, en la «Introducción» escribía (Bohr 1913 b: 3): «En la primera parte del presente artículo se discute el mecanismo de la unión de los electrones con un núcleo positivo en relación a la teoría de Planck».

Leyendo conjuntamente 2) y 3), es correcto manifestar que la cantidad de energía emitida en el proceso de «formación de la órbita circular estable» será igual a $\tau h\omega$.

Combinando (7) y (8), Bohr deducía fácilmente que

$$W = \frac{2\pi^2 me^2E^2}{2\tau h^2} \qquad 2r = \frac{\tau^2 h^2}{2\pi^2 meE} \qquad \omega = \frac{4\pi^2 me^2E^2}{\tau^3 h^3} \tag{9}$$

y como τ está limitado a valores enteros, se concluye que W, r y ω sólo pueden tomar ciertos valores. En otras palabras, el radio de las órbitas no podía disminuir (ni aumentar) gradualmente, sino de manera discontinua, «cuántica». «Según las consideraciones precedentes», escribía Bohr (1913 b: 5), «nos vemos conducidos a suponer que estas configuraciones [las caracterizadas por (9)] corresponderán a estados del sistema en los que no hay radiación de energía; estados que, consecuentemente, serán estacionarios mientras el sistema no sea perturbado desde el exterior. Vemos que el valor de W es máximo si τ tiene el valor más pequeño, 1. Este caso corresponderá, por consiguiente, al estado más estable del sistema».

Haciendo $\tau = 1$ en las expresiones para ω y r, y utilizando los valores conocidos entonces para las constantes que aparecían (e, m, h), Bohr obtenía para el hidrógeno valores para el radio de la órbita ($2r = 1{,}1 \cdot 10^{-8}$ cm), ω y W que se ajustaban bien a los conocidos. «Vemos», escribía, «que estos valores son del mismo orden de magnitud que las dimensiones lineales de los átomos, las frecuencias ópticas y los potenciales de ionización».

Ahora bien, hasta ese punto Bohr no había dicho nada de los espectros. Lo hizo tomando como punto de partida los trabajos de Nicholson (Bohr 1913 b: 6-7):

> Nicholson ha obtenido una relación con la teoría de Planck demostrando que se pueden describir con gran precisión las relaciones entre la

longitud de onda de los diversos conjuntos de líneas del espectro de la corona solar, suponiendo que el cociente entre la energía del sistema y la frecuencia de rotación del anillo es un múltiplo entero de la constante de Planck. La cantidad a la que Nicholson se refiere como la energía es igual al doble de la cantidad que hemos denotado antes con W. [...]

El excelente acuerdo entre los valores calculados y los observados de los cocientes entre las longitudes de onda en cuestión parece ser un fuerte argumento a favor de la validez de los fundamentos de los cálculos de Nicholson. Sin embargo, se pueden plantear serias objeciones a la teoría. Estas objeciones están íntimamente relacionadas con el problema de la radiación emitida. En los cálculos de Nicholson, la frecuencia de las líneas en un espectro de líneas se identifica con la frecuencia de vibración de un sistema mecánico.

Y en este punto añadía una frase crucial: «Como se utiliza una relación de la teoría de Planck, podemos esperar que la radiación sea emitida en cuantos». Tras la cual señalaba que los sistemas considerados por Nicholson «no podían emitir una cantidad finita de radiación homogénea, porque tan pronto como comienza la emisión de radiación, la energía y también la frecuencia del sistema se ven alteradas», sin olvidar que el sistema de Nicholson era «inestable para algunos modos de vibración». Por último, Bohr señalaba que aparte de estas objeciones «formales», la teoría «no parece ser capaz de explicar las bien conocidas leyes de Balmer y Rydberg, que relacionan las frecuencias de las líneas en los espectros de línea de los elementos ordinarios». «Las bien conocidas leyes de Balmer y Rydberg» decía él que no había mostrado demasiado conocimiento ni preocupación por ellas apenas unas semanas antes.

Establecido semejante escenario, Bohr manifestaba que tales dificultades desaparecían si se adoptaba el punto de vista tomado en su artículo, que resumía en las dos suposiciones siguientes:

1) Que el equilibrio dinámico de los sistemas en los estados estacionarios se puede discutir con la ayuda de la mecánica ordinaria, mientras que el paso de los sistemas de un estado estacionario a otro no puede tratarse con semejante base.

2) Que este último proceso tiene lugar mediante la emisión de radiación *homogénea*, para la cual la relación entre la frecuencia y la cantidad de energía emitida viene dada por la teoría de Planck.

THE

LONDON, EDINBURGH, AND DUBLIN

PHILOSOPHICAL MAGAZINE

AND

JOURNAL OF SCIENCE.

[SIXTH SERIES.]

JULY 1913.

I. *On the Constitution of Atoms and Molecules.*

By N. BOHR, *Dr. phil. Copenhagen* *.

Introduction.

IN order to explain the results of experiments on scattering of α rays by matter Prof. Rutherford † has given a theory of the structure of atoms. According to this theory, the atoms consist of a positively charged nucleus surrounded by a system of electrons kept together by attractive forces from the nucleus; the total negative charge of the electrons is equal to the positive charge of the nucleus. Further, the nucleus is assumed to be the seat of the essential part of the mass of the atom, and to have linear dimensions exceedingly small compared with the linear dimensions of the whole atom. The number of electrons in an atom is deduced to be approximately equal to half the atomic weight. Great interest is to be attributed to this atom-model; for, as Rutherford has shown, the assumption of the existence of nuclei, as those in question, seems to be necessary in order to account for the results of the experiments on large angle scattering of the α rays ‡.

In an attempt to explain some of the properties of matter on the basis of this atom-model we meet, however, with difficulties of a serious nature arising from the apparent

* Communicated by Prof. E. Rutherford, F.R.S.
† E. Rutherford, Phil. Mag. xxi. p. 669 (1911).
‡ See also Geiger and Marsden, Phil. Mag. April 1913.

Y entonces sí, pasaba a considerar la «emisión de espectros de línea», tomando el caso del hidrógeno. (Obsérvese, por cierto, que Bohr hablaba aquí de «radiación *homogénea*, no de «cuantos de luz». Volveré a este punto en el capítulo 11.)

Haciendo, según «la evidencia general», E = e, la primera de las ecuaciones (9), que expresa la cantidad total de energía radiada en la formación de los estados estacionarios, toma la forma

$$W_\tau = \frac{2\pi^2 me^4}{\tau^2 h^2}$$

Expresión que permitía a Bohr (1913 b: 8) calcular, «la cantidad de energía emitida cuando el sistema pasa de un estado correspondiente a $\tau = \tau_1$ a otro correspondiente a $\tau = \tau_2$»; a saber

$$W_2 - W_1 = \frac{2\pi^2 me^4}{h^2} \cdot \left(\frac{1}{\tau_2{}^2} - \frac{1}{\tau_1{}^2} \right) \qquad (10)$$

«Si ahora suponemos», añadía, «que la radiación en cuestión es homogénea, y que la cantidad de energía emitida es igual a $h\upsilon$, donde υ es la frecuencia de radiación, obtenemos

$$W_2 - W_1 = h\upsilon$$

y de aquí [utilizando (10)]

$$\upsilon = \frac{2\pi^2 me^4}{h^3} \cdot \left(\frac{1}{\tau_2{}^2} - \frac{1}{\tau_1{}^2} \right)\text{»} \qquad (11)$$

Era ya el momento de recoger la cosecha, y Bohr se apresuraba a hacerlo: «Vemos que esta expresión explica la ley que relaciona las líneas del espectro del hidrógeno. Si hacemos $\tau_2 = 2$ y dejamos que τ_1 varíe, obtenemos la serie ordinaria de Balmer. Si hacemos $\tau_2 = 3$, obtenemos la serie del infrarrojo observada por Paschen, y previamente sospechada por Ritz. Si hacemos $\tau_2 = 1$, o $\tau_2 = 4, 5,...$ obtenemos series en, respectivamente, el extremo ultravioleta y el extremo infrarrojo, que no se han observado, pero cuya existencia cabe esperar».[16]

Otro punto importante era que había logrado «explicar» la constante (N_o) común a todas las series y todos los elementos que Rydberg había introducido. En (11) se ve que el factor

$$\frac{2\pi^2 me^4}{h^3}$$

(que Bohr calculaba, dando el valor de $3{,}1 \cdot 10^{15}$, aproximadamente igual al observado experimentalmente, $3{,}290 \cdot 10^{15}$) está formado por constantes universales; únicamente cabría, en principio, pensar que su expresión podría verse modificada (a través del término que implica la carga del electrón, *e*) para elementos diferentes del hidrógeno, pero obviando este problema (que, como veremos en seguida Bohr fue capaz de resolver), nos encontramos con una expresión que da la frecuencia —esto es, la longitud de onda, y, en consecuencia, la estructura del espectro— con la misma estructura (aunque no, de entrada, con forma idéntica) que la ley propuesta por Rydberg.

Bohr había demostrado, en definitiva, que saltos entre diferentes órbitas estacionarias producían radiación de frecuencias diferentes, y, en consecuencia, líneas espectrales. La multitud de líneas observadas en el espectro de un elemento se originaban en los saltos (correspondientes —en según qué sentido— a espectros de absorción o de emisión) que podían tener lugar entre los —en principio infinitos, aunque no todos con igual probabilidad, o intensidad para las líneas— diferentes niveles energéticos atómicos en los que se podían situar los electrones existentes en las capas externas al núcleo. Incluso en el caso del hidrógeno, con un único electrón, éste podía situarse en cualquiera de esos niveles posibles, dependiendo del medio energético en el que estuviese situado, y realizar las transformaciones/saltos correspondientes. En suma, la espectroscopia se reducía a la física atómica, y Bohr, el científico que había logrado semejante comprensión teórica, encontraba por esta razón, con todo merecimiento, un lugar permanente en la historia de la ciencia; no importa

16. Se refiere en estos últimos casos a series como las de Lyman ($\tau_2 = 1$) y Brackett ($\tau_2 = 4$).

que, como veremos más adelante, su planteamiento fuese en última instancia limitado.

Precisamente debido al enorme número de líneas que pueden aparecer en un espectro (sin mencionar los «desdoblamientos» o modificaciones que podían sufrir por otras causas; como por el efecto de un campo magnético —el efecto Zeeman—, cuestión de la que me ocuparé más adelante), a partir de entonces un apartado importante —en más de un sentido central— en el desarrollo de la física cuántica tuvo que ver con las observaciones espectrográficas, que obligaban constantemente a modificar los esquemas teóricos para incorporarlas en ellos.

Bohr pensaba que su modelo podía dar acomodo, con mayor o menor esfuerzo, no sólo al espectro del hidrógeno, sino también a elementos de mayor peso atómico, con más de un electrón en las capas extranucleares. En este sentido, escribía, en un pasaje en el que también trataba la cuestión, a la que acabo de aludir, de la constante de Rydberg (Bohr 1913 b: 11-12):

> Para sistemas que contienen más de un electrón, la discusión detallada puede ser muy complicada, ya que existen muchas configuraciones diferentes de los electrones que pueden ser consideradas como estados estacionarios. Esto puede explicar los diferentes conjuntos de series en los espectros de línea emitidos por las sustancias en cuestión. Aquí intentaré únicamente demostrar cómo, con la ayuda de la teoría, se puede explicar de manera sencilla que la constante K que aparece en la fórmula de Rydberg es la misma para todas las sustancias.
>
> Supongamos que el espectro en cuestión corresponde a la radiación emitida durante el enlace de un electrón; y supongamos además que el sistema que incluye el electrón considerado es neutro. La fuerza sobre el electrón, cuando se encuentra muy alejado del núcleo y de los electrones previamente enlazados, será aproximadamente casi la misma que en el caso anterior del enlace de un electrón con un núcleo de hidrógeno. La energía que corresponde a uno de los estados estacionarios será, por consiguiente, para un valor grande de τ, casi igual que la dada por la expresión [(9)] si hacemos E = e. En consecuencia, para τ grandes, obtenemos
>
> $$\lim\left(\tau^2,\ F_1(\tau)\right) = \lim\left(\tau^2,\ F_2(\tau)\right) = \ldots = \left(2\pi^2 me^4\right)/h^3$$
>
> en conformidad con la teoría de Rydberg.

Me interesa este párrafo no sólo porque muestra la fe que Bohr tenía en el modelo que proponía (algo perfectamente natural), sino también porque constituye un primer ejemplo de un artificio que el físico danés emplearía repetidamente, convirtiéndolo en una especie de guía heurística en la búsqueda de una dinámica cuántica. Me estoy refiriendo al «principio de correspondencia», la idea de que para números cuánticos grandes se deben recuperar los resultados de la física clásica.

Como señalé, el artículo cuya génesis y contenido he estado comentando constituyó, en última instancia, el primero de una trilogía. No me detendré, sin embargo, en los dos restantes (Bohr 1913 c y d), designados como Partes II y III; simplemente diré que en la Parte II determinaba las estructuras de las capas electrónicas de los átomos de varios elementos químicos, dedicando la sección última a esbozar la relevancia del modelo en el estudio de los fenómenos radiactivos; en cuanto a la Parte III, se ocupaba de sistemas que contenían más de un núcleo, esto es, moléculas. El papel que la espectroscopia desempeñaba en ambas partes era prácticamente inexistente; de hecho, en realidad los dos artículos desarrollaban las cuestiones que habían ocupado a Bohr en Manchester, es decir, antes de que la espectroscopia pasase a ocupar un lugar en sus consideraciones.

Reacciones ante el trabajo de Bohr

Visto retrospectivamente no hay duda de la originalidad y fecundidad del contenido del artículo de Bohr de 1913, ahora bien, ¿cómo fue recibido por sus contemporáneos?, ¿se dieron cuenta inmediatamente de esa originalidad y fecundidad?, ¿pensaron que el camino abierto por el danés merecía ser explorado?

Veamos primero lo que manifestaron al respecto —aunque mucho después, en la década de 1960— algunos científicos activos en aquella época.[17] E. N. da Andrade, señaló que creía que a Rutherford «le impresionó mucho el hecho de que Bohr obtuviese esas relaciones numéricas exactas [las de Balmer]. Me parece que en otro caso no habría reparado en absoluto en él. Aquello fue, por supuesto, lo que

17. Las citas que siguen están extraídas de entrevistas efectuadas dentro del ya citado proyecto «Sources for History of Quantum Physics».

atrajo a la gente al átomo de Bohr, el hecho de que deducía las constantes fundamentales [de las expresiones de las series espectrales]». Aunque se trata de una manifestación algo dudosa (recordemos que Rutherford estaba en contacto con Bohr desde antes de que éste considerase las cuestiones espectrales, y que todo parece indicar que le animaba en sus trabajos, de los que Bohr le informaba cumplida y rápidamente), resalta el papel que tuvo en la recepción del artículo de 1913 la deducción de la ley de Balmer.

En la misma línea, Peter Debye sostenía que «todo el mundo estaba diciendo: "Bien, ésta es una idea muy atractiva y tal vez sea cierta". Y todos se convencieron realmente después de ver cómo se deducían las relaciones de Balmer. Ésa era la manera de aplicar el cuanto. Por entonces no se dudaba de que si se quería hacer algo más moderno, se tenía que aplicar el cuanto».

Finalmente, ante la pregunta de «¿Qué se pensó en Francia del átomo de Bohr antes de la Primera Guerra Mundial?», Edmond Bauer (1880-1963) respondió: «Nada; sólo después de la guerra. E incluso entonces hubo alguna resistencia [...] supongo que porque no era suficientemente clásico».

Manifestaciones como las anteriores tienen interés, pero en última instancia son muy poco precisas y demasiado generales, y en lo que se refiere a las de Bauer, si son ciertas lo habrán sido únicamente para Francia, ya que, como veremos en las secciones siguientes del presente capítulo, al menos durante la Primera Guerra Mundial hubo científicos —especialmente a partir de 1916, sobre todo en Alemania— que se interesaron por la teoría de Bohr.

Se puede obtener información más concreta de otras maneras; la principal, por supuesto, la que acabo de mencionar: ver si, y si fue empleada, cómo y cuándo. Esto es algo que haré más adelante en este capítulo; ahora recurriré a otros dos procedimientos importantes: el primero, estudiar cuándo, y en qué términos, se refirió por primera vez Einstein a los trabajos de Bohr, entendiendo «por primera vez», naturalmente, a lo que muestran sus artículos, o los documentos suyos que han sobrevivido.

Por lo que yo sé, el primer artículo en el que Einstein mencionó la aportación de Bohr es uno muy importante, publicado en 1916: «Strahlungs-Emission und -Absorption nach der Quantentheorie» («Emisión y absorción de radiación en teoría cuántica»), en cuya introducción escribió (Einstein 1916 a: 318): «Como la teoría de los espectros de Bohr ha logrado grandes éxitos, ya no parece dudoso que se deba mantener la idea básica de la teoría cuántica. Parece, en consecuencia, que se debe uniformizar la teoría de manera que las consideraciones mecánico-electromagnéticas que condujeron a Planck a la ecuación

$$< E > = \frac{c^3 \rho}{8\pi \upsilon^2}$$

[esto es, en su notación, básicamente la ecuación (6) del capítulo 4; JMSR] sean reemplazadas por argumentos teórico-cuánticos sobre la interacción entre materia y radiación»; tarea a la que, de hecho, Einstein consagraba su artículo, en el que introdujo una ley estadística de emisión, junto con los coeficientes de emisión y absorción (a los que me referiré en el próximo capítulo). Más adelante, utilizaba relaciones introducidas por Bohr, cuando, en la última sección del artículo, escribía (p. 323): «¿Qué sucederá si irradiamos el gas con la frecuencia efectiva? Bajo la absorción de la energía de radiación $\epsilon_m - \epsilon_n = h\upsilon$, las moléculas pasarán continuamente del estado Z_n al estado Z_m».

Fue más explícito todavía en otro artículo publicado el mismo año sobre el mismo tema: «Zur Quantentheorie der Strahlung» («Sobre la teoría cuántica de la radiación»), en donde escribió (Einstein 1916 b: 53): «La ecuación [$\epsilon_m - \epsilon_n = h\upsilon$] constituye, como es bien sabido, la segunda regla principal en la teoría de Bohr de los espectros, y tras haber sido completada por Sommerfeld y Einstein, se la puede considerar como una parte establecida de nuestra ciencia».

Ahora bien, ¿hay algún motivo por el que transcurrieron tres años desde la aparición del artículo de Bohr y éstos en los que Einstein utilizaba, y elogiaba, su contenido? ¿No se habrá referido a él antes, en, por ejemplo, su correspondencia?

La respuesta a esta pregunta es: no; al menos a la vista de las cartas incluidas en los volúmenes publicados hasta la fecha de sus *Collected Papers*, que incluyen el período anterior a 1916. De hecho, la primera carta en que Einstein hizo mención de Bohr es también de 1916, y da la casualidad de que su contenido es extremadamente clarificador. La dirigió, desde Berlín, a Arnold Sommerfeld, el 3 de agosto de 1916, y escribía en ella (Schulmann, Kox, Janssen e Illy, eds. 1998, vol. 1: 326):

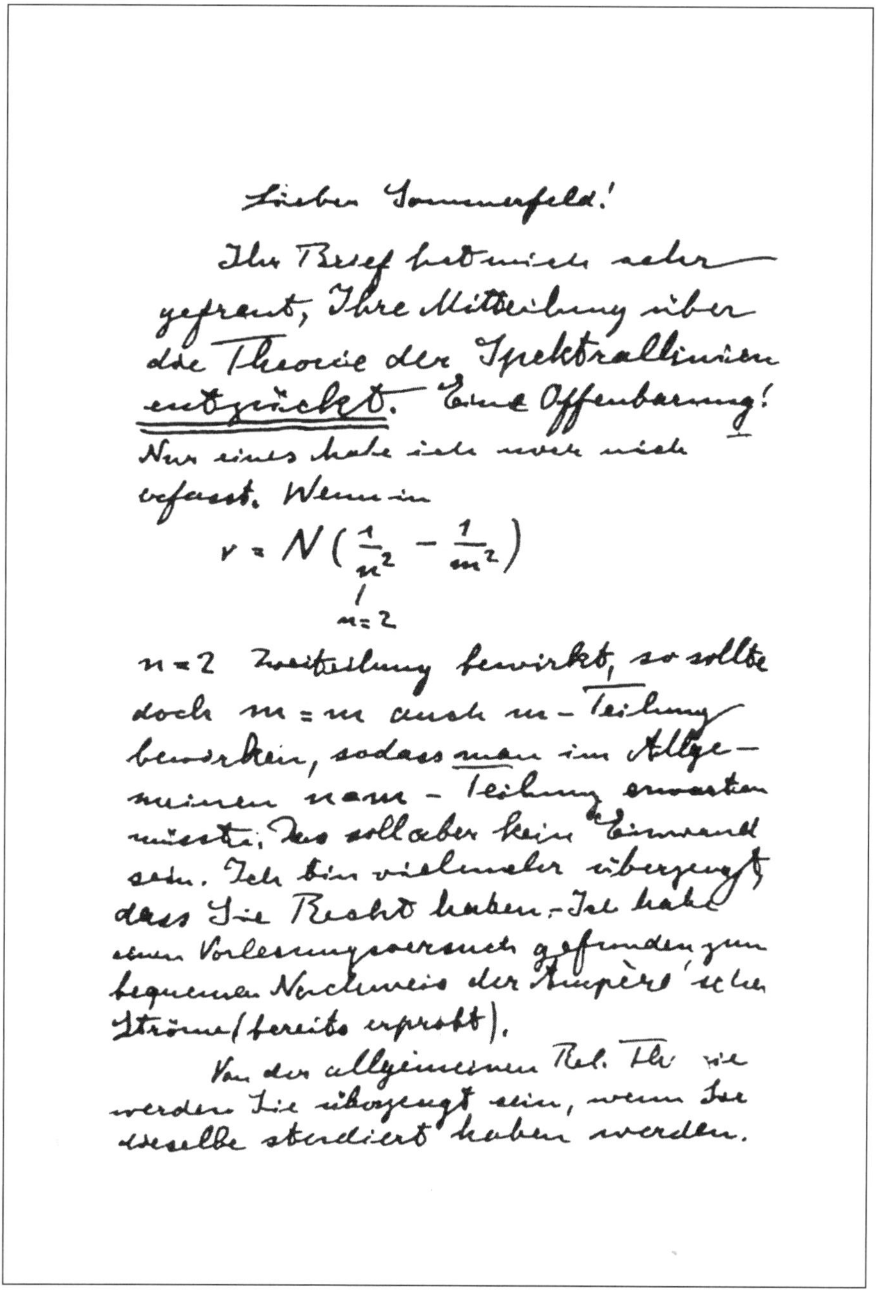

Lieber Sommerfeld!

Ihr Brief hat mich sehr gefreut, Ihre Mitteilung über die Theorie der Spektrallinien entzückt. Eine Offenbarung!

Nur eines habe ich noch nicht erfasst. Wenn in

$$\nu = N\left(\frac{1}{n^2} - \frac{1}{m^2}\right)$$

$n = 2$

$n=2$ Zweiteilung bewirkt, so sollte doch $m=m$ auch m-Teilung bewirken, sodass man im Allgemeinen $n \cdot m$-Teilung erwarten müsste. Das soll aber kein Einwand sein. Ich bin vielmehr überzeugt, dass Sie Recht haben. – Ich habe einen Vorlesungsversuch gefunden zum bequemen Nachweis der Ampère'schen Ströme (bereits erprobt).

Von der allgemeinen Rel. Th. wie werden Sie überzeugt sein, wenn Sie dieselbe studiert haben werden.

Una de las cartas de Einstein a Sommerfeld. Ésta es del 8 de febrero de 1916 y comienza: «Querido Sommerfeld: Su carta me agradó mucho, su informe sobre la teoría de los espectros me encantó. ¡Una revelación!».

> Sus análisis espectrales figuran entre mis experiencias más agradables en física. Es a través de ellos que la idea de Bohr se hace completamente convincente.

Aquí Einstein se refería a los trabajos en los que Sommerfeld había extendido la idea de Bohr,[18] trabajos de los que me ocuparé en el capítulo siguiente. Y lo que decía —«Es a través de ellos [los trabajos de Sommerfeld] que la idea de Bohr se hace completamente convincente»— indica que no fue hasta la aportación de su colega de Múnich, esto es, hasta 1916, que Einstein se convenció de lo ajustado de las ideas de Bohr, una idea que no es contradictoria con otros hechos que estudiaré más adelante.

Otro documento interesante es el texto que Einstein dirigió hacia el 18 de octubre de 1918 al Comité Nobel para Física de la Real Academia de Ciencias sueca (Schulmann, Kox, Janssen e Illy, eds. 1998, vol. 2: 912-913):

> Con referencia a la pregunta que me hicieron en relación con el Premio Nobel de Física para el año 1919, sugiero que el premio sea concedido al Profesor Max Planck por sus logros en el área de la radiación térmica, y más específicamente, por los dos artículos: «Über das Gesetz der Energieverteilung im Normalspektrum» (*Annalen* de Drude, pp. 553-563, 1901 [Planck 1901 a); «Über die Elementarquanta der Materie und der Elektricität» (*Annalen* de Drude, pp. 564-566, 1901 [Planck 1901 b]).
>
> Con estos trabajos, el autor mencionado no sólo proporcionó la primera determinación exacta del tamaño absoluto de los átomos, sino que también, en particular, sentó los fundamentos para la teoría cuántica, que solamente recientemente ha revelado ser eminentemente fructífera para toda la física. Los logros teóricos de Planck también forman la base de la teoría de los espectros de Bohr, constituyendo de esta manera el avance más altamente significativo realizado en los años recientes en nuestro conocimiento de la estructura atómica.

«Sólo recientemente», decía en 1918, lo que corrobora lo que acabo de señalar de que únicamente fue en 1916 cuando aceptó realmente la contribución de Bohr.

18. Seguramente Sommerfeld (1916 a y 1916 b), entonces sus publicaciones más recientes en espectroscopia y teoría cuántica.

Que así fue en general, y no sólo en el caso de Einstein, es algo que también refrenda la lista —que ya he utilizado en otros momentos— de propuestas para el premio Nobel de Física (Crawford, Heilbron y Ullrich 1987). La primera vez que alguien propuso a Bohr fue en 1917 (lo hizo el físico ruso Orest Chwolson); el año siguiente tampoco aumentó el número de los que le propusieron: uno, aunque en aquella ocasión fue Stefan Meyer. En 1919 ya fueron tres: Rubens, Rutherford y Wien; igual cantidad que en 1920 (von Laue, Friedrich Neesen, Wien). En 1921, la cifra disminuyó: uno (von Laue). Finalmente, en 1922, el año en que recibió el premio, «por sus servicios en la investigación de la estructura de los átomos y de la radiación que emana de ellos», once científicos solicitaron que se le galardonase: William L. Bragg, von Laue, Julius E. Lilienfeld, Meyer, Karl Lindman, Millikan, Planck, Röntgen, Rutherford, August Schmauss y Hjalmar Tallqvis).

Un valioso complemento al átomo de Rutherford-Bohr: la contribución de Moseley

Henry Gwyn Jeffreys Moseley (1887-1915) murió, prematuramente, víctima de un proyectil turco, dos meses antes de cumplir los veintiocho años, durante una famosa batalla de la Primera Guerra Mundial, la de Gallipoli.[19] Aun así, dejó una huella profunda en la ciencia atómica, y ello gracias a las investigaciones que llevó a cabo en un plazo de tiempo sorprendentemente breve: entre el verano de 1913 y mayo de 1914. Comenzó aquellas investigaciones en Manchester, siendo un miembro del grupo de Rutherford, que demostraba así una vez más su fecundidad, y las finalizó en Oxford, adonde se trasladó a finales de noviembre de 1913.

El lugar prominente que en tan poco tiempo se aseguró en la historia de la física fue, en cierto modo, consecuencia del descubrimiento (ver capítulo 2) de la estructura de los rayos X (von Laue 1912). El hecho de que von Laue argumentara y demostrase experimentalmente que los rayos X eran ondas y no partículas, y que este resultado fuese en contra de las ideas que entonces sostenía William Henry Bragg, que argumentaba que eran corrientes de partículas neutras,

19. Sobre Moseley, su vida y su obra, ver Heilbron (1966, 1974).

atrajo la atención de Moseley y de Charles G. Darwin, que pidieron permiso a Rutherford para investigar el asunto. La colaboración entre ambos no duró demasiado, y en cuanto a resultados se aproximaron mucho a los que llegaron los Bragg (padre e hijo), pero sin adelantárseles, aunque hay que reseñar un resultado (Moseley y Darwin 1913) que luego sería de mucha utilidad a Moseley: el que los rayos X están formados por dos tipos de radiación, uno de carácter heterogéneo (que da un espectro continuo) y otro con frecuencias características bien definidas (a las que entonces se referían como «radiación característica»), y que, en realidad tampoco representaba una contribución nueva, puesto que había sido anunciada, en trabajos iniciados a partir de 1906, cuando estaba en Liverpool (a partir de 1909 ocupó una cátedra en Londres), por el físico inglés Charles Glover Barkla (1877-1944). Sin embargo, todo ello sirvió a Moseley para introducirse en las técnicas de análisis y en los problemas asociados con los aspectos experimentales de los rayos X.

Antes de entrar en los resultados obtenidos por Moseley en solitario, es preciso destacar que éstos pertenecen al campo de la espectroscopia de rayos X y no, como en el caso de von Laue, Friedrich y Knipping, al de la difracción de rayos X. Simplificando, se puede decir que mientras que a los científicos alemanes lo que les interesaba era determinar la naturaleza de los rayos X, Moseley se centró en cuestiones relacionadas con la espectroscopia. También podríamos añadir que una vez solucionado el problema de la naturaleza de los rayos X, la idea de von Laue de que eran ondas fue desarrollada (sobre todo por los Bragg) conduciendo a un poderoso mecanismo para determinar estructuras cristalinas, mecanismo en el que eran muy importantes las imágenes de interferencia que se producían: imágenes de interferencia y no líneas espectrales. Ahora bien, decir sólo esto sería inducir al error, a pensar que los trabajos de los Bragg no aportaron nada a la dimensión espectroscópica, algo que no es cierto, como podemos comprobar sin más que reproducir las primeras líneas del artículo de Moseley (1913: 1024):

> En ausencia de un método de análisis espectral, los tipos característicos de radiación X, que emite un átomo cuando se le excita convenientemente, han sido descritos hasta el momento por su absorción en el aluminio [Barkla 1911]. Sin embargo, los fenómenos de interferencia que exhiben los rayos X cuando son difundidos por un cristal han hecho

ahora posible determinar con precisión las frecuencias de los distintos tipos de radiación. Esto fue demostrado por W. H. y W. L. Bragg [1913], quienes con su método analizaron el espectro de líneas emitido por el blanco de platino de un tubo de rayos X. C. G. Darwin y el autor [1913] extendieron este análisis y también examinaron el espectro continuo, que en este caso constituye la mayor parte de la radiación. Recientemente, el Prof. [W. H.] Bragg [1913] también ha determinado las longitudes de onda de las líneas más intensas en el espectro del níquel, tungsteno [también conocido como wolframio; JMSR] y rodio. No obstante, los métodos eléctricos que se han empleado hasta ahora solamente funcionan cuando se dispone de una fuente constante de radiación. El presente artículo contiene la descripción de un método para fotografiar estos espectros, que hace el análisis de los rayos X tan sencillo como el de cualquier rama de la espectroscopia. El autor pretende en primer lugar realizar una revisión general de los principales tipos de radiación de frecuencia elevada, y a continuación examinar los espectros de unos cuantos elementos con mayor detalle y precisión. Los resultados obtenidos muestran que tales datos son de gran relevancia en el problema de la estructura interna del átomo, y sustentan fuertemente los puntos de vista de Rutherford [1911] y Bohr [1913 c y d].

Fueron, en efecto, los Bragg los primeros en medir, utilizando el platino, la longitud de onda de radiación característica. Seguidamente, en julio, Moseley y Darwin determinaron las longitudes de onda de cinco rayas del espectro emitidas por el platino. Finalmente, W. H. Bragg midió las longitudes de onda de algunas rayas de los espectros del níquel, tungsteno y rodio. De todos estos trabajos (incluyendo los de Barkla), resultó que en la parte homogénea—la de las frecuencias «características»— de la radiación de todos los elementos analizados aparecían dos rayos de diferente poder penetrante, que daban origen, en el espectro, a dos rayas, que Barkla y sus colaboradores designaron con las letras K y L, para dejar sitio alfabético para futuros descubrimientos (pronto se conocieron otros dos: el M y el N). En realidad, más que dos rayas eran dos *grupos* de rayas; de hecho, en su primer trabajo, Moseley mostró que en cada uno de esos dos grupos se encuentran dos rayas más intensas, que designaba por α y β («se ve», escribía [Moseley 1913:1029], «que el espectro de cada elemento consiste en dos líneas. De éstas, la más fuerte ha sido llamada α en la tabla, y la más débil β»), Aunque él no empleó esta notación, lo más común fue después escribir K_α, K_β para estas dos líneas.

Para valorar en su justo término los trabajos a los que me estoy refiriendo es apropiado recordar que el espectro de los rayos X se encuentra en una zona de difícil «acceso» del espectro; en concreto, el grupo K es el más alejado de la parte visible del espectro y en su composición entran los rayos de menor longitud de onda, mientras que el L está más cerca de los rayos ultravioletas. Para acceder a esa región eran muy importantes los instrumentos, pero en este punto hay que distinguir entre los dispositivos experimentales que Moseley utilizaba en sus dos principales artículos (Moseley 1913, 1914). Considerando ahora el primero, tenemos que empleaba un montaje basado en el que había utilizado en 1909 George Kaye (1880-1941; 1909), un ayudante de J. J. Thomson que había estudiado primero en Liverpool con Oliver Lodge, y luego en el Royal College of Science de Londres, donde permaneció hasta 1905, el año en que se convirtió en *research student* (estudiante investigador) de JJ (estuvo en Cambridge hasta 1909, cuando aceptó un puesto en el National Physical Laboratory). Explicado de una forma muy superficial (y sin duda incompleta), el aparato en cuestión consistía en un tubo en el que se había hecho el vacío, que producía rayos catódicos, que se dirigían hacia un blanco, que era en donde se producían los rayos X, al incidir los rayos catódicos. Lo novedoso en el procedimiento de Moseley es que concentraba los rayos catódicos sobre una pequeña zona del blanco, y que colocaba enfrente de éste y próximo a él, una lámina de platino con una rendija pequeña. Después de pasar por la rendija, los rayos X salían del tubo a través de un pequeño (0,02 mm) orificio de aluminio (el resto de la radiación se eliminaba rodeando el tubo con una caja de plomo), encontrándose en seguida con un espectroscopio, que atravesaban, dirigiéndose finalmente hacia una pantalla en la que se podían fotografiar los espectros.

Sería en el segundo artículo cuando Moseley (1914) introdujo un cambio sustancial en el dispositivo instrumental, y no sólo en la técnica que empleó: modificó el sistema de cambio de blancos, usando un hilo de sedal y unos raíles, con lo cual pudo estudiar más rápidamente diferentes elementos.

Entrando ya en los resultados concretos encontrados por Moseley (1913) en su artículo «Los espectros de frecuencia elevada de los elementos», tenemos que determinó las frecuencias, υ, de las líneas principales del espectro de once elementos (calcio, escandio, titanio, vanadio, cromo, manganeso, hierro, cobalto, níquel, cobre y zinc), cuyos pesos atómicos se encuentran en el rango que va de 40 a 65. Centrándose especialmente en las líneas α, asoció una magnitud, Q, a los valores que obtuvo para sus respectivas frecuencias

$$Q = \sqrt{\frac{\upsilon}{\frac{3}{4}\upsilon_o}} \qquad (12)$$

donde υ denotaba la frecuencia de la radiación α y υ_o la «frecuencia fundamental de las líneas espectrales ordinarias», que, indicaba, obtenía del número de Rydberg $N_o=\upsilon/2$.

En la tabla 1 del artículo, en la que incluía los elementos, valores de las frecuencias y de los Q que les correspondían, números y pesos atómicos, se comprobaba que los valores de Q aumentaban en el mismo orden que los números atómicos. «Se hace inmediatamente evidente», señalaba Moseley (1913: 1031), «que Q aumenta en una magnitud constante cuando se pasa de un elemento al siguiente, utilizando el orden químico de los elementos en el sistema periódico. Excepto en el caso del níquel y el cobalto, éste es también el orden de los pesos atómicos. Sin embargo, mientras que Q crece de manera uniforme, los pesos atómicos varían de una forma aparentemente arbitraria, de manera que una excepción en su orden no constituye ninguna sorpresa». Y añadía: «Tenemos aquí una prueba de que existe en el átomo una cantidad fundamental, que aumenta en magnitudes regulares según se pasa de un elemento al siguiente. Esta cantidad solamente puede ser la carga del núcleo central positivo, de cuya existencia ya tenemos prueba definitiva. Rutherford ha demostrado, a partir del valor de la difusión de partículas α en la materia, que este núcleo transporta una carga positiva aproximadamente igual al de A/2 electrones, donde A es el peso atómico».

En otras palabras: lo que descubrió Moseley fue que las líneas K se desplazaban regularmente hacia las longitudes de onda decrecientes, cuando sustituía el elemento de la muestra por otro que ocupaba un lugar de mayor orden en la tabla periódica de los elementos. En su artículo incluyó un, luego célebre, gráfico en el que estaban representados para la serie de los elementos analizados las rayas K dispuestas

MOSELEY. Phil. Mag. Ser. 6, Vol. 26, Pl. XXIII.

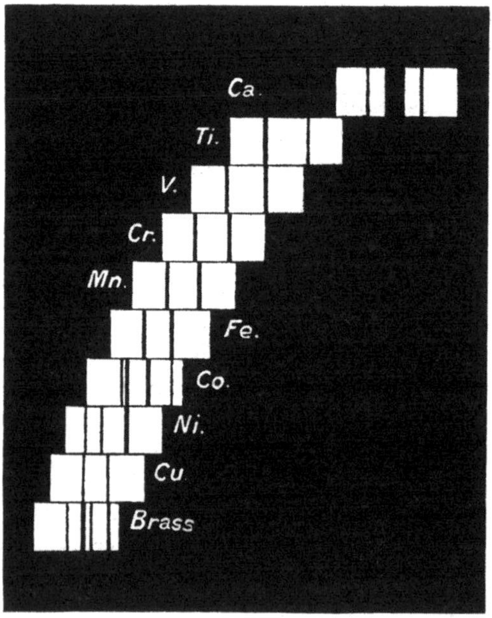

Gráfico incluido en el artículo de Moseley de 1913.

de modo que las longitudes de onda aumentan de izquierda a derecha; se confirmaba así que en el sistema periódico de los elementos el cobalto (N=27) debe estar antes que el níquel (N=28) aunque los pesos atómicos de estos metales, por orden de magnitud, se colocan en sentido inverso (el del cobalto es 58,97 y el del níquel 58,68).

Sumergido de lleno en explicar cómo contribuían sus resultados a determinar la estructura atómica, Moseley entraba en una serie de explicaciones que, más de un siglo después, nos pueden parecer triviales, pero que en su momento estaban lejos de serlo:

> De la difusión de rayos X por la materia, Barkla ha demostrado que el número de electrones en un átomo es aproximadamente A/2 [...] Por otra parte, en promedio, los pesos atómicos aumentan en unas dos unidades cada vez, y esto apoya fuertemente la idea de que N [el número atómico] aumenta de átomo a átomo siempre en una única unidad electrónica. Por consiguiente, nos vemos conducidos experimentalmente al punto de vista de que N coincide con el número del lugar que ocupa el elemento en el sistema periódico. Este número atómico es, por tanto, 1 para el H, 2 para el He, 3 para el Li,... 20 para el Ca,... 30 para el Zn, etc. Esta teoría la ideó Broek y fue utilizada desde entonces por Bohr.

Moseley se refería aquí a Antonius Johannes van den Broek (1870-1926), a quien no he mencionado. Era un abogado y físico *amateur* de Amsterdam, que, efectivamente, propuso —a partir del resultado de Rutherford de que el número de electrones es aproximadamente igual a la mitad del peso atómico, y del hecho de que la variación media entre el peso atómico de un elemento y el siguiente en la tabla periódica es aproximadamente 2— que al pasar de un elemento al siguiente en la tabla periódica, el número de electrones aumenta en una unidad. Van den Broek (1913) publicó su propuesta en el número del 1 de enero de 1913 del *Physikalische Zeitschrift.*

Antes de continuar con las expresiones analíticas incluidas en el artículo de Moseley, me tengo que referir a un aspecto muy importante de los espectros de los rayos X. Podría pensarse que hay algo de paradójico en que de una serie de rayas, correspondientes a una zona concreta del espectro electromagnético, se deduzca una conclusión de alcance tan general como es la carga que posee el núcleo atómico de un elemento; al fin y al cabo, cada elemento genera líneas en partes muy diversas de ese espectro. Moseley no ignoró tal cuesción. «La misma estrecha similitud entre los espectros de rayos X de los diferentes elementos», escribía (Moseley 1913:1031), «demuestra que estas radiaciones se originan dentro del átomo, y que no tienen conexión directa con los complicados espectros de luz y propiedades químicas que están gobernadas por la estructura de su superficie.» Por «dentro del átomo» quería decir, las capas electrónicas más próximas al núcleo. En este sentido, señalaba más adelante (p. 1032): «Existen buenas razones para creer que los espectros de rayos X con los que estamos tratando ahora provienen de los anillos de electrones más internos». Y cuando se refería a que «los complicados espectros de luz y propiedades químicas que están gobernadas por la estructura de su superficie», quería decir que los detalles más variables (de elemento a elemento), y, en tal sentido, más complicados, de los espectros, al igual que las propiedades químicas, dependían de las capas electrónicas más externas de los átomos.

En efecto, los rayos X se originan cuando un electrón es arrancado de las capas internas del átomo. La expulsión en cuestión puede ser provocada por el choque con un electrón que llega del exterior, como ocurre, por ejemplo, en los tubos de rayos X, en los que los rayos catódicos (electrones) chocan contra la superficie del ánodo; también sucede bajo la acción de otras partículas cargadas o de un flujo de energía radiante, que se consume en llevar al electrón a capas electrónicas más externas.

Es necesario señalar, no obstante, que aunque, como acabo de indicar, Moseley ya asociaba en 1913 las líneas del espectro de rayos X a «los anillos de electrones más internos», la evidencia que manejó en este sentido —y la fuerza de sus argumentaciones teóricas— fue mucho más débil que la que presentó en septiembre de 1914 un investigador experimental del Instituto de Física de Múnich dirigido por Arnold Sommerfeld: Walther Kossel (1888-1956; 1914 a y b), quien claramente sostuvo que la emisión de rayos X se debía interpretar como el resultado de la transición de un electrón desde una capa interna a una externa.[20]

Retornando, ahora ya sí, a las expresiones analíticas de Moseley, tenemos que a la vista del resultado de que Q aumentaba en una cantidad constante al pasar de un elemento al siguiente de la tabla perió-

20. Sobre estos trabajos de Kossel, ver Heilbron (1967). Diré más sobre ellos en el capítulo 9.

dica, el físico inglés introducía para Q otra expresión diferente a (12); a saber

$$Q = N - k \tag{13}$$

Igualando ahora (12) y (13), obtenía

$$\upsilon = \frac{3}{4}\upsilon_o \cdot (N - k)^2 \tag{14}$$

Con semejante ajuste, la frecuencia quedaba asociada a un único número N, que más tarde pasó a denotarse por Z.

Antes de proseguir, advertiré que en su segundo artículo, al que me he referido brevemente antes y en el que se ocupaba no sólo de las líneas K, sino también de otras, las L, además de ampliar el número de elementos estudiados, Moseley (1914) escribía (14) en una forma ligeramente diferente (notacionalmente); como

$$\upsilon = A \cdot (N - b)^2 \tag{15}$$

añadiendo que A y b eran constantes características de cada línea (idénticas para todos los elementos, aunque distintas para las diversas rayas espectrales). Para las rayas K_α y L_α, Moseley daba los siguientes valores:

Para K_α:

$$A = \left(\frac{1}{1^2} - \frac{1}{2^2}\right) \cdot \upsilon_o, \quad b = 1$$

Para L_α:

$$A = \left(\frac{1}{2^2} - \frac{1}{3^2}\right) \cdot \upsilon_o, \quad b = 7{,}4$$

En ese segundo artículo, Moseley (1914: 713) incluyó un magnífico resumen de las conclusiones a las que había llegado. Aunque signifique repetir algunos de los puntos ya señalados, no está de más citar sus palabras:

1) Todo elemento, desde el aluminio al oro, está caracterizado por un entero N que determina su espectro de rayos X. Cualquier detalle del espectro de un elemento puede, por consiguiente, predecirse de los espectros de sus vecinos.

2) Este entero N, el número atómico de un elemento, se identifica con el número de unidades positivas de electricidad contenidas en el núcleo atómico.

3) Se ha tabulado el orden de los números atómicos desde el Al al Au, suponiendo que para el Al, N es 13.

4) El orden de los números atómicos es el mismo que el de los pesos atómicos, excepto cuando este último no está en concordancia con el orden de las propiedades químicas.

5) Los elementos conocidos se corresponden con todos los números existentes entre el 13 y el 79, excepto tres. Existen, en consecuencia, tres posibles elementos todavía sin descubrir.

6) La frecuencia de cualquier línea del espectro de rayos X es aproximadamente proporcional a $\upsilon = A \cdot (N - b)^2$, donde A y b son constantes».

Los tres elementos todavía sin descubrir a los que se refería correspondían a N=43, 61 y 75. En su momento serían encontrados, recibiendo los nombres de, respectivamente: tecnecio (Tc), promecio (Pm) y renio (Re). Al ser su estabilidad muy pequeña, es necesario producirlos artificialmente, como recoge en su propio nombre el tecnecio: «producido por la técnica» (en los ciclotrones de Ernest Lawrence, en Berkeley).

Los resultados obtenidos por Moseley sirvieron también para dilucidar el problema de la ubicación de las tierras raras en la tabla periódica, algo que no habían podido resolver ni Mendeléiev ni los pioneros en el desarrollo de la clasificación de los elementos, entre otras razones por lo difícil que era aislarlas mediante procesos químicos; además, sus diferencias en peso atómico y propiedades eran muy pequeñas. Buscando ayuda en esa tarea, el químico francés Georges Urbain (1872-1938), profesor en la Sorbona de Química Mineral primero (1908) y de Química General después (1928) , y miembro del Comité Internacional de Pesas y Medidas desde 1907, viajó a Oxford para encontrarse con Moseley, tras conocer los resultados que estaba obteniendo. Llevaba consigo una mezcla de tierras raras y le preguntó a Moseley si sería capaz de identificar cuáles eran los elementos presentes en ella. Una hora después, este entregó a Urbain sus resultados:

la muestra contenía erbio, tulio, iterbio y lutecio, este último un elemento descubierto por el propio Urbain en 1907 (de ahí la denominación «lutecio», de *Lutecia*, el primer nombre de París), a la par que, de manera independiente, por el mineralogista austriaco Carol Auer von Welsbach y el químico estadounidense Charles James. Esa misma tarea le había llevado meses al científico francés. Volveré a la historia de la tabla periódica más adelante.

Por último, me referiré a otro aspecto interesante del trabajo de Moseley: el esfuerzo que hizo por deducir sus fórmulas empíricas de la teoría de Bohr. De hecho, ya he citado un pasaje de su artículo de 1913, en el que manifestaba: «Los resultados ya obtenidos [...] apoyan fuertemente los puntos de vista de Rutherford y Bohr». Sin embargo, la teoría que propuso conducía a incoherencias; era, en definitiva, incorrecta, como señalaron pronto, utilizando las páginas de la revista *Nature*, algunos físicos británicos de fuera de Manchester: como Frederick Lindemann (1913-1914), en un artículo que apareció el 1 de enero de 1914.[21]

El que la deducción teórica de Moseley fuese incorrecta, se utilizó en algún caso —ciertamente en el de Lindemann, que la consideró como un mero «juego con números»— en contra de la teoría de Bohr. En otras palabras: los resultados de Moseley, que fueron recibidos muy favorablemente (precisamente por tratarse de resultados *experimentales*, y no estar por tanto —así pensaban muchos— afectados por los riesgos y limitaciones de la «especulación» teórica), a la postre no ayudaron tanto como se puede pensar a que el modelo atómico de Bohr fuese aceptado. Por el contrario, sí que reforzó la creencia en el modelo de Rutherford, al que, de hecho, completaba profundizando en el conocimiento de la estructura del núcleo. Episodios como éstos no hacen sino apoyar lo que señalé cuando me ocupaba de la recepción de la teoría de Bohr (dije entonces que no fue hasta 1916 cuando creció sustancialmente la creencia en su solidez). De hecho, fue el jefe de Kossel en Múnich, Sommerfeld, quien finalmente logró incorporar el enfoque cualitativo de Kossel y deducir las fórmulas empíricas de Moseley, en la extensión que llevó a cabo en 1916 del modelo de Bohr, extensión de la que me ocuparé en el capítulo siguiente.

Además de ayudar a la implantación del modelo atómico de Rutherford —lo que, en última instancia, constituía algo así como una

21 Para un análisis de la deducción de Moseley, ver Heilbron (1966, 1974).

condición necesaria para interesarse por el de Bohr—, los trabajos de Moseley tuvieron la inapreciable virtud de ayudar a instituir la espectroscopia de rayos X como un sólido campo de investigación, que se constituyó en un instrumento imprescindible para avanzar en la tarea de la construcción de una mecánica cuántica, como demostraron en particular Manne Siegbahn (1886-1978) y sus estudiantes en la Universidad de Lund, con sus investigaciones sobre las líneas K y L de una gran parte de los elementos de la tabla periódica.

El efecto Stark

Los trabajos de Moseley no fueron los únicos que afectaron al mundo atómico bohriano en 1913; el 20 de noviembre de aquel mismo año, Johannes Stark (1874-1957) anunciaba en la Academia Prusiana de Ciencias un nuevo descubrimiento: cuando se exponía el hidrógeno atómico a un campo electrostático, se producía un desdoblamiento de las líneas espectrales, en una magnitud proporcional a la intensidad del campo aplicado. Bohr fue informado en seguida de la noticia por Rutherford, que debió leer la nota que Stark (1913) publicó en inglés en *Nature* o quizá una versión de la publicación que apareció posteriormente en alemán (Stark 1914). En efecto, el 11 de diciembre Rutherford escribía al danés (Hoyer, ed., 1981: 589):

> Sólo una nota para llamar su atención hacia el reciente descubrimiento de Stark, de que un campo eléctrico produce un desdoblamiento de líneas en el hidrógeno y helio muy similar al efecto Zeeman.[22]
>
> He recibido una copia de su artículo para la Academia Prusiana [Stark 1914]. Espero que Knudsen haya recibido otra, si es que usted mismo no la ha recibido. He hecho algunos cálculos preliminares y me parece que usted debe de ser capaz de explicar el efecto con su teoría y deducir su valor. Pienso que ahora le corresponde escribir algo sobre los efectos Zeeman y eléctrico, si es posible reconciliarlos con su teoría.

22. Recordemos que, como ya veremos con detalle en el próximo capitulo, el efecto Zeeman, descubierto en 1897, involucra el desdoblamiento de rayas espectrales debido a la presencia de un campo magnético.

No es seguro, sin embargo, que Bohr necesitase el aviso de Rutherford, ya que tres días más tarde él mismo escribía a Stark, manifestando que había «leído con el mayor interés su breve nota en *Nature*, de su muy importante descubrimiento sobre el efecto del campo eléctrico en las líneas espectrales», y que estaba «ansioso de ver si mi intento de explicación de las leyes de las líneas espectrales, publicado hace unos pocos meses en el *Phil. Mag.*, se ajustará a su resultado» (Hoyer, ed., 1981: 606).

De hecho, antes incluso de que Bohr comenzara a trabajar en el problema, Emil Warburg (1913) intentó aplicar la teoría de Bohr para explicar el nuevo efecto. Lo que hizo fue utilizar la condición $E_n - E_m = h\upsilon - A$, donde A es el trabajo realizado por el electrón contra el campo eléctrico, cuando pasa del estado atómico *n* al *m*. Ahora bien, lo que se deducía era una ampliación continua de las líneas espectrales, y no una separación en componentes discretos, que era lo que se observaba. Bohr se dio cuenta de ello, y en la carta que escribió a Warburg el 8 de enero de 1914, agradeciéndole el que le hubiese enviado una separata de su artículo, señalaba (Hoyer, ed., 1981: 608): «De acuerdo con sus consideraciones, encuentro que mi teoría permite calcular correctamente el orden de magnitud de los efectos mencionados. Sin embargo, contrariamente a sus resultados, encuentro que es posible explicar la separación de las líneas observadas por Stark y, también, hacer que la teoría coincida cualitativamente con las observaciones del efecto Zeeman».

En marzo, aparecía el artículo en el que Bohr (1914) presentó sus propias ideas y resultados al respecto, ideas sobre las que volvió al año siguiente (Bohr 1915). Ahora bien, y sin entrar a analizar esos trabajos, finalmente tampoco la explicación del físico danés resultó ser la correcta: predecía, por ejemplo, que las líneas se escindían en dos (un doblete), pero pronto se descubrió (Garbasso 1914, Gehrcke 1914) que la realidad era más compleja. Sería en 1916, ya disponiendo de la extensión del modelo de Bohr introducida por Sommerfeld (de la que me ocuparé en el próximo capítulo), cuando, de manera independiente, uno de los estudiantes de éste en Múnich, Paul Epstein (1883-1966; 1916), y el astrofísico Karl Schwarzschild (1873-1916; 1916) utilizaron aquella extensión para explicar el efecto Stark,[23] llegando a resultados

23. Como en su momento veremos, en la extensión de Sommerfeld ya aparecían más de un número cuántico.

numéricos que se ajustaban perfectamente con las medidas.[24] De hecho, tanto Epstein como Schwarzschild utilizaron sus habilidades en el estudio de sistemas planetarios de tres dimensiones para obtener tal resultado.

Hay que señalar, no obstante, que semejante acuerdo —junto con el relativo a la fórmula de Balmer, uno de los mayores éxitos de la «vieja teoría cuántica»— constituye una excepción, en la medida en que los resultados de Epstein y Schwarzschild (que servían sólo para el hidrógeno) mantuvieron su validez en la mecánica cuántica de 1925-1926 (es decir, las expresiones a las que llegaban, coincidían con las que se deducen en esta teoría).[25] La historia de la física cuántica es, como estamos viendo, extremadamente complicada, llena de recovecos, idas y venidas, y, por qué no decirlo también, de «casualidades» (entendiendo este término en un sentido, por supuesto, relativo).

El modelo de Bohr y los experimentos de Franck y Hertz

Para finalizar este capítulo, me referiré brevemente al apoyo que brindaron al modelo atómico de Bohr los resultados de los experimentos que sobre descargas en gases llevaron a cabo en Berlín entre 1913 y 1914 James Franck (1882-1964), cuya importancia en la historia de la física cuántica iría aumentando con el paso de los años, y Gustav Hertz (1887-1975), sobrino del gran Heinrich Hertz, ambos ayudantes de Heinrich Rubens.

24. Ya antes de 1916, Schwarzschild (1914), más conocido por la solución exacta que encontró para la relatividad general en el caso de simétrica esférica, había intentado explicar el efecto Stark. Este trabajo de Schwarzschild (que él comunicó a la Sociedad de Física alemana en diciembre de 1913), seguía de cerca el de Warburg; de hecho llevaba el mismo título.

25. Como veremos en el próximo capítulo, otro caso notable de «permanencia» de un resultado obtenido de la —finalmente insatisfactoria— teoría de Bohr-Sommerfeld fue la deducción que este último hizo de la estructura fina del espectro del hidrógeno. De hecho, estrictamente lo único que se puede explicar con el modelo de Sommerfeld es el efecto Stark *lineal* (la magnitud de la separación es directamente proporcional a la intensidad del campo eléctrico aplicado); pero existen también «efectos Stark» cuadráticos (o de orden superior), que únicamente se pueden deducir de la mecánica cuántica, incorporando, además, el concepto de paridad. Sin ella, como ha señalado Pais (1991: 183), no es posible comprender que sea el hidrógeno —y sólo el hidrógeno— el elemento que muestre un efecto Stark lineal.

Dos de sus trabajos de aquella época son relevantes en la presente ocasión: aquel en el que obtuvieron los valores de los potenciales de ionización de diversos gases (helio, neón, hidrógeno y oxígeno), utilizando un método introducido por Philipp Lenard (Franck y Hertz 1913 a), y sus estudios de las colisiones de electrones —que, sometidos a una diferencia de potencial, alcanzaban energías cinéticas definidas y controladas— con átomos de gases inertes (Franck y Hertz 1913 b, c y 1914).

Cuando Bohr (1913 b) escribió —y publicó— su primer artículo sobre el modelo atómico, probablemente no sabía nada —algo perfectamente lógico— del proyecto de investigación en el que se estaban embarcando —o iban a embarcarse— Franck y Hertz, ya que si hubiese dispuesto de semejante información, seguramente la habría utilizado porque él mismo previó la existencia de fenómenos del tipo de los que descubrirían los dos físicos de Berlín. Así, en su artículo, Bohr (1913 b: 19) señalaba: «Estos cálculos sugieren fuertemente que cuando un electrón con gran velocidad pase a través de un átomo y colisione con los electrones ligados a él, perderá energía en cuantos finitos definidos».

Sin embargo, no fue hasta 1915 cuando se ocupó de esos cuantos,[26] utilizándolos como argumento en favor de su modelo, lo que implicaba en un punto criticar la interpretación que Franck y Hertz habían hecho de sus observaciones. Éstos habían supuesto —erróneamente— que sus experimentos medían los potenciales de ionización del helio y del mercurio, mientras que Bohr sostuvo que sus experimentos se referían a las diferencias de energía entre estados estacionarios, lo que le permitía resolver una aparente contradición entre el valor (4,9 V) que Franck y Hertz daban para los potenciales de ionización del mercurio, y el que se deducía (10,5 V) utilizando el límite de las series espectrales observadas por Paschen. Veamos cómo se refería Bohr (1915: 410-411) a estas cuestiones:

> [Los experimentos de Franck y Hertz sobre la ionización del vapor de mercurio] demuestran claramente que un electrón no pierde energía cuando colisiona con un átomo de mercurio si su energía es menor que

26. De todas maneras, ya en 1914 pensaba en términos semejantes, como prueba la carta que dirigió a C. W. Oseen el 28 de septiembre de 1914 (reproducida en Hoyer, ed., 1981: 559, 563).

> un cierto valor, correspondiente a 4,9 voltios; pero que en cuanto su energía es igual a este valor el electrón tiene una gran probabilidad de perder toda la energía al chocar contra el átomo. Se ha demostrado también que como resultado de semejante impacto, el átomo emite una radiación constituida únicamente por la línea ultravioleta del mercurio de longitud de onda 2536, y se ha señalado que si se multiplica la frecuencia de esta línea por la constante de Planck, se obtiene un valor que, dentro del límite de error experimental, es igual a la energía que adquiere un electrón al atravesar una diferencia de potencial de 4,9 voltios. Franck y Hertz suponen que los 4,9 voltios corresponden a la energía necesaria para extraer un electrón del átomo de mercurio, pero parece que sus experimentos pueden ser consistentes con la suposición de que este voltaje corresponde solamente a la transición desde un estado normal a otro estado estacionario del átomo neutro. [...] Si estas consideraciones son correctas, las medidas de Franck y Hertz proporcionan un apoyo muy fuerte a la teoría considerada en este artículo.

No está de más mencionar que Franck y Hertz recibieron el premio Nobel de Física correspondiente a 1925 por «su descubrimiento de las leyes que gobiernan el impacto de un electrón sobre un átomo». No es imposible pensar que con la interpretación que realizó en 1915, Bohr colaboró en alguna manera a que los dos científicos alemanes recibieran ese tan preciado galardón.

9

Arnold Sommerfeld: el clímax de la vieja teoría cuántica

La historia de la física cuántica está, como hemos ido —y seguiremos— teniendo ocasión de comprobar, repleta de nombres de grandes científicos. Un somero repaso, por ejemplo, a la lista de galardonados con el Premio Nobel de Física, muestra cuántos de ellos lo obtuvieron; siguiendo el orden cronológico, adoptando un criterio no demasiado amplio en lo que se refiere a la aportación de esos científicos a la física cuántica, y limitándome a aquellos que consiguieron el galardón por trabajos desarrollados en el período del que me ocupo en este libro, encontramos: Wilhelm Röntgen (lo consiguió en 1901), Hendrik A. Lorentz y Pieter Zeeman (1902), Henri Becquerel, Marie y Pierre Curie (1903), Philipp Lenard (1905), J. J. Thomson (1906), Wilhelm Wien (1911), Max von Laue (1914), William H. y William L. Bragg (1915), Charles G. Barkla (1917), Max Planck (1918), Johannes Stark (1919), Albert Einstein (1921), Niels Bohr (1922), Robert Millikan (1923), Manne Siegbhan (1924), James Franck y Gustav Hertz (1925), Arthur H. Compton y Charles Wilson (1927), Louis de Broglie (1929), Werner Heisenberg (1932), Erwin Schrödinger y Paul Dirac (1933), James Chadwick (1935), Otto Stern (1943), Wolfgang Pauli (1945) y Max Born (1954).

Si me he detenido en incluir aquí esta lista, es para que comprobemos que, aunque es muy amplia, en ella no figura Arnold Johannes Wilhelm Sommerfeld (1868-1951), un científico sin el cual es imposible escribir la historia de la física cuántica, y con quien la denominada «vieja teoría cuántica», la que seguía la senda abierta por Niels Bohr, alcanzó su punto culminante.

Arnold Sommerfeld

Sommerfeld estudió matemáticas en su ciudad natal, Könisberg, entre 1886 y 1890, teniendo entre sus profesores a matemáticos del calibre de David Hilbert, entonces *privatdozent*, Adolph Hurwitz (*extraordinarius*), Ferdinand Lindemann (*ordinarius*), y el físico Emil Wiechert. Obtuvo su doctorado en 1891, con una tesis sobre funciones utilizadas en física matemática (de hecho, el contenido de la tesis tenía que ver con una máquina —el analizador armónico— que Sommerfeld y Wiechert concibieron y construyeron en 1890, en el Instituto de Física Teórica dirigido por Paul Volkmann [1856-1938]). En 1895, Felix Klein, ya entonces uno de los puntales de la matemática de la Universidad de Gotinga, además de figura cada vez más influyente en la ciencia germana, lo aceptó como ayudante; con Klein, Sommerfeld terminaría escribiendo una obra matemática monumental (más de mil páginas): *Theorie des Kreisels* (*Teoría de la peonza*; 1897-1910). El año siguiente, pasaba su *Habilitation* con una tesis sobre la teoría matemática de la difracción. En 1897 logró su primera cátedra, de Matemáticas, en la Bergakademie de Clausthal, a la que siguió, en 1900, otra, ésta de Mecánica Aplicada, en el Politécnico de Aquisgrán. Por último, en 1906 logró una cátedra de Física Teórica en la Universidad de Múnich, donde pasaría el resto de su larga carrera científica.[1]

Al margen de sus aportaciones científicas, Sommerfeld fue un maestro (esto es, más que un profesor) extraordinario, y esa cualidad suya constituye un elemento más de su importancia para la historia de la física cuántica. Una muestra de esa faceta de su personalidad se hace evidente sin más que dar el nombre de algunos de sus estudiantes, de los más brillantes. Con anterioridad a 1914 tuvo como estudiantes, doctorandos, *Privatdozenten*, ayudantes o investigadores asociados a (me limito a citar los más conocidos): Peter Debye, Ludwig Hopf, Max von Laue, Rudolf Seeliger y Wilhelm Lenz; entre

1. Sobre Sommerfeld, ver Eckert (2013) y Eckert, Pricha, Schubert y Torkar (1984).

1914 y 1925, Walter Friedrich, Peter P. Ewald, Léon Brillouin, Alfred Landé, Paul Epstein, Walther Kossel, Gregor Wentzel, Wolfang Pauli, Werner Heisenberg, Otto Laporte, Karl F. Herzfeld, Adalbert Rubinowicz y Miguel Catalán; y entre 1926 y 1938 a Walter Heitler, Albrecht Unsöld, Rudolf Peierls, Hans Bethe, Linus Pauling, Carl Eckart, William V Houston, Edwin Kemble, Isidor Rabi, Edward U. Condon, Philip M. Morse y Herbert Fröhlich.[2]

Y no sólo tuvo muchos y buenos discípulos, sino que, en general, éstos le tuvieron en gran estima. Un ejemplo en este sentido es el del físico nuclear Hans A. Bethe, nacido en 1906. Debido a la política implementada por Adolf Hitler a su llegada al poder, Bethe —de origen judío— tuvo que abandonar Alemania; trasladándose primero, en 1933, a Gran Bretaña, y después, en 1935, tras pasar por las universidades de Manchester y Bristol, a Estados Unidos, a la Universidad de Cornell, nacionalizándose ciudadano estadounidense en 1941 (en 1967 obtuvo el premio Nobel de Física por las contribuciones que realizó en 1938 a la teoría de las reacciones nucleares, especialmente a la producción de energía en estrellas). Pues bien, poco después del término de la Segunda Guerra Mundial, Bethe recibió de su antiguo maestro la muy tentadora oferta de sucederle en la cátedra de la Universidad de Múnich, uno de los grandes puestos de la física germana. La respuesta de Bethe (fechada el 20 de mayo de 1947) muestra la deuda de éste a su patria de adopción, pero también refleja el profundo aprecio que sentía por Sommerfeld (citada en Stuewer 1984: 36):

> Me agradó y honró mucho el que haya pensado en mí como su sucesor. Si pudiera borrar todo lo que ha sucedido desde 1933, estaría muy feliz de aceptar esta oferta. Sería maravilloso regresar al lugar en el que aprendí física con usted, y a resolver problemas cuidadosamente. Y donde después, como su ayudante y *privatdozent*, tuve lo que probablemente sea el período más provechoso de mi vida científica. Sería maravilloso intentar continuar su obra y enseñar a los alumnos de Múnich de la misma manera en que usted lo ha hecho siempre: con usted, uno siempre estaba seguro de oír los últimos avances de la física, y al mismo tiempo

2. Obsérvese el importante número de científicos estadounidenses que, sobre todo a partir de 1926, recibió Sommerfeld, la mayoría con ayudas de la Fundación Rockefeller.

de aprender la precisión matemática que tantos físicos teóricos descuidan hoy.

Desgraciadamente, no es posible borrar los últimos 14 años. [...] A nosotros, los que fuimos expulsados de nuestros puestos en Alemania, no nos es posible olvidar. Los estudiantes de 1933 no querían escuchar la física teórica a través de mí (y era un grupo numeroso de estudiantes, acaso incluso la mayoría), y aun si los estudiantes de 1947 piensan de manera distinta, no puedo fiarme de ellos. Y lo que oigo sobre la orientación nacionalista que se está despertando de nuevo en muchas universidades, y también en muchos otros alemanes, no es reconfortante.

Acaso más importante que mis recuerdos negativos de Alemania, sea mi actitud positiva hacia América. Me parece (desde hace ya muchos años) que me encuentro más a gusto, como en mi casa, en América, de lo que me encontraba entonces en Alemania. Como si sólo por equivocación hubiese nacido en Alemania, y únicamente llegase a mi verdadera patria a la edad de 28 años. Los americanos (casi todos ellos) son amigables, no encocorotados y reservados, o incluso bruscos, como la mayoría de los alemanes. Aquí es natural entrar en contacto amigable con todo el mundo. Profesores y estudiantes se comunican entre sí como colegas, sin ningún muro levantado entre ellos artificialmente. El trabajo científico se realiza sobre todo en colaboración, y uno nunca ve competitividad envidiosa entre los científicos. Y políticamente, la mayoría de los profesores y estudiantes son liberales y piensan en el mundo que está fuera de ellos —esto fue para mí una revelación, ya que en Alemania lo normal era ser reaccionario (desde mucho antes de los nazis) y repetir mecánicamente los *slogans* del Partido Nacional Alemán—. En resumen: encuentro mucho más agradable vivir con americanos que con mis contemporáneos alemanes.

Además, América me ha tratado muy bien. Llegué aquí bajo circunstancias que no me permitían ser muy selectivo. En poco tiempo tenía una cátedra, probablemente más rápidamente de como hubiera ocurrido en Alemania si Hitler no hubiese aparecido. Se me permitió, siendo un inmigrante bastante reciente, trabajar en laboratorios relacionados con el esfuerzo bélico, y en puestos prominentes. Ahora, tras la guerra, Cornell ha construido un nuevo y gran laboratorio de física nuclear, esencialmente en torno a mí. Y dos o tres de las mejores universidades americanas me han hecho ofertas tentadoras.

No necesito mencionar el lado materialista, no sólo referente a mi propio salario, sino también al equipo del instituto. Y espero, querido Sommerfeld, que usted comprenderá: que comprenderá que amo a América y que debo a América mucha gratitud (totalmente aparte del hecho de que me gusta estar aquí). Que comprenderá las sombras que se interponen entre mí y Alemania. Y, por encima de todo, que comprenderá que a pesar de mi «No» le estoy muy agradecido por haber pensado en mí.

Claro que toda luz tiene sus sombras, y aunque prácticamente de manera universal sólo han sido halagos los que se han dirigido a la figura de Sommerfeld como maestro generoso y capaz, también parece que tuvo otras caras. Así se comprueba en la correspondencia que Miguel Catalán —quien, como veremos más adelante, mantuvo durante un tiempo relaciones bastante estrechas con Sommerfeld— intercambió con uno de los colaboradores de éste, Karl Bechert (1901-1981), que había pasado el curso 1925-1926 en Madrid, trabajando con Catalán.

El 28 de enero de 1932, Bechert escribía a Catalán, felicitándole por la inminente inauguración oficial (tendría lugar el 6 de febrero) de un nuevo laboratorio: el «Instituto Nacional de Física y Química» de Madrid. La carta, en la que se refería a su participación en el famoso libro de Sommerfeld, *Atombau und Spektrallinien* (al que me referiré más adelante), habla por sí sola (citada en Sánchez Ron 1994: 249-250):[3]

Les felicito a Vds. todos del Instituto por la inauguración del Instituto Rockefeller. Aquí la crisis es grande y crece siempre. Yo no veo cómo el gobierno alemán podrá evitar la catástrofe del concurso [?] general. Ahora, no pagando reparaciones, no podemos pagar ni los empleados del estado! Los salarios del estado se han reducido de una manera extraordinaria. Se ve claramente que, durante los últimos años, pagamos las deudas de reparación con dinero extranjero —y ahora, como los créditos extranjeros han cesado completamente, estamos peor que nunca. No entendemos en Alemania cómo Francia puede creer que *podemos* pagar, que solamente no queremos. Cada *quinto* en Alemania está sin trabajo.

Tenemos mal humor en Alemania y yo sobre todo. El estado me paga malísimo, tengo que trabajar para Sommerfeld siempre, siempre,

3. En castellano en el original. Bechert aprendió español durante el año que pasó en Madrid.

más aún que en [aquel] junio de 1928 en que Vd. se enteró en mi cuarto cuánto tiempo me queda para mis ideas. Apareció la primera parte de la quinta edición del libro de Sommerfeld, me costó casi dos años de trabajo y el resumen para mí: dos líneas en el prefacio, y la verdad es que casi todas las cosas que han cambiado en la nueva edición *se las he [enseñado]* y después él escribió el texto que yo tenía que releer para que [desapareciesen] todos los errores de derivación etc. El camino más corto habría sido que *yo* hubiese escrito la quinta edición. El no sabe todavía que *no* tengo ganas de trabajar con él para la segunda parte de la 5.ª edición. Lo peor es que había hace poco la posibilidad para mí de obtener la plaza de catedrático en la escuela técnica de Karlsruhe, buena posición, cerca y en contacto con la fábrica de I. G. Farben. Pero él recomendó en primer lugar a otro —porque no he publicado bastante!— trabajando siempre con él (le hago [¿a menudo?] sus lecciones sobre cuestiones cuantistas y muchísimas cosillas más; el Report de Sommerfeld para el congrès Solvay, en cuanto contiene nuevos resultados está escrito por mí!). La verdadera causa será probablemente porque nadie conoce la primera parte de la 5.ª edición tan bien como yo, y por eso me retiene en Múnich.[4] Hay muchas cosas más que tenía yo que contar a Vd., pero ya basta. Excúseme Vd., pero Vd. es mi único amigo a quien lo digo. Hágame el favor de no hablar a Sommerfeld sobre esto, yo se lo diré claramente cuando me pregunte si quiero continuar trabajando con él en la segunda parte del libro. Lo malo es que estoy de Assistent y no puedo negar los trabajos casi regulares que me toman ya mucho tiempo.

Wolfgang Pauli sobre Sommerfeld

He señalado que Wolfgang Pauli, una de las mentes más poderosas e inquisitivas de las diversas generaciones que desarrollaron la física cuántica (diré más acerca de él en el capítulo 9), fue alumno de Sommerfeld. Su inclinación a la crítica, que podía ser despiadada, aunque siempre con el propósito de corregir errores, le hacía temible. En cuanto sus «víctimas», no conoció más que una excepción, la de su antiguo maestro, Sommerfeld, a quien respetaba profundamente. Uno de los antiguos colaboradores de Pauli en Zúrich, Victor Weiss-

4. Bechert incluso acompañó a Sommerfeld a la India, de mediados de agosto a finales de octubre de 1928, para trabajar en la 4.ª edición inglesa del *Atombau*.

kopf (1989: 160), un físico que desarrolló una carrera muy distinguida, se refería a este hecho de la manera siguiente: «Había una persona a la que Pauli trataba de un modo muy diferente. Cuando Arnold Sommerfeld, su antiguo maestro, vino a Zúrich para una visita, todo era, "Sí, *Herr Geheimrat,* sí, esto es muy interesante, pero acaso yo preferiría una formulación ligeramente diferente, que podría formularse de la siguiente manera"».

Tras la muerte de Sommerfeld, Pauli (1951, 1996: 83-86) escribió una sentida necrológica, que reproduzco a continuación:

> El 26 de abril de 1951 murió en Múnich, a los 82 años de edad, A. Sommerfeld, uno de los más destacados físicos alemanes de su generación. La muerte le sobrevino como consecuencia de un accidente callejero ocurrido cuatro semanas antes. Sommerfeld legó a la posteridad cinco volúmenes terminados de los seis proyectados, los cuales contienen sus conferencias sobre física teórica. Sólo quedó incompleto el volumen dedicado a la termodinámica, cuya preparación había dejado expresamente para el final.
>
> Sommerfeld era asombrosamente versátil. Fue un maestro en aplicaciones técnicas de las matemáticas, en ecuaciones en derivadas parciales de la física (confróntese a este respecto sus artículos publicados en *Encyklopädie der mathematischen Wissenschaften* [dirigida por Felix Klein] y en la nueva edición de Ph. Frank y R. von Mises del «Riemann-Weber» clásico), en la clasificación formal de los espectros e igualmente en la mecánica ondulatoria, contribuyendo en todos estos campos con avances decisivos.
>
> Entre sus aplicaciones de la teoría a problemas técnicos, las que han llegado a ser más conocidas son su teoría sobre el rozamiento de los lubricantes y sus contribuciones a la telegrafía sin hilos. El tratado clásico sobre la «teoría del giroscopio», que escribió en colaboración con su maestro F. Klein en la época en que aún era un *Privatdozent* en Gotinga, y en el que se discuten muchos problemas técnicos, tiene un significado que trasciende las matemáticas aplicadas. Basándose en el trabajo de Euler y Cayley y en los cuaterniones de Hamilton, la teoría contiene los fundamentos esenciales de lo que mucho más tarde se llamó teoría de las representaciones del grupo de rotación en el espacio tridimensional. En particular, Klein había desarrollado de forma clara, inspirándose en Cayley, la relación de este grupo con el «grupo recubridor» de las transformaciones unitarias lineales unimodulares de dos variables complejas.

Así, en este tratado que actualmente se puede considerar un clásico, se desarrolla el fundamento matemático de los «espinores» de dos componentes que aparecerían mucho más tarde en la mecánica ondulatoria.

Los planes de F. Klein de enrolar a su discípulo favorito, Sommerfeld, en las filas de los investigadores en matemáticas aplicadas se vieron modificados como consecuencia de la clarividente iniciativa de W. C. Röntgen, que en 1906 llamó a Sommerfeld para que ocupara la cátedra de física teórica de Múnich, ciudad que a partir de entonces fue su hogar permanente. En un principio centró su interés en la teoría de la relatividad especial y, en particular, en la forma geométrica dada por H. Minkowski a esta teoría. Sommerfeld hizo contribuciones originales que sirvieron para elucidar los cálculos de los vectores y de los tensores cuatridimensionales y también escribió comentarios aclaratorios sobre el trabajo de Minkowski tras la prematura muerte de este. Sommerfeld fue siempre un ferviente partidario de la teoría especial, y más tarde también de la teoría general de la relatividad, de cuyo creador, A. Einstein, sólo habló en términos de la mayor veneración y respeto.

Tras la decisiva y revolucionaria introducción del modelo atómico de Bohr (1913), las sugerencias que anteriormente se habían recibido en Gotinga por parte de C. Runge y W. Voigt para crear una teoría de las líneas espectrales produjeron abundante fruto. Después de que Sommerfeld hiciera la ampliación fundamental de los sistemas simplemente periódicos a los sistemas multiperiódicos en la teoría de Bohr (1915-1916), ampliación que fue capaz de aplicar inmediatamente a la teoría relativista de la estructura fina de los espectros hidrogenoides y a los espectros de rayos X, sus contribuciones a la clasificación de los espectros encontraron su expresión visible en las sucesivas ediciones de su tratado fundamental *Atombau und Spektrallinien*. Sus discípulos siempre recordarán cómo, con su elegante sentido de las armonías basado en los números enteros, evocaba de nuevo el espíritu de Kepler y cómo de esta forma su sereno recuerdo le guio en el descubrimiento y en la formulación de las leyes espectroscópicas generales, aun cuando el fracaso de los modelos atómicos basados en la mecánica clásica se hacía cada vez más evidente. Tras el descubrimiento de la nueva mecánica cuántica (1925), Sommerfeld fue también capaz de aportar su antigua maestría en el manejo de las matemáticas de la teoría ondulatoria de las trayectorias en el plano complejo, que tan bien conocía, en beneficio de la teoría de la estructura atómica. *Wellenmechanischer Ergänzungsband* que siguió a su libro *Atombau und Spektrallinien* confiere mayor integridad a su trabajo científico.

Aun cuando en la obra de Sommerfeld no se discuta con especial detalle la vertiente epistemológica de la física en general y de la mecánica cuántica en particular, él siempre mantuvo amplitud de miras frente a problemas fundamentales, tales como los de la dualidad onda-corpúsculo, lo que le preservó de adoptar soluciones unilaterales cuando se trató de reconocer el antagonismo en el sentido de la complementariedad.

Sommerfeld conjugó a la perfección las características de investigador y de profesor hasta un nivel que sólo les está permitido a algunos hombres. Al transmitir su propia inspiración a las generaciones más jóvenes, creó un grupo numeroso de discípulos que ya ocupan muchas de las cátedras de física teórica en diferentes países. Así, sus hijos y nietos espirituales que lloran su pérdida continuarán ahora su obra.

Sommerfeld, el modelo de Bohr y la estructura fina del átomo de hidrógeno

Es cierto que Bohr había logrado deducir de su teoría expresiones —como la de Balmer— que reproducían regularidades en el espectro del hidrógeno, pero esas expresiones cubrían únicamente una primera aproximación a tal espectro. Las líneas espectrales, en efecto, contienen una riqueza —y complicación— mucho mayor que la asociada a lo que, en un primer análisis, se observa en ellos. Al mejorar los medios técnicos (con, por ejemplo, las ya citadas redes de difracción), las líneas «básicas» se diversificaban en otras muchas. Ya me he referido a un caso de desdoblamiento en las líneas espectrales, el efecto Stark, pero éste era consecuencia de la presencia de un campo eléctrico, al igual que el efecto (desdoblamiento) Zeeman surge de la existencia de un campo magnético. Pero, también se encontraban desdoblamientos sin que existiese ningún agente externo, es decir, en los espectros de átomos no perturbados. El primero en conocerse fue la denominada «estructura fina» del espectro del hidrógeno atómico: el hecho de que cuando se examinaban las líneas espectrales de Balmer con una resolución suficientemente elevada, se observaban dos, un «doblete». Posteriormente, llegaron otras estructuras todavía más complejas, con «tripletes», «cuartetos», «quintetos» y, finalmente, «multipletes», grupos que no sólo incluían líneas que se separaban en varias, sino conjuntos de líneas de carácter similar, en las que a menudo era posible encontrar reglas que gobernaban los intervalos que las separaban.

En realidad, la existencia de la estructura fina del espectro del hidrógeno fue establecida a partir de 1887, cuando Albert Michelson (1852-1931) y Edward Morley (1838-1923) observaron (Michelson y Morley 1887) que una de las líneas del espectro del hidrógeno era en realidad dos (en 1892, Michelson encontró la misma «estructura fina» para otra línea), pero semejante descubrimiento no desempeñó un papel significativo en el desarrollo de la física cuántica hasta 1916, cuando Sommerfeld convirtió este efecto en un protagonista destacado de su revisión del modelo atómico de Bohr. En lo que se refiere al propio Bohr, no parece que fuese consciente de la existencia de esa estructura en 1913, ni, consiguientemente, del serio problema que representaba para su modelo, que era incapaz de explicarla. Cuando, en 1914, se dio cuenta del problema, pensó que se trataba de un caso de efecto Stark, pero luego reconoció su error, aunque tampoco acertó entonces en la explicación que propuso (sin llegar a publicar): que se debía a la acción del núcleo sobre el electrón orbital, mediante una fuerza que era diferente a la habitual de Coulomb.

Sería, como apuntaba antes, Arnold Sommerfeld el que resolvería el problema, con la extensión de la teoría de Bohr que llevó a cabo en 1915-1916. En un principio, se podría resumir la explicación de Sommerfeld diciendo simplemente que el físico de Múnich introdujo la relatividad especial einsteniana en la formulación de Bohr de 1913; substituyendo, en particular, la masa, m_o, del electrón que gira en torno al núcleo del hidrógeno, por la correspondiente expresión relativista

$$\frac{m_o}{\sqrt{1-\frac{v^2}{c^2}}}$$

y analizando sus consecuencias.

Ahora bien, decir únicamente esto produciría severas deformaciones históricas. Por un lado, porque hay que distinguir dos fases en la aportación de Sommerfeld, entrando la relatividad especial a desempeñar un papel sólo en la segunda. Por otro, porque se pasaría por alto un aspecto importante, el que tiene que ver con el formalismo teórico general que utilizaba. Ese formalismo era el de las «cantidades elementales de acción» —la descomposición del espacio de fases en áreas de valor igual a h—, al que me referí en el capítulo 6, cuando señalé que Planck lo había presentado en el primer Consejo Solvay. A partir de entonces, este formalismo fue utilizado y desarrollado (más o menos al mismo tiempo, en torno a 1915) por algunos de los físicos que se ocupaban de los problemas cuánticos: por Planck, desde luego, pero también por otros como Jun Ishiwara (1881-1947), del Instituto de Física de la Universidad de Tohoku, en Sendai, Japón, y William Wilson (1887-1948), del King's College de Londres.[5] Fue, sin embargo, Sommerfeld el que más ampliamente, y con más éxito, siguió ese camino, aunque Wilson, en particular, se le adelantó en alguno de los desarrollos que introdujo, aunque no en para qué y cómo los aplicó el profesor de Múnich.[6]

Lo que hizo Sommerfeld (1915) en la primera fase que he mencionado hace un momento fue generalizar las condiciones cuánticas (ver ecuación [1] del capítulo 4) de Planck, para que incluyesen siste-

5. Ishiwara se había licenciado en Física teórica por la Universidad de Tokio en 1906. Poco después de ser nombrado profesor ayudante en la Universidad de Tohoku, en Sendai, se trasladó a Múnich, donde estudió con Sommerfeld, y luego a Zúrich, en donde entonces estaba Einstein. Uno de los artículos más destacados, en los que utilizó y estudió el método del espacio de fases, es Ishiwara (1915). En este mismo sentido, ver Wilson (1915). Sobre los trabajos de estos científicos, y en general sobre el desarrollo del método del espacio de fases, véase Mehra y Rechenberg (1982, tomo 1: 206-219).

6. Parece que Sommerfeld llevó a cabo sus trabajos sin conocer los de Wilson. Como han señalado Mehra y Rechenberg (1982, tomo 1:211), «en una carta fechada el 7 de junio de 1920, Wilson llamó la atención a Sommerfeld sobre el hecho de que él ya había publicado las condiciones cuánticas para sistemas con varios grados de libertad en su primer artículo de junio de 1915. Sommerfeld admitió en su contestación: "Tiene usted razón que debería haber citado sus artículos de 1915 en mi libro *[Atombau und Spektrallinien],* como hice en mi artículo en los *Annalen der Physik,* vol. 51, 1916, p. 9 [Sommerfeld 1916 a]" [Wilson a Sommerfeld, 14 de julio de 1920], Y prometió citarle en la segunda edición *del Atombau und Spektrallinien. Además,* en su carta a Wilson, Sommerfeld señaló que había desarrollado su extensión de la teoría de Bohr —independientemente de Wilson— en el invierno de 1914-1915, pero que había retrasado la publicación hasta que Paschen comprobó experimentalmente la fórmula de la estructura fina». Efectivamente, en la siguientes ediciones del *Atombau* se puede leer (Sommerfeld 1923 a: 200): «Un poco antes que el autor, W. Wilson [1915] desarrolló el mismo postulado a partir de la ley de radiación».

mas de más de un grado de libertad. Utilizando (como haré a partir de ahora con frecuencia) lo que escribió en su famoso *Atombau und Spektrallinien* (*Estructura atómica y líneas espectrales;* Sommerfeld 1919), la «Biblia» de los espectroscopistas y de la vieja teoría cuántica (Sommerfeld 1923 a: 200), su planteamiento teórico era el siguiente:[7] «El postulado del autor es: *debemos imponer la condición* $\left[\int p \cdot dq = n \cdot h\right]$ *sobre cada grado de libertad individual del sistema, esto es, debemos postular que el valor de la integral de fase para el k-ésimo grado de libertad sea un múltiplo entero de h:*

$$\int p_k \cdot dq_k = n_k \cdot h\text{».}$$

En el artículo de 1915 que estoy mencionando (presentado en la sesión de la Academia de Ciencias de Múnich del 6 de diciembre), Sommerfeld aplicó su postulado al caso de sistemas con dos grados de libertad en un campo de fuerzas central; esto es, el clásico problema de Kepler, centrándose en el caso más general de las órbitas elípticas (electrones moviéndose en elipses debido a la influencia del campo coulombiano producido por el núcleo atómico cargado positivamente). Tenía, en consecuencia,

$$\int p_\phi \cdot d\phi = nh \qquad (1.a)$$

$$\int p_r \cdot dr = n' h \qquad (2)$$

donde φ es el ángulo azimutal, *r* la distancia al centro de fuerzas, y *p* el momento.[8] Teniendo en cuenta que p_φ es una constante (in-

7. Las citas que ofreceré del *Atombau* corresponden a la traducción inglesa (Sommerfeld 1923 a) de la tercera edición alemana, publicada en 1922. Naturalmente, el hecho de tomar esa edición obliga a ser cuidadoso en las manifestaciones que se hagan, en lo que a su significado histórico se refiere. Como se verá, este problema apenas nos afectará, ya que utilizo tales citas para explicar el punto de vista general al que llegó Sommerfeld, sin olvidar que fue a través del *Atombau* o de *Atomic Structure* como muchísimos físicos aprendieron y valoraron los fenómenos y teorías de que me ocupo.

8. Mantengo los símbolos que Sommerfeld utilizó en el *Atombau* para los números cuánticos. Es cierto que no constituyen la mejor elección, que pueden favorecer la confusión, pero precisamente por ello muestran con claridad el contexto —confuso él mismo— en el que surgieron. Más adelante en este capítulo, una vez

tegral de movimiento) en un campo central, esto es, que $p_\varphi = p$, la integral de la ecuación (1) es igual a $2\pi p$; esto es, (1) pasa a ser

$$2\pi p = nh. \tag{1.b}$$

A partir de (1) y (2), obtuvo la expresión para los términos de energía (niveles de las capas electrónicas) de un átomo con carga nuclear *E*, que inmediatamente particularizaba para el caso ($E = e$) del hidrógeno, obteniendo

$$W = -\frac{2\pi^2 me^4}{h^2} \cdot \frac{1}{(n + n')^2}. \tag{3}$$

Siguiendo el procedimiento bohriano de restar niveles energéticos diferentes e igualar a $h\upsilon$, Sommerfeld obtenía también, sin ninguna dificultad, la correspondiente expresión para la frecuencia de las posibles radiaciones emitidas entre dos niveles representados por las letras *n* y *s*

$$\upsilon = R \cdot \left[\frac{1}{(n + n')^2} - \frac{1}{(s + s')^2} \right], \tag{4}$$

donde R denota la constante de Rydberg, $2\pi^2 me^4/h^3$.

Naturalmente, esta fórmula dependía ahora de dos «números cuánticos» para cada estado estacionario, *n* y *n'*, denominados, respectivamente, número cuántico azimutal (el mismo que Bohr había introducido en el caso de órbitas circulares) y número cuántico radial.[9] En principio, en un análisis superficial, podía pensarse que semejante aumento en la cantidad de números cuánticos implicaría

---

cumplida la función histórica de contextualidad, efectuaré el cambio a la notación que se impuso finalmente.

9. La notación empleada para los números cuánticos fue variando según se iba desarrollando la teoría; además, diferentes autores empleaban, a veces, distintas notaciones (incluso un mismo autor). El número cuántico azimutal, *n* (también en ocasiones designado como n_φ), se denotaría más tarde con la letra *k*. Por otra parte, también se introdujo la denominación «número cuántico principal», para el que se utilizó *n* (no confundir con el anterior $n=n_\varphi$), y que en las dos dimensiones que ahora estamos considerando venía dado por n=n'+k, donde n' es el número cuántico radial, también designado por n_r; es decir, también $n=n_r+k$.

la existencia de más niveles energéticos —y por consiguiente más rayas espectrales— que en el caso del átomo de Bohr. Tal impresión podría verse reforzada si se tiene en cuenta que el estar manejando elipses —y no circunferencias, como había hecho en última instancia Bohr— tenía sus consecuencias. Explicaré qué quiero decir.

En una elipse hay que referirse a la excentricidad, $\in$, y Sommerfeld encontró que:

$$\frac{1}{\sqrt{1-\in^2}}-1=\frac{n'}{n} \qquad (5)$$

En el caso de que la elipse se reduzca a una circunferencia, $\in = 1$, así que de (5) se sigue n' = 0.

Por su parte, cuando n=0, se tiene que $\in = 1$; esto es, el perihelio y el afelio coinciden con los dos focos (elipse degenerada), una situación equivalente a que el electrón describiese una órbita que cae hacia el núcleo, lo que la excluía en términos físicos, y le llevaba a concluir que: *n = 0 es imposible.*

Aplicando argumentos de este tipo, Sommerfeld deducía que existían las siguientes posibilidades:

1) Si n+n'=l,	entonces sólo podía ser:
	(i) n=l, n'=0 (órbita circular)
2) Si n+n'=2,	entonces existían dos posibilidades:
	(i) n=2, n'=0 (circunferencia)
	(ii) n=l, n'=l (elipse)
3) Si n+n'=3,	tres posibilidades:
	(i) n=3, n'=0 (circunferencia)
	(ii) n=2, n'=l (elipse)
	(iii) n=l, n'=2 (elipse).

Y así sucesivamente.

La pregunta era: ¿corresponden estas posibilidades a estados energéticos reales? La respuesta era que no. Esas posibilidades corresponden en última instancia a las configuraciones geométricas que tienen lugar, pero lo que la teoría predecía para el aspecto concreto de las rayas espectrales depende de la ecuación (3) y, sobre todo, de (4), y en ambas los números cuánticos no aparecen de manera individual, sino únicamente como suma. Lo único que importa es su suma, no las diferentes posibilidades de los (*n, n'*), (*s, s'*); siempre se obtiene el mismo valor de frecuencia, esto es, una única raya espectral. En este sentido se debe entender lo que Sommerfeld (1923 a: 236-237) escribía en el *Atombau*: «Este resultado [la expresión (4)] es de la mayor importancia y extraordinariamente simple: *hemos encontrado para la energía de las órbitas elípticas el mismo valor* [que el que se obtiene en la teoría de Bohr], *con la única diferencia de que el número cuántico n* [de Bohr] *en este último caso está reemplazado por la suma cuántica, n+n'. Cada una de las elipses cuantizadas de nuestra familia tiene una cantidad de energía equivalente a la de un círculo definido de Bohr»*. «Desde el punto de vista de los resultados prácticos», añadía, «esta fórmula espectral da de nuevo solamente la serie de Balmer, pero *posee un significado teórico más profundo y su origen tiene ahora raíces diversas. Admitiendo nuestras órbitas elípticas, la serie no ha ganado líneas suplementarias y no ha perdido nada de su agudeza»*.

Por consiguiente, y aunque había mejorado —al tomar en consideración dos grados de libertad— el procedimiento teórico seguido por Bohr, en última instancia Sommerfeld no había avanzado demasiado con respecto a aquél; únicamente, como él mismo reconocía en la cita reproducida antes, había dado a los resultados de aquél *«un significado teórico más profundo»*. Desde luego, no había explicado nada referente a la estructura fina. Eso es algo que haría en seguida, en una segunda fase de sus investigaciones, en la que introdujo (Sommerfeld 1916 a) la relatividad especial, y muy especialmente la expresión relativista de la variación de la masa.

Siguiendo el mismo procedimiento que había empleado el año anterior, Sommerfeld (1916 a) calculó —en un artículo que llegó al *Annalen der Physik* el 15 de julio de 1916— la expresión relativista más general (carga nuclear *E* y masa reducida μ) para la energía de los niveles energéticos, *W*, que (aplicada al caso del hidrógeno) satisface la relación

$$1+\frac{W}{m_0c^2}=\left[1+\frac{\alpha^2}{\left(n'+\sqrt{n^2-\alpha^2}\right)^2}\right]^{-\frac{1}{2}}, \qquad (6)$$

1916. № 17.

ANNALEN DER PHYSIK.
VIERTE FOLGE. BAND 51.

1. *Zur Quantentheorie der Spektrallinien;*
von A. Sommerfeld.

I. Theorie der Balmerschen Serie.

II. Die Feinstruktur der Wasserstoff- und der wasserstoffähnlichen Linien.

III. Theorie der Röntgenspektren.

Primera página de Sommerfeld (1916 a).

donde $\alpha = 2\pi e^2/hc$, es la tan conocida por todos los físicos «constante de estructura fina».[10]

De nuevo, de la expresión (6) calculaba, de manera exacta, al igual que utilizando desarrollos en serie de potencias de a, la frecuencia de la radiación emitida; de la, como él la llamaba, «fórmula general relativista de la serie de Balmer del hidrógeno», manifestando (Sommerfeld 1923 a: 473): *«Esta fórmula compacta incluye todos los fenómenos espectrales que el hidrógeno es capaz de exhibir»*. Ahora bien, como se restaban dos niveles diferentes, cada uno caracterizado por los correspondientes números cuánticos (*n, n'*) y (*s, s'*), Sommerfeld (1923 a: 474) resaltaba que «nuestra presente fórmula espectral ya no depende meramente de las sumas cuánticas *n* + *n'* y *s* + *s'*; más bien, los números cuánticos, *n, n'* y *s, s'* entran en nuestra fórmula de manera no simétrica. *De esto se sigue que, aun correspondiendo a las mismas sumas cuánticas, las líneas que anteriormente coincidían están separadas debido a la intervención de la relatividad»*.

La explicación física de que esto fuese así reside en el hecho de que al tomar en cuenta la dependencia relativista de la masa con la velocidad, las órbitas elípticas avanzaban con el tiempo; esto es, cambiaba la posición de afelios y perihelios, o, en otras palabras, la órbita dejaba de ser cerrada. Era esto lo que hacía que la energía del electrón no dependiese ahora de la suma de los números cuánticos *n* y *n'* sino que interviniesen por separado con lo que surgía una pequeña dependencia de *W* con el número cuántico azimutal. De ello resultaba que las diferentes posibilidades de los *n* y *n'* (o *s* y *s'*) consideradas anteriormente, no proporcionasen —al pasar de una órbita inicial, en la que n + n' = cte, a otra cualquiera, *s* + *s'* = cte— los mismos resultados (ahora estaban presentes subniveles, que podían combinarse entre ellos), dando lugar a rayas distintas, aunque muy próximas, debido a que los efectos relativistas son minúsculos: la diferencia de energía entre subniveles dependía del factor α^2, que es, por

10. Incluyo la expresión (6) para mostrar explícitamente que, al contrario que en el modelo de Bohr, en el de Sommerfeld, *W* aparece en la correspondiente ecuación en una forma mucho más complicada. Más clara es la expresión que se deduce de ella, recurriendo a procedimientos de aproximación:

$$W = -\frac{2\pi^2 \mu e^4}{h^2} \cdot \frac{1}{n'^2} \left[1 + \frac{\alpha^2}{n'} \cdot \left(\frac{1}{n} - \frac{3}{4n'} \right) \right].$$

supuesto, pequeño ($\alpha^2 = 5,3 \cdot 10^{-5}$): «Por esta razón, la separación en las rayas espectrales es sólo leve y únicamente se puede detectar por los medios espectroscópicos más refinados». Se trataba, por supuesto, de la estructura fina.

Un punto muy importante a señalar es que Sommerfeld vio en su resultado tanto una confirmación de su teoría cuántica —de lo que luego, cuando se dispuso de una mecánica cuántica, se vino en denominar la «vieja teoría cuántica»— como de la teoría de la relatividad especial de Einstein. En este sentido, en el *Atombau* escribió (Sommerfeld 1923 a: 475):

> Por tanto, la observación de las estructuras finas desvela el mecanismo completo de los movimientos intraatómicos en lo que respecta al movimiento del perihelio de las órbitas elípticas. El conjunto de hechos contenidos en las estructuras finas tiene la misma importancia para la teoría especial de la relatividad, y para la estructura atómica, que el movimiento del perihelio de Mercurio para la teoría general de la relatividad.

La referencia a la relatividad general era natural: no olvidemos que esta teoría, cuya formulación definitiva propuso Einstein en diciembre de 1915, encontró desde el primer momento una de sus —escasas— confirmaciones en la predicción del movimiento anómalo (con respecto a las deducciones de la teoría de la gravitación universal newtoniana) del perihelio de Mercurio.

De hecho, como ha señalado Helge Kragh (1985: 81) en su magnífico estudio de la relación de Sommerfeld y otros científicos con el problema de la estructura fina: «Mientras que algunos físicos vieron en la teoría de Sommerfeld una razón para aceptar la teoría cuántica de los átomos, otros la consideraron como una confirmación de la teoría de la relatividad. La fe creciente en la teoría cuántica y en la relatividad, inevitablemente hizo a la teoría de la estructura fina altamente atractiva para los físicos vanguardistas. La teoría de Sommerfeld, por un lado, y la teoría atómica de Bohr y la teoría de la relatividad, por otro, se beneficiaron mutuamente entre sí».

A pesar de que, por lo manifestado hasta el momento, pueda parecer que la situación en la que Sommerfeld desarrolló su teoría era una en la que existían unos datos experimentales (los de la estructura fina) que no encajaban en el modelo de Bohr, y que esperaban una teoría que los explicase, la realidad no era tan clara puesto que los datos experimentales espectroscópicos eran muy difíciles de medir con precisión. En este aspecto, Sommerfeld tuvo una ayuda inapreciable: la de Paschen, en Tubinga, con quien estaba en estrecho contacto.

Paschen se concentró en el estudio del espectro del helio, por la sencilla razón de que al ser su peso atómico cuatro veces el del hidrógeno, sus rayas espectrales sufrían un desplazamiento Doppler menor (el efecto Doppler se debía en este caso a los movimientos térmicos de los átomos). De sus experimentos con helio ionizado (He^+) obtuvo datos (Paschen 1916) para las líneas del espectro del hidrógeno que confirmaban de manera impresionante las predicciones teóricas de Sommerfeld: «Mis medidas ya están terminadas y coinciden bellamente en todos los aspectos con sus estructuras finas», le escribía a Sommerfeld en mayo de 1916 (citado en Kragh 1985: 75).

No hay duda de que Sommerfeld necesitó los resultados experimentales de Paschen, pero a su vez éste se vio ayudado por la teoría de aquél; en concreto le sirvió para guiarse, para saber qué buscar en la maraña de líneas que aparecían en los espectros.[11] El propio Paschen así lo reconoció en una de sus cartas a Sommerfeld (20 de abril de 1916; citada Kragh 1985:84): «Sería imposible deducir la estructura fina de los experimentos, si no se supiese nada sobre ella [la teoría]». Y en el mismo sentido, el 21 de mayo de 1916: «No se habrían encontrado estos resultados sin su teoría, porque [de otra manera] no se puede interpretar y evaluar como mezclas de componentes las líneas más fuertes, mientras que las líneas débiles y aisladas están definidas nítidamente».[12]

11. La complejidad de los espectros aumenta con el peso atómico. De manera que no es extraño que los primeros éxitos se lograsen con la interpretación de los espectros sencillos, como el del hidrógeno, los alcalinos y hasta los alcalinotérreos. Cuando se avanza en la tabla periódica, la situación se complica enormemente: mencionemos, por ejemplo, que el espectro del hierro contiene más de 3.000 líneas.

12. Con relación a «líneas intensas y líneas débiles», hay que señalar que un punto que también desempeñó un papel significativo en los desarrollos que estoy tratando fue el de que la expresión obtenida por Sommerfeld predecía los valores de las frecuencias, pero no daba ninguna información acerca de las intensidades de las líneas, algo que se necesitaba también para comprobar las predicciones de la teoría. Esto le obligó a introducir hipótesis arbitrarias. Cálculos más racionales de las intensidades de las líneas espectrales sólo fueron posibles a través del principio de correspondencia, tal y como éste fue desarrollado por Bohr y Kramers, hacia 1919 (ver especialmente, la tesis doctoral de Kramers 1919, y los comentarios que sobre ésta se hacen en ter Haar 1998: 13-15).

El éxito de la teoría de Bohr-Sommerfeld para la estructura fina de las líneas de Balmer no hizo sino reforzar entre la comunidad científica el interés por este tipo de estudios teóricos de los problemas cuánticos, aunque también hay que señalar que debido a la guerra, la teoría de Sommerfeld no fue demasiado conocida fuera de Alemania hasta después de 1918, y entonces fundamentalmente a través del *Atombau.* Bohr, por supuesto, fue informado con prontitud: «Le agradezco mucho sus muy interesantes y bellos artículos. Pienso que no he disfrutado nunca tanto la lectura de algo como al leerlos, y no necesito decirle que no sólo yo sino todo el mundo aquí ha prestado un gran interés en sus importantes y bellos resultados», escribía Bohr a Sommerfeld el 19 de marzo de 1916 (Hoyer, ed., 1981: 603), desde Manchester, en donde estaba pasando su segunda etapa inglesa (como *lecturer:* octubre de 1914-verano de 1916). Ya me referí en el capítulo anterior a la reacción de Einstein, que comenzó a creer realmente en la teoría de Bohr cuando conoció los resultados de Sommerfeld de 1916. Pero la reacción de Einstein no fue única: al igual que él, otros científicos también empezaron a creer realmente en la aproximación de Bohr cuando comprobaron que la extensión de Sommerfeld explicaba la estructura fina.

Y sin embargo, no podemos olvidar lo sorprendente del éxito de la teoría de Sommerfeld; el hecho de que es casi milagroso que de una teoría que, como sabemos ahora, es incorrecta, que carece de elementos tan básicos como el espín, se dedujesen los términos de la estructura fina. De hecho, para los elementos del tipo del hidrógeno (átomos e iones con un único electrón, como el helio ionizado), los resultados teóricos de Sommerfeld continúan siendo válidos en el contexto de la mecánica cuántica de 1925-1926. Como manifestó Ralph Kronig (1960: 8): «Ha sido una de las coincidencias más afortunadas en la historia de la física que el método de la integral de fase condujese a valores de la energía que se ajustaban *cuantitativamente* a la evidencia espectroscópica, tanto en el caso del oscilador armónico lineal como en el caso de los átomos del tipo del hidrógeno, aunque ahora sabemos que, en general, sólo tiene un significado aproximado».

Cuantización espacial: el experimento de Stern-Gerlach

La extensión realizada por Sommerfeld del modelo de Bohr, en la que aparecían dos números cuánticos, constituía, sin duda, un avance notable, pero en modo alguno resolvía todos los problemas. Básicamente, sólo explicaba los átomos hidrogenoides (del tipo, repito, del hidrógeno, con un electrón). Por otra parte, estaban los problemas asociados a las modificaciones que provocaban en las líneas espectrales la aplicación de campos externos, eléctricos o magnéticos (como los efectos Stark o Zeeman).

Una vez realizada la extensión de la teoría de Bohr a un sistema con dos grados de libertad, y explicada la estructura fina con ayuda de la relatividad especial, pero conociendo problemas como los que acabo de mencionar, una posibilidad hasta cierto punto natural era continuar desarrollando el modelo de Bohr a sistemas ahora con tres grados de libertad. Esto es algo que hizo Sommerfeld, también en el artículo de 1916 que estoy comentando.

Pasar de dos a tres dimensiones significa que las posiciones espaciales pasan a desempeñar un papel central, algo, por otra parte, que a Sommerfeld seguramente le pareció interesante, para tratar con efectos en los que se introducían direcciones privilegiadas. Recurriendo de nuevo a la presentación que efectuó en el *Atombau*, vemos que, efectivamente, Sommerfeld (1923 a: 242) se fijaba en estas cuestiones: los cuantos, escribía, «pueden determinar la posición de las órbitas en el espacio; esto es, seleccionan de entre la variedad continua de todas las posiciones posibles de las órbitas en el espacio un número discreto de órbitas que obedecen ciertas condiciones cuánticas».

Tomando como referencia la dirección espacial dada por un campo de fuerza externo (eléctrico o magnético), con respecto al cual el plano de la órbita electrónica en cuestión estaba inclinada un cierto ángulo a, y considerando la extensión de las ecuaciones (1) y (2) a una tercera dimensión; es decir

$$\int p_r dr = n'h \qquad \int p_\psi d\psi = n_1 h \qquad \int p_\theta d\theta = n_2 h \tag{7}$$

(como vemos, esto obliga a introducir un tercer número cuántico), Sommerfeld llegaba a que el sistema debía verificar dos condiciones

$$\cos\alpha = \frac{n_1}{n_1 + n_2} \qquad (8.a)$$

$$n = n_1 + n_2 \qquad (8.b)$$

Y dado que los números cuánticos *n'*, n_1, *n2* están ligados a los ejes de la elipse y su posición con respecto al eje preferente, estas condiciones equivalían a decir que «existen ciertas posiciones espaciales, cuánticamente favorecidas, de los planos orbitales caracterizados por números enteros». «Sin ninguna duda», añadía Sommerfeld (1923 a: 246), «esta cuantización espacial es uno de los resultados más sorprendentes de la teoría cuántica. Cuando consideramos la simplicidad con la que se obtienen la posiciones y lo sencillo que es el resultado, parece casi como magia.» No hace falta decir que en las teorías clásicas cualquier dirección espacial es posible.

Hoy, con el beneficio de la experiencia, la anterior manifestación de Sommerfeld puede casi parecer una *boutade*, una exageración cara a la galería de alguien que, no obstante, está muy seguro de la realidad de sus predicciones teóricas. Pero no parece que fuera así: Peter Debye, que había recurrido a la cuantización espacial para intentar explicar el efecto Zeeman, señaló a Walther Gerlach (citado en Mehra y Rechenberg 1982, tomo 2: 235): «Pero seguro que usted no cree que la orientación [espacial] de los átomos es algo físicamente real; es [únicamente] una receta para hacer cálculos». Y en el mismo sentido, Max Born, recordaría años después: «Me llevó bastante tiempo tomar esta idea en serio. Siempre pensé que la cuantización direccional era una especie de expresión simbólica para algo que uno no comprende. Pero tomarla literalmente, como hacía Stern, era su propia idea [...] Traté de persuadir a Stern de que no tenía sentido, pero él me dijo que merecía la pena probar».

Serían dos de los científicos cuyos nombres han aparecido en las citas precedentes, Otto Stern (1888-1969) y Walther Gerlach (1889-1979), los que, a comienzos de 1922 demostrarían que la predicción de Sommerfeld se realizaba en la naturaleza. Stern había estudiado física y química en la Universidad de Breslau entre 1906 y 1912, donde se inició en la investigación con Otto Sackur. Tras doctorarse en 1912, trabajó (como tuvimos ocasión de comprobar en el capítulo 5) con Einstein, primero en Praga y luego en Zúrich. Tras la Primera

Guerra Mundial, mientras era *Privatdozent* en la Universidad de Fráncfort, se inició en el campo de los haces moleculares, esto es, en la técnica de producir, en un vacío elevado, haces de átomos o moléculas neutros cuya dirección era controlada con precisión. En 1921 consiguió una cátedra en Rostock y el año siguiente otra en Hamburgo. Al llegar Hitler al poder abandonó Alemania, instalándose en Estados Unidos, en el Carnegie Institute of Technology de Pittsburg.

Por lo que se refiere a Gerlach, se formó como experimentalista con Paschen en Tubinga (hizo la tesis con él, midiendo con mayor precisión que la que se conocía entonces la constante que aparecía en la ley de Stefan-Boltzmann). A finales de 1920, al trasladarse a Fráncfort comenzó a colaborar con Stern en el campo de los haces moleculares, en el que ya se había iniciado en Tubinga. La colaboración entre ambos, en la que probablemente Stern tuviera un mayor peso, terminó conduciéndoles al problema —propuesto por Stern— de verificar si un haz de átomos de plata se dividía al atravesar un campo magnético fuertemente inhomogéneo. La idea era buscar la cuantización espacial utilizando el magnetismo de un átomo. Como el movimiento orbital de un electrón genera un momento magnético perpendicular a la órbita, un átomo aislado se comporta como un pequeño imán. Por ello, Stern y Gerlach se pudieron plantear si en un campo magnético externo esos imanes señalaban únicamente en direcciones concretas.

El dispositivo y desarrollo experimental que emplearon era, básicamente, el siguiente:[13] utilizando un horno evaporaban átomos de plata en una cámara de vacío; luego hacían pasar a los átomos producidos de esa manera a través de unos pequeños agujeros, dando lugar así a un haz estrecho, que —era otra de las características del experimento— estaba compuesto por pocos átomos (lo que permitía que los átomos individuales del haz viajaran por el aparato sin interaccionar entre ellos). El haz pasaba entre los polos de un imán, uno de los cuales tenía una geometría en arista afilada, mientras que el otro era plano, aunque en la zona central tenía una hendidura en forma de un amplio «escalón», por donde pasaba el haz. Tras atravesar el imán, el haz molecular llegaba a una placa enfriada de cristal a la que se adherían los átomos por condensación, mostrando así la distribución espacial de las direcciones con que llegaban. ¿Y cuál era esa distribución?

13. Aquí sigo básicamente las explicaciones de Friedrich y Herschbach (1996).

Al no ser el campo magnético del imán uniforme, cada átomo del haz perpendicular que lo atravesaba estaba sujeto a una fuerza transversal que le desviaba, propocional a cos α, donde α es el ángulo entre el momento magnético del átomo en cuestión y la dirección del campo magnético externo. Los átomos cuyos momentos magnéticos estaban inclinados hacia ($\alpha<90^\circ$) o alejándose ($\alpha>90^\circ$) de la dirección del campo magnético se ven atraídos o repelidos, respectivamente, de la región en la que el campo magnético exterior es más fuerte (la de la arista afilada). En consecuencia, las trayectorias de los átomos que salen después de interaccionar con el campo del imán, y que quedan grabadas en la placa de cristal, muestran la orientación espacial de los momentos magnéticos atómicos.

Por otra parte, hay que tener en cuenta que los átomos de plata evaporados por el horno tenían en principio sus momentos magnéticos distribuidos de forma aleatoria. Según la teoría clásica, el resultado de la interacción de los átomos del haz con el imán debería ser tal que al salir de la región de influencia del imán, el perfil de intensidad del haz se habría extendido, es decir, cubriría una región continua más amplia con un máximo para $\alpha=90^\circ$; sin embargo, según el análisis de Sommerfeld con la cuantización espacial, en el caso analizado por Stern y Gerlach, sólo están permitidas dos orientaciones (con respecto al campo exterior) para el momento magnético: una paralela ($\alpha=0^\circ$) y otra antiparalela ($\alpha=180^\circ$), de manera que el haz se debía dividir en dos componentes distintas, cada una de igual intensidad. Esto fue lo que observaron Stern y Gerlach en su experimento. «El haz atómico», escribían en el artículo del *Zeitschrift für Physik* —1 de marzo de 1922— en el que publicaron sus resultados (Gerlach y Stern 1922: 351-352), «se divide en dos haces discretos en un campo magnético. No se pueden detectar átomos que no se desvíen [...] En estos resultados vemos la prueba experimental directa de la cuantización direccional en un campo magnético.» Y así fueron, efectivamente, percibidos por la mayoría de sus colegas: «Sus experimentos», escribía Paschen a Gerlach (citado en Mehra y Rechenberg 1982, tomo 2: 443), «prueban por primera vez la realidad de los estados estacionarios de Bohr».

Adelantando acontecimientos, señalaré que del análisis de sus datos experimentales, Stern y Gerlach fueron capaces de determinar la magnitud del momento magnético de los átomos de plata, que coincidía bastante bien con el valor que se obtenía teóricamente con la teoría cuántica de Bohr-Sommerfeld, que suponía que los momentos magnéticos atómicos surgían del movimiento orbital del electrón de valencia (el de la capa externa) con un momento angular igual a $h/2\pi$. Sin embargo, y de manera análoga a lo que sucedió con la explicación de la estructura fina, se trataba de una coincidencia fortuita, ya que la interpretación correcta sólo llegó una vez que se dispuso (1925) del concepto de espín, o, lo que es casi lo mismo, de una nueva teoría cuántica del momento angular, ya que, aunque para los átomos de plata, el momento angular orbital electrónico es, de hecho, cero, aún existe un momento angular debido al espín.[14]

Aparte de evidenciar la necesidad del concepto de espín, el resultado de Stern y Gerlach también creó otras dificultades para los físicos cuánticos, como reconoció el propio Stern: si un electrón sólo podía adoptar posiciones discretas en los átomos, entonces éstos debían mostrar una serie de efectos que, sin embargo, no se observaban. Una de esos efectos fue señalado por Einstein y Ehrenfest (1922): calcularon, teóricamente, el tiempo que necesitaban los átomos de plata para orientarse en las dos direcciones, encontrando un tiempo diferente al observado. También en este caso, habría que esperar a disponer de la mecánica cuántica de 1925-1926 para poder resolver este problema.

Un último comentario antes de cerrar esta sección: aunque me he centrado en el efecto Stern-Gerlach, el tercer número cuántico introducido por Sommerfeld, y la existencia de una dirección privilegiada, también permitió (aludí a ello en el capítulo anterior) dar cuenta del efecto Stark, que, como mostraron Epstein y Schwarzschild, se explica teóricamente en razón a que fijados los números cuánticos asociados a r y a θ, el tercero varía (esta variación se muestra experimentalmente en la división que se produce de las líneas).

La música de las armonías espectrales

Al desarrollar el modelo atómico de Bohr, Arnold Sommerfeld estaba ampliando sustancialmente el mundo atómico. Semejante ampliación implicaba en ocasiones fenómenos previamente insospechados —como la cuantización espacial—, pero el verdadero eje en torno

14. También con este análisis, en principio surgía una diferencia de un factor 2, que finalmente —en 1926— se explicó como un factor relativista, al que me refiero al final de este capítulo.

al cual giraban los nuevos constructos teóricos eran los resultados espectrales experimentales; ellos eran los que daban o quitaban fiabilidad a las teorías. Sommerfeld estaba —o terminó estando— convencido de que los datos espectroscópicos eran absolutamente esenciales para aspirar a una explicación teórica del universo atómico, y sobre tal convicción elaboró algo muy parecido a una «mística espectral», una versión atómico-espectroscópica de la armonía de esferas musicales que había propuesto siglos atrás Kepler. Veamos, en este sentido, lo que escribió en el «Prefacio» a la primera edición del *Atombau* (fechado en septiembre de 1918):

> Después del descubrimiento del análisis espectral nadie entrenado en física podría poner en duda que el problema del átomo estaría resuelto cuando los físicos hubiesen aprendido a comprender el lenguaje de los espectros. Era tan variada la enorme cantidad de material que se había acumulado a lo largo de sesenta años de investigación espectroscópica que al principio parecía inalcanzable la posibilidad de desentrañarlo. Un enriquecimiento casi mayor ha resultado de los siete años de espectroscopia Röntgen, en tanto que ha atacado el problema del átomo en su misma raíz e ilumina su interior. Lo que en el momento presente estamos escuchando del lenguaje de los espectros es una verdadera «música de las esferas» dentro del átomo, coros de relaciones integrales, un orden y armonía que cada vez se hace más perfecto a pesar de su plural diversidad. La teoría de las líneas espectrales llevará para siempre el nombre de Bohr. Pero otro nombre permanecerá permanentemente asociado a ella, el de Planck. Todas las leyes integrales de las líneas espectrales y de la teoría atómica surgen de la teoría cuántica. Es el misterioso *organon* en el que la naturaleza toca su música de los espectros, y cuyo ritmo regula la estructura de los átomos y núcleos.

No es extraño, en consecuencia, que en su Instituto el estudio de los espectros ocupase un lugar importante. Así, en la entrevista a la que se le sometió dentro del proyecto «Sources for History of Quantum Physics», Walter Heitler (1904-1981) —que se distinguió por, entre otros, sus trabajos sobre la teoría cuántica de la radiación— recordaba en los términos siguientes sus tiempos en Múnich: «En el departamento de Sommerfeld el énfasis se encontraba en modelos atómicos y teoría atómica, y en la clasificación de los espectros y cosas por el estilo».

Es oportuno mencionar que ante la pregunta de su entrevistador (John Heilbron) de si los modelos espectroscópicos se tomaban literalmente en Múnich (es decir si se consideraban como imágenes verdaderas de la realidad, o, simplemente, como buenos modelos heurísticos), Heitler contestó: «No. Realmente no se tomaban como literalmente ciertos. Estaba bastante claro, también en Múnich, que lo que se necesitaba era una nueva mecánica que describiese los fenómenos atómicos, y que no se disponía todavía de ella. Pero se tenía la esperanza de que estudiando los átomos —estudiando espectros, estudiando intensidades y cosas parecidas— uno pudiese aproximarse gradualmente a semejante teoría. Ésta era la idea; nadie pensaba que ninguno de esos modelos era el definitivo». Acaso exageraba —no es, en efecto, imposible pensar que algunos (el propio Sommerfeld, por ejemplo) se tomaban bastante en serio el mecanismo de producción de espectros asociado al modelo atómico de Bohr—, pero de lo que no hay duda es de que pensaban que una clave imprescindible para llegar a un modelo de átomo completamente satisfactorio pasaba por el estudio de los espectros.

También es relevante citar otras de las manifestaciones de Heitler, no importa que toquen apartados a los que aún no hemos llegado: «Uno de los grandes descubrimientos (o que se presentó como un gran descubrimiento) fue una fórmula exacta para los multipletes espectrales —intensidades espectrales— que se descubrieron. [...] El modelo *Rumpf* de Heisenberg era el tipo de cosas que se discutían. La teoría de Bohr, Kramers y Slater se mencionó, pero creo que nadie la tomó muy en serio en Múnich».[15]

Al margen de que las manifestaciones precedentes puedan ayudar en su momento a situar algunos desarrollos que encontraremos, ahora ilustran algo por otra parte bastanteobvio: los numerosos aspectos, cuestiones teóricas y experimentales, implicados en el mundo cuántico que se ocupaba de la naturaleza del átomo y de los espectros. Mencionaré muy brevemente los principales.

Los desarrollos del modelo de Bohr llevados a cabo por Sommerfeld, aumentaron las posibilidades de combinaciones de números cuánticos, por la sencilla razón de que mientras que Bohr sólo utilizó uno, Sommerfeld empleó tres, lo que, en principio, era tanto como decir que se diversificaba el número de niveles energéticos, y por con-

15. Más adelante, en este mismo capítulo, nos aparecerá el modelo del *rumpf* de Heisenberg.

siguiente el de posibles transiciones (líneas espectrales) entre ellos. Ahora bien, la evidencia experimental puso de manifiesto que no todas esas transiciones teóricamente posibles se realizaban físicamente. «Al enumerar todas estas posibilidades de producción», señalaba Sommerfeld (1923 a: 240) en el *Atombau*, «no deseamos afirmar que todas se realicen en la naturaleza». Era preciso introducir «reglas (o principios) de selección», «que distingan de entre la totalidad de las transiciones posibles entre órbitas, aquellas que puedan excitar la emisión de radiación». Una de esas reglas fue el «principio de selección de Bohr-Rubinowicz».

Se trata de un principio al que llegaron de manera independiente Bohr y el físico polaco Adalbert Rubinowicz (1889-1974). El primero lo hizo utilizando una herramienta que empleó extensivamente en sus trabajos cuánticos: el ya citado «principio de correspondencia». Debido al papel tan importante que desempeñó en el desarrollo de la física cuántica, es imprescindible referirse a él; pero para ello, y aunque violentando un tanto el desarrollo cronólogico-conceptual que estoy siguiendo, tengo que introducir un resultado de Einstein, que Bohr utilizó en su tratamiento del Principio de Correspondencia.[16]

Einstein sobre las transiciones atómicas

Aunque, al sumergirnos en otros caminos —básicamente el espectroscópico y el de los modelos atómicos— por los que transcurrió la física cuántica, no he mencionado en los últimos capítulos el problema de encontrar una deducción teórica satisfactoria de la ley de radiación de Planck, éste continuaba pendiente durante los años en que tuvieron lugar los hechos que he estado considerando. Sin embargo, en 1916 Einstein avanzó en esa dirección, apoyándose en las dos suposiciones básicas introducidas por Bohr en 1913: (i) que un sistema atómico sólo puede estar permanentemente en determinados estados que corresponden a una serie discreta de valores de la energía, y que al pasar de uno a otro de esos estados se produce emisión o absorción de radiación electromagnética; y (ii) que la frecuencia de estas radiaciones viene dada por la fórmula de Planck, $E = h\upsilon$. En

16. Este trabajo de Einstein ya apareció citado cuando estudiábamos la recepción del modelo atómico de Bohr.

realidad, hasta cierto punto es natural que Einstein, animado por los éxitos de Sommerfeld utilizando el modelo de Bohr, intentase aplicar estas ideas a uno de los problemas cuánticos que consideraba más fundamentales y con el que estaba familiarizado desde prácticamente sus primeros contactos con la física de los cuantos.

En concreto, lo que hizo Einstein (1916 a y b) fue deducir la ley de radiación de Planck introduciendo ciertas suposiciones sobre la probabilidad de transición de un sistema entre estados estacionarios, y sobre la forma en que esta probabilidad depende de la densidad de radiación existente en el espacio que rodea al átomo en cuestión. Einstein comparó la emisión y absorción de radiación de frecuencia υ correspondiente a una transición entre dos estados atómicos estacionarios con la emisión o absorción que predice la teoría clásica de la radiación (electromagnetismo maxwelliano), para un sistema formado por una partícula que realiza vibraciones armónicas de esa frecuencia. En analogía con la teoría clásica, que permite la emisión de radiación de frecuencia υ sin que exista un estímulo externo, Einstein supuso en primer lugar que en la teoría cuántica debe existir una cierta probabilidad, $A^j_i \cdot dt$, de que el sistema en el estado estacionario de mayor energía, caracterizado por la letra *j*, pase espontáneamente en un intervalo de tiempo d*t* a un estado estacionario de energía menor, denotado por la letra *i*. Ahora bien, en la electrodinámica clásica, en presencia de una radiación de frecuencia υ, y dependiendo de la diferencia de fase existente entre esta radiación y la de vibración, además de la emisión independiente, la partícula (representada por un oscilador armónico) también emite y absorbe radiación. Guiándose por este hecho, Einstein realizó una segunda suposición: que en la teoría cuántica, en presencia de una radiación, además de la mencionada probabilidad espontánea de transición del estado *j* al *i*, existe una cierta probabilidad (que depende de esa radiación), de pasar, en el intervalo dt, del estado *j* al *i*, al igual que del estado *i* al *j*. Supuso que estas probabilidades son proporcionales a la radiación existente en el entorno del átomo, y las denotó por $\rho_\upsilon B^j_i \cdot dt$ y $\rho\upsilon$–$B^i_j \cdot dt$, respectivamente, donde $\rho_\upsilon \cdot d\upsilon$ representa la cantidad de radiación entre υ y $\upsilon + d\upsilon$, por unidad de volumen en el espacio que rodea el sistema atómico (al igual que A^j_i, B^j_i y B^i_j son constantes que dependen únicamente de los estados involucrados).

Como se ha señalado repetidas veces, fue entonces cuando las consideraciones probabilísticas entraron en la física cuántica, circunstancia que choca con el hecho de que cuando ese probabilismo se insertó en la misma raíz de la nueva teoría cuántica (a través de la interpretación probabilística de la función de onda en la mecánica cuántica de 1925-1926), Einstein se opusiese tajantemente a ello, manteniendo que tal característica se debía únicamente a ser la mecánica cuántica una teoría no completa y por tanto no final, postura que mantendría durante el resto de sus días. En realidad el comportamiento de Einstein no debería contemplarse como necesariamente contradictorio; al fin y al cabo, ¿quién dice que en 1916 pensase que la introducción de semejante «artilugio conceptual» probabilístico correspondiese a un elemento absolutamente real (esto es, presente) en los sistemas que quería describir? En el mismo sentido, cuando en 1905 introdujo en el estudio de la radiación electromagnética los cuantos de energía, defendió la necesidad de hacerlo (entre otras razones porque sin ellos no se podían —aparentemente al menos— explicar una serie de efectos observables), pero no estaba en modo alguno seguro de a qué realidad física correspondían, ni cómo esa realidad podía combinar los aspectos ondulatorios y los corpusculares (lo único que hizo al respecto fueron vagas sugerencias estadísticas); así, recordemos, calificó su aproximación como «un punto de vista heurístico».

En cualquier caso, lo que sí hay que resaltar es que con su contribución de 1916 (cuyos resultados han desafiado el paso del tiempo, manteniéndose sus puntos y planteamientos básicos en la actualidad), Einstein dio un paso adelante en el mundo bohriano: Bohr, es cierto, había introducido la noción de transiciones entre niveles energéticos atómicos, y mostrado la utilidad de semejante noción, pero no había dicho nada acerca de cuando se producían realmente esas transiciones, esto es, acerca de su dinámica temporal.

Y ahora, pasemos al Principio de Correspondencia.

El Principio de Correspondencia

Supongo que debe ser una experiencia común a todos aquellos que se adentran en nuevos territorios, sean éstos geográficos, sociales o intelectuales, territorios en que las «viejas normas» no parecen funcionar, la necesidad de encontrar algo que les pueda servir de guía, que puedan utilizar para orientarse. Incluso aunque semejante guía finalmente resulte ser incorrecta, habrá cumplido un papel instrumental y metodológico saludable, al constituirse en una especie de criterio de demarcación, que permite *actuar*, y al hacerlo encontrar soluciones correctas, al igual que erróneas, que al mostrarse como tales también colaboran en el «progreso». Pues bien, el mundo cuántico fue uno de esos territorios, lleno de fenómenos en los que las «viejas normas», las leyes físicas y químicas hasta entonces aceptadas no funcionaban. ¿Cómo orientarse en ese mundo?

Fue Niels Bohr el que con más ahínco y acierto abordó esta cuestión, proponiendo y desarrollando la idea de que, de alguna manera, el nuevo mundo cuántico debía contener, en algún límite, al viejo universo de la física clásica, y de que era posible utilizar ese límite como guía heurística para avanzar en la construcción de modelos y teorías cuánticas. En el capítulo precedente, cuando analizábamos el artículo en el que Bohr (1913 b) propuso su modelo atómico cuántico, vimos, muy de pasada, que ya en él el físico danés introdujo esa idea, que terminaría denominando «Principio de Correspondencia» (inicialmente, muchos —Sommerfeld entre ellos— se referían a él como «*Analogieprinzip*», «Principio de Analogía», pero finalmente se aceptó la terminología que empleó Bohr a partir de 1920: «*Allgemeine Korrespondenz*», «correspondencia general», y «*Korrespondenzprinzip*», «principio de correspondencia»).

Aquel mismo año (1913), en una conferencia que pronunció en diciembre ante la Sociedad de Física de Copenhague, Bohr elaboró un tanto sus ideas al respecto, haciendo hincapié en que debía existir una correspondencia entre la teoría cuántica y la electrodinámica clásica, aunque limitada a la igualdad de las frecuencias en el caso de vibraciones de baja frecuencia.

Fue, no obstante, en 1918, en el primero de un importante trío de artículos englobados bajo el título genérico de «On the quantum theory of line-spectra» («Sobre la teoría cuántica de líneas espectrales») cuando más claramente Bohr defendió el papel heurístico del Principio de Correspondencia, un papel que no haría sino crecer en sus trabajos cuánticos de los años siguientes. Así, en la «Introducción» de ese primer artículo, escribía (Bohr 1918: 4): «Se demostrará que parece posible arrojar alguna luz sobre las dificultades más notorias [de la teoría cuántica] intentando trazar una analogía lo más estrecha posible entre la teoría cuántica y la teoría ordinaria de la radiación». De hecho, al leer aquel artículo (en el que la sutileza y riqueza argumentativa de Bohr se hace patente como en pocos otros lugares) pronto se hace evidente la importancia y la constancia de las consideraciones bohrianas con respecto al Principio de Correspondencia, que aparece una y otra vez, machaconamente. En la sección 1 («Principios generales»), inmediatamente después de explicar la esencia de la aportación de Einstein de 1916, a la que me acabo de referir en la sección precedente, y tras indicar que iba a considerar la aplicación de la teoría cuántica a la determinación del espectro de líneas de un sistema dado, Bohr señalaba que «las condiciones que se utilizarán para determinar los valores de la energía de los estados estacionarios son tales que las frecuencias calculadas con [$E' - E'' = h\nu$], en el límite en el que los movimientos en estados estacionarios sucesivos difieren comparativamente muy poco entre sí, tenderán a coincidir con las frecuencias que se deducen de la teoría ordinaria [esto es, clásica] para el movimiento del sistema en los estados estacionarios». Ahora bien, «el límite en el que los movimientos en estados estacionarios sucesivos difieren muy poco entre sí», es el que corresponde al de números cuánticos (*n* si estamos en un sistema con un grado de libertad) grandes, con lo que la anterior manifestación se puede traducir por: los resultados (las frecuencias, por ejemplo) clásicos y cuánticos coinciden para *n* grandes. Ésta es una formulación simple del Principio de Correspondencia.

Una formulación menos sencilla, más elaborada, y, por supuesto, más poderosa y fructífera es la que se encuentra implícita en la sección 2 («Sistemas con un grado de libertad»). Allí, y teniendo en cuenta el resultado clásico según el cual en un estado estacionario de un sistema periódico, el desplazamiento de las partículas en una dirección dada siempre se puede expresar mediante una serie de Fourier, como una suma de vibraciones armónicas, es decir, $\xi = \Sigma C_\tau \cdot \cos 2\pi(\tau\omega t + c_\tau)$, Bohr (1918: 15-16) manifestaba: «Para obtener la conexión necesaria, mencionada en la sección anterior, con la teoría ordinaria de la radiación en el límite de las vibraciones de baja frecuencia, debemos exigir además que también se verifique, en el límite de *n* grandes, una relación para las intensidades de las diferentes líneas del espectro, tal y como se acaba de demostrar para las frecuencias». Y añadía: «Como en la electrodinámica ordinaria la intensidad de la radiación correspondiente a distintos valores de τ viene determinada directamente por los coeficientes C_τ en [$\xi = \Sigma C_\tau \cdot \cos 2\pi(\tau\omega t + c_\tau)$], entonces debemos esperar que para valores grandes de *n* estos coeficientes determinen en la teoría cuántica la *probabilidad de transición espontánea* desde un estado estacionario dado para el que $n = n'$, a un estado vecino para el que $n = n' - \tau$».

Notemos la expresión, *«probabilidad de transición espontánea»*. Naturalmente, ésta es una referencia a uno de los conceptos introducidos en 1916 por Einstein, y es que los problemas que Bohr estaba intentando resolver —uno muy importante era el de las intensidades de las líneas espectrales— requería de una teoría detallada del mecanismo de transición entre estados estacionarios, y ahí entre los escasos resultados fiables se encontraban los de Einstein de 1916; de manera que, en cierto sentido, el artículo de Bohr de 1918 se desarrolla en un diálogo continuo con el de Einstein de dos años antes. El problema, uno de los problemas, era que no disponía de semejante teoría: «Sin una teoría detallada del mecanismo de transición entre estados estacionarios», escribía (Bohr 1918: 32), «no podemos, por supuesto, determinar, en general, de manera exacta la probabilidad de transición espontánea entre dos estados, a menos de que los n sean números grandes».[17] Esto es, la falta de una teoría completa se podía compensar sólo en parte mediante el Principio de Correspondencia. Más aún, «de las consideraciones anteriores, nos vemos conducidos de manera natural a suponer que, también para valores de n que no son tan grandes, debe existir una conexión íntima entre la probabilidad de una transición dada y los valores de los correspondientes coeficientes de Fourier en las expresiones para los desplazamientos de las partículas en los dos estados estacionarios».

Esta última manifestación —que el propio Bohr exploraba en su artículo— es extremadamente importante, puesto que condensa una de las principales —si no la principal— idea que utilizó Heisenberg en 1925 para desarrollar la primera forma satisfactoria de mecánica cuántica, la mecánica de matrices. Efectivamente, lo que éste hizo fue desarrollar un álgebra que relacionase coeficientes de Fourier con probabilidades de transición entre estados. Vemos de nuevo el papel central de las probabilidades de transición introducidas por Einstein en 1916.

Establecido todo esto, pasemos ahora a la cuestión, anunciada antes, de los principios de selección «que separan de la totalidad de

17. Sin esa teoría de los mecanismos de transición entre estados estacionarios, tampoco podía, como señalaba al final del artículo (Bohr 1918: 36), «obtener información cuantitativa sobre el problema general de las intensidades de las distintas líneas del espectro»

las transiciones posibles entre órbitas aquellas que pueden excitar la emisión de radiación». Más concretamente: al «principio de selección de Bohr-Rubinowicz».

El principio de selección de Bohr-Rubinowicz

A pesar de ser conocido por el nombre de ambos, este principio fue desarrollado de manera independiente por Bohr y por Rubinowicz, siguiendo procedimientos muy diferentes.

En el caso de Bohr, el procedimiento que empleó está basado en el Principio de Correspondencia, que acabo de tratar. Mediante una serie de razonamientos bastante intrincados, y poco transparentes para un lector no excesivamente familiarizado con el mundo científico al que se referían,[18] en «On the quantum theory of line-spectra» Bohr (1918 a) llegaba al resultado de que en un sistema periódico con simetría axial (esto es, con un eje de simetría; por ejemplo, el *z*), en las transiciones en las que se conserva el momento angular $n_z \cdot (h/2\pi)$ (con respecto a *z*, en el caso que estamos suponiendo),[19] se emite radiación linealmente polarizada (paralela al eje *z*), mientras que en las transiciones en las que el momento angular cambia en una unidad (esto es, $\pm h/2\pi$), se emite radiación circularmente polarizada.

Alguien no introducido en estas cuestiones, seguramente no relacionaría este resultado con reglas de selección. Sin embargo, éste no era el caso, obviamente, del grupo de Sommerfeld en Múnich, como muestra la carta (18 de mayo de 1918) que Sommerfeld envió a Bohr como contestación a una de éste del 7 del mismo mes. Con aquella

18. En su derivación, desempeñaba un papel importante, como instrumento al que aplicar el Principio de Correspondencia, el que según la mecánica clásica el movimiento de un electrón en un átomo puede representarse por la superposición de vibraciones armónicas parciales, con frecuencias

$$\upsilon_{clas} = \tau_1\omega_1 + \tau_2\omega_2 + \ldots + \tau_f\omega_f$$

donde $\tau_1, \ldots, \tau_f$, son números enteros que, en general, pueden tomar todos los valores entre $+\infty$ y $-\infty$; $\omega_1, \ldots, \omega_f$ son constantes determinadas, que dependen del carácter del movimiento; y *f* es el número de grados de libertad.

19. n_z es —en la notación de Bohr y otros— el número cuántico asociado a la integral de fase relacionada con la coordenada z. Más adelante nos aparecerá con la notación que se impuso, *m*.

carta, Bohr había enviado a su colega alemán una copia de «On the quantum theory of line-spectra» (Bohr 1918 a): «Su artículo», escribía Sommerfeld (reproducida en Nielsen, ed., 1976: 686-687, y citada en Mehra y Rechenberg 1982 a, tomo 1: 252), «era esperado ansiosamente desde hace tiempo y ha sido estudiado inmediatamente por todos. Pero la alegría del Dr. Rubinowicz (él es mi ayudante, aunque sólo hasta el mes que viene; después del 15 de junio volverá a su casa —a Czernowitz— donde es ayudante en el instituto de física) con respecto a su artículo fue un tanto ambivalente».

El motivo de los sentimientos encontrados de Rubinowicz —otro miembro del clan de Múnich (pasó allí los años 1916-1918, tras los cuales regresó a Polonia)— tenía que ver, como suele ocurrir en estos casos, con un trabajo suyo (Rubinowicz 1918), que para entonces debía de estar a punto de concluir, sino concluido ya (fue recibido en la redacción del *Physikalische Zeitschrift* el 22 de mayo, esto es, unos días después de que llegase el trabajo de Bohr, cuyo «Prólogo» está fechado en noviembre de 1917, y que fue publicado en abril de 1918). En su artículo, Rubinowicz se basó en la aplicación de los principios de conservación de la energía y del momento angular a un sistema constituido por un átomo y la onda emitida o absorbida por éste (supuso que la radiación emitida o absorbida por un átomo posee un momento angular, y que en la interacción entre radiación y electrones del átomo el momento angular total de la radiación y de los electrones orbitando en las diferentes capas se mantiene siempre constante). Recurriendo también a la relación de Planck entre energía y frecuencia, obtuvo una desigualdad para la diferencia entre los números cuánticos azimutales, *k* y *k*' que denotaban los estados inicial y final: que $|k-k'|$ (esto es, el valor absoluto de la diferencia) debe ser menor o igual que 1; es decir, obtuvo la siguiente regla de selección («*Auswahlprinzip*»): «Una transición de un electrón en una órbita estacionaria, asociada con la emisión de radiación», escribía (Rubinowicz 1918: 444), «no puede tener lugar de forma arbitraria, sino que siempre está relacionada con la condición de que el número cuántico azimutal, que determina el momento angular, cambie a lo sumo en una unidad». Al estudiar —muy probablemente estimulado por la lectura del trabajo de Bohr— la polarización de la radiación emitida, concluía que en el caso de que el número cuántico azimutal cambiase en +1 o en −1, la polarización de la radiación debía ser circular, y en el caso en el que no cambiase debía ser lineal. En otras palabras, su resultado y el que había obtenido Bohr previamente eran equivalentes. Su disgusto era debido a perder la prioridad.

De hecho, Bohr argumentó que su método y resultados eran más generales que los de Rubinowicz. Un lugar en el que defendió este punto de vista fue en la conferencia que pronunció en Berlín, ante la Sociedad Alemana de Física, el 27 de abril de 1920, publicada posteriormente en el *Zeitschrift für Physik* (fue allí en donde Bohr utilizó por primera vez el término «Principio de Correspondencia»). Veamos lo que manifestó en aquella ocasión (Bohr 1920; 1922 a: 52):

> En un artículo anterior que presenté a la Academia de Copenhague [Bohr 1918 a], señalé que estos resultados confirman las conclusiones obtenidas aplicando el principio de correspondencia a sistemas atómicos que poseen simetría radial o axial. Independientemente, Rubinowicz ha indicado las conclusiones que se pueden deducir directamente al considerar que el momento angular se conserva durante el proceso de radiación. De esta forma ha obtenido varios de nuestros resultados relativos a los diversos tipos de transiciones posibles y a la polarización de la radiación emitida. No obstante, incluso para sistemas con simetría radial o axial, las conclusiones que se pueden extraer por medio del principio de correspondencia son de carácter más detallado que las que se pueden obtener considerando únicamente la conservación del momento angular. Por ejemplo, en el caso del átomo del hidrógeno perturbado por una fuerza central sólo podemos concluir que k no puede cambiar en más que en una unidad, mientras que el principio de correspondencia exige que k varíe en una unidad para toda transición posible y este valor permanece constante. Además, este principio permite no sólo excluir ciertas transiciones como imposibles —y desde este punto de vista puede ser considerado como un «principio de selección»—, sino que también nos permite —a partir de los valores de las amplitudes de los componentes armónicos— extraer conclusiones acerca de las probabilidades relativas de los diversos tipos posibles de transición.

Este último punto, evidentemente, tenía que ver con las intensidades de las rayas espectrales, otro de los problemas que se exigía que una teoría cuántica explicase. Pero lo más significativo es que Bohr entendía que se debía considerar su trabajo como un conjunto centrado en la aplicación del Principio de Correspondencia, y que dentro de ese conjunto aparecía un resultado que se refería a transiciones posibles o prohibidas. Era «desde este punto de vista», que podía «ser considerado como un "principio de selección"», pero sólo desde ese punto de vista.

El abrumadoramente complejo mundo espectroscópico

Ningún lector se debería extrañar si se le dijese que a medida que las habilidades experimentales se iban desarrollando y el análisis teórico sugiriendo observaciones y problemas, más complicado se volvía el mundo experimental de los espectros atómicos. Las dificultades para acomodar las observaciones a una explicación teórica no hacían sino aumentar; un paso adelante pronto dejaba sitio a varios hacia atrás. Donde antes se veía —y se terminaba explicando— una o dos rayas, aparecían tres o más nuevas. Las reglas de selección encontraban sus excepciones. Las intensidades de las rayas, los efectos de los campos magnéticos o eléctricos sobre las líneas observadas, no se dejaban dominar por completo. Intentar presentar y explicar aquí ese mundo constituiría una tarea poco menos que imposible, por ello he optado por restringirlo drásticamente. En consecuencia, en lo que resta de este capítulo únicamente me ocuparé de algunos apartados, los que considero más importantes. Primero me detendré en el nuevo número cuántico («interno») introducido por Sommerfeld, para pasar a continuación a analizar la relación de éste con los multipletes descubiertos por el espectroscopista español Miguel Catalán, cuyo nombre aparece, por supuesto, en la mayoría de los textos que se ocupan de la historia de la física cuántica, pero de una forma demasiado escueta. Después pasaré a estudiar el efecto Zeeman normal y anómalo. Finalmente, y estrechamente ligado a lo anterior, trataré el principio de exclusión y el espín.

El número cuántico interno de Sommerfeld

La evidencia experimental espectroscópica, cada vez —como estoy insistiendo— más compleja (por ejemplo, líneas que en algunos elementos, como el sodio, son dobles; series completas que en otros —en los alcalinotérreos— aparecen duplicadas, o combinaciones entre términos triples), y junto a ella, de forma destacada, la que procedía del efecto Zeeman, obligó a introducir una nueva regla de selección, expresada en función de un cuarto número cuántico, propuesto por Sommerfeld (1920), quien lo denominó «número cuántico interno», *j*, y que interpretaba como derivado de un campo magnético intraatómico.[20] La regla de selección en cuestión terminó incluyendo dos normas: la primera (debida a Sommerfeld) que sólo son posibles las líneas que corresponden a transiciones en las que la variación de *j* esté determinada por

$$\Delta_j = +1, \quad 0, \quad -1 \tag{9}$$

y la segunda—introducida por Alfred Landé (1921 a)—, que la transición $j = 0$ a $j = 0$ está prohibida (o es de intensidad cero).

Veamos cómo defendió el propio Sommerfeld (1923 a: 363-364) la necesidad de introducir este nuevo número cuántico:

> ¿Qué significado físico debemos asignar a [la permanencia de multiplicidad que domina toda la estructura de los sistemas con líneas dobles y triples]? ¿Qué circunstancias produce la subdivisión de los niveles de energía del átomo y aseguran que el número de subdivisiones permanece constante en las diversas series? [...] ¿Qué circunstancias producen la separación de las series del hidrógeno en las diversas series o tipos de series en el caso de los elementos que no son del tipo del hidrógeno? En [otra sección de este trabajo] respondimos a esta pregunta así: estas circunstancias se deben a un *campo eléctrico adicional* que se superpone al campo coulombiano que resulta de la carga nuclear y de las cargas electrónicas. [...] En el caso actual [líneas triplete pero que constan de seis líneas] todo nos impele a reclutar la ayuda de *un campo magnético intra-atómico* que, en particular, actúe en la íntima relación que el problema de las multiplicidades de términos muestra con respecto al problema del efecto Zeeman anómalo. Este punto de vista magnético del origen de las multiplicidades de términos está completamente confirmado por las observaciones de Paschen...
>
> Otra circunstancia parece indicar que el campo magnético intraatómico, que es responsable de las multiplicidades de términos, es producido por la circulación de los electrones externos de los átomos. Así en el caso de igual valencia, las multiplicidades son del mismo tipo: son dobletes en

20. Inicialmente, Sommerfeld lo designó por n_i; más tarde, sin embargo se terminaría aceptando, siguiendo una propuesta de Niels Bohr, la letra *j*.

el caso de valencia impar, y tripletes en el caso de valencia par. Ahora bien, como la valencia viene dada por el número de electrones externos del átomo, el origen del campo magnético interno también parece estar basado en el número y movimiento de los electrones atómicos externos. [...]

Estas componentes [líneas prohibidas] implican que el número cuántico azimutal n no basta para todos los propósitos. [...] De manera que si deseamos excluir las líneas prohibidas mediante un principio de selección, debemos introducir un nuevo número cuántico; lo denominaremos el número cuántico interno y lo designaremos por n_i.

Sommerfeld estaba utilizando aquí elementos del que se terminó denominando «modelo del *Rumpf*», o, en una traducción literal, «modelo del tronco»,[21] en el que el átomo se representaba como constituido por una parte central (el «tronco»),[22] formado por el núcleo de carga Z y Z−1 electrones internos, y un electrón óptico (*Leuchtelektron*) en una órbita que rodeaba a la parte central (ese electrón «óptico» era el responsable de la mayor parte de las propiedades espectrales y químicas). En este modelo, que utilizaron sobre todo Landé y Heisenberg (a quien se le suele adjudicar), y también Pauli, se atribuía la estructura compleja de las líneas espectrales y las peculiaridades del efecto Zeeman a la interacción entre el (único) electrón óptico, de valencia, y el resto del átomo. La estructura compleja era fruto de que el átomo podía encontrarse en diferentes estados y, por consiguiente (debido a la interacción que acabo de mencionar), variar su energía. Suponiendo que la interacción entre el *Rumpf* y el electrón de valencia era de origen magnético, se esperaba explicar el efecto Zeeman en toda su complejidad (sería el resultado de la interacción de los momentos magnéticos del *Rumpf* y del electrón de valencia al orbitar con el campo magnético externo aplicado). Todo esto conducía a análisis en los que se sumaban (vectorialmente) los momentos angular del *Rumpf* (**R**) *y* del electrón óptico (**K**), para formar el momento angular total del átomo (**J**), que en presencia de un campo magnético exterior oscilaba como un giroscopio.

Volviendo a los resultados obtenidos por Sommerfeld con su nuevo número cuántico, la evidencia en su favor no era totalmente con-

21. Posteriormente se le conoció también como «modelo vectorial del átomo», denominación que aún se emplea.

22. Algunos utilizan la expresión «corazón».

cluyente, necesitándose más datos. Un apoyo significativo vendría de la mano de Miguel Antonio Catalán (1894-1957).

Catalán y los multipletes

Catalán estudió Químicas en su ciudad natal, Zaragoza. Tras trabajar durante un período breve de tiempo en la industria química aragonesa, se trasladó a Madrid, al Laboratorio de Investigaciones Físicas de la Junta para Ampliación de Estudios, dirigido por Blas Cabrera. Allí, bajo la dirección del químico Angel del Campo, comenzó su formación como espectroscopista. Siguiendo la política de aquella Junta, al cabo de un tiempo, amplió estudios en el extranjero, eligiendo finalmente el laboratorio de Fowler, en Inglaterra, al que se incorporó a finales de septiembre de 1920.

Alfred Fowler (1868-1940), formado con Norman Lockyer en el Royal College of Science, el germen del que surgiría el Imperial College of Science and Technology, era uno de los espectroscopistas más eminentes del mundo. Autor de uno de los textos básicos de la espectroscopia, *Report on Series in Line Spectra* (Fowler 1922), de sus trabajos en el campo de la espectroscopia también se derivaron, como subproducto, la primera determinación precisa de la constante de Rydberg y el cociente de la masa del electrón y del protón. Además de suceder a su maestro en la cátedra, Fowler fue *fellow* de la Royal Society, presidente de la Royal Astronomical Society (1919-1921) y el primer secretario general, en 1920, de la International Astronomical Union. Junto a Fowler, Catalán mejoró sustancialmente su dominio de las técnicas espectrográficas, pudiendo además utilizar instrumentos de mejor calidad de los que había podido disponer en Madrid.

A través de algunos documentos que han sobrevivido, podemos hacernos una idea no sólo de las actividades de Catalán en Londres (algo no especialmente relevante para el presente libro), sino también de la naturaleza de las complicaciones con que se enfrentaba un espectroscopista experimental, complicaciones que, como veremos, le conducirían al descubrimiento de los multipletes. Así, el 9 de marzo de 1921, Catalán escribía a Ángel del Campo:[23]

23. Esta carta, al igual que el resto de los datos incluidos en esta sección, se encuentran en Sánchez Ron (1994).

Mi querido profesor y amigo: Cuando reciba V. ésta de seguro que se asombra de que dé señales de vida; tiene razón, ya es hora de que escriba, pero es que dejándolo de un día para otro he llegado a cumplir casi los dos meses desde que salí de ahí.

Tantas cosas querría contarle que no sé por donde empezar. Bueno empezaré por lo mío. Cuando regresé seguí con el Mn [manganeso] a vueltas, hice una porción de fotos en todos los aparatos y seguí haciendo *números y más números.* Hubo día que me dieron las 11 de la noche en ello. Pero fue fructífera la labor.

Quedó un esquema completo de las cuatro series p, s, d y f perfectamente determinado, unas cuantas líneas de combinación y la novedad de los satélites que le expliqué a V.[24] Desgraciadamente la serie f está en el infrarrojo y lo mismo que sucede con el Mg [magnesio] (se parecen las constantes de las fórmulas mucho a las del Mg) sólo se pueden encontrar dos términos pero que sin embargo no cabe duda que responden casi exactamente a la fórmula de Rydberg como les sucede a todas las series f. Pero me quedaba todo aquel enorme fárrago de combinaciones que no era posible ordenar, y entre ellos estaban los grupos más inquietantes del Mn. Desde luego había una idea fundamental y es que eran dos series distintas, una con las separaciones 44,1 y 35,8 y otra 14,1 y 8,7, que estaban separadas siempre por una distancia, ¡asómbrese!, de 10.967,78. ¿No le recuerda a V este número algo? Parece N/10 ¿verdad? Bueno, eso no sé aún si es coincidencia numérica o qué. Pues no encuentro explicación.

Y en este punto intensificaba sus consideraciones espectroscópicas de todo tipo: «Atacando el problema en busca de dobletes no ha sido muy fructífera mi labor, seguramente habré de proseguirla pero desde luego existe un grupo [...] de líneas intensísimas que llama extraordinariamente mi atención. [...] Pero al presente no he conseguido hallar series completas. Éste es el estado actual del trabajo».

Lejos no obstante de finalizar su misiva aquí, Catalán volvía a sumergirse en posibles interpretaciones del espectro del manganeso, hasta que, algunas páginas más adelante, y ante la complejidad del problema declaraba:

24. Aquí, Catalán se refiere a las series denominadas principal, neta, difusa y fundamental, denotadas, como mencioné anteriormente, por las iniciales de las correspondientes expresiones inglesas: *p, s, d* y *f,* que se observan en los espectros de emisión.

> Ahí hice punto hace algunos días y empecé a trabajar con el escandio. William Crookes hizo heredero a Fowler de ½ gr. de óxido de escandio que él purificó a costa de grandes esfuerzos y me ha encargado a mí de hacer la revisión del espectro que Fowler en arco y Crookes en chispa estudiaron incompletamente. Ya he conseguido algunas buenas fotos de óxido de escandio en chispa pero tengo que hacer más. También he hecho alguna de arco pero estoy esperando a ver si consigo hacerlo dentro de un globo de vidrio porque si se volatiliza figúrese V. que pronto me quedaré sin él y precisamente está dispuesto Fowler a que haga unas fotos en infrarrojo y rojo (con dicianina) y tendré que hacer largas exposiciones. Ya he trabajado numéricamente algo en el espectro del Sc y desde luego entre las líneas «enhanced» he encontrado ya tripletes y combinaciones, así que por ello ya hay buenas posibilidades de que la hipótesis de Sommerfeld vaya siendo comprobada.

Como es natural, también informaba sobre las investigaciones en curso en el laboratorio de Fowler: «Trabajos que por aquí hacen conozco los siguientes: Uno anda a vueltas con espectros en la región Lyman, otro midiendo líneas de los alcalinos *en vacío*, otro intentando obtener el espectro del amoníaco, otra Srta. Revisando el espectro del azufre, otro que parece que lo del Hg no son series de líneas y tripletes sino cuadripletes y no recuerdo otros». Y en este punto detenía su, como él mismo reconocía, «deshilachada» carta, ya que «acaba de entrar Fowler con el profesor Russel [*sic*; es Russell] (americano) el de la teoría estelar y les he estado enseñando algunas fotos de Sc».

Y en una posdata añadía:

> Olvidaba decirle que hago progresos en los espectros *de los astros* pues aquí se *oye* mucho, que he asistido a 3 conferencias de Fowler preciosas, que ahora oigo a Rutherford (electricity and matter) y pasado mañana a Michelson.

No está claro en qué momento unió Catalán todos los cabos sueltos con que se encontró (algunos de los cuales aparecen en la carta anterior) para llegar a los multipletes. Fue, desde luego, en 1921 (en un currículum suyo, manuscrito por él mismo, que se conserva se lee: «En 1921 descubrió que los espectros [en el caso del manganeso] estaban integrados por grupos complejos de líneas que denominó multipletes y que mediante la observación de éstos se podía llegar al descubrimiento de los niveles de energía atómicos»). En preparar el correspondiente artículo tardó más, ya que el manuscrito, presentado por Fowler, fue recibido por la Royal Society el 22 de febrero de 1922, cuando Catalán ya estaba de regreso en Madrid. Finalmente apareció en las *Philosophical Transactions* de la Royal Society, bajo el título «Series and other regularities in the spectrum of manganese» («Series y otras regularidades en el espectro del manganeso»; Catalán 1922).

El descubrimiento de Catalán consistió en demostrar que grupos formados por numerosas líneas distribuidas sin aparente regularidad en el espectro pueden tener un origen físico común. Generalizaba de esta manera las ideas que se tenían con respecto a los dobletes y tripletes de los metales alcalinos y alcalinotérreos. De hecho, la introducción de los multipletes constituyó un paso importante en el desarrollo de la teoría cuántica (y subsidiariamente de la astrofísica), ya que permitió, al ser aplicada a los espectros complejos, avanzar en la interpretación de la estructura electrónica de los átomos que producen tales espectros. Así lo reconocieron los científicos implicados en estos campos. En este sentido, en el discurso que pronunció como presidente de la Sección de Ciencias Físicas y Matemáticas del Congreso de la British Association for the Advancement of Sciences celebrado en Oxford en agosto de 1926, Fowler (1926: 21-22) declaró:

> Exceptuando los dos primeros grupos y el subgrupo del aluminio en la tabla periódica, los espectros de los elementos son, con pocas excepciones, extremamente complejos y han desafiado su análisis durante mucho tiempo. Es verdad que ciertas «diferencias constantes» han sido advertidas en muchos de estos espectros por Kayser y Runge, Paulson, y otros, pero éstas daban poca información sobre la estructura real de los espectros. No se consiguió una clave para la estructura de los espectros complejos hasta las investigaciones que en 1922 realizó Catalán, que estaba trabajando entonces en el Imperial College. Catalán realizó primero un amplio estudio del espectro del manganeso (para el que ya Kayser y Runge había desentrañado parcialmente la estructura de series de tripletes de carácter bastante peculiar), y descubrió que, mientras que las series principal y neta *[sharp]* consistían en tripletes simples, los miembros de la serie difusa constaban cada uno de nueve líneas en lugar de las seis que hasta entonces se había considerado que caracterizaba un

«triplete» difuso. Se siguió de ello que los términos D tenían cinco valores, frente a los tres del calcio y de otros elementos del grupo segundo. Además de las líneas que forman series regulares, Catalán también identificó varios grupos complejos que denominó «multipletes», uno de los cuales incluía nada menos que catorce líneas. Las líneas de cada multiplete eran de carácter similar y generalmente de la misma clase en la clasificación de temperatura de King, y se podían disponer según un sencillo plan para mostrar la regularidad de su distribución.

El rasgo esencial del trabajo de Catalán fue el descubrimiento de que en los espectros de arco y de chispa del manganeso, y en el espectro de arco del cromo, existían términos de mayor complejidad que los términos triples conocidos hasta entonces. Fue este descubrimiento el que abrió el camino al análisis general de los espectros complejos. Ha sido continuado con extraordinario éxito por el propio Catalán, por Walters, Laporte, Meggers, Sommerfeld y otros, y se han obtenido los rasgos principales de la estructura de muchos espectros tan complicados como el del hierro.

Otro espectroscopista importante, William Meggers (1888-1966; 1958: 11), señalaba: «Con anterioridad a 1921 los términos espectrales derivados del análisis de espectros atómicos relativamente sencillos constaban únicamente de niveles simples, dobles y triples. Catalán atacó valientemente los espectros más complejos del manganeso y del cromo, y afortunadamente encontró términos que contenían 5, 6 ó 7 niveles que se combinaban para producir grupos de 9 a 15 líneas espectrales, para los cuales acuñó el término "multiplete". El descubrimiento de Catalán de términos espectrales de gran multiplicidad fue una clave correcta en la interpretación de los espectros complejos; en seguida fue adoptada por muchos espectroscopistas, produciéndose una avalancha de multipletes. Esto inspiró el desarrollo de la interpretación cuántica de los espectros atómicos y dio lugar a la edad de oro de la espectroscopia en 1926, cuando fue posible explicar teóricamente todas las radiaciones discretas en términos de energías y números cuánticos asociados a los electrones de átomos e iones».

Como señalaba Meggers, el descubrimiento de Catalán constituyó una clave importante para la interpretación de los espectros complejos. Y en este punto nos vuelve a aparecer Sommerfeld, a quien el espectroscopista español (que regresó a España en el otoño de 1921) conoció personalmente en Madrid, cuando aquél pronunció una serie de conferencias en la Facultad de Ciencias, en abril de 1922.[25]

Bastantes años después, durante un curso de doctorado que dictó en la Facultad de Ciencias de la Universidad de Madrid en 1946, Catalán (1946: 99-100) comentó su encuentro y relación con Sommerfeld:

> Cuando se publicó el trabajo del manganeso dio la casualidad de que todavía no se había mandado el manuscrito y entonces vino Sommerfeld [...] a dar aquí [Madrid] una conferencia. Le di mi trabajo y se lo llevó una noche a su casa. Se excitó muchísimo con mi trabajo porque él había creado su teoría de los cuantos internos casi sin datos con los alcalinos y alcalinotérreos y de repente se encontró con que yo le proporcionaba una gran cantidad de datos para su teoría. Al día siguiente me llamó y tuvimos una conversación que iba a ser el principio de una relación muy estrecha que todavía hoy conservamos.

La información suministrada por Catalán a Sommerfeld en Madrid sirvió, en efecto, para que éste desarrollara más su idea del número cuántico interno. Rápidamente escribió un artículo (Sommerfeld 1923 b) titulado «Interpretación de los espectros complejos (manganeso, cromo, etc.) por el método de los números cuánticos internos», en cuya introducción se lee: «En este trabajo vamos a demostrar cómo el esquema del número cuántico interno, debidamente ampliado, da buen resultado para explicar estructuras de líneas muy complicadas correspondientes a elementos situados al final del sistema periódico. El estímulo para llevar a cabo esta ampliación la encontré cuando pude conocer el análisis del espectro del manganeso que había realizado el Sr. Catalán en el laboratorio de A. Fowler. Se vio que los nuevos conjuntos de líneas analizados por el Sr. Catalán encajan excelentemente en el esquema del número cuántico interno».

Las relaciones entre Catalán y Sommerfeld condujeron a que el primero pasase el curso 1924-1925 en Múnich. Fue la International

25. Los títulos y las fechas de las conferencias de Sommerfeld fueron: «Fundamentos de la teoría de Bohr; espectro del hidrógeno» (6 de abril); «Estructura fina del espectro del hidrógeno» (7 de abril); «Teoría de los espectros de los rayos X» (25 de abril); «Estructura fina de los espectros de los rayos X» (26 de abril); «Espectros ópticos en general» (27 de abril); «Complementos matemáticos acerca de las integrales de fase» (28 de abril).

Educational Board (IEB) de la Fundación Rockefeller quien financió su estancia en Alemania, tras una solicitud del propio Sommerfeld. Catalán llegó a Múnich a primeros de noviembre de 1924, y, como es natural, informaba periódicamente de sus actividades a los oficiales de la IEB. Una carta, fechada en Tubinga el 15 de mayo de 1925, contiene datos muy interesantes sobre sus actividades, así como sobre los problemas que deseaba abordar en el futuro:[26]

> Estamos en Tubinga desde el 1 de mayo. Vinimos a esta ciudad siguiendo los consejos del Prof. Sommerfeld. Estoy aprendiendo cómo obtener buenas placas del efecto Zeeman y la utilización de muchos instrumentos.
>
> He sido muy bien recibido por todos en este Instituto, en especial por los Prof. Gerlach, Prof. Landé y Dr. Back. He tenido ocasiones de hablar con ellos acerca de diferentes problemas físicos.
>
> He estudiado con cierto detalle los dispositivos de las rejillas, que como usted sabe, son los instrumentos más útiles en un laboratorio de investigación espectroscópica general y al mismo tiempo para el estudio de la estructura de los espectros.
>
> Para el año que viene tengo la idea de comenzar en Madrid el estudio de la estructura de los espectros de *las tierras raras*, porque nadie ha atacado todavía este importante problema y, al mismo tiempo, porque es muy necesario completar, desde el lado espectroscópico, el trabajo que el Prof. Cabrera ha realizado sobre esos elementos estos últimos años en Madrid, desde el punto de vista magnético.
>
> Mañana vamos a ir durante algunos dias al Physikalischen Institut de Bonn. Pretendemos permanecer allí para hablar con los físicos de este Instituto y ver sus investigaciones experimentales, y después regresar a Múnich.

El Physikalische Institut de Tubinga, el lugar en el que Catalán pasó dos semanas, era un magnífico centro de física. Lo había dirigido (ya me he referido a algunos de estos puntos antes) Friedrich Paschen hasta el 1 de septiembre de 1924, cuando pasó a presidir el Physikalisch-Technischen Reichsanstalt, siendo sucedido por Walther Gerlach, que llegó desde la Universidad de Fráncfort (estuvo en Tu-

26. M. Catalán a Augustus Trowbridge, Archivos Rockefeller. Citada en Sánchez Ron (1994: 187).

binga hasta 1929, cuando pasó a Múnich). Alfred Landé, otro de los nombres mencionados por Catalán, era profesor asociado —continuo refiriéndome a Tubinga— desde 1922 (lo fue hasta 1931, año en que se trasladó a Estados Unidos, a la Ohio State University). Finalmente, Ernst Back (1881-1959) fue *Privantdozent* entre 1923 y 1926.

El efecto Zeeman normal y anómalo

En diversos lugares nos ha aparecido mencionado el «efecto Zeeman»; sin embargo todavía no me he detenido en él. Desde luego, podía haberlo hecho pero, como en tantos lugares de la historia de la física cuántica, no siempre es sencillo situar una idea, desarrollo o experimento, al encontrarse relacionados con más de una cuestión o momento. Ahora es la ocasión adecuada.

El punto de partida fue el descubrimiento realizado en 1897 por el físico de la Universidad de Leiden, Pieter Zeeman (1865-1943).[27] Investigando, como había hecho Michael Faraday en 1862, el efecto de un campo magnético en las líneas espectrales, Zeeman (1897*a* y *b*), utilizando un electroimán Ruhmkorff y una red de difracción de Rowland, encontró que bajo la influencia de un campo magnético del orden de 32.000 gauss, una línea del espectro del cadmio se dividía en dos en observaciones longitudinales y en tres en las transversales.

Zeeman informó de su hallazgo inmediatamente a su compatriota y antiguo director de investigación, Hendrik Lorentz, y éste no tardó en aplicar sus inmensos saberes en electrodinámica clásica y teoría del electrón para proponer una explicación teórica de dichas observaciones (en 1902, los dos físicos holandeses recibieron el premio Nobel de Física por estos trabajos). El éxito de Lorentz no sólo reforzó el estatus de la electrodinámica clásica, sino que, en palabras de Bohr (1935: 131), «inauguró una nueva época en el desarrollo de la teoría atómica», tal y como ya había previsto poco después

27. Zeeman había estudiado y sido alumno de Kamerlingh Onnes en Leiden. En 1890 se convirtió en ayudante de Lorentz, y en 1893 obtuvo su doctorado, trasladándose inmediatamente a Estrasburgo, donde pasó un año junto a Friedrich Kohlrausch. En 1895 regresó a Leiden como *Privatdozent.* Dos años después pasó a la Universidad de Amsterdam, en donde transcurriría el resto de su carrera (como catedrático desde 1908, sucediendo a Johannes van der Waals).

de haberse realizado el descubrimiento y su interpretación el propio Lorentz (1900; 1934:35): «Los destacados experimentos mediante los que M. Zeeman ha demostrado la influencia de un campo magnético sobre la emisión de la luz han constituido el punto de partida de una larga serie de investigaciones experimentales y teóricas. La ciencia se ha enriquecido así con un gran número de hechos importantes, y se ha abierto una nueva vía, a través de la cual se podrá penetrar más profundamente en la mecánica íntima de la radiación y de la absorción».

Todavía lejos en el tiempo de modelos atómicos como el de Rutherford-Bohr, la interpretación de Lorentz apoyaba la idea de que las propiedades ópticas de los elementos eran debidas al movimiento de partículas eléctricas existentes en el interior de los átomos, y suministraban una fuente de información sobre tales partículas. De hecho, la coincidencia de los cálculos teóricos de Lorentz con los rasgos experimentales observados por Zeeman no era el único aspecto destacable del nuevo efecto: de la teoría clásica y algunos datos medidos por Zeeman, se pudo calcular el cociente entre la masa y la carga de esas partículas que se suponía se hallaban en el interior de los átomos, encontrándose un valor que coincidía con el de los «corpúsculos» (electrones) obtenido en los rayos catódicos por J. J. Thomson también en 1897.

Desgraciadamente, pronto se encontró que existían problemas en la explicación de Lorentz, como él mismo reconocía en el escrito (en realidad un informe que presentó en el Congreso Internacional de Física celebrado en París) de 1900 que he utilizado hace un instante: «La mayoría de las rayas espectrales que han sido examinadas hasta el momento», señalaba (Lorentz 1900; 1934:38-39), «han mostrado los dobletes y tripletes que exige la teoría elemental. Sin embargo, existen numerosas excepciones a la teoría general. Sin duda, el caso más interesante es el de la raya D_1 del sodio, para la cual la observación realizada perpendicularmente a las líneas de fuerza hace ver, no un triplete sino un cuadruplete, estando desdoblada en dos rayas la componente central del triplete ordinario. [...] Este fenómeno, que ha sido descubierto por M. Cornu [1898] y M. Preston [1898], se encuentra en otras rayas». Y añadía: «Algunas veces el número de componentes es todavía más considerable; M. Michelson [1897], M. M. Becquerel y M. Deslandres [1898] y M. Preston han señalado, por ejemplo, 6, 8 e incluso 9 rayas».

Lejos de disminuir, este aspecto «anómalo» (con respecto a lo que preveía la física clásica) del efecto Zeeman no haría sino aumentar, según proliferaban nuevas observaciones, convirtiéndose en un calvario y en una auténtica piedra de toque para cualquier intento de teoría atómica.

La llegada del modelo atómico de Rutherford-Bohr no modificó esencialmente la situación, como explicó el propio Bohr (1935: 132-133) cuando ya se disponía de la solución correcta: «Mientras que este punto de vista [el modelo atómico de Bohr y los cuantos] ofreció una interpretación inmediata del principio de combinación de Rydberg-Ritz, que gobierna las series de los espectros y que había resistido toda explicación clásica, durante mucho tiempo no estuvo nada claro cómo se debía explicar el efecto Zeeman anómalo. Así, ni los primeros esfuerzos para elaborar una teoría cuántica de la constitución atómica que se apoyaban en un uso limitado de las imágenes clásicas, ni los métodos mecánico-cuánticos que gradualmente se fueron estableciendo, y que tan poderosos eran en muchos otros aspectos, parecían, de entrada, dejar más espacio que la teoría clásica, para la aparición de cualquier tipo de esquema Zeeman que no fuese el triplete Lorentz normal. De hecho, la coincidencia entre los resultados de estos métodos en relación con los efectos Zeeman y las consecuencias de la teoría ordinaria del electrón, englobadas en el bien conocido teorema de Larmor, ofrecían un ejemplo aparentemente definitivo del denominado principio de correspondencia, que caracteriza la forma en que los conceptos clásicos, independientemente de sus limitaciones, se mantienen en la teoría cuántica».

Estas manifestaciones de Bohr no se deben tomar, por supuesto, en el sentido de que no se produjesen intentos de desarrollar teorías-modelos cuánticos que diesen cuenta del efecto Zeeman anómalo, únicamente señala que los esquemas más establecidos de la vieja teoría cuántica no permitieron explicarlo (por «más establecidos» quiero decir esquemas que respondían a un cuerpo lógico-argumental, como el análisis en base a las integrales de fase de Sommerfeld, y no esquemas que incorporaban propuestas claramente *ad hoc*). Más aún, es preciso reconocer que, a la postre, los esfuerzos por explicar el efecto descubierto por Zeeman constituyeron, utilizando de nuevo una manifestación de Bohr (1935: 134), «una guía inapreciable en todos los estadios de la moderna teoría atómica». Sin ir más lejos, la introducción de números cuánticos semienteros, que terminaría constituyendo una característica de la mecánica cuántica, apareció por primera vez en cuestiones relacionadas con el efecto Zeeman anómalo.

En la historia de los esfuerzos por explicar el efecto Zeeman anómalo, el nombre del físico alemán Alfred Landé (1888-1975) ocupa un lugar preferente. Es, en consecuencia, oportuno dar algunos datos de su biografía.

Landé estudió en Marburgo, Múnich y Gotinga entre 1908 y 1913, para luego iniciar su investigación doctoral (que completó en 1914) bajo la dirección de Sommerfeld. A continuación pasó dos años (1913-1914) en Gotinga, como ayudante de David Hilbert.[28] Durante los años de la Primera Guerra Mundial, colaboró con Max Born en el estudio teórico de las propiedades de los cristales, lo que también suponía interesarse por los movimientos orbitales de átomos y moléculas. Al terminar la guerra y conseguir Born una cátedra de Física teórica en Fráncfort, Landé le siguió como ayudante, continuando con los estudios sobre movimientos atómicos. Después de servir como *Privatdozent* en Fráncfort entre 1920 y 1922, donde coincidió algún tiempo con Stern y Gerlach, pasó a Tubinga.

En Tubinga, estimulado por el flujo continuo de datos experimentales espectroscópicos obtenidos por Paschen y Back, especialmente por los relevantes para el problema del efecto Zeeman anómalo, Landé (1921 b, 1923) desarrolló una construcción formal que acogía a prácticamente todos los datos observados,[29] siguiendo para ello un procedimiento de muy difícil reconstrucción, en el que datos experimentales, teorías existentes y «modelización numérica» (esto es, el deseo de encontrar reglas que diesen cuenta de observaciones, sin importar que tales reglas no respondiesen a modelo físico alguno) se combinaban en una mezcla tan explosiva y extraña como eficaz.[30]

28. Hilbert acostumbraba a tener a un joven físico como ayudante, para que le tuviese informado de los últimos desarrollos en física. Landé sustituyó a Peter Ewald en ese puesto.

29. Algunos datos se resistieron: por ejemplo, la expresión para g, de la que me ocuparé en seguida, no funcionaba para los valores del neón observados por Paschen en 1919 y 1920.

30. Una reconstrucción más completa —y sin duda compleja— de los trabajos de Landé se puede encontrar en Forman (1970). Véase también Forman (1967, 1968), Jammer (1966) y Hund (1974). Yo he preferido utilizar una explicación (esbozo, realmente) más cercana a las presentaciones que se incorporaron pronto a libros de texto (ver, en este sentido, Bloch 1930).

En esencia, lo que hizo Landé (1921 b) fue proponer una expresión que proporcionaba la separación entre las frecuencias (o entre las energías) de las líneas espectrales que se observaban bajo la acción de un campo magnético

$$\Delta \upsilon = \mathrm{mg}\Delta \upsilon_{o} \qquad (10)$$

donde *m* es el denominado «número cuántico magnético», asociado a la integral de fase relacionada con la coordenada z (esto es, $\int L_z d\phi = mh$, con L_z el momento angular total en la dirección del eje de revolución, *z*, marcada por la dirección del campo magnético, y φ el ángulo correspondiente),[31] *g* es un factor constante, y $\Delta \upsilon_o$ corresponde a la expresión que se deduce de la teoría electromagnética clásica para esa misma separación. Una parte central de los esfuerzos de Landé —y de sus éxitos— residió en deducir de los datos espectroscópicos experimentales los valores numéricos del factor *g* que había que asociar a cada nivel energético del átomo (lo que equivale a decir, a cada nivel espectroscópico), ya fuesen éstos singletes, dobletes, tripletes o cuadrupletes. Naturalmente, para hacerlo tenía que utilizar los números cuánticos, y de entre ellos, los más determinantes eran *l* y *j*.[32] El problema es que para dar cuenta de las observaciones tuvo que recurrir en algunos casos a valores semienteros (como 1/2,

31. Recordemos que este número cuántico nos había aparecido con anterioridad, en relación al Principio de selección de Bohr-Rubinowicz, bajo otra notación (n_z).

32. No me he referido todavía al número cuántico *l,* que representa el momento angular orbital. Diré únicamente que se encuentra relacionado con *k* mediante la expresión $l=k-1$. Teniendo en cuenta que para *k* el principio de selección de Bohr-Rubinowicz se escribe como

$$\Delta k = -1, 0, +1$$

para *l,* se tiene

$$\Delta l = -1, +1$$

Otra regla importante a la que se llegó era que *m* debía los valores

$$l, l-1, l-2, \ldots, -(l-1), -l$$

es decir, que $m = (2l+1)$.

3/2, 5/2, 7/2...) de *j*, el número cuántico interno, rompiendo así una regla no escrita de la física cuántica (en seguida me ocuparé —cuando hable de Heisenberg— de las reacciones que suscitó semejante procedimiento).

En Tubinga, Paschen y sus estudiantes aplicaron en seguida el análisis de niveles de energía de Landé, con el factor *g*, a una variedad de nuevos casos (por ejemplo, a transiciones prohibidas de dobletes y tripletes compuestos). Durante la primavera de 1921, Paschen había descubierto que un campo magnético moderadamente fuerte —esto es, lo suficientemente fuerte como para producir algunos solapamientos en las líneas del grupo— hacía que apareciesen estas combinaciones previamente prohibidas. Con alguna dificultad logró implicar a Back en las medidas, y juntos fueron capaces de determinar los esquemas Zeeman de estas líneas prohibidas. «El efecto Zeeman», escribía Paschen a Sommerfeld el 24 de julio (citado en Forman 1970: 235), «es en los tres casos *exactamente* lo que resulta de las nuevas reglas de Landé».[33]

Como veremos en la próxima sección, el joven Heisenberg llegó también por entonces a la conclusión de que era necesario introducir números cuánticos semienteros, publicando sus resultados en 1922. En ese artículo, Heisenberg (1922) utilizaba una forma ya bastante desarrollada del modelo *Rumpf* del que se benefició Landé, tomando la idea de un número cuántico para el momento angular del *Rumpf* del conjunto central del átomo, que denotó por *R* y al que adjudicó el valor de 1/2 para los alcalinos (es decir, el tronco central, el *Rumpf*, realiza una rotación interna con momento angular 1/2 en unidades h/2π).[34]

33. Back fue un espectroscopista notable. Construyó, por ejemplo, un foco luminoso de vacío que podía ser introducido en el pequeño espacio ocupado por un campo magnético muy intenso, y de tal manera que la descarga se efectuara paralelamente al campo. Le fue posible así obtener rayas de vapores metálicos y de gases, tan finas, que le permitieron poner de manifiesto descomposiciones hasta entonces ocultas. De hecho, según Zeeman (1929: 774), Landé «no hubiera podido encontrar su fórmula del factor *g* [a la que me referiré inmediatamente; JMSR] si no hubiera estado en contacto permanente con Back, cuyos excelentes trabajos han dado una admirable aceleración a nuestros conocimientos de la descomposición magnética».

34. Los alcalinos son especialmente convenientes para el modelo del *Rumpf* ya que tienen un único electrón de valencia, con lo que la interacción entre éste y el tronco nuclear es más «limpia».

Durante el invierno 1922-1923, en base a los resultados experimentales obtenidos sobre todo por Back, y siguiendo un complejo proceso semiempírico, Landé encontró una expresión concreta para *g*

$$g = 1 + \frac{j(j+1) + R(R+1) - l(l+1)}{2j(j+1)} \tag{11}$$

(también propuso la relación vectorial $\mathbf{j} = \boldsymbol{l} + \mathbf{R}$).

Esta expresión funcionaba muy bien, pero cuando se intentaba demostrar, con los instrumentos teórico-conceptuales existentes, se obtenía

$$g = 1 + \frac{j^2 + R^2 - l^2}{2j^2} \tag{12}$$

Es patente que (12) se parece mucho a (11), pero distan de ser idénticas: para pasar de (12) a (11) hay que substituir j^2, R^2 y *l2* por, respectivamente, j(j + l), R(R + l) y *l*(*l* + 1). Existía, en otras palabras, una dificultad aparentemente inherente entre el modelo atómico que se estaba adoptando y los resultados de Landé; una dificultad que sería imposible resolver en el, a la postre limitado, marco de la vieja teoría cuántica. La solución tendría que esperar a que se dispusiese de una mecánica cuántica, esto es, a las formulaciones de Heisenberg y Schrödinger de 1925-1926, con las que se pudo finalmente deducir la ecuación (11) de Landé. Como manifestó Samuel Goudsmit en 1925 (citado por Pais 1986: 271), siguiendo un complicado proceso entre los datos experimentales y reglas improvisadas, Landé se las arregló para ensamblar un esquema «completamente incomprensible, [pero con el que] se domina completamente el amplio y complicado material del efecto Zeeman anómalo».

La entrada en escena de Werner Heisenberg

Con mayor o menor justificación, razonablemente en cualquier caso, hay tres nombres que se asocian inmediatamente a la física cuántica: Max Planck y Niels Bohr son dos, y Werner Heisenberg (1901-1976) el tercero.

Extraordinariamente dotado para un gran número de actividades, las intelectuales a la cabeza, Heisenberg seguramente pudo haber destacado en bastantes campos, pero fue la ciencia, y dentro de ella la física, la que finalmente atrajo su atención. Tras finalizar sus estudios de bachillerato y haber caído enfermo, recordó en su libro autobiográfico (Heisenberg 1996: 65), «tuve que guardar cama durante muchas semanas, y a lo largo de la convalecencia subsiguiente me encontré con mucho tiempo a solas con mis libros. En estos meses críticos cayó en mis manos una obra cuyo contenido me fascinó, aunque la comprendí sólo a medias. El matemático Hermann Weyl había realizado una exposición matemática de los principios de la teoría de la relatividad de Einstein bajo el título *Raum-Zeit-Materie* (*Espacio-tiempo-materia*).[35] La discusión de los difíciles métodos matemáticos que en este libro se desarrollaban y el abstracto edificio conceptual de la teoría de la relatividad que había en su trasfondo absorbió mi atención y provocó mi inquietud, robusteciendo con ello mi anterior decisión de estudiar matemáticas en la Universidad de Múnich».

En la Universidad de Múnich, su ciudad natal, donde su padre era catedrático de filología medieval y moderna, el joven Werner se aproximó al gran Ferdinand Lindemann (1852-1939), célebre por haber resuelto, en 1882, el problema de la cuadratura del círculo (lo que implicaba que π era un número trascendente), pero cuando éste se enteró de que había leído *Raum-Zeit-Materie* de Weyl (él mismo, al fin y al cabo, por entonces un célebre matemático) le rechazó con el argumento de: «Entonces usted ya está perdido para las matemáticas».

La siguiente opción fue la física matemática, entonces (como con frecuencia ahora) difícilmente distinguible de la física teórica, y estando en Múnich, ¿qué mejor elección que Arnold Sommerfeld, un «hombre bajo y corpulento», recordaría Heisenberg (1996: 66-67), «con un bigote negro un tanto marcial, [que aunque] daba en principio una impresión dura, ya en las primeras palabras me pareció que traslucía una bondad natural»?

Fue una magnífica elección. De entrada, Sommerfeld se esforzó por controlar las excesivas ansias filosóficas del brillante Werner. «A mí», le declaró éste, «las cuestiones del transfondo me interesan quizás aún más que las pequeñas tareas particulares». Ante lo cual, el *herr*

35. Aquí Heisenberg se refiere a Weyl (1918).

professor le contestó: «Usted sabe, sin embargo, lo que dijo Schiller aludiendo a Kant y a sus intérpretes: "Cuando los reyes edifican, tienen los carreteros trabajo". ¡Todos somos primero carreteros! Pero usted verá qué alegría le produce si hace tal trabajo cuidadosa y concienzudamente y si además, como esperamos, saca algo de él».

En el otoño de 1920, cuatro semanas después de haberse incorporado al seminario de Sommerfeld, éste asignó a Heisenberg el problema de analizar los nuevos datos relativos al efecto Zeeman anómalo que le habían enviado Paschen y Bach, con quienes Sommerfeld estaba en contacto constante, datos que no podían explicarse con los valores entonces aceptados para el número cuántico interno, j. Utilizando el modelo *Rumpf*, Heisenberg pronto encontró que esos datos podían explicarse asignando a los estados estacionarios números cuánticos internos semienteros, 1/2, 3/2, 5/2,... Sommerfeld se sorprendió muchísimo: «Esto es algo absolutamente imposible. El único hecho que sabemos sobre la teoría cuántica es que tenemos números enteros, y no números semienteros» (citado por Cassidy 1992: 118). Números semienteros, debió pensar Sommerfeld, es equivalente a dividir los cuantos de energía, pero ¿qué quería decir eso? No obstante, no impidió que su discípulo continuase con sus esfuerzos, aunque no le indicó que los publicase. Ésa era la situación en marzo de 1921, cuando Landé envió a Sommerfeld sus primeros resultados, que, como hemos visto, contenían combinaciones de números cuánticos semienteros. En su contestación, Sommerfeld señalaba: «Su nueva representación coincide bien con lo que ha encontrado uno de mis estudiantes (en el primer semestre), pero que no ha sido publicado». El correspondiente artículo de Heisenberg aparecería finalmente en 1922 (Heisenberg 1922).[36]

A pesar de los resultados empíricamente favorables que se obtenían de esta manera, la carencia de una «imagen visual» o de una «racionalidad teórica», algo de lo que sí se disponía en la vieja teoría cuántica de Bohr-Sommerfeld, con sus órbitas basadas en números cuánticos enteros, principio de correspondencia y cuantizaciones a través de las integrales de fase, llevó a Heisenberg a pensar que cualquier solución al problema cuántico implicaría cambios más profundos. Así, en uno de sus artículos de entonces manifestaba (Heisen-

36. Sobre este artículo y el uso que Heisenberg hizo del modelo del *Rumpf*, ver Cassidy (1979).

berg 1924 a: 291; citado en MacKinnon 1977): «Se hace más claro que nunca que una explicación del efecto Zeeman anómalo debe traer consigo modificaciones profundas en nuestras concepciones teóricas cuánticas». Una conclusión que le ayudaría cuando llegó, apenas dos años más tarde, su gran momento, el que le conduciría a formular la mecánica matricial; una conclusión, asimismo, que no debía parecer infundada a su maestro, Sommerfeld (1923: 369), que en el *Atombau* había escrito: «Si añadimos ahora que los números cuánticos internos del triplete y de la línea simple en los efectos Zeeman anómalos resultan ser tan fiables como en el caso de los sistemas de dobletes, difícilmente podemos ya dudar que los fenómenos cuánticos implicados aquí son reales. Sin embargo, debemos hacer hincapié en que todas las regularidades anteriores denotan más una representación de los hechos empíricos, según un punto de vista teórico, que una verdadera teoría».

Química, física y la tabla periódica de los elementos: de G. N. Lewis a N. Bohr

Explicar los motivos de la organización de los elementos de la tabla periódica constituyó desde el inicio una cuestión fundamental. Con la aparición de la física atómica y del modelo atómico propuesto por Niels Bohr, las esperanzas de encontrar una explicación se vieron reforzadas pero, pese a los esfuerzos de Moseley en 1913, de Van den Broek y del propio Bohr (a los que me referí en el capítulo 8), seguían existiendo serios problemas. En el segundo artículo de su trilogía fundacional, Bohr (1913 c: 497), guiado básicamente por consideraciones químicas, no físicas, daba un esquema de configuraciones electrónicas que resultó ser problemático. Así, y mencionando únicamente lo que decía para los primeros elementos de la tabla periódica, señalaba que el hidrógeno (H) debía tener un electrón en su única órbita (o nivel); el helio (He) dos; el litio (Li) dos en una primera y uno en la segunda; el berilio (Be) dos en la primera y dos en la segunda; el boro (B), dos en la primera y tres en la segunda; el carbono (C), dos y cuatro, respectivamente. Sin embargo, afirmaba que el siguiente integrante de la tabla periódica, el nitrógeno (N) tenía cuatro electrones en la primera órbita y tres en la segunda, una anomalía introducida para explicar la trivalencia de este elemento. A continuación, el siguiente elemento, oxígeno

(O), recuperaba la progresión natural con cuatro, dos y dos electrones en sus tres niveles. Era evidente que existía una discrepancia que Bohr no justificaba con una base teórica. No fue hasta 1920-1921 cuando volvió sobre este asunto, pero antes otros, como el químico-físico de la Universidad de California en Berkeley, Gilbert Newton Lewis (1875-1946), el ya citado en el capítulo 8 Walther Kossel, y el ingeniero metalúrgico, físico y químico de General Electric, Irving Langmuir (1881-1957), habían presentado otras propuestas-versiones de la distribución de electrones en los átomos.

Gilbert Newton Lewis

En el caso de Lewis, su propuesta, asociada a una teoría del enlace y las valencias tomada de la química, fue anterior al modelo atómico que Bohr presentó en 1913. En su libro *Valence and the Structure of Atoms and Molecules*, todo un clásico de la disciplina, Lewis (1923: 29-30) relataba el origen de sus ideas:

> En el año 1902 (mientras estaba explicando en una clase elemental de química algunas ideas relacionadas con la tabla periódica) comencé a interesarme por la nueva teoría del electrón, y combinando esta idea con las que están implicadas en la clasificación periódica, formé una idea de la estructura interna del átomo que, aunque contenía ciertas crudezas, siempre he considerado que representa esencialmente la distribución de electrones en el átomo. En la figura adjunta se reproduce una parte de mi memorándum del 28 de marzo de 1902, que ilustra la teoría.
>
> Las principales características de esta teoría de la estructura atómica son las siguientes:
>
> (1) Los electrones en un átomo están situados en cubos concéntricos.
>
> (2) Un átomo neutro [carga eléctrica igual a cero] de cada elemento contiene un electrón más que un elemento neutro del elemento que le precede.
>
> (3) Al cubo de 8 elementos se llega en los átomos de los gases raros, gases nobles], y este cubo se convierte en algún sentido en el núcleo sobre el que se construye el cubo más grande de electrones del siguiente periodo.
>
> (4) Los electrones de un cubo incompleto en el exterior pueden darse a otro átomo, como en Mg^{++}, o pueden tomarse de otros átomos los necesarios electrones para completar el cubo, como en Cl^{-}, dando cuenta así de 'valencia positiva o negativa'.

De acuerdo con las ideas de Mendeléiev, de que el hidrógeno es primer miembro de un periodo completo, erróneamente supuse que el helio tenía una capa de ocho electrones. Con respecto a la disposición de la carga positiva que equilibran los electrones en un átomo neutro, mis ideas eran muy vagas; creo que entonces me inclinaba a pensar que las cargas positivas también estaban formadas de partículas discretas, cuya localización determinaba la de los electrones.

Este último postulado, que permite que los átomos cúbicos se interpreten, constituye la base del mecanismo para compartir electrones, base a su vez de la idea del enlace covalente.

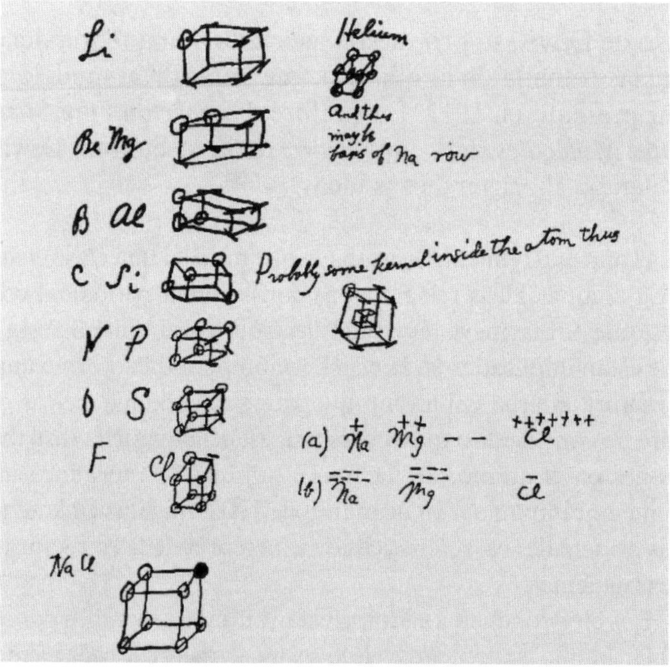

Aunque Lewis presentó y discutió libremente con colegas y en sus clases sus hipótesis sobre la distribución de los electrones, no las publicó entonces. La primera publicación al respecto estuvo a cargo del químico alemán Richard Wilhelm Abegg (1869-1910) en un artículo, «Die Valenz und das periodische System. Versuch einer Theorie der Molekularverbindungen» («Valencia y el sistema periódico. Intento de una teoría de compuestos moleculares») que publicó en 1904 en la revista *Zeitschrift für anorganische Chemie* y que terminaba con el siguiente párrafo (Abegg 1904: 380), con una terminología que sin duda ya no se utiliza: «La suma ocho de nuestras normales y contravalencias posee por consiguiente un significado simple, como el número que representa para todos los átomos los puntos de ataque de electrones; y el número del grupo o valencia positiva indica cuántos de los ocho puntos de ataque deben poseer los electrones para hacer que el elemento sea eléctricamente neutro».

J. J. Thomson

La siguiente contribución importante en cuanto a la interpretación de la tabla periódica, también en 1904, procedió del científico que había identificado el electrón, J. J. Thomson. Éste consideró las consecuencias matemáticas de suponer que los átomos de los elementos consisten de un número de electrones encerrados en una esfera de carga neutra. Ya traté de estas ideas en el capítulo 7, sin embargo, no mencioné entonces que en 1923 Thompson volvió sobre este asunto, en las cinco conferencias que pronunció en abril en el Instituto Franklin de Filadelfia, y que aparecieron publicadas en un libro titulado *The Electron in Chemistry* (Thomson 1923).

El apego de Thomson al electrón queda claro ya en las primeras frases del capítulo 1 de su libro: «Debo explicar por qué es que yo, que soy un físico y no un químico, he escogido la química como el tema de estas conferencias. Lo he hecho así porque creo que la introducción de la idea del electrón romperá, y en realidad ya lo ha hecho en alguna medida, la barrera de ignorancia que ha dividido el estudio de las propiedades de la materia en dos ciencias diferentes, física y química». Y de la tabla periódica, simplemente decía (Thomson 1923: 9-10):

> Si situamos los elementos en el orden del número de electrones en el átomo, que hemos visto es el mismo que el orden de los pesos atómicos, existirá una periodicidad en el número de electrones en la capa exterior. Aumentará de uno a ocho, a continuación disminirá de nuevo a uno; aumentará otra vez hasta ocho. Bajará a uno, y así una y otra vez. Por consiguiente, en lo que se refiere a las propiedades que dependen de la capa exterior, los elementos mostrarán una periodicidad en sus propiedades similar a la expresada por la ley periódica de Mendeléiev.

La J. J. Thomson era una propuesta caduca, que ignoraba lo que habían demostrado Rutherford y Bohr, cuyos nombres no aparecían en el libro. No es extraño que en una carta que Rutherford escribió a Bertram Boltwood (Badash, ed. 1969: 292) desde Manchester el 17 de marzo de 1914 —un año después de los artículos de Bohr y tres después del de Rutherford— dijera:

> Le interesará saber que tenemos a Bragg el miércoles para que hable en la Lit. and Phil. Soc. [Literary and Philosophical Society] sobre los espectros de rayos X y los cristales, y le ofreceremos una cena. Después el jueves, iré a Londres a presentar una discusión sobre la estructura del átomo. Especulo si J.J.T. [Thomson] aparecerá, porque sabe que pienso que su átomo sólo es adecuado para un museo de curiosidades científicas. La idea de un núcleo atómico está realmente funcionando extraordinariamente bien. Habrá visto el trabajo de Bohr y Moseley. Éste todavía tiene más resultados, y por lo que se ve, me parece que los espectros de rayos X de los átomos nos dirán definitivamente cuántos átomos posibles existen, y si la industria de los químicos ha perdido alguno.

Irving Langmuir

En 1916, Lewis se animó a publicar su teoría. Lo hizo en un artículo, «The atom an the molecule», publicado en el *Journal of the American Chemical Society* (Lewis 1916), en el que corregía algunas de sus ideas de 1902. Entonces había supuesto que el helio estaba representado por un cubo completo con ocho electrones, mientras que en 1916 consideraba, más correctamente y como había demostrado Moseley, que sólo tenía dos.[37]

Quien siguió el camino abierto por G. N. Lewis fue Irving Langmuir (1881-1957), que al año siguiente de licenciarse en la Universidad de Columbia (Nueva York) en 1903 se trasladó a Gotinga, al Instituto dirigido por el gran químico-físico Walther Nernst, con quien no se llevó demasiado bien. Sin embargo, para su doctorado —titulado *Über partielle Wiedervereinigung dissocierter Gase im*

37. También Kossel (1916) pubicó el mismo año otro artículo sobre este tema, pero era menos completo que el de Lewis.

Verlauf einer Abkühlung (*Sobre la recombinación parcial de gases disueltos durante el enfriamiento*)— dirigido por Friedrich Dolezalek y defendido en 1906, utilizó la lámpara eléctrica inventada por Nernst. Langmuir, que se movió con igual facilidad en la física que en la ingeniería, pasó toda su vida laboral empleado como químico en la industria, más en concreto en General Electric. Sin embargo, esto no impidió que obtuviera el Premio Nobel de Química en 1932 por sus investigaciones en la química de superficies. Al contrario, su actividad profesional estimuló su creatividad. En 1919, Langmuir publicó en el *Journal of the American Chemical Society* un artículo en el que modificaba y ampliaba a teoría de Lewis sobre la estructura atómica y molecular. Este trabajo se titulaba«The arrangement of electrons in atoms and molecules» («La disposición de electrones en átomos y moléculas»). Comenzaba señalando (Langmuir 1919, 1961: 9) que «el problema de la estructura de los átomos ha sido atacado principalmente por físicos que han prestado poca atención a las propiedades químicas que en última instancia deben ser explicadas por una teoría de la estructura atómica. El gran almacén de conocimiento de propiedades y relaciones químicas, tales como se resumen en la Tabla Periódica, deberían servir como un fundamento mejor para una teoría de la estructura atómica que los relativamente escasos datos que proceden de líneas puramente físicas». A continuación pasaba a comentar las teorías que habían propuesto Walther Kossel y Gilbert Newton Lewis, que «han tenido un señalado éxito en atacar el problema de esta manera». Kossel había considerado sólo los elementos hasta el cerio, esto es, un total de 57, lo mismo que Lewis, que fue incapaz de tratar con los metales de transición (los integrantes de la tabla periódica situados en la parte central de la clasificación), mientras que Langmuir no dudó en asignar configuraciones a estos elementos; así, por ejemplo, la primera serie de transición quedaba como

Sc (3), Ti (4), V (5), Cr (6), Mn (7), Fe (8),
Co (9), N (10), Cu (11), Zn (12)

donde las cifras entre paréntesis denotan el número de electrones en la capa exterior. Fue capaz, además, de asignar configuraciones electrónicas para todos los elementos que existen en la Tierra de manera natural, esto es, hasta el uranio, de número atómico 92.

A pesar de las muchas ideas que compartían Lewis y Langmuir, o precisamente por ello, su relación tuvo momentos complicados.[38] Poco después de la publicación del artículo de Lewis de 1916, ambos coincidieron, el 27 de diciembre, en un simposio sobre la estructura de la materia que se celebró en la Universidad de Columbia y en la que Langmuir presentó una comunicación sobre «La estructura de sólidos y líquidos, y la naturaleza de las fuerzas intermoleculares». El 28 volvieron a coincidir en una reunión, ésta de la American Physical Society en el City College de Nueva York. En esa ocasión comieron juntos, pero apenas se sabe de lo que hablaron, excepto por el hecho de que quedaron para reunirse de nuevo al día siguiente en el Club de Harvard.

Aunque no dejaba de mantener dudas sobre la teoría de Lewis —una de ellas, inevitable, era que los electrones ocupaban una posición fija en sus estructuras, lo que era incompatibe con el model atómico de Bohr—, Langmuir la utilizó en la propuesta que elaboró y que terminó por conocerse como «el átomo de Lewis-Langmuir». Esto molestó a Lewis, que consideraba que el guion daba a entender que había existido algún tipo de colaboración entre los dos. «El trabajo del Dr. Langmuir —escribió en cierta ocasión (Albert Rosenfeld 1962: 112)— ha sido completamente independiente, y las adiciones que ha hecho a lo que se decía o implicaba en mi artículo deben adjudicarse sólo a él». Pero la realidad es que Langmuir siempre admitió la prioridad de Lewis, y finalmente éste reconoció el valor de su aportación, aunque sin dejar de resaltar su primacía. Así, en *Valence and the Structure of Atoms and Molecules* Lewis (1923: 87) escribía:

> En mi artículo inicial me contenté con una breve descripción de los principales resultados de la teoría, pretendiendo presentar más tarde los varios hechos de química que hacían necesarios estos alejamientos radicales de la vieja teoría de la valencia. Sin embargo, este plan quedó interrumpido por las exigencias de la guerra, y entre tanto la tarea fue realizada, con mucho más éxito del que yo podría haber conseguido, por el Dr. Irving Langmuir en una brillante serie de doce artículos, y en extenso número de conferencias que pronunció en este país y en el extranjero. Es en buena medida a través de estos artículos y conferencias que la teoría ha recibido una amplia atención de científicos.

38. Sigo aquí a Albert Rosenfeld (1962: 111-112).

Me ha satisfecho mucho encontrar que en el curso de esta serie de aplicaciones de la nueva teoría, realizadas con gran perspicacia, el Dr. Langmuir no se ha visto obligado a cambiar la teoría que yo propuse.

Walther Kossel

He mencionado de pasada que Walther Kossel, que ya nos apareció en el capítulo 8, también contribuyó a estudiar los mismos problemas que abordó Lewis, y con ideas parecidas. Lo hizo en un artículo publicado en 1916, al igual que el de Lewis antes citado. En *Valence and the Structure of Atoms and Molecules* Lewis (1923: 33) se refirió a él de la manera siguiente:

> En marzo y abril de 1916 aparecieron dos artículos, uno por Kossel, «Über Molekülbildung als Frage des Atombaus», y uno por mí sobre «The atom and the molecule». Estos dos artículos ofrecían imágenes muy similares sobre la estructura de los átomos y de las moléculas de un tipo más polar, donde cada átomo puede ser considerado que existe en el estado de un ion. En ambos artículos se consideraba que los electrones de un átomo rodeaban el pequeño núcleo positivo en grupos concéntricos, el primero con un grupo de dos, el segundo un grupo de ocho, el tercero un grupo de ocho, y a partir de ahí otros grupos de un carácter indeterminado, pero siempre terminando en un grupo de ocho electrones en los átomos de los gases raros [nobles], como también en simples iones elementales.
>
> Kossel suponía que estos grupos sucesivos ocupaban anillos concéntricos alrededor del núcleo, mientras que yo (de acuerdo con mis primeras ideas) suponía que estos grupos constituían capas concéntricas formando una estructura tridimensional en torno al núcleo central.
>
> En ambas teorías se suponía que los grupos de electrones alcanzaban el mayor grado de simetría y estabilidad en los átomos de los diversos gases raros; helio con su grupo de dos, neón con sus grupos de dos y ocho, argón con sus grupos de dos, ocho y ocho, y así en adelante. Se pensaba que otros átomos tenían una fuerte tendencia bien a dar electrones o tomarlos, de tal manera que imitasen la estructura del gas raro más próximo.

Niels Bohr

Los esfuerzos de Bohr por entender la forma en que se distribuían los electrones en el átomo, conforme al modelo que él había propuesto en 1913, seguían una dirección muy diferente a la de Lewis, Kossel, J. J. Thomson o Langmuir. Como ya apunté, la teoría de Lewis —y la defensa que hacía de ella Langmuir—, entre la que se encontaba la idea del enlace mediante un par de electrones, no eran muy populares en la comunidad científica, especialmente entre los físicos. Además, la idea de electrones estacionarios resultaba del todo inaceptable, teniendo en cuenta el enfoque que dominaba la naciente física nuclear. El sistema de cubos que proponía Lewis entraba en conflicto directo con el modelo de Bohr, que tanto éxito estaba teniendo, aunque no se encontrase libre de dificultades. Bohr se refirió a esto en varios artículos de la década de 1920, uno de los cuales, «The structure of the atom», que se publicó en *Nature*, y en el que Bohr (1923 a: 41-42) escribía:

> Esta imagen [la que proponía él] de la estructura atómica contiene muchos detalles que aparecieron en el trabajo de anterores investigadores. Así, el intento de interpretar las relaciones entre los elementos en el sistema natural [la tabla periódica] suponiendo que los electrones se dividen en grupos se remonta en el pasado, tan lejos como al trabajo de J. J. Thomson en 1904. Después, este punto de vista fue desarrollado principamente por Kossel (1916), que, además, ha conectado tal agrupamiento con las leyes que han sacado a la luz las investigaciones sobre el espectro de rayos X.
>
> También G. R. Lewis e I. Langmuir han intentado dar cuenta de las relaciones entre las propiedades de los elementos en base a un agrupamiento dentro del átomo. Sin embargo, estos investigadores supusieron que los electrones no se mueven alrededor del núcleo, sino que ocupan posiciones de equilibrio. Pero de esta forma no se puede conseguir una relación estrecha entre las propiedades de los elementos y los resultados experimentales relativos a los constituyentes de los átomos. De hecho, posiciones estáticas de equilibrio para los electrones no son posibles en casos en que las fuerzas entre éstos y el núcleo obedecen incluso de manera aproximada las leyes válidas para las atracciones y repulsiones entre cargas eléctricas.

Un problema importante era que la estructura que había planteado Bohr en 1913, con los electrones moviéndose en un mismo plano, no era sostenible: Max Born y Alfred Landé (1918 a, b) habían demostrado que modelos atómicos «planos» conducían a compresibilidades de los cristales muy diferentes a las observadas. «Estoy preparado, o más bien, más que preparado —reconocía Bohr a O. Richardson en una carta de 25 de diciembre de 1919 (citada en Heilbron 1967: 478)— a abandonar todas las ideas de disposiciones electrónica en 'anillos"» No menos problemático era dónde incluir a las tierras raras. En 1869, cuando Mendeléiev propuso su tabla períodica, sólo se conocían dos, el cerio y el erbio, y por ello no parecían plantear una dificultad seria a la clasificación. Sin embargo, cuando su número comenzó a aumentar a comienzos del siglo xx, hasta llegar a los trece elementos, la cuestión de dónde o cómo situarlos en la tabla se complicó.[39]

A partir de 1920 Bohr retomó sus esfuerzos para explicar la tabla periódica de los elementos en base a la estructura atómica. El volumen 4 de los *Niels Collected Works* (Nielsen, ed. 1977), dedicado a «The Periodic System (1920-1923)», muestra los pasos que fue dando en este sentido. Avances de los que dan testimonio, por ejemplo, una conferencia que pronunció en la «Fysisk Forening» (Sociedad de Física) de Copenhague el 15 de diciembre de 1920, titulada «Algunas consideraciones sobre la estructura atómica», en la que se refería, entre otros problemas, a la dificultad

> de dar cuenta de la estabilidad de un átomo que contenga un elevado número de electrones porque esta estabilidad exige lo que se puede denominar un acoplamiento de los diferentes electrones en el átomo, un acoplamiento que las simples suposiciones, realizadas en el primer intento rudimentario de desarrollar una teoría de la estructura atómica, aplicando al mismo tiempo el modelo nuclear y la teoría cuántica, no proporcionaba una base suficiente.

Es interesante citar el esquema que elaboró para desarrollar en su conferencia, en el que se advierte el alto grado de dificultad de los problemas a los que se enfrentaba Bohr (Nielsen, ed. 1977: 48):

39. En la actualidad se conocen diecisiete tierras raras: el escandio y el itrio, más los quince integrantes del grupo de los lantánidos (lantano, cerio, praseodimio, neodimio, prometio, samario, europio, gadolinio, terbio, disprosio, holmio, erbio, tulio, iterbio y lutecio).

Órbitas keplerianas. Energía y valor del eje mayor en el estado estacionario. Espectro. Determinación más precisa de la órbita en circunstancias dadas. Influencia de las modificaciones relativistas. Descripción de las órbitas en la teoría de Sommerfeld de la estructura fina. Baja estabilidad de las formas orbitales excepto en el estado normal. La molécula de hidrógeno, modelo simple, su formación, solamente acuerdo aproximado. Modelo de Lenz, formación, estabilidad. El cálculo de Kramers. Discusión del problema de la estabilidad. El espectro del helio. Cálculo de órbitas. Estado normal. Modelo simple. Falta de acuerdo. Litio. Berilio. El sistema periódico. Ocho anillos. Carencia de estabilidad interna. Kossel (modelo Ne). Lewis, Langmuir, Born y Landé. Simetría espacial, órbitas de varios cuantos. Espectros de rayos X. Producción de radiación K. Resultados de Moseley. Similitud al hidrógeno. Diferencia con respecto a la absorción. Consideraciones de Kossel. Teoría de Sommerfeld de la estructura fina de los espectros de rayos X. Punto de vista heurístico sobre órbitas de varios cuantos.

Poco después de esta conferencia apareció en *Nature* un artículo suyo, «Atomic structure» (Bohr 1921), el primero de una sucesión de trabajos que culminaron con el texto publicado en *Annalen der Physik* en 1923, «Linienspektren und atombau» («Líneas de espectros y estructura atómica»). Pero, entre medias, es necesario recordar las siete conferencias sobre la estructura atómica que pronunció entre medias en Gotinga del 12 al 22 de junio de 1922.[40] La cuarta de ellas, que pronunció el 20 de junio, comenzaba con unos comentarios que merecen reproducirse (Nielsen, ed. 1977: 388-389):

Ayer consideramos, y estuvimos atormentados por el problema de la formación y estructura del átomo de helio. Pero, al hacerlo, dimos, después de todo, un gran paso adelante y completamos el *primer período* del sistema periódico de los elementos. La Fig. 1 muestra la representación del sistema periódico dada por Julius Thomsen, que se adapta particularmente bien a nuestro propósito.[41] Las líneas que aparecen entre ele-

40. Estas conferencias no se publicaron en su momento. Sí se reproducen en el volumen 4 de *Niels Collected Works* (Nielsen, ed. 1977) a partir de un manuscrito mecanografiado que se conserva en el Archivo de Niels Bohr en Copenhague, preprado por Rudolph Minkowski y otra persona.

41. See Thomsen (1895). Julius Thomsen (1826-1909) fue un químico danés que desarrolló toda su carrera en varias instituciones educativas de Copenhague. Sobre

mentos individuales conectan los elementos homólogos que, en la representación habitual, se colocan en columnas verticales. No entraré aquí en las muchas investigaciones que han tratado con el problema del sistema periódico pero les recordaré solamente los intentos para interpretarlo realizados por J. J. Thomson. Él supuso que los períodos del sistema están relacionados con las fluctuaciones periódicas de la estabilidad de las configuraciones de los electrones en los átomos. Su trabajo contiene muchas ideas fructíferas, pero su punto de partida no ha demostrado ser válido. Nosotros contemplamos ahora la estructura de los átomos de manera diferente. Sobre todo, ahora conocemos el número preciso de electrones en un átomo, especialmente gracias a las investigaciones de rayos X, y sabemos que este número es igual al número del átomo en el sistema periódico. Se ha trabajado mucho, también muy recientemente, en el problema del sistema periódico, con mucho éxito por Kossel, que ha llevado adelante sus ideas teóricas adaptándolas a las nuevas. Ha demostrado que, con sencillas suposiciones sobre la formación de las capas electrónicas, es posible explicar muchas propiedades químicas de los elementos y, al menos de una forma general, establecer una conexión con los espectros de rayos X. Ahora, desde el punto de vista de la teoría cuántica, nosotros arrojaremos luz sobre estas cuestiones, que en las investigaciones mencionadas estaban tratadas todavía de una manera bastante formal. Al hacerlo, no es posible deducir el material experimental a partir de principios competamente desarrollados; más bien, debemos desarrollar los principios de la teoría cuántica a partir de los resultados experimentales. La solución de este problema no parece desesperada; querría demostrarles que la teoría puede desarrollarse sin ejercer ninguna restricción sobre los principios generales.

Estas últimas frases deben resaltarse: en sus esfuerzos por entender la estructura de la tabla periódica de los elementos, Bohr se guio no por principios generales, sino por datos experimentales, sobre todo por los obtenidos de los espectros de rayos X, el camino que había abierto Henry Moseley (es preciso añadir que en esta tabla Bohr incluyó unos cuadrados alrededor de algunas series de elemen-

él, ver Kragh (1982, 2016). En *The Theory of Spectra and Atomic Constitution*, Bohr (1922 a: 105) señaló que «este método de indicar las variaciones periódicas en las propiedades de los elementos, propuesto hace más de veinte años por Julius Thomsen, es más adecuado para la comparación con teorías constitución atómica».

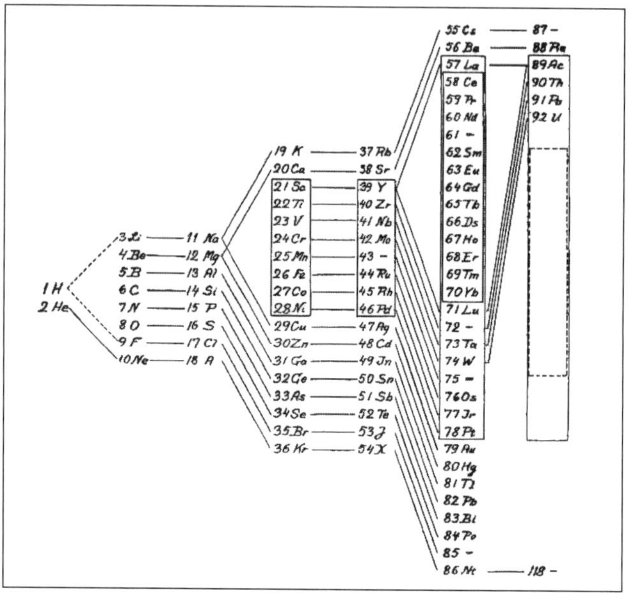

Figura 1

tos en los últimos períodos, cuyas propiedades mostraban desviaciones del tipo de regularidades del primer conjunto). Bohr dedicó grandes esfuerzos a intentar entender el origen y la disposición de las líneas espectrales en base a la teoría cuántica. La trilogía que publicó sobre «The quantum theory of line-spectra» constituye un buen ejemplo de su interés y empeño en esta cuestión. Ya apareció antes el primer artículo de esta trilogía (Bohr 1918 a), la segunda entrega se publicó el mismo año (Bohr 1918 b), pero la tercera tardó en aparecer y no lo hizo hasta 1922 —una cuarta prevista nunca llegó a ver la luz. En el tercer texto, Bohr (1922 b: 101) añadió una extensa nota que es interesante reproducir, pues da idea tanto de sus circunstancias personales en aquellos años, como su manera de trabajar, en la que daba vueltas una y otra vez a los problemas, un estilo que podríamos denominar «socrático»:

> Como se verá por la introducción a la primera parte de este artículo, el plan original era un tratado consistente en cuatro partes, para discutir desde un punto de vista uniforme las aplicaciones de la teoría cuántica a los problemas de la constitución atómica. Ya al aparecer la Parte I existía un manuscrito de todo el tratado, que en gran medida estaba listo

para publicarse. Sin embargo, por varias razones sólo se publicaron entonces dos partes; además de la primera parte, que apareció en marzo de 1918, una segunda parte apareció en diciembre de 1918. Este retraso de las posteriores se debió en primer lugar a la naturaleza del tema. De hecho, ya antes de la aparición de la segunda parte se creyó necesario cambiar y extender materialmente el manuscrito original, en base al desarrollo de la teoría, como consecuencia de la elaboración de las ideas generales presentadas en la Parte I. Sin embargo, nunca se llegó a una conclusión satisfactoria de la revisión correspondiente de las siguientes partes, lo que se consideró inevitable. Especialmente, pasó cada vez más a primera línea el problema de la estabilidad de los átomos que contienen varios electrones, dando origen a dificultades que pusieron de manifiesto la limitación de aplicar directamente las ideas generales tal y como se formulaban en las primeras partes. Presenté una descripción preliminar de los resultados de mi trabajo sobre este problema durante los últimos años en una conferencia que pronuncié hace alrededor de un año en la Sociedad de Física de Copenhague, publicada luego en danés en *Fysisk Tidsskrift* XIX, p. 153, 1921, y en alemán en *Zeitschrift für Physik*, IX, p. 1, 1922. Junto con otras dos conferencias, pronunciadas en ocasiones anteriores, en las que se había expuesto el estado de la teoría en estados tempranos de su desarrollo, la conferencia ha aparecido además en alemán en *Sammlung Vieweg* (*Drei Ausfsäze über Spektren una Atombau*) y en inglés en un volumen editado por Cambridge University Press (*Three essays on spectra and atomic constitution*).

En estas circunstancias, se ha abandonado el plan original, y el autor tiene la intención de dar en una nueva serie de artículos una descripción detallada de las ideas y resultados expuestos en la conferencia a la que me he referido. Por otra parte, varios físicos me han aconsejado completar el tratado comenzado por publicar también el manuscrito de las últimas partes, en la medida en que estaba preparado para ser publicado en el momento en que apareció la primera parte. Siguiendo este consejo, presento aquí la Parte III en la forma que tenía en la primavera de 1918, sin alteraciones, excepto cambios en la numeración de las formulas y en las referencias de las partes anteriores, que se necesitaban debido a la extensión del manuscrito de la Parte II antes de su publicación en diciembre de 1918.

Como se verá en el apéndice, añadido al final de este artículo, entre tanto, varios de los problemas discutidos han sido sujeto de investigaciones por varios autores. Por consiguiente, esta Parte III no debe ser considerada como una publicación científica en el sentido ordinario, la principal intención con la publicación del manuscrito original es dar al lector de las partes precedentes una idea de algunas de las aplicaciones características que el autor tenía en mente cuando expuso las consideraciones generales en la Parte I, y con ello llevar este tratado a su conclusión natural. Al mismo tiempo, sin embargo, el apéndice al que me he referido dará al lector un breve repaso del desarrollo de la teoría desde la redacción del manuscrito de este tratado.

Como apunté con anterioridad, la secuencia de los trabajos de Bohr relevantes para la explicación de la tabla periódica de los elementos se puede dar por concluida con la publicación en 1923, de «Linienspektren und Atombau». De él extraigo los siguientes pasajes (Bohr 1923 b: 254-256):

Cuando, en base a la interpretación cuántica teórica de las leyes empíricas de los espectros mencionadas en la sección precedente, intentamos formar concepciones más definidas del origen de los *espectros de los elementos individuales* observados, encontramos un problema, cuya solución todavía está plagada de dificultades fundamentales. Contrariamente al caso en el que el átomo contiene solamente un electrón, la aplicación de las leyes de la mecánica al movimiento en átomos con varios electrones conduce, en general, a tipos de movimiento que no exhiben las propiedades de periodicidad que parecen necesarias para una clasificación de sus estados estacionarios en términos de números cuánticos. Bajo estas circunstancias, parece que no existe otra solución que suponer que las leyes de la mecánica clásica fallan, no solamente para explicar la estabilidad de los átomos, sino para átomos con varios electrones, incluso fallan en detalles más finos para describir los movimientos de los átomos, Sin embargo, las leyes espectrales empíricas, que, a la luz del principio de correspondencia, nos proporcionan información sobre la naturaleza general del movimiento en los estados estacionarios responsables de los espectros, nos ofrecen un punto de partida para superar esta dificultad. Así, estas leyes y la simetría central del átomo nuclear, sugieren sobre todo, en una primera aproximación, que la órbita de todo electrón en un átomo puede ser considerada como una órbita central que es descrita por dos números cuánticos n y k. En lo que sigue, se denotará, por brevedad, a tal órbita como una órbita-nk. [...] Estrictamente hablando, en base a la mecánica clásica, el significado de estos números cuánticos se puede determinar con precisión a partir de la teoría de los sistemas periódicos. Más bien, la estabilidad general de las estructuras atómicas conduce a la idea de que en todo átomo con varios electrones existen propiedades del movimiento de cada electrón, y de la interacción entre los electrones, que poseen un carácter invariable que no se puede explicar mecánicamente, pero que encuentra su sentido justamente en los números cuánticos. Esta idea puede denominarse un *postulado formal de la invariancia y permanencia de números cuánticos.*

Esta manera de entender el tema se enfatiza especialmente cuando intentamos formar una imagen de la estructura atómica *siguiendo el proceso de construir átomos mediante la sucesiva captura de electrones.* [...]

El punto de vista de la construcción sucesiva ha conducido a una imagen general de la constitución de los átomos que, con la ayuda de la interpretación de las leyes espectrales empíricas, ofrece una explicación natural de la peculiar alternancia de las propiedades de los elementos con respecto a su número atómico, expresadas en el *sistema periódico de los elementos.*

Y un poco más adelante reproducía la Fig. 1, de la que decía (Bohr 1923 b: 281-262):

Estas circunstancias se expresan en la figura 1, en una disposición del sistema periódico en la que las columnas verticales indican los períodos, mientras que los elementos con propiedades homólogas están conectados por líneas. Las columnas de los elementos encerradas en rectángulos son aquellas en las que se construyen los grupos internos. Tal desarrollo se revela en la estrecha relación de muchas de las propiedades de los elementos en cuestión, que surgen del hecho de que, durante la construcción de los grupos internos, temporalmente el desarrollo de los grupos externos no va más allá. Sin embargo, al mismo tiempo, este desarrollo está claramente expresado en las diferencias características entre las series de espectros de tales elementos, dentro y fuera de los rectángulos, que, por otra parte, poseen propiedades químicas muy parecidas y, por consiguiente, ocupan lugares homólogos en las representaciones habituales del sistema periódico. Aunque se han producido recientemente avances muy prometedores en estas cuestiones, los pasos individuales en el proceso de construcción no se han clarificado hasta el grado que pretendíamos darlos con detalle.

Pese a sus continuos esfuerzos por explicar la tabla periódica de los elementos, algunas de las ideas-hipótesis introducidas por Bohr fueron pronto criticadas. Una de ellas fue la permanencia de los números cuánticos: el análisis de las líneas espectrales de un elemento bajo la influencia de un campo magnético mostraba que estas se desdoblaban y que aparecían varias adicionales, fenómenos que no se observaban en ausencia de este campo, algo que no podía explicarse con sus dos números cuánticos. En 1924, un por entonces recién graduado de la Universidad de Cambridge, Edmund Clifton Stoner (1899-1968), recurrió a un tercer número cuántico, que había sido introducido por Sommerfeld poco tiempo antes. Volveremos a encontrarnos con Stoner y su trabajo más adelante.

El elemento número 72 de la tabla periódica

Como ya resultará evidente, la tabla periódica de los elementos podía parecer sencilla, pero ocultaba numerosos problemas. Entre ellos el de las tierras raras. Cuando presentó su clasificación, Mendeléiev incluyó las dos que se conocían en 1869, el cerio (Ce) y el lantano (La), pero sin adjudicarlos un lugar especial.

Un problema añadido era que no se sabía distinguir bien qué elementos eran tierras raras y cuáles no. Llegados a este punto entra en escena el elemento número 72.

Inicialmente Bohr pensaba que este elemento, todavía por descubrir, no podía ser una tierra rara. En abril de 1922, Niels Bohr (1922 c) añadió una nota a la versión de *Atomernes Bygning og Stoffernes fysiske og kemiske Egenskaber (La estructura del átomo y las propiedades físicas y químicas de los elementos*) que iba a publicarse en *Drei Aufsätze über Spektren und Atombau*, en donde decía que el elemento 72 no podía ser una tierra rara y que por sus propiedades químicas debería parecerse al circonio (número 40) y tendría que pertenecer —esto es, ocupar un lugar en la misma columna— al grupo del titanio (número 22). Sin embargo, en mayo A. Dauvillier y G. Urbain (1922) publicaban una nota en la revista de la Académie des Sciences, *Comptes rendus*, en la que señalaban que habían detectado ese elemento en una mezcla de dos tierras raras utilizando el espectro de rayos X. Sin embargo, Bohr no aceptó su resultado, y el mismo mes, en la versión en inglés de *Atomernes Bygning og Stoffernes fysiske og kemiske Egenskaber* («The structure of the atom and the physical and chemical properties of the elements»), en la que hacía referencia al trabajo de Dauvillier y Urbain, cuestionaba la validez de sus resultados, señalando en la sección «Chemical relationships » del «Apéndice» que conduciría a serias dificultades y violaría «la por otra parte regla general de que la valencia nunca aumenta en más de uno cuando se pasa de un elemento al siguiente en la tabla periódica» (Bohr 1924: 136-137). Y añadía:

> Este elemento, para el que se ha propuesto el nombre hafnio, ha resultado ser marcadamente diferente en sus propiedads de las tierras raras, pero en todos los aspectos similar al circonio. De hecho, es solamente debido a la considerable dificultad para separar el nuevo elemento del circonio que es posible comprender por qué los químicos han tardado tanto en detectarlo, aunque está presente en minerales en cantidades considerables. El espectro óptico del nuevo elemento es completamente diferente del espectro adscrito previamente por Urbain al hipotético celtio, cuyas líneas se ha demostrado desde entonces que pertenecen al elemento 71.

No obstante, el 17 de junio Rutherford (1922: 781) publicaba una nota en *Nature*, «Identification of the missing element», en la que traducía el trabajo de Dauvillier y Urbain aceptando aparentemente su resultado:

> En dos recientes comunicaciones a la Academia de Ciencias de París (*Comptes rendus*, 22 de mayo), por M. A. Dauvillier [1922] y el Prof. G. Urbain [1922], respectivamente, se han alcanzado conclusiones muy definidas sobre la identidad del celtio con el elemento número 72 que falta en la clasificación de Moseley. Este descubrimiento es de particular interés para los investigadores británicos, ya que el último trabajo de Moseley trataba de este problema particular. El Prof. Urbain añade una afirmación al trabajo no publicado de Moseley sobre los espectros de rayos X de sus preparaciones de las tierras raras. En su artículo M. Dauvillier anuncia el descubrimiento de ciertas líneas en el espectro L de rayos X del celtio que demuestran que su número atómico es el 72.

Bohr tomó nota en seguida y el 15 de julio de 1922, en una carta que envió a James Frank, le decía que «la única cosa que sé cierta de mis conferencias en Gotinga es que varios de los resultados que presenté son ya erróneos. Un primer punto es la constitución del elemento 72 que, contrariamente a lo que suponía, Urbain y Dauvillier han demostrado que es una tierra rara». Ahora bien, en el fondo Bohr continuaba teniendo dudas.

Antes de continuar es preciso mencionar el Instituto de Física que se creó en Copenhague para Bohr, y a dos científicos que fueron decisivos en el descubrimiento del verdadero elemento número 72: George Hevesy (1885-1966) y Dirk Coster (1889-1950).

El Instituto de Física de Bohr en Copenhague

La creación de este Instituto fue consecuencia del prestigio que Bohr había alcanzado en la comunidad científica internacional, y en su propio país, Dinamarca. Buena prueba de ello es lo que el rector de la Universidad de Copenhague, Otto Jespersen, manifestó durante el acto de inauguración del edificio del Instituto, el 3 de marzo de 1921, cuya construcción había durado cuatro años (Robertson 1979: 9):

> La Universidad está feliz con el trabajo que ha comenzado aquí y que ha encontrado un excelente líder. Le agradezco y congratulo por sus esfuerzos. Estamos orgullosos de usted, y esperamos mucho de su trabajo. Ha conseguido reunir alrededor de usted tanto científicos daneses como extranjeros y, en consecuencia, ha continuado de la mejor manera la colaboración internacional que la Guerra Mundial rompió. Es con placer e ilusión que declaro inaugurado el Instituto.

En 1924 comenzó la construcción de dos nuevos edificios, que tardó dos años en completarse y cuyo coste fue financiado básicamente por la International Education Board (IEB) de la Fundación Rockefeller, que aportó cuarenta mil dólares. Al mismo tiempo se ampliaron las instalaciones experimentales del Instituto, con la ayuda de la IEB y la Fundación Carlsberg se adquirió un generador de rayos X de doscientos mil voltios y un aparato para medir con precisión las posiciones de líneas espectrales en placas fotográficas. También, para ampliar el estudio del espectro electromagnético, se compró el equipo necesario para extender las investigaciones experimentales a la región del infrarrojo de la espectroscopia molecular, campo que prometía ser especialmente fértil con el desarrollo de la mecánica cuántica. La mayor parte de estos aparatos se instalaron en un nuevo añadido, un anexo para laboratorio. Para ayudar en la preparación y puesta en marcha de la sofisticada instrumentación que llegaba, Bohr invitó a pasar los primeros meses de 1921 al entonces nuevo catedrático de Física experimental de Gotinga, James Franck. En una de las pequeñas salas de la planta baja, Franck dispuso el equipo para estudiar las colisiones de electrones con átomos, e instruyó a colaboradores daneses en las técnicas que había desarrollado con Gustav Hertz en 1914. Durante su estancia, Franck también pronunció conferencias en la Fysisk Foreening (Sociedad de Física) sobre ese experimento junto a Hertz.

George Hevesy

Habida cuenta de que Niels Bohr era fundamentalmente un físico teórico, y de que los investigadores que pasaban temporadas con él, en Copenhague, eran sobre todo también teóricos, para utilizar las facilidades experimentales con que iba contando el nuevo Instituo necesitaba de científicos experimentales expertos. El químico-físico de origen húngaro, George Hevesy, fue uno de ellos, y de los primeros en trabajar en el Instituto.

Como ocurrió con otros científicos distinguidos —ya fuesen físicos (Wigner, Teller, Szilard), matemáticos (Von Neumann, Erdös, Halmos) o ingenieros (Von Kármán)—, la carrera de Hevesy tuvo una considerable dimensión trashumante. Estudió en la Universidad de Budapest y en la Técnica de Berlín, se doctoró en la de Friburgo en 1908, trabajó los dos años siguientes en la Escuela Politécnica Federal (ETH) de Zúrich, pasó a continuación un tiempo en la capital alemana con Fritz Haber antes de trasladarse (1910) a Manchester, donde colaboró con Rutherford hasta 1913. Ese mismo año se instaló en Viena realizando allí, junto a Frederic Paneth (1887-1958), el primer experimento sobre trazadores radiactivos. Como en tantos otros casos, el comienzo de la Primera Guerra Mundial en 1914 interrumpió sus investigaciones. En 1919 le ofrecieron un puesto temporal (un año) en la Universidad de Budapest, que aceptó, pero la situación política húngara desestabilizó profundamente la situación en Hungría. En marzo de 1919 Hungría se convirtió en una República Soviética, bajo el gobierno de Béla Kun, que prometió realizar reformas muy necesarias. Sin embargo el nuevo régimen pronto se encontró con enormes dificultades, no sólo internas sino también externas. Los aliados se esforzaron por impedir un régimen bolchevique en Hungría, y a comienzos del verano tropas rumanas marcharon hacia Budapest y, aunque fueron rechazadas, Béla Kun se vio obligado a huir. Apoyado por patriotas de derechas, ocupó su lugar el almirante Horthy, que se apresuró a revertir las reformas iniciadas por Kun, lo que originó un período de caos.

En semejante escenario, el 2 de marzo Hevesy escribió a Bohr, con quien había establecido una buena amistad cuando coincidieron en Manchester mientras colaboraban ambos con Rutherford (Bohr admiró los sólidos conocimientos de química de Hevesy), y que ya entonces le había invitado a visitarle en Copenhague. En su respuesta, Bohr le sugirió que fuese allí durante las vacaciones de verano. Lo hizo y acordaron que Hevesy volvería en el verano de 1920, cuando se esperaba que estuviese en funcionamiento el nuevo instituto de Bohr. A su regreso a Budapest, Hevesy se encontró con que la situación no había mejorado en absoluto. En una carta fechada el 2 de noviembre describía la situación como sigue: «La universidad continúa cerrada, esta vez los que la gobiernan son aquellos a los que el anterior régimen expulsó; ahora son ellos los que juzgan sobre la vida y la muerte y quienes no les gustan son expulsados uno tras otro. Yo no quiero ser expulsado y he informado al decano de que estoy dispuesto a ocuparme también de la física solamente a condición de que la facultad quiera definitivamente que lo haga, y además he dejado la dirección del instituto a los ayudantes para que me sustituyan» (Levi 1985: 40). La enseñanza de física a la que se refería era lo más que había podido conseguir al regresar a Budapest de su viaje, y se trataba en realidad de un puesto de *Privatdozent*, lo que significaba que, de hecho, no formaba parte oficialmente de la universidad. El 27 de noviembre escribía a Paneth (Levi 1985: 43):

> Mi situación personal es como sigue: el nombramiento para una cátedra de químico-física ha sido anulado, como todo nombramiento que provenga no sólo de la época comunista, sino también del primer gobierno revolucionario (esto es, desde finales de octubre de 1918); que yo haya sido propuesto por la autoridad legal no cambia en absoluto esta situación.

Y así Hevesy terminó en Copenhague, a donde llegó en abril de 1920. Allí permaneció hasta 1926. Como el nuevo instituto de Bohr aún no estaba terminado, Hevesy tuvo que acomodarse para realizar sus investigaciones experimentales en un espacio que le dejaron en el Instituto de Patología; además, durante algún tiempo trabajó en la separación de isótopos de mercurio junto al químico-físico J. N. Brønsted, en el laboratorio de éste en la Universidad Técnica. Pero no fue en este campo donde se distinguió, sino en un dominio que para Bohr tenía gran interés, el de la tabla periódica de los elementos.

Dirk Coster

Como se ha visto, cuando Bohr estaba desarrollando sus ideas sobre la tabla periódica no todas las posiciones estaban ocupadas por elementos; uno de los *huecos* correspondía al número 72 del sistema. Deseoso de que este elemento fuese descubierto en su Instituto, Bohr comprendió que la espectroscopía de rayos X era el mejor método para tratar de conseguirlo. Ya mencioné que el Instituto dispuso pronto de un potente generador de rayos X, pero se necesitaba un aparato para utilizarlo en análisis espectroscópicos. Tras la muerte de Moseley, el sueco Manne Siegbahn (1886-1978) había desarrollado en Lund las técnicas requeridas para ello (recibió por este logro el Premio Nobel de Física en 1924). En 1921, el holandés Dirk Coster visitó a Siegbahn, aprendió los métodos y juntos construyeron un espectrógrafo de rayos X superior a los existentes. Conocedor de todo esto, Bohr invitó a Coster para que introdujera esas técnicas del sueco en su Instituto. Éste aceptó y llegó a Copenhague en septiembre de 1922. La idea era, por supuesto, descubrir el elemento 72.

El descubrimiento del elemento número 72 (hafnio)

En el verano del mismo 1922, Hevesy se había interesado en la geoquímica, especialmente en los problemas de la abundancia de los diferentes elementos y de la edad de la Tierra. Todo coincidía para que Coster y Hevesy unieran fuerzas en la búsqueda de ese elemento faltante. Al igual que había sucedido en los por entonces ya míticos trabajos de Marie y Pierre Curie, cuando buscaban nuevos elementos radiactivos en menas de pechblenda, si ese elemento existía entre los minerales de circonio debía hacerlo en muy pequeñas cantidades. Esto exigiría grandes esfuerzos para separar los materiales indeseados mediante procesos de purificación. Hevesy consiguió muestras de minerales de circonio en el Museo Mineralógico de Copenhague. Trató uno de ellos, el mineral zircón ($ZrSiO_4$), con ácido hirviendo para separar los constituyentes solubles. Esperaba que el resto, indisoluble, contuviese además de circonio el elemento 72. Coster construyó el espectrógrafo (algunas partes se compraron a Siegbahn) y se ocupó de analizar mediante técnicas espectrográficas ese material. Finalmente, obtuvo indicios de las líneas del espectro del elemento químico buscado.[42]

Sucedió que la identificación del elemento 72 por Coster y Hevesy (1923 a, b, c) coincidió con la estancia de Bohr en Estocolmo para recibir el Premio Nobel de Física. Las noticias del hallazgo le llegaron justo la tarde anterior al día que debía pronunciar la obligatoria conferencia Nobel, esto es, el 11 de diciembre (el día después de la ceremonia de entrega). Bohr no desaprovechó la ocasión, y al final de su conferencia anunció el descubrimiento:

> Antes de concluir esta conferencia querría mencionar un punto más en el que las investigaciones con rayos X han sido importantes para comprobar la teoría [la aplicación de su teoría atómica para explicar la tabla periódica]. Éste se refiere a las propiedades del hasta ahora desconocido elemento con número atómico 72. Sobre esta cuestión las opiniones han estado divididas con respecto a las conclusiones que podían extraerse de las relaciones con la Tabla Periódica, y en muchas representaciones de la tabla se ha dejado un lugar abierto para este elemento de la familia de las tierras raras. Sin embargo, en la representación del sistema natural de Julius Thomsen se dio a este elemento hipotético una posición análoga al titanio y al circonio, igual que sucede en nuestra forma de representación [de la tabla]. Se debe considerar tal relación como una consecuencia necesaria de la teoría de la estructura atómica desarrollada en lo expuesto anteriormente, y se expresa en mi tabla por el hecho de que las configuraciones electrónicas del titanio y el circonio muestran el mismo tipo de similitudes y diferencias que las configuraciones del circonio y el elemento con número atómico 72. Bury ha hecho

42. En una memoria autobiográfica, Hevesy (1958, 1962) describió los trabajos que condujeron al descubrimiento del hafnio.

una propuesta similar basada en las considerciones sistemáticas anteriormente mencionadas sobre la relación entre el agrupamiento de electrones en el átomo y las propiedades de los elementos. Sin embargo, recientemente Dauvillier ha publicado una comunicación en la que informa de la observación de algunas líneas débiles en el espectro de rayos X de una preparación que contiene tierras raras. Adscribe éstas a un elemento con número atómico 72, que supone idéntico a un elemento de la familia de las tierras raras, cuya existencia en la preparación había sido supuesta por Urbain hace muchos años. No obstante, si se pudiera mantener esta conclusión surgirían dificultades extraordinariamente grandes, si no insuperables, para la teoría, ya que exigiría un cambio en la fuerza de unión de los electrones con el número atómico que parece incompatible con las condiciones de la teoría cuántica. En estas circunstancias, el Dr. Coster y el Prof. Hevesy, que actualmente están trabajando en Copenhague, consideraron recientemente el problema de someter una preparación de minerales que contienen circonio al análisis espectroscópico de rayos X. Estos investigadores han sido capaces de detectar apreciables cantidades de un elemento con número atómico 72 en los minerales analizados, cuyas propiedades químicas muestran una gran similitud con las del circonio y una decidida diferencia con las de las tierras raras. El resultado del trabajo continuado de Coster y Hevesy con el nuevo elemento, para el que han propuesto el nombre de hafniun [hafnio], será publicado en sus cartas a *Nature* del 20 de enero, 10 y 24 de febrero y 7 de abril.[43]

Hafnium derivado de *Hafnia*, el nombre latino de Copenhague. Y no celtio, como deseaban Urbain y Dauvillier.

Wolfgang Pauli, el principio de exclusión y el espín

Como ya señalé, para completar la explicación de la tabla periódica de los elementos y entender la distribución de los electrones en las órbitas atómicas, fue necesaria otra contribución teórica: el principio de exclusión formulado por Wolfgang Pauli. De este principio, y del espín, dos conceptos que se alejan en especial de los cánones de la física clásica, me voy a ocupar en esta sección final de un ya largo capítulo. Tal vez podría haberlo dejado para el volumen 2, y presen-

43. Ver Coster y Hevesy (1923 a, b, c).

tarlos acompañados de otros desarrollos que se produjeron en el mismo año en el que fueron introducidos, en 1925, el más destacado de los cuales fue la mecánica matricial de Heisenberg, la primera formulación coherente de una mecánica cuántica. Al fin y al cabo, es en este contexto mecánico-cuántico en el que principio de exclusión y el espín adquieren auténtico sentido, o, si se prefiere, otra expresión, en el que ambos finalmente encontraron un acomodo más natural. Sin embargo, he preferido presentarlos aquí, en el capítulo dedicado a la «vieja teoría cuántica», ya que, además del mencionado papel que desempeñaron en la comprensión de la tabla periódica, los dos deben bastante a aquel mundo, el del penoso y dilatado esfuerzo por dar cabida en un esquema teórico a los datos surgidos de la investigación experimental espectroscópica.

De hecho, la disponibilidad de una mecánica cuántica no significó —al margen de que se insertasen inmediatamente en ella— que se entendiese la relación profunda del principio de exclusión y del concepto de espín con la nueva teoría. En el caso, por ejemplo, del espín, para lograr semejante comprensión hubo que esperar a la ecuación relativista del electrón desarrollada por Paul Dirac en 1928.

En cuanto a protagonistas, uno destaca por encima de los demás en la historia de la introducción del principio de exclusión y del espín: el vienés Wolfgang Ernst Friedrich Pauli (1900-1958), otro de los personajes míticos de la historia de la física cuántica; «su conciencia», como en ocasiones se le ha tildado.[44]

Como si el destino hubiese querido anunciar desde el primer momento que el recién nacido se esforzaría a lo largo de toda su vida en analizar crítica, pero constructivamente también, la naturaleza, su padrino fue nada más y nada menos que el físico y filósofo austríaco Ernst Mach. El propio Pauli describió esa relación al psicoanalista Carl Jung, con quien estuvo muy vinculado durante algún tiempo, en una carta que le dirigió el 31 de marzo de 1953 (reproducida en Meier 1996: 149-150):

> Entre mis libros se encuentra un estuche algo polvoriento que contiene un cubilete de plata *Art Nouveau*; en éste a su vez hay una tarjeta. En estos momentos me parece que de este cubilete sale un espíritu sereno, benévolo y jovial, de la época barbada. Veo como le da a usted la mano

44. Sobre Pauli, ver Enz (2002).

> ansiosamente, aplaude su definición de la física como un signo prometedor de una comprensión, si bien algo tardía, a lo que añade lo bien que concuerdan las etiquetas en su laboratorio, y finalmente manifiesta su satisfacción porque los juicios metafísicos hayan sido en general (como él solía decir) «desterrados al reino de las sombras de un animismo primitivo». Pues bien, este cubilete es un vaso de bautismo y en la tarjeta está escrito en letras antiguas adornadas con arabescos: «Dr. E. Mach, Profesor de la Universidad de Viena». Resulta que mi padre era muy amigo de su familia, ideológicamente se encontraba en aquel tiempo por completo bajo su influencia y él (Mach) se ofreció amistosamente a hacer de padrino en mi bautizo. Mach tenía seguramente una personalidad más fuerte que la del sacerdote católico y el resultado fue, según parece, que fui en consecuencia bautizado antimetafísicamente, en lugar de católicamente. En todo caso, la tarjeta permanece en el cubilete y pese a los grandes cambios espirituales por los que he pasado posteriormente, sigue siendo una etiqueta que llevo puesta, a saber: «de procedencia antimetafísica».

Como veremos, en ocasiones la «fe antimetafísica» de Pauli le indujo a equivocarse: desanimó a Kronig, cuando a éste se le ocurrió la idea del espín, por lo que se vio así adelantado por Gousdmit y Uhlenbeck.

Al igual que Heisenberg —de una forma mucho más pronunciada realmente—, Pauli fue un *Wunderkind*, un niño prodigio. Cuando entró en la Universidad de Múnich, en 1918 (dos años antes que aquél), ya había estudiado la teoría de la relatividad, lo que le sirvió para que pronto Felix Klein le pidiese que preparase el correspondiente capítulo dedicado a la relatividad einsteniana para su célebre *Encyclopädie der mathematischen Wissenschaft* (Pauli 1921). El capítulo, publicado en 1921, no hizo sino que creciera la fama de su joven autor. «Uno no sabe», escribió Einstein (1922: 184) de aquel trabajo de Pauli, «qué admirar más; si la comprensión psicológica del desarrollo de nuevas ideas, la seguridad de la deducción matemática, la profunda visión física, la capacidad para realizar una presentación lúcida y sistemática, el conocimiento de la literatura, el completo tratamiento del asunto, o la seguridad de la aproximación crítica». Todavía hoy, se puede estudiar con provecho aquel trabajo (ya en forma de libro y accesible desde hace mucho también en versión al inglés), independientemente de que el campo del que se ocupaba haya experimentado cambios y desarrollos notables.

Tanto Pauli como Heisenberg fueron discípulos de Sommerfeld. Werner pronto lo descubrió; he aquí cómo lo recordó en su libro autobiográfico (Heisenberg 1996: 77): «Cuando entré en el aula de la universidad donde Sommerfeld solía dar sus lecciones, descubrí en la tercera fila a un estudiante de cabello oscuro y rostro algo impreciso y misterioso, que ya me había llamado la atención al verle en el seminario tras mi primer diálogo con Sommerfeld. Éste me lo había presentado, y después, al despedirse en la puerta de su instituto, me había dicho que consideraba a este estudiante como uno de sus alumnos más dotados, del cual podría yo aprender mucho. Debería dirigirme tranquilamente a él cuando no entendiera algo de física. Se llamaba Wolfgang Pauli, y en todo el tiempo posterior, mientras vivió, representó para mí y para cuanto intenté científicamente, el papel de un amigo y de un crítico siempre bien acogido, aunque muy duro».

Al igual que hizo con Heisenberg, Sommerfeld introdujo a Pauli en los problemas que los datos espectroscópicos suponían para la física cuántica, problemas en los que continuó trabajando en Gotinga, donde pasó el invierno del curso 1921-1922 como ayudante de Born, al igual que posteriormente en Hamburgo, con Wilhelm Lenz, y luego en Copenhague, junto a Bohr. El efecto Zeeman anómalo figuraba también entre ellos, aunque Pauli no pudo avanzar demasiado con él, lo que le produjo sentimientos de frustración. Años después recordó (citado en Enz 1996: 10): «Un colega que me encontró vagando por las bellas calles de Copenhague, me dijo amistosamente: "Pareces muy preocupado", a lo que yo contesté abruptamente: "¿Cómo se puede no estar preocupado cuando se está reflexionando sobre el efecto Zeeman anómalo?"». A la «teoría» que Heisenberg desarrolló en 1922, en la que, como hemos visto, aparecían números cuánticos semienteros, la consideró, en cartas a Landé, Kramers y Bohr, «puramente formal», «desprovista de nuevas ideas físicas», «fea», «monstruosa», «me siento profundamente insultado por ella. Heisenberg es muy poco filosófico».[45]

Para entender completamente los sentimientos de Pauli, los problemas que deseaba resolver, al igual que la lógica que guiaba sus esfuerzos, y, en consecuencia, para comprender el camino que le llevó a pro-

45. Pauli a: Landé (14 de diciembre de 1923), a Kramers (19 de diciembre de 1923), a Bohr 11 de febrero de 1924). En Hermann, von Meyenn y Weisskopf, eds. (1979), citadas también en Heilbron (1983: 300).

poner el principio de exclusión, sería necesario que hubiera tratado con más detalle una cuestión estrechamente vinculada a los temas que estoy estudiando en el presente capítulo: el de cómo las «órbitas» por las que circulaban los electrones fueron adoptando una estructura de «capas», caracterizadas por combinaciones de los números cuánticos que he ido introduciendo (números no siempre completamente entendidos en aquella época, ni denotados con los mismos símbolos), y por letras asociadas a diferentes series (como *p*, *s*, *d* y *f*, o en mayúsculas, que denotaban, repito una vez más, las series denominadas principal, neta, difusa y fundamental). Hacerlo, ampliar la ya de por sí compleja trama argumental de este libro, lo habría, en mi opinión, complicado —y alargado— excesivamente. Es obligado, no obstante, reconocer —algo de esto se ha visto en las páginas precedentes— que el universo de las capas electrónicas fue imprescindible para (y estuvo estrechamente ligado con) lograr entender realmente la estructura de la tabla periódica de los elementos, una tarea en la que se distinguió especialmente Niels Bohr, en los años que van de 1920 a 1923.[46]

Resulta, como decía antes, que ese contexto fue en el que se movió Pauli. Dejemos que sea él mismo el que nos lo explique, tal y como lo hizo en el discurso que pronunció el 13 de diciembre de 1946, cuando recibió el premio Nobel de Física correspondiente a 1945, por, precisamente, «el descubrimiento del Principio de Exclusión, también llamado el Principio de Pauli».[47] Tras recordar que «la serie de los números enteros 2, 8, 18, 32,... que da las longitudes de los períodos en el sistema natural de los elementos químicos, incluyendo la observación del físico sueco Rydberg de que estos números adoptan la sencilla forma $2n^2$, cuando *n* toma todos los valores enteros, era discutida apasionadamente en Múnich», Pauli (1996: 208-211) señalaba:

> Cuando me encontré por primera vez personalmente con Niels Bohr comenzó una nueva etapa de mi vida científica, hecho que acaeció en 1922, cuando se le invitó a dictar una serie de conferencias en Gotinga, en las que dio cuenta de sus investigaciones teóricas sobre el sistema periódico de los elementos. Recordaré sólo brevemente que el avance

46. Ver en ese sentido, especialmente Bohr (1924), y Nielsen, ed. (1977). Referencias que ya aparecieron en páginas anteriores.

47. Parece que fue Paul Dirac el que utilizó por primera vez en 1926 la expresión «principio de exclusión de Pauli» (ver Dirac 1926: 670).

> esencial logrado por las consideraciones de Bohr en esa época consistió en explicar, por medio del modelo atómico de simetría esférica, la formación de las capas intermedias del átomo y las propiedades generales de las tierras raras. La pregunta de por qué todos los electrones de un átomo en su estado fundamental no caen a su capa más profunda ya había sido señalada por Bohr como un problema fundamental en sus anteriores trabajos. En sus conferencias de Gotinga trató especialmente del llenado de esta capa más interna K en el átomo de helio y de su relación con los dos espectros no combinables del helio, el orto y el parahelio. Sin embargo, no se pudo dar ninguna explicación convincente a este hecho a partir de la mecánica clásica. Me causó una fuerte impresión que Bohr, entonces y en posteriores discusiones, estuviera buscando una explicación *general* que incluyese el llenado de *cada* capa electrónica, y en la que el número 2 era considerado tan esencial como el 8, en contraste con la aproximación de Sommerfeld.

Después de aquel contacto con Bohr (que fue también muy importante para Heisenberg), Pauli pasó un tiempo en Copenhague, dedicándose a partir de entonces sobre todo —como ya señalé— a intentar explicar el efecto Zeeman anómalo. Cuando, en 1923, se incorporó a la Universidad de Hamburgo como *Privatdozent*, pronunció una conferencia inaugural que también recordó en Estocolmo en 1946: «El contenido de esta conferencia me resultó muy insatisfactorio, ya que el problema del llenado de capas electrónicas no había sido todavía explicado. Lo único que estaba claro era que debía de existir una relación más estrecha entre este problema y la teoría de la estructura de los multipletes. Según el punto de vista ortodoxo, por entonces imperante, y que también había sido tenido en cuenta por Bohr en [...] Gotinga, se suponía que la causa de esta estructura de doblete era un momento angular no nulo del "corazón [el *Rumpf*, que yo también he denominado «tronco»] atómico"». Y añadía: «En una publicación del otoño de 1924 argumenté en contra de este punto de vista, que definitivamente rechacé como incorrecto, proponiendo en su lugar la hipótesis de una nueva propiedad teórico-cuántica del electrón a la que llamé "ambivalencia sin descripción clásica"».

Aquí Pauli se refería a un artículo que llegó a la redacción del *Physikalische Zeitschrift* en diciembre de 1924 y apareció en el número del 19 de febrero de 1925 (Pauli 1925 a), en el que argumentaba que, en el caso de los átomos alcalinos, el modelo de Landé, con un electrón girando en torno a un «tronco» central dotado de momento angular 1/2 era insostenible (entraba en conflicto con algunas evidencias experimentales), aunque funcionase bien en lo referente a los datos experimentales; y que de los cuatro números cuánticos, n, l, j y m, j no surge de una interacción entre el electrón de valencia y el *Rumpf*, sino que pertenece al propio electrón.[48] Existía, sí —argumentaba—, una *rotación interna*, pero no del *Rumpf* (que ahora tenía momento angular nulo), como suponía Landé, sino del electrón de valencia. Utilizando sus propias palabras en el artículo (Pauli 1925 a: 385): «Se supone que las configuraciones electrónicas cerradas [el *Rumpf*] no contribuyen nada al momento magnético del momento angular del átomo. En particular, en el caso de los elementos alcalinos, los valores del momento angular de los átomos y sus desplazamientos de energía en presencia de un campo magnético externo se considerarán esencialmente como debidos enteramente a la acción del electrón de la serie [esto es, el electrón de valencia] [...] La estructura en doblete de los espectros alcalinos, al igual que la violación del teorema de Larmor, es producida, según este punto de vista, por un peculiar doble valor [*Zweideutigkeit*] de las propiedades cuánticas teóricas del electrón de valencia no describible clásicamente».

Adviértase, no obstante, que Pauli no argumentaba aún que esos dos valores correspondiesen a un número cuántico. Tampoco tenía ninguna respuesta para la pregunta: ¿cuál era el significado físico de ese doble valor «no describible clásicamente»? Asimismo, quedaba planteada la cuestión de por qué, si ese doble valor afectaba al electrón de valencia, no lo hacía también a cualquier electrón.

Pauli estaba a un paso de la idea del espín, pero, hasta cierto punto sorprendentemente, no fue capaz de dar ese paso. Fue víctima, él mismo, de sus propios poderes críticos: no se atrevió (en el supuesto de que se plantease el problema en tales términos) a introducir un concepto completamente desvinculado del mundo clásico. Y si no se le ocurrió plantearse la cuestión en esos términos, cuando alguien se la planteó así —Kronig, como veremos más adelante—, la rechazó como inaceptable.

En lugar de tomar la senda que le podría haber conducido al espín, Pauli siguió una que le llevaría a un elemento también totalmente nuevo, aunque muy diferente: el principio de exclusión.

48. Este artículo de Pauli se analiza en Tomonaga (1997: 28-30) y en van der Waerden (1960: 202-205).

El principio de exclusión

Utilicemos de nuevo su discurso Nobel: «En esa época apareció un artículo del científico inglés Stoner que contenía, además de mejoras en la clasificación de los electrones en subgrupos, la siguiente observación esencial: para un valor dado de un número cuántico principal, el número de niveles de energía de un electrón, en los espectros de los metales alcalinos en un campo magnético externo, es igual al número de electrones de la capa completa del gas noble que corresponde a dicho número cuántico principal. Sobre la base de mis resultados preliminares acerca de la clasificación de los términos espectrales en un campo magnético intenso, la formulación general del principio de exclusión se hizo clara para mí. La idea fundamental se puede explicar de la forma siguiente: los complicados números de electrones en los subgrupos cerrados se reducen al simple número *uno* si se realiza la división de los grupos que dan los valores de los 4 números cuánticos de un electrón hasta que desaparezca toda degeneración. Un nivel de energía completamente no degenerado está ya "cerrado" si está ocupado por un único electrón, debiéndose excluir los estados que estén en contradicción con este postulado. La exposición de esta formulación general del principio de exclusión fue hecha en Hamburgo en la primavera de 1925 [Pauli 1925 b], después de que durante una visita a Tubinga, y con la ayuda del material espectroscópico allí disponible, fuera capaz de verificar algunas conclusiones adicionales concernientes al efecto Zeeman anómalo de átomos más complicados».

Como ha argumentado Heilbron (1983), en un extenso y profundo estudio del origen del principio de exclusión,[49] al conocer un artículo recién publicado (apareció en el número de octubre del *Philosophical Magazine*) por el físico inglés Edmund C. Stoner (1889-1973), que se había doctorado con Rutherford y que entonces era *lecturer* en Leeds, se produjo un profundo cambio en los planteamientos de Pauli. Profundo y rápido: la primera formulación del principio de exclusión apareció en una carta que Pauli escribió a Landé, del 24 de noviembre de 1924: *«Dann soll es verboten sein, daß mehr als ein Elektron mit gleichem n (äquivalent) zu den gleichen Werten der drei*

49. Ver, asimismo, van der Waerden (1960) y Mehra y Rechenberg (1982: cap. VI).

Quantenzahlen k_1, m_1, m_2 *gehört»* («Entonces debería estar prohibido que más de un electrón con el mismo *n* perteneciese al mismo estado con los tres mismos números cuánticos, k_1, m_1, m_2»).[50]

Stoner había propuesto la siguiente regla:[51] «El número de electrones en cada capa completa es igual al doble de la suma de los números cuánticos internos». Ahora bien, utilizando un modelo atómico (muy simple, cierto es) en el que cada electrón se mueve en torno al núcleo independientemente de todos los demás, describiendo órbitas del tipo de las existentes en el hidrógeno, se adscriben a cada electrón los siguientes números cuánticos: *n*, el principal, y *l*, que (se sabía del caso del hidrógeno) únicamente puede tomar los valores 7=0, 1,..., n−1. Suponiendo ahora que estos electrones independientes se encuentran en un campo magnético externo, aparece otro número cuántico, *m*. Como, según mencioné con anterioridad, *m* puede tomar los (2*l*+1) valores *l*, *l*−1, *l*−2, ..., −(*l*−1), −*l*, el número, N, de niveles es el siguiente:

n=l, *l*=0	N=1
n=2, *l*=0, 1	N=1+3=5[52]
n=3, *l*=0, 1, 2	N=1+3+5=9
...	

Aplicada a la situación precedente, la regla de Stoner dice que en una capa totalmente llena, correspondiente a un *n* fijo el número de electrones es 2N; esto es, el *doble* del número de niveles.

En este punto, Pauli argumentaba que: (i) el «peculiar doble valor [*Zweideutigkeit*] de las propiedades cuánticas teóricas del electrón de

50. Los números cuánticos que empleaba Pauli están relacionados con los que se terminaron adoptando mediante relaciones sencillas. Inicialmente, utilizó (además de *n*), k_1 (el número cuántico azimutal, *k*), k_2 (relacionado con el número cuántico interno *j*, a través de la relación: $k_2=j + ½$) y m_1 (el número cuántico magnético). En el caso de un fuerte campo magnético, reemplazó k_2 por un segundo número magnético, m_2, que tomaba los valores: $m_2=m_1+½$ y $m_2=m_1-½$. El texto completo de la carta de Pauli a Landé se reproduce en Hermann, von Meyen y Weisskopf., eds. (1979: 176-181), los datos relevantes a la cuestión del principio de exclusión aparecen en la página 180.

51. Sigo en este punto la reconstrucción realizada por Abraham Pais (2000: 222-223) de cómo Pauli utilizó los resultados de Stoner.

52. El 1 es el correspondiente (acumulado) a (n=l, *l*=0), y el 3 corresponde a los tres posibles *m*: −1, 0, 1.

valencia no describible clásicamente» se aplicaba a *todos* los electrones, no sólo a los de valencia; (ii) los dos valores correspondían a un nuevo número cuántico; (iii) ¿por qué —se preguntaba entonces— una capa no puede contener más de 2N electrones (regla de Stoner)?; respuesta: «Porque únicamente puede dar cabida a electrones con números cuánticos diferentes» (principio de exclusión).

Ya de manera oficial y pública, Pauli (1925 b) envió su resultado al *Zeitschrift für Physik* en enero de 1925, bajo el título «Sobre la conexión entre la completitud de los grupos de electrones en un átomo con la estructura compleja de los espectros», apareciendo publicado en el número del 21 de marzo. El enunciado del principio de exclusión ha sobrevivido al paso del tiempo, mostrando una fecundidad sin la cual es difícil imaginar cómo se podría haber impuesto el orden en la maraña de las capas atómicas, por no mencionar cómo podrían haber hecho su aparición elementos del tipo de la presión —de *degeneración electrónica*— que produce el que dos electrones no puedan ocupar el mismo estado cuántico, presión que constituye un elemento imprescindible en, por ejemplo, el estudio de las fuerzas que sostienen a estrellas como las enanas blancas. No obstante, esa permanencia de contenidos, la justificación inicial del principio estaba lejos de no contener problemas y oscuridades. «Está claro», ha señalado van der Waerden (1960: 207), «que la definición de estos números cuánticos [los empleados por Pauli en 1925: n, k_1, m_1, m_2] presentaba grandes dificultades en una época en la que no existía la mecánica cuántica y los tipos de movimientos de los electrones tenían que ser descritos con modelos clásicos inadecuados. Así, para definir los números m_1 y m_2, Pauli tuvo que suponer un campo magnético tan fuerte que todo electrón tenía, independientemente de los demás, un momento mecánico definido m_j y un momento magnético m_2. El propio Pauli vio estas dificultades muy bien y no consideró su punto de vista como final. Debemos admirar su coraje y persistencia desarrollando las consecuencias lógicas de sus hipótesis. El desarrollo subsiguiente de la mecánica cuántica condujo a una justificación completa de todas sus suposiciones.»

El espín

Sin duda todo habría sido más fácil —aunque no, por supuesto, sencillo— para Pauli si se hubiese dispuesto del concepto de espín. Pero para ello hubo que esperar unos meses: al número del 20 de noviembre de 1925 de la revista semanal alemana *Die Naturwissenschaften*, que publicaba una carta («Substitución de la hipótesis de la presión no mecánica por un requisito relativo al comportamiento intrínseco de cada electrón individual»), fechada el 17 de octubre, de una página, firmada por dos jóvenes físicos holandeses, George Uhlenbeck (1900-1988), entonces ayudante de Ehrenfest en Leiden, y Samuel Goudsmit (1902-1978), todavía estudiante, aunque ya vinculado a Zeeman en Amsterdam.[53] En esa «carta», Uhlenbeck y Goudsmit (1925) propusieron la idea de que todos los electrones giran con un momento angular ½ · (h/2π), transportando, además de la carga *e*, un momento magnético igual a un magnetón de Bohr (es decir, eh/4πmc). Uhlenbech y Goudsmit imaginaban al electrón en parte clásicamente, como una pequeña esfera que rotaba alrededor de un eje intrínseco mientras giraba en torno al núcleo atómico. Asimismo, dotaban al electrón de un momento magnético intrínseco, y le asignaban la restricción, cuántica, de que su momento angular, el denominado espín, tuviese el valor ½ · (h/2π), y que únicamente pudiese tomar dos orientaciones en un campo magnético externo: paralela o antiparalela. Con semejante modelo, demostraban que se podía explicar el efecto Zeeman anómalo, siempre que el cociente entre el momento magnético del electrón y el espín fuese el doble que el cociente entre el momento magnético y el momento angular debido al movimiento orbital del electrón. Este curioso factor extra de valor dos permanecería sin explicar hasta 1928.[54]

53. Poco después, publicaron una versión en inglés en *Nature* (20 de febrero de 1926): Uhlenbeck y Goudsmit (1926).

54. Fue Llewellyn Hilleth Thomas (1903-1992), un graduado de Cambridge, entonces (febrero de 1926) en el Instituto de Bohr en Copenhague, con una beca predoctoral, quien resolvió el problema del factor 2, sin más que aplicar la relatividad especial al sistema formado por el electrón girando como si fuera una peonza, y ayudado —como manifestó a Thomas Kuhn y Uhlenbeck cuando éstos le entrevistaron en el Proyecto «Sources for History of Quantum Physics»— por lo que había aprendido en el libro de Arthur Eddington *The Mathematical Theory of Relativity,* sobre los efectos relativistas (relatividad general) del movimiento de los nodos de la Luna (Eddington 1923: 96-99). Fueron los cálculos de Thomas (1926) los que indujeron a Pauli a aceptar finalmente el concepto de espín, como explicó en su conferencia Nobel (Pauli 1996: 212): «Aunque en un principio tuve grandes dudas en cuanto a lo correcto de esta idea [la de Uhlenbeck y Goudsmit] a causa de su carácter mecánico clásico, los cálculos de Thomas sobre el valor del desdoblamiento del doblete acabaron por convencerme».

Tanto Uhlenbeck como Goudsmit narraron años después lo que recordaban acerca de su descubrimiento. Citaré de la descripción más completa, la de Uhlenbeck (1976: 46):

> Sam [Goudsmit] me había explicado antes las críticas de Pauli contra *das Rumpf-Modell*, y me había contado la propuesta de Pauli de adscribir *cuatro* números cuánticos a cada electrón. Luego continuó con la discusión del famoso artículo de enero de 1925 en el que Pauli formuló el principio de exclusión: dos electrones no podían tener los mismos cuatro números cuánticos. Me explicó cómo, combinando los cuatro números cuánticos de los diferentes electrones según las reglas del modelo vectorial, se podía comprender el sistema periódico y la estructura general de los multipletes de los niveles atómicos. El propio Sam había simplificado el argumento introduciendo los números cuánticos n, l, m_l y m_s (apropiados cuando está presente un fuerte campo magnético), en lugar de los utilizados por Pauli, y se dio cuenta de que entonces m_s era siempre $+½$ o $-½$.
>
> Yo estaba impresionado, pero como todo el asunto era puramente formal, me parecía como abracadabra. No existía una imagen que conectase, al menos cualitativamente, el formalismo de Pauli con el viejo modelo atómico de Bohr. Fue entonces cuando se me ocurrió que, como (según había aprendido) cada número cuántico corresponde a un grado de libertad del electrón, el cuarto número cuántico debería significar que el electrón tenía un grado adicional de libertad: en otras palabras, ¡que el electrón debería estar rotando! Sam ha escrito que él no sabía entonces lo que era un grado de libertad [...] A pesar de ello, se dio cuenta inmediatamente que si el momento angular del electrón era $h/2\pi$, se tenía una imagen de los dobletes alcalinos como las dos formas en que el electrón podía girar con respecto a su movimiento orbital. De hecho, si se suponía que el cociente giromagnético para la rotación era el doble del valor clásico, de manera que el momento magnético fuese
>
> $$2\left(\frac{e}{2mc}\right)\cdot\left(\frac{h}{4\pi}\right)=1 \text{ magnetón de Bohr,}$$
>
> entonces las propiedades antes atribuidas a la parte central del átomo eran ahora propiedades del electrón. Los sencillos rasgos *«anschaulichen»* del *Rumpf-Modell* se reconciliaban así con las ideas de Pauli.

Uhlenbeck recordaba que cuando esas ideas se les hicieron claras, «tuvimos un sentimiento de euforia, pero también estuvimos de acuerdo que no podíamos publicar semejante material. Como no había sido mencionado por ninguna de las autoridades, [...] tenía que carecer, por alguna razón, de sentido».

El factor crucial para que sí publicasen fue Paul Ehrenfest, a quien informaron de su idea. Como era natural, éste pidió opinión a Lorentz, el gran experto de todo lo referente a los electrones.[55] Con el cuidado que le caracterizaba, Lorentz llevó a cabo los cálculos correspondientes, utilizando la teoría clásica, a electrones en rotación, llegando a la conclusión de que existían serios problemas con semejante modelo, problemas que transmitió a Uhlenbeck, y que éste no comprendió totalmente, aunque sí lo suficiente como para decir a Ehrenfest: «Lorentz nos ha demostrado que esto no tiene sentido [...] Mejor no publiquemos la nota». A lo cual Ehrenfest respondió: «Ya la he enviado hace semanas y aparecerá la semana próxima [...] *Sie beide sind jung; Sie können sich eine Dummheit leisten!* [¡Los dos sois jóvenes, podéis permitiros una estupidez!]».

El comportamiento de Ehrenfest contrasta completamente con el que tuvo Pauli con Ralph Kronig (1904-1995), el físico estadounidense que precedió a Uhlenbeck y Goudsmit en imaginar la idea del espín.

Kronig llegó a Tubinga, procedente de la Universidad de Columbia, en Nueva York, con veinte años, el 7 de enero de 1925, con la intención de visitar a Landé y Gerlach. A Kronig se le ocurrió, en la primavera de 1925, básicamente lo mismo que a los dos jóvenes holandeses, pero Pauli le desanimó de publicar semejante idea, que él consideraba descabellada, o, al menos, infundada. El factor que impulsó a Kronig en concebir la idea del espín fue la carta que Pauli dirigió a Landé el 24 de noviembre de 1924, que ya he mencionado, y que éste mostró a Kronig cuando llegó a Tubinga. Veamos cómo describió él mismo lo que sucedió (Kronig 1960: 19-20):

> La carta de Pauli me produjo una gran impresión y, naturalmente, suscitó mi curiosidad acerca del significado del hecho de que *cada electrón individual* del átomo pudiese ser descrito en términos de números

55. Aunque retirado (Ehrenfest era, recordemos, su sucesor), Lorentz seguía activo y, de hecho, continuaba dando clase en Leiden todos los lunes.

> cuánticos familiares del espectro de los átomos alcalinos, en particular los dos momentos angulares *l* y *s*=½ encontrados allí. Evidentemente, *s* ya no podía ahora ser atribuido a un *Rumpf*, y se me ocurrió inmediatamente que podría considerárselo como un momento angular intrínseco del electrón. En el lenguaje de los modelos que antes de la llegada de la mecánica cuántica constituían la única base de discusión que se tenía, esto podía imaginarse como debido a la rotación del electrón en torno a su eje. Semejante imagen, es cierto, estaba sujeta a un número de serias dificultades. [...] Aun así, era una idea fascinante y la misma tarde, todavía bajo la influencia de la carta que había leído, logré deducir de ella la denominada fórmula del doblete relativista.

Daba la casualidad —a la postre desgraciada para Kronig— que Pauli llegaba de visita a Tubinga el día siguiente, y el estadounidense fue con otros a recibirlo a la estación: «Por algún motivo le había imaginado más viejo y con barba. Se le veía muy diferente a como lo había imaginado, pero sentí inmediatamente el campo de fuerza que emanaba de su personalidad, un efecto fascinante e inquietante al mismo tiempo. En el Instituto de Landé comenzó pronto una discusión, y yo también tuve ocasión de presentar mis ideas. Pauli señaló: *"Das ist ja ein ganz witziger Aperçu, aber so ist die Natur schon nich"* ["Ésa es una idea muy inteligente, pero la naturaleza no funciona así"]».[56]

Sin duda desanimado por el mordaz comentario de Pauli, Kronig (1926) solamente publicaría su idea tras saber del artículo de Uhlenbeck y Goudsmit: su ya no original idea apareció en el número de *Nature* del 17 de abril de 1926.

56. La forma que he utilizado para la frase de Pauli es cómo la recordó Kronig en la entrevista que se le sometió durante el Proyecto «Sources for History of Quantum Physics». En Kronig (1960: 21) aparece de una forma algo diferente.

10

Interludio socioeconómico: físicos cuánticos en la República de Weimar

El período histórico en el que tuvieron lugar la mayor parte de los desarrollos científicos a los que me he referido en el capítulo precedente fue muy singular: se trata, no lo olvidemos, de los años (1914-1918) de la Primera Guerra Mundial, y del lustro siguiente, períodos inmersos en la gran inestabilidad política y económica que sufrió Alemania al término del conflicto. Y fueron, precisamente, científicos alemanes los protagonistas principales de tales desarrollos.

En vista de semejante contexto, surgen preguntas del tipo: ¿afectó la guerra a las relaciones entre científicos a partir de 1918, y, especialmente entre científicos involucrados en la construcción de una mecánica cuántica? Antes, es evidente que sí. Dentro de la propia Alemania —o, más generalmente, de las naciones centroeuropeas de habla alemana—, ¿encontraron sus científicos «cuánticos» dificultades importantes para dedicarse a sus investigaciones? Recordemos, por ejemplo, la tremenda inflación que se produjo en Alemania.

Trataré en este capítulo de responder a este tipo de preguntas.[1] Al fin y al cabo, la ciencia no la conforman únicamente ideas, cálculos o experimentos, sino que también incluye factores como la capacidad o posibilidad de dedicarse a tales tareas, de disponer de recursos financieros para adquirir o mantener la instrumentación necesaria, colecciones de revistas profesionales y libros, al igual que de

1. En lo que sigue, me baso ampliamente en Sánchez Ron (2022).

relacionarse con colegas de otras naciones, sin olvidar la de encontrar en el país propio un ambiente que no sea hostil a la empresa científica.

Una comunidad internacional dividida

Los sentimientos creados —o liberados— durante la Primera Guerra Mundial en científicos de ambos bandos tuvieron consecuencias profundas en la posguerra para las relaciones internacionales que se habían mantenido hasta el comienzo de las hostilidades. Instituciones que habían servido para canalizar aquellas relaciones, como la Asociación Internacional de Academias, no sobrevivieron a la guerra. La Asamblea General (se trataba de la quinta) celebrada en 1913 había confiado la organización de la siguiente reunión de ese nivel, y por consiguiente la presidencia temporal, a la Academia Prusiana de Ciencias. Poco después de que comenzase la guerra, la Academia berlinesa comunicó que estaría de acuerdo en que se transfiriese provisionalmente la presidencia a una academia neutral, proponiendo la de Amsterdam. Todo parecía ir bien, hasta que los franceses exigieron que esa solución fuese definitiva. Los alemanes se negaron a ello, lo que condujo a un punto muerto.

La intransigencia francesa se vio reforzada por la actitud que, tras la entrada de Estados Unidos en la guerra, tomó la National Academy of Sciences. El principal portavoz de esta academia, su secretario para asuntos extranjeros, el astrónomo George Hale, que hasta entonces había adoptado una posición bastante comprensiva, oponiéndose a la idea de condenar en bloque a los científicos alemanes, cambió de actitud. Ahora la exclusión de alemanes y austríacos de las organizaciones internacionales le parecía razonable, postura a la que también se unieron las instituciones británicas. Ahora bien, no era posible llevar a cabo semejante acción dentro de la Asociación Internacional de Academias, por lo que las tres potencias aliadas decidieron fundar una nueva organización: el Consejo Internacional de Investigaciones (CII), que en la práctica significó el final de la antigua asociación.

El nuevo consejo surgió de tres reuniones, en las que además de los aliados (es decir, Estados Unidos, Gran Bretaña y Francia) tomaron parte algunos representantes de naciones neutrales. La primera reunión tuvo lugar en Londres en octubre de 1918, la segunda en París el mes siguiente, y la tercera en Bruselas en julio de 1919. Los más intransigentes, científicos como los matemáticos Émile Picard y Vito Volterra, incluso nuestro viejo conocido, el físico Arthur Schuster, no obstante ser de origen alemán, dominaron, defendiendo una política de marginación para con todos los pensadores centroeuropeos, científicos al igual que humanistas, aunque fue en el dominio de la ciencia en donde tal actitud se plasmó de manera más intensa. Así, se tiene que de los aproximadamente 195 congresos científicos internacionales que se celebraron entre 1920 y 1924, 129 —esto es, casi dos tercios— tuvieron lugar sin participación de alemanes y austríacos. Un ejemplo, en este sentido, es el de los Consejos Solvay, como vimos en el capítulo 6.

Por su parte, tampoco los científicos alemanes favorecían una vuelta a relaciones más cordiales. Para ellos, la ciencia era, al fin y al cabo, lo más preciado que le quedaba a Alemania. Habían sido derrotados militarmente, se había producido una profunda crisis política y económica, pero su ciencia seguía siendo —estaban firmemente convencidos de ello— la mejor. El 14 de noviembre de 1918, tres días después de que se firmase el armisticio, tuvo lugar una reunión plenaria de la Academia Prusiana de Ciencias. Max Planck abrió la sesión con las siguientes palabras, que muestran con claridad el orgullo que sentía por la ciencia de su derrotada nación (citado en Forman 1973: 163): «Cuando nuestros enemigos han quitado a nuestra patria toda defensa y poder, cuando graves crisis internas amenazan al Estado, existiendo la posibilidad de que otras aún más graves nos esperen en el futuro, existe una cosa que ningún enemigo, ni foráneo ni doméstico, pudo quitarnos: la posición que la ciencia alemana ocupa en el mundo».

Ocho años más tarde, Fritz Haber seguía repitiendo lo mismo:[2] «Sabemos perfectamente que hemos perdido la guerra y que política y económicamente ya no nos sentamos en el consejo de directores del mundo. Pero creemos que científicamente todavía podemos contarnos entre aquellos pueblos que tienen derecho a ser reconocidos entre las naciones principales».

2. F. Haber a H. R. Kruyt, 7 de julio de 1926; citado en P. Forman (1973: 163). Las citas que siguen en esta sección pertenecen también a esta referencia, salvo que se indique lo contrario.

Con tales sentimientos no nos debe sorprender que los científicos alemanes no se esforzasen demasiado en ser incluidos ni en el nuevo Consejo que se estaba creando, ni en los congresos internacionales que se celebraban bajo el patrocionio aliado. Podían considerar que no eran ellos los que más perdían, sino los «otros», aquellos que les habían derrotado militarmente. Era su forma de venganza, al igual que la de los aliados era excluirlos. Curiosa situación en la que un mismo hecho deja, aparentemente, contentos a los dos bandos, cuando lo que cada uno pretendía era perjudicar gravemente al otro.

Además, el boicot no fue lo suficientemente poderoso como para impedir que se produjesen relaciones personales. Existe suficiente evidencia que muestra que por detrás del nivel de las relaciones internacionales formales, los científicos germanos tuvieron acceso a una amplia red de contactos con colegas de otras naciones. Así, el 14 de junio de 1922 el astrofísico estadounidense Charles St. John, que tomaba parte activamente en las actividades del CII y en su Unión Astronómica, escribía a Lorentz, después de haber viajado por Alemania en el verano de 1922, que creía que «sería posible trabajar juntos de manera no oficial, de forma que seremos capaces de coordinar el trabajo sobre las longitudes de onda en Alemania, al igual que en otras partes, hasta que se reestablezcan totalmente las relaciones». Poco después de este viaje de St. John, Sommerfeld visitaba Estados Unidos, invitado por la Universidad de Wisconsin, en Madison, para dictar un ciclo de conferencias, que tuvo gran éxito. Allí aprovechó para mantener conversaciones sobre la difícil situación en que se encontraba Alemania después del Tratado de Versalles. «Mi inglés aún es tan deficiente», explicaba a Einstein en una carta, «que hasta el momento debo mantenerme alejado de las discusiones políticas. En el futuro, sin embargo, pienso hablar también sobre cuestiones políticas con las personas que se me acercan. Al menos esta posibilidad fue decisiva cuando acepté la invitación de Wisconsin».[3]

La invitación cursada a Sommerfeld es todavía más significativa si tenemos en cuenta que cuando, cuatro años después, el Comité Solvay enviaba invitaciones a físicos alemanes para que asistieran al quinto Consejo Solvay, el profesor de Múnich no figuraba entre los destinatarios, a pesar de sus indudables méritos en el desarrollo de la

3. A. Sommerfeld a A. Einstein, 24 de septiembre de 1922. Citada en Von Meyenn (1988:108).

física cuántica. El motivo de tal exclusión fue que Sommerfeld (1918) apoyó durante la guerra los esfuerzos de las autoridades alemanas por fomentar el nacionalismo cultural y separatismo político flamenco, con el deseo de «una anexión voluntaria y, por consiguiente, mucho más íntima de esa parte de Bélgica que tan valiosa es para nosotros». Para un congreso (en Bélgica, cierto es), estas credenciales importaban hasta el punto de la exclusión, no así para ser invitado individualmente a una nación aliada, más importante desde el punto de vista científico que la pequeña nación belga.

Pronto, además, el interés de británicos, norteamericanos y neutrales por mantener el resentimiento de franceses y belgas se fue desvaneciendo. En junio de 1925, Lorentz presentaba a la Tercera Asamblea general del CII una propuesta de las Academias de Dinamarca, Suecia y Holanda para que se anulase la cláusula existente en los estatutos que prohibía la admisión de las potencias centrales. La propuesta fue derrotada, pero no por ello se dejó de seguir hablando del asunto. El año siguiente miembros de la Academia de Ciencias de Amsterdam hablaron con Planck y otros colegas suyos para averiguar cuáles serían las condiciones de los alemanes para aceptar entrar a formar parte del CII. La respuesta de éstos no fue demasiado alentadora: querían que la invitación fuese «positiva» y que viniese acompañada de una declaración que afirmase que las razones originales de su exclusión eran «anuladas», que Alemania y Austria tuvieran una proporción adecuada en los puestos representativos del Consejo y de sus uniones, y que el idioma alemán fuera permitido en los congresos.[4]

Por entonces, como también mencioné a propósito de los Consejos de Física Solvay, Alemania entraba en la Sociedad de las Naciones. Enfrentados con las iniciativas de los políticos, al CII le resultaba complicado mantener el boicot. En consecuencia, se corrigieron los estatutos y se invitó a Alemania y a Austria a formar parte de la organización. El gobierno alemán animó a sus académicos a que aceptasen la invitación, pero éstos no la consideraron suficiente y rehusaron. No se adherirían de manera completa al Consejo hasta después de la Segunda Guerra Mundial.

4. Sobre estos puntos, ver Schroeder-Gudehus (1978: 149 y ss.).

Física y República de Weimar

Los últimos momentos de la Primera Guerra Mundial significaron para Alemania una acumulación progresiva de situaciones revolucionarias de las que nacería, pocos meses después, la República de Weimar. Da idea de esa situación revolucionaria hechos que entonces se produjeron, como el que el 28 de octubre de 1918 la flota alemana —algunos de cuyos marineros izaron banderas rojas— se negase a zarpar de Kiel, o la rápida difusión a través de toda Alemania de consejos de trabajadores y soldados que seguían el modelo de la reciente revolución rusa. Ante semejante situación, el káiser abdicó, huyendo a Holanda con su familia. El 9 de noviembre, los ministros socialdemócratas, que habían entrado por primera vez en el gobierno del Reich un mes antes, proclamaban la República. El día 10 se constituía un nuevo Gobierno. El 11 se firmaba el armisticio que acababa con la guerra.

En enero de 1919, estallaba en Berlín una rebelión espartaquista que fue reducida con dureza por el gobierno provisional socialdemócrata. Rosa Luxemburgo y Karl Liebknecht, los líderes de la Liga Espartaquista, eran asesinados por un grupo de oficiales derechistas. En esta situación se celebraron las elecciones para una Asamblea Nacional. El partido socialdemócrata no consiguió la mayoría necesaria y tuvo, por consiguiente, que coaligarse con demócratas y centristas. Ebert fue nombrado primer presidente de la República. Como Berlín se consideraba una ciudad demasiado peligrosa, la Asamblea Nacional se instaló en Weimar, aunque el gobierno permaneció en la capital. Era la «República de Weimar», cuya constitución fue aprobada el 31 de julio de 1919.

La nueva República se encontró inmediatamente con un conjunto de circunstancias que hicieron todavía más profunda la herida producida por la derrota: las condiciones que estableció el Tratado de Versalles (firmado el 28 de junio de 1919), que fueron consideradas como una afrenta por la mayoría del pueblo alemán.

No voy a entrar aquí a analizar cuáles fueron esas condiciones, que amputaban una séptima parte del territorio que poseía Alemania antes de la guerra, así como una décima parte de su población. Simplemente recordaré que implicaban un alto coste económico, indirecto (al perder posesiones muy valiosas desde el punto de vista industrial), al igual que directo (se fijó una indemnización de 132.000 millones de marcos oro, más el 26 por ciento en impuestos a la exportación, a recaudar a lo largo de 42 años). En consecuencia, la situación económica era, para los ciudadanos, incluyendo a los profesores, catastrófica. La inflación generada por la guerra y las condiciones impuestas en Versalles fue de una magnitud hasta entonces sin precedentes en la historia. Inmediatamente antes de la Primera Guerra Mundial, en 1913, el marco alemán, el chelín inglés, la lira italiana y el franco francés valían, aproximadamente, lo mismo, y un dólar equivalía, poco más o menos, a cuatro veces cada uno de ellos. El año siguiente al armisticio el marco bajó a menos del 10 por ciento de su valor anterior, manteniéndose ahí hasta 1921, momento en que comenzó su caída en picado. Al final de 1923, poco antes de que se lograse la estabilización con la introducción del *Rentenmark*, era posible cambiar un chelín, una lira o un franco por más de ¡un billón de marcos!, aunque, por supuesto, nadie estaba dispuesto a aceptar marcos.

La inflación golpeó a los profesores y científicos alemanes con dureza. Por un lado sus ahorros, como los de todos los rentistas, se esfumaron. Por otro, los salarios que recibían del Estado figuraban, como los de la mayoría de los funcionarios, entre los que peor mantenían el poder adquisitivo. Unos párrafos de la autobiografía de Richard Willstätter (1965: 328-329), que había ganado el premio Nobel de Química en 1915 por sus trabajos sobre la estructura de la clorofila y otros pigmentos vegetales, y que desde 1916 ocupaba un puesto importante, catedrático y director del laboratorio de química de la Universidad de Múnich, sirven para apreciar la situación en que llegaron a encontrarse los profesores germanos:

> Ya en diciembre de 1922 no tenía dinero suficiente para los regalos de Navidad. Los grandes bancos no habían entendido la inflación. Desde comienzos de diciembre hasta casi mediados de enero, no recibí ningún aviso del banco en el que la Universidad solía depositar nuestras diversas ganancias. Como necesitaba dinero, protesté; entonces se me informó que «para evitar a los clientes el alto coste del correo, a partir de ahora solamente enviaremos una notificación al mes». El Secretario General de la Universidad, Krebs, poseía un conocimiento más sutil de la inflación que los bancos; demoraba los pagos bastante más de un mes, incluso varios. Las cuotas de los cursos, e incluso de los exámenes se pagaban entonces tan tarde que, en una época de inflación acusada, quedaban despojados de todo valor.

Aunque padecieran una inflación menor, los científicos austríacos también sufrieron mucho, incluso más que los alemanes (por motivos relacionadas con el menor poder de su industria). Se trataba incluso, en el invierno de 1919-1920, de tener lo necesario para poder comer. En su desesperación, Stefan Meyer, director del Instituto del Radio de Viena, no dudaba en culpar al Tratado de Versalles cuando escribía, en enero de 1920, a Rutherford (Eve 1939: 277-278): «La llamada paz ha agravado enormemente las dificultades y me temo que no seremos capaces de continuar investigando, si es que podemos seguir con vida. Nadie que no viva aquí —sólo con dinero austríaco en sus manos— puede imaginar los sufrimientos que estamos condenados a padecer por una paz dictada desde el odio nebuloso. [...] Por supuesto, existen aquí, al igual que en todas partes, personas que se benefician con la guerra y con la paz, pero aquel que depende de un salario fijo y reducido es pobre».

Si los profesores padecían personalmente las consecuencias de la inflación, también sufrían profesionalmente. Se trataba, no lo olvidemos, de personas que necesitaban comprar revistas, libros e instrumentos extranjeros, también viajar a otros países. Pero el cambio de moneda era demasiado oneroso. Y, como vimos, tampoco podían esperar ayudas de sus colegas de las naciones aliadas. Incluso aunque prescindiesen de todo lo que estuviese relacionado con el extranjero, ¿cómo proveer sus propios laboratorios?

Apoyos público e industrial a la ciencia alemana

El panorama que hasta el momento he esbozado para la Alemania de la posguerra es francamente desolador. Hay, no obstante, que introducir algunas matizaciones importantes. Así, a pesar del clima de incertidumbre existente, de las convulsiones políticas, de la desorganización y problemas económicos, de la pérdida de una parte importante y valiosa de su territorio, Alemania no estaba arruinada. Las dificultades eran mayores para los ciudadanos, para su poder adquisitivo, que para las grandes actividades industriales y comerciales. En este hecho se encuentra la explicación de que Alemania pudiese continuar manteniendo su liderazgo científico, especialmente en las ciencias físicas y químicas.

Las industrias químicas y electrotécnicas (esto es, aquellas que más dependían o estaban relacionadas con el conocimiento científico) figuran entre las que más prosperaron durante la posguerra. En su informe para el año que terminaba el 30 de septiembre de 1922, el grupo Siemens (Siemens und Halske A. G., Siemens-Schuckertwerke G. m. b. H.) señalaba la gran expansión en plantas y capacidad productiva que se estaba llevando a cabo en la industria alemana, mencionado también su propio papel en el proceso: «La industria química nos ha encargado construir una planta para la explotación progresiva de métodos para extraer el nitrógeno atmosférico. Hay que señalar, además, numerosas ampliaciones de estaciones eléctricas, que suministran alumbrado al público». Como apuntaba el informe, era la industria química la que mayores beneficios estaba obteniendo. En 1925 se vio que las principales compañías químicas (Badische Anilin und Soda Fabrik, F. Bayer & Co., Höchster Farben, Agfa) habían aumentado el capital que tenían en 1913 entre 2,5 y 2,7 veces.

Ahora bien, ¿a qué se debió esta prosperidad industrial?[5] En primer lugar a la propia inflación. Al crecer de día en día —en algunos momentos de hora en hora— los precios, la gente, que no recibía sus salarios con el mismo ritmo, se apresuraba a transformar sus sueldos en bienes. Así, en el momento cumbre de la inflación, la actividad comercial dentro de Alemania era el doble que antes de comenzar la guerra.

En segundo lugar tenemos que hasta finales del verano de 1923, el ritmo al que aumentaban los precios y salarios dentro del país y la variación del cambio del dólar eran tales que los productos importados resultaban entre dos y cuatro veces más caros que los domésticos. La consecuencia era que la industria nacional tenía prácticamente asegurado todo el mercado, sin necesidad de imponer ningún tipo de arancel. Recíprocamente, los costes de producción de los fabricantes germanos resultaban ser tan bajos que podían competir en posición ventajosa en los mercados extranjeros.

Otra consecuencia de la inflación fue que cuando las industrias tenían que amortizar los préstamos que les habían concedido los bancos, el valor de la cantidad inicial había disminuido radicalmente, incluyendo los préstamos que el Reichsbank mantuvo has-

5. Los argumentos y citas que siguen en el resto de esta sección están tomados en gran medida de Forman (1967, 1974).

ta 1923 en el ridículo valor del 5 por ciento. Cuando terminó la inflación los bancos alemanes habían perdido entre el 60 y el 80 por ciento de su capital, cediendo a los grandes grupos industriales el liderazgo económico que hasta entonces habían mantenido. Por decirlo de alguna manera, no demasiado exacta: Alemania se hacía más industrial y menos financiera. Un cambio que tal vez podía favorecer a la ciencia.

Y así, sucede que la industria alemana pudo movilizarse en favor de la ciencia.

A pesar de iniciativas de apoyo a la ciencia tan importantes como la Kaiser-Wilhelm Gesellschaft (Asociación Káiser Guillermo) o la Göttinger Vereinig-ung zur Förderung der angewandten Physik und Mathematik (Asociación de Gotinga para el Desarrollo de la Matemática y Física Aplicadas), que organizó Felix Klein en 1898, hasta el establecimiento de la República de Weimar la principal fuente de financiación para la investigación básica alemana fueron los gobiernos de los distintos *länder*, que mantenían universidades, academias e institutos. La acción del Reich se centraba en unas pocas instituciones, principalmente el Physikalisch-Technische Reichsanstalt. Comparadas con estas aportaciones, la contribución de la industria era muy pequeña.

En la posguerra, este reparto de papeles cambiaría bastante. Aunque no desapareció la intervención de los *länder*, el papel del Reich y de la industria alemana en el desarrollo científico aumentó de modo considerable, temporalmente en el caso de la industria, de manera más duradera en el del Reich.

En una situación, si no totalmente revolucionaria, sí extremadamente fluida, como la que reinaba en la República de Weimar, surgieron iniciativas para apoyar a la ciencia, cuyos profesionales se encontraban, como hemos visto, en dificultades. La más importante a cargo de Fritz Haber.

A comienzos de 1920, Haber presentó en la Asamblea Nacional, a través de la Academia de Berlín y en nombre de todos los académicos germanos, una solicitud de 3 millones de marcos. En parte por motivos formales, la solicitud fue rechazada. No se desanimó, sin embargo, el célebre químico, quien en abril comenzó a defender la idea de una organización en la que participasen como miembros todas las agrupaciones alemanas relacionadas con la ciencia (universidades, escuelas técnicas superiores, la Kaiser-Wilhelm Gesellschaft y la Gesellschaft Deutscher Naturforscher und Ärzte). Al Reich, representado por el Ministerio del Interior, le agradó la idea. Era una buena forma de pasar a desempeñar un papel más importante en la promoción y control del desarrollo científico. Entre las causas posibles para tal receptividad, cabe pensar que la guerra había revelado con claridad la importancia que tenía la ciencia para el poder central, responsable de las Fuerzas Armadas; además, no hay que olvidar que en medio de la humillación nacida de la derrota, la ciencia había visto reforzada su posición al poder ser utilizada como muestra de hegemonía cultural. El 30 de octubre de 1920, cuarenta miembros distinguidos del mundo académico germano, reunidos en la Biblioteca Estatal de Prusia, constituían formalmente la Notgemeinschaft der Deutschen Wissenschaft ('Asociación de Emergencia de Ciencia Alemana'; NGW). Tres semanas más tarde, la nueva organización fue presentada en el Reichstag. El capital con que el Reich la dotó fue de 20 millones de marcos. Sin embargo, la devaluación de la moneda disminuyó rápidamente el valor de ese capital, que mientras que en junio equivalía a medio millón de dólares, en noviembre valía la mitad. El Reich, no obstante, accedió a considerar los 20 millones como correspondientes al presupuesto de 1920-1921, y a aportar otros 20 millones para el año fiscal 1921-1922. Pero la inflación continuó y, hasta la estabilización, la acción de la NGW se vio dificultada considerablemente (el Reich intentó durante un tiempo ir actualizando su aportación, pero terminó por desistir de este empeño imposible).

La política seguida por la Notgemeinschaft, que se mantuvo esencialmente intacta hasta 1933, cuando Hitler llegó al poder, fue la de apoyar a la investigación científica a través de investigadores individuales (preferentemente jóvenes), no de instituciones educativas. La principal excepción a esta regla consistió en aportar dinero para adquirir revistas extranjeras para las bibliotecas (de universidades y academias) alemanas. Durante los años de la inflación, los fondos de la NGW se distribuyeron, aproximadamente, en un tercio para aparatos y otro tipo de material de laboratorio, un tercio para la compra de literatura científica extranjera y el tercio final en subsidios a las publicaciones alemanas. A lo largo de los años de la inflación, la Notgemeinschaft también coordinó las ayudas extranjeras, las más importantes de las cuales procedieron del industrial japonés Hajime Hoshi, de la General Electric Company y, sobre todo, de la Rockefeller Foundation, que en 1933 había aportado cerca de medio millón de dólares a la ciencia germana a través de la NGW.

Gracias en particular a la aportación de la General Electric se creó una comisión de electrofísica dentro de la Notgemeinschaft, de la que formaban parte Planck, Haber, von Laue, Nernst y Franck. En un informe preparado por la comisión (probablemente por Planck) se lee lo siguiente: «Numerosos trabajos han conducido a resultados que son de gran, y en parte fundamental, importancia para el desarrollo de la física [...] Precisamente los trabajos de Heisenberg y Born, que han sido fomentados por la comisión de electrofísica y que sin esta ayuda probablemente no hubiesen sido realizados en Alemania sino en otra parte, muestran la utilidad que la comisión ha tenido para el desarrollo de la física».

De la ayuda que dio la Notgemeinschaft a las ciencias físico-químicas, por el momento sólo se conocen datos relativos a la física, disciplina que recibió aproximadamente durante la etapa inflacionista 50.000 marcos oro anuales para proyectos individuales de investigación, más otros 100.000, en 1921-1922, para herramientas con que los institutos de física pudiesen construir sus propios aparatos. A partir de 1924 la cifra fue creciendo hasta alcanzar algo más de 200.000 marcos anuales para proyectos; para salarios a jóvenes físicos repartió entre finales de la década de los años veinte y principios de los treinta, entre 100.000 y 150.000 marcos anuales.

Los miembros de la NGW buscaban además del apoyo del Reich, el de la industria, y de hecho poco después de que la Notgemeinschaft quedase constituida oficialmente, se formó una Stifterverband, o asociación de benefactores, que, presidida por Carl Friedrich von Siemens, el hijo más joven del gran Werner, solicitaba contribuciones de las principales asociaciones comerciales e industriales, decidiendo por su cuenta cada año cuánto daba a la Notgemeinschaft. Sin embargo, esta Stifterverband no aportó mucho a la NGW, nunca llegando a alcanzar el 10 por ciento de la contribución del Reich.

Los industriales, en efecto, no estaban dispuestos a colaborar con la Notgemeinschaft. Pero sí querían auxiliar a la ciencia nacional, aunque no lo hicieran finalmente con la constancia que cabría haber esperado dada su desahogada posición durante la inflación. Independientemente de otras consideraciones, un factor estimulaba este apoyo: la ley de impuestos aprobada en 1920 permitía que tanto individuos como compañías dedujesen de sus declaraciones de renta aquellas contribuciones que pudiesen haber realizado a promover actividades científicas, artísticas, religiosas o caritativas (la ley de 1925 ya no permitió estas deducciones). Pero, en cualquier caso, la industria podía permitirse ser generosa, ya que, como vimos, se estaba enriqueciendo durante la posguerra. Políticamente, además, el apoyar a la ciencia le podía servir para combatir las críticas que recibía de los partidos de la izquierda, e incluso del centro, de que no contribuía al desarrollo cultural de la nación. El vehículo elegido para semejante ayuda fue la Helmholtz-Gesellschaft zur Förderung der physikalisch-technischen Forschung (Asociación Helmholtz para la Promoción de la Investigación Científico-Técnica).

La Helmholtz-Gesellschaft (HG) existía en realidad desde 1913, pero fue a partir de su reorganización, sólo dos semanas después del establecimiento de la Stifterverband de la NGW, cuando comenzó a contribuir de manera significativa a la ciencia alemana. Los principales miembros de la nueva asociación fueron compañías del carbón, hierro y acero, así como los bancos asociados a ellas. Menos de un quinto del capital procedía de las industrias eléctricas y de producción de herramientas, las cuales, no obstante, podían esperar más retornos para su propia producción que aquéllas. Por su parte, la industria química participó con un noveno del capital.

De acuerdo con los estatutos que se aprobaron para la HG, el propósito de la asociación era «el avance de la investigación físico-técnica en las Hochschulen alemanas». Podían ser miembros los individuos, asociaciones o personas legales que aportasen bien 10.000 marcos de una vez o 1.000 cada año. La mayor parte de las decisiones estaban en manos de un Consejo de Administración (*Verwaltungsrat*) formado por una representación de los industriales y por otra de científicos; el peso de cada estamento se hace evidente si tenemos en cuenta que en el primer consejo elegido aparecían once industriales frente a cuatro científicos. Uno de estos científicos era Wilhelm Wien, quien poco después de participar en el primer *Verwaltungsrat* elaboró en enero de 1921 un «Llamamiento» para que fuese distribuido a posibles futuros contribuyentes. Es interesante ver cómo entendía Wien la nueva asociación:

> Encontrándose paralizada la raza germana en casi todos los campos debido al declive económico, la ciencia alemana, hasta ahora sólida, se ve amenazada por la destrucción. La investigación física, que en déca-

das recientes había sido probablemente la disciplina de más éxito, está especialmente en peligro ya que debe conseguir equipos cada vez más caros...

Si [...] la investigación física en Alemania es obstaculizada, entonces la tecnología perderá el liderazgo científico al que debe la posición cumbre que ha alcanzado. No será ya entonces posible educar para la industria a los físicos que se necesitan en números cada vez mayores en la mayoría de los campos, y que solamente pueden ser educados enseñándoles también a investigar.

El Estado —afirmaba Wien— había alcanzado los límites de su capacidad financiera cubriendo los costos de calefacción, luz, gas y agua para los laboratorios. En las circunstancias que se atravesaban, no se podía esperar que cubriese también los costos de la investigación, especialmente cuando los precios de los instrumentos se habían multiplicado por 15 o 20. Y añadía:

Para permitir que la investigación física alemana siga existiendo, representantes de la industria y de la ciencia han fundado la Helmholtz-Gesellschaft. Su objetivo es apoyar a los institutos físicos de las Hochschulen alemanas, proporcionándoles fondos para investigaciones. Por institutos físicos se debe entender no solamente aquellos que se dedican a problemas puramente científicos, sino también aquellos que se ocupan de campos de física aplicada como son las ciencias de los materiales, metalurgia, ingeniería mecánica para todas las ramas de la industria e ingeniería eléctrica. Agrupando en una sola asociación física pura y aplicada, es previsible que estos dos campos, que son igualmente importantes para nuestro desarrollo futuro, avancen y se estimulen mutuamente. Contamos con ello, y con que la industria y tecnología alemana no deje de ver que no puede continuar creciendo sin la investigación física. [...] Por consiguiente llamamos a todos aquellos interesados en la física pura y técnica como la madre de todas las ramas mecánicas y eléctricas de la industria para que contribuyan generosamente a la Helmholtz-Gesellschaft.

Su solicitud no fue desatendida por la industria. En agosto de 1921 había recibido un total de 73,5 millones de marcos.

La ciencia: un valor social en crisis en la República de Weimar

A lo largo de este capítulo me he referido en diversas ocasiones a la agitación social que reinaba durante la República de Weimar, especialmente en los años inmediatamente posteriores a la derrota y mientras duró la inflación. Sin embargo, mi análisis se ha centrado básicamente en los científicos y en la acción del Reich y de los industriales, es decir, en una elite cuya relación con la ciencia y la técnica no tenía que coincidir con la de la generalidad de los ciudadanos. La sociedad en su conjunto, los sentimientos y tendencias culturales que surgieron de ella, han permanecido en la trastienda de mi tratamiento. Cabe preguntarse, sin embargo, si la derrota militar generó alguna reacción especial, cultural y ciudadana, con respecto a la ciencia, que, de una manera u otra (adhiriéndose a ella, o sufriéndola), afectase a los físicos cuánticos. Afortunadamente existe un estudio, ya clásico, de Paul Forman (1971) que ha clarificado este punto.[6]

Las tesis principales de Forman se pueden resumir en tres apartados:

a) El ambiente intelectual existente en Alemania a partir de 1918 (y hasta los alrededores de 1927) estuvo dominado por una, neorromántica y existencialista, filosofía de la vida, y por un sentimiento de repulsa hacia el positivismo, mecanicismo y materialismo al que, implícita o explícitamente se acusaba de haber conducido a la derrota. Y qué mejor representante de la racionalidad, del positivismo, de lo analítico frente a lo orgánico, que las ciencias físicas. Representante de este ambiente, y especialmente influyente, fue el libro de Oswald Spengler, *Der Untergang des Abendlandes* (*La decadencia de Occidente*), publicado precisamente en 1918 en el que se podían encontrar fácilmente párrafos como el siguiente:[7]

> Simplemente, no existen otras concepciones que no sean las antropomórficas [...] y así es con toda teoría física, no importa lo bien fundada

6. Comentarios sobre este trabajo de Forman (del que existe versión en castellano: Forman [1984]) se encuentran en Hendry (1980), Radder (1983), Kraft y Kroes (1984) y Sánchez Ron (1984).

7. Ésta, al igual que las citas que siguen en el resto de la sección, son utilizadas por Forman en su ensayo. Existe traducción al castellano del libro de Spengler (1998), pero es de la edición revisada (1923), en la que se eliminaron pasajes como el que acabo de citar.

que se suponga que esté. Todo eso es en sí mismo un mito, antropomórficamente prefigurado en todos sus detalles. No existe ciencia natural pura, ni siquiera existe una ciencia natural que pueda ser considerada como común a todos los hombres.

Da idea del éxito del libro de Spengler el que, en cinco años la primera edición viese treinta reimpresiones; en 1926, la segunda edición (publicada en 1923) había tenido otras treinta reimpresiones más (en total 100.000 ejemplares en un país con un número de graduados superiores escasamente el triple de aquella cifra).

b) Como consecuencia de la presión sociointelectual a que se veían sometidos, se produjo entre los físicos y los matemáticos alemanes una reacción de adaptación, al menos cuando aparecían en público, a los valores antirracionalistas dominantes en la sociedad de la República de Weimar. Argumentos como los de sus aplicaciones técnicas o militares dejaron de ser utilizados públicamente para defender la actividad científica, pasándose a razonar en términos de capacidades creativas «vitales» y «espontáneas». Por decirlo de alguna manera, se produjo una situación esquizofrénica en la que el mismo científico podía, por un lado, recurrir a la ciencia para reafirmar el papel de Alemania en el contexto internacional, papel cuestionado política y económicamente, mientras que por otro lado, podía criticar en público los fundamentos racionalistas de esa misma ciencia.

c) Existió, como consecuencia de todo lo anterior, un amplio movimiento entre los físicos alemanes encaminado a abandonar el principio de causalidad, que caracterizaba y resumía, de acuerdo a las ideas spenglerianas, todo lo que de repudiable y analítico tenía la ciencia física. Veamos un par de ejemplos.

En septiembre de 1921, cuando la acausalidad (o mejor, incertidumbre) cuántica estaba todavía demasiado lejos como para ser siquiera intuida, Richard von Mises (1921), catedrático de Matemáticas aplicadas en la Universidad de Berlín, pronunciaba una conferencia sobre «La crisis actual en la mecánica», que no se ajusta demasiado a lo que cabría esperar de un científico que sólo un año antes había ocupado (aunque fuese por poco tiempo) una cátedra de Mecánica en el Technische Hochschule de Dresde:

Dicho en la forma más concisa posible, esta cuestión —en cuya respuesta negativa discierno la crisis en el estado actual de la mecánica— es asi: ¿podemos suponer todavía que todos los fenómenos de movimiento y equilibrio que observamos en los cuerpos visibles se pueden explicar dentro del esquema de los axiomas newtonianos y de sus extensiones? En otras palabras, ¿se puede determinar sin ambigüedad el curso temporal de todo movimiento de una parte arbitrariamente delimitada de masa, especificando el estado inicial y suponiendo que está actuando alguna ley de fuerza apropiada? [...] Todo lo que quiero demostrar aquí es que la acumulación de datos que poseemos en la actualidad hace evidente que sea altamente improbable que esta meta de la mecánica clásica se pueda alcanzar alguna vez, y que otras, perfectamente definidas y ya familiares, consideraciones están destinadas a mitigar o a suplementar la rígida estructura causal de la teoría clásica [...] aunque el sacrificio sea grande o pequeño, aunque lo encontremos difícil o fácil, me parece inevitable el afirmar de una vez, clara y francamente, que existen dentro de la puramente empírica mecánica fenómenos de movimiento y equilibrio que nunca podrán ser explicados en base a las ecuaciones diferenciales de la mecánica.

Vista la trayectoria que en el futuro iba a tomar la carrera de von Mises, con sus contribuciones a la filosofía, se podría sostener que su caso no es representativo. ¿Pero qué pensar cuando el protagonista es nada más y nada menos que Walther Nernst (1921), dirigiéndose a una audiencia académica el 21 de octubre de 1921, con ocasión de su conferencia inaugural como rector de la Universidad de Berlín?

«Pero ¿puede ahora la filosofía y la ciencia natural», se preguntaba Nernst, «realmente afirmar con seguridad que, por ejemplo, toda acción humana es el resultado inambiguo de las circunstancias prevalecientes en el momento? Si leyes de las naturaleza absolutamente rigurosas controlasen el curso de todos los sucesos, entonces a duras penas podría uno evitar esta conclusión». En su opinión, la filosofía había adoptado esa posición únicamente porque había estado tiranizada por las ciencias naturales exactas, cuyo «concepto del principio de causalidad como una ley de la naturaleza absolutamente rigurosa aprisionaba a la mente como en una bota malaya, y es, por consiguiente, en la actualidad, obligación de la investigación en la ciencia natural el aflojar suficientemente esos grilletes, de manera que el libre discurrir del pensamiento filosófico no se vea entorpecido».

No todos los científicos adoptaron semejantes posturas críticas con respecto a la causalidad. Entre los que reaccionaron a favor de ella se encuentran figuras tan prominentes como Planck y Einstein, colegas de von Mises y de Nernst en Berlín. Para ellos cuestionar la validez del principio de causalidad era casi tanto como cuestionar la propia física. Es curioso que Einstein, pacifista y progresista, e identificado y con frecuencia criticado como tal por muchos de sus colegas más conservadores —cuando no reaccionarios—, aparecía ahora como a contracorriente, ajeno al *Zeitgeist* del momento, culturalmente «desfasado», anacrónico, para muchos reaccionario, pero, sin duda, fiel a sí mismo.

En cuanto a si estos sentimientos condujeron realmente a la interpretación probabilista de la mecánica cuántica a la que se llegó en 1925-1926, hay que decir que realizar semejante afirmación sería demasiado arriesgada. Sin ir más lejos, Niels Bohr era danés, y no se puede negar que intervino preparando el escenario intelectual del que surgieron resultados tan importantes para la no causalidad cuántica como el principio de incertidumbre de Heisenberg; de hecho, su participación fue tan destacada que la interpretación, probabilista, de la mecánica cuántica se denomina, en su honor y para reconocer el papel central que desempeñó, «interpretación de Copenhague».

En el mejor de los casos, parece que los factores externos que surgieron en la República de Weimar y que rechazaban el valor de conceptos como el de causalidad, pudieron facilitar el camino a, los más importantes, desarrollos internos dentro de la mecánica cuántica que condujeron a la interpretación probabilista de la nueva teoría del microcosmos. Por supuesto, y habida cuenta de que con el transcurso del tiempo se han llegado a proponer otras versiones de la teoría cuántica, que aunque menos satisfactorias que la formulación original contienen un cierto grado de coherencia, se puede pensar que tal vez sin aquellos factores externos habría sido otra la formulación desarrollada en la segunda mitad de la década de los años veinte. Es difícil pronunciarse cuando una de las alternativas no se dio; yo lo único que quiero constatar es que la situación de crisis política y económica provocó otra crisis, esta vez cultural, de valores. Y que los científicos, los profesionales del conocimiento analítico, y en este sentido de la razón también, no fueron inmunes a semejante virus.

11

Corpúsculos y ondas: Compton, de Broglie y Bose

En los últimos capítulos, modelos atómicos y datos espectroscópicos han desempeñado el papel central; lejos, parece, se encuentran cuestiones que nos ocuparon con anterioridad. Cuestiones como la naturaleza de la estructura de la radiación —¿ondas o partículas?—, o la de cómo deducir de una forma teóricamente rigurosa la ley de radiación de Planck, y una que se antepone a todas ellas: ¿de verdad existen los cuantos de luz? Es el momento de volver a tales cuestiones.

Dudas sobre los cuantos de luz einstenianos

Con respecto al conflictivo estatus de los cuantos de luz, en el capítulo 5 ya cité una frase de Robert Millikan (1949: 334), quien, tras una larga serie de experimentos, confirmó la validez de la explicación einsteniana del efecto fotoeléctrico utilizando los cuantos de luz.[1] Otra de sus manifestaciones igualmente expresiva, realizada en la época en la que estamos tratando, es la que se incluye en su libro *The*

1. En la actualidad hablamos de *fotones,* significando *cuantos de luz.* Los lectores observarán que yo, sin embargo, mantengo la denominación «cuantos», «cuantos de luz», o «cuantos einstenianos», y que en algunas citas se habla de «fotones». El motivo es que en la época de la que trato todavía no se había introducido el término fotón, inventado por Gilbert Newton Lewis en 1926, pero sí cuando se escribieron las citas a las que me refería.

Electron, donde escribió (Millikan 1917 b: 230): «A pesar... del éxito aparentemente completo de la ecuación de Einstein [para el efecto fotoeléctrico], la teoría física de la que representaba una expresión simbólica era considerada por el propio Einstein como tan insostenible que creo que ya no la mantiene, y nos encontramos en la situación de haber construido una estructura muy perfecta y después haber abandonado completamente su base sin haber causado que el edificio se desmorone. Continúa completa, y aparentemente bien comprobada, pero sin ningún medio visible de apoyo. Tales apoyos deben, obviamente, existir, y el problema más fascinante de la física moderna es encontrarlos. El experimento ha superado a la teoría, o, mejor, ha sido guiado por una teoría errónea; ha descubierto relaciones que parecen ser del mayor interés e importancia, pero cuyas razones de ser no han sido comprendidas todavía».

Sucede que Millikan no era en modo alguno el único en albergar semejantes sentimientos. Entre 1910 y 1913, Lorentz (1910 a, b), J. J. Thomson (1910 c, 1913), Owen Richardson (1912) y Sommerfeld (1913) diseñaron teorías para explicar el efecto fotoeléctrico que suponían que la luz incidente sobre la placa metálica que da origen al efecto estaba constituida por ondas electromagnéticas y que el comportamiento de los electrones emitidos se podía comprender considerando la estructura de los átomos de los que eran expulsados.[2] Otro notable —y hasta cierto punto sorprendente— enemigo de los cuantos de Einstein era Niels Bohr. Pero de sus puntos de vista me ocuparé algo más adelante, en este mismo capítulo.

Entre las dificultades que afectaban a los cuantos einstenianos estaba, como sabemos y acabamos de recordar, el que desde el punto de vista de la teoría distaban de encontrarse sólidamente fundamentados, en tanto que todavía no se conocía una derivación teórica no problemática de la ley de radiación de Planck, y ésta era, al fin y al cabo, el auténtico punto de apoyo de los cuantos de luz introducidos por Einstein en 1905. Y si se aceptaba como completamente satisfactoria la deducción que el propio Einstein había realizado de la ley de Planck en 1916 (me ocupé de ella en el capítulo 9), entonces era preciso dar cabida a las consideraciones probabilistas. Pero introducir semejantes consideraciones podía dar lugar a consecuencias sorpren-

2. Sobre las teorías del efecto fotoeléctrico alternativas a la de Einstein, ver Stuewer (1970).

dentes. Así, basándose en que la derivación de Einstein de 1916 se producía en el contexto de las transiciones atómicas, algunos científicos se plantearon renunciar a la estricta validez del principio de conservación de la energía en esas transiciones: si había que recurrir a probabilidades, ¿con qué argumentos se podía mantener la validez del principio? Ahora bien, de acuerdo con el modelo de Bohr, o, mejor, según una posible *interpretación* del modelo de Bohr, las transiciones atómicas «crean» cuantos de luz, con lo que, según esta línea de razonamiento, también la existencia de éstos podía ser criticada.

Si nos fijamos detenidamente, observaremos que pocos —si es que alguno— podían ser más conscientes de los anteriores razonamientos que Bohr,[3] y, de hecho, más adelante veremos que él fue uno de los más fervientes defensores de la violación del principio de la conservación de la energía, al igual que, como ya he señalado, un crítico de los cuantos de luz de Einstein. Pero antes debo ocuparme de Charles Galton Darwin, que planteó algunos de los problemas anteriores —especialmente el de la no conservación de la energía— con singular claridad.

Charles Galton Darwin y la conservación de la energía

Ya nos hemos encontrado con Charles Galton Darwin, en relación con Niels Bohr y sus primeros meses en Manchester. Ahora nos aparece en conexión con un trabajo (inédito) suyo de julio de 1919, que nos servirá para introducir algunas cuestiones de gran relevancia para el presente capítulo.

Charles Galton Darwin (1887-1962) estudió en Cambridge, siendo cuarto *wrangler* en el Mathematical Tripos de 1909. El año siguiente se unió al grupo de Rutherford en Manchester, en donde permaneció hasta 1914, cuando entró en el Ejército para servir a su país en la Primera Guerra Mundial, finalizada la cual fue elegido *fellow* y *lecturer* en el Christ's College de Cambridge (del que años más tarde, en 1936, sería designado *master*). En aquellos primeros años

3. Como indiqué en el capítulo 9, uno de los problemas que Bohr estaba intentando resolver era el de obtener una teoría del mecanismo de transición entre estados estacionarios y ahí, entre los escasos resultados fiables, se encontraban los de Einstein de 1916.

colaboró en temas de estadística con otro producto típico de Cambridge, Ralph Howard Fowler,[4] quien por entonces actuaba como una especie de asesor matemático de Rutherford, que en 1919 había abandonado Manchester por Cambridge, como *professor* y director del Laboratorio Cavendish. En 1924, fuera ya del período al que me referiré a continuación, Darwin fue elegido *Tait Professor of Natural Philosophy* de la Universidad de Edimburgo, en donde tuvo como colega a otro científico que también contribuyó al desarrollo de la física cuántica (ya nos apareció): Charles G. Barkla. Finalmente, en 1938 sucedió a William L. Bragg en la dirección del National Physical Laboratory, cargo que abandonó al jubilarse en 1949.

Cuando se analiza el conjunto de la carrera científica de Darwin, se hacen patentes algunos aspectos que dan a su figura un interés histórico, al menos, como decía al comienzo de esta sección, para algunas cuestiones que pretendo desarrollar a continuación. Formado en la rígida disciplina del Tripos, Darwin recibió una educación que preparaba más para el pasado que para el futuro (recordemos lo que ya señalé en el capítulo 3, que en cierta ocasión dijo que tras haberse graduado en Cambridge creía que la «vena contracta» era un prometedor campo de investigación y que nunca había oído hablar allí de la relatividad especial ni de la teoría cuántica). A pesar de ello, pronto comenzó a investigar en el dominio de la física cuántica, a la que hizo aportaciones como una teoría cuántica del electrón —que más tarde se comprobó que era una aproximación a la teoría relativista del electrón desarrollada por Paul Dirac en 1928—, o importantes estudios sobre el momento magnético del electrón. Aun así, en algunos de sus trabajos —y, desde luego, en el manuscrito que comentaré a continuación— se observa un cierto apego, una dependencia, con respecto a la física clásica en la que había sido educado. Tal vez por esa doble mirada —hacia el pasado por educación, y hacia el futuro por práctica, si no por convencimiento—, al igual que porque, justo es decirlo, jamás alcanzó los niveles de creatividad de los líderes de su disciplina (científicos como Einstein, Bohr, Sommerfeld, Heisenberg o Pauli) o, incluso, la capacidad de «absorción» para producir nuevas propuestas medio empíricas medio teóricas, como fue el caso de Landé; tal vez por eso, digo, Darwin sintió de forma especial-

4. Recordemos que en diciembre de 1921 Fowler se casó con Eileen, hija de Rutherford.

mente aguda los conflictos que la física cuántica, que se estaba pugnando por construir, planteaba a la física clásica, y se esforzó por encontrar soluciones, que, tanto por sus limitaciones como por la enorme dificultad del problema, ni encontró, ni siempre publicó. Un ejemplo en este sentido es un manuscrito que tituló *The Basis of Physics* (*La base de la física*), fechado en julio de 1919, esto es, en un período crucial para la física cuántica.[5]

La primera frase del manuscrito muestra claramente la opinión que su autor tenía del estado en el que se hallaba la física en 1919: «He creído desde hace mucho que las bases fundamentales de la física se encuentran en un estado desesperado. Los grandes y positivos éxitos de la teoría cuántica han acentuado continuamente, no meramente su valor, sino también las contradicciones esenciales en las que reposa. Cada uno de sus triunfos parece resaltar a su vez estas contradicciones». Ante esa profunda crisis, la táctica adoptada por Darwin era «examinar críticamente las diversas pruebas que muestran las contradicciones, para alterar sus deducciones mediante las modificaciones más sencillas posibles en los axiomas sobre los que se basan».

En principio, estaba dispuesto a abandonar cualquier concepto, por muy básico que éste pareciese; así, escribía: «Puede que sea necesario efectuar cambios fundamentales en nuestras ideas de tiempo y espacio, o abandonar la conservación de la materia y la electricidad o, incluso, como último recurso, dotar a los electrones con libre albedrío».[6] Pero existía un principio que a sus ojos tenía una responsabilidad especial en las contradicciones que desvelaba la física de los cuantos:

> Como se verá más adelante, todas las pruebas de las contradicciones reposan en la exacta conservación de la energía, y, por consiguiente, argumento que se deberían agotar completamente todas las posibilidades que se deducen de negar éste [principio de conservación] antes de hacer otras modificaciones.

5. Una copia en microfilm de este documento forma parte del Archivo del Proyecto «Sources for History of Quantum Physics». Para un análisis más completo que el realizado aquí del manuscrito de Darwin, ver Sánchez Ron (1981, 1993); en la primera de estas referencias se incluye una transcripción del manuscrito en cuestión.

6. Esta referencia al «libre albedrío» podría considerarse, en cierto sentido, como una especie de presagio —aunque fuese retórico— de la «acausalidad», que finalmente se impuso en la física cuántica.

En la segunda sección de *The Basis of Physics*, la más extensa del manuscrito, Darwin entraba de lleno en un análisis crítico de las «demostraciones [existentes] de la necesidad de una teoría cuántica», distinguiendo dos tipos de pruebas. La primera, el método de «recorridos libres» (*free paths*), mediante el cual «Planck, Lorentz, etc. demuestran definitivamente que la fórmula de radiación de Rayleigh es una consecuencia del sistema de Maxwell, conduciendo la modificación de Planck (con una no demasiada actitud crítica con relación a su propia base) a la teoría cuántica», «El método», continuaba, «es muy poderoso para la deducción, pero inútil para la inducción. No se deriva de él ninguna indicación de que un pequeño cambio en los fundamentos no produzca un resultado completamente nuevo».

El segundo tipo de prueba era el método de las «coordenadas generalizadas», que Darwin consideraba mucho más sólidamente establecido desde el punto de vista teórico. La mayor parte de los comentarios que hacía sobre él se referían al artículo de Poincaré de 1912, «Sur la théorie des quanta», del que ya me ocupé en el capítulo 6.[7] Veamos lo que Darwin tenía que decir:

> Poincaré demuestra que cualquier sistema de fuerzas que no muestre discontinuidades no puede proporcionar la fórmula de radiación observada, y que es precisamente sólo la discontinuidad del tipo de Planck la que puede conducir a ella. Aunque no parece jugar el papel más importante, la conservación de la energía se utiliza en su argumento, que probablemente fallaría sin ella. Pero creo que su argumento resulta también inválido por otras razones, que él mismo apunta. Su punto esencial es la interacción de osciladores mediante colisiones. Deduce la imposibilidad de cualquier sistema de ecuaciones dinámicas que no involucre discontinuidades, y no parece legítimo demostrar esto recurriendo a un sistema que experimenta estas interacciones instantáneas. De hecho, no es sorprendente encontrar que la fórmula de radiación deducida de semejante sistema debería necesariamente implicar energía finita en las frecuencias infinitas. Desgraciadamente, Poincaré no es muy explícito con relación a sus razones para no tomar en cuenta la naturaleza de las fuerzas desconocidas de interacción, pero parece hacerlo porque en última instancia no producen ningún efecto en los promedios temporales. Ahora bien, puede que en

7. También se ocupaba de Jeans: ver Sánchez Ron (1981).

la naturaleza no existan cosas tales como fuerzas instantáneas de este tipo, y ello puede destruir esta parte de su demostración...

Concluyo, por consiguiente, que el trabajo de Poincaré depende esencialmente de la exacta conservación de la energía, y también que su validez es dudosa por otros motivos.

Esta claro, pues, que consideraba muy seriamente la posibilidad de la no conservación de la energía (más adelante, escribía más rotundamente: «La evidencia experimental apunta hacia la inexacta conservación de la energía, [con lo que colapsarían] los argumentos para la necesidad de los cuantos»).

Naturalmente, Darwin no podía pasar por alto el hecho de que en nuestra experiencia parece que el principio de conservación de la energía sí se mantiene. Sus argumentos en este sentido eran que la energía sólo se conserva aproximadamente y que, en realidad, «los experimentos dinámicos y eléctricos ordinarios únicamente establecen [tal] conservación estadísticamente». Una frase ésta que nos hace recordar otras de Einstein —que ya cité en el capítulo 5— en su artículo de 1905, cuando trataba de defender su teoría cuántico-corpuscular de la luz frente a la aparentemente bien establecida teoría ondulatoria.

Confrontado con un conflicto de fundamentos teóricos, que implicaba optar por los fundamentos ya establecidos, o apostar por otros nuevos, presumiblemente por llegar, el físico clásico que había en Darwin tomaba posición (al menos en este manuscrito, que no publicó) y consideraba posibilidades que no violentaban la física clásica, aunque sí la modificaban: «Creo que ideas de este tipo», manifestaba después de esbozar una de esas posibilidades, «no parecen demasiado imposible, y si se puede llevar a cabo, nos forzaría a buscar nuestra modificación en Planck más que en Maxwell; una consecuencia que yo consideraría como muy satisfactoria». Manifestación que también podemos —y debemos— leer como: «Entre la discontinuidad (Planck) y la continuidad (Maxwell), entre los cuantos y las ondas, yo opto por estas últimas».

De forma no incoherente con semejantes puntos de vista, en la sección cuarta de *The Basis of Physics* Darwin sugería que «la discontinuidad cuántica, que pretende resolver nuestras dificultades, sólo puede ser una descripción *estadística*», una sugerencia que parece indicar que se vio influido por los artículos de Einstein (1916 a, b) sobre la teoría cuántica de la emisión y absorción, cuya referencia aparece anotada en el margen del manuscrito.

Otras consideraciones realizadas por Darwin que merece la pena destacar son las siguientes:

> El problema clave [es] el del movimiento de un electrón libre en un campo de radiación, [ya que la] aplicación directa de los cuantos da resultados físicamente absurdos.

Y:

> Me parece que lo más probable es que las órbitas de Bohr existan realmente (no meramente como descripciones estadísticas de algo), mientras que el proceso de radiación es completamente diferente de cualquier otro imaginado en la teoría cuántica.

En otras palabras, Darwin estaba sacando a la palestra la cuestión de la estructura de la radiación, planteando implícitamente la posibilidad de que estuviese relacionada, de alguna manera, con el carácter estadístico de los fenómenos cuánticos que él mismo había apuntado antes. Como veremos, semejantes planteamientos comparten puntos con una teoría que Bohr (junto a Kramers y Slater) propugnó en 1924.

De hecho, Darwin envió una copia de *The Basis of Physics* a Bohr, el 20 de julio (1919). Veamos qué decía allí (Stolzenburg, ed., 1984: 314-315):

> Gracias por su carta,[8] que llegó hace un mes y me interesó mucho. Gracias también por los artículos que recibí hace unos pocos días, pero que no he leído aún completamente. Su carta me indujo a hacer algo que había contemplado desde hace mucho, sólo que me faltaba el coraje: escribir mis puntos de vista generales sobre los cuantos. Creo que es lo que hay que hacer cuando se tienen problemas, pero es muy difícil ya que las ideas no llegan en orden natural, como sucede en un tema completamente desarrollado. De manera que debo agradecerle su estímulo y me estoy tomando la libertad de enviarle la reacción resultante en mi

8. Esta carta (de Bohr a Darwin) no ha sido encontrada entre los papeles de Bohr.

organismo (o debería decir la excreción), que no fue en modo alguno una acción refleja. Supongo que usted ya habrá pensado la mayor parte de ello, y le estaría muy agradecido si me enviase cualquiera de las críticas que tenga, sin importar que sean brutales.

Tengo la sensación de que he pasado por alto algún punto importante, ya que en la actualidad considero el caso contra la conservación [de la energía] abrumador y temo el peligro de pensar parcialmente sobre un tema sin [recibir ninguna] crítica exterior. Tal vez me pueda decir los artículos que me he perdido; no he realizado mucha búsqueda en alemán, ya que encuentro sus artículos muy complicados de leer; y por lo que sé (de algún primer e insatisfactorio trabajo de Sommerfeld) la mayoría aceptan los cuantos sin cuestionar y su trabajo es simplemente superestructura que no ayuda en los fundamentos. Lindemann me dijo el otro día que Einstein le contó que había tratado sin conservación, y que no era mejor que con ella. Esto desanima, pero las posibilidades son tan amplias que creo que incluso E. [Einstein] puede no haber cubierto todo el campo.

Me disgusta ver lo negativas que son todas mis ideas. Al final encontrará puntos en donde se puede ir un poco más allá, pero la mayoría requiere razonamiento inductivo, que es difícil y poco fiable. Desearía que Poincaré estuviese vivo, ya que él podía realizar ese tipo de argumentaciones como ningún otro. Tampoco me encuentro a gusto con mis opiniones sobre los trabajos de Poincaré y Jeans, ya que ellos debían ser capaces de juzgar sus trabajos mejor que yo, y si mis críticas son justas, sus trabajos no conservan mucha fuerza. También, lo que me disgusta mucho más, me sitúa en el mismo grupo que ciertos prominentes hombres de este país, que alegremente derrumban teorías, sin especificar cómo superar estas dificultades fundamentales. He tratado de evitar esto siendo tan específico como me ha sido posible.

Y tras elaborar otros puntos (entre los cuales aparece la siguiente manifestación: «Debo decir aquí que el efecto fotoeléctrico es con mucho la evidencia positiva más importante de no conservación»), Darwin preguntaba a Bohr:

¿Considera que merecería la pena publicar un artículo en esta línea? No había pensado en nada de este tipo, pero después de escribir [el manuscrito *The Basis of Physics*], me sentí reacio a que se perdiese por completo. Asimismo, una crítica detallada a Poincaré y Jeans resultaría bien para un artículo y tendría la ventaja de provocar que Jeans retomara el estudio de estas cuestiones. De todas maneras, en conjunto diría que es demasiado negativo por el momento, como para que su publicación ayudase al mundo en algo.

Por cierto, si usted pensase que merece la pena desarrollar cualquiera de los puntos que sugiero, espero que lo haga. Yo estaba pensando en abordar algunos de ellos, pero no preveo mucho éxito y ciertamente hay espacio para que varias personas trabajen en este campo.

Inmediatamente después de recibir la carta de Darwin, Bohr preparó un borrador de respuesta que, muy en su estilo, nunca envió a su colega británico. Sin embargo, ese borrador (dictado por Bohr a Oskar Klein)[9] se ha conservado en los «Archivos Niels Bohr» en Copenhague, mostrando que en 1919 Bohr estaba preparado para abandonar el principio de conservación de la energía. Pero de este punto me ocuparé más adelante. Ahora es el momento de explicar un resultado de extraordinaria importancia, que reivindicaría la existencia de los cuantos de luz: el efecto Compton. Antes de hacerlo, y dentro del espíritu que procuro imponer a este libro, el de prestar atención, cuando es posible, a aspectos «externalistas», y no limitarme a la secuencia de desarrollos internos, conceptuales, voy a detenerme un instante en esbozar la situación de la física cuántica en Estados Unidos. La cuestión es la siguiente: hasta el momento los protagonistas casi absolutos del desarrollo de la física cuántica han sido europeos, con alemanes y británicos a la cabeza, sin olvidar, claro, a figuras como el danés Bohr. Ahora, por primera vez, nos va a aparecer un físico estadounidense, Arthur Holly Compton. ¿Se trata de una casualidad, de una circunstancia fortuita?

La física en Estados Unidos con anterioridad a 1933

Primera cuestión: ¿por qué «con anterioridad a 1933»? La respuesta es sencilla: porque a partir de ese año se produjo un hecho que implica una distorsión en cualquier evaluación de la situación de la ciencia

9. A partir de un cierto momento de su vida, Bohr empleaba el procedimiento de dictar sus artículos y escritos a alguno de los físicos que se encontraban en Copenhague. Era para él una especie de diálogo con otro y consigo mismo. En cualquier caso, un procedimiento penoso y lento.

en Estados Unidos. En enero de 1933, Adolf Hitler llegaba al poder y pronto comenzaba a implantar una política racial que condujo a que un gran número de profesionales —físicos de primera línea entre ellos— abandonaran Alemania, siendo Estados Unidos uno de sus destinos.

Lo único que yo quiero considerar ahora es la cuestión antes enunciada: si Arthur Compton fue una excepción en lo que se refiere a la física de su país; si Estados Unidos estaba ya en condiciones de hacerse notar —como haría de manera dramática apenas dos décadas después— en el panorama de la física internacional, y en concreto de la física cuántica.[10]

Comencemos, por ejemplo, con el establecimiento, en medio de la Guerra Civil (1861-1865), de la National Academy of Sciences: el Congreso pasó una ley para su creación, ley que firmó Abraham Lincoln el 3 de marzo de 1863. En la mente de muchos de sus promotores estaba la idea de que la nueva institución sirviera de puente entre el Gobierno Federal y la ciencia nacional. Sin embargo, tales ambiciones no se cumplieron: la Academia sirvió como instrumento de reconocimiento de méritos científicos, pero no como centro de poder o de patronazgo. No publicaba ninguna revista de manera regular, sus reuniones eran poco frecuentes y escasas personas asistían a ellas; además, y probablemente a causa de lo anterior, manejaba un presupuesto muy limitado.

En general, el período que va desde la creación de la National Academy of Sciences hasta el comienzo de la Primera Guerra Mundial, en 1914, se puede describir como de un crecimiento moderado, pero significativo, de la ciencia en Estados Unidos. Una disciplina en la que se puede apreciar con cierta claridad el avance durante el siglo XIX —lento, pero progreso al fin y al cabo— de la ciencia estadounidense es la astronomía, una ciencia favorecida en América: se la necesitaba para la agrimensura y también para ayudar a mantener un servicio horario y el calendario.

En 1825, John Quincy Adams accedía a la presidencia de Estados Unidos. En su primer mensaje anual al Congreso, Adams hizo una de las defensas de la ciencia más rotundas nunca realizadas por un presidente estadounidense. Entre otros puntos, señaló que, como americano,

10. Un análisis más general se encuentra en Sánchez Ron (2022: capítulo 7); ver, asimismo Sopka (1980) y Kevles (1978).

no podía sentir ningún orgullo en el hecho de que mientras Europa podía ufanarse de poseer 130 «faros de los cielos», no existía ninguno en todo el hemisferio americano. Tenía razón: en 1839, por poner un ejemplo, Harvard —todavía nada más que un college— no disponía de fondos para adquirir aparatos astronómicos capaces de observaciones que mereciesen la pena. Cuando, en 1843, la ola de consultas recibidas acerca del cometa visible aquel año reveló públicamente las deficiencias de la observación astronómica, en Cambridge, Massachusetts, tuvo lugar una reunión de ciudadanos, presidida por el magnate textil Abbot Lawrence, para intentar subsanar tal carencia municipal. Fruto de aquella iniciativa fue la construcción de un nuevo observatorio en 1847, al que se le dotó de un telescopio que costó 20.000 dólares. Significativamente, la pieza más importante de ese telescopio, la lente, se tuvo que fabricar en Alemania. Fruto de aquellos esfuerzos fue la aparición de astrónomos de talla mundial, como E. C. Pickering (1867-1919), S. Newcomb (1835-1909) —de origen canadiense— y E. E. Barnard (1857-1923).

En lo que a la física y a la química se refiere, tenemos que próximo el fin de siglo ya se cultivaban lo suficiente como para que se fundasen asociaciones profesionales. En 1876 se creó la American Chemical Society, aunque por entonces esta sociedad no pasaba de ser una de entre varias que se ocupaban de la química, sirviendo esencialmente a los intereses de los químicos del área de Nueva York. Su número de miembros creció inicialmente, pasando de 230 el año de su fundación a 314 en 1881, pero después disminuyó, alcanzando un mínimo de 204 en 1889. Una serie de reformas culminaron en la reorganización de 1892, año en el que se puede decir que la American Chemical Society se convirtió realmente en una asociación auténticamente nacional (en 1901 tenia 13 secciones locales, de las cuales al menos seis celebraban reuniones mensuales). En 1895 ya contaba con 903 miembros, 1.715 en 1900, 2.919 en 1905, 5.081 en 1910 y 7.170 en 1914, cifras que dan idea de la expansión que estaba experimentando el mercado de trabajo para los químicos, un mercado copado fundamentalmente por la industria química, aunque también el Gobierno Federal lo absorbía (en 1901 daba trabajo a 22 químicos —12 de ellos en el Departamento de Agricultura—, y 32 —15— en 1905).

Los físicos se organizaron un poco más tarde, una manifestación de que no eran tan útiles a la nación como los químicos. Fue Arthur Gordon Webster, profesor de la Clark University, que se había graduado en Harvard y obtenido su doctorado con Helmholtz en Berlín, quien, reconociendo la ineficacia de la National Academy of Sciences, al menos para la física, lanzó la idea de una American Physical Society en 1899. Ese mismo año, 38 físicos, que incluían entre ellos a Henry A. Rowland (Universidad Johns Hopkins), que sería elegido presidente, y Albert A. Michelson (Chicago), junto a Josiah Williard Gibbs (Yale), las luminarias de la física norteamericana de la época, se reunieron en la Universidad de Columbia, en Nueva York, para establecer formalmente la organización. En 1909 la sociedad de físicos contaba con 495 miembros, 700 en 1914 y 3.600 en 1939.

Otra forma de percibir los cambios favorables que se estaban produciendo en la comunidad de físicos estadounidenses es el hecho de que los científicos centroeuropeos que llegaron a partir de 1933 al país norteamericano no fueron ni los primeros en visitarlo, ni siquiera en establecerse allí. De hecho, Estados Unidos podía presumir por entonces de una cierta tradición en lo que a recibir científicos ilustres se refiere. Veamos algunos ejemplos relacionados con la física. Entre octubre de 1872 y enero de 1873, el físico y divulgador británico John Tyndall pronunció conferencias populares sobre la luz en Boston, Filadelfia, Baltimore, Washington D. C., New Haven y Nueva York. En 1884, William Thomson (todavía no lord Kelvin) dictaba una serie de veinte conferencias en la Universidad Johns Hopkins, que constituirían una obra célebre en la historia de la ciencia: *Baltimore Lectures on Molecular Dynamics and the Wave Theory of Light*. En 1896, J. J. Thomson desarrolló un curso en Princeton, publicado más tarde con el título de *The Discharge of Electricity through Gases*; en 1903, el director del Cavendish repetiría la experiencia, pronunciando las «Silliman Lectures» de Yale, publicadas como *Electricity and Matter*.[11] En septiembre de 1904 se reunían —y dictaban conferencias— en St. Louis, con motivo del Congreso sobre «Arte y Ciencia» celebrado como parte de la Exposición Universal que se estaba celebrando allí, Svante Arrhenius, Ludwig Boltzmann, Paul Langevin, Wilhelm Ostwald, Henri Poincaré y Ernest Rutherford.[12] Antes de ir a St. Louis, Boltzmann pasó el verano en la Universidad de California, en Berkeley, como parte de los esfuerzos de modernizar aquella

11. Ya me he referido a esta obra en otros capítulos (J. J. Thomson 1904).
12. Sopka, comp. (1986).

institución; más tarde expresó algunas de sus impresiones en la siguiente forma (citado Servos 1990: 241):[13]

> América logrará grandes cosas. Creo en esta gente, incluso aunque he observado en ellos ciertas torpezas, como cuando tratan con el cálculo integral y diferencial en un seminario de física teórica. Lo hacen más o menos tan bien como cuando yo salto zanjas y subo y bajo colinas, actividades que uno no puede evitar en el campus de Berkeley.

Walther Nernst fue a Yale en 1906; Hendrik Lorentz, Max Planck y Wilhelm Wien a Columbia (Nueva York) en 1906, 1909 y 1913, respectivamente. De las conferencias de Lorentz saldría su libro *The Theory of Electrons and Its Applications to the Phenomena of Light and Radiant Heat* (Lorentz 1909), lo mismo que en el caso de Planck: *Acht Vorlesungen über theoretische Physik* (Planck 1910a). Después de la Primera Guerra Mundial se reanudó el flujo de visitantes europeos: Albert Einstein enseñó en Princeton en 1921, como parte de una gira a lo largo y ancho de Estados Unidos; Lorentz volvió de nuevo en 1922 en Caltech,[14] el mismo lugar en el que Charles Galton Darwin pasó todo el año académico 1922-1923; entre septiembre de 1922 y abril de 1923, Arnold Sommerfeld circuló por diversos centros (Wisconsin, Urbana, en Illinois, National Bureau of Standards); entre octubre y diciembre de 1923, Bohr visitaba varias universidades: Amherst College, Harvard, Nueva York, Princeton, Yale («Silliman Lectures»), Chicago y Ann Arbor; Debye pasó el semestre de primavera de 1924 en el Massachusetts Institute of Technology, siendo reemplazado los semestres de otoño e invierno por Max Born (que regresaría en noviembre de 1925, permaneciendo hasta enero de 1926). Aquel mismo año (1924), Paul Ehrenfest, Arthur Eddington y Lorentz también visitaron Estados Unidos.

Con el tiempo, las universidades estadounidenses no buscaron sólo profesores visitantes, sino también investigadores europeos que se afincaran definitivamente en Norteamérica. En la década de los

13. Boltzmann recogió sus impresiones sobre América en «Reise eines deutschen Professors ins Eldorado», incluido en Boltzmann (1905: 403-435). Para una versión inglesa ver Boltzmann (1992).

14. Una vez más su curso fue publicado bajo el título: *Problems of Modern Physics* (Lorentz 1927 d).

veinte, los ojeadores académicos buscaban especialmente físicos, sobre todo teóricos (al fin y al cabo era el momento de la física teórica). Limitándome a nombres que nos han aparecido, tenemos que Paul Epstein fue contratado por Caltech en 1922; en 1927, Michigan atrajo a su Departamento de Física a Samuel Goudsmit y George Uhlenbeck (en puestos que antes habían ocupado otros físicos europeos: como, en 1923, Oskar Klein, y cuando éste se marchó, Otto Laporte en 1926). Por último, Llewellyn H. Thomas (1929) y Alfred Landé (1931) fueron a la Universidad de Ohio.

Desde luego, los conocimientos y aportaciones en su haber de los científicos cuánticos extranjeros que visitaban Estados Unidos eran en su mayoría superiores, en el período que estoy mencionado, a los correspondientes de los nativos. Sin embargo, ya las propias elecciones —magníficas— de los visitantes y los temas que éstos solían tratar, que en más de una ocasión dieron lugar, como he apuntado, a monografías de mérito, hacen pensar que el nivel existente en la física estadounidense no era en absoluto primitivo. En favor de tal idea está el hecho de que Estados Unidos podía alardear de contar en su haber con algunos físicos realmente extraordinarios, de esos que «hacen escuela». Benjamin Franklin, Joseph Henry, Josiah Williard Gibbs, Albert Michelson (premio Nobel de Física en 1907), Henry A. Rowland y el astrónomo Simon Newcomb no son nombres cualesquiera, sin olvidar que Robert Millikan se incorporó muy pronto a la «comunidad cuántica».[15]

En definitiva, físicos como Arthur Compton no caían del cielo.

El efecto Compton

Arthur Holly Compton (1892-1962) estudió en el College de Wooster, en Ohio. Allí, cuando todavía no se había licenciado, comenzó su, a la postre, larga relación científica con los rayos X, relación que se mantuvo en Princeton, donde realizó sus estudios de doctorado, primero bajo la dirección de Owen Richardson, durante los escasos meses que le quedaban a éste antes de regresar (a finales de 1913) a

15. Sobre estos puntos, ver, por ejemplo, Moyer (1983, 1988) y Sopka (1980: cap. 1).

Inglaterra,[16] y luego bajo la de H. Lester Cooke, sin olvidar el estímulo que recibió del astrónomo Henry Norris Russell y de Augustus Trowbridge, ambos *professors* de la universidad.

La época en la que Compton inició sus investigaciones doctorales coincidió básicamente con la de los trabajos de los Bragg sobre difracción de rayos X y estructuras cristalinas, así como con la de Moseley sobre rayos X y modelos atómicos. Arthur se ocupó de ambos temas, como muestra su propia tesis doctoral, publicada en 1917 bajo el título «La intensidad de la reflexión de rayos X y la distribución de los electrones en los átomos» (Compton 1917), en donde aplicaba las técnicas desarrolladas por William Henry y William Lawrence Bragg a cuestiones como la disposición de los electrones en los átomos, dentro del contexto de la teoría atómica de Bohr de 1913: «Parece posible», escribía (Compton 1917: 55), «explicar todas las intensidades de los rayos X [reflejados por cristales] basándose en el tipo de átomo sugerido por Bohr».

Tras obtener (en junio de 1916) el grado de doctor, Compton pasó el curso 1916-1917 como instructor de física en la Universidad de Minnesota, trabajando después, durante dos años, para la Westinghouse Lamp Company en East Pittsburgh (su salario allí era de 3.000 dólares, el doble de lo que ganaba en Minnesota), tras lo cual obtuvo una de las primeras becas del National Research Council Fellowships, que utilizó para pasar el curso 1919-1920 en el Laboratorio Cavendish de Cambridge, junto a Rutherford. A su regreso a Estados Unidos fue nombrado *Crow Professor* de Física y director del Departamento de Física de la Washington University de St. Louis, en Missouri, en donde permaneció hasta 1923.

Centrándome ya en las investigaciones que le condujeron a descubrir el efecto al que dio nombre, encontramos que, además del hecho de haber elegido estudiar los rayos X, se dio una circunstancia importante mientras trabajaba para Westinghouse, al encontrar un artículo de Charles Barkla y una de sus colaboradoras, Margaret White, publicado en 1917, que contenía un resultado que el propio Compton consideró años más tarde tan importante para su futuro descubrimiento como fue el experimento de Michelson-Morley para

16. De hecho, Compton heredó de su efímero mentor los excelentes aparatos que éste había reunido durante su estancia en Princeton.

que Einstein llegase a la teoría de la relatividad especial:[17] ambos investigadores (Barkla y White 1917) hicieron que rayos X de longitud de onda de 0,145 ángströms atravesasen una hoja delgada de aluminio, observando un resultado que no encajaba en la teoría de la difusión (*scattering*) de radiación electromagnética por un electrón aislado, en el caso de que éste tuviese la dimensión de un punto o que su forma fuese la de una esfera rígida con carga eléctrica distribuida uniformemente.[18] Compton estaba convencido de que la teoría de Thomson era correcta y pensó que la única forma de salvarla era suponer que los rayos X eran desviados por electrones. Ahora bien, para que los datos observacionales encajasen había que suponer que el diámetro de un electrón era comparable a la longitud de onda de la radiación incidente; esto es, 0,1 ángströms. Pero esto era una barbaridad: ¡casi tan grande como todo el átomo de Bohr! (recordemos que según el modelo atómico propuesto por Rutherford en 1911, el núcleo estaba concentrado en unos 10^{-8} cm, y rodeado de una esfera con corpúsculos cargados, cada uno de aproximadamente 10^{-12} cm de radio, con un tamaño del átomo completo de 10^{-8} cm). No obstante, semejante hecho no impidió a Compton publicar sus consideraciones, en un artículo titulado «The size and shape of the electrón», en cuyas conclusiones se puede leer (Compton 1919:31):

> Por consiguiente, tal y como se ha señalado, según la electrodinámica clásica para rayos X y rayos γ que pasan a través de materia, el coeficiente de masa-absorción no debería bajar nunca del valor 0,18, calculado en base a la teoría de Thomson, si se postula un electrón de las dimensiones habituales. No obstante, el experimento demuestra que para radiación de muy alta frecuencia la difusión [implica] un valor mucho menor que ése.

17. Citado en Stuewer (2000: 979). Este trabajo, y, sobre todo, Stuewer (1975), constituyen referencias indispensables para comprender la historia del efecto Compton. La influencia del experimento de Michelson-Morley en la génesis de la teoría especial de la relatividad ha sido un asunto muy controvertido, pero no parece, a pesar de lo que pudiese pensar Compton, que fuese determinante —algo así como un «experimento crucial»— para Einstein.

18. Para la teoría de la difusión de Thomson, Compton daba como referencia la segunda edición de *Conduction of Electricity Through Gases* (J. J. Thomson 1906a); también podría haber citado Thomson (1906 b). Se refería, por consiguiente, a la primera teoría de la difusión de Thomson, toda vez que en 1910 propuso una segunda teoría. Sobre estas teorías, ver Heilbron (1968).

> Es posible que se puedan efectuar ciertas suposiciones relativas a las condiciones para la difusión de energía radiante que, contrariamente a la teoría clásica, permitan dar cuenta de los bajos valores observados de la difusión para frecuencias muy elevadas. Sin embargo, mientras se mantenga la idea del electrón puntual cargado, tales suposiciones no pueden explicar la disimetría observada entre las radiaciones incidente y la emergente difundida. Salvo que se abandone la teoría de que los rayos X y los rayos γ están formados por ondas o pulsos, la única explicación posible de esta disimetría parecería ser que las partículas responsables de la difusión tuviesen dimensiones comparables con la longitud de onda de los rayos que difunden. Como se ha demostrado que las partículas que producen la difusión son electrones, se puede realizar con confianza la afirmación de que *el diámetro del electrón es comparable en magnitud con la longitud de onda más pequeña de los rayos* γ.
>
> De acuerdo con los mejores valores para la longitud de onda y la difusión por la materia de rayos X duros y rayos *y, el radio del electrón es aproximadamente 2 · 10−10 cm.*

Nada de lo que decía a continuación parece indicar que cuestionase seriamente esta posibilidad.

Compton publicó este artículo mientras todavía trabajaba en el laboratorio de investigación de la Westinghouse Lamp Company (fue recibido en la redacción de la *Physical Review* el 17 de marzo de 1919), poco antes de abandonarlo para trasladarse al Cavendish, al que acababa de incorporarse Rutherford. Éste no mostró mucha comprensión hacia las ideas del visitante del otro lado del Atlántico; en la presentación que hizo cuando impartió un seminario en la Physical Society de Cambridge, el físico neozelandés le introdujo con las siguientes palabras (Stuewer 2000: 980): «Éste es el Dr. Compton, que está con nosotros y viene de Estados Unidos para discutir su trabajo sobre "El tamaño del electrón". Espero que le escuchen con atención. ¡Pero no tienen que creerle!». Por su parte, en su biografía de Rutherford, Eve (1939: 285) señaló que Charles D. Ellis había comentado que durante la intervención de Compton se produjo un vivo debate, durante el cual el nuevo *professor* del Cavendish declaró: «¡No tendré un electrón tan grande como un globo en mi Laboratorio!».

Seguramente por semejantes manifestaciones, y por venir de quien venían, Compton se replanteó sus puntos de vista. Por otra parte estaban los resultados que un antiguo colaborador de Rutherford en

Manchester, natural de Melbourne e instalado en McGill desde 1912, Joseph Alexander Gray (1884-1966; 1913) había encontrado antes de la guerra: que cuando rayos γ atravesaban sustancias del tipo del hierro, aluminio y parafina, la radiación «secundaria» (la que surgía tras el proceso de *scattering*) era «más blanda» —esto es, de longitud de onda mayor que la «primaria» (la que todavía no había sufrido la difusión por la sustancia)—, y que los cambios en la longitud de onda no dependían de la sustancia responsable de la difusión, pero sí del ángulo de difusión: la longitud de onda aumentaba cuando lo hacía el ángulo.

Pero esto no era posible dentro de la teoría de Thomson e inicialmente Compton no aceptó la interpretación que Gray extraía de sus observaciones, imaginando que se producía un complejo mecanismo de radiaciones fluorescentes, electrones-osciladores relativistas, influencia del efecto Doppler y diferentes direcciones de interacción.

Al regresar a Estados Unidos en 1920, ahora a St. Louis, Compton continuó trabajando en este campo, y con el inapreciable auxilio de, primero, un espectrómetro del tipo Bragg que se trajo de Inglaterra, y luego tubos especiales de rayos X, que él mismo preparó, en los que se eliminaban los tubos de vidrio tradicionales para permitir así una mayor proximidad entre los rayos X emitidos y el material difusor, al igual que un electrómetro que construyó junto a su hermano mayor, el también físico Karl Compton.[19] Arthur se concentró en el estudio de la difusión por el grafito de rayos X «duros» (los de menor longitud de onda) en función del ángulo de incidencia de la radiación. Sus resultados eran más precisos que los obtenidos por otros investigadores, y durante los tres años siguientes los refinó constantemente, hasta llegar al convencimiento de que la teoría de la difusión de Thomson no podía ser correcta. Finalmente, cuando terminaba 1922 logró poner todas las piezas juntas (Compton 1923):

1) Los rayos X eran radiación electromagnética, por consiguiente, siguiendo a Einstein, se podía considerar que estaba formada por cuantos de luz (*X-ray quantum* es la expresión que utilizaba).

19. Karl Compton (1887-1954) también tuvo una carrera distinguida: fue catedrático de Física y director del Departamento de Física de la Universidad de Princeton, presidente del Massachusetts Institute of Technology, *chairman* del Science Advisory Board establecido por el presidente Roosevelt en 1933, y, desde 1948 hasta su muerte, del Research and Development Board del National Military Establishment.

2) Como partículas (aunque de masa cero), se podía adjudicar a esos cuantos energía y momento lineal, y éstos debían ser $h\upsilon$ y $h\upsilon/c$, respectivamente.[20]

3) En la colisión entre los cuantos de frecuencia υ y el difusor (electrones, tal y como suponía desde el principio) se verificaban las leyes (relativistas) de conservación para la energía y momento lineal.

4) Aplicando estas leyes, y teniendo en cuenta las diferentes direcciones que relacionaban al cuanto incidente, al electrón que retrocedía debido al choque de ese cuanto, y al cuanto «emergente» (desviado en la difusión), que obligaba a tomar en consideración un ángulo, 0 (entre, por ejemplo, el cuanto incidente y el difundido), Compton deducía de las leyes de conservación la expresión

$$\upsilon_\theta = \frac{\upsilon}{1 + 2\alpha \cdot \mathrm{sen}^2 \frac{\theta}{2}}, \tag{1}$$

donde υ_θ es la frecuencia del cuanto difundido y $\alpha=(h\upsilon/mc^2)=h/mc\lambda$, con λ representando, como siempre, la longitud de onda.

Si en lugar de frecuencias, queremos expresar (1) en función de longitudes de onda, se tiene

$$\lambda_\theta = \lambda + \frac{2h}{mc} \cdot \mathrm{sen}^2 \frac{\theta}{2}. \tag{2}$$

Tanto (1) como (2) explicaban nítidamente el porqué de la variación observada en frecuencias/longitudes de onda entre la radiación primaria y la secundaria.

Antes de continuar es preciso detenerse algo más en la expresión que Compton (1923) utilizó para el momento lineal, $h\upsilon/c$, y que he explicado antes. Esta expresión entró en la literatura cuántica en 1916, de la mano de Einstein, en uno de sus artículos sobre la teoría

20. En cuanto a la segunda ecuación, se deriva, según la dinámica de la relatividad especial, de la manera siguiente, tomando una partícula de masa en reposo m_o, que se mueve con velocidad v, y denotando por γ el factor relativista $(1-v^2/c^2)^{-1/2}$: el momento lineal es (considerando una única dimensión) $p = \gamma m_o v$, y la energía, $E=\gamma m_o c^2$. Diviendo ambas entre sí, queda: $p/E = v/c^2$. Aplicando ahora esta expresión a partículas sin masa, como los cuantos de luz, para los cuales $E = h\upsilon$ y $v = c$, queda $p = h\upsilon/c$.

scattering electron in motion at an angle of less than 90° with the primary beam. But it is well known that the energy radiated by a moving body is greater in the direction of its motion. We should therefore expect, as is experimentally observed, that the intensity of the scattered radiation should be greater in the general direction of the primary X-rays than in the reverse direction.

The change in wave-length due to scattering.—Imagine, as in Fig. 1*A*,

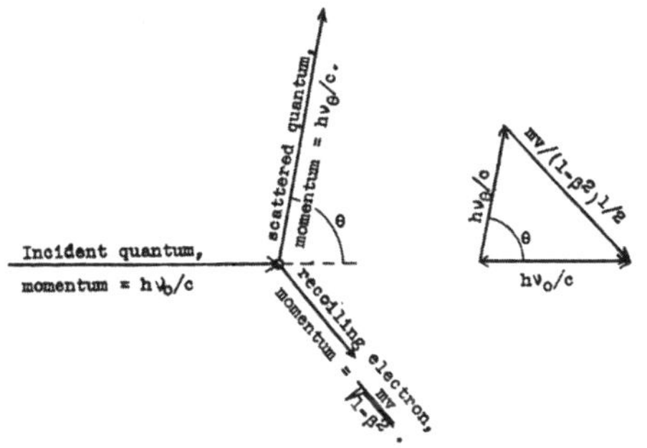

Fig. 1 A Fig. 1 B

that an X-ray quantum of frequency ν_0 is scattered by an electron of mass m. The momentum of the incident ray will be $h\nu_0/c$, where c is the velocity of light and h is Planck's constant, and that of the scattered ray is $h\nu_\theta/c$ at an angle θ with the initial momentum. The principle of the conservation of momentum accordingly demands that the momentum of recoil of the scattering electron shall equal the vector difference between the momenta of these two rays, as in Fig. 1*B*. The momentum of the electron, $m\beta c/\sqrt{1-\beta^2}$, is thus given by the relation

$$\left(\frac{m\beta c}{\sqrt{1-\beta^2}}\right)^2 = \left(\frac{h\nu_0}{c}\right)^2 + \left(\frac{h\nu_\theta}{c}\right)^2 + 2\frac{h\nu_0}{c}\cdot\frac{h\nu_\theta}{c}\cos\theta, \qquad (1)$$

where β is the ratio of the velocity of recoil of the electron to the velocity of light. But the energy $h\nu_\theta$ in the scattered quantum is equal to that of the incident quantum $h\nu_0$ less the kinetic energy of recoil of the scattering electron, *i.e.*,

$$h\nu_\theta = h\nu_0 - mc^2\left(\frac{1}{\sqrt{1-\beta^2}} - 1\right). \qquad (2)$$

We thus have two independent equations containing the two unknown quantities β and ν_θ. On solving the equations we find

$$\nu_\theta = \nu_0/(1 + 2\alpha\sin^2\tfrac{1}{2}\theta), \qquad (3)$$

Página del artículo de A. Compton de 1923.

cuántica de la radiación en los que, como ya vimos, introdujo los coeficientes de emisión y absorción. «Si un haz de radiación obliga a una molécula [...] a aceptar o a rechazar la cantidad de energía $h\upsilon$ en la forma de radiación por un proceso elemental (proceso de radiación inducida)», escribía allí (Einstein 1916 b: 61), «entonces existe siempre una transferencia de momento $h\upsilon/c$ a la molécula». Un resultado que reforzaba la idea de los cuantos como especies de partículas, ya que ahora también se les asociaba un momento lineal, como a cualquier partícula.

Volviendo a Compton, a cómo supo de la relación $h\upsilon/c$, citaré lo que él mismo señaló el 17 de abril de 1953 en una carta a Gordon Ferrie Hull (reproducida en Shankland, ed., 1973: 757): «Por lo que recuerdo, cuando escribí mis artículos sobre la difusión de los rayos X ..., la idea de "rayos-aguja" [*needlerays*], que tenían energía $h\upsilon$ y momento $h\upsilon/c$, estaba extendida entre los físicos y se asociaba habitualmente con el nombre de Einstein. Probablemente yo había oído hablar de ella en primer lugar a Richardson, con quien había estudiado en 1913 y también había discutido estos problemas en 1920. Para él, el concepto era de especial importancia en relación con el efecto fotoeléctrico. En 1922 yo estaba familiarizado solamente con el resumen del artículo de Einstein de 1917 [se debe referir realmente a Einstein 1916 a, b], y llegué de manera independiente al valor de hv/c para el impulso impartido por un cuanto de radiación. Mi cálculo también se basaba en la teoría de Maxwell».

Establecida esta cuestión, retornemos al artículo de 1923. Al contrario que otros trabajos, especialmente de muchos de los dedicados a la física cuántica que son de difícil comprensión (a veces incluso para sus autores, que no ya para los lectores), la esencia del de Compton es transparente, tanto que forma parte de los programas de estudio de cursos no avanzados de física general o física cuántica. Enfrentados a esta sencillez alguien podría minusvalorar la importancia de su contribución. Sería un error. La explicación de Compton necesitaba de los cuantos de luz, en los que, como he explicado con anterioridad, no todos creían. Por otra parte, conjugaba una serie de habilidades no demasiado frecuentes: excelencia como investigador experimental, por un lado, y capacidad de análisis teórico por otro.

La sencillez a la que me refiero se muestra también en la manera en que Compton explicaba sus resultados. Citaré algunas de las manifestaciones que hacía en su artículo («Una teoría cuántica de la difusión de rayos X por elementos ligeros»), que aunque apareció en 1923, fue completado el 13 de diciembre de 1922. Comenzando por el resumen, en el que se lee (Compton 1923: 483): «Se sugiere la hipótesis de que cuando un cuanto de rayos X [*X-ray quantum*] es difundido, gasta toda su energía y momento en algún electrón concreto. A su vez, este electrón difunde el rayo en alguna dirección específica. El cambio del momento del cuanto de rayos X debido a la variación en su dirección de propagación se debe al retroceso del electrón difundido. La energía del cuanto difundido es, por tanto, menor que la energía del cuanto primario, debido a la energía cinética de retroceso del electrón difundido».

Más adelante, ya en el cuerpo principal del artículo, Compton (1923: 483) explicaba los problemas que había tenido con la teoría de la difusión de Thomson:

> Aunque apoyada por los primeros experimentos de Barkla y otros, se ha encontrado que la teoría clásica de la difusión de rayos X de J. J. Thomson es incapaz de explicar muchos de los experimentos más recientes. Esta teoría, basada en la electrodinámica habitual, conduce al resultado de que la energía difundida por un electrón atravesado por un haz de rayos X de intensidad unidad es la misma cualesquiera que sea la longitud de onda de los rayos incidentes. Además, cuando los rayos X atraviesan una capa delgada de materia, la intensidad de la radiación difundida, en los dos lados de la capa, debería ser la misma. Experimentos sobre la difusión de rayos X con elementos ligeros han demostrado que estas predicciones son correctas cuando se utilizan rayos X de dureza moderada; pero cuando se emplean rayos X o rayos γ muy duros, se encuentra que la energía difundida es decididamente menor que el valor teórico de Thomson, y que está concentrada fuertemente en el lado emergente de la placa de difusión.

Y continuaba, en una confesión de *mea culpa*: «Hace varios años, el autor sugirió que esta difusión reducida de los rayos X de longitud de onda muy pequeña podía ser el resultado de interferencias entre los rayos difundidos y las diferentes partes del electrón, si el diámetro del electrón es comparable a la longitud de onda de la radiación. Suponiendo el radio del electrón adecuado, la hipótesis proporciona una explicación cuantitativa de la difusión para cualquier longitud de onda concreta. Pero experimentos recientes han demostrado que el tamaño del electrón que se debe suponer de esa forma aumenta con la longitud de onda de los rayos X que se emplean, y el concepto de un electrón cuyo tamaño varía con la longitud de onda de los rayos incidentes es difícil de defender».

Esto constituía un problema, pero surgieron otros: «Recientemente, ha aparecido una dificultad aún más seria para la teoría clásica de la difusión. Se sabía desde hace mucho que los rayos γ secundarios son más blandos que los rayos primarios que los excitan, y experimentos recientes han demostrado que esto también se verifica para los rayos X [...] Semejante cambio de longitud de onda es directamente contrario a la teoría de difusión de Thomson, ya que ésta exige que los electrones de difusión, que radian debido a sus vibraciones forzadas cuando son atravesados por los rayos X primarios, deben dar lugar a radiación de exactamente la misma frecuencia que la que incide sobre ellos. [...] Este fallo hace que parezca improbable que se pueda encontrar una explicación satisfactoria de la difusión de rayos X basada en la electrodinámica clásica».

Convencido de esta incapacidad de la teoría clásica, Compton pasaba entonces a presentar su explicación teórica, la misma que he esbozado antes, y que finalmente le permitía declarar (Compton 1923: 501): «[El] llamativo acuerdo entre nuestras fórmulas y los experimentos no pueden sino dejar pocas dudas de que la difusión de rayos X es un fenómeno cuántico». Los cuantos de luz recibían un apoyo aparentemente definitivo.

La reacción ante la contribución de Compton fue mayoritariamente favorable, aunque también hubo quien se opuso a ella (veremos en seguida el caso de Bohr, pero también hay que destacar al físico estadounidense William Duane). Sommerfeld fue especialmente receptivo. Sucedía, además, que entonces —semestre de invierno del curso 1922-1923— estaba visitando Estados Unidos, como *Carl Schurz Professor* de Física en la Universidad de Wisconsin. El 21 de enero de 1923, desde California, escribía a Bohr (citada en Stuewer 1975: 241): «Lo más importante que he sabido científicamente en América [...] es un trabajo de Arthur Compton en St. Louis. Después de él, la teoría ondulatoria de los rayos Röntgen quedará invalidada.[21][...] No estoy, sin embargo, todavía completamente seguro de

21. Nótese esta conclusión de Sommerfeld: si Compton está en lo cierto, los rayos X no son ondas; lo que implicaría que son partículas. Semejante disyuntiva

que esté en lo cierto; no sé si debería mencionar ya sus resultados. Solamente quiero llamar su atención al hecho de que tal vez podamos esperar una nueva y fundamental lección». Una vez de vuelta a Alemania, escribía a Compton (el 9 de octubre de 1923; Stuewer 1975: 247): «Su descubrimiento del cambio en la longitud de onda de los rayos Röntgen mantiene extremadamente ocupado al mundo científico alemán. Estuve con Einstein y Kossel en agosto, y nuestro tema principal de conversación fue su efecto. Asimismo, en la reunión de físicos de Bonn se discutió.».

Entrevistado por Thomas Kuhn durante el desarrollo del proyecto «Sources for History of Quantum Physics», uno de los estudiantes de Sommerfeld en Múnich, Gregor Wentzel, recordó: «Todo el mundo estaba muy interesado en los experimentos y en su interpretación [la de Compton], ya que suministraban realmente la prueba de la naturaleza corpuscular de la luz. La gente ya sabía, por supuesto, del efecto fotoeléctrico de Einstein. No obstante, había existido una tendencia general a ver la $h\upsilon$ de un fotón como solamente el $h\upsilon$ que aparecía en la condición de frecuencia de Bohr. No estaba claro, en modo alguno, para la gente que esa [fórmula] tuviese que ser el momento de un corpúsculo. Por consiguiente, con anterioridad al efecto Compton existía una gran confusión». Veremos en seguida, en la sección siguiente, lo que Wentzel quería decir cuando se refería a los cuantos de luz y la condición de frecuencia de Bohr.

El apoyo de Sommerfeld fue importante para Compton, que en la reunión de la American Physical Society celebrada en Cincinnati, en diciembre de 1923, al abrir el simposio con una conferencia titulada «La difusión de rayos X» manifestó (Compton 1924: 69-70):

> Sin duda, el resultado más importante de este trabajo es, sin embargo, la información que ofrece con respecto a la naturaleza de la radiación electromagnética. Encontramos que la longitud de onda y la intensidad de los rayos difundidos son lo que deberían ser si un cuanto de radiación rebotara con un electrón, igual que una bola de billar rebota

---

se debe entender en un contexto en el que el profesor de Múnich aceptaba (al contrario que muchos otros) las consecuencias últimas de las tesis de Einstein de 1905, pero en el que la dualidad onda-corpúsculo todavía no se había desarrollado. Como sabemos, los rayos X *son* ondas, aunque de acuerdo con Einstein también se pueden entender como constituidas por cuantos de luz.

[al chocar con] otra. No sólo esto, sino que verdaderamente observamos la bola de billar, o electrón del que el cuanto ha rebotado, que retrocede, y encontramos que se mueve con exactamente la velocidad que debería si un cuanto le ha golpeado. La conclusión obvia sería que los rayos X, y así también la luz, están formados por unidades discretas, que se mueven en direcciones definidas, cada una poseyendo la energía $h\upsilon$ y el momento correspondiente h/λ. En una carta reciente que me ha enviado, Sommerfeld ha expresado la opinión de que este descubrimiento de la variación de la longitud de onda de la radiación, debido a la difusión, significa el toque de difuntos de la teoría ondulatoria de la radiación.

«El toque de difuntos» (*death knell*) decía; ciertamente era una expresión afortunada, y como tal ha sido frecuentemente repetida, aunque, como veremos en la sección siguiente, todavía quedaban algunas posibilidades de argumentación para los oponentes (como Bohr) a los cuantos.

Por último: ¿y Einstein?, ¿qué pensaba sobre el trabajo de Compton el introductor de los cuantos de luz? La respuesta la tenemos en un artículo que publicó en un periódico de Berlín, el *Berliner Tageblatt*, el 20 de abril de 1924 (Einstein 1924 a).[22] «Quiero informar», comenzaba, «sobre un importante experimento referente a la luz, o radiación electromagnética, un experimento llevado a cabo por el físico americano Compton». A continuación hacía una revisión de la polémica onda-partícula para la luz a lo largo de la historia, a la que seguía una descripción de los resultados de Compton, concluyendo: «El resultado positivo del experimento de Compton demuestra que la radiación se comporta como si estuviese constituida por proyectiles de energía discreta, y no sólo a efectos de impacto». Era una prosa cuidadosa, pero que difícilmente podía esconder la satisfacción de Einstein.

En vista a todo lo expuesto no debe extrañar que la carrera de Arthur Compton experimentase un avance importante: en 1923, muy poco después de su descubrimiento —que inmediatamente fue bautizado como «efecto Compton»— se trasladó a la Universidad de Chicago, a la cátedra que antes había ocupado Robert Millikan. En Chicago, Compton pasaría los siguientes 22 años, los últimos, a

22. Este artículo se reproduce, en versión inglesa en Shankland, ed., 1973: 759-761. Es la que yo he utilizado.

partir de 1941, dirigiendo el Metallurgical Laboratory establecido en su Universidad por el Proyecto Manhattan. En ese laboratorio, en un experimento dirigido por Enrico Fermi, fue donde, el 2 de diciembre de 1942, tuvo lugar la primera reacción nuclear en cadena controlada de la historia. Al final de la guerra abandonó la investigación, dedicándose a la administración (aceptó el puesto de Canciller de la Universidad de Washington). En 1927 había recibido el premio Nobel de Física, compartido con Charles Wilson (fue propuesto por Born, Franck, Einstein, David S. Jordan, von Laue, Henry F. Osborn, Planck, Robert Pohl, Charles D. Walcott y Wien; el año anterior ya había recibido cinco adhesiones, y una en 1925).

Peter Debye y el efecto Compton

Señalé con anterioridad que el 13 de diciembre de 1922 Compton envió al *Physical Review* el artículo en el que estudiaba y explicaba el efecto que terminó llevando su nombre (antes, el 1 de diciembre, había presentado un avance de sus resultados en una reunión de la American Physical Society celebrada en Chicago). La publicación se produjo en mayo de 1923. Pues bien, entremedias, el 14 de marzo de 1923, en la redacción del *Physikalische Zeitschrift* se recibió un artículo de Peter Debye (1923) —entonces en la Escuela Politécnica de Zúrich—, titulado «Difusión de rayos X y teoría cuántica», que contiene la misma explicación teórica del choque electrón-cuanto que la que aparece en el artículo de Compton.[23]

Debye llevaba trabajando en este tipo de análisis teórico desde finales de 1920 o comienzos de 1921, aunque no había publicado nada, diciendo a su colega en Zúrich, Paul Scherrer, que debían realizar un experimento para comprobar las ideas teóricas a las que había llegado. De hecho, lo que finalmente le llevó a escribir el artículo de 1923 fue la aparición —en octubre de 1922— de un informe que Compton (1922) había preparado para el National Research Council, en el que presentaba algunos de sus resultados experimentales para los espectros de rayos X, precisamente el tipo de experimento que Debye buscaba (Debye reconoció este hecho en su artículo, cuando escribía: «No to-

23. La difusión de rayos X era uno de los campos de investigación que Debye frecuentó, desde al menos 1914. Ver, en ese sentido, Debye (1988).

dos los resultados experimentales son tan inequívocos como para que la afirmación de que [cada difusión está acompañada de emisión de electrones, y que cuanto más pequeña sea la longitud de onda, más electrones parecen ser expulsados en la dirección del rayo primario] pueda ser considerada como absolutamente confirmada por los experimentos. Sin embargo, recientemente he extraído la impresión de un informe de A. H. Compton [*Bulletin of the National Research Council...*] que es altamente probable que sea correcta»).

El artículo de Debye apareció el 15 de abril, mientras que el de Compton se demoró hasta el mes siguiente. Por tal motivo, al principio algunos físicos europeos hablaron del «efecto Compton-Debye», iniciativa que detuvo Sommerfeld, especialmente bien informado por encontrarse entonces, como vimos, en Estados Unidos.

La teoría de Bohr, Kramers y Slater

Ya he mencionado que Bohr no se encontraba a gusto con la idea de los cuantos de luz einstenianos. ¿Cómo, se puede uno preguntar, puede ser esto posible si fue precisamente Bohr quien en 1913 los introdujo en el modelo atómico de Rutherford, creando así el primer modelo atómico cuántico y explicando de esta manera algunas series espectroscópicas? La respuesta, como mencioné de pasada en el capítulo 8 (no era entonces el momento), se encuentra en las expresiones que utilizó en su artículo, en las que nunca se hace referencia explícita a los cuantos de luz. Citando de nuevo la segunda suposición que establecía allí, la relevante para estas cuestiones (Bohr 1913 b: 7): «Este último proceso tiene lugar mediante la emisión de radiación *homogénea*, para la que la relación entre la frecuencia y la cantidad de energía emitida viene dada por la teoría de Planck». Puede parecer, especialmente con el beneficio —y la distorsión histórica— del conocimiento subsiguiente, que se refería a los cuantos introducidos por Einstein en 1905, pero Bohr no lo decía explícitamente.

Pero retomemos la conexión Darwin-Bohr. Recordemos que Darwin había escrito a Bohr en julio de 1919, adjuntándole una copia de *The Basis of Physics*, y que el danés no le contestó inmediatamente. De hecho, la respuesta se demoró hasta ¡febrero de 1922! «Querido Darwin», escribía entonces Bohr desde Copenhague, «justo antes de mi visita a Cambridge, donde tengo muchas ganas de verle de nuevo, aprovecho la ocasión para tratar de explicarle lo que puede considerar como una evidente muestra de indiferencia o deslealtad, al no haber contestado nunca a su muy sugerente e interesante carta de hace años sobre el principio de la física. La verdad es, sin embargo, que tomé el mayor interés en el asunto, y como estaba de acuerdo con usted en muchos, aunque no en todos, aspectos, empecé inmediatamente a escribir una larga respuesta, de la que todavía poseo la copia sin terminar, pero debido a las dificultades inherentes al tema no conseguí dar entonces una forma satisfactoria a mis ideas, y debido a otro trabajo urgente dejé de lado la consiguiente carta, con el conocido resultado de que nunca fue terminada, pese a que desde entonces la haya retomado muchas veces».[24]

Como mínimo, esta carta prueba que Bohr estaba muy interesado, y favorablemente dispuesto, a la aproximación de Darwin. De hecho, era especialmente proclive a la propuesta del físico inglés de que acaso la energía no se conservase en los procesos atómicos. «Leyendo algunas de sus cartas», recordaba Christian Moller en otra de las entrevistas realizadas por Kuhn en el Proyecto «Sources for History of Quantum Physics», «uno se encuentra con que una, y otra vez, existen repetidas ocasiones en que las cosas van mal y Bohr propone la no conservación de la energía. Es curioso, uno casi tiene a veces la sensación de que él *realmente* pensaba que la ciencia tenía que ir en esa dirección, que al final veríamos que la energía no se conserva.»

Sin embargo, cuando leemos el borrador de la carta que compuso en 1919 la situación no está tan clara, entre otras razones porque allí aparece el cada vez más frecuente confuso estilo bohriano, el que, según Leon Rosenfeld, hizo decir a Louis de Broglie que Bohr se escondía en *le brume du Nord.*[25] «Con respecto a la cuestión de la conservación de la energía», escribió entonces, «existe el problema de qué pasará con la energía si se tiene que abandonar este principio, y aquí nos enfrentamos con la curiosa situación [existente] en la teoría cuántica, que hace que no sea tan criminal como parece a primera vista hablar, sin preocuparse demasiado, de las dificultades funda-

24. La carta de Bohr y el borrador que elaboró en 1919 se reproducen en Stolzenburg, ed. (1984: 316, 15-16).

25. L. Rosenfeld en la entrevista del Proyecto «Sources for History of Quantum Physics».

mentales mencionadas antes, y al mismo tiempo intentar ser un trabajador serio en el actualmente lisiado campo de la física».

Ahora bien, podemos pensar que todo esto, la simpatía de Bohr por la posibilidad de la no conservación de la energía, terminaría en 1923, cuando se publicó el artículo de Compton. Pues no fue así, como ejemplifica, sobre todo, el artículo que Bohr publicó en 1924, en colaboración con el holandés Hendrik Kramers (entonces su más estrecho colaborador en Copenhague) y el físico estadounidense John Clarke Slater (1900-1976), quien había estudiado en Harvard con Edwin Kemble y Theodore Lyman y que estaba pasando un tiempo como visitante en el Instituto de Bohr: en el verano de 1923 Slater recibió una beca de Harvard para un año, con la que pasó primero unos meses en Cambridge con Ralph Fowler y a finales de año se trasladó a Copenhague.[26]

La teoría de Bohr, Kramers y Slater (1924) ha sido analizada por varios autores (por ejemplo: van der Waerden, ed., 1967, Hendry 1981, Hiroyuki 1983, Stolzenburg 1984) y no es ésta la ocasión de repetir lo ya dicho; sí es, no obstante, necesario mencionar los aspectos esenciales para mis propósitos y para poder situarla en su correcta dimensión.

En primer lugar, hay que destacar que el artículo de los tres científicos fue una reelaboración, por parte de Bohr y Kramers, de una idea que Slater (1924) presentó en una carta (fechada el 28 de enero de 1924; ya, pues, en Copenhague) al editor de *Nature*, bajo el título «Radiación y átomos»: la idea de un «campo virtual de radiación» creado por osciladores virtuales, en la que se mantenía el principio de conservación de la energía.

Para entender lo que pretendía Slater en esa publicación nada mejor que sus propias palabras (Slater 1924):

> Se puede suponer que, de hecho, cualquier átomo se comunica con otros átomos durante el tiempo en que está en un estado estacionario, mediante un campo de radiación virtual, cuyo origen son osciladores que tienen las frecuencias de todas las posibles transiciones cuánticas y cuya función es hacer que se verifique la conservación estadística de la energía y el momento, determinando las probabilidades de las transiciones cuánticas. Se supone que la parte del campo que se origina en el

26. Con el tiempo, Slater realizaría contribuciones importantes a la física del estado sólido, como comprobaremos en el tomo 2 de esta obra.

átomo dado induce una probabilidad de que el átomo pierda energía espontáneamente, mientras que la radiación de las fuentes externas se considera como inductora de probabilidades adicionales de que gane o pierda energía, tal y como Einstein ha sugerido.

Y añadía: «La idea de la actividad de los estados estacionarios presentada aquí surgió en el transcurso de un intento de combinación de los elementos de las teorías de la electrodinámica y de los cuantos de luz, para establecer un campo que guiase los cuantos discretos».

El fin que pretendía estaba claro: intentar explicar la dinámica de las transiciones atómicas (absorciones o emisiones de radiación). Einstein (1916 a, b) había avanzado en tal dirección, pero a costa de introducir unos coeficientes *de probabilidad* de emisión y absorción, cuyo origen, cuya razón de ser, no podía explicar. Con su campo de radiación virtual, y con los osciladores (también virtuales) de que hacía uso, Slater esperaba poder avanzar en la comprensión del mecanismo que subyacía a esos fenómenos.

Es, asimismo, necesario destacar otros dos aspectos del artículo de Slater. El primero, el que no tenía ningún problema en aceptar la existencia de los cuantos de luz. El segundo, que aunque se refiriese a la «conservación *estadística* de la energía y el momento», en modo alguno elaboraba, ni parecía apoyar, la no conservación de la energía. De hecho, en una carta que envió a van der Waerden el 4 de noviembre de 1964, Slater confirmaba que la mera validez estadística de las leyes de conservación no estaba contenida en sus ideas iniciales: «La idea de la conservación estadística de la energía y el momento», escribió entonces (van der Waerden, ed., 1967: 13), «fue incluida en la teoría por Bohr y Kramers, en contra de mi opinión. Había ido a Copenhague pensando que el campo de osciladores se utilizaría para determinar el comportamiento de los fotones, que yo prefería considerar como entidades reales que satisfacen la conservación, como ahora sabemos que hacen, y deseaba introducir la probabilidad únicamente en tanto que las ondas determinaban la probabilidad de que el fotón estuviese en un lugar y tiempo dados. Bohr y Kramers se opusieron a esta idea con tanta fuerza que vi que la única forma de mantener la paz y que se publicase la parte principal de mi propuesta era seguirles con la idea estadística».[27]

27. En la entrevista que mantuvo con Kuhn muchos años después («Sources for History of Quantum Physics»), Slater fue más directo: «Fui allí [Copenhague],

De hecho, Slater preparó su nota para *Nature* (sin duda como forma de dejar sentado cuáles eran algunas de sus propias ideas) cuando Bohr y Kramers habían completado el que sería el artículo conjunto de los tres (el primer borrador lo finalizaron el 13 de enero, a las tres semanas de la llegada de Slater).[28]

En cuanto al propio artículo (Bohr, Kramers y Slater 1924), en el que, como vengo diciendo, Bohr y Kramers reutilizaron la idea del campo virtual de radiación de Slater, pero prescindiendo por completo de los cuantos de luz y suponiendo que las leyes de conservación de energía y momento únicamente tienen validez estadística, resumiré su contenido brevemente.

Es un trabajo poco habitual en la literatura científica, ya que no contiene ningún desarrollo matemático, únicamente se escribe una vez la familiar expresión $h\upsilon = E_1 - E_2$. Es, por consiguiente, un artículo programático, en el que se proponen una serie de ideas para, como se indica en las dos primeras líneas, «dar una interpretación teórica del mecanismo de la interacción entre radiación y materia», el problema básico, lo repito una vez más, para la física cuántica. Respecto a las suposiciones más importantes, he aquí cómo las presentaban (Bohr, Kramers y Slater 1924: 790-791):

> Supondremos que un átomo dado, en un cierto estado estacionario, se comunicará constantemente con otros átomos a través de un mecanismo espacio-temporal, que es virtualmente equivalente al campo de radiación que en la teoría clásica se originaría mediante osciladores armónicos virtuales correspondientes a las diversas transiciones posibles entre otros estados estacionarios. Además, supondremos que los procesos de transición que tienen lugar en el átomo dado, al igual que en los

---

Bohr fue muy amable, me invitó a la cena de Navidad, le conté acerca de mis ideas y pensó que eran interesantes. "Pero son demasiado específicas. No podemos mantener esta conservación exacta. No debemos pensar de manera tan específica sobre los fotones. No tenemos fotones como ésos". En otras palabras, quería dejar todo tan vago como fuese posible. Kramers fue siempre el "Sí, señor" de Bohr y quería hacer exactamente lo mismo. Dijo: "Es una idea magnífica, si la modificásemos de tal y tal forma". Esto fue lo último que supe sobre el tema. Bohr y Kramers escribieron el artículo, me invitaron a firmarlo [...], o lo tomas o lo dejas».

28. «El artículo con Bohr y Kramers fue acabado durante las primeras seis semanas más o menos [de mi estancia en Copenhague], y escrito completamente por Bohr y Kramers», Slater a John van Vleck, 27 de julio de 1924 (citado por Stolzenburg 1984: 20).

otros átomos con los que se encuentra en comunicación mutua, están relacionados con este mecanismo por medio de leyes de probabilidad que son análogas a las que en la teoría de Einstein se verifican para las transiciones inducidas entre estados estacionarios cuando los átomos son iluminados por la radiación. Por un lado, las transiciones que en esta teoría se designan como espontáneas son, en nuestra opinión, inducidas por el campo virtual de radiación que está conectado con los osciladores armónicos virtuales. [...] Por otra parte, las transiciones inducidas de la teoría de Einstein se producen como consecuencia de la radiación virtual debida a otros átomos en el espacio que le rodea.

Con respecto a las transiciones que tienen lugar, que es el rasgo esencial de la teoría cuántica, abandonamos [...] cualquier intento de relación causal entre las transiciones en átomos distantes,[29] y especialmente una aplicación directa de los principios de conservación de la energía y el momento, tan característicos de las teorías clásicas.

Ahora bien, debemos preguntarnos, ¿qué tenían que decir Bohr, Kramers y Slater sobre el efecto Compton, que, aparentemente al menos, probaba lo adecuado de suponer la conservación estricta, en procesos individuales, de la energía y el momento? No era posible obviar esta cuestión, y no lo hacían (Bohr, Kramers y Slater 1924: 799): «En contraste a esta imagen [la que utilizaba Compton para explicar su efecto], la difusión de radiación por electrones es, en nuestra opinión, un fenómeno continuo al que contribuye cada uno de los electrones iluminados a través de la emisión de ondas coherentes secundarias. En consecuencia, la radiación virtual incidente da lugar a una reacción de cada electrón, similar a la que cabría esperar en la teoría clásica de un electrón que se mueve con una velocidad que coincide con la de la fuente imaginaria antes mencionada y que realiza oscilaciones forzadas bajo la influencia del campo de radiación».

Sugerentes como eran todas estas ideas, no sobrevivieron demasiado tiempo. Un mes después de la aparición (en mayo) del artículo tripartito, Walther Bothe y Hans Geiger (1924) anunciaban sus planes de someter a prueba experimental la hipótesis de la no conservación estricta (sólo estadística) de la energía y momento. Lograr en la práctica semejante comprobación era, no obstante, muy complejo, y no fue hasta abril de 1925 que se sintieron lo suficiente seguros como

29. Slater (1924) no participaba de esta idea.

para informar al editor del *Zeitschrift für Physik* de sus resultados (Bothe y Geiger 1925). Poco después, Compton y Alfred Simon (1925) llegaron a conclusiones similares. Veamos cómo argumentaban estos últimos.

«Se ha investigado un grupo cada vez más numeroso de fenómenos», comenzaban (Compton y Simon 1925: 279), «que encuentran su interpretación más simple en la hipótesis de los cuantos de radiación, propuestos por Einstein para explicar la radiación calorífica y el efecto fotoeléctrico. Sin embargo, no ha sido posible demostrar que ninguno de estos fenómenos exige necesariamente esta hipótesis para su explicación. Así, por ejemplo, el efecto fotoeléctrico no es inconsistente con la idea de que la energía luminosa sale de su fuente como ondas que se expanden, si postulamos la existencia dentro de los átomos de un mecanismo para almacenar energía hasta que se ha recibido un cuanto. Es cierto que no se sabe de tal mecanismo, pero hasta que nuestro conocimiento de la estructura atómica haya aumentado sería prematuro afirmar que tal mecanismo de almacenaje no puede existir. La variación de la longitud de onda de los rayos X cuando son difundidos y la existencia de electrones que retroceden, asociados con los rayos X difundidos, parecen, es cierto, ser inconsistentes, si retenemos el principio de conservación del momento, con la suposición de que los rayos X proceden como ondas que se expanden. No obstante, Bohr, Kramers y Slater han demostrado que estos fenómenos y el efecto fotoeléctrico pueden ser reconciliados con la idea de que la radiación actúa como ondas esféricas si la conservación de la energía y el momento se interpretan como principios estadísticos.»

Establecido el marco, Compton y Simon señalaban que «un estudio de la difusión de cuantos individuales de rayos X y de los electrones que retroceden asociados con ellos, posibilitaría lo que parece ser una prueba crucial para los dos puntos de vista sobre la naturaleza de los rayos X difundidos». Se trataba de comprobar si era cierto que, como exigía la interpretación *à la* Einstein, un solo cuanto chocaba con un único electrón, que en consecuencia retrocedía con un cierto ángulo, y con el cuanto en cuestión también afectado en su movimiento. Si esto era así, entonces el cuanto difundido podía producir un efecto únicamente en la dirección determinada en el instante en que era difundido, predecible en base a la dirección del electrón que retrocedía. Si, por el contrario, la radiación estaba formada por ondas, como argüían Bohr, Kramers y Slater, la radiación secundaria podía producir efectos en cualquier dirección *y no debería existir ninguna correlación entre la dirección de los electrones en retroceso y los efectos de los rayos X difundidos.* Dilucidar este punto fue la tarea que se propusieron Compton y Simon, lo mismo que Bothe y Geiger; pero exigía observar individualmente los electrones en retroceso y detectar los cuantos individuales difundidos. Para ello utilizaron una cámara de niebla de Wilson, encontrando que, como promedio, se produce un electrón que retrocede por cada cuanto de rayos X difundido. Cada electrón dejaba un rastro visible en la cámara y, ocasionalmente, el rayo X difundido producía un rastro (trayectoria) secundario. Pero cuando un electrón en retroceso aparecía en la misma placa que la señal visible debida a los rayos difundidos, era posible comprobar si sus trayectorias formaban ángulos que satisfacían las ecuaciones que Compton dedujo en 1923. «Si las fotografías», escribían (Compton y Simon 1925: 291), «y las medidas se pueden realizar con suficiente precisión, el experimento daría, en consecuencia, una respuesta inequívoca a la cuestión de si la energía de un cuanto de rayo X está distribuida sobre un ángulo sólido amplio o procede de una dirección definida». Fue la segunda posibilidad la que confirmaron los experimentos. «Estos resultados», concluían en su artículo (Compton y Simon 1925: 299), «no parecen poder ser reconciliados con el punto de vista propuesto por Bohr, Kramers y Slater. Por el contrario, apoyan directamente la idea de que *energía y momento se conservan durante la interacción entre radiación y electrones individuales».*

La explicación estadística del efecto Compton tenía que ser abandonada. Los cuantos einsteinianos salían, una vez más, reforzados, y también, en cierto sentido, las propias órbitas electrónicas atómicas.

Una consecuencia positiva de la teoría de Bohr-Kramers-Slater es que ayudó a que Kramers (1924 a, b) formulara una teoría cuántica de la dispersión, al aplicar la idea de los osciladores virtuales a la explicación de la interacción entre los electrones presentes en los átomos y la radiación electromagnética. Kramers propuso una expresión —la «fórmula de dispersión»— que se ajustaba bastante bien a la mayoría de las propiedades ópticas de los átomos, incluyendo el efecto Raman, y que contenía solamente «magnitudes de transición», esto es, que se referían únicamente a dos estados estacionarios. Tanto por su capacidad de adecuarse a resultados experimentales, como por basarse sólo en «observables» como las frecuencias de absorción y emisión atómicas, desempeñó un papel importante en los esfuerzos posteriores por construir una mecánica cuántica, en particular en los trabajos de Heisenberg.[30]

Louis de Broglie y la dualidad onda-partícula

Ondas, corpúsculos. La historia de la física cuántica, tal y como la he ido desarrollando hasta el momento, parece ser una conflagración entre ondas y corpúsculos. ¿Se puede describir la luz por medio de ondas o de partículas (cuantos)? La renuencia a aceptar los cuantos de luz, que he mostrado en este capítulo, era una muestra evidente de las dificultades que muchos —acaso la mayoría, o todos en un momento u otro— tenían para renunciar a una idea tan intuitiva y fructífera como es la teoría ondulatoria. Con la perspectiva que da el paso de tres cuartos de siglo, podríamos preguntarnos por qué no se exploraron con más firmeza y profundidad, o se tomaron más en serio, las contribuciones de Einstein de 1909 (ver capítulo 5) en las que, al menos visto a posteriori, se ponía en evidencia la existencia de algún tipo de dualidad onda-corpúsculo. Pero plantearse el problema en semejantes términos constituiría un anacronismo flagrante. Claro que algunos —Einstein al menos— intentaron hacer algo en esa línea, pero con poco éxito, y además, ¿qué quería decir «dualidad onda-corpúsculo»? ¿No habría más bien que buscar el reducir uno de los aspectos al otro y entender la «doble imagen» que en ocasiones se mostraba?

En cualquier caso, lo que sí está claro es que el problema de esa «doble imagen» se iba haciendo, según transcurría el tiempo, y especialmente tras los resultados de Compton, más y más patente e intenso. Sería un entonces desconocido y joven físico francés, Louis de Broglie, quien lo resolvería.

Louis Victor de Broglie (1892-1987) formaba parte de una familia de la alta aristocracia. Tenía el título de «duque» y a la muerte de su hermano mayor, Maurice, recibió el de «príncipe». En su libro *Thir-*

30. Sobre la teoría de la dispersión de Kramers, ver, por ejemplo, Ter Haar (1998: 23-30) y Dresden (1987: 245).

ty Years that Shook Physics (1966), el siempre irreverente George Gamow relató una visita que hizo a de Broglie (Gamow 1971: 118):

> Hacia el final de la tercera década del siglo [XX], me hallaba trabajando en la Universidad de Cambridge junto a Rutherford, y decidí pasar una vez las vacaciones navideñas en París (nunca antes había estado en esa ciudad). Para aprovechar bien mi estancia, escribí una carta a De Broglie diciéndole que me agradaría mucho conocerlo personalmente y discutir con él algunos problemas de la teoría cuántica. Me contestó que esos días la Universidad estaría cerrada, pero que le resultaría muy grato recibirme en su casa. Cuando lo visité, vi que residía en una magnífica mansión en el elegante suburbio parisiense de Neuilly-sur-Seine. La puerta se abrió y apareció un lacayo de aspecto imponente.
>
> '*Je veux voir Professeur De Broglie.*
> *Vous voulez dire, Monsieur le Duc De Broglie*', replicó el sirviente.
>
> 'Muy bien, *le Duc De Broglie*', repetí y fui introducido a la casa.
>
> De Broglie, vistiendo ropa de entrecasa de seda, me recibió en su salita de estudio suntuosamente amueblada, y empezamos a hablar de física.

Por supuesto, lo anterior no tiene nada que ver con la física que Louis de Broglie produjo, y que explicaré en seguida. He reproducido la cita de Gamow, simplemente para mostrar el ambiente, muy diferente al de cualquiera de los restantes protagonistas de la revolución cuántica, en el que se movió un hombre que aportó un resultado de suma importancia para el desarrollo de la física cuántica. Un resultado que, como se verá en el tomo 2 de esta historia, fue fundamental para que Erwin Schrödinger elaborara su mecánica cuántica ondulatoria.

Pero volvamos a la biografía de De Broglie.

Y lo primero que hay que señalar es que, muy acorde con la tradición familiar, el joven Louis se licenció en historia, preparando a continuación, entre 1911 y 1913, la licenciatura de ciencias, ayudado por su hermano Maurice (dieciocho años mayor que él), y con quien ya nos hemos encontrado (recordemos que editó, junto a Langevin, las actas del primer Consejo Solvay, 1911, del que fue uno de los secretarios). De hecho, Maurice pasó a Louis los textos de las comunicaciones. «Con el ardor de mi edad», escribió en una especie de autobiografía científica publicada en 1953, a la que me referiré con frecuencia (de Broglie, L. 1953: 458), «me había entusiasmado por lo interesante de los problemas estudiados y me prometí consagrar todos mis esfuerzos a comprender la verdadera naturaleza de los misteriosos cuantos que Max Planck había introducido en la física teórica diez años antes, pero cuyo profundo significado no se percibía todavía». Y añadía un comentario, cuya relevancia veremos más adelante: «Desde aquella época, me había dado cuenta de la importancia fundamental que presentaba para el estudio de esta cuestión las teorías clásicas de la mecánica analítica, y en particular las teorías de Hamilton y de Jacobi, y había comenzado a profundizar en mis conocimientos sobre el tema».

La guerra mundial de 1914-1918 interrumpió durante algunos años su interés por estos problemas: sirvió en el cuerpo de *Radiotélégraphie militaire*, en un puesto situado en la torre Eiffel. Una vez desmovilizado, en 1919, reemprendió sus estudios, siguiendo de cerca los trabajos de su hermano, que en su laboratorio privado se ocupaba de los espectros de rayos X y del efecto fotoeléctrico. El que fuesen precisamente ésos los intereses de Maurice, fue una circunstancia favorable para Louis, ya que le ayudaron a familiarizarse con aspectos que le servirían bien para el trabajo que le dio fama: rayos X-ondas, efecto fotoeléctrico-cuantos/partículas. De hecho, en la entrevista a que se sometió en el Proyecto «Sources for History of Quantum Physics» manifestó: «Mi hermano consideraba los rayos X como formados por ondas y corpúsculos, pero, como no era teórico, no tenía ideas muy precisas sobre el tema».

Fruto de sus investigaciones de entonces fueron una serie de trabajos centrados en la absorción de rayos X, utilizando como modelo explicativo el átomo de Bohr (por ejemplo: de Broglie, L. 1920, 1921).[31] «Al mismo tiempo», continuando con lo que indicó en sus notas autobiográficas (de Broglie, L. 1953: 459-460), «tenía largas conversaciones con mi hermano sobre la interpretación de los bellos experimentos que él realizaba sobre el efecto fotoeléctrico y los efectos corpusculares. Publiqué, solo o con él, una serie de notas sobre la teoría cuántica de estos fenómenos. [...] Estas largas conversaciones con mi hermano sobre las propiedades de los rayos [...] tuvieron

31. Aquellos interesados en una reconstrucción con más detalles técnicos sobre los trabajos de de Broglie pueden consultar Mehra y Rechenberg (1987).

para mí la ventaja de hacerme reflexionar profundamente sobre la necesidad de asociar siempre el punto de vista de las ondas y el de los corpúsculos». Y añadía: «Mis investigaciones sobre la física de los rayos X me convencieron de la necesidad de una teoría sintética de las radiaciones que combinase el aspecto "onda" y el aspecto "fotón", y había reflexionado mucho sobre los ya antiguos trabajos de M. Einstein sobre los cuantos de luz».

Que esto no es una oportunista reconstrucción del pasado lo demuestran los contenidos de alguna de las publicaciones que «meditando sobre estas cuestiones, me vi conducido a realizar en 1922». En una de esas notas de Broglie (1922 a; 1976: 103) escribía:[32] «Los progresos recientes de la física en el dominio de la emisión y absorción de radiaciones atraen cada vez más la atención sobre la teoría de los cuantos de luz, de acuerdo con la cual la energía de todas las radiaciones (hertziana, luminosa, X o γ) estaría concentrada en pequeños elementos individuales, iguales a $h\upsilon$, constituyendo, de alguna manera, los "átomos de luz" de la frecuencia υ considerada. Estos átomos de luz podrían, en algunos casos, aglomerarse en moléculas. La explicación por medio de la teoría de los cuantos de luz de fenómenos hasta ahora interpretados con la hipótesis de ondulaciones, tales como la interferencia, difusión, dispersión, etc., parece muy complicada, y para llevarla a buen puerto haría falta, sin duda, un compromiso entre la antigua teoría y la nueva, introduciendo en ésta la noción de periodicidad. Cuando se haya realizado esta síntesis, las ecuaciones de Maxwell aparecerán sin duda como una aproximación continua (válida en muchos casos, pero no en todos) de la estructura discontinua de la energía radiante, igual que las ecuaciones continuas de la hidrodinámica representan, de forma satisfactoria en nuestra escala, los movimientos de fluidos de cuya estructura atómica no dudamos».

Como vemos, de Broglie no era uno de los que dudaban de la realidad de los cuantos de luz einstenianos; de hecho, se puede decir que hacia 1922 se había embarcado —o pretendía hacerlo— en un programa de investigación encaminado a explicar los fenómenos ondulatorios en base a cuantos lumínicos, aunque es cierto que las ideas que entonces tenía y que acabo de citar eran, básicamente,

32. En lo que sigue, junto a las referencias originales de algunos de los artículos que cito, incluyo las páginas que aparecen en una reimpresión de hace algunos años (de Broglie, L. 1976), que es la que yo he utilizado por conveniencia.

las mismas que Einstein había utilizado en su artículo fundacional de 1905.

La idea que a la postre resultaría fructífera fue la siguiente (de Broglie, L. 1953: 461): «La aparición, en las leyes del movimiento cuantificado de los electrones en los átomos, de números enteros me parecía que indicaba la existencia, para estos movimientos, de interferencias análogas a las que se encuentran en todas las ramas de la teoría de las ondas, en las que intervienen de manera natural números enteros. A partir de entonces continué reflexionando sobre la analogía entre el formalismo de la mecánica analítica y el de las teorías ondulatorias, analogías que había conocido durante mi primera juventud. Bruscamente, al final del verano de 1923, todas estas ideas cristalizaron en mi espíritu, y publiqué en los *Comptes rendus de l'Académie des Sciences* tres notas fundamentales [de Broglie, L. 1923 a, b, c], que constituyeron el primer punto de partida de la mecánica ondulatoria. En la primera, inspirándome en consideraciones relativistas, establecí la relación, hoy bien conocida, entre el movimiento de un corpúsculo libre y la propagación de la onda que yo proponía que se le asociase, mostrando que mis nuevas ideas permitían dar una interpretación sencilla a las condiciones de la estabilidad cuántica para los movimientos intra-atómicos de los electrones».

Se refería aquí de Broglie a la relación

$$V = c/\beta \tag{3}$$

En la nota en cuestión (presentada a la Académie des Sciences el 10 de septiembre), de Broglie (1923 a; 1976: 107) consideraba un «cuerpo» (*mobile*) material, de masa propia m_o, moviéndose con respecto a un observador fijo con una velocidad v, y apoyándose en la relatividad especial y en elementos elementales de la óptica ondulatoria, suponía que el *mobile* «coincide en el espacio con una onda de frecuencia υ [...] que se propaga en la misma dirección que él con la velocidad c/β. Esta onda de velocidad mayor que c no puede corresponder a un transporte de energía; la consideraremos únicamente como una onda ficticia asociada al movimiento del *mobile*». Aunque allí no lo señalaba, más adelante (en, por ejemplo, de Broglie 1924; 1963: 26) demostraría el importante resultado de que «la velocidad del grupo de ondas de fase es igual a la velocidad del *mobile*».

Sobre la velocidad, *v*, del *mobile* lo único que decía de Broglie era que «$v=\beta c$ ($\beta<1$)», lo que justifica, por cierto, el que en la cita anterior señalase que «esta onda de velocidad mayor que *c*...». Habida cuenta de que en la teoría de la relatividad especial se suele denotar a v/c por β, esto constituye casi una tautología. La explicación de semejante comportamiento está en que suponía —como había hecho en un artículo anterior (de Broglie, L. 1922*b*)— que los cuantos («átomos de luz» los denominaba), «deben de ser considerados como un *mobile* de masa muy pequeña ($<10^{-50}$ gr), moviéndose con una velocidad muy cercana a c (aunque ligeramente inferior)». Hacía esto para «evitar numerosas dificultades» («Sources for History of Quantum Physics»), dificultades, de hecho, familiares para los que desean construir una dinámica relativista de partículas con masa cero; en cualquier caso, al final del desarrollo, una vez obtenidas las fórmulas apropiadas, éstas ya no muestran tales dificultades, y se pueden tomar como válidas también para m=0.[33]

Otro detalle que conviene resaltar del trabajo que estoy comentando, es que en él de Broglie daba también la expresión para la frecuencia del *mobile* vinculado a la onda; era ésta:

$$\upsilon = \frac{m_o c^2}{h\sqrt{1-\beta^2}} \tag{4}$$

con m_o, la masa en reposo del *mobile* y *h*, como siempre, la constante de Planck.

A pesar del avance que representaba, en esta primera nota se comprueba con claridad que la imagen física de la asociación onda-corpúsculo (*mobile*) en que se basaba de Broglie estaba lejos de ser la que finalmente se impondría en la mecánica cuántica (de Broglie, L. 1923 a; 1976: 108): «Hemos llegado por tanto al enunciado siguiente: *El átomo de luz equivalente en razón de su energía total a una radiación de frecuencia v es el seno de un fenómeno periódico interno que, visto por un observador fijo, tiene en cada punto del espacio igual fase que una onda de frecuencia v que se propaga en la misma dirección con una velocidad muy parecida* (*aunque ligeramente inferior*) *a la constante llamada velocidad de la luz*». En su tesis doctoral, de la que hablaré

33. De Broglie explicaba las razones que le habían conducido a realizar esta suposición en de Broglie, L. (1924; 1963: 66-67).

más adelante, era algo más específico (de Broglie, L. 1924; 1963: 23): «[La onda] representa la distribución en el espacio de *fases* de un fenómeno; es una "onda de fase"». De hecho, a lo largo de prácticamente toda su vida mantuvo, en formas cambiantes, una idea de la dualidad onda-corpúsculo más intuitiva y física que la más abstracta y libre de imágenes que finalmente se aceptó en la mecánica cuántica: pensaba que las ondas asociadas a las partículas eran ondas que las «guiaban», una idea que bautizó como la «teoría de la doble solución». Tal hecho provoca la siguiente reflexión: no son frecuentes los casos en que un nuevo concepto —incluso teoría—, que a la postre muestra su utilidad y fecundidad (como sin duda fue la dualidad onda-corpúsculo), nace provisto de la interpretación que finalmente recibirá y que será la verdaderamente fructífera. Casos como el de la teoría de la relatividad especial, que surgió con una pureza y perfección prácticamente insuperables en sus fundamentos, son ejemplos raros en la historia de la ciencia (al menos de la física).

En la segunda nota (presentada a la Académie el 24 de septiembre), de Broglie (1923 b) buscó una aplicación precisa de sus ideas al caso de los fotones, esbozando una teoría de los fenómenos de interferencia y de difracción de la luz compatible con la existencia de los cuantos de luz. «Concebimos por consiguiente la onda de fase como guiando los desplazamientos de energía, y esto es lo que permite la síntesis de las ondulaciones [*ondulations*] y los cuantos. La teoría de las ondas iba demasiado lejos negando la estructura discontinua de la energía radiante, pero no lo suficientemente lejos al renunciar a intervenir en la dinámica. *La nueva dinámica del punto material libre es a la antigua dinámica* (*comprendida la de Einstein*) *lo que la óptica ondulatoria es a la óptica geométrica.* Reflexionando sobre esto, se verá que la síntesis que se propone parece la culminación lógica del desarrollo comparado de la dinámica y la óptica desde el siglo XVII» (de Broglie, L. 1923 b; 1976: 112).

Este último comentario de Louis de Broglie es absolutamente pertinente, y ayuda a comprender un elemento fundamental de su contribución. Por motivos que elaboraré más adelante, fue él quien se dio cuenta y quien explotó las posibilidades de un hecho de la óptica clásica conocido especialmente gracias a los trabajos del matemático irlandés William Rowan Hamilton (1805-1865):[34] el que se puede re-

34. Sobre la vida y obra de Hamilton, incluyendo sus trabajos en óptica, ver Hankins (1980).

cuperar la óptica geométrica (equiparable, en este sentido, a una óptica basada en «luz corpuscular») a partir de la óptica ondulatoria.

Muy importantes también son otros comentarios que de Broglie efectuaba en esta segunda nota: «Los átomos de luz cuya existencia admitimos», señalaba (de Broglie, L., 1923 b; 1976: 111-112), «no se propagan siempre en línea recta, como prueban los fenómenos de difracción [...] si el *mobile* tiene que atravesar un agujero cuyas dimensiones son pequeñas con respecto a la longitud de onda de la onda de fase, su trayectoria se curvará en general como el rayo de onda difractado. [...] El nuevo principio introducido en la base de la dinámica explicará la difracción de los átomos de luz, *por pequeño que sea su número.* Más aún, un *mobile* cualquiera podrá difractarse en ciertos casos. Un haz de electrones que atraviese un agujero lo suficientemente pequeño podría presentar fenómenos de difracción. Es por este lado por donde haría falta buscar las confirmaciones experimentales de nuestras ideas».

En pocos lugares como en éste se puede comprobar la originalidad y visión de las ideas de Louis de Broglie. No sólo pugnaba por encontrar un marco teórico apropiado, en el que ondas y corpúsculos «coexistieran», sino que iba más allá, prediciendo nuevos fenómenos —como la difracción de electrones—, algo que parece que el propio Einstein nunca había imaginado. Más adelante, volveré a la cuestión de la comprobación experimental de esta predicción de de Broglie.

Finalmente, en su tercera nota (presentada a la Académie el 8 de octubre), mostró cómo sus ideas «conducían para la radiación del cuerpo negro a la ley de Planck», estableciendo «una correspondencia hoy clásica entre el principio de mínima acción, aplicado al movimiento de un corpúsculo, y el principio de Fermat aplicado a la propagación de su onda asociada. Así, a partir de estos meses de septiembre y octubre de 1923, estuve en posesión de algunos de los principios fundamentales de la mecánica ondulatoria» (de Broglie, L. 1953: 461-462).

Y llegamos a su célebre tesis doctoral: *Recherches sur la théorie des quanta*, que de Broglie (1924) defendió en la Sorbona el 25 de noviembre de 1924, ante de un tribunal formado por Jean Perrin, Élie Cartan, Charles Maugin y Paul Langevin. Como el propio de Broglie (1953: 462) señaló, «muchos autores [...] atribuyen al descubrimiento de la mecánica ondulatoria la fecha de 1924, porque es la

RECHERCHES SUR LA THÉORIE DES QUANTA

Par

M. Louis de BROGLIE

SOMMAIRE

L'histoire des théories optiques montre que la pensée scientifique a longtemps hésité entre une conception dynamique et une conception ondulatoire de la lumière ; ces deux représentations sont donc sans doute moins en opposition qu'on ne l'avait supposé et le développement de la théorie des quanta semble confirmer cette conclusion.

Guidé par l'idée d'une relation générale entre les notions de fréquence et d'énergie, nous admettons dans le présent travail l'existence d'un phénomène périodique d'une nature encore à préciser qui serait lié à tout morceau isolé d'énergie et qui dépendrait de sa masse propre par l'équation de Planck-Einstein. La théorie de relativité conduit alors à associer au mouvement uniforme de tout point matériel la propagation d'une certaine onde dont *la phase* se déplace dans l'espace plus vite que la lumière (ch. I).

Pour généraliser ce résultat dans le cas du mouvement non uniforme, on est amené à admettre une proportionnalité entre le vecteur Impulsion d'Univers d'un point matériel et un vecteur caractéristique de la propagation de l'onde associée dont la composante de temps est la fréquence. Le principe de Fermat appliqué à l'onde devient alors identique au principe de moindre action appliqué au mobile. Les rayons de l'onde sont identiques aux trajectoires possibles du mobile (ch. II).

L'énoncé précédent appliqué au mouvement périodique d'un électron dans l'atome de Bohr permet de retrouver les conditions de stabilité quantiques comme expressions de la résonance de l'onde sur la longueur

Tesis doctoral de Louis de Broglie.

de mi tesis, pero en realidad este descubrimiento es de 1923 porque mi tesis no hacía más que desarrollar las ideas contenidas en mis notas de septiembre y octubre de 1923».[35]

Pese a ello, y al margen del papel que la propia tesis desempeñó (cuestión que trataré más adelante), observamos que en ella aparecen explícitamente fórmulas que no escribió en sus tres notas anteriores y de cuya importancia da fe prácticamente cualquier texto de mecánica cuántica. Una especialmente importante, en la que interviene la longitud de onda, es (de Broglie, L. 1924; 1963: 99):

$$\lambda = \frac{h}{m_0 v}. \tag{5}$$

que, si consideramos (lo que ciertamente podemos hacer en el caso no relativista) a m_0v como el momento lineal, *p*, podemos escribir (algo que no hacía ahí de Broglie)

$$\lambda = \frac{h}{p}. \tag{6}$$

Vista la originalidad de sus aportaciones, no es de extrañar que de Broglie recibiera en 1929 el premio Nobel de Física (fue apoyado por doce científicos).

¿Por qué de Broglie?

Preguntarse por qué es una persona y no otra la que hace algo, la que, por ejemplo, lleva a cabo un descubrimiento, es delicado, en tanto que involucra cuestiones como la creatividad. Sin embargo, si se plantea en términos razonables, en algunas ocasiones es posible identificar elementos que distinguen al descubridor, a sus caracterís-

35. Señalemos que aquí de Broglie habla de la «mecánica ondulatoria». Esto es, evidentemente, una acomodación de sus trabajos de 1923-1924 al espíritu de la mecánica ondulatoria desarrollada por Schrödinger en 1926 (de la que me ocupo en el capítulo siguiente). Es cierto que de Broglie facilitó el camino a Schrödinger, pero también que sus resultados se refieren en realidad a la «mecánica ondulatoria de partículas libres, que no interaccionan entre sí», por lo que es un poco arriesgado —o equívoco históricamente— hablar en su caso de «mecánica ondulatoria».

ticas personales o a su circunstancia, frente a otros, distinción que sirve para comprender por qué fue él y no otro quien efectuó la contribución en cuestión.

En el caso de Louis de Broglie, la pregunta tiene, inevitablemente, diferentes dimensiones. ¿Cómo es que fue de Broglie quien dio con la manera de resolver el rompecabezas de los aparentemente contradictorios aspectos ondulatorios y corpusculares que aparecían en el mundo cuántico, y no científicos como, entre otros, Einstein, Sommerfeld o Bohr? Si se trataba de conocer todas las facetas y elementos del problema, o de creatividad científica, ¿no superaban aquellos a de Broglie, cuya posterior carrera nunca llegó a la altura de un Einstein o un Bohr?

En mi opinión, una posible respuesta a estas cuestiones se encuentra en el medio y en la circunstancia personal en que se desarrolló la formación y primeros años de investigador de de Broglie. En cuanto al medio, Francia, aunque se pueden nombrar a algunos científicos que participaron en «la empresa cuántica», como Marie y Pierre Curie, Henri Poincaré, Jean Perrin o Paul Langevin, los trabajos de éstos eran de una clase diferente a los de los físicos del tipo de Einstein, Sommerfeld o Bohr (los Curie habían trabajado en radiactividad, Poincaré utilizó su sagacidad teórica en un par de trabajos sobre los fundamentos de la física cuántica, Perrin demostró la realidad de las moléculas y átomos con sus estudios sobre la agitación molecular y el movimiento browniano y Langevin se dedicó sobre todo a los rayos X y a la teoría cinética). Mientras que los científicos germanos (y algunos de otros países, sobre todo Bohr) se encontraban sumergidos en un proceso de creación de nuevas estructuras teóricas, cada vez más apartadas de la «racionalidad de la física clásica», los franceses apenas se apartaban del espíritu, cuando no de la letra también, de la física clásica.

Louis de Broglie se educó en ese mundo: «Para mi educación científica», declaró para el Proyecto «Sources for History of Quantum Physics», «me vi grandemente influido desde los 18 años por los libros de Henri Poincaré y de Max Planck, y más tarde, a partir de 1919, por los cursos de Paul Langevin en el College de France». Los libros de Poincaré debieron de acercar a de Broglie al mundo científico en el que temas como la relación de la óptica ondulatoria con la geométrica en modo alguno resultaban anacrónicos. Además, también hay que tener en cuenta la personalidad de de Broglie: «Entre 1919 y 1928 trabajé *muy aislado*» («Sources for History of Quantum Physics»). De hecho, siempre lo hizo, viviendo en un mundo bastante cerrado e individualista. De él dijo Walter Elsasser (1978: 185), de quien me ocuparé en la sección próxima: «[Louis de Broglie] nunca se relacionaba socialmente. Era, de hecho, una de las personas más reprimidas, casi asocial, y retirada que he conocido».

En resumen, se trataba de una persona que podía mirar los problemas del mundo cuántico de forma diferente a la de científicos de otras naciones y personalidades, cuyas visiones dependían de sus propios conocimientos, experiencias e historias, en las que las estructuras de la física clásica iban perdiendo cada vez más relevancia.

Comprobación experimental de la dualidad onda-corpúsculo: la difracción de electrones

De Broglie (1923 b) preveía la posibilidad de que cuerpos materiales experimentasen el fenómeno de la difracción. Si la dualidad onda-corpúsculo era real, un experimento crucial para comprobarla era buscar ese tipo de fenómenos, en, por ejemplo, electrones (era el caso más inmediato). La pregunta es: ¿se planteó alguien semejante experimento? La respuesta: no inicialmente, aunque, como veremos, hay que hacer algunas precisiones al respecto, precisiones que involucran a un entonces joven físico alemán, Walter Elsasser (1904-1991), formado en Heidelberg (1922-1923), Múnich (1923-1924; fue, por tanto, otro alumno de Sommerfeld), y Gotinga (1924-1927), en donde se doctoró bajo la dirección de Max Born.

Mientras estaba en Gotinga, Elsasser asistió a un seminario de Friedrich Hund en el que éste informó acerca de un experimento que habían llevado a cabo dos estadounidenses, Clinton J. Davisson, de los Laboratorios Bell, y C. H. Kunsman, un físico contratado para ayudar a Davisson en 1920, después de haberse doctorado en la Universidad de California.[36] El correspondiente artículo había sido publicado en la *Physical Review* (Davisson y Kunsman 1923), y aunque, según señaló en sus memorias, fue entonces cuando Elsasser

36. Estoy utilizando las memorias de Elsasser (1978). En cuanto a la fecha del seminario de Hund, Elsasser no lo señala, por lo que únicamente podemos decir que debió de ser en algún momento de 1924 o 1925.

supo de él, algunos físicos de Gotinga —como Rudolph Minkowski y Herta Sponer (ver Russo 1981: 141)— llevaban ya algún tiempo interesados en sus contenidos. Lo que habían hecho Davisson y Kunsman fue lanzar electrones sometidos a voltajes moderados sobre una placa de platino colocada dentro de un tubo con un vacío elevado; lo que observaron fue que los electrones eran difundidos de tal manera que la distribución de intensidad variaba según el ángulo de incidencia; más aún, encontraron que esa distribución mostraba máximos y mínimos, un resultado sorprendente entonces. Hund informó a su audiencia de que Born había desarrollado una interpretación de los resultados en la que un átomo con muchos electrones (como es el platino) tenía a éstos colocados en «capas» (término cuyo significado no estaba claro en la época) distribuidas a distancias regulares del centro (núcleo), de forma que se alternaban capas densas con otras que lo eran menos. Un electrón que pasase a través de semejante estructura sería desviado en mayor o menor grado según que capa estuviese atravesando. Era razonable pensar que el efecto combinado de todo esto diese lugar a los máximos y mínimos observados. Nadie, sin embargo, había realizado los cálculos pertinentes.

Un día de mayo de 1925 Elsasser encontró en la biblioteca dos artículos recientes de Einstein (habían aparecido en el invierno de 1924) sobre las consecuencias de la teoría cuántica en gases. «Einstein [1924 b] había demostrado», recordaba Elsasser (1978: 60-61), «que ciertos gases no se comportan como un conjunto de partículas, de la forma en que lo hacen la mayoría de los gases, sino que en algunos aspectos se comportan como conjuntos de ondas. Viniendo de Einstein [...] éstas eran noticias verdaderamente significativas. Einstein citaba entonces una tesis de Louis de Broglie que acababa de ser publicada.» Y continuaba:

> Se me ocurrió buscar la tesis de de Broglie en la biblioteca de la Universidad. Era improbable que una tesis francesa se encontrase en una biblioteca alemana de provincias, pero allí estaba y me la llevé a casa: era la que de Broglie había enviado a Born, que, siendo una persona ocupada, solamente le había echado un vistazo antes de enviarla a la biblioteca. No me resultó difícil leer las primeras secciones de la tesis, que contenían la idea básica de de Broglie de que todos los componentes primarios de la materia tienen propiedades ondulatorias. Estaba también la, ahora famosa, sencilla fórmula que relacionaba la longitud de onda con la velocidad

de una partícula [ec. (5)]. No pude evitar recordar el seminario de Hund. ¿Y si los máximos y mínimos de Davisson y Kunsman fuesen fenómenos de difracción similares a los producidos cuando los rayos X, también ondas, atravesaban un cristal? [...] Pude calcular fácilmente la energía de los electrones que se necesitaba para los máximos; no necesité para ello más que una regla de cálculo normal. Para mi sorpresa, salía bien. Por supuesto, los experimentos todavía eran crudos, de manera que esto era sólo una suposición, pero claramente se trataba de una excepcionalmente interesante y prometedora suposición.

El día siguiente Elsasser fue a ver a James Franck, ya catedrático en Gotinga, y que en otras ocasiones le había alertado sobre los peligros de especular alegremente. Esta vez Franck pensó que era una idea «muy interesante, aunque todavía altamente especulativa, y que debería repasarla cuidadosamente de nuevo y entonces escribir una nota para *Die Naturwissenschaften*». Elsasser dejó reposar el asunto un par de semanas, tras las cuales escribió la nota, se la mostró a Franck, que no puso ningún reparo, por lo que la envió a la redacción de la revista.

«Sólo cometí un error», manifestó en sus memorias (Elsasser 1978: 62): «Debería habérsela mostrado también a Born. Descubrí el destino de mi breve manuscrito por historias que me contaron después. Parece que el artículo fue enviado [para su evaluación] primero a un físico distinguido, P. Pringsheim, pero éste declinó juzgarlo, diciendo que debería ser enviado a Einstein. Este, a su vez, indicó que no estaba seguro de cuán literalmente se podía tomar la idea de ondas asociadas con electrones, pero que pensaba que el artículo ciertamente debería ser publicado, y apareció poco después [Elsasser 1925]. Fue mi primer artículo; también fue prematuro, ya que yo carecía de la habilidad de explotar sus contenidos. No conocía lo suficiente las costumbres de investigación como para enviar una copia con una carta adecuada a Davisson. Después, cuando estaba en Estados Unidos, me encontré con el distinguido físico e historiador de la física Karl K. Darrow. Llegué a conocerle bien, y me contó que en una época anterior había compartido despacho con Davisson en los Laboratorios Bell. [Davisson] se había mantenido en completo silencio sobre el tema de cuando había conocido mi nota. En 1927, cuando apareció la publicación decisiva de Davisson, con Germer, en la que el carácter ondulatorio de los electrones se demostraba experimentalmente con total seguridad, y donde había sido medida la longitud de onda de de Broglie, también con seguridad, los autores citaron los artículos de Schrödinger de 1926, que por entonces eran ampliamente conocidos. Retrospectivamente, creo que como entonces era tan joven, la corriente de la historia científica me sobrepasó, lo que, a la larga, creo, me benefició. Pero [mi nota] no fue completamente olvidada. En 1944, el físico teórico Max von Laue reprodujo el texto de mi breve artículo en un libro que trataba de las ondas de materia (las mismas que las ondas de de Broglie)».

Como veremos en seguida, la historia tal y como la veía Elsasser es en general correcta, aunque en un punto —bastante importante— su presentación resulta parcial. Y para entender tal parcialidad hay que analizar la contribución, que según él mismo reconocía en la cita anterior, puso punto final a la cuestión de la comprobación experimental de la dualidad onda-corpúsculo: la de Davisson y Germer.

Clinton Joseph Davisson (1881-1950), el responsable principal de esa comprobación, se había doctorado (1911) en Princeton, dirigido por Owen Richardson, con una tesis sobre emisión termoiónica de iones positivos, pasando a continuación a enseñar en el Carnegie Institute of Technology de Pittsburgh, puesto que dejó, en principio sólo temporalmente, en 1917 para trabajar en el Departamento de Ingeniería de Western Electric, donde se especializó en el desarrollo de un tipo de filamentos de níquel para tubos termoiónicos. Ocurre que en 1925 el Departamento de Ingeniería de Western Electric fue reformado para convertirse en los Bell Telephone Laboratories; de hecho, este laboratorio fue establecido como una corporación independiente, aunque pertenecía, en igual proporción, a American Telephone and Telegrah (ATT), y a Western Electric, que era la rama manufacturera de ATT. Con el tiempo los Laboratorios Bell se convirtieron en la mayor institución del mundo dedicada a investigación industrial. En ese organismo, Davisson encontró acomodo permanente, no regresando a su puesto en Pittsburgh, más aún en tanto que se le aseguró libertad para dedicar su tiempo a la investigación básica, en el campo de la ciencia y la tecnología de los tubos de vacío. Aunque no en este primer volumen, en otros lugares de esta obra nos volveremos a encontrar con más servicios que los Laboratorios Bell prestaron a la ciencia cuántica.

Una circunstancia fortuita —la rotura de una botella de aire líquido, que hizo que se rompiera el tubo con el que investigaban la difusión de electrones al incidir sobre un blanco de níquel— llevó a Davisson y a Lester Halber Germer (1896-1971), que entró en Western Electric como su ayudante en 1919, a observar, cuando reanudaron los experimentos, efectos que antes no habían visto (con anterioridad al accidente habían estado bombardeando muchos cristales pequeños, después sólo unos pocos grandes: se produjo una recristalización de los cristales como consecuencia del calentamiento que tuvo lugar durante la explosión). Utilizando sus propias palabras en el artículo en el que presentaron sus resultados definitivos (Davisson y Germer 1927: 706-707): «Parecía probable de estos resultados que la intensidad de la difusión de un único cristal exhibiera una dependencia marcada por la dirección del cristal, y nos dispusimos inmediatamente a preparar experimentos para investigar tal dependencia». Sin embargo, sus expectativas no resultaron correctas:

> Tenemos que reconocer que los datos obtenidos en estos experimentos han resultado ser bastante diferentes de lo que esperábamos. Nos parecía probable que se encontrasen haces intensos que surgieron de los cristales en lo que puede denominarse direcciones transparentes —las direcciones en las que los átomos de la red se encuentran situados a lo largo del menor número de líneas por unidad de área—. De hecho, encontramos haces intensos que surgían del cristal, pero sólo cuando la velocidad de bombardeo se encontraba próxima a alguno de una serie de valores críticos, y en direcciones sin relacionar con la transparencia del cristal.
>
> La característica más llamativa de estos haces es una correspondencia biunívoca [...] que presentaban los más intensos con los haces de Laue que se encuentra que emergen de un cristal, si el haz incidente es un haz de rayos X. [...] Debido a estas similitudes entre la difusión de electrones por el cristal y la difusión de ondas por redes bi o tridimensionales, no es únicamente posible, sino sencillo y natural, describir lo que sucede y el comportamiento de los haces de electrones que se difractan en términos de la difusión por los átomos del cristal, y la subsiguiente interferencia, de una radiación ondulatoria equivalente. Esto implica la asociación de una longitud de onda con el haz de electrones incidente, y esta longitud de onda resulta estar en razonable acuerdo con el valor h/mv de la mecánica ondulatoria.

Y en este punto se referían a Elsasser y a de Broglie: «Que se encontraría evidencia de la naturaleza ondulatoria de la mecánica de partículas en la interacción entre un haz de electrones y un cristal fue predicho por Elsasser hace dos años —poco después de la aparición de los artículos originales sobre mecánica ondulatoria de L. de Broglie. De hecho, Elsasser creía que ya se disponía de esta evidencia a partir de curvas publicadas desde estos laboratorios, que demostraban la distribución en ángulo de los electrones difundidos por un blanco de platino policristalino. Nos gustaría estar de acuerdo con Elsasser en su interpretación de estas curvas, pero no somos capaces de hacerlo. Los máximos en las curvas de difusión para el platino son del tipo de un único máximo en las curvas del níquel mostradas en la mitad superior de la fig. 1, y no están, creemos, relacionadas con la estructura cristalina».

En otras palabras: reconocían —y citaban— la contribución de Elsasser, pero consideraban que se basaba en una interpretación errónea de los resultados que el propio Davisson, entonces en colaboración con Kunsman, había obtenido en 1923, resultados que no probaban la dualidad onda-corpúsculo prevista por de Broglie. Es posible, como hacía posible pensar por la manifestación que hizo Darrow a Elsasser, que la deuda conceptual de Davisson con Elsasser fuese mayor de la que aquél jamás reconoció, pero, puestos a prever el que los electrones diesen lugar a efectos ondulatorios (en la difracción), eso es algo que ya había manifestado antes en sus artículos de Broglie, aunque bien es cierto que no relacionando este punto con los trabajos de Davisson.

Aparte de la cuestión de justicia, reconocimiento o precisión histórica, la polémica —una polémica muy leve, alimentada especialmente tras la publicación de las memorias de Elsasser en 1978, cuando todo estaba ya decidido— tenía su relevancia práctica, ya que la demostración experimental de la dualidad onda-corpúsculo era un resultado de gran importancia, merecedora de galardones como el premio Nobel de Física, premio que, de hecho, Davisson recibió en 1937. Pero no lo recibió en solitario, ni tampoco compartido con Germer, sino junto a un hijo de J. J. Thomson: George Paget Thomson (1892-1975).[37]

37. Davisson fue propuesto por nueve científicos, mientras que Thomson lo fue por cuatro. Es interesante saber que Davisson fue propuesto para el premio por primera en vez en 1929 (el año que lo recibió de Broglie), apareciendo desde entonces todos los años en las propuestas. Por el contrario, G. P. Thomson fue propues-

Pocos meses después de que Davisson y Germer hubiesen completado sus investigaciones, George Thomson (1928) llegó al mismo resultado. Formado en Cambridge, en la tradición del Cavendish, y entonces *professor* de filosofía natural en la Universidad de Aberdeen, en Escocia, Thomson utilizó un dispositivo experimental distinto (detectó los electrones difractados mediante una placa fotográfica), pero dejémoslo en este punto, toda vez que la cuestión principal, la de la dualidad onda-corpúsculo, ya ha quedado clarificada. Es hora de pasar a la última sección de este capítulo.

Una nueva forma de contar cuantos: Satyendra Nath Bose

En el capítulo 5 vimos que Einstein no estaba satisfecho con la derivación que Planck había llevado a cabo en 1900 de los cuantos de energía de su ley de radiación, y expliqué la naturaleza de las dificultades del creador de las teorías de la relatividad, señalando que esas dificultades tenían que ver con la estadística que había utilizado. También entonces, mencioné que sería un físico indio, Satyendra Nath Bose (1894-1974), quien resolvería este grave problema para los fundamentos de la física cuántica.[38]

---

to por primera vez (con una única adhesión: la de de Broglie, que también «votó» por Davisson) en 1931. En general, el número de investigadores que propusieron a Davisson fue mucho mayor que el de los que apoyaron a Thomson (ver Crawford, Heilbron y Ullrich 1987).

38. Aunque no desarrollaré este punto aquí, dejaré apuntado que en su tesis doctoral Louis de Broglie avanzó algo en la dirección que conduce a la estadística introducida por Bose. En el artículo autobiográfico que he utilizado en varias ocasiones, él mismo se encargó de defender sus contribuciones pioneras, escribiendo (de Broglie, L., 1953: 462-463): «La última parte de mi tesis estaba dedicada a la aplicación de mis ideas a la estadística [...] yo planteé allí los primeros principios de lo que iba a convertirse, al año siguiente, gracias a los trabajos más extensos y más profundos de MM. Bose y Einstein, en la estadística de Bose-Einstein. M. Einstein, a quien M. Langevin había enviado el manuscrito de mi tesis, se interesó de hecho vivamente en [mis ideas] y en un anota publicada en los *Comptes Rendus de l'Académie des Sciences* de Berlin en enero de 1925, recabó la atención sobre mi trabajo y, relacionando mis conclusiones con las contenidas en una memoria reciente de Bose, sentó las bases de la estadística válida para las partículas indistinguibles no sometidas al principio de Pauli».

A pesar de que en muchos aspectos se podría clasificar a la India como un país atrasado, pobre, en la ciencia del siglo XX puede presumir de contar entre sus hijos con físicos del calibre de Chandrasekhara Venkata Raman (1888-1970; premio Nobel de Física en 1930), Meghnad Saha (1894-1956) y Subramayan Chandrasekhar (1910-1995; premio Nobel de Física en 1983). A esta lista hay que sumar el nombre de Bose, no importa que prácticamente su única contribución relevante a la física fuera la que comentaré a continuación.

Bose nació en Calcuta. Su padre, Surendranath, trabajó para el Departamento de Ingeniería Ejecutiva del East Indian Railways (ferrocarriles), es decir, un asalariado, aunque de un nivel relativamente alto, de una de las compañías pertenecientes a la metrópoli británica. Interesado en la ciencia, Surendranath llegó a ser uno de los fundadores de una modesta compañía química y farmacéutica. Satyendra, el mayor y único varón de siete hijos, estudió en el Presidency College de su ciudad natal, en donde también se formaron otros ilustres científicos indios (como Saha, que, de hecho, fue un contemporáneo de Bose), y en la Universidad de Calcuta, en la que se licenció en «matemáticas mixtas» en 1915, el primero de su promoción, por delante de Saha, que fue segundo. En 1917 ambos fueron designados profesores en el recientemente fundado (1914) University College of Science de Calcuta, en donde pudieron seguir con dedicación su vocación por la física, familiarizándose con los desarrollos recientes en la física relativista y cuántica.[39] De hecho, los progresos de Saha fueron mayores, y en 1919 recibió una beca que le permitió pasar dos años en Europa, junto a Alfred Fowler, en Londres, y Nernst, en Berlín.

En 1921 se fundó la Universidad de Dacca (en la actualidad en Bangladesh), y Bose se trasladó a ella, al Departamento de Física. Fue allí, provisto de los medios bibliográficos necesarios (un hecho que habla en favor del sistema educativo superior indio), en donde realizó su gran contribución a la física. «Había estudiado la derivación de Planck de la fórmula de la radiación y también su *Theorie der Wärmestrahlung*», manifestó en conversaciones que mantuvo con Jadish Mehra (1975 b: 124), «Sabía del espacio de fase y de la estadística de Boltzmann a partir del libro de Gibbs. Y tenía las *Vorle-*

39. Para detalles sobre estos puntos, ver la biografía de Bose preparada por Mehra (1975 b).

sungen über Gastheorie de Boltzmann. [...] Conocía la derivación de Einstein de la fórmula de Planck y que él nunca había quedado satisfecho con la deducción de esta ley cuántica, y que continuaba volviendo a ella. Las condiciones de Planck contradecían las ideas clásicas. Planck también era consciente de las dificultades, pero nunca fue capaz de resolverlas. Tenía relaciones que se obtenían de la teoría electromagnética de Maxwell y otras en las que aparecían discontinuidades. [...] Como un profesor que tenía que hacer claras estas cosas a los estudiantes, yo era consciente de los conflictos implicados y había pensado sobre ellos. *Quería saber cómo habérmelas con la dificultad a mi manera.* No fue ningún maestro que me pidiese que resolviera este pequeño problema. *Yo quería saber.* Y esto me llevó a aplicar la estadística».

En esta tarea recibió la ayuda de Saha, que hacia marzo de 1924 (Mehra 1975 b: 125) le llamó la atención sobre ciertos aspectos del equilibrio entre radiación y un gas de electrones, así como sobre las contribuciones que Einstein, Ehrenfest y Pauli habían realizado en este campo.[40]

Y así llegamos a su contribución.

En junio de 1924, Einstein recibía en Berlín la siguiente carta:[41]

Departamento de Física. Universidad de Dacca
4 de junio de 1924

Respetado Señor,

Me atrevo a enviarle el artículo adjunto para su conocimiento y opinión. Estoy ansioso de saber lo que piensa de él. Verá que he tratado de deducir el coeficiente $8\pi\upsilon^2/c^3$ de la ley de Planck, independientemente de la electrodinámica clásica, suponiendo únicamente que las regiones elementales últimas del espacio de fase tienen el contenido h^3. No sé suficiente alemán para traducir el artículo. Si usted piensa que merece

40. Saha se distinguió en trabajos astrofísicos que implicaban equilibrios termodinámicos entre gases, electrones y radiaciones.

41. Esta carta ha sido citada en muchos trabajos; por ejemplo, Blanpied (1972), Mehra (1975 b) o Theimer y Ram (1976). La última referencia incluye una traducción al inglés del artículo de Bose.

ser publicado le agradecería si dispone que sea publicado en el *Zeitschrift für Physik*. Aunque sea un completo extraño para usted, no siento ninguna duda en realizarle tal petición. Porque todos somos sus discípulos, habiéndonos beneficiado de sus enseñanzas a través de sus escritos. No sé si recordará que alguien desde Calcuta le pidió permiso para traducir sus artículos sobre relatividad al inglés. Usted aceptó la petición. El libro ha sido traducido desde entonces. Yo fui quien tradujo su artículo sobre la relatividad generalizada.

Suyo,

S. N. BOSE

¿Qué sentiría Einstein al recibir aquella carta, llena de humildad y respeto, una carta que, sin embargo, resolvía un problema que le había obsesionado durante dos décadas? Seguramente alivio. Un alivio que las expresiones de Bose («Porque todos somos sus discípulos...») harían más agradable. En cualquier caso, el hecho es que Einstein tradujo el artículo al alemán, enviándolo al *Zeitschrift für Physik* (Bose 1924), a cuya redacción llegó el 2 de julio (apareció en el número del 11 de agosto), e incluyendo el siguiente comentario: «En mi opinión, la deducción que hace Bose de la fórmula de Planck significa un avance importante. El método utilizado también proporciona la teoría cuántica del gas ideal, como desarrollaré en detalle en otra parte».

Antes de ver a qué se refería Einstein con «el método utilizado también proporciona la teoría cuántica del gas ideal», veamos en qué consistía la novedad introducida por Bose.

Todo se basaba en subdividir el espacio de fase (posiciones y momentos) en celdas de volumen h^3 y en evaluar (contar) el número de distribuciones que podían adoptar (cómo se podían repartir) un número dado de partículas (los cuantos de luz) entre las distintas celdas.

Consideremos la radiación como un número indeterminado de cuantos con energía total fija, E, encerrados en un volumen V, y denotemos por Ns el número de cuantos con energía $h\upsilon_s$ [estrictamente, con energía entre $h\upsilon_s$ y $h(\upsilon_{s+d}\upsilon)$]. Debe cumplirse entonces que

$$E = \sum_{s=0}^{\infty} N_s \cdot h\upsilon_s \qquad (7.a)$$

Además de venir dada por (7.a), Bose indicaba que *E* también se definía como

$$E = V\int \rho_\upsilon d\upsilon \tag{7.b}$$

«La solución de nuestro problema», escribía entonces (Bose 1924; Theimer y Ram 1976: 1057), «requiere por tanto la determinación de los números N_S que establecen p_υ. Si podemos determinar la probabilidad para cualquier distribución caracterizada por un conjunto arbitrario de N_s, entonces la solución está determinada por el requisito de que la probabilidad sea máxima, con la condición de que se satisfaga [(7)]».

Para determinar esa probabilidad, Bose recordaba que un cuanto tenía como momento lineal $h\upsilon_s/c$, y que el estado instantáneo del cuanto está caracterizado por las variables, *x*, *y*, *z*, y sus momentos asociados, p_x, p_y, p_z, que satisfacen la relación (utilizando la correspondiente condición relativista)

$$p_x^{\ 2} + p_y^{\ 2} + p_z^{\ 2} = h^2\upsilon^2/c^2 \tag{8.a}$$

o, lo que es lo mismo

$$p^2 = h^2\upsilon^2/c^2 \tag{8.b}$$

De esta manera, el dominio de la frecuencia se puede asociar con el dominio del espacio de fase. El elemento de espacio de fase en el intervalo de frecuencias (υ_s, υ_s+$d\upsilon$) de los cuantos viene dado por[42]

$$\int dx\cdot dy\cdot dz\cdot dp_x\cdot dp_y\cdot dp_z = 4\pi Vp^2dp$$

y utilizando (8.b), y dp=hdυ/c, queda:[43]

$$\int dx\cdot dy\cdot dz\cdot dp_x\cdot dp_y\cdot dp_z = 4\pi\cdot\left(h^3\upsilon^2/c^3\right)\cdot Vd\upsilon \tag{9}$$

42. Utilizo el que: (i) $\int dx\cdot dy\cdot dz = V$, y (ii) $dp_x\cdot dp_y\cdot dp_z = 4\pi p^2dp$, la expresión para el volumen de una capa esférica de radio p.

43. Siguiendo la notación de Bose no escribo $\upsilon_s 2$ ni $d\upsilon_s$ sino υ^2 y $d\upsilon$.

Si se subdivide el espacio de fase total en celdas de magnitud h^3, entonces el número de celdas que pertenecen al dominio de frecuencia dv se obtiene dividiendo (9) por h^3, con lo que queda

$$4\pi V\left(\upsilon^2/c^3\right)d\upsilon \qquad (10)$$

«Con respecto a la clase de divisiones de este tipo», añadía Bose, «no se puede decir nada definitivo. Sin embargo, se debe interpretar el número total de celdas como el número de posibles disposiciones de un cuanto en un volumen dado. Para tomar en cuenta la polarización, parece obligado multiplicar este número por el factor 2, de manera que el número de celdas pertenecientes a un intervalo $d\upsilon$ es $8\pi V(\upsilon^2 d\upsilon/c^3)$.» Bose había obtenido, mediante procedimientos puramente estadísticos, el problemático factor que Planck había tenido que tomar de la electrodinámica clásica.

Lo que seguía, aunque complejo, era simple. Se trataba de responder, en el espíritu de la interpretación de la entropía de Boltzmann, a la pregunta de en cuántas formas diferentes se podían distribuir los N_s cuantos entre $8\pi V \cdot (\upsilon^2 d\upsilon/c^3)$ celdas diferentes, para lo cual había que recurrir a las tradicionales fórmalas del cálculo combinatorio, que llevaban, finalmente, a Bose a una expresión para la energía equivalente a la ley de radiación de Planck. El problema quedaba así, un cuarto de siglo después, resuelto... aunque con algún fleco.

El artículo que Einstein había anunciado sobre la teoría cuántica del gas ideal no se hizo esperar: lo presentó en la reunión de la Academia de Ciencias de Berlín del 10 de julio (Einstein 1924 b), ocho días después de que se recibiese en el *Zeitschrift für Physik* su traducción del trabajo de Bose. Se trataba de la teoría cuántica de un gas monoatómico.

Al final de su artículo, Einstein hacía mención de una paradoja: según la nueva teoría, la entropía de una mezcla de dos gases —aun en el caso de que las diferencias entre las moléculas fuesen muy pequeñas— era diferente de la entropía de un gas puro con idéntico número de partículas que ocupase el mismo volumen que la mezcla. «A modo de conclusión», escribía Einstein (1924 b: 267), «me gustaría mencionar una paradoja que no he sido capaz de resolver. Tratar, según el método precedente, el caso de una mezcla de dos gases diferentes no presenta ninguna dificultad. En este caso, cada especie de moléculas tiene sus "células" particulares. De ello resulta que las entropías de los componentes de la mezcla se suman. Cada componente se comporta, por tanto, en lo que concierne a su energía molecular, su presión y su distribución estadística, como si estuviese solo. Una mezcla compuesta de n_1 moléculas de un tipo y n_2 de otro, muy poco diferentes de las primeras (en particular en lo que se refiere a sus masas moleculares m_1 y m_2), presenta, en consecuencia, a una temperatura dada, una presión y una distribución diferente de las de un gas único formado por n_1+n_2 moléculas de masas moleculares prácticamente idénticas y que ocupan el mismo volumen. No se ve claramente cómo podría ser esto posible».

Paul Ehrenfest, siempre crítico y, además, un maestro consumado en la física estadística, también se dio cuenta de que había algo diferente, argumentando —como señalaba Einstein (1925: 5) en un segundo artículo, que presentó a la Academia de Berlín el 8 de enero de 1925, y en el que ampliaba sus ideas sobre la nueva estadística y sus consecuencias— que «no se tratan [en Bose 1924 y en Einstein 1924 b] a los cuantos y a las moléculas como objetos estadísticamente independientes». Einstein reconocía la objeción, manifestando: «La fórmula expresa indirectamente una cierta hipótesis de influencia mutua entre moléculas, en la actualidad bastante misteriosa.». Hoy sabemos, por supuesto, que Einstein se encontraba ante las consecuencias del hecho de que los cuantos de luz son partículas indistinguibles (*bosones* se llamaría más tarde a todas las partículas que comparten esta propiedad de los cuantos/fotones, a los que, como también luego se vio, les une asimismo el tener espínes enteros, y no semienteros como los electrones, que pertenecen a la familia de los *fermiones*). Debido a esta indistinguibilidad, los cuantos de luz se comportan como partículas no independientes, al contrario de lo que Einstein argumentaba en su artículo de 1905. En 1925, Einstein no tenía muchos más recursos que el de hablar de «una cierta hipótesis de influencia mutua entre moléculas, en la actualidad bastante misteriosa». Habría que esperar a la mecánica cuántica, y a la noción de función de onda para encontrar un esquema en el que bosones y fermiones se pudiesen distinguir, en base a propiedades de simetría diferentes de la función de onda.[44]

Otro fenómeno, íntimanente relacionado con lo anterior, que surgía de la nueva estadística (que, por cierto, sería denominada «de

44. Como veremos en el segundo volumen de esta obra, los fermiones obedecen a la denominada «estadística de Fermi-Dirac».

Bose-Einstein») es el de las «condensaciones», que Einstein advirtió al menos en diciembre de 1924, cuando escribía a Ehrenfest (citado en Pais 1982: 432): «A partir de una cierta temperatura, las moléculas se "condensan" sin fuerzas atractivas, esto es, se acumulan a velocidad cero. La teoría es bella, pero ¿existe algo de verdad en ella?». De hecho, en su segundo artículo, Einstein (1925) mencionaba el hidrógeno, helio y un gas de electrones como los mejores candidatos para observar este fenómeno (producto de una abrupta transición de fase), al que hoy llamamos «condensación de Bose-Einstein»: a bajas temperaturas los bosones se condensan en un estado cuántico macroscópico, en el que el comportamiento de todas las partículas está correlacionado. Como ha señalado Abraham Pais (1982: 433), «hasta 1928, la condensación de BE [Bose-Einstein] tenía [citando a Fritz London] "la reputación de ser de un carácter puramente imaginario". Recuérdese que la transición He I-He II no se descubrió hasta 1928, por Willem Hendrik Keesom. En 1938, Fritz London propuso interpretar la transición del helio como una condensación de BE».[45]

De la mano de Bose, al igual que de la de Louis de Broglie, Elsasser y Davisson, la física cuántica comenzaba a predecir fenómenos antes insospechados. En este sentido, se puede decir que se inauguraba una nueva etapa: hasta entonces había primado la necesidad de modificar los esquemas teóricos para acomodar resultados experimentales (como los procedentes del dominio de la espectroscopia). A partir de ahora la tendencia iría modificándose —no invirtiéndose— sustancialmente.

Todo estaba preparado para que se formulase una mecánica cuántica. Pero su consecución será objeto del segundo volumen de esta historia de la física cuántica.

45. Así, por encima de 2,2° Kelvin el helio-4 se comporta como un líquido clásico (He I), mientras que por debajo de esa temperatura (los núcleos de helio-4 son bosones) se produce una rápida condensación. El comportamiento altamente correlacionado en este estado explica el aumento (en un factor de más de 10^6) de la conductividad térmica y la disminución (en un factor similar) de la viscosidad.

Bibliografía

Abegg, Richard (1904), «Die Valenz und das periodische System. Versuch einer Therie der Molekularverbindungen», *Zeitschrift für anorganische Chemie 39*, 330-380.

Badash, Lawrence (1965), «Radioactivity before the Curies», *American Journal of Physics 33*, 128-135.

Badash, Lawrence, comp. (1974), *Rutherford Correspondence Catalogue* (American Institute of Physics, Nueva York).

Badash, Lawrence, ed. (1969), *Rutherford and Boltwood. Letters on Radioactivity*, (Yale University Press, New Haven).

Balmer, Johann J. (1885), «Notiz über die Spectrallinien des Wasserstoffs», *Verhandlungen der Naturforschenden Gesellschaft in Basel 7*, 548-560, 750-560.

Barkla, Charles G. (1911), «The spectra of the fluorescent Röntgen radiations», *Philosophical Magazine 22*, 396-412.

Barkla, Charles G. y White, Margaret P. (1917), «Notes on the absorption and scattering of X-rays and the characteristic radiation of J-series», *Philosophical Magazine 34*, 270-285.

Becquerel, Henri (1896 a), «Sur les radiations émises par phosphorescence», *Comptes Rendus de l'Académie des Sciences 122*, 420-421 (24 de febrero).

— (1896 b), «Sur les radiations invisibles émises par les corps phosphorescents», *Comptes Rendus de l'Académie des Sciences 122*, 501-503 (2 de marzo).

— (1896 c), «Sur quelques propriétés nouvelles des radiations invisibles émises par divers corps phosphorescents», *Comptes Rendus de l'Académie des Sciences 122*, 559-564 (9 de marzo).

— (1896 d), «Émission de radiations nouvelles par l'uranium métallique», *Comptes Rendus de l'Académie des Sciences 122*, 1086-1088 (18 de mayo).

— (1900 a), «Sur la dispersion du rayonnement du radium dans un champ magnétique», *Comptes Rendus de l'Académie des Sciences 130*, 372-376.
— (1900 b), «Déviation du rayonnement du radium dans un champ électrique», *Comptes Rendus de l'Académie des Sciences 130*, 809-815.
— (1903), «Recherches sur une propriété nouvelle de la matière. Activité radiante spontanée ou radioactivité de la matière», *Mémoires de l'Académie des Sciences de l'Institut de France 46*, 1-360.
Becquerel, Henri y Deslandres, Henri (1898), «Observations nouvelles sur le phénoméne de Zeeman», *Comptes Rendus de l'Académie des Sciences 127*, 18-24.
Bensaude-Vincent, Bernardette (1989), «Mendeléiev: historia de un descubrimiento», en Michel Serres, *Historia de las Ciencias* (Cátedra, Madrid), pp. 503-525.
Bernstein, Jeremy (1991), *Quantum Profiles* (Princeton University Press, Princeton).
Birks, J. B., ed. (1963), *Rutherford at Manchester* (W. A. Benjamin, Nueva York).
Blanpied, William A. (1972), «Satyendranath Bose: Co-founder of quantum statistics», *American Journal of Physics 40*, 1212-1220.
Bloch, Eugene (1930), *L'ancienne et la nouvelle théorie des quanta* (Hermann, París).
Bohr, Niels (1909), «Determination of the surface-tension of water by the method of jet vibration», *Philosophical Transactions of the Royal Society of London A 209*, 281-317.
— (1911), *Studier over metallernes elektrontheori* (Copenhague). Reproducida en Nielsen, ed. (1972), pp. 167-290 (en danés) y pp. 291-395 (en inglés: *Studies on the Electron Theory of Metals*).
— (1913 a), «On the theory of the decrease of velocity of moving electrified particles on passing through matter», *Philosophical Magazine 25*, 10-31.
— (1913 b), «On the constitution of atoms and molecules», *Philosophical Magazine 26*, 1-25.
— (1913 c), «On the constitution of atoms and molecules. Part II.-Systems containing only a single nucleus», *Philosophical Magazine 26*, 476-502.
— (1913 d), «On the constitution of atoms and molecules. Part III.-Systems containing several nuclei», *Philosophical Magazine 26*, 857-875.
— (1914), «On the effect of electric and magnetic fields on spectral lines», *Philosophical Magazine 27*, 506-524.
— (1915), «On the quantum theory of radiation and the structure of the atom», *Philosophical Magazine 30*, 394-415.
— (1918 a), «On the quantum theory of line-spectra. Part I. On the general theory», *Mathematisk-Fysiske Meddelelser, Der Kgl. Danske Videnskabernes Selskab, 8. Raekke IV 1*, 1-36.

— (1918 b), «On the quantum theory of line-spectra. Part II. On the hydrogen spectrum», *Mathematisk-Fysiske Meddelelser, Der Kgl. Danske Videnskabernes Selskab, 8. Raekke IV 1*, 37-100.
— (1920), «Über die Serienspektra der Elemente», *Zeitschrift für Physik 2*, 423-469. Versión inglesa en Bohr (1922 a), pp. 20-60, y en Nielsen, ed. (1976), pp. 242-282.
— (1922 a), *The Theory of Spectra and Atomic Constitution* (Cambridge University Press, Cambridge).
— (1922 b) «On the quantum theory of line-spectra. Part III. On the spectra of elements of higher atomic number, *Mathematisk-Fysiske Meddelelser, Der Kgl. Danske Videnskabernes Selskab, 8. Raekke IV 1*, 101-118.
— (1922 c), *Atomernes Bygning og Stoffernes fysiske og kemiske Egenskaber* (Jul. Gjellerups Forlag, Copenhague).
— (1923 a), "The structure of the atom," *Nature 112*, 29-44.
— (1923 b), "Linienspektren und Atombau", *Annalen der Physik 71*, 228-288.
— (1924), *The Theory of Spectra and Atomic Constitution* (Cambridge University Press, Cambridge), 2.ª edición de Bohr (1922).
— (1934), «Zeeman effect and theory of atomic constitution», en *Pieter Zeeman, 1865-25 Mei-1935. Verhandelingen op 25 Mei 1935 Aangeboden aan Prof. Dr. Zeeman* (Martinus Nijhoff, La Haya), pp. 131-134.
— (1963 a), «Reminiscences of the founder of nuclear science and of some developments based on his work», en Birks, ed. (1963), pp. 114-167.
— (1963 b), *On the Constitution of Atoms and Molecules* (Copenhague). Reedición de los tres artículos clásicos de 1913.
Bohr, Niels, Kramers, Hendrik A. y Slater, John C. (1924), «The quantum theory of radiation», *Philosophical Magazine 47*, 785-802.
Boltzmann, Ludwig (1877), «Über die Beziehung zwischen dem zweiten Hauptsatze der mechanischen Wärmetheorie und der Wahrscheinlichkeitsrechnung respektive den Sätzen über das Wärmegleichgewicht», *Sitzungsberichte der Kaiserlichen Akademie der Wissenschaften (Wien) 76*, 373-435.
— (1884), «Ableitung des Stefan'schen Gesetzes betreffend die Abhängigkeit der Wärmestrahlung von der Temperatur aus der electromagnetischen Lichttheorie», *Annalen der Physik 22*, 291-294.
— (1896), *Vorlesungen über Gastheorie*, vol. I (*Theorie der Gase mit einatomigen Molekülen, deren Dimensionen gegen die mittlere Weglänge verschwinden*) (Barth, Leipzig).
— (1897 a), «Über irreversible Strahlungsvorgänge I», *Sitzungsberichte der Königlich-Preussischen Akademie der Wissenschaften (Berlin)*, pp. 660-662.
— (1897 b), «Über irreversible Strahlungsvorgänge II», *Sitzungsberichte der Königlich-Preussischen Akademie der Wissenschaften (Berlin)*, pp. 1016-1018.

— (1898), *Vorlesungen über Gastheorie*, vol. II *(Theorie van der Waals'; Gase mit zusammengesetzten Molekülen; Gasdissociation; Schlussbemerkungen)* (Barth, Leipzig).
— (1905), *Populäre Schriften* (Barth, Leipzig).
— (1992), «A German professors's trip to El Dorado», *Physics Today 45* (enero), pp. 44-51.
— (1964), *Lectures on Gas Theory* (University of California Press, Berkeley).
Born, Max (1978), *My Life. Recollections of a Nobel Laureate* (Charles Scribner's Sons, Nueva York).
Born, Max y Heisenberg, Werner (1923), «Die Elektronenbahnen im angeregten Helium», *Zeitschrift für Physik 16*, 229-243.
Born, Max y Landé, Alfred (1918 a), «Kristallgitter und Bohrsches Atommodell», *Verh. dt. phys. Ges.20*, 202-209.
— (1918 b), «Über die Berechnung der Kompressibilitat regularer Kristalle aus der Gittertheorie», *Verh. dt. phys. Ges. 20*, 210-216.
Born, Max y von Kármán, Theodor (1912), «Über Schwingungen von Raumgittern», *Physikalische Zeitschrift 13*, 297-309.
Bose, Satyendranath (1924), «Plancks Gesetz und Lichtquantenhypothese», *Zeitschrift für Physik 26*, 178-181.
Bothe, Walther y Geiger, Hans (1924), «Ein Weg zur experimentellen Nachprüfung der Theorie von Bohr, Kramers und Slater», *Zeitschrift für Physik 26*, 44.
— (1925), «Über das Wesen des Comptoneffekts; ein experimenteller Beitrag zur Theorie es Strahlung», *Zeitschrift für Physik 32*, 639-663.
Bragg, William Henry (1905), «On the α particles of radium, and their loss of range in passing through various atoms and molecules», *Philosophical Magazine 10*, 318-340.
— (1913), «The reflection of X rays by crystals», *Proceedings of the Royal Society A 89*,246-248.
Bragg, W. H. y Bragg, W. L. (1913), «The reflection of X-rays by crystals», *Proceedings of the Royal Society A 88*, 428-438.
— (1915), *X Rays and Crystal Structure* (Bell, Londres).
Bragg, William Lawrence (1912), «On the spectral reflection of X rays», *Nature 93*, 410.
Brandmüller, J. (1990), «Tübingen -another scene of quantum theory», *European Journal of Physics 11*, 313-322.
Brock, William H. (1970), «Crookes, William», en Gillispie, ed. (1970-1980), vol. 2, pp. 474-482.
Bruns, Heinrich (1895), «Das Eikonal», *Abhandlungen der phys. Classe der Kgl. Sächsischen Gesellschaft der Wissenschaften (Leipzig) 33*, 325-435.
Brush, Stephen G. (1973), «The development of the kinetic theory of gases. VII. Heat conduction and the Stefan-Boltzmann law», *Archive for History of Exact Sciences 11*,38-96.

Bud, Robert y Warner, Deborath Jean, eds. (1998), *Instruments of Science* (Garland Publishing, Nueva York).

Cahan, David (1982), «Werner Siemens and the origin of the Physikalisch-Technische Reichsanstalt, 1872-1887», *Historical Studies in the Physical Sciences 12*, 253-283.

— (1989), *An Institute for an Empire. The Physikalisch-Technische Reichsanstalt, 1871-1918* (Cambridge University Press, Cambridge).

Calaprice, Alice, ed. (1996), *The Quotable Einstein* (Princeton University Press, Princeton).

Caroe, G. M. (1978), *William Henry Bragg, 1862-1942. Man and Scientist* (Cambridge University Press, Cambridge).

Casimir, Hendrik B. G. (1959), «Introduction», en Ehrenfest (1959), pp. xi-xii.

Cassidy, David C. (1979), «Heisenberg's first core model of the atom: the formation of a professional style», *Historical Studies in the Physical Sciences 10*, 187-224.

— (1992), *Uncertainty. The Life and Science of Werner Heisenberg* (W. H. Freeman, Nueva York).

Catalán, Miguel A. (1917), *Espectroquímica del magnesio. Nuevas líneas en su espectro y en el de la plata* (Artes Gráficas G. Casañal, Zaragoza).

— (1922), «Series and other regularities in the spectrum of manganese», *Philosophical Transactions de la Royal Society of London A 223*, 127-173.

— (1946), *Apuntes de estructura del átomo* (multicopiado).

— (1946-1947), *Apuntes de Espectografía* (multicopiado).

Chadwick, James, dir. (1962), *The Collected Papers of Lord Rutherford of Nelson* (George Allen and Unwin, Londres), vol. I.

— (1963), *The Collected Papers of Lord Rutherford of Nelson* (George Allen and Unwin, Londres), vol. II.

— (1965), *The Collected Papers of Lord Rutherford of Nelson* (George Allen and Unwin, Londres), vol. III.

Clausius, Rudolf (1850), «Über die bewegende Kraft der Warme und die Gesetze, welche sich daraus für die Wärmelehre selbst ableiten lassen», *Poggendorf Annalen 79*, 368-397, 500-524. Versión inglesa Clausius (1851).

— (1851), «On the moving force of heat, and the laws regarding the nature of heat itself which are deducible therefrom», *Philosophical Magazine 2*, 1-9.

— (1858), «Über die mittlere Länge der Wege, welche bei der Molecularbewegung gasförmigen Körper von den einzelnen Molecülen zurück werden, nebst einigen anderen Bemerkungen über die mechanischen Wärmetheorie», *Annalen der Physik 105*, 239-258.

— (1859), «On the mean lengths of the path described by the separate molecules of gaseous bodies», *Philosophical Magazine 17*, 81-91. Versión original alemana: Clausius (1858).

— (1862), «On the application of the theorem of equivalence of transformations to the internal work of a mass of matter», *Philosophical Magazine 24*, 81-97, 201-213.

— (1866), «Über verschiedene für die Anwendung bequeme Formen der Hauptgleichungen der mechanischen Wärmetheorie», *Poggendorf Annalen 125*, 353-400. Traducción inglesa («On different forms of the fundamental equations of the mechanical theory of heat and their convenience for application») en Kestin, ed. (1976: 162-193).

Coster, Dirk y Hevesy, George (1923 a), "On the missing element of atomic number 72," *Nature 111*, 79.

— (1923 b), "On the new element hafnium," *Nature 111*, 182 y 252.

— (1923 c), "On celtium and hafnium," *Nature 111*, 462.

Compton, Arthur H. (1917), «The intensity of X-ray reflection, and the distribution of the electrons in atoms», *Physical Review 9*, 29-57. Reimpreso en Shankland, ed. (1973: 59-57).

— (1919), «The size and shape of the electron», *Physical Review 14*, 20-43. Reimpreso en Shankland, ed. (1973: 139-162).

— (1922), «Secondary radiations produced by X-rays, and some of their applications to physical problems», *Bulletin of the National Research Council 4*, número 20, pp. 1-56. Reimpreso en Shankland, ed. (1973: 321-377).

— (1923), «A quantum theory of the scattering of X-rays by light elements», *Physical Review 21*, 483-502. Reimpreso en Shankland, ed. (1973: 382-401).

— (1924), «The scattering of X-rays», *Journal of the Franklin Institute 198*, 57-72. Reimpreso en Shankland, ed. (1973), pp. 460-475.

Compton, Arthur H. y Simon, Alfred W. (1925), «Directed quanta of scattered X-rays», *Physical Review 26*, 289-299. Reimpreso en Shankland, ed. (1973: 508-518).

Cornu, Alfred (1898), «Sur quelques résultats nouveaux relatifs au phénomène découverts par M. le Dr. Zeeman», *Comptes Rendus de l'Académie des Sciences 126*, 181-186.

Courant, Richard y Hilbert, David (1924), *Methoden der mathematischen Physik* (J. Springer Verlag, Berlin).

Crawford, Elisabeth (1996), *Arrhenius. From Ionic Theory to the Greenhouse Effect* (Science History Publications, Canton, Mass.).

Crookes William, (1876-1877), «Experimental contributions to the theory of the radiometer», *Proceedings of the Royal Society 25*, 304-314.

— (1879), «On the illumination of lines of molecular pressure, and the trajectory of molecules», *Philosophical Transactions of the Royal Society 170*, 135-164.

— (1899), «Presidential address», en *Report of the Sixty-Eight Meeting of the British Association for the Advancement of Science held at Bristol in September 1898* (John Murray, Londres), pp. 3-38.

Crowther, James Arnold (1911), «On energy and distribution of scattered Röntgen radiation», *Proceedings of the Royal Society A 85*, 29-43.
Crowther, J. G. (1974) *The Cavendish Laboratory, 1874-1974* (Science History Publications, Nueva York).
Curie, Irène, ed. (1954), *Oeuvres de Marie Sklodowska Curie*, (Panstwowe Wydawnictwo Naukowe, Varsovia).
Curie, Marie (1898), «Rayons émis par les composés de l'uranium et du thorium», *Comptes Rendus de l'Académie des Sciences 126*, 1101-1103. Reimpreso en Curie, I., ed. (1954), pp. 43-45.
— (1904), *Recherches sur les substances radioactives*, edición revisada (Gauthier-Villars, París). Reimpresa en Curie, I., ed. (1954: 139-239). Tesis doctoral defendida en 1903.
— (1910), *Traité de Radioactivité* (Gauthier-Villars, París), 2 vols.
— (1963), *Autobiographical Notes*, en Marie Curie, Marie *Pierre Curie* (Dover, Nueva York), pp. 77-118.
Curie, Pierre (1908), *Oeuvres de Pierre Curie* (Gauthier-Villars, París).
Curie, Pierre y Curie, Jacques (1880), «Developpement, par pression, de l'électricité polaire dans les cristaux hémièdres a faces inclinées», *Comptes Rendus de l'Académie des Sciences 91*, 294. Reimpreso en Curie, P. (1908: 6-9).
Curie, Pierre y Curie, Marie (1898), «Sur une substance nouvelle radioactive, contenue dans la pechblende», *Comptes Rendus de l'Académie des Sciences 127*, 175. Reimpreso en Curie, I., ed. (1954: 46-48), y en Curie, P. (1908: 335-338).
— (1899), «Sur la radioactivité provoquée par les rayons de Becquerel», *Comptes Rendus de l'Académie des Sciences 129*, 714. Reimpreso en Curie, L, ed. (1954: 77-79), y en Curie, P. (1908: 343-345).
— (1900), «Les nouvelles substances radioactives et les rayons qu'elles émettent», *Rapports présentés au Congrès international de Physique*, Guillaume, C. y Poincaré, L., eds., vol. III, p. 79 y ss. Reimpreso en Curie, L, ed. (1954: 106-133), y en Curie, P. (1908: 374-409).
Curie, Pierre, Curie, Marie y Bémont, Gustave (1898), «Sur une nouvelle substance fortement radioactive, contenue dans la pechblende», *Comptes Rendus de l'Académie des Sciences 127*, 1215-1217. Reimpreso en Curie, I., ed. (1954: 57-59), y en Curie, P. (1908: 339-342).
Dahl, Per F. (1997), *Flash of the Cathode Rays* (Institute of Physics Publishing, Bristol).
Darwin, Charles Galton (1912), «A theory of the absorption and scattering of the α rays», *Philosophical Magazine 23*, 901-920.
Dauvilllier, Alexandre (1922), «Sur les séries L du lutetium et de l'ytterbium et sur l'identification du celtium avec l'élément du nombre atomique 72», *Comptes rendus de l'Academie des Sciences 174*, 1347-1349.
Davis, Edward A. y Falconer, Isobel J. (1997), *J. J. Thomson and the Discovery of the Electron* (Taylor and Francis, Londres).

Davisson, Clinton J. y Kunsman, C. H. (1923), «The scattering of low speed electrons by platinum and magnesium», *Physical Review 22*, 242-258.

Davisson, Clinton J. y Germer, Lester H. (1927), «Diffraction of electrons by a crystal of nickel», *Physical Review 30*, 705-740.

De Broglie, Louis (1920) «Sur l'absorption des rayons X par la matière», *Comptes Rendus de l'Académie des Sciences 171*, 1137.

— (1921), «Sur le modèle d'atome de Bohr et les spectres corpusculaires», *Comptes rendus de l'Académie des Sciences 172*, 746-748.

— (1922 a), «Sur les interférences et la théorie des quanta de lumière», *Comptes Rendus de l'Académie des Sciences 175*, 811-813.

— (1922 b), «Rayonnement noir et quanta de lumière», *Journal de Physique et le radium 3*, 422-428.

— (1923 a), «Ondes et quanta», *Comptes Rendus de l'Académie des Sciences 177*, 507-510.

— (1923 b), «Quanta de lumière, diffraction et interférences», *Comptes Rendus de l'Académie des Sciences 177*, 548-550.

— (1923 c), «Les quanta, la théorie cinétique des gaz et le principe de Fermat», *Comptes Rendus de l'Académie des Sciences 177*, 630-632.

— (1924), *Recherche sur la théorie des quanta. Theses presentées à la Faculté des Sciences de l'Université de Paris pour obtenir le grade de docteur ès sciences physiques par Louis de Broglie; première thèse: Recherche sur la théorie des quanta; deuxième thèse: Propositions données par la Faculté, soutenues le 25 Novembre devant la Commission d'éxamen: J. Perrin, Président, E. Cartan, Ch. Manguin, P. Langevin, Examinateurs* (Masson, París). Publicada en de Broglie, L. (1925), y reimpresa en de Broglie, L. (1963).

— (1925), «Recherche sur la théorie des quanta», *Annales de Physique 3*, 22-128.

— (1953), «Vue d'ensemble sur mes travaux scientifiques», en VVAA (1953), pp. 457-486.

— (1963), *Recherches sur la théorie des quanta. Reédition du texte de 1924* (Masson, París).

— (1976), *Recherches d'un demi-siècle* (Albin Michel, París).

De Broglie, Maurice (1951), *Les premiers Congrès de physique Solvay et l'orientation de la physique depuis 1911* (Albin Michel, París).

Debye, Peter (1912), «Zur Theorie der spezifischen Wärmen», *Annalen der Physik 39*, 789-839. Incluido en versión inglesa en Debye (1988), pp. 650-696.

— (1913 a), «Über den Einfluss der Wärmebewegung auf die Interferenzerscheinungen bei Röntgenstrahlen», *Deutsche Physikalische Gesellschaft. Verhandlungen 15*, 678-689.

— (1913 b), «Über die Intensitätsverteilung in den mit Röntgenstrahlen erzeugten Interferenzbildern», *Deutsche Physikalische Gesellschaft. Verhandlungen 15*, 738-752.

— (1923), «Zerstreuung von Röntgenstrahlen und Quantentheorie», *Physikalische Zeitschrift 24*, 161-166. Versión inglesa en Debye (1988), pp. 80-88.
— (1988), *The Collected Papers of Peter J. W. Debye* (Ox Bow Press, Woodbridge, Connecticut).
Demarçay, Eugène (1898), «Sur le spectre d'une substance radioactive», *Comptes Rendus de l'Académie des Sciences 127*, 1218.
Dieudonné, Jean (1970-1980), «Poincaré, Jules Henri», en Gillispie, ed. (1970-1980), vol. 11, pp. 51-61.
Dorn, Friedrich Ernst (1900), «Über die von radioaktiven Substanzen ausgesandte Emanation», *Abhandlungen der Naturforschenden Gesellschaft zu Halle 23*, 3-15.
Dresden, M. (1987), *H. A. Kramers. Between Tradition and Revolution* (Springer-Verlag, Nueva York).
Drude, Paul (1900 a), «Zur Ionentheorie der Metalle», *Physikalische Zeitschrift 1*, 161-165.
— (1900 b), «Zur Elektronentheorie der Metalle», *Annalen der Physik 1*, 566-613, *3*, 369-402.
Dumas, Jean-Baptiste-André (1861), «Sobre los descubrimientos de MM. Bunsen y Kirchhoff», *Revista de los Progresos de las Ciencias Exactas, Físicas y Naturales 11*, 481-485. Publicado inicialmente en *Cosmos*, 1 de noviembre de 1861.
Ebert, Hermann (1894), «Heat of dissociation according to the electrochemical theory», *Philosophical Magazine 38*, 332-336.
Echegaray, José (1905), «Los rayos X», en *La ciencia popular* (Imprenta Hijos de J. A. García, Madrid), pp. 753-763.
Eckert, Michael (2013), *Arnold Sommerfeld. Science, Life and Turbulent Times (1868-1951)* (Springer, Nueva York).
Eckert, Michael, Pricha, Willibald, Schubert, Helmut y Torkar, Gisela (1984), *Geheimrat Sommerfeld -Theoretischer Physiker* (Deusches Museum, Múnich).
Eddington, Arthur S. (1923), *The Mathematical Theory of Relativity* (Cambridge University Press, Cambridge).
Ehrenfest, Paul (1906), «Zur Planckschen Strahlungstheorie», *Physikalische Zeitschrift 7*, 528-532.
— (1911), «Welche Züge der Lichtquantenhypothese spielen in der Theorie der Wärmestrahlung eine wesentliche Rolle?», *Annalen der Physik 36*, 91-118.
— (1916), «On adiabatic changes of a system in connection with the quantum theory», *Koninklijke Akademie van Wetenschappen te Amsterdam. Section of Sciences. Proceedings 19*, 576-597.
— (1959), *Collected Scientific Papers* (M. J. Klein, ed. North-Holland, Amsterdam).
Ehrenfest, Paul y Ehrenfest, Tatiana (1912), *Begriffliche Grundlagen der statistischen Auffassung in der Mechanik*, en *Encyklopädie der mathematischen Wissenschaften* (B. G. Teubner, Leipzig) vol. IV, 2 II.

Einstein, Albert (1905 a), «Über einen die Erzeugung und Verwandlung des Lichtes betreffenden heuristischen Gesichtspunkt», *Annalen der Physik 17*, 132-148.
— (1905 b), «Über die von der molekularkinetischen Theorie der Warme geforderte Bewegung von in ruhenden Flüssigkeiten suspendierten Teilchen», *Annalen der Physik 17*, 549-560.
— (1905 c), «Zur Elektrodynamik bewegter Körper», *Annalen der Physik 17*, 891-921.
— (1905 d), «Ist die Trägheit eines Körpers von seinem Energieinhalt abhängig?», *Annalen der Physik 18*, 639-641.
— (1906), «Zur Theorie der Lichteuzgung und Lichtabsorption», *Annalen der Physik 20*, 199-206.
— (1907 a), «Über das Relativitätsprinzip und die aus demselben gezogenen Folgerungen», *Jahrbuch der Radioaktivität und Elektronic 4*, 411-462.
— (1907 b), «Die Plancksche Theorie der Strahlung und die Theorie der spezifische Wärme», *Annalen der Physik 22*, 180-190.
— (1909 a), «Zum gegenwärtigen Stand des Strahlungs-problems», *Physikalische Zeitschrift 10*, 185-193.
— (1909 b), «Über die Entwickelung unserer Anschauungen über das Wesen und die Konstitution der Strahlung», *Deutsche Physkalische Gesellschaft, Verhandlungen 7*, 482-500; también en *Physikalische Zeitschrift 10*, 817-826.
— (1911), «Elementare Betrachtungen über die thermische Molekularbewegung in festen Körpern», *Annalen der Physik 35*, 679-694.
— (1916 a), «Strahlungs -Emission und -Absorption nach der Quantentheorie», *Deutsche Physikalische Gesellschaft. Verhandlungen 18*, 318-323.
— (1916 b), «Zur Quantentheorie der Strahlung», *Physikalische Gesellschaft Zürich. Mitteilung 18*, 47-62; también publicado en *Physikalische Zeitschrift 18*, 121-128 (1917).
— (1922), «Relativitätstheorie», *Naturwissenschaften 10*, 184-185.
— (1924 a), «Komptonsche Experiment», *Berliner Tageblatt*, abril.
— (1924 b), «Quantentheorie des einatomigen idealen Gases», *Sitzungsberichte der Koniglich-Preussischen Akademie der Wissenschaften (Berlin)*, pp. 261-267.
— (1925), «Quantentheorie des einatomigen idealen gases. 2. Abhandlung», *Sitzungsberichte der Koniglich-Preussischen Akademie der Wissenschaften (Berlin)*, pp. 3-14.
— (1949), «Autobiographical notes», en *Albert Einstein: Philosopher-Scientist*, Paul Arthur Schilpp, ed. (Open Court, La Salle, Ill.), pp. 1-94. Versión española, Einstein (1979).
— (1979), *Notas autobiográficas* (Alianza, Madrid).
— (1981), *Mis ideas y opiniones* (Antoni Bosch, Barcelona).

Einstein, Albert y Ehrenfest, Paul (1922), «Quantentheoretische Bemerkungen zum Experiment von Stern und Gerlach», *Physikalische Zeitschrift 11*, 31-34.

Einstein, Albert y Stern, Otto (1913), «Einige Argumente für die Annahme einer melekularen Agitation beim absoluten Nullpunkt», *Annalen der Physik 40*, 551-560.

Elsasser, Walter M. (1925), «Bemerkungen zur Quantemechanik freier Elektronen», *Naturwissenschaften 13*, 711. Recibida el 5 de agosto y publicada el 14 de septiembre.

— (1978), *Memoirs of a Physicist in the Atomic Age* (Science History Publications, Nueva York).

Enz, Charles P. (1996), «Wolfgang Pauli (1900-1958). Una introducción biográfica», en Pauli (1996: 7-23).

— (2002), *No Time to be Brief* (Oxford University Press, Oxford).

Epstein, Paul (1916), «Zur Theorie des Starkeffekts», *Physikalische Zeitschrift 17*, 148-150.

Eucken, Arnold (1912), «Die Molekularwärme des Wasserstoffs bei tiefen Temperaturen», *Königlich Preussische Akademie der Wissenschaften (Berlin). Sitzungsberichte*, pp. 141-151.

Eucken, Arnold, ed. (1914), *Die Theorie der Strahlung und der Quanten. Verhandlunngen auf einer von Solvay einberufenen Zusammenkunft* (Wilhelm Knapp, Halle a. S.).

Eve, Arthur S. (1939), *Rutherford, being the Life and Letters of the Hon. Lord Rutherford, O. M.* (The Macmillan Co., Nueva York).

Ewald, P. P. (1962), «The beginnings», en *Fifty Years of X-ray Diffraction* (N. V. A. Oosthoek's Uitgeversmaatschappij, Utech), pp. 5-80.

Fajans, Kasimir (1913 a), «Sur une relation entre la nature d'une transformation radioactive et le role électro-chimique de l'élément radioactif correspondant», *Le Radium 10*, 57-60.

— (1913 b), «La place des éléments radioactifs dans le système périodique», *Le Radium 10*, 61-65.

— (1913 c), «Remarques sur le travail 'Position des éléments radioactifs dans le système périodique'», *Le Radium 10*, 171-174.

Faraday, Michael (1833), «Experimental researches in electricity.-Fifth series. On electro-chemical decomposition», *Philosophical Transactions of the Royal Society 123*, 675-710.

— (1834), «Experimental researches in electricity.-Seventh series. On electro-chemical decomposition, continued. On the absolute quantity of electricity associated with the particles or atoms of matter», *Philosophical Transactions of the Royal Society 124*, 77-122.

Feather, Norman (1984), «The experimental discovery of the neutron», en Hendry, ed. (1984), pp. 31-41.

Feffer, Stuart M. (1989), «Arthur Schuster, J. J. Thomson, and the discovery of the electron», *Historical Studies in the Physical and Biological Sciences 20*, 33-61.

Fierz, Markus y Weisskopf, Victor F., eds. (1960), *Theoretical Physics in the Twentieth Century. A Memorial Volume to Wolfgand Pauli* (Interscience Publishers, Nueva York).

FitzGerald, George F. (1900), «Aether and matter», *Electrician* (julio); reproducido en Larmor, ed. (1902: 511 -515).

Forman, Paul (1967), *The Environment and Practice of Atomic Physics in Weimar Germany*, tesis doctoral (University of California, Berkeley).

— (1968), «The doublet riddle and atomic physics *circa* 1924», *Isis 59*, 156-174.

— (1969), «The discovery of the diffraction of X-rays by crystals; A critique of myths», *Archive for History of Exact Sciences 6*, 38-71.

— (1970), «Alfred Landé and the anomalous Zeeman effect, 1919-1921», *Historical Studies in the Physical Sciences 2*, 153-261.

— (1971), «Weimar culture, causality and quantum theory, 1918-1927. Adaptation by German physicists and mathematicians to a hostile intellectual environment», *Historical Studies in the Physical Sciences 3*, 1-115. Existe traducción al castellano: Forman (1984).

— (1973), «Scientific internationalism and the Weimar physicists: The ideology and its manipulation in Germany after World War I», *Isis 64*, 151-181.

— (1974), «The financial support and political alignement of physicists in Weimar Germany», *Minerva 12*, 39-66.

— (1984), *Cultura en Weimar, causalidad y teoría cuántica, 1918-1927* (Alianza, Madrid).

Forman, Paul, Heilbron, John L. y Weart, Spencer (1975), *Physics circa 1900. Personnel, funding, and productivity of the academic establishments, Historical Studies in the Physical Sciences 5*, 1-185.

Fowler, Alfred (1922), *Report on Series in Line Spectra* (Fleetway Press, Londres).

— (1926), «The analysis of line spectra», en *Report of the Ninety-fourth Meeting of the British Association for the Advancement of Science* (Office of the British Association, Londres), pp. 16-45.

Franck, James y Hertz, Gustav (1913 a), «Messung der Ionisierungsspannung in verschiedenen Gasen», *Verhandlungen der Deutschen Physikalischen Gesellschaft 15*, 34-44.

— (1913 b), «Über Zusammenstösse zwischen Gasmolekülen und langsamen Elektronen», *Verhandlungen der Deutschen Physikalischen Gesellschaft 15*, 373-390.

— (1913 c), «Über Zusammenstösse zwischen langsamen Elektronen und Gasmolekülen II», *Verhandlungen der Deutschen Physikalischen Gesellschaft 15*, 613-620.

— (1914), «Über die erregung der Quecksilberresonanzlinie 235.6 μμ durch Elektronenstösse», *Verhandlungen der Deutschen Physikalischen Gesellschaft 16*, 512-517.

Frenkel, Victor Ya. (1996), *Yakov Ilich Frenkel. His Work, Life and Letters* (Birkäuser, Basilea).

Friedrich, Bretislav y Herschbach, Dudley (1996), «Stern-Gerlach experiment», en *Macmillan Encyclopedia of Physics*, John S. Ridgen, ed. (Macmillan, Nueva York), vol. 4, pp. 1534-1538.

Friedrich, Walter, Knipping, Paul y von Laue, Max von (1912) «Interferenz-Erscheinungen bei Röntgenstrahlen», *Sitzungsberichte der Bayerischen Akademie der Wissenschaften (München) mathematisch-physikalische Klasse 42*, 303-322.

Galison, Peter (1997), *Image & Logic* (The University of Chicago Press, Chicago).

Gamow, George (1971), *Treinta años que conmovieron la Física* (Editorial Universitaria de Buenos Aires, Buenos Aires).

Garbasso, Antonio (1914), «Theoretisches über das elektrische Analogon des Zeemanphanomes», *Physikalische Zeitschrift 15*, 123.

Garber, Elizabeth, Brush, Stephen G. y Everitt, C. W, eds. (1986), *Maxwell on Molecules and Gases* (The MIT Press, Cambridge, Mass.).

Gehrcke, Ernst (1914), «Über ein Modell zur Erklärung der Lichtemission», *Physikalische Zeitschrift 15*, 123-127.

Geiger, Hans y Marsden, Ernest (1909), «On a diffuse reflection of the α-particles», *Proceedings of the Royal Society A 82*, 495-500. Reproducido en Birks, ed. (1963: 175-181).

— (1913), «The laws of deflexion of α particles through large angles», *Philosophical Magazine 25*, 604-623. Reproducido en Birks, ed. (1963), pp. 205-227.

Geiger, Hans y Müller, Walther (1928), «Elektronenzählrohr zur Messung schwächster Aktivitäten», *Naturwissenschften 16*, 617-618.

Gerlach, Walther y Stern, Otto (1922), «Der experimentelle Nachweis der Richtungsquantelung», *Zeitschrift für Physik 9*, 349-352.

Gibbs, J. Williard (1875), «On the equilibrium of heterogeneous substances», *Transactions of the Connecticut Academy 3*, 108-248. Reproducido en Gibbs (1961: vol. 1ñ *Thermodynamics*).

— (1889), «Rudolf Julius Emanuel Clausius», *Proceedings of the American Academy 16*, 458-465.

— (1961), *The Scientific Papers of J. Williard Gibbs* (Dover, Nueva York).

Gillispie, Charles Coulson, ed. (1970-1980), *Dictionary of Scientific Biography* (Charles Scribner's Sons, Nueva York).

Goldberg, Stanley (1970), «In defense of ether: the British response to Einstein's theory of relativity», *Historical Studies in the Physical Sciences 2*, 89-124.

— (1976), «Max Planck's philosophy of nature and his elaboration of the special theory of relativity», *Historical Studies in the Physical Sciences 7*, 125-160.

Goldstein, Eugen (1876), «Vorläufige Mittheilungen über elektrische Entladungen in verdünnten Gasen», *Monatsbericht des Könglich Akademie der Wisseschaften zu Berlin*, pp. 279-295.

Goudsmit, Samuel A. (1961), «Pauli and nuclear spin», *Physics Today 14* (june) pp. 18-21.

Gray, Joseph A. (1913), «The scattering and absorption of the rays of radium», *Philosophical Magazine* 26, 611-612.

Haas, Arthur Erich (1910), «Über die elektrodynamische Bedeutung des Planck'schen Strahlungsgesetzes und fiber eine neue Bestimmung des elektrischen Elementar-quantums und der Dimensionen des Wasserstoffatoms», *Sitzungsberichte der Kaiserlichen Akademie der Wissenschaften Wien, Abt. IIa 119*, 119-144.

— (1965), *Der erste Quantenansatz für das Atom* (Ernst Battenberg Verlag, Stuttgart).

Hahn, Otto (1970), *My Life* (MacDonald, Londres). Versión original en alemán, *Mein leben* (Verlag E Bruckmann KG, Múnich 1968).

Hale, George E. (1909), «Solar vortices and magnetic fields», *Proceedings of the Royal Institution of Great Britain 19*, 615-630.

Hankins, Thomas L. (1980), *Sir William Rowan Hamilon* (The Johns Hopkins University Press, Baltimore).

Harman, Peter M. (1985), «Introduction», *Wranglers and Physicists. Studies on Cambridge Mathematical Physics in the Nineteenth Century*, P. M. Harman, ed. (Manchester University Press, Manchester), pp. 1-11.

Harman, Peter, ed. (1990), *The Scientific Letters and Papers of James Clerk Maxwell* (Cambridge University Press, Cambridge), vol. I.

— (1995), *The Scientific Letters and Papers of James Clerk Maxwell* (Cambridge University Press, Cambridge), vol. II.

Hauksbee, Francis (1709), *Physico-Mechanical Experiments on Various Subjects* (Londres).

Heilbron, John L. (1966), «The work of H. G. J. Moseley», *Isis 57*, 336-364. Reimpreso en Heilbron (1981: 230-258).

— (1967), «The Kossel-Sommerfeld theory and the ring atom», *Isis 58*, 451-485. Reimpreso en Heilbron (1981: 261-295).

— (1968), «The scattering of α and β particles and Rutherford's atom», *Archive for History of Exact Sciences 4*, 247-307. Reimpreso en Heilbron (1981: 85-145).

— (1974), *H. G. J. Moseley. The Life and Letters of an English Physicist, 1887-1915* (University of California Press, Berkeley).

— (1977), «Lectures on the history of atomic physics, 1900-1922», en *History of Twentieth Century Physics* (Academic Press, Nueva York), pp. 40-108. Reimpreso en Heilbron (1981: 14-82).

— (1981), *Historical Studies in the Theory of Atomic Structure* (Arno Press, Nueva York).

— (1983), «The origins of the exclusion principle», *Historical Studies in the Physical Sciences 13: 2*, 261-310.
— (1986), *The Dilemmas of an Upright Man* (University of California Press, California).
Heilbron, John L. y Kuhn, Thomas S. (1969), «The genesis of the Bohr atom», *Historical Studies in the Physical Sciences 1*, 211-290. Reimpreso en Heilbron (1981: 149-228).
Heisenberg, Werner, (1922) «Quantentheorie der Linienstruktur und die anomalen Zeemaneffekte», *Zeitschrift für Physik 8*, 273-299.
— (1996), *Diálogos sobre la física atómica*, en Sánchez Ron, dir. (1996), pp. 43-368.
Helmholtz, Hermann von (1881), «The modern development of Faraday's conception of electricity», *Journal of the Chemical Society (London) 39*, 277-304. Reimpreso en Kahl, ed. (1971: 409-436).
Hendry, John (1980), «Weimar culture and quantum causality», *History of Science 18*, 155-180.
— (1981), «Bohr-Kramers-Slater: A virtual theory of virtual oscillators and its role in the history of quantum mechanics», *Centaurus 25*, 189-221.
Hendry, John, ed. (1984), *Cambridge Physics in the Thirties* (Adam Hilger, Bristol).
Hentschel, Klaus, ed. (1996), *Physics and National Socialism. An Anthology of Primary Sources* (Birkhäuser, Basilea).
Hermann, Armin (1965), «Arthur Eirch Haas - Eine Biographie», en Haas (1965: 7-25).
— (1968), *Premios Nobel alemanes* (Heinz, Múnich).
— (1971), *The Genesis of Quantum Theory (1899-1913)* (The MIT Press, Cambridge, Mass.)
— (1977), *Max Planck* (Éditions du Centre National de la Recherche Scientifique, Paris).
Hertz, Heinrich (1887), «Über einen Einfluss des ultravioletten Lichtes auf die elektrische Entladung», *Annalen der Physik 31*, 983-1000.
Hevesy, George (1958), «A scientific career», *Perspectives in Biology and Medicine 1*, nº. 4. Reproducido en Hevesy (1962: 11-30).
(1962), *Adventures in Radioisotope Research. The Collected Papers of George Hevesy*, vol. 1 (Pergamon Press, Oxford).
Hiebert, Erwin, N. (1970-1980), «Nernst, Hermann Walther», en Gillispie, ed. (1970-1980: vol. 15, pp. 432-453).
Hirosige, Tetu y Nisio, Sigeko (1964), «Formation of Bohr's theory of atomic constitution», *Japanese Studies in the History of Science 3*, 6-28.
— (1968), «Rise and fall of various fields of physics at the turn of the century», *Japanese Studies in the History of Science 7*, 93-113.
— (1970), «The genesis of the Bohr atom and Planck's theory of radiation», *Japanese Studies in the History of Science 9*, 35-47.

Holton, Gerald (1978), «Subelectrons, presupositions, and the Millikan-Ehrenhalft dispute», *Historical Studies in the Physical Sciences 9*, 161-224.

Hoyer, Ulrich, ed. (1981), *Niels Bohr Collected Works*, vol. 2 («Work on Atomic Physics (1912-1917)») (North-Holland, Amsterdam).

Huggins, William (1891), «President address», en *Report of the sixty-first meeting of the British Association for the Advancement of Science (Cardiff)* (John Murray, Londres), pp. 3-37.

Hughes, Jeff (1998), «Geiger and Geiger-Müller counters», en Bud y Warner, eds. (1998), pp. 277-279.

Hund, Friedrich (1974), *The History of Quantum Theory* (Harrap, Londres).

Ishiwara, Jun (1915), «Die universelle Bedeutung des Wirkungsquantums», *Tokyo Sugaku Buturigakkakiwi Kizi 8*, 106-116.

Jammer, Max (1966), *The Conceptual Development of Quantum Mechanics* (McGraw-Hill, Nueva York).

Jauncey, G. E. M. (1946), «The early years of radioactivity», *American Journal of Physics 14*, 226-241.

Jeans, James (1905 a), «The partition of energy between matter and ether», *Philosophical Magazine 10*, 91-98.

— (1905 b), «On the laws of radiation», *Proceedings of the Royal Society A 76*, 545-552.

— (1916), *The Dynamical Theory of Gases* (Cambridge University Press, Cambridge), 2.ª ed.

— (1924), *Report on Radiation and the Quantum-Theory* (The Physical Society of London, Londres). Primera edición de 1914, 2.ª ed.

Kahl, Russell ed. (1971) *Selected Writings of Hermann von Helmholtz* (Wesleyan University Press, Middletown).

Kangro, Hans (1976), *Early History of Plancks Radiation Law* (Taylor & Francis, Londres).

Kaufmann, Walter (1901), «Die magnetische und elektrische Ablenkbarkeit der Becquerelstrahlen und die scheinbare Masse der Elektronen», *Gottingen Nachrichten*, 143-155.

Kaye, George (1909), «The emission and transmission of Röntgen rays», *Philosophical Transactions of the Royal Society A 209*, 123-151.

Kayser, Heinrich (1900-1912), *Handbuch der Spectroscopie* (Hizel Verlag, Leipzig), 5 vols.

Kayser, Heinrich y Runge, Carl (1890), *Über die Spectren der Elemente, Erster Abschnitt* (Berlín).

Kelvin, lord (Thomson, William) (1851), «On the dynamical theory of heat, with numerical results deduced from Mr. Joule's equivalent of a thermal unit, and M. Regnault's Observations on steam», *Philosophical Magazine 4*, 8-21. También en *Transactions of the Royal Society of Edinburgh 20*, 261-288.

— (1894), «Presidential address», *Proceedings of the Royal Society 54*, 377-389.

— (1901), «Nineteenth century clouds over the dynamical theory of heat and light», *Philosophical Magazine 2*, 1-40.
— (1902), «Aepinus atomized», *Philosophical Magazine 3*, 257-283.
— (1904), «Discussion on the nature of the emanations from radium», en *Report of the Seventy-Third Meeting of the Association for the Advancement of Science held at Southport in September 1903* (John Murray, Londres), pp. 535-537.
Kestin, Joseph, ed. (1976), *The Second Law of Thermodynamics* (Dowden, Hutchingon & Ross, Stroudsburg).
Kevles, Daniel J. (1978), *The Physicists. The History of a Scientific Community in Modern America* (Alfred A. Knopf, Nueva York).
Kirchhoff, Gustav (1859 a), «Über die Fraunhofer'schen Linien», *Monatsberichte der Kgl. Preussischen Akademie der Wissenschaften Berlin*, pp. 662-665 (presentado en la reunión de la Academia de octubre de 1859).
— (1859 b), «Über den Zusammenhang zwischen Emission und Absorption von Licht und Wärme», *Monatsberichte der Kgl. Preussischen Akademie der Wissenschaften Berlin*, pp. 783-787 (presentado en la reunión de la Academia del dia 11 de diciembre de 1859).
— (1860), «Über das Verhältnis zwischen dem Emissionsvermögen und dem Absorptionsvermögen der Körper für Wärme und Licht», *Annalen der Physik (Poggendorff) 109*, 275-301. Versión inglesa (I860), «On the relation between the radiating and absorbing powers of different bodies for light and heat», *Philosophical Magazine 20*, 1-21.
— (1861 a), «Letter from Prof. Kirchhoff on the chemical analysis of the solar atmosphere», *Philosophical Magazine 21*, 185-188. Traducción al castellano en Kirchhoff (1862).
— (1861 b), «On a new proposition in the theory of heat», *Philosophical Magazine 21*, 241-247.
— (1862), «Extracto de un carta de Mr. Kirchhoff a Mr. Erdmann», *Revista de los Progresos de las Ciencias Exactas, Físicas y Naturales 12*, 329-332.
— (1861/62), «Untersuchungen über das Sonnenspectrum und die Spectren der chemischen Elemente», *Abhandlungen der königl. Akademie der Wissenschaften zu Berlin*, pp. 63-95, 227-240.
— (1897): *Vorlesungen über mathematische Physik*, vol. 1 (*Mechanik*), W. Wien, ed. (Teubner, Leipzig) 4.ª ed.
Kirchhoff, Gustav y Bunsen, Robert (1860), «Chemische Analyse durch Spectralbeobachtungen», *Annalen der Physik (Pogendorff) 110*, 160-189. Versión inglesa (1860), «Chemical analysis by spectrum-observations», *Philosophical Magazine 20*, 89-109.
— (1861), «Chemische Analyse durch Spectralbeobachtungen», *Annalen der Physik (Pogendorff) 113*, 337-381. Versión inglesa (1861), «Chemical analysis by spectrum-observations», *Philosophical Magazine 22*, 329-349, 498-510.

— (1862), «Análisis química fundada en las observaciones del espectro», *Revista de los Progresos de las Ciencias Exactas, Físicas y Naturales 12*, 205-219, 281-291, 333-343,389-413,460-467.

Klaproth, Martin H. (1786-1787), «Mémoire chimie e minéralogique fur l'Urane», *Mémoires de l'Académie Royales des Sciences et Belles-Lettres*, 160-174.

Klein, Martin J. (1964), «Einstein and wave-particle duality», *The Natural Philosopher 3*, 3-49.

— (1966), «Thermodynamics and quanta in Planck's work», *Physics Today 19* (noviembre), 23-32.

— (1970), *Paul Ehrenfest. I: The Making of a Theoretical Physicist* (North-Holland, Amsterdam).

— (1977), «The beginnings of the quantum theory», en C. Weiner, ed., *History of Twentieth Century Physics* (Academic Press, Nueva York), pp. 1-39.

Klein, Martin, Kox, A. J. y Schulmann, Robert, eds. (1993), *The Collected Papers of Albert Einstein*, vol. 5 *(The Swiss Years: Correspondence, 1902-1914')* (Princeton University Press, Princeton).

Kohlrausch, Karl Wilhelm Fritz (1928), *Radioaktivität*, vol. 15 del *Handbuch der Experimentalphysik* (Leipzig).

Konno, Hiroyuki (1983), «Slater's evidence for the genesis of the Bohr-Kramers-Slater theory», *Historia Scientiarum 25*, 39-52.

Kormos Barkan, Diana (1993), «The witches' Sabbath: the First International Solvay Congress in Physics», *Science in Context 6*, 59-82.

— (1999), *Walther Nernst and the Transition to Modern Physical Science* (Cambridge University Press, Cambridge).

Kossel, Walther (1914 a), «Bemerkung zur Absorption homogener Röntgenstrahlen», *Verhandlungen der Deutschen Physikalischen Gesellschaft 16*, 898-909.

— (1914 b), «Bemerkung zur Absorption homogener Röntgenstrahlen, II», *Verhandlungen der Deutschen Physikalischen Gesellschaft 16*, 953-963.

— (1916), «Uber Molkulbildung als Frage der Atombau», *Annalen der Physik 49*, 229-362.

Kraft P. y Kroes, P. (1984), «Adaptation of scientific knowledge to an intellectual environment. Paul Forman's Weimar culture, causality, and quantum theory, 1918-1927: Analysis and criticism», *Centaurus 27*, 76-99.

Kragh, Helge (1982), «Julius Thomsen and 19th-century speculations on the complexity of atoms», *Annals of Science 39*, 37-60.

— (1985), «The fine structure of hydrogen and the gross structure of the physics community, 1916-26», *Historical Studies in the Physical Sciences 15* (2), 67-125.

— (1997), «The origin of radioactivity: from solvable problem to unsolved non-problem», *Archive for History of Exact Sciences 50*, 331-358.

— (1998), «Spinthariscope», en Bud y Warner, eds. (1998: 572-573).

— (2016), *Julius Thomsen. A Life in Chemistry and Beyond* (Royal Danish Academy of Sciences and Letters).

Kramers, Hendrik A. (1919), «Intensities of spectral lines», *Kongelige Danske Videnskabernes Selskab, Skrifter* III.3, 1-103.

— (1924 a), «The law of dispersion and Bohr's theory of spectra», *Nature 113*, 673-674.

— (1924 b), «The quantum theory of dispersion», *Nature 114*, 310-311.

Kronig, Ralph de Laer (1926), «Spinning electrons and the structure of spectra», *Nature 117*, 550.

— (1960), «The turning point», en Fierz y Weisskopf. eds. (1960), pp. 5-39.

Kubli, Fritz (1970), «Louis de Broglie und die Entdeckung der Materiewellen», *Archive for History of Exact Sciences 7*, 26-68.

Kuhn, Thomas S. (1978), *Black-Body Theory and the Quantum Discontinuity, 1894-1912* (Clarendon Press, Oxford). Existe versión al castellano: Kuhn (1980).

— (1980), *La teoría del cuerpo negro y la discontinuidad cuántica, 1894-1912* (Alianza, Madrid).

Kuhn, Thomas S, Heilbron, John L, Forman, Paul L. y Allen, Lini (1967), *Sources for History of Quantum Physics* (The American Philosophical Society, Filadelfia).

Landé, Alfred (1921 a), «Anomaler Zeemaneffekt und Seriensysteme bei Ne und Hg», *Physikalische Zeitschrift 22*, 417-422.

— (1921 b), «Über den anomalen Zeemaneffekt. I», *Zeitschrift für Physik 5*, 231-241.

— (1923), «Das Versagen der Mechanik in der Quantentheorie», *Naturwissenschaften* 77,725-726.

— (1925), «Lichtquanten und Kohärenz», *Zeitschrift für Physik 33*, 571-578.

Langevin, Paul (1905), «Magnétisme et théorie des électrons», *Annales de Chimie et Physique 5*, 70-127.

Langevin, Paul y de Broglie, Maurice, eds. (1912), *La théorie du rayonnement et les quanta. Rapports et discussions de la réunion tenue à Bruxelles, du 30 octobre au 3 novembre 1911* (Gauthier-Villars, Paris).

Langmuir, Irving (1919), «The arrangement of electrons in atoms and molecules», *Journal of the American Chemical Society 41*, 868-934.

— (1961), *The Collected Works of Irving Langmuir*, vol. 6 (*Structure of Matter*) (Pergamon Press, Nueva York).

Lannelongue, Odilon, Barthélemy y Oudin (1896), «De l'utilité des photographies dans la pathologie humaine», *Comptes rendus de l'Académie des Sciences 122*, 159-160.

Larmor, Joseph, ed. (1902), *The Scientific Writings of the Late George Francis FitzGerald* (Hodges, Figgis and Co., Dublin).

— (1907), *Memoir and Scientific Correspondence of the Late Sir George Gabriel Stokes* (Cambridge University Press, Cambridge).

Lenard, Philipp (1894 a), «Über Kathodenstrahlen in Gasen von atmosphärischem Druck und im äussersten Vakuum», *Annalen der Physik und Chemie 51*, 225-267.

— (1894 b), «Über die magnetische Ablenkung der Kathodenstrahlen», *Annalen der Physik und Chemie 52, 23-33.*

— (1899), «Erzeugung von Kathodenstrahlen durch ultraviolettes Licht», *Sitzungsberichte der Kaiserlichen Akademie der Wissenschaften (Wien) 108: IIa*, 1649-1666. Reimpreso en Lenard (1900).

— (1900), «Erzeugung von Kathodenstrahlen durch ultraviolettes Licht», *Annalen der Physik 2*, 359-375.

— (1902), «Über die lichtelektrische Wirkung», *Annalen der Physik 8*, 149-198.

Levi, Hilde (1985), *George de Hevesy. Life and Work* (Rhodos, Copenhague).

Lewis, Gilbert Newton (1916), «The atom and the molecule», *Journal of the American Chemical Society 38*, 762-785.

— (1923), *Valence and the Structure of Atoms and Molecules* (The Chemical Catalog Company, Nueva York).

Lindemann, Frederick A. (1913/1914), «Atomic models and X ray spectra», *Nature 92*, 553-554.

Lockyer, J. Norman (1904), *Studies in Spectrum Analysis* (Kegan Paul, Trench, Trübner & Co., Londres; 6.ª ed.).

Lodge, Oliver (1931), *Advancing Science, being Personal Reminiscences of the British Association in the Nineteenth Century* (Ernest Benn, Londres).

Lorentz, Hendrik A. (1897), «Über den Einfluss magnetischer Kräfte auf die Emission des Lichtes», *Annalen der Physik 63*, 279-284.

— (1900), «Sur la théorie des phénoménes magnéto-optiques récemment découverts». Informe presentado en el Congreso Internacional de Física de París. Reproducido en Lorentz (1934: 35-65).

— (1901), «The theory of radiation and the second law of thermodynamics», *Koninklijke Akademie van Wetenschappen te Amsterdam. Section of Sciences. Proceedings 3*, 436-450. Reimpreso en Lorentz (1938: 265-279).

— (1903), «On the emission and absorption by metals of rays of heat of great wavelenghts», *Koninklijke Akademie van Wetenschappen te Amsterdam. Section of Sciences. Proceedings 3, 666.* Reimpreso en Lorentz (1936), pp. 155.

— (1905), «The motion of electrons in metallic bodies», *Koninklijke Akademie van Wetenschappen te Amsterdam. Section of Sciences. Proceedings 7:2*, 438-453, 585-593,684-691.

— (1908), «Le partage de l'énergie entre la matière ponderable et l'éther», *Il Nuovo Cimento 16*, 5-34 *y Atti del IV Congresso Internazionale dei Matematici (Roma, 6-11 Aprile 1908)* (Accademia dei Lincei, Roma 1909), vol. I, pp. 145-165. Reimpreso en Lorentz (1934: pp. 317-343).

— (1909), *The Theory of Electrons and Its Applications to the Phenomena of Light and Radiant Heat* (Teubner, Leipzig).

— (1910 a), «Die Hypothese der Lichtquanten», *Physikalische Zeitschrift 11*, 349-354.

— (1910 b), «Alte und neue Fragen der Physik», *Physikalische Zeitschrift 11*, 1234-1257.

— (1915), *The Theory of Electrons ans Its Applications to the Phenomena of Light and Radiant Heat* (Teubner, Leipzig). Segunda edición de Lorentz (1909).

— (1921), «Deux mémoires de Henri Poincaré sur la Physique mathématique», *Acta Mathematica 38*, 293-308. Reproducido en Poincaré (1954: tomo IX, pp. 683-695).

— (1927 a), *Lectures on Theoretical Physics*, vol. I: *Aether Theories and Aether Models (1901-1902)* (MacMillan, Londres).

— (1927 b), *Lectures on Theoretical Physics*, vol. II: *Thermodynamics, Entropy and Probability, the Theory of Radiation, the Theory of Quanta* (MacMillan, Londres).

— (1927 c), «Application de la théorie des électrons aux propriétés des métaux», *Rapport à la Réunion Solvay* (Gauthier-Villrs, París). Reimpreso en Lorentz (1935), pp. 262-306.

— (1927 d), *Problems of Modern Physics* (Ginn and Co.).

— (1934), *Collected Papers* (Martinus Nijhoff, La Haya), vol. VII.

— (1935), *Collected Papers* (Martinus Nijhoff, La Haya), vol. VIII.

— (1936), *Collected Papers* (Martinus Nijhoff, La Haya), vol. III.

— (1938), *Collected Papers* (Martinus Nijhoff, La Haya), vol. VI.

Lozano y Ponce de León, Eduardo (1896), *Las radiaciones de Röntgen. Qué son y para qué sirven* (La Publicidad de Tobella, Costa y Piñol, Barcelona).

Lummer, Otto y Brodhun, Eugen (1889), «Photometrische Untersuchungen», *Zeitschrift für Instrumentenkunde 9*, 41-50.

Lummer, Otto y Pringsheim, Ernst (1899), «Die Vertheilung der Energie im Spectrum des schwarzen Körpers», *Verhandlungen der Deutschen Physikalischen Gesellschaft (Leipzig) 1*, 23-41.

— (1900), «Über die Strahlung des schwarzen Körpers für lange Wellen», *Verhandlungen der Deutschen Physikalischen Gesellschaft (Leipzig) 2*, 163-180.

Mach, Ernst (1896), *Die Principien der Wärmelehre* (Verlag von Johan Ambrosius Barth, Leipzig), 2.ª ed. 1900.

— (1986), *Principles of the Theory of Heat* (Reidel, Dordrecht). Versión inglesa de Mach (1896).

MacKinnon, Edward (1977), «Heisenberg, models, and the rise of matrix mechanics», *Historical Studies in the Physical Sciences 8*, 137-188.

Marage, Pierre y Wallenborn, Grégoire, eds. (1995), *Les Conseils Solvay et les débuts de la physique moderne* (Université Libre de Bruxelles, Bruselas).

— (1999), *The Solvay Councils and the Birth of Modern Physics* (Birkäuser, Basilea).

Marsden, Ernest (1963), «Rutherford at Manchester», en Birks, ed. (1963: 1-16).

Martínez-Almagro Andreo, Andrés (1999), «Anatomía humana en imágenes», en *La imagen del cuerpo humano* (Fundación Bancaja, Valencia), pp. 286-313.

Martins, Roberto de Andrade (1997), «Becquerel and the choice of uranium compounds», *Archives History of Exact Sciences 51*, 67-81.

Maxwell, James Clerk (1859), *On the Stability of the Motion of Saturn's Rings* (Macmillan, Cambridge). Esta obra se reproduce también en Niven, ed. (1965: vol. I, 288-376).

— (1860 a), «Illustrations of the dynamical theory of gases», *Philosophical Magazine:* parte I («On the motions and collisions of perfectly elastic spheres»), *19*, 19-32; parte II («On the process of diffusion of two or more kinds of moving particles among one another»), *20*, 21-37.

— (1860 b), «On the results of Bernoulli's theory of gases as applied to their internal friction, their diffusion, and their conductivity of heat», *Report of the 30th Meeting of the British Association for the Advancement of Science*, pp. 15-16.

— (1861-1862), «On the physical lines of force», *Philosophical Magazine 21*, 161-175, 281-291, 338-345 (1861), *23*, 12-24, 85-95 (1862); reimpreso en Niven, ed. (1965: vol. I, 451-513).

— (1865), «A dynamical theory of the electromagnetic field», *Philosophical Transactions of the Royal Society 155*, 459-512.

— (1872), *Theory of Heat* (Longmans, Green and Co., Londres).

— (1873), *A Treatise on Electricity and Magnetism* (Clarendon Press, Oxford).

— (1875), «On the dynamical evidence of the molecular constitution of bodies», *Journal of the Chemical Society (London) 28*, 493-508. También publicado en *Nature 11*, 357-359, 374-377 (1875), Reproducido en Nye (1984), pp. 213-228, de donde he tomado las citas.

— (1879), «On Boltzmann's theorem on the average distribution of energy in a system of material points», *Transactions of the Cambridge Philosophical Society 12*, 547-570.

— (1954), *A Treatise on Electricity and Magnetism* (Dover, Nueva York).

Maxwell, James Clerk, ed. (1879), *The Electrical Researches of the Honourable Henry Cavendish, F.R.S. Written between 1771 and 1781, Edited from the Original Manuscripts on the Possession of the Duke of Devonshire, K. G. by J. Clerk Maxwell, F.R.S.* (Cambridge University Press, Cambridge).

Mayer, Alfred Marshall (1878), «On the morphological laws of the configurations formed by magnets floating vertically and subjected to the attraction of a superposed magnet», *American Journal of Science 116*, 247-256.

Mayer, Alfred G. y Woodward, Robert S. (1916), «Biographical Memoir of Alfred Marshall Mayer, 1836-1897», *Biographical Memoirs. National Academy of Sciences 8*, 243-272.

McCormmach, Russell (1966), «The atomic theory of John William Nicholson», *Archives for History of Exact Sciences 3*, 160-184.
— (1967), «Henri Poincaré and the quantum theory», *Isis 58*, 37-55.
— (1970), «Einstein, Lorentz and the electron theory», *Historical Studies in the Physical Sciences 2*, 41-87.
Meggers, William F. (1958), «Miguel A. Catalán», *Physicalia 28*, pp. 11-12.
Mehra, Jagdish (1975 a), *The Solvay Conferences of Physics. Aspects of the Development of Physics since 1911* (Reidel, Dordrecht).
— (1975 b), «Satyendra Nath Bose», *Biographical Memoirs of Fellows of the Royal Society 21*, 117-154.
— (1976), «The Birth of Quantum Mechanics», *CERN 76-10.*
Mehra, Jagdish y Rechenberg, Helmut (1982), *The Historical Development of Quantum Theory*, vol. 1, dos tomos *(The Quantum Theory of Planck, Einstein, Bohr and Sommerfeld: Its Foundations and the Rise of Its Difficulties, 1900-1925)* (Springer-Verlag, Nueva York).
Meier, Carl A. (1996), *Wolfgang Pauli y Carl G. Jung. Un intercambio epistolar, 1932-1958* (Alianza Editorial, Madrid).
Melvill, Thomas (1752), *Physical and Literary Essays* (Edimburgo).
Mendeléiev, Dmitri I. (1869), *Osnov khimii* (Tipografija tovarishchestva «Obshchestvannaja Polza», San Petersburgo), 2 vols.
— (1903), «Versuch einer chemischen Auffassung des Weltäthers», *Prometheus 15*, 97-102,129-135,145-151.
— (1904), *The Principles of Chemistry* (Longmans, Green and Co., Londres).
Meyer, Lothar (1870), «Die Natur der chemischen Elemente als Funktion iher Atomgewichte», *Annalen der Chemie und Pharmacie*, suplemento 7, 354-364.
Meyer, Stefan y Schweidler, Egon von (1916), *Radioaktivität* (Teubner, Berlin).
Michelson, Albert A. (1897), «Radiation in a magnetic field», *Philosophical Magazine 44*, 109-115.
Michelson, Albert A. y Morley, Edward W. (1887), «On a method of making the wavelength of sodium light the actual and practical standard of length», *Philosophical Magazine 24*, 463-466.
Millikan, Robert A. (1910), «The isolation of an ion and a precise measurement of its charge», *Physical Review 31*, 92.
— (1913), «On the elementary charge and the Avogadro constant», *Physical Review 2*, 109-143.
— (1916 a), «Einstein's photoelectric equation and contact electromotive force», *Physical Review 7*, 18-32.
— (1916 b), «A direct photoelectric determination of Planck's *h*», *Physical Review 7*, 355-388.
— (1917 a), «A new determination of *e*, *N*, and related constants», *Philosophical Magazine 34*, 1-17.

— (1917 b), *The Electron. Its Isolation and the Determination of Its Properties* (The University of Chicago Press, Chicago).
— (1949), «Albert Einstein on his seventieth birthday», *Reviews of Modern Physics 21*, 343-345.
— (1951), *The Autobiography of Robert A. Millikan* (Macdonald, Londres).
Moissan, H. (1896), «Préparation et propriétés de l'uranium», *Comptes Rendus de l'Académie des Sciences 122*, 1088-1093 (18 de mayo).
Moseley, Henry G. J. (1913), «The high-frequency spectra of the elements», *Philosophical Magazine 26*, 1024-1034.
— (1914), «The high-frequency spectra of the elements. Part II», *Philosophical Magazine 27*, 703-713.
Moseley, H. G. J. y Darwin, C. G. (1913), «The reflection of the X-rays», *Philosophical Magazine 26*, 210-232.
Moyer, Albert E. (1983), *American Physics in Transition* (Tomash Publishers, Los Angeles).
— (1988), «American physics in 1887», en *The Michelson Era in American Science, 1870-1930*, Goldberg, Stanley y Stuewer, Roger H., eds. (American Institute of Physics, Nueva York), pp. 102-110.
Nagaoka, Hantaro (1904), «Kinetics of a system of particles illustrating the line and band spectrum and the phenomena of radioactivity», *Philosophical Magazine 7*, 445-455.
Needell, Alan (1980), *Irreversibility and the Failure of Classical Dynamics: Max Plancks Work on the Quantum Theory (1900-1915)*, tesis doctoral (Yale University, New Haven).
Nernst, Walther (1904), *Theoretical Chemistry from the Standpoint of Avogadro's Rule & Thermodynamics* (MacMillan, Nueva York). Versión inglesa de la cuarta edición alemana (1903), *Theoretische Chemie vom Standpunkte der Avogadroschen Regel und der Thermodynamik (Ferdinand Enke*, Stuttgart), 1.ª ed. 1893.
— (1906), «Über die Berechnung chemischer Gleichgewichte aus thermischen Messungen», *Nachrichten von der Gesellschaft der Wissenschaften zu Göttingen*, pp. 1-40.
— (1921), *Zum Gültigkeitsbereich der Naturgesetze* (Berlín). Reimpreso (1922) en *Naturwissenschaften 10*, 489-495.
— (1969), *The New Heat Theorem* (Dover, Nueva York). Traducción al inglés de la segunda edición alemana de *Die theoretischen und experimentellen Grundlagen des neuren Wärmesatzes* (Knapp, Halle), 1.ª ed. 1918.
Nernst, Walther y Lindemann, Frederick A. (1911), «Spezifische Wärme und Quantentheorie», *Zeitschrift für Elektrochemie 17*, 817-827.
Newton, Isaac (1671/72), «A letter of Mr. Isaac Newton, Professor of the Mathematicks in the University of Cambridge; containing his New Theory about Light and Colors», *Philosophical Transactions of the Royal Society 80*, 3075-3087.

Nicholson, John William (1911 a), «The spectrum of nebulium», *Monthly Notices of the Royal Astronomical Society 72*, 49-64.
— (1911 b), «The constitution of the solar corona. I. Protofluorine», *Monthly Notices of the Royal Astronomical Society 72*, 139-150.
— (1912 a), «The constitution of the solar corona. II», *Monthly Notices of the Royal Astronomical Society 72*, 677-692.
— (1912 b) «The constitution of the solar corona. III», *Monthly Notices of the Royal Astronomical Society 72*, 729-739.
Nielsen, J. Rud (1972), «Introduction. Part II: Electron Theory of Metals», en Nielsen, ed. (1972: 93-123).
Nielsen, J. Rud, ed. (1972), *Niels Bohr Collected Works*, vol. 1 («Early work [1905-1911]») (North-Holland, Amsterdam).
— (1976), *Niels Bohr Collected Works*, vol. 3 («The Correspondence Principle [1918-1923]») (North-Holland, Amsterdam).
— (1977), *Niels Bohr Collected Works*, vol. 4 («The Periodic System, 1920-1923») (North-Holland, Amsterdam).
Niven, W. D., ed. (1965), *The Scientific Papers of James Clerk Maxwell* (Dover, Nueva York). 1.ª ed. 1890 (Cambridge University Press, Cambridge), 2 vols.
Nye, Mary Jo (1984), *The Question of the Atom. From the Karlsruhe Congress to the First Solvay Conference, 1860-1911* (Tomash Publishers, Los Ángeles).
Office (1909), *Office des Institutions Internationales. Annuaire de la vie internationale, 1908-1909* (Office Central des Institutions Internationales, Bruselas).
O'Hara, J. G. (1975), «George Johnstone Stoney, F.R.S., and the concept of the electron», *Notes and Records of the Royal Society of London 29*, 265-276.
Owens, (1899), «Thorium radiation», *Philosophical Magazine 48*, 360-387.
Pais, Abraham (1982), *'Subtle is the Lord...' The Science and the Life of Albert Einstein* (Clarendon Press, Oxford). Existe versión al castellano (Ariel, Barcelona 1984).
— (1991), *Niels Bohr's Times, in Physics, Philosophy, and Polity* (Clarendon Press, Oxford).
— (2000), *The Genius of Science* (Clarendon Press, Oxford).
Paschen, Friedrich (1896), «Über die Gesetzmässigkeiten in den Spektren fester Körper», *Annalen der Physik 58*, 455-301.
— (1908), «Zur Kenntnis ultraroter Linienspektra. I. (Normalwellenlängen bis 27000 A-E)», *Annalen der Physik 27*, 537-570.
— (1916), «Bohrs Heliumlinien», *Annalen der Physik 50*, 901-940.
Pauli, Wolfgang (1921), «Relativitätstheorie», en *Encyclopädie der mathematischen Wissenschaften 5:2* (Teubner, Leipzig), pp. 539-775.
— (1925 a), «Über den Einfluss der Geschwindigkeitsabhängigkeit der

Elektronenmasse auf den Zeeman-effekt», *Physikalische Zeitschrift 31*, 373-385.
— (1925 b), «Über den Zusammenhang des Abschlusses der Elektronengruppen im Atom mit der Komplexstruktur der spektren», *Zeitschrift für Physik 31*, 765-783.
(1951), "In memoriam, Arnold Sommerfeld," *Zeitschrift für Naturforschung 6 A*, 468.
— (1996), *Escritos sobre física y filosofía* (Debate, Madrid).
Pelseneer, Jean (s. f.), *Historique des Instituts internationaux de Physique et de Chimie Solvay depuis leur fondation jusqu'à la deuxième guerre mondiale* (manuscrito no publicado; copia depositada en «Archives for History of Quantum Physics», microfilm n.° 58).
Perrin, Jean (1895), «Nouvelles propriétés des rayons cathodiques», *Comptes Rendus de l'Académie des Sciences 121*, 1130-1131; reproducido en Perrin (1950).
— (1950), *Oeuvres Scientifiques de Jean Perrin* (Centre National de la Recherche Scientifique, Paris), pp. 3-5.
Physical Laboratories (1906), *The Physical Laboratories of the University of Manchester. A Record of 25 Years' Work* (University Press, Manchester).
Planck, Max (1879), *Über der Zweiten Hauptsatz der mechanische Wärmetheorie* (Múnich).
— (1883), «Über das thermodynamische Gleichgewicht von Gasgemengen», *Annalen der Physik 19*, 358-378.
— (1887), *Das Princip der Erhaltung der Energie* (Teubner, Leipzig).
— (1895), «Absorption und Emission elektrischer Wellen durch Resonanz», *Sitzungsberichte der Koniglich-Preussischen Akademie der Wissenschaften (Berlin)*, pp. 289-301.
— (1896), «Über elektrische Schwingungen, welche durch Resonanz erregt und durch Strahlung gedämpft werden», *Sitzungsberichte der Königlich-Preussischen Akademie der Wissenschaften (Berlin)*, pp. 151-170.
— (1897), *Vorlesungen über Thermodynamik* (Verlag von Veit, Leipzig).
— (1897-1899), «Über irreversible Strahlungsvorgänge. Mitteilungen 1-5», *Sitzungsberichte der Koniglich-Preussischen Akademie der Wissenschaften (Berlin)*, pp. 57-68, 715-717, 1122-1145 (1897); 449-476 (1898); 440-480, 493-600 (1899).
— (1900 a), «Über eine Verbesserung der Wien'schen Spektralgleichung», *Verhandlungen der Deutschen Physikalischen Gesellschaft 2*, 202-204.
— (1900 b), «Zur Theorie des Gesetzes der Energieverteilung im Normalspektrum», *Verhandlungen der Deutschen Physikalischen Gesellschaft 2*, 237-243.
— (1901 a), «Über das Gesetz der Energieverteilung im Normalspektrum», *Annalen der Physik 4*, 553-563.
— (1901 b), «Über die Elementarquanta der Materie und der Elektrizität», *Annalen der Physik 4*, 564-566.

— (1906), *Vorlesungen über die Theorie der Wärmestrahlung* (Johann Ambrosius Barth, Leipzig).
— (1909 a), «Die Einheit des physikalischen Weltbildes», *Physikalische Zeitschrift 10*, 62-75. Versión inglesa («The unity of the physical universe») en Planck (1960), pp.1-26.
— (1909 b), «Diskussion», *Physikalische Zeitschrift 10*, 825-826.
— (1910 a) *Acht Vorlesungen über theoretische Physik* (Hitzel, Leipzig).
— (1910 b), «Zur theorie der Wärmestrahlung», *Annalen der Physik 31*, 758-768.
— (1911 a), «Eine neue Strahlungshypothese», *Deutsche Physikalische Gesellschaft. Verhandlungen 13*, 138-148.
— (1911 b), «Zur Hypothese der Quantenemission», *Sitzungsberichte der Königlich-Preussischen Akademie der Wissenschaften (Berlin)*, pp. 723-731.
— (1912), *Über neuere thermodynamische Theorien (Nernstsches Warmetheoremen und Quantenhypothese* (Akademische Verlaggesellschat, Leipzig).
— (1913), *Vorlesungen über die Theorie der Wärmestrahlung* (Barth, Leipzig).
— (1914a), *The Theory of Heat Radiation* (P. Blakiston's Son & Co., Filadelfia).
— (1914*b*), *Dynamische und statistiche Gesetzmässigkeit* (Barth, Leipzig). Versión al inglés («Dynamical laws and statistical laws») en Planck (1960: 56-68).
— (1915), *Eight Lectures on Theoretical Physics* (The Columbia University Press, Nueva York). Reimpreso en Planck (1998).
— (1925), «Vom Relativen zum Absoluten, *Naturwissenschaften 13*, 52-59. Traducido al inglés («From the relative to the absolute») en Planck (1932: 170-200).
— (1931), *Positivismus und reale Aussenwelt* (Akademische Verlagsgesellschaft, Leipzig). Versión inglesa («Is the external world real?» y «The scientist's picture of the physical universe») en Planck (1932:. 64-106).
— (1932) *Where is Science going?* (W. W. Norton, Nueva York).
— (1948 a), *Wissenschaftliche Selbstbiographie* (Barth, Leipzig).
— (1948 b), *Max Planck in seinen Akademie-Ansprachen. Erinnerungschrift der Deutschen Akademie der Wissenschaften zu Berlin* (Akademie-Verlag, Berlín), p. 4.
— (1948 c), «Antrittrede zur Aufnahme in die Akademie von 28. Juni 1894», en Planck (1948 b: 1-5).
— (1958), «Erwiderung auf die Ansprachen vom 26. April 1918 zu Max Planck's 60. Geburtstag in der Deutschen Physikalischen Gesellschaft», en *Physikalische Abhandlungen und Vorträge 3*, 327-330 (Vieweg, Braunschweig, Vieweg). Esta obra fue publicada con ocasión del centenario del nacimiento de Planck por la Verband Deutscher Physikalischer Gesellschaften y la Max-Planck-Gesellschaft zur Förderung der Wissenschaften e. V

— (1960), *A Survey of Physical Theory* (Dover, Nueva York).
— (1998), *Eight Lectures on Theoretical Physics* (Dover, Nueva York).
— (2000), «Autobiografía científica», en *Autobiografía científica y otros escritos* (Nivola, Madrid), pp. 21-52.
Plücker, Julius (1858), «Über die Einwirkung des Magnets auf die elektrischen Entlanddungen in verdünnten Gasen», *Annalen der Physik und Chemie 103*, 88-106.
Poincaré, Henri (1890), «Sur le problème de trois corps et les équations de la dynamique», *Acta Mathematica 13*, 1-270.
— (1896), «Les rayons cathodiques et les rayons Röntgen», *Revue générale des Sciences pures et appliquèes 1*, 52-59. Reproducido en Poincaré (1954: tomo X, pp. 570-583).
— (1905), «Sur la dynamique de l'électron», *Comptes Rendus de l'Académie des Sciencies 140*, 1504-1508.
— (1906), «Sur la dynamique de l'électron», *Rendiconti del Circolo Matematico di Palermo 21*, 129-176.
— (1912 a), «Sur la théorie des quanta», *Comptes rendus de l'Academie des Sciences 153*, 1103-1108. Reproducido en Poincaré (1954), tomo IX, pp. 620-625.
— (1912 b), «Sur la théorie des quanta», *Journal de Physique théorique et appliquée 2*, 5-34. Reproducido en Poincaré (1954: tomo IX, pp. 626-653).
— (1921), «Analyse des travaux scientifiques de Henri Poincaré faite par lui-même», *Acta Mathematica.* Reproducido en Poincaré (1951: i-xxxi).
— (1951), *Oeuvres de Henri Poincaré* (Gauthier-Villars, París), tomo I.
— (1954), *Oeuvres de Henri Poincaré* (Gauthier-Villars, París), tomos IX-X.
Preston, Thomas (1898), «Radiative phenomena in a strong magnetic field», *Scientific Transactions of the Royal Dublin Society 6*, 385-391.
Radder, Hans (1983), «Kramers and the Forman theses», *History of Science 21*, 165-182.
Rayleigh, lord (1900), «Remarks upon the law of complete radiation», *Philosophical Magazine 49*, 539-540.
Regener, Erich (1908), «Über Zählung der α-Teilchen durch Szintillation und die Grösse des elektrischen Elementarquantums», *Verhandlungen der Deutschen Physikalischen Gesellschaft 10*, 78-83.
Reiche, Fritz (1922), *Teoría de los quanta. Su origen y desarrollo* (Calpe, Madrid). Versión original alemana, (1922), *Die Quantentheorie. Ihr Ursprung und ihre Entwicklung* (J. Springer Verlag, Berlin).
Richarz, Franz (1895), «On Helmholtz's electrochemical theory», *Philosophical Magazine 39*, 529-531.
Richardson, Owen W. (1912), «The theory of photoelectric action», *Philosophical Magazine 24*, 570-574.
Rogers, Howard J., ed. (1906), *Congress of Arts and Science. Universal Exposition, St. Louis, 1904*, vol. IV («Physics. Chemistry. Astronomy.

Sciences of the Earth») (Houghton, Mifflin and Company, Boston y Nueva York). Reimpreso en Sopka, comp. (1986: 77-299).

Röntgen, Wilhelm K. (1895), «Ueber eine neue Art von Strahlen», *Sitzungsberichte der Physikalisch-Medizinischen Gesellschaft zu Würzburg*, pp. 132-141.

Roscoe, Henry E. (1904), «Gedenkrede auf Bunsen», en Ostwald, Wilhelm y Bodenstein, M., ed., *Gesammelte Abhandlungen von Robert Bunsen* (W. Engelmann, Leipzig), vol. I, pp. xv-xix.

— (1906), *The Life & Experiences of Sir Henry Enfield Roscoe, D.C.L., LL.D., F.R.S. Written by Himself* (Macmillan, Londres).

Rosenfeld, Albert (1962), «The quintessence of Irving Langmuir: a biography», en *The Collected Works of Irving Langmuir*, vol. 12 (*Langmuir, the Man and the Scientist*) (Pergamon Press, Oxford), pp. 1-229.

Rosenfeld, Léon (1936), «La première phase de Involution de la theorie des quanta», *Osiris 2*, 149-196.

— (1963), «Introduction», en Bohr (1963 b).

— (1972), «Biographical sketch», en Nielsen, ed. (1972), pp. xvii-xlviii.

Rosenkranz, Ze'ev (1998), *Albert Through the Looking-Glass. The Personal Papers of Albert Einstein* (The Albert Einstein Archives/ The Jewish National & University Library/The Hebrew University of Jerusalem, Jerusalén).

Royal Society (1912), *Catalogue of Scientific Papers 1800-1900 (Subject Index. Volume III. Physics. Part I: Generalities, Heat, Light, Sound)* (Royal Society, Londres).

Rozental, Stefan, ed. (1967), *Niels Bohr. His Life and Work as Seen by his Friends and Colleagues* (North-Holland, Amsterdam).

Rubens, Heinrich y Kurlbaum, Ferdinand (1900), «Über die Emission langwellier Wärmestrahlen durch den schwarzen Körper bei verschiedenen Temperaturen», *Sitzungsberichte der Koniglich-Preussischen Akademie der Wissenschaften (Berlin)*, pp. 929-941.

Rubinowicz, Adalbert (1918), «Bohrsche Frequenzbedingung und Erhaltung des Impulsmomentes», *Physikalische Zeitschrift 19*, 441-445.

Russo, Arturo (1981), «Fundamental research at Bell Laboratories: the discovery of electron diffraction», *Historical Studies in the Physical Sciences 12:1*, 116-160.

Rutherford, Ernest (1899), «Uranium radiation and the electrical conduction by it», *Philosophical Magazine 47*, 109-163. Reproducido en Chadwick, dir. (1962: 169-215).

— (1900 a), «A radioactive substance emitted from Thorium compounds», *Philosophical Magazine 49*, 1-14. Reproducido en Chadwick, dir. (1962: 220-231).

— (1900 b), «Radioactivity produced in substances by the action of Thorium compounds», *Philosophical Magazine 49*, 161-192. Reproducido en Chadwick, dir. (1962:.232-259).

— (1902), «Penetrating rays from radio-active substances», *Nature 66*, 318-319. Reproducido en Chadwick, dir. (1962: 410-414).
— (1903), «Radioactive processes», *Proceedings of the Physical Society 18*, 595-597. Reproducido en Chadwick, dir. (1962: 614-619).
— (1904), *Radioactivity* (Cambridge University Press, Cambridge).
— (1905), «Charge carried by the α and β rays in radium», *Philosophical Magazine 10*, 193-208. Reproducido en Chadwick, dir. (1962: 816-829).
— (1906 a), «Present problems of radioactivity», en Rogers, ed. (1906) y Sopka, comp. (1986), pp. 233-262. Reproducido, en una versión francesa algo diferente («Les problèmes actuels de la radioactivité»), en Chadwick, dir. (1962: 746-775).
— (1906 b), *Radioactive Transformations* (Yale University Press, New Haven). Reimpreso en 1911.
— (1911 a), «The scattering of α and β particles by matter and the structure of the atom», *Proceedings of the Manchester Literary and Philosophical Society IV, 55*, pp. 18-20. Reproducido en Chadwick, dir. (1963: 212-213.
— (1911 b), «The scattering of α and β particles by matter and the structure of the atom», *Philosophical Magazine 21*, 669-688. Reproducido en Chadwick, dir. (1963: 238-254), y en Birks, ed. (1963: 182-204).
— (1922), «Identification of a missing element, *Nature 109*, 781. Reproducido en Chadwick, dir. (1965: 64-65).
— (1912), *Radioactive Substances and their Radiations* (Cambridge University Press).
Rutherford, Ernest y Andrade, Edward N. da C. (1913), «The reflection of γ rays from crystals», *Nature 92*, 267. Reproducido en Chadwick, dir. (1963: 361).
— (1914), «The wavelenght of the soft γ rays from Radium B», *Philosophical Magazine 27*, 854-868. Reproducido en Chadwick, dir. (1963: 432-444).
Rutherford, Ernest, Chadwick, James y Ellis, C. D. (1930), *Radiations from Radioactive Substances* (Cambridge University Press, Cambridge).
Rutherford, Ernest y Geiger, Hans (1908 a), «An electrical method of counting the number of α-particles from radio-active substances», *Proceedings of the Royal Society A 81*, 141-161. Reproducido en Chadwick, dir. (1963: 89-108).
— (1908 b), «The charge and nature of the α-particle», *Proceedings Royal Society of London 81*, 162-173. Reproducido en Chadwick, dir. (1963: 109-120).
Rutherford, Ernest y Soddy, Frederick (1902 a), «The radioactivity of thorium compounds, I: An investigation of the radioactive emanation», *Transactions of the Chemical Society 81*, 321-350. Reproducido en Chadwick, dir. (1962: 376-402).
— (1902 b), «The radioactivity of thorium compounds, II: The cause and nature of radioactivity», *Transactions of the Chemical Society 81*, 837-860. Reproducido en Chadwick, dir. (1962: 435-456).

— (1902 c), «The cause and nature of radioactivity. I», *Philosophical Magazine 4*, 370-396. Reproducido en Chadwick, dir. (1962: 472-495).
— (1902 d), «The cause and nature of radioactivity. II» *Philosophical Magazine 4*, 569-585. Reproducido en Chadwick, dir. (1962: 495-508).
— (1903), «Radioactive change», *Philosophical Magazine 5*, 576-591. Reproducido en Chadwick, dir. (1962), pp. 596-608.
Rydberg, Johannes R. (1890), «On the structure of the line-spectra of the chemical elements», *Philosophical Magazine 29*, 331-337.
Sánchez Ron, José M. (1981), «Aspectos de la crisis cuántica en la física británica», *Llull 4*, 181-198.
— (1984), «Introducción» a P. Forman (1984: 9-34).
— (1987), «The reception of special relativity in Great Britain», en *The Comparative Reception of Relativity*, Glick, Thomas F., ed. (Reidel, Dordrecht), pp. 27-58.
—, coord. (1988), *1907-1987. La Junta para Ampliación de Estudios e Investigaciones Científicas 80 años después* (Consejo Superior de Investigaciones Científicas, Madrid).
—, ed., (1990), *Albert Einstein. Cartas a Mileva* (Mondadori, Madrid).
— (1993), «Charles Galton Daarwin and the non-conservation of energy», en *Il beni culturali scientifici nella storia e didattica* (Università degli Studi di Pavia, Pavia), pp. 185-198.
— (1994), *Miguel Catalán. Su obra y su mundo* (Fundación Ramón Menéndez Pidal/ Consejo Superior de Investigaciones Científicas, Madrid).
—, dir. (1996), *Heisenberg · Bohr · Schrödinger. Física cuántica* (Círculo de Lectores, Barcelona).
— (2000), *Marie Curie y su tiempo* (Crítica, Barcelona).
— (2022), *El poder de la ciencia. Historia social, política y económica de la ciencia (siglos XIX-XXI)* (Crítica, Barcelona).
Schmidt, Gerhard C. (1898 a), «Über die vom Thorium und den Thorverbindungen ausgehende Strahlung», *Verhandlungen der physikalischen Gesellschaft zu Berlin 17*, 13, 14-16.
— (1898 b), «Über die vom den Thorverbindungen und einigen anderen Substanzen ausgehende *Strahlung», Annalen der Physik 65*, 141-151.
Schroeder-Gudehus, Brigitte (1978), *Les scientifiques et la paix* (Les Presses de l'Université de Montréal, Montreal).
Schulmann, Robert, Kox, A. J., Janssen, Michel e Illy, Jözsef, eds. (1998), *The Collected Papers of Albert Einstein*, vol. 8, 2 tomos (A y B) *(The Berlin Years. Correspondence, 1918)* (Princeton University Press, Princeton).
Schuster, Arthur (1911), *The Progress of Physics during 33 Years (1875-1908)* (Cambridge University Press, Cambridge).
— (1932), *Biographical Fragments* (Macmillan, Londres).
Schwarzschild, Karl (1914), «Bemerkung zur Aufspaltung der Spektrallinien im elektrischen Feld», *Verhandlungen der Deutschen Physikalischen Gesellschaft 16*, 20-24.

— (1916), «Zur Quantenhypothese», *Sitzungsberichte der Königlich-Preussischen Akademie der Wissenschaften (Berlin)*, 548-568. Seelig, Carl (1968), *Albert Einstein* (Espasa-Calpe, Madrid).

Servos, John (1990), *Physical Chemistry from Ostwald to Pauling. The Making of a Science in America* (Princeton University Press, Princeton).

Shankland, Robert S., ed. (1973), *Scientific Papers of Arthur Holly Compton* (The University of Chicago Press, Chicago).

Shaw, Norman (1937), *McGill News*, diciembre.

Sinclair S. B. (1985), «Crookes and radioactivity: from inorganic evolution to atomic transmutation», *Ambix 32*, 15-31.

Slater, John (1924), «Radiation and atoms», *Nature 113*, 307-308.

Soddy, Frederick (1904), *Radioactivity: An Elementary Treatise from the Standpoint of the Desintegration Theory* (Londres).

— (1910), «Radioactivity», *Annual Report 7*, 286.

— (1913), «Intra-atomic charge», *Nature 92*, 399-400.

Sommerfeld, Arnold (1913), «Theorie des lichtelektrischen Effektes vom Standpunkt des Wirkungsquantums», *Annalen der Physik 41*, 873-930.

— (1915), «Zur Theorie der Balmerschen Serie», *Sitzungsberichte der (Kgl.) Bayerischen Akademie der Wissenschaften (München), mathematisch-physikalische Klasse*, pp. 425-458.

— (1916 a), «Zur Quantentheorie der Spektrallinien», *Annalen der Physik 51*, 1-94.

— (1916 b), «Zur Quantentheorie der Spektrallinien (Fortsetzung)», *Annalen der Physik 51*, 125-167.

— (1918), «Ein Besuch in Gent», *Süddeutsche Monatschefte 15*, 44-46.

— (1919), *Atombau und Spektrallinien* (F. Vieweg, Braunschweig).

— (1920), «Allgemeine spektroskopische Gesetze, insbesondere ein magnetooptischer Zerlegungssatz», *Annalen der Physik 63*, 221-263.

— (1923 a), *Atomic Structure and Spectral Lines* (Methuen, Londres). Traducción al inglés de la tercera edición alemana de Sommerfeld (1919), publicada en 1922.

— (1923 b), «Über die Deutung verwickelter Spektren (Mangan, Chrom, usw.) nach der Methode der inneren Quantenzahlen», *Annalen der Physik 70*, 32-62.

— (1949), *Partial Differential Equations on Physics*, volumen VI de *Lectures on Theoretical Physics* (Academic Press, Londres).

— (1964 a), *Optics*, volumen IV de *Lectures on Theoretical Physics* (Academic Press, Londres).

— (1964 b), *Mechanics*, volumen I de *Lectures on Theoretical Physics* (Academic Press, Londres).

Sopka, Katherine R., comp. (1986), *Physics for a New Century. Papers Presented at the 1904 St. Louis Congress* (Thomas Publishers/American Institute of Physics, Nueva York).

Spengler, Ostwald (1918), *Der Untergang des Abendlandes. Umrisse einer Morphologie der Weltgeschichte* (Múnich).
— (1998), *La decadencia de Occidente* (Espasa, Madrid).
Speziali, Pierre, ed. (1994), *Albert Einstein. Correspondencia con Michele Besso (1903-1955)* (Tusquets, Barcelona).
Stachel, John (2000), «Einstein's light-quantum hypothesis, or why didn't Einstein propose a quantum gas a decade-and-a-half earlier?», en *Einstein. The Formative Years, 1879-1909*, Don Howard, ed. (Birkhäuser, Boston), pp. 231-251.
Stachel, John, ed. (1987), *The Collected Papers of Albert Einstein*, vol. 1 *(The Early Years, 1879-1902)* (Princeton University Press, Princeton).
Stark, Johannes (1910-1913), *Prinzipien der Atomdynamik*, 3 vols. (Teubner, Leipzig).
— (1913), «Observation of the separation of spectral lines by an electric field», *Nature 92*, 401.
— (1914), «Beobachtungen über den Effekt des elektrischen Feldes auf Spektrallinien. I. Querfeld», *Annalen der Physik 43*, 965-982.
Stefan, Josef (1879), «Über die Beziehungen zwischen der Wärmestrahlung und der Temperatur», *Sitzungsberichte der Kaiserlichen Akademie der Wissenschaften (Wien) 79*, 391-428.
Stern, Fritz (1999), *Einstein's German World* (Princeton University Press, Princeton).
Stewart, Balfour (1858), «Account of some experiments on radiant heat», *Transactions of the Royal Society of Edinburgh 22*, 1-3, 95-97, 426-429.
Stolzenburg, Klaus (1984), «Introduction», en Stolzenburg, ed. (1984), pp. 3-96.
Stolzenburg, Klaus, ed. (1984), *Niels Bohr Collected Works*, vol. 5 («The Emergence of Quantum Mechanics (mainly 1924-1926)») (North-Holland, Amsterdam).
Stoner, Edmund C. (1924), «The distribution of electrons among atomic levels», *Philosophical Magazine 48*, 719-736.
Stoney, George Johnstone (1881), «On the physical units of nature», *Philosophical Magazine 11*, 381-390.
— (1891), «On the cause of double lines and of equidistant satellites of the spectra of gases», *Transactions of the Royal Dublin Society 4*, 563-608.
— (1892), «On the cause of double lines in spectra», *Report of the Sixty-First Meeting of the Association for the Advancement of Science held at Cardiff in August 1891* (John Murray, Londres), pp. 574-575.
— (1894), «Of the 'electron', or atom of electricity», *Philosophical Magazine 38*, 418-420.
Strutt, Robert John (1968), *Life of John William Strutt, Third Baron Rayleigh* (The University of Wisconsin Press, Madison).

Stuewer, Roger (1970), «Non-Einsteinian interpretations of the photoelectric effect», en *Minnesota Studies in the Philosophy of Science 5*, Roger Stuewer, ed. (University of Minnesota Press, Minneapolis), pp. 246-263.
— (1975), *The Compton Effect. Turning Point in Physics* (Science History Publications, Nueva York).
— (1984), «Nuclear physicists in a new world. The émigrés of the 1930s in America», *Ber Wissenschaftsgesch 7*, 23-40.
— (2000), «The Compton effect: transition to quantum mechanics», *Annalen der Physik 9*, 975-989.
Sweetnam, George (1998), «Diffraction gratings and ruling engines», en Bud y Warner, Jean, eds. (1998), pp. 171-173.
Teimer, O. y Ram, Budh (1976), «The beginning of quantum statistics», *American Journal of Physics 44*, 1056-1057.
ter Haar, D. (1998), *Master of Modern Physics. The Scientific Contributions of H. A. Kramers* (Princeton University Press, Princeton).
Thomas, Llewellyn H. (1926), «The motion of the spinning electron», *Nature 117*, 514.
Thomsen, Julius (1895), «Systematische gruppierung der chemischen elemente», *Zeitschrift für anorganische Chemie 9*, 190-.
Thomson, George P. (1928), «Experiments on the diffraction of cathode rays», *Proceedings Royal Society A 117*, 600-609.
— (1963), «Charles Galton Darwin», *Biographical Memoirs of Fellows of the Royal Society 9*, 69-85.
Thomson, Joseph John (1881), «On the electric and magnetic effects produced by the motion of electrified bodies», *Philosophical Magazine 5*, 229-234.
— (1883), *A Treatise on the Motion of Vortex Rings* (Macmillan, Londres).
— (1896), «Presidential address», *Report of the Sixty-sixth Meeting of the Association for the Advancement of Science held at Liverpool in September 1896* (John Murray, Londres), pp. 699-706.
— (1897 a), «Cathode rays», *The Electrician 39*, 104-122. También publicado en Thomson, J. J. (1897 b).
— (1897 b), «Cathode rays», *Proceedings of the Royal Institution*, 1-14.
— (1897 c), «Cathode rays», *Philosophical Magazine 44*, 293-316.
— (1897 d), «On the cathode rays», *Proceedings of the Cambridge Philosophical Society 9*, 243-244.
— (1898), «On the charge of electricity carried by the ions produced by Röntgen rays», *Philosophical Magazine 46*, 528-545.
— (1899), «On the mases of the ions in gases at low pressures», *Philosophical Magazine 48*, 547-567.
— (1903 a), *Conduction of Electricity through Gases* (Cambridge University Press, Cambridge).
— (1903 b), «On the charge of electricity carried by gaseous ions», *Philosophical Magazine 5*, 346-355.

— (1903 c), «The magnetic properties of systems of corpuscles describing circular orbits», *Philosophical Magazine 6*, 673-693.
— (1904), *Electricity and Matter* (Yale University Press, New Haven).
— (1906 a), *Conduction of Electricity Through Gases* (Cambridge University Press, Cambridge), 2.ª ed.
— (1906 b), «On the number of corpuscles in an atom», *Philosophical Magazine 11*, 769-781.Versión castellano de Thomson (1904).
— (1908), *Electricidad y materia* (Adrián Romo, Madrid).
— (1910 a), «President's address», en *Report of the Seventy-ninth Meeting of the British Association for the Advancement of Science. Winnipeg: 1909* (John Murray, Londres), pp. 3-29.
— (1910 b), «The scattering of rapidly moving electrified particles» *Proceedings Cambridge Literary & Philosophical Society 15*, 465-471.
— (1910 c), «On the theory of radiation», *Philosophical Magazine 20*, 238-247.
— (1913), «On the structure of the atom», *Philosophical Magazine 26*, 792-799.
— (1923), *The Electron in Chemistry* (The Franklin Institute, Filadelfia).
— (1936), *Recollections and Reflections* (G. Bell and Sons, Londres).
Thomson, J. J. y Rutherford, E. (1896), «On the passage of electricity through gases exposed to Röntgen rays», *Philosophical Magazine 42*, 392-407. Reproducido en Chadwick, dir. (1962), vol. I, pp. 105-118.
Tomonaga, Sin-itiro (1997), *The Story of Spin* (The University of Chicago Press, Chicago).
Townsend, John S. (1897), «On electricity in gases and the formation of clouds in charged gases», *Proceedings of the Cambridge Philosophical Society 9*, 126-140.
— (1902), «The conductivity produced in gases by the aid of ultraviolet light», *Philosophical Magazine 3*, 557-576.
Trenn, Thaddeus (1986), «The Geiger-Müller counter of 1928», *Annals of Science 43*, 111-135.
Truesdell, Clifford (1975), «Early kinetic theories of gases», *Archive for History of Exact Sciences 15*, 1-66.
Tyndall, John (1864), «On luminous and obscure radiation», *Philosophical Magazine 28*, 329-.
— (1865), «Über leuchtende und dunkle Strahlung», *Annalen der Physik (Poggendorf) 124*, 36-53.
Uhlenbeck, George (1976), «Fifty years of spin. Personal reminiscences», *Physics Today 29* (junio), 43-48.
Uhlenbeck, George y Goudsmit, Samuel (1925), «Ersetzung der Hypothese vom unmechanischen Zwang durch eine Forderung bezüglich des inneren Verhaltens jedes einzelnen Elektrons», *Naturwissenschaften 13*, 953-954.
— (1926), «Spinning electrons and the structure of spectra», *Nature 117*, 264-265.

Urbain, Georges (1922), «Les numéros atomiques du néo-ytterbium, du lutétium», *Comptes rendus de l'Académie des Sciences 174*, 1349-1351.
Vallentin, Antonina (1955), *El drama de Alberto Einstein* (Sur, Buenos Aires).
Van den Broek, Antonius (1913), «Die Radioelemente, das periodische System, und die Konstitution des Atoms», *Physikalische Zeitschrift 14*, 32-41.
Van der Waerden, B. L. (1960), «Exclusion principle and spin», en Fierz y Weisskopf. eds. (1960), pp. 199-244.
Van der Waerden, B. L., ed. (1967), *Sources of Quantum Mechanics* (Dover, Nueva York).
Villard (1900*a*), «Sur la réflexion et la réfraction des rayons cathodiques et des rayons déviables du radium», *Comptes Rendus de l'Académie des Sciences 130*, 1010-1012.
— (1900*b*), «Sur le rayonnement du radium», *Comptes Rendus de l'Académie des Sciences 130*, 1178-1179.
Von Laue, Max (1912), «Eine quantitative Prüfung der Theorie für die Interferenz-Erscheinungen bei Röntgenstrahlen», *Sitzungsberichte der Beyerischen Akademie der Wissenschaften (München) mathematisch-physikalische Klasse 42*, 363-273.
— (1962), «My development as a physicist. An autobiography», en *Fifty Years of X-ray Diffraction*, P. P. Ewald, ed. (N. V. A. Oosthoek's Uitgeversmaatschappij, Utrecht), pp. 278-307.
Von Meyenn, Karl (1988), «Del conocimiento científico al poder de la ciencia», en Sánchez Ron, coord. (1988), vol. I, pp. 63-126.
Von Mises, Richard (1921), «Über die gegenwärtige Krise der Mechanik», *Zeitschrift fur angewandte Mathematik und Mechanik 1*, 425-431. Reimpreso en *Naturwissenschaften 10*, 25-29 (1922).
VVAA (1953), *Louis de Broglie. Physicien et penseur* (Editions Albin Michel, Pan's).
Warburg, Emil (1913), «Bemerkungen zu der Aufspaltung der Spektrallinien im elektrischen Feld», *Verhandlungen der Deutschen Physikalischen Gesellschaft 15*, 1259-1266.
Waterston, John James (1846), «On the physics of media that are composed of free and perfectly elastic molecules in a state of motion», *Proceedings of the Royal Society of London 5*, 604.
— (1893), «On the physics of media that are composed of free and perfectly elastic molecules in a state of motion», *Philosophical Transactions of the Royal Society of London 183A, 5-79.*
Weber, Max (1992), *La política como profesión* (Espasa-Calpe, Madrid).
Weinberg, Steven (1985), *Partículas subatómicas* (Prensa Científica, Barcelona).
Weisskopf, Victor (1989), *The Privilege of Being a Physicist* W. H. Freeman and Co., Nueva York).

Westphal, Wilhelm H. (1958), «Max Planck als Mensch», *Die Naturwissenschaften 45*, 234-236.

Weyl, Hermann (1918), *Raum, Zeit, Materie* (Julius Springer, Berlín).

Wheaton, Bruce R. (1978), «Philipp Lenard and the photoelectric effect, 1889-1911», *Historical Studies in the Physical Sciences 9*, 299-322.

— (1983), *The Tiger and the Shark* (Cambridge University Press, Cambridge).

Whiddington, Richard (1911), «The production of characteristic Röntgen radiation», *Proceedings of the Royal Society A85*, 323-332.

Wien, Wilhelm (1893), «Eine neue Beziehung der Strahlung schwarzer Körper zum zweiten Hauptsatz der Wärmetheorie», *Königlich Preussische Akademie der Wissenschaften (Berlin). Sitzungsberichte*, pp. 55-62.

— (1894), «Temperatur und Entropie der Strahlung», *Annalen der Physik 52*, 132-165.

— (1896), «Über die Energievertheilung im Emissionsspectrum eines schwarzen Körpers», *Annalen der Physik 59*, 662-669.

— (1900), «Zur Theorie der Strahlung schwarzer Körper. Kritisches», *Analen der Physik 3*, 530-539.

Wien, Wilhelm y Lummer, Otto (1895), «Methode zur Prüfung des Strahlungsgesetzes absolut schwarzer Körper», *Annalen der Physik 56*, 451-456.

Williams, L. Pearce (1965), *Michael Faraday* (Chapman and Hall, Londres).

Willstätter, Richard (1965), *From My Life* (W. A. Benjamin, Nueva York).

Wilson, Charles T. R. (1897), «Condensation of water vapour in the presence of dustfree air and other gases», *Philosophical Transactions of the Royal Society 188*, 265-307.

— (1904), «The condensation method of demostrating the ionisation of air under normal conditions», *Philosophical Magazine 7*, 681-690.

Wilson, David B., ed. (1990), *The Correspondence between Sir George Gabriel Stokes and Sir William Thomson, Baron Kelvin of Largs* (Cambridge University Press, Cambridge).

Wilson, Harold A. (1903), «A determination of the charge on the ions produced in air by Röntgen rays», *Philosophical Magazine 5*, 429-441.

Wilson, William (1915), «The quantum theory of radiation and line spectra», *Philosophical Magazine 29*, 795-802.

Wollaston, William H. (1802), «A method of examining refractive and dispersive powers by prismatic reflection», *Philosophical Transactions of the Royal Society 92*, 365.

Wright, Helen, Warnow, Joan N. y Weiner, Charles, eds. (1972), *The Legacy of George Ellery Hale* (The MIT Press, Cambridge, Massachusetts).

Wüllner, Adolph (1870-1871), *Die Lehre von der Wärme vom Standpunkte der mechanischen Wärmetheorie* (Leipzg, 2.ª edición).

Zeeman, Pieter (1897 a), «Over doubletten en tripletten in het spectrum, teweeggebracht door uitwendige magnetische krachten», *Koninklijke Akademie van Wetenschappen te Amsterdam. Section of Sciences. Proceedings 6*, 13-18, 99-102, 260-262.

— (1897 b), «Doublets and triplets in the spectrum produced by external magnetic forces», *Philosophical Magazine 44*, 55-60, 255-259.

— (1929), «Los progresos recientes de nuestros conocimientos sobre la radiación de los átomos en un campo magnético», *Anales de la Sociedad Española de Física y Química 2 7, 769-777.*

Zermelo, Ernst (1896 a), «Über einen Satze der Dynamik und die mechanische Wärmetheorie», *Annalen der Physik 57*, 485-494.

— (1896 b), «Über mechanische Erklarungen irreversible Vorgange. Eine Antwort auf Hrn. Boltzmann's 'Entgegnung'», *Annalen der Physik 59*, 793-801.

Índice analítico

Índice